航天产品装配绝技绝招百例

中国航天科技集团公司 组织编写

中国宇航出版社
·北京·

图书在版编目（CIP）数据

航天产品装配绝技绝招百例/中国航天科技集团公司组织编写．--北京：中国宇航出版社，2017.4

ISBN 978-7-5159-1283-7

Ⅰ.①航… Ⅱ.①中… Ⅲ.①航空航天工业－工业产品－装配(机械) Ⅳ.①V1

中国版本图书馆CIP数据核字(2017)第051177号

责任编辑　彭晨光　　**封面设计**　宇星文化

出版发行　中国宇航出版社

社　址　北京市阜成路8号　**邮　编**　100830

(010)60286808　(010)68768548

网　址　www.caphbook.com

发行部　(010)60286888　(010)68371900

(010)60286887　(010)60286804(传真)

零售店　读者服务部

(010)68371105

承　印　北京画中画印刷有限公司

版　次　2017年4月第1版

2017年4月第1次印刷

规　格　787×1092

开　本　1/16

印　张　40.75　**彩　插**　16面

字　数　992千字

书　号　ISBN 978-7-5159-1283-7

定　价　88.00元

《航天产品装配绝技绝招百例》编审委员会

出版说明

为提高集团公司技能人才培训的针对性和实效性，集团公司人力资源部分别于2008年和2013年组织编写出版了《高技能人才绝技绝招100例》和《航天技能人才操作实践案例》，把高技能人才在长期生产实践中积累的大量独特的操作技能、加工方法等诀窍和绝活进行收集和整理，成为集团公司近年来开展的一系列高技能人才实战性教练式培训的主要教材，为广大技能人员提高操作技能特别是解决加工难题的能力提供了丰富借鉴，收到了较好的效果。

近年来，面对型号科研生产任务日益繁重和生产制造技术难度不断提高的挑战，广大技能人员发扬工匠精神，大胆创新、攻坚克难，不断探索，在生产实践中积累沉淀了很多新的绝技绝招。为更好地总结、提炼、共享和传承这些绝技绝招，进一步提高技能人员的操作技能和解决实际问题的能力，我们组织编写了《航天产品装配绝技绝招百例》培训教材。教材的主要内容为近年来高技能人才在航天产品装配中积累的技能操作经验、创造的典型加工技术、创新的加工工具和工装等实践案例107个，包含火箭、导弹、卫星、飞船等航天产品的总体装配和部件装配。所有案例均经过工艺专家、技能大师的认真筛选、相关单位和作者的修改以及集团公司组织的审查，具备了出版的条件。

编写过程中，教材编审组、案例作者、各院人力资源部、有关厂所和出版社为教材编写做了大量细致的工作，在此我们一并表示感谢。由于时间仓促，本书在编写过程中难免会有不妥之处，欢迎批评指正。

中国航天科技集团公司人力资源部

2017年4月

目　　录

起竖油缸轴装配方法

原慧敏

航天一院 519 厂

摘　要　通过对起竖油缸轴在装配过程中存在问题的分析，提出了一种改进的装配方法，并设计了一套装配工装轴。重点分析了工装轴的结构特点和技术难点，通过强度及受力分析验证了本设计的可靠性。投入使用后，有效地缩短了维修装配时间，减少了人力消耗，提高了起竖油缸轴的装配效率。

关键词　起竖油缸轴　装配方法

1　引言

起竖油缸是产品关键部件，但在装配起竖油缸销轴过程中，由于起竖油缸安装孔与托座安装孔在装配过程中很难保持同轴度，从而影响起竖油缸与支撑托座之间的装配效率。

1）经研究分析，影响起竖油缸装配效率的因素主要包括：起竖油缸在吊装装配过程中，位置不易固定，不能与支撑托座安装孔保持装配所需的同轴度；起竖油缸与支撑托座安装孔装配安装时可视化程度不高。这些导致起竖油缸与支撑托座整体装配受到影响，而且装配过程费时、费力，质量得不到保障，成为影响整个产品制造过程的"瓶颈"，因此，如何以方便、快捷的方法装配起竖油缸轴成为一个亟待解决的技术问题。

2）根据起竖油缸与支撑托座的装配特点设计了一种起竖油缸工装轴，改变了安装时可视化程度不高、位置不易固定、不能与支撑托座安装孔保持同轴度的装配现状。

3）新方法在零件创建辅助配合特征的基础上，实现起竖油缸与支撑托座具备装配特征，能有效地解决装配中的技术难题，从而使装配质量达到产品精度要求。

2　研究方向及实施途径

通过对安装环境可视化程度、安装位置、安装操作步骤的剖析可知，起竖油缸轴与支撑托座在装配油缸销轴的过程中，关键问题在于起竖油缸安装孔与托座安装孔的"同轴度"上。基于这种设计理念，经研究计算设计出工装轴，以确保起竖油缸安装孔与托座安装孔保持在同一轴线上，使得原有孔、轴的装配方法得到创新，有效地缩短了装配调整时间，提升了装配质量和装配效率。

2.1　工装轴实验分析

通过实际工况中遇到的问题设计工装轴，工装轴采用 Q345B 为基材，根据起竖油缸孔的尺寸确定轴的外径为 ϕ55mm，长度为 145mm，表面开 3 个圆槽，外形及尺寸如图 1

所示。3 个圆槽装上 O 型圈使得工装轴沿径向具有拉紧力，保证三部分在受到螺栓拉紧时具有一定的圆度，使得膨胀件向外的膨胀力均匀地作用在孔壁上，从而保证了起竖油缸孔与支撑托座安装孔的同轴度要求，提高了孔轴的装配效率。

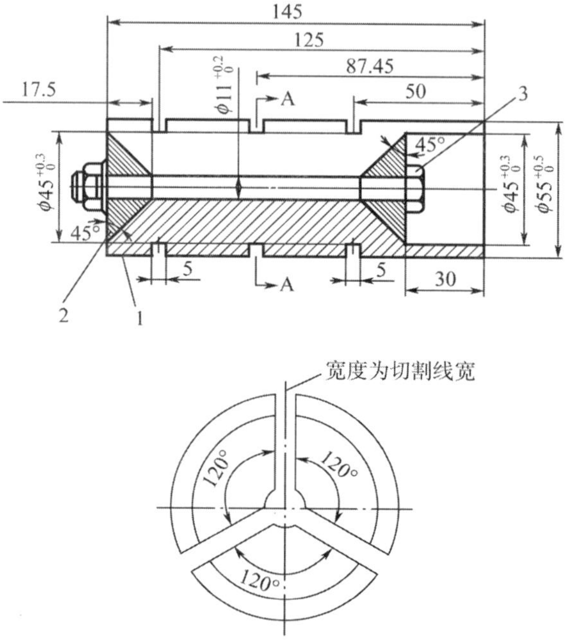

图 1　工装轴装配图

1—膨胀件；2—锥块；3—螺栓

经过加工后的零件如图 2 所示，膨胀件被切割成三部分，O 型圈 3 件、锥块 2 件、螺杆 1 件、螺母 1 件、防胀引导套 1 件、开口扳手 1 件。

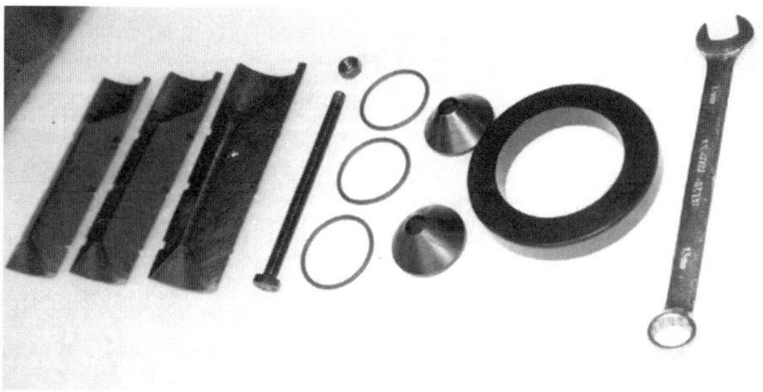

图 2　工装轴零件图

图 3 为工装轴各零件组装后的效果图。当螺钉紧固时，膨胀件受到锥块向中心移动产生圆周方向的张紧力，膨胀件由三个方向向外膨胀，在受到螺栓拉紧力的作用下，膨胀件空载膨胀时如图 3 所示。

图 3　工装轴装配图

2.2　定位安装轴定量分析

当工装轴受到螺钉拉紧力时，膨胀件受到向外膨胀力的作用，使起竖油缸孔与托座安装孔同轴，最终将产品轴装在起竖油缸孔与托座安装孔内。

预紧力的大小需根据螺栓组受力的大小和连接的工作要求决定。先确定螺栓预紧力，再将预紧力进行分解，最终确定工装轴沿径向的受力情况。预紧力计算如下

$$F=K\sigma_s A_s$$

式中　σ_s——螺栓材料的屈服点，MPa；

A_s——螺栓公称应力截面积，mm^2；

K——预紧力系数。

不同材料的预紧力系数如表 1 所示。

表 1　预紧力系数 K

预紧力系数	碳素钢螺栓	合金钢螺栓
	0.6～0.7	0.5～0.6

$$A_s=\frac{\pi}{4}\left(\frac{d_2+d_3}{2}\right)^2$$

$$d_3=d_1-\frac{H}{6}$$

式中　d_1——外螺纹小径，mm；

d_2——外螺纹中径，mm；

d_3——螺纹的计算直径，mm；

H——螺纹的原始三角形高度，mm。

根据以上公式可计算得出螺栓 M10 的预紧力、具体螺栓公称应力截面积及螺栓的保证载荷（见表 2）。

表 2　螺栓的保证载荷（$A_s \times S_p$）（摘自 GB/T3098.1—2000） （单位：N）

螺纹直径 d/mm	螺距 P/mm	公称应力截面积 A_s/mm^2	性能等级			
			5.8 级	8.8 级	10.9 级	12.9 级
粗牙螺纹						
8	1.25	36.6	13 900	21 200	30 400	35 500
10	1.5	58	22 000	33 700	48 100	56 300
12	1.75	84.3	32 000	48 900	70 000	81 800
14	2	115	43 700	66 700	95 500	112 000

通过表 2 可以查得：M10 mm×1.5 mm 螺栓的预紧力为：33.7 kN，将螺栓的拉紧力沿锥块方向进行分解，设螺栓受到的拉紧力（即预紧力）为 F，将 F 沿锥块方向分解为 F_1 和 F_2，即：$F_1=F_2=F\cos45°=24.16$ kN，再将 F_1、F_2 沿工装轴外壁进行分解，同时将 F_1、F_2 再沿 45°方向分解得：$F_3=F_4=17.32$kN，即当螺杆受到最大预紧力时，工装轴作用在起竖油缸孔与支撑托座的安装孔作用力为 17.32kN。工装轴的载荷类型与应力分布如图 4 所示。

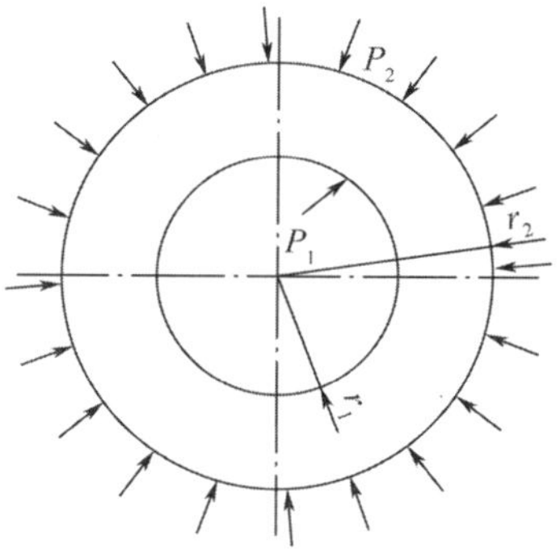

图 4　载荷类型与应力分布示意图

此工件同时受到内压 P_1 和外压 P_2 的作用，半径为 r 的圆柱面上点的主应力：σ_r 为径向应力，σ_t 为切向应力，σ_z 为轴向应力。

$$\sigma_r=\frac{r_1^2P_1-r_2^2P_2}{r_2^2-r_1^2}-\frac{r_1^2r_2^2(P_1-P_2)}{r_2^2-r_1^2}\times\frac{1}{r^2}$$

$$\sigma_t=\frac{r_1^2P_1-{r_2}^2P_2}{{r_2}^2-r_1^2}+\frac{r_1^2{r_2}^2(P_1-P_2)}{{r_2}^2-r_1^2}\times\frac{1}{r^2}$$

$$\sigma_z=\frac{r_1^2P_1-{r_2}^2P_2}{{r_2}^2-r_1^2}$$

由于锥块受到螺栓拉紧力，而锥块受力为 45°的斜面，锥块小径为 $\phi11$，锥块大径为 $\phi45$，此时可根据受力情况近似取得 $r_1=14$ mm，$r_2=27.5$ mm，$P_1=0.68$ MPa，$P_2=0.35$ MPa，可得：$\sigma_r=-0.68$ MPa，$\sigma_t=0.21$ MPa，$\sigma_z=0.24$ MPa。

经上分析，在螺杆受到拉力的作用下，把作用力沿径向分解，通过计算可以得出 σ_r、σ_t、σ_z 均远远小于其许用应力，完全满足其强度要求和设计使用要求。

3　工装轴装配技术的实际应用

将工装轴放在起竖油缸孔与托座安装孔内，配合示意如图 5 所示，初始装配界面如图 6 所示。当用扳手拧紧螺栓时，在螺栓拉紧力的作用下，膨胀件向外膨胀，而膨胀力使得起竖油缸孔与托座安装孔及两边定位环具有一定的同轴度。而此时将产品轴沿着工装轴的膨胀孔放入，用铜棒沿轴向施力，当产品轴受到轴向力时，沿轴向向另一侧运动，如图 7 所示，而此时工装轴在产品轴的作用力下轴向移动，通过工装轴引导产品轴导入安装孔，最终使得产品轴完全装进托座安装孔与起竖油缸安装孔内，达到了装配要求。

图 5　工装轴与支撑插座安装孔配合示意图

图 6　起竖油缸使用工装轴装配前

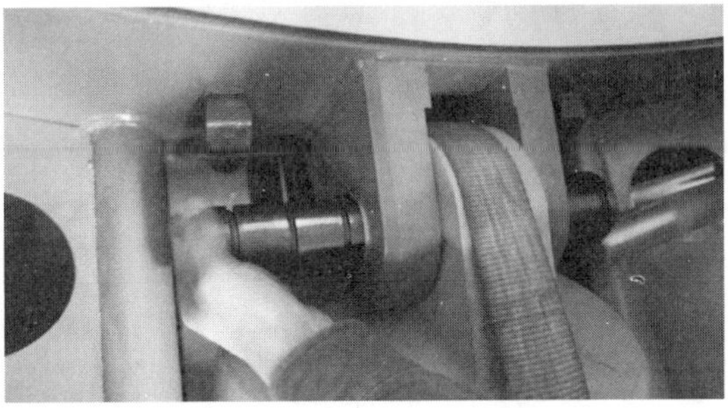

图 7　起竖油缸使用工装轴装配后

通过工装轴的设计使得装配效率得到很大的提高，使用前需要四小时的装配时间，现在通过使用工装轴，只需要三分钟的时间，节约了装配时间。

工装轴使用的优点主要有：装配位置容易固定；在空间狭小的装配过程中，能够使得产品轴的装配效率得到一定的提高；很大程度上提高了产品轴的装配效率；产品轴装配配合精度得到改善；起竖油缸在和托座安装孔装配时很难保证其同轴度，在使用工装轴后有效地克服了装配带来的卡滞现象。

4 结束语

本文详细地论述了起竖油缸轴的装配方法——工装轴装配法。针对关节轴承产品轴的装配特点，特别是关节轴承在起竖油缸支耳内能够转动，关节轴承两边装配定位环，托座安装孔、五个装配点都需要保证同轴度要求，装配前装配工况如图8所示，装配环境限制（不易观察、空间狭小等装配环境）是影响产品轴装配的主要因素，而此工装轴能够通过膨胀保证五处达到装配要求的同轴度，装配后的装配工况如图9所示，此范围能够解决轴径在此区间的装配问题，适用范围大、解决装配问题便捷，为下一步将工装轴装配方法应用在其他领域打下了基础，并将其拓展应用，提高装配效率，奠定了强有力的基础，不同轴径的工装适用于不同轴径的装配，这也是以后研究的一个方向。

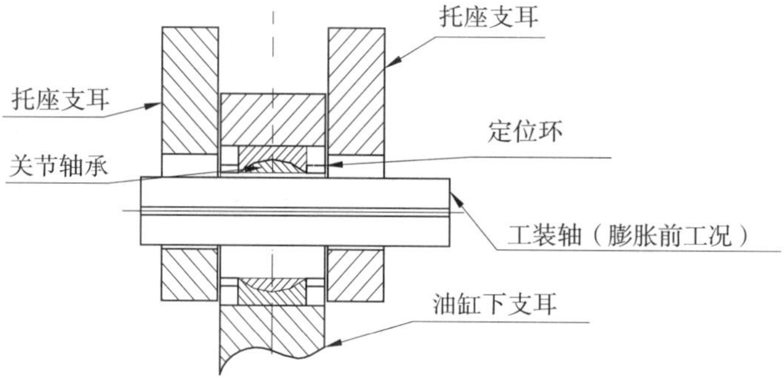

图8　工装轴进入安装孔后工装轴未膨胀状态

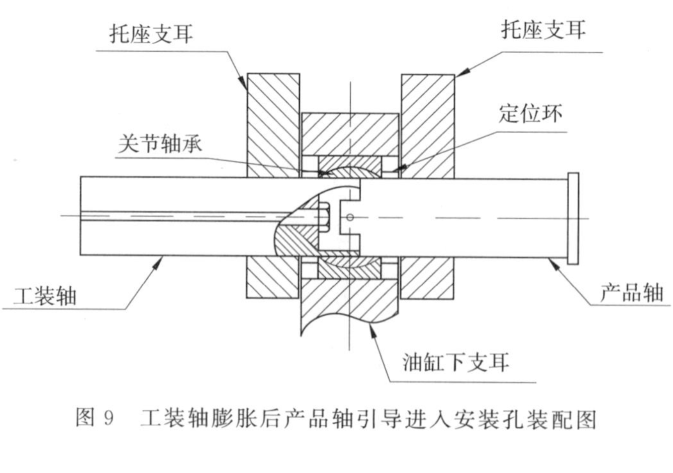

图9　工装轴膨胀后产品轴引导进入安装孔装配图

参 考 文 献

[1] 张萍,廖文和,刘长蔽．基于装配特征的零件自动装配．电气技术与自动化,2004,33(5):93-95.

[2] 杨玲玲,胡树根,王芸．基准定位的自动装配技术．轻工机械,2008(2):59-62.

[3] 申梅,何小朝．基于装配特征的装配建模．中国机械工程,2001,12(9):1025-1029.

[4] GB/T3098.1—2000,螺栓的保证载荷.

集成同步反馈阀块的组合油缸装配方法

袁永生

航天一院519厂

摘　要　该技术研究从组合油缸的生产制造出发，通过随控阀滑阀阀芯阀套研磨、过锐边密封圈无损装配、随控阀阀芯遮盖量精确测量、组合油缸上两个随控阀同步反馈的滑叉和导块选配、随控阀开闭区间精确测量等方面论述，有效解决了组合油缸中随控阀性能、反馈一致以及组合油缸装配初始位置确定的难题，保证产品质量，为相类似结构产品的开发、研制提供了有针对性的技术支持，将会有广阔的应用前景。

关键词　液压油缸　随控阀　装配技术

1　引言

如图1所示，由于型号中的组合油缸采用了油缸与两个同步反馈的随控阀的集成结构，两个起着同步反馈作用的随控阀对后桥的转向起控制作用。该种结构形式的组合油缸，首次应用在型号产品中，无可借鉴的经验，基于此，对该产品的装配进行了摸索创新，主要创新内容如下：

1）保证组合油缸中，随控阀的同步动作装配技术；

2）油缸运作过程中，随控阀开闭区间精确测量技术。

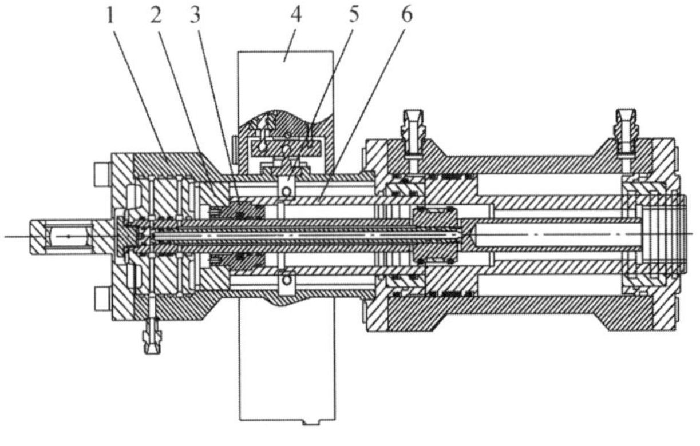

图1　组合油缸结构示意图

1—端盖筒；2—导块；3—导向块；4—随控阀；5—滑叉；6—活塞杆

通过以上问题的研究，成功解决了组合油缸装配过程中随控阀对称安装、同步动作和开闭区间精确测量的技术难题，保证了组合油缸的生产质量，通过后续对组合油缸的使用验证，满足了设计指标要求。

相关技术状况及其存在问题：组合油缸是由油缸与两个同步随控阀组成的集成结构，是整个转向系统的关键部件，它不仅是前转向桥组核心元件，同时对后桥转向起着控制作用。油缸的主要作用是对前桥转向起助力作用，两个同步随控阀对后桥的转向起控制作用，如图 2 所示。油缸在伸缩的同时，带动导块对两个随控阀的阀口进行开启与关闭，油缸与随控阀的制造精度以及装配精度直接影响整车的转向精度，一旦组合油缸的制造精度较低，将会使整车运行时发生摆尾、跑偏或轮组转向不到位的现象，严重时可影响整车的正常行驶。

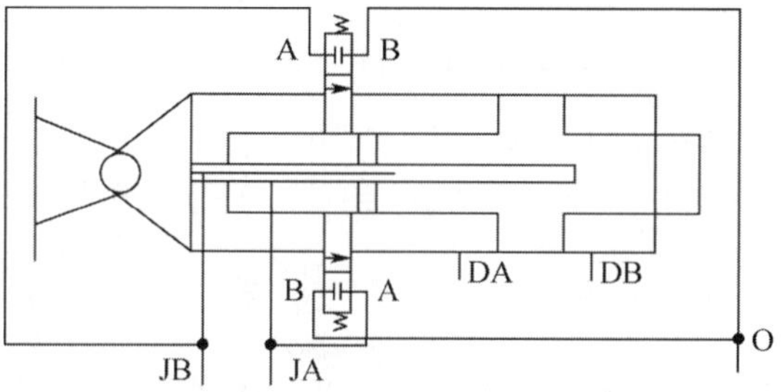

图 2　随控阀在组合油缸中的工作原理图

组合油缸主要组成及功能原理是：发射车转向时来自转向分配阀的压力油通过动液 DA 口或 DB 口进入动液腔，使动液活塞杆运动，再通过转向杆系推动车轮转向，完成二桥转向助力功能。随控阀的启闭由动液活塞杆驱动，静液腔沟通，随控阀保持不动，旋转式伺服阀阀口处于中位，七、八桥油缸保持不动，进而使后桥车轮保持直线运动，提高了系统的使用性能。组合油缸装配后技术指标见表 1。

表 1　组合油缸装配后技术指标

序号	内容	技术指标
1	油缸中位时，即两个随控阀同时打开，此时随控阀入口 A 接系统油源，出口 B 接流量传感器	两个随控阀出口 B 流量值相差小于 20%
2	组合油缸动作过程中，随控阀开闭区间试验	需要在油缸运动过程中，通过流量计准确测量出两个随控阀的开闭区间
3	组合油缸匹配试验	组合油缸行至两个流量传感器显示最大流量时（即油缸中位）立刻停止，确定中位

这种集成随控阀结构形式的组合油缸在军民品生产中从未应用过，集成过程中，随控阀对称安装是重点，生产装配均无可借签的经验，基于此，对该产品的装配和试验进行了摸索创新。

2　组合油缸改进的创新装配方法

（1）改进措施之一：随控阀的同步动作装配技术

保证随控阀同步反馈的主要零件是滑叉和导块的对称装配，为此，设计了滑叉和导块的选配方法，具体要求如下：如图 1 结构所示，为保证随控阀同步，由于导块、滑叉的加工公差不一致，如果直接进行装配，很难保证随控阀的同步性和行程（2.5±0.1）mm 的要求，为此采用滑叉与导块进行测量选配的方法，以保证随控阀的同步动作。

主要措施如下：

1）如图 3 所示，组合油缸不装随控阀的状态下，利用工艺支撑，将油缸垫平水平放置，保证导块水平且左右对称；

2）在油缸导块处两侧放置两块百分表，如图 4 所示，百分表分别压在滑叉两侧上平面，在油缸全行程动作过程中，利用百分表测量滑叉行程；

3）手动，使滑叉在导块中运动过程中，百分表测量行程在（2.5±0.1）mm 范围内选配为一组，并在滑叉和导块进行标记，进行装配；

4）将选配出成组的滑叉和导块装配在随控阀上，完成随控阀的同步动作装配。

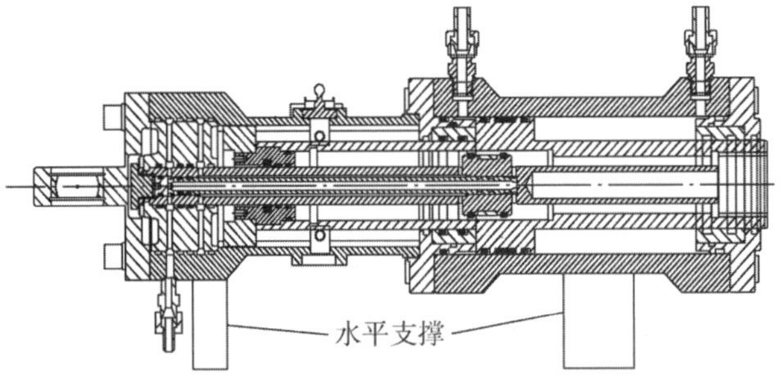

图 3　油缸测量放置示意图

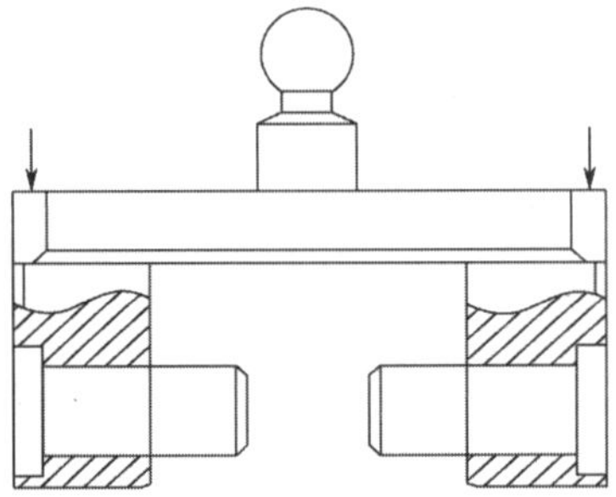

图 4　选配测量示意图

通过测量选配导块和滑叉的方法，解决了随控阀在组合油缸中同步装配的关键技术，满足了随控阀的装配要求。

（2）改进措施之二：随控阀开闭区间精确测量技术

随控阀与组合油缸装配后的开闭区间确定直接影响了组合油缸的中位行程确定，即组合油缸的初始安装位置。初始位置一旦发生偏差，将导致转向系统转向信号产生跑偏、该转向时不转等偏差。因此，组合油缸整体匹配试验中需对随控阀的开闭区间进行精确测量，这是保证组合油缸初始安装位置的关键。

在精确测量时，当组合油缸活塞杆缓慢伸出的过程中，随控阀刚一打开或刚一关闭，接随控阀 B 口的两个压力表均出现压力跳变现象，由于压力变化均是瞬间变化，目测时无法看到压力表刚开始变化时的状态，因此，不借助于工装保证，根本无法准确测出随控阀开闭区间位置。

根据组合油缸结构示意图 1 所示，影响随控阀开闭区间的主要是导块的导向曲线，如图 5 所示，主要受导块导向曲线的宽度 9 mm 和高度 2.5 mm 影响，试验过程流量为 10 L/min，在随控阀刚开或刚闭时，很难精确控制。

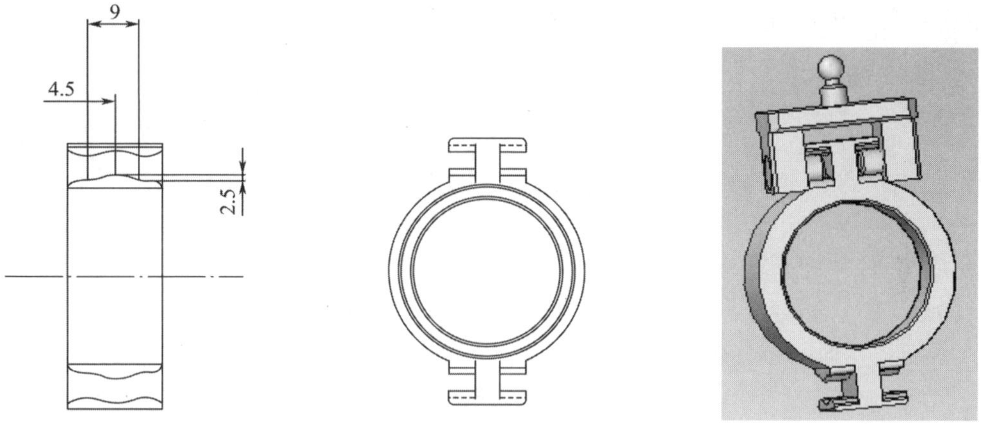

图 5　导块导向曲线尺寸示意图

针对压力表均产生跳变现象、目测无法准确测出随控阀开闭区间位置的问题，设计了如图 6 所示测量工装，保证在螺纹控制、随控阀开闭区间能够精确测量。主要措施如下：

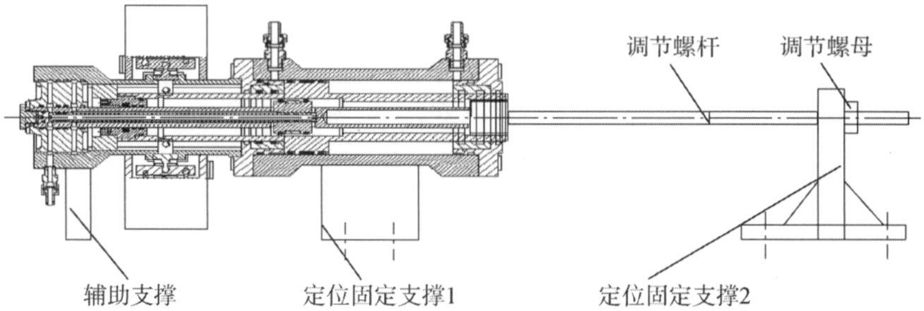

图 6　测量工装

1）如图 6 所示，将组合油缸和调节螺杆通过辅助支撑、定位固定支撑 1、定位固定支撑 2 调节水平并用螺栓将定位固定支撑 1、定位固定支撑 2 紧固在平台上；

2）微调旋转右端的调节螺母，螺杆拉动活塞杆伸收，通过这种方式，精确控制组合油缸动液活塞杆的伸收量；

3）微调调节螺母控制螺杆伸收量，从而精确控制组合油缸动作，使随控阀缓慢进入导块导向曲线时，利用压力表的跳变达到精确测量随控阀开闭区间的目的。

通过精确调节测量工装的应用，解决了反馈控制阀在组合油缸中装配的关键技术，满足了反馈控制阀的装配要求。

3 结论

通过油缸与随控阀集成为一体的组合油缸装配过程方法的摸索研究，利用导块和滑叉选配技术、应用精确测量工装，有效解决了组合油缸中随控阀性能、反馈一致以及组合油缸装配初始位置确定的技术难题，圆满完成了型号产品研制任务，通过该项目的探索研究，使组合油缸在装配试验过程中的关键技术点得到控制，降低对操作的技能要求，提高工作效率，是一种值得推广的工作方法和工作思路。

碳纤维复合材料舱段推拉杆安装孔加工方法

邱建特　张　鑫

航天一院 703 所

摘　要　由于碳纤维复合材料舱段推拉装置的独特结构，导致其在装配过程中加工侧壁上的推拉杆安装孔难度较大。本文通过对推拉装置结构以及装配工艺过程的研究，发明了一种高效、快捷的加工工艺方法。此方法保证了推拉杆安装孔的精度，提高了加工效率，解决了复合材料舱段推拉杆安装孔的加工问题。

关键词　碳纤维复合材料舱段　推拉杆安装孔　加工方法

1　引言

随着碳纤维复合材料在航天产品上的广泛应用，对其加工装配的需求也越来越多。在某型号复合材料舱段上，设置了推拉装置。此装置的作用是产品交付使用后方便舱段的拆解、对接及填装。

推拉装置是由推拉杆和螺接在舱体内侧的推拉点组件两部分组成的，如图 1 所示。

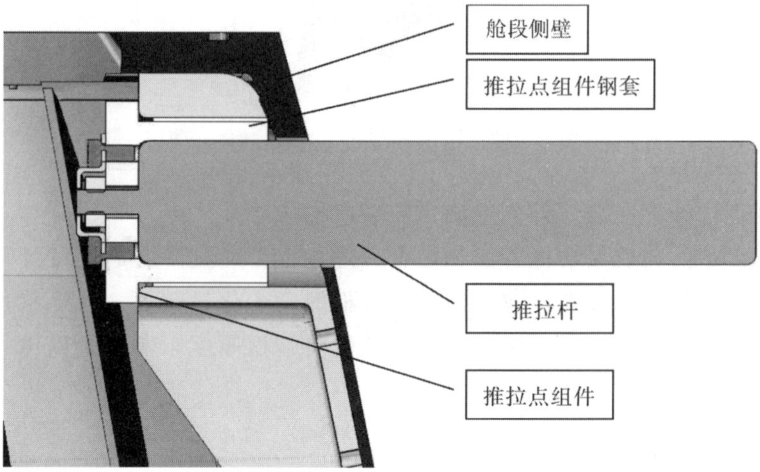

图 1　推拉装置结构示意图

从图 1 可知，推拉杆穿过舱段侧壁上的安装孔，与安装于舱段内壁推拉点组件上的钢套间隙配合，通过前端的 M6 螺柱与推拉点组件上的游动托板螺母进行固定。

2 装配难点

目前，推拉装置装配过程中的主要难点集中在舱段侧壁上推拉杆安装孔的加工上。因为推拉杆安装孔的直径仅大于推拉杆直径 0.4 mm，安装后，单边余量仅为 0.2 mm。只有保证推拉杆安装孔与推拉点组件上钢套的同轴度≤0.2，才能保证推拉杆的顺利安装。但在现有的手工装配条件下，很难达到此精度。其难点主要体现在以下几个方面。

2.1 舱段侧壁上推拉杆安装孔的中心难以确定

（1）无法直接根据推拉点组件上的钢套在舱体内侧壁确定安装孔的中心

图 2 为推拉点组件的结构示意图，从图中可以看出钢套外侧游动托板螺母的存在，导致推拉点组件成为一个半封闭式结构，很难通过游动托板螺母找出钢套的中心。除此之外，因工艺路线限制，推拉点组件必须以组件的形式安装到碳纤维复合材料舱段上，安装过程中不可将组件进行拆卸，这样就大大增加了确定孔中心的难度。

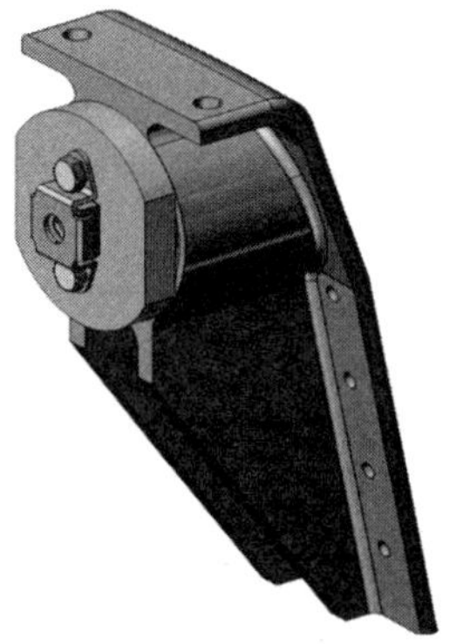

图 2 推拉点组件结构示意图

（2）无法根据理论计算在舱体外侧壁确定安装孔的中心

推拉点组件的上平面与舱段端框背面相贴合，理论上可通过两者的厚度计算出安装孔的中心。但碳纤维复合材料舱段端框成型后，其端框厚度变化量较大，且形状位置公差难以控制，导致推拉点组件在安装过程中，其安装位置受端框厚度影响。所以也无法根据理论计算在舱体外侧壁确定安装孔的中心。

2.2 加工刀具的选择问题

如孔中心确定后，操作人员即可确定开孔区域。传统复合材料舱段开孔工艺中选择实心镀金钢砂磨棒进行开孔，但此种工艺只适用于孔精度较低的开孔操作，不适用于此类相对精度要求较高的孔，并且操作人员选择实心镀金钢砂磨棒进行开孔时，刀具的方向不易控制，从而可能导致开孔后孔位置发生偏差。

实心镀金钢砂磨棒无排屑槽，加工时排屑困难，易产生二次切削，影响孔的加工质量和效率，且实心结构散热困难，还大大降低了其使用寿命。

除此之外，因为碳纤维复合材料舱段本身的材料特性，使用传统结构形式的刀具加工孔后，易在入口、出口处产生纤维劈裂或撕裂，孔内壁周围材料分层等缺陷，因此选择合适的刀具也成为影响孔加工成功的关键因素。

3　工艺研究

综上所述，加工孔的关键因素在于如何准确地确定出安装孔的中心位置以及选择合适的开孔刀具。

3.1　工装及刀具设计

（1）定位工装设计

通过对推拉点组件结构形式的研究，发现其虽为半封闭式结构，但仍可以借助适当的工具以钢套内圆为定位基准确定出钢套的中心，因此通过研究设计出推拉点组件定位导向装置，如图 3 所示。

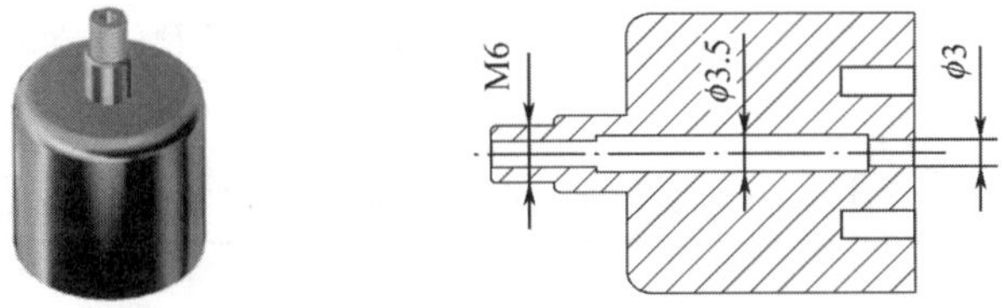

(a) 实体图　(b) 剖视图

图 3　定位工装结构示意图

此定位工装的圆柱部分即为定位部分，以推拉点组件的钢套内圆为定位基准。前端设置的螺纹部分一方面通过推拉点组件上的游动托板螺母将工装固定在推拉点组件内，另一方面在后续的工作中对游动托板螺母起到保护作用。工装上 $\phi3$ 通孔即为中心孔，将安有工装的推拉点组件固定在舱体内侧壁上，通过中心孔即可在舱段内侧壁上找到推拉杆安装孔的中心孔，以此中心孔为导向即可加工推拉杆安装孔。

（2）刀具设计

为了适应此种位置精度及尺寸精度要求较高的安装孔，设计了专用的开孔刀具，如图 4 所示。

专用开孔刀具为镀金钢砂薄壁套料磨头，由 $\phi3$ 导向轴和薄壁镀金钢砂磨头两部分组成。此种套料磨头较实心镀金钢砂磨棒有以下优点：

1）刀具的导向轴可以通过舱段侧壁及工装上的中心孔确定磨削方向，从而可以保证开孔的同轴度；

2）将磨头设计成开放式薄壁套料磨头，仅在磨头前端面和靠近前端面部分镀金钢砂，有效地减少了磨削面积和磨削阻力；

3）前端面的排屑槽增加了散热面积和排屑空间；

4）磨头前端的倒角设计，还能有效降低开孔时对碳纤维复合材料的损伤。

图 4　开孔工装刀具结构图

3.2　工艺方案制定

根据研制的工装，推拉杆安装孔的加工流程如图 5 所示。

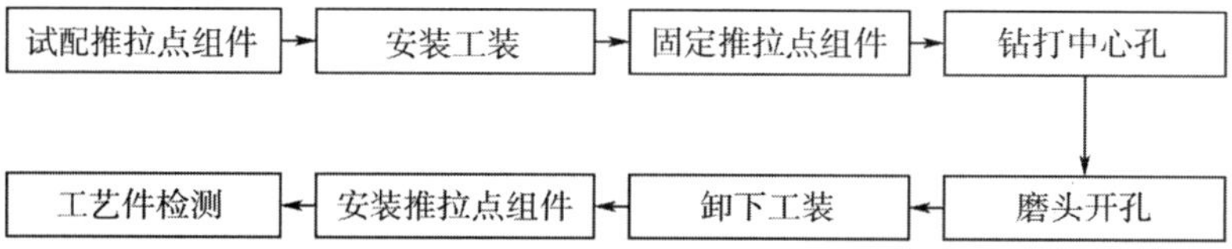

图 5　工艺流程图

首先在舱段内侧壁上试配推拉点组件，确定推拉点组件的安装位置，卸下推拉点组件，将工装安装在推拉点组件内，并按试配位置将推拉点组件固定在舱段内侧壁上，使用 $\phi 3$ 加长钻头从内侧钻打中心孔，以舱段侧壁上的中心孔和工装作为导向，使用开孔磨头从外侧加工安装孔，如图 6 所示。开孔后，将推拉点组件卸下，取下工装，使用标准紧固件将其安装到舱段侧壁上，最终使用推拉杆工艺件进行检测。

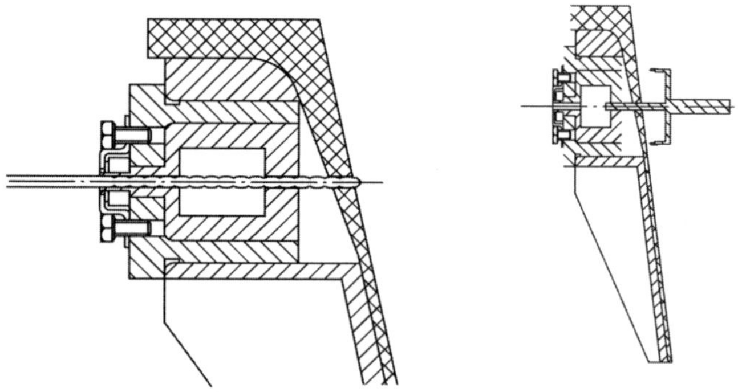

(a) 钻打中心孔　　(b) 磨头加工安装孔

图 6　安装孔加工示意图

3.3 工艺验证

为了验证此工艺方法的可行性，使用此方法加工了 6 个安装孔，并分别测量安装孔与推拉点组件上钢套的同轴度，测量结果见表 1。

表 1 安装孔与推拉点组件上钢套的同轴度

编号	1#	2#	3#	4#	5#	6#
同轴度测量	ϕ0.087	ϕ0.081	ϕ0.078	ϕ0.093	ϕ0.089	ϕ0.103

根据测量数据可知，安装孔与推拉点组件上钢套的同轴度能维持在 Φ 0.1 左右。测量后，使用推拉杆工艺件进行测试，所有工艺件均能顺利安装，使用此工艺方法能够满足推拉杆的安装精度。

4 结论

本文针对推拉杆安装孔加工的难点，对其结构特点进行了分析，设计出能够确定推拉杆安装孔中心的专用工装，并对开孔刀具进行了改进设计，解决了此类孔的加工问题。

参考文献

[1] 高航，袁和平．碳纤维复合材料构件干磨削砂轮研制及其加工性能研究．兵工学报，2011(2)：186-191.

[2] 张鹏，王保林，孙艳杰，王爱春，黄凤春．复合材料湿法加工工艺．宇航材料工艺，2012(4)：68-71.

发动机长排气管定位锉修工装设计制造

郝凤宝

航天一院 211 厂

摘　要　某型号发动机长排气管主要用于排放氢、氧涡轮后的燃气，其锉修质量和装配精度直接影响发动机飞行过程中的姿态。然而，随着设计要求的完善，长排气管的空间尺寸有了严格的要求，仅凭操作者的经验估计已很难达到设计要求值了。为了解决这一问题，对产品结构进行了分析，自制一套长排气管定位、锉修工装，准确地控制了长排气管的长度和相对于大喷管延伸段的位置尺寸，使该产品装配精度满足该型号发动机的外廓尺寸要求，并在很大程度上提高了产品质量和生产效率。

关键词　装配精度　定位锉修　自制工装

1　引言

该型号发动机的长排气管具有外形长、管径粗、焊缝多、形状复杂等特点，这就使得产品加工过程的各个环节都具有很大的难度。以往锉修焊接后的产品长短控制不准、易变形、稳定性差，导致安装后的位置很难满足设计要求，经常需要进行返修，产品的质量和生产周期较难保证。通过对产品结构进行有针对性的分析，设计制造出一套行之有效的工装，解决了这一生产上的“瓶颈”问题，保证了产品质量，同时也缩短了生产周期。

2　长排气管制造的设计要求

长排气管制造的主要设计要求：

1）长排气管总长度要求控制在 $1\ 278^{+1.5}_{-2.0}$ mm，即最多不长于喷管延伸段出口端面 1.5 mm，最多不短于喷管延伸段出口端面 2 mm。

2）长排气管下端扩散段出口与喷管延伸段出口之间的间隙控制在 20～25 mm 之间。

3）长排气管下端扩散段出口端面与喷管延伸段出口端面平行度控制在 2 mm 以内。

根据以上设计要求，针对长排气管外形长、管径粗、焊缝多、形状复杂的特点，进行了深入的分析，最终确定了以下几个急需解决的问题：

1）长排气管锉修、焊接、装配基准的确定。

2）控制长排气管与喷管延伸段之间的间隙。

3）锉修时留有适当余量，保证不因焊接后收缩影响长排气管尺寸。

3 工装设计方案

3.1 总体构想

综合考虑设计要求及长排气管定位位置的具体情况，经过研究确定了自制工装的方案。该工装选择喷管延伸段出口端面作为基准，通过调整安装卡箍来控制长排气管与喷管延伸段之间的间隙，在长排气管上端锉修前利用假法兰、下端将锉修工装铣除 1 mm 台阶以控制锉修余量，保证长排气管最终长度。

3.2 实施方案

（1）利用喷管延伸段出口端面作为基准，控制长排气管的长度

毛坯件选用了一根大槽钢。为了减轻质量以便使用，首先铣掉了大槽钢两肋加强筋的 2/3 量。然后铣加工出与喷管延伸段出口端面、长排气管扩散段出口端面相接触的平面作为基准。再从基准面两端各打两个孔，背面点焊上四个螺母，安装上螺栓充当小千斤顶，微量调整使大槽钢上平面与喷管延伸段出口端面接触，以此作为加工喷管延伸段的基准，从而确定了长排气管的下端面。为了保证锉修研合的长排气管焊接后总长度能够精确在设计要求的公差范围内，在大槽钢上与长排气管扩散段出口端面接触的平面上多铣掉 1 mm，这样使得锉修后长排气管的管料相对于名义尺寸长出 1 mm，用来弥补焊缝 C 的焊接收缩变形。

（2）利用锉修工装长度控制余量结构，固定排气管出口位置，以控制长排气管扩散段出口与喷管延伸段之间的间隙

设计要求长排气管扩散段出口与喷管延伸段出口之间的间隙应控制在 20～25 mm 之间。为此，联想到 3.1 中所提及的 1 mm 台阶，将台阶的位置定在距喷管延伸段出口 22.5 mm处，很好地控制了 20～25 mm 的尺寸。另外，利用排气管上、下两端，紧固卡箍的长度调节螺钉，以及卡箍上支板与大喷管连接支板的椭圆孔的调节余量，来控制排气管距离喷管延伸段的上述尺寸要求，这样就能很好地保证设计要求。

（3）制作长排气管上端假法兰，提高锉修和焊接质量

由于发动机装配主要依靠修配法，这就要求装配环必须留有足够但不是太大的修配量。然而，如果在锉修长排气管上端时，直接用真法兰作基准比对，就会导致锉修后没有足够的余量，焊接后收缩变形。为了避免这种情况，制作了另外一个辅助工装。利用报废的长排气管上端法兰改制成假法兰，在报废的法兰出口焊接一个过渡管，该过渡管内径比长排气管相应对接的外径大 1 mm，改制的假法兰总长度比真法兰总长度短 1 mm。锉修长排气管时假法兰安装在发动机的相应部位，将长排气管对接端插入假法兰进行调整、定位、划线。锯掉导管多余部分，然后锉修研合到划线位置与真法兰进行焊接，焊接后焊缝均匀收缩 1 mm，正好是长排气管的总长度。

产品结构与工装设计示意图如图 1 所示。

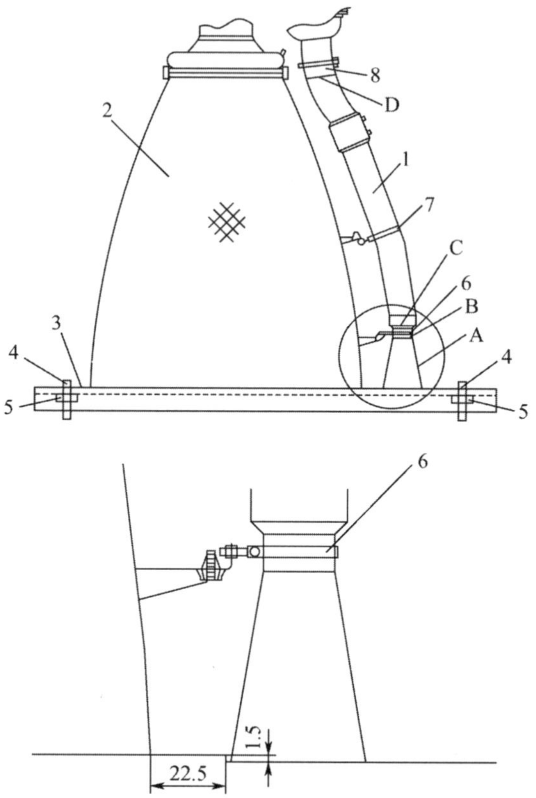

图 1　产品结构与工装设计示意图

1—长排气管；2—喷管延伸段；3—大槽钢；4—调整螺栓；5—螺母；6—下调整卡箍；7—上调整卡箍；8—长排气管上端假法兰；B，C，D—长排气管上的三道环型焊缝；A—长排气管下端喇叭口上的纵向焊缝

4　工装辅助产品制造

长排气管外形长、管径粗、焊缝多、形状复杂，借助工装后，能够很好地解决这些问题。经过长时间实践，已然形成了较为成熟的制造过程。

1）将自制工装水平放在喷管延伸段下方，调整工装两侧螺栓，使工装上表面紧密贴合在喷管延伸段下端。

2）将扇形不锈钢料弯曲后两端对接焊，形成一个喇叭口。

3）焊接喇叭口与过渡段。

4）固定喇叭口（包括过渡段），调整安装卡箍，使喇叭口下端紧密贴合在大槽钢上平面上，并使其边缘紧贴大槽钢台阶。

5）在氧泵燃气出口连接假法兰，将长排气管上部分进行比对、锯断，注意留有 20 mm 余量。

6）将长排气管上部分上端放入假法兰进行比对、锉修、研合，使其下端与过渡段紧密贴合，然后在对接处划线、定位、焊接。

7）将长排气管上端放入假法兰进行比对，调整安装卡箍，使喇叭口下端紧密贴合在大槽钢上平面上，并使其边缘紧贴大槽钢台阶，然后对长排气管上部分上端划线、锯断、锉修、研合，使其上端与真法兰紧密贴合，在对接处划线、定位。

8）将整个长排气管送焊工焊接，焊接后由于焊缝均匀收缩，长排气管总长度缩短，正好达到设计要求。

9）安装长排气管，拧紧紧固件，检查其安装后的尺寸参数是否符合设计要求。

5 实施效果

采用上述方法后，进行了大约 200 台份发动机长排气管的锉修，一次合格率达到 100%，有效地保证了产品质量和生产周期，使工作效率提高 3～4 倍。

6 结论

在此次自制工装的设计制造过程中，结合大尺寸结构件的锉修、焊接，认真研究修配法装配的特点，充分考虑材料在焊接前后的变化对产品尺寸的影响。确定锉修基准并以此设计制作工装夹具。此工装的使用，不但减轻了操作者的工作难度和强度，而且缩短了生产周期，使周期可控，便于生产安排，更重要的是，提高了产品的质量和稳定性。这种通过自制工装解决生产“瓶颈”问题的办法，具有“低成本、高回报”的优势，可以供今后的生产过程借鉴。

参考文献

[1] 王荔岩，谢本才．发动机装配技术浅谈．黑龙江科技信息．2010(23).

大氢氧发动机钛合金导管制造方案优化研究

王文增
航天一院 211 厂

摘　要　大氢氧液体火箭发动机氢主导管是钛合金材料，其硬度高于不锈钢材料，现有锉修手段是砂轮机修磨，氢主导管的焊接容易出现气孔等缺陷，校正时容易出现导管法兰变形。经多次实践，通过改进钛合金氢主导管的锉修余量、定位方式、焊接顺序，优化钛合金导管的制造方案，避免装配调泵，保证钛合金导管的制造质量和效率。

关键词　钛合金　氢主导管　锉修余量　定位方式　焊接顺序

1　引言

钛合金由于具有强度高、耐腐蚀好、耐热性高等优良特点，现被广泛应用于制造液体火箭发动机氢主导管，如图 1 所示。然而在制造钛合金导管时，初始焊接方法是先焊接氢主阀入口法兰与氢主导管，后焊接弯管与弧形管及氢泵出口法兰，由此产生的焊接收缩变形为 2.3～3 mm，超出尺寸精度要求。此外，焊接后的钛合金导管与氢泵出口装配连接的偏斜偏差为 0.7 mm，因此锉修焊接后很难达到技术要求。以前只能通过二次调泵，牺牲泵口精度来达到装配技术要求，不仅浪费成本，延误生产周期，同时在装配过程中存在质量隐患。

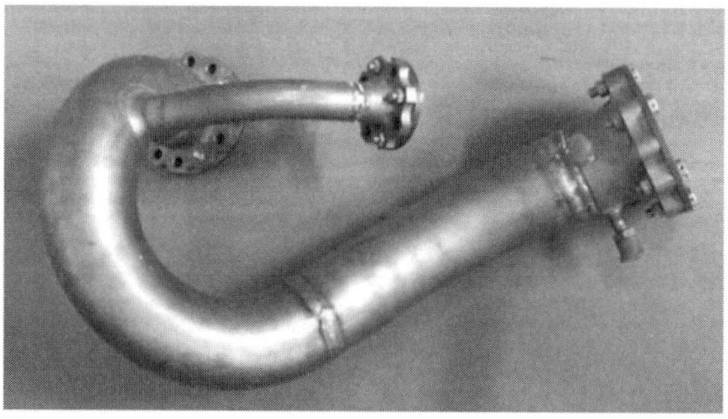

图 1　大氢氧火箭发动机氢主导管

表 1 为三台液体火箭发动机的三根氢主导管锉修后交检合格率、焊后 X 光合格率与调泵情况的统计结果。其中反映了氢主导管锉修后焊接质量较低和焊后均需对已经安装好的泵进行调泵处理的现状，装后再调整泵的位置不仅影响产品的质量，同时更影响产品的进度、生产的成本以及生产效率等，在大推力新型号研制阶段，只有保证产品的质量和生产效率，才能适应当前的生产模式，确保新型号预期发射，因此解决氢主导管锉修和焊接质量的难题刻不容缓。

表 1　优化前液体火箭发动机锉修后合格率及调泵情况

台份	日期	产品型号及数量	锉修后交检合格率	X 光及合格率	调泵
XX	2011.7.20	AA0301－0	75％	80％	调泵
XX	2012.1.20	AA0301－0	75％	80％	调泵
XX	2012.5.15	AA0301－0	80％	80％	调泵

2　技术难点

液体火箭发动机在装配过程中，其中最重要的工作之一是导管的锉修和焊接，在导管锉修过程中存在以下几个难点：

1）导管成型后角度误差不一，每台份状态各不相同，无规律可循；

2）发动机每台调泵后，氢泵出口高度、角度均有变化，随机性太大；

3）导管焊接时状态不同，起弧收弧位置不同，焊后应力收缩方向无法控制，容易出现法兰扭曲，影响装配精度；

4）钛合金硬度大，锉修时不宜使用锉刀，使用砂轮磨削难以掌握每次切削余量；

5）砂轮磨削时易出现碎屑飞溅，粘附在导管内壁不易清除，造成多余物。

在导管锉修后，焊接过程中存在以下几个问题：

1）焊接时不易保护，焊后出现缺陷，补焊后补焊位置焊接应力增大，容易收缩，造成焊后变形，降低装配精度；

2）焊接芯棒不合理，保护不当，容易焊漏过大；

3）焊接时环境条件恶劣，影响焊接质量。

3　技术方案

要求装配钳工在导管锉修前能够很好地把握导管的状态，判断出导管锉修完成后是否能够满足装配要求，锉修中能够有效地进行保护，防止出现碎屑飞溅和磕碰，锉修后能够达到锉修精度保证焊后精度，同时达到焊接工序所要求的焊接条件。提高锉修后导管焊接质量和精度，达到其他材料导管锉修后的相同精度和焊接质量，减少导管焊接后法兰变形，提高焊后 X 光合格率和装配精度，焊接后 X 光合格率要达到 90％，降低装配过程中的质量隐患，减少焊后二次调泵次数，缩短生产周期。

（1）对锉修方法进行改变

通过分析导管状态，自制了锉修工装——工艺法兰，依据导管法兰尺寸制作工艺法兰，法兰处加工四个定位孔，保证工艺法兰与产品对接口的同心度，工装法兰内径大于产品导管尺寸 1 mm，保证导管锉修中定位准确、出入方便，如图 2 所示。在保证导管锉修质量的同时提高了效率，降低了导管的报废率，节约了成本，提高了装配效率。利用工艺法兰对弧形管和中间弯管进行锉修研合，达到尺寸要求后，进行定位焊接，打底后送 X 光，检查合格后盖面焊接，再次送 X 光检查保证产品质量。在锉修研合导管与氢泵端法兰时，为满足精度要求，在氢主阀入口法兰端导管长度方向预留 0.7～1 mm 余量，防止焊接收缩造成的精度偏差。最后，在氢泵端法兰与导管焊接合格后，对氢主阀入口法兰进行锉修。锉修时主导管法兰与泵端垫 0.2～0.3 mm 的垫片，留有一定间隙，从而保证焊接后装配尺寸要求并改善装配条件。其中，在钛合金导管锉修过程中，需要注意以下几方面事项：锉修前检查导管外壁是否有磕伤；锉修时注意内壁保护，防止飞溅；使用切割机时，装夹要牢固，防止松动；锉修后要清理内壁。

图 2　自制工艺法兰

（2）对定位方式进行改变

通过制作定位夹具，如图 3 所示，定位夹具外径尺寸小于导管内径尺寸 0.5 mm，夹具顶端轴向加工 8°倒角，产品导管焊缝位置在距离倒角顶端 3/4 处；此外，夹具中间 ϕ11 mm通孔一方面便于焊接时导管旋转，另一方面通过该孔向内部充放氩气，从而降低了以前用手扶的方法产生的误差。焊后进行错壁检查，合格率达到了 90％（此次试验的数据是在以前焊接模式的基础上，只改变了焊接定位方式的情况下进行焊接所得到的）。

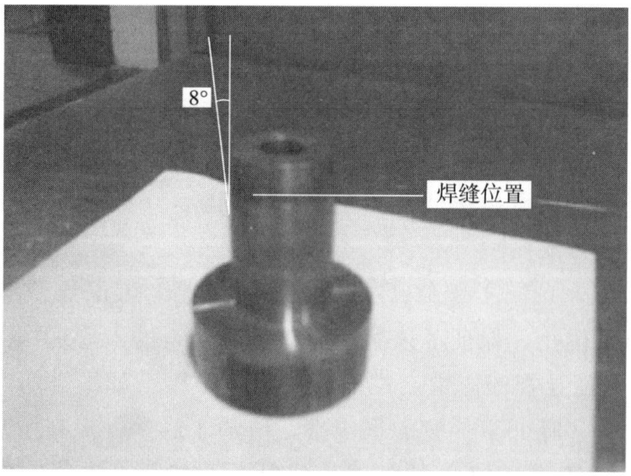

图 3　定位焊接夹具（见彩图）

（3）对焊接顺序进行改变

首先对弧形管和弯管进行焊接，之后焊接导管与氢泵端法兰，最后焊接导管与氢主阀端法兰。采用这种焊接顺序可以消除弧形导管和弯管焊后变形收缩对后续锉修尺寸的影响，焊接导管与氢泵端法兰后再对导管进行锉修调整，可以减小焊后变形收缩量，以保证导管最终焊后尺寸要求。如图4所示，焊接分两次，打底以导管内侧焊接，盖面以导管外侧焊接。其中在钛合金导管定位焊接过程中需要注意的事项包括：定位时，防止错壁；定位焊接时，注意焊机电流大小；焊接时，注意焊接间的温湿度及空气流动。

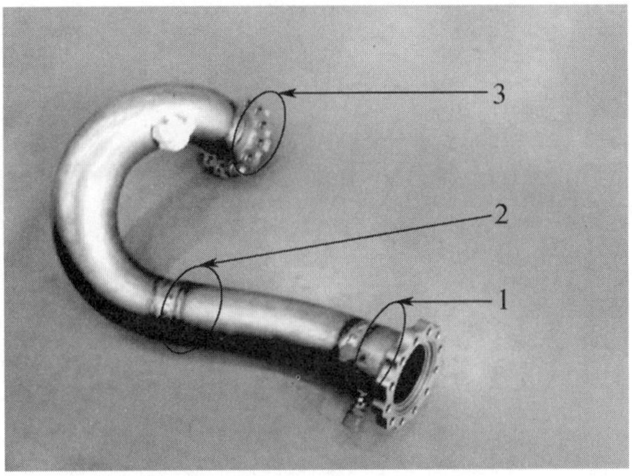

图4　焊接顺序（见彩图）

此外，在空气温度、湿度方面，通过采取给焊接间通风的方式来降低室内空气的湿度，优先选择集中在能满足焊接条件的春秋冬三季进行焊接产品，焊接后送X光检验，合格率达到了80%（此次试验的数据是在以前焊接模式的基础上，只改变了焊接温、湿度的情况下进行焊接所得到的）。在导管最后一道焊缝焊接成型后，由于焊接收缩变形和热处理等因素产生尺寸超差导致产品报废。对此做出了统一的工艺法兰，每次锉修时，制定锉修工序，保证了锉修质量，达到了锉修后100%满足焊接要求。

4　实用案例

解决了钛合金导管锉修及焊接过程中存在的一些问题，使得钛合金导管锉修焊接后X光一次合格率从以前的80%，现已实现了设定合格率为90%的目标，焊后调泵次数也有了显著的改变，发动机钛合金导管锉修及焊接又进行了四次（四根钛合金导管）焊接，还没有出现钛合金导管补焊现象，到目前为止达到了100%的合格率，焊后重新调泵次数为零。

5　结束语

通过对大氢氧液体火箭发动机钛合金导管制造方案的优化，分别改进钛合金氢主导管的锉修方法，调整锉修余量；采用焊接定位夹具改变焊接定位方式；改变焊接顺序；从而解决了钛合金导管锉修及焊接上的难点，使产品焊接合格率达到100%，焊后重新调泵率为零，不但缩短了装配周期，而且提高了产品质量。

参考文献

[1] 陈刚，杨举銮．钳工．北京：中国劳动出版社，1999.

[2] 高亮，徐文福．钛合金导套瓣的手工氩弧焊焊接工艺．焊接，2011(9)：64-65.

运载火箭常温推进剂泄漏排故方法

吴　勇

航天一院 211 厂

摘　要　针对运载火箭在靶场加注后，可能出现的推进剂泄漏问题，分析故障模式并在实践的基础上总结出排故方法及操作要点，在不破坏产品技术状态的情况下能够解决产品的泄漏问题，以确保运载火箭发射成功。

关键词　运载火箭　推进剂泄漏　排故方法

1　引言

运载火箭在靶场加注后，由于多种原因，在特殊情况下，密封部位有可能产生氧化剂或燃料泄漏问题，需要运载火箭总体装配工人进行现场抢险排故作业，在不破坏产品技术状态的情况下迅速解决产品的泄漏问题，以确保运载火箭发射成功。

2　故障模式

2.1　泄漏现象及危害性

常规液体火箭推进剂分为氧化剂和燃烧剂。氧化剂一般为四氧化二氮，燃烧剂一般为偏二甲肼，二者均为剧毒物质，但泄漏现象不同。

氧化剂（四氧化二氮）发生轻微泄漏时，其现象为硝基氧化剂在空气中冒红棕色烟，严重泄漏时，现象为持续滴液，与燃料接触可引起爆炸。所以，在有可燃物质存在的环境中若发生四氧化二氮大量泄漏，会发生着火爆炸的危险。此长时间工作的最高浓度不得大于 2.4 ppm。

燃烧剂（偏二甲肼）发生泄漏时，现象为在空气中产生白色烟雾。偏二甲肼沸点低、易挥发，在空气中易形成中毒浓度，其通过人的呼吸道、皮肤、消化道或伤口进入人体内引起全身中毒。因此长时间工作的最高浓度不得大于 0.2 ppm。

2.2　故障模式

根据泄漏部位不同，泄漏模式分为以下四种：

1）导管接头泄漏。

2）密封法兰泄漏。包括：铝制密封圈法兰泄漏和胶制密封圈法兰泄漏。

3）传感器自身泄漏。

4）活门自身泄漏。

2.3 原因分析

（1）导管接头泄漏

导管接头泄漏的原因，主要是导管接头对中性不好或导管接头有伤。

（2）密封法兰泄漏

密封法兰泄漏的原因，主要是密封圈的密封部位有损伤、变形或施加的拧紧力矩不够导致泄漏。例如：某型号运载火箭二级氧化剂温度传感器法兰泄漏，是因为铝制密封圈的密封面有损伤变形，并在其他因素共同影响下密封比压超出临界范围，致使密封失效，出现氧化剂泄漏现象。某型号运载火箭助推器氧化剂加注活门处的泄漏，是由于橡胶制密封圈密封面有损伤，导致密封不严，发生泄漏。

（3）传感器本体泄漏

与推进剂相连接的传感器由于本体密封出现问题，产生轻微泄漏。例如：某型号运载火箭助推器氧化剂压力传感器曾发生轻微泄漏。

（4）活门自身泄漏

由于各种原因导致活门无法正常关闭，导致泄漏。例如：某型号运载火箭一级氧化剂加注活门泄出加注管路内氧化剂的过程中，因氧化剂加注活门发生故障无法关闭，导致泄漏。

3 操作难点

3.1 危险性较大

常规液体推进剂所用的偏二甲肼、四氧化二氮对人体有相当大的危害性，达到一定浓度能够致人死亡。只有了解了泄漏浓度，才能确定可操作性。所以在泄漏的环境下操作是具有危险性的，必须确保安全。为了保证操作人员的生命安全，要求操作人员必须身穿防化服、带防化手套，带压缩空气的面罩，避免与有毒物质直接接触。

3.2 操作便捷性较差

由于操作人员穿戴较为笨重的防护设备，必然影响操作人员进出舱门、行走过程中转向等行动的便捷性以及手指操作的灵活性，给操作带来了困难。

3.3 空间开敞性较差

运载火箭推进剂泄漏部位多集中在箱间段、尾段中，舱内仪器、电缆及管路布局密集，舱内空间狭小，不允许人员有较大动作的操作。

4 排故方法

排除泄漏的方法主要有封堵法和更换零件等方法。针对不同的泄漏模式采取相应的方法。

4.1 小导管接头（球头喇叭口密封形式）泄漏

小导管接头发生微漏情况下，一般采用封堵的技术方法。可以在小导管接头和根部涂环氧树脂胶再缠 3～5 层玻璃纤维带的方法加以解决。如果发生较大的泄漏，需要泄出推进剂，分解导管连接处，对密封面进行处理后，按照设计允许拧紧力矩值的上限对导管连接处施加力矩。

4.2 法兰（密封圈密封形式）泄漏

4.2.1 铝制密封圈形式

铝制密封圈法兰泄漏时，需要泄出推进剂，在微漏情况下，采用封堵的技术方法，按照设计允许拧紧力矩值的上限对法兰连接处施加力矩。并用环氧树脂胶再缠 3～5 层玻璃纤维带的方法进行封堵。如果发生较大的泄漏，产生滴液现象，则需要更换零件，分解法兰，更换新的密封圈。

4.2.2 胶制密封圈形式

胶制密封圈法兰泄漏，需采用封堵的技术方法，一般情况下胶制密封圈容易因其他原因产生微漏，采取的有效措施是泄出推进剂，按照设计允许拧紧力矩值的上限对法兰连接处施加力矩。并用涂环氧树脂胶再缠 3～5 层玻璃纤维带的方法进行封堵。

4.3 传感器本体泄漏

传感器本体泄漏，在微漏的情况下，一般采用封堵技术方法，即：在泄漏部位涂环氧树脂胶再缠 3～5 层玻璃纤维带的方法进行封堵。

4.4 活门本体泄漏

活门本体泄漏，只能采用更换零件的方法，通过更换性能测试合格的活门加以解决。

5 操作要点

5.1 团队协作原则

团队协作原则如下：

1）分工合作，责任明确，听从指挥。

2）熟悉产品技术状态、环境条件。

3）分析操作空间的可达性。

4）制定翔实并具备可操作性的排故工艺操作方案、工艺规程。

5.2 工具的选用原则

应选用镀铜工具，所有工具应拴绳，并套在操作者手腕上。

5.3 玻璃纤维带缠绕方法

玻璃纤维带缠绕方法：在玻璃纤维带上涂一层环氧树脂胶缠绕一圈，然后在玻璃纤维带上涂一层环氧树脂胶再缠绕一圈，缠绕圈数不少于3层。

5.4 球头喇叭口形式的密封面处理方法

导管球头密封表面有划痕时，可以用细砂纸沿周向打磨，直至没有痕迹。

5.5 法兰装配拧紧力矩施加方法

装配对接法兰螺栓时，应对称拧紧，并应分级逐次加力完成装配。有力矩要求时，应先用手拧紧，然后再用力矩扳手，并应分级逐次加力达到规定力矩值。

5.6 多余物控制方法

进入箱体内人员必须穿专用的进箱工作服、鞋、帽，清除随身携带的任何物品。对带入箱内的工具、零组件、辅助材料认真清点数量，放入专用工具盒。工作结束后必须清点数量并做记录，应与进箱时相符。

6 应用实例

某型号运载火箭发射任务中，按计划运载火箭进行一、二级氧化剂加注时，发现二级箱间段舱内氧化剂贮箱后底推进剂测温传感器与贮箱底连接法兰处发生氧化剂泄漏现象。故障发生后，立即组织抢险排故工作。作为火箭二级氧化剂泄漏排故抢险团队成员之一，学习排故预案，掌握排故技术方法，面对二级氧化剂泄漏，严格执行排故技术方案，做好必要的安全防护，连续进舱内操作作业，攻坚克难，完成了泄漏部位处理、产品拆卸和封堵等工作，有效地解决了泄漏问题，确保火箭按时发射，并取得了圆满成功。

7 结束语

针对运载火箭靶场泄漏抢险排故工作，阐释了抢险排故的技术方法，结合长期的经验总结，具有一定的实践指导意义。

运载火箭级间分离爆炸螺栓装配方法优化及改进

赵允宁　吴延翔　李　凯

航天一院211厂

摘　要　本文针对某型号运载火箭级间分离爆炸螺栓装配过程中存在的问题，进行了一系列分析，从调整装配间隙、控制止动垫片轴向位移、优化装配操作流程等方面进行改进和完善，通过摸索和试验，最终解决了现存问题，提高了运载火箭级间分离爆炸螺栓装配操作的可靠性。

关键词　级间分离　爆炸螺栓　装配方法　可靠性

1　引言

为了提高火箭的运载能力，运载火箭的设计一般采用多级串联、并联或者串并联相结合的方式。不管采用何种方式，多级运载火箭在下面级燃烧完后，都需要及时抛掉，减小无用结构的质量。多级火箭在相邻子级之间进行的分离，称为“级间分离”。级间分离是多级火箭设计的重要分系统，有级间热分离和级间冷分离两种方法。火箭冷分离是指上面级发动机点火前，级间分离连接装置解锁，下面级在反推火箭燃气流的压力作用下减速，从而实现两级火箭分离（如图1所示）。

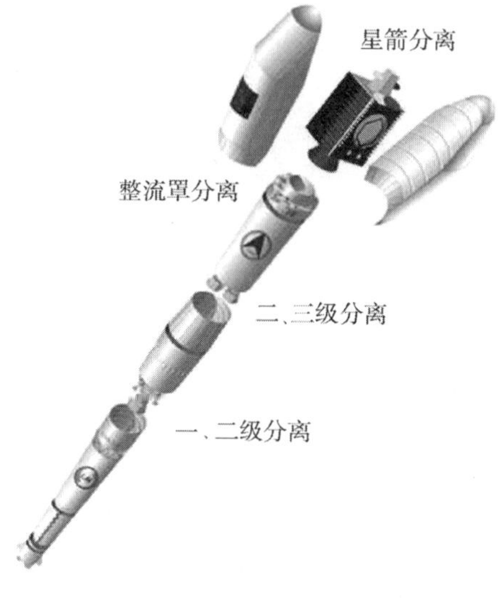

图1　运载火箭级间分离过程

运载火箭级间分离连接装置一般是指爆炸螺栓连接。爆炸螺栓与止动垫片及锁紧螺母套接后，通过拧紧螺母或螺栓即可将两级火箭连接成为一体。某型号运载火箭作为大型液体推进剂火箭的代表，其二、三级级间段与三子级火箭的级间分离采用冷分离及爆炸螺栓连接的方式（如图 2 所示）。在级间冷分离过程中，作用在火箭上的力、爆炸螺栓力矩变化以及止动垫片的安装位置等扰动因素的影响，可能产生对火箭继续飞行级的干扰。因此，通过行之有效的方法提高运载火箭级间分离爆炸螺栓装配操作的可靠性是极有必要的（如图 3 所示）。

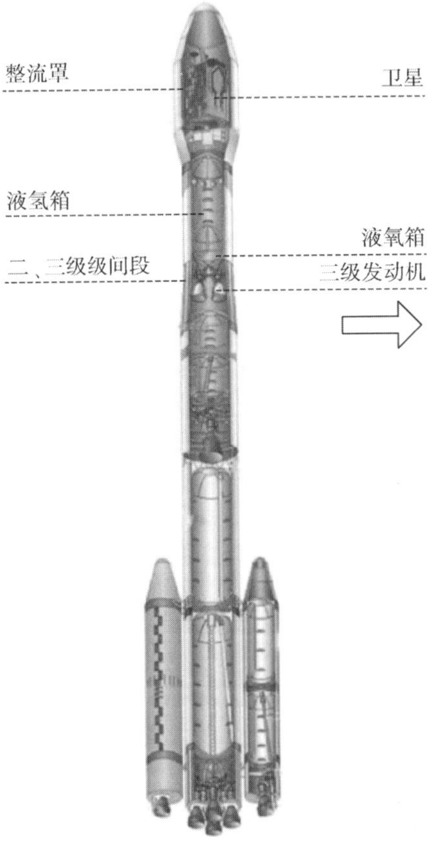

图 2　某型号运载火箭

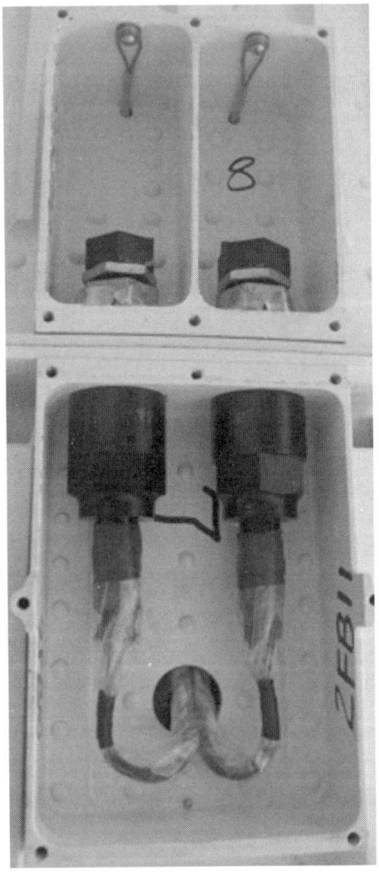

图 3　级间分离爆炸螺栓连接

2　问题提出

某型号运载火箭二、三级级间段与三子级级间分离面有 8 个爆炸螺栓盒。其中单盒爆炸螺栓连接 2 个，单盒偏心爆炸螺栓连接 2 个，双盒爆炸螺栓连接 4 个，共使用 12 个爆炸螺栓（3CC0－200）进行连接，预紧力矩值为 300^{+10} N·m（如图 4 所示）。在二、三级级间段与三子级的级间分离面对接过程中，由于爆炸螺栓在预紧力加载时，止动垫片会发生轴向位移，偏离原安装位置，甚至出现限位边变形等问题，导致爆炸螺栓力矩值不能一次加载完成，需要对爆炸螺栓预紧力卸载及调整止动垫片安装位置后，才能继续进行爆炸螺栓预紧力加载操作，导致运载火箭级间分离爆炸螺栓装配质量无法可靠保证（如图 5 所示）。

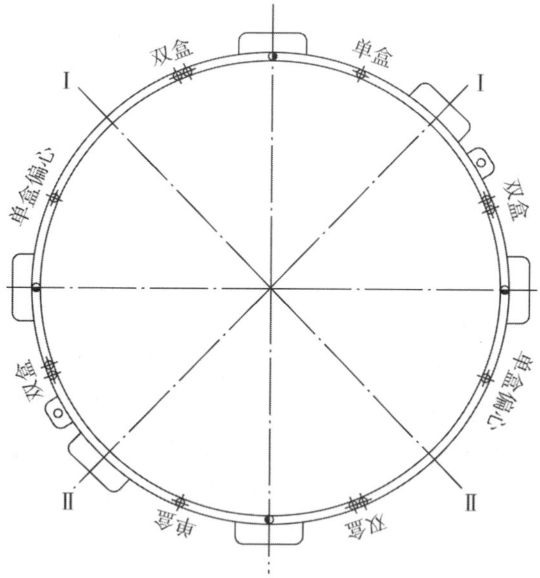

图 4　级间分离面爆炸螺栓盒分布图

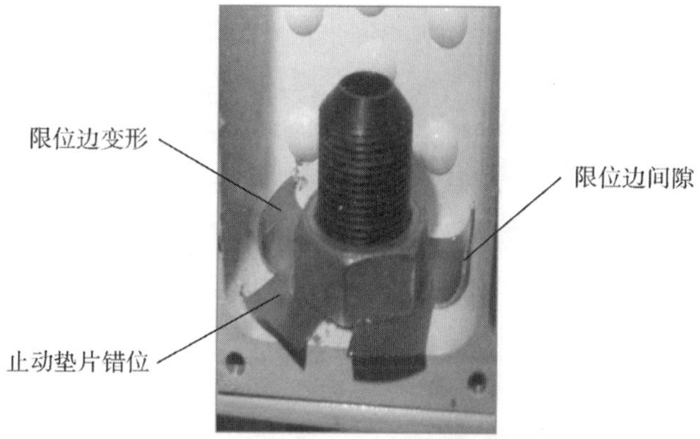

图 5　止动垫片装配问题（见彩图）

本文针对上述问题提出了一种适用于运载火箭级间分离爆炸螺栓的装配方法，该方法能有效解决爆炸螺栓预紧力加载及分解过程中，止动垫片产生的轴向位移问题，同时能预防爆炸螺栓因受力不均而引发的螺纹“锁死”现象，使爆炸螺栓预紧力加载过程一次完成，工作效率显著提高。

3　止动垫片轴向位移问题分析

在级间分离爆炸螺栓预紧力加载过程中，选用止动垫片作为爆炸螺栓的止退方式。止动垫片由限位边和止动耳两部分组成，适用于箭体结构振动相对剧烈的连接部位。止动垫片与爆炸螺栓及锁紧螺母套接后，通过锁紧螺母或爆炸螺栓进行预紧力加载紧固后，将止动垫片的止动耳折弯至锁紧螺母的六角边外侧，从而确保级间分离面爆炸螺栓预紧力的要求。但是在实际操作过程中，由于受到大部段壳体对接面间隙、限位边与爆炸螺栓盒内壁之间间隙等不利因素的影响，在爆炸螺栓力矩逐渐加载过程中，止动垫片在接触面摩擦力的传递下，会发生轴向位移，不能满足爆炸螺栓预紧力一次加载至（300＋10）N·m的要求。

3.1 大部段壳体对接面间隙

火箭大部段壳体在焊接装配过程中，受到焊接变形、应力释放、焊缝收缩等因素的影响，大部段壳体对接面会出现±2.5 mm以内的公差。虽然符合设计要求，但是在火箭大部段对接面贴合后，由于受大部段壳体结构变形的影响，对接面会出现2.5 mm以内的间隙，爆炸螺栓与锁紧螺母及止动垫片之间安装状态为点接触或半圆周接触，会造成爆炸螺栓与止动垫片及锁紧螺母之间受力不均，在该状态下进行爆炸螺栓预紧力加载，随着施加力矩值的不断施加，大部段对接面的间隙会不断缩小，但止动垫片在锁紧螺母轴向作用力的带动下，安装位置也会发生轴向转动，直至该连接点对接面间隙完全消除为止，且容易引发爆炸螺栓螺纹“锁死”现象。

3.2 限位边与爆炸螺栓盒内壁间隙

在级间分离爆炸螺栓的装配过程中，止动垫片的限位边用于限制止动垫片的安装位置，但其与爆炸螺栓套接后，经检测发现限位边与爆炸螺栓盒内壁之间间隙过大，其间隙在1～3 mm范围内，限位边不能与爆炸螺栓内壁贴合无缝隙，起不到限制止动垫片安装位置的作用。在爆炸螺栓预紧力加载时，当锁紧螺母相对于止动垫片承受的扭矩大于其摩擦力产生的扭矩时，止动垫片即发生沿爆炸螺栓轴向的转动，甚至引起止动耳间距变大、止动垫片限位边变形等问题，严重影响爆炸螺栓预紧力加载的精度及装配质量（如图6所示）。

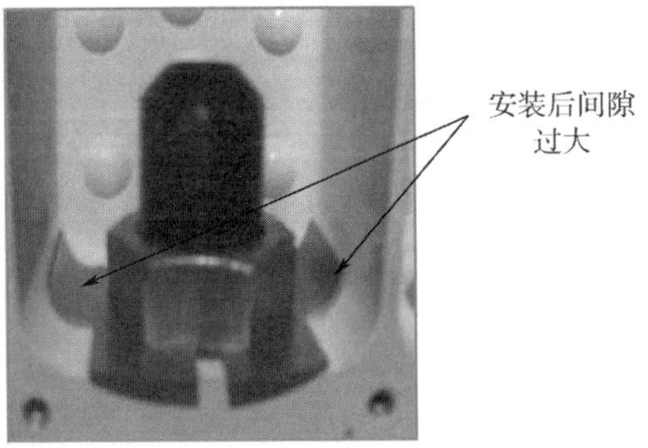

图6　止动垫片安装后状态（见彩图）

4 装配方法优化及改进

针对以上问题产生的原因，从调整装配间隙、控制止动垫片轴向位移、优化装配操作流程等方面进行改进和完善，通过改进措施，达到提高运载火箭级间分离爆炸螺栓装配操作可靠性的目的。

4.1 调整装配间隙

通过在装配操作过程中，增加夹持装置夹紧对接面和止动垫片试装及冷弯校形两方面工艺措施，可起到调整大部段对接面间隙和止动垫片限位边与爆炸螺栓盒内壁间隙的作用。

4.1.1 夹持装置夹紧对接面

针对大部段对接面间隙问题，通过夹持装置或工艺螺栓夹紧对接面，减小大部段对接面间隙至0.5 mm以内，再进行爆炸螺栓预紧力加载操作。

具体操作步骤：

1）两级火箭级间分离面对接；

2）依次测量（Ⅰ→Ⅰ～Ⅱ→Ⅱ→Ⅱ～Ⅲ→Ⅲ→Ⅲ～Ⅳ→Ⅳ→Ⅳ～Ⅰ）8点爆炸螺栓连接处的间隙；

3）当对接面间隙<0.5 mm时，爆炸螺栓可以正常进行预紧力加载操作；

4）当对接面间隙>0.5 mm时，单盒爆炸螺栓连接处使用夹持装置夹紧两对接面，使对接面间隙<0.5 mm以后，再进行爆炸螺栓加载操作；双盒爆炸螺栓连接处使用工艺螺栓先进行一侧连接点的拧紧操作后，使对接面间隙<0.5 mm以后，再进行另一侧爆炸螺栓连接点的拧紧操作，之后分解工艺螺栓，重复进行一侧爆炸螺栓更换操作即可。

4.1.2 止动垫片试装及冷弯校形

针对限位边与爆炸螺栓盒内壁间隙问题，采取增加止动垫片试装及对限位边进行冷弯校形的工艺措施（如图7所示）。

具体操作步骤：

1）在止动垫片正式安装前，增加试装操作；

2）止动垫片与爆炸螺栓及锁紧螺母套接后，依靠手感拧紧；

3）检测限位边与爆炸螺栓盒内壁的贴合情况，要求限位边与爆炸螺栓盒内壁贴合无缝隙；

4）当限位边与爆炸螺栓盒内壁存在间隙时，取下止动垫片，对其限位边进行局部冷弯校形，保证其限位边外边沿与爆炸螺栓内壁贴合无缝隙；

5）校形结果符合工艺要求后，重新安装爆炸螺栓、止动垫片及锁紧螺母，开始爆炸螺栓预紧力加载操作。

4.2 设计限位工装实现对止动垫片轴向位移控制

通过工艺措施调整装配间隙，只能减小止动垫片发生轴向位移的几率，并不能从根本上解决爆炸螺栓在预紧力加载过程中，止动垫片轴向位移问题的发生。经过对产品结构和工艺流程的分析，通过多次试验使用和反复修改，设计并制造出一套止动垫片限位工装。

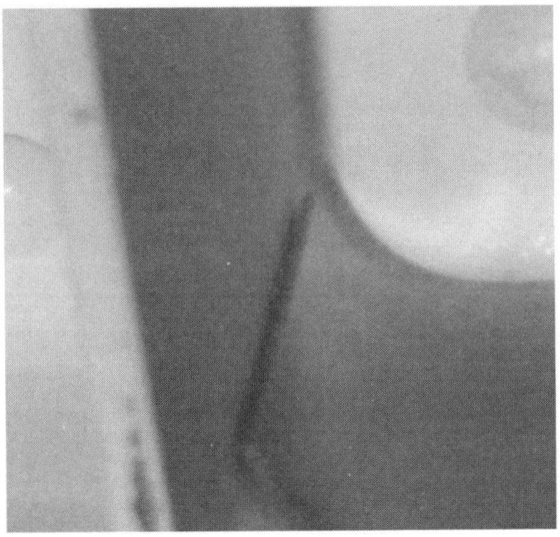

图 7　限位边与爆炸螺栓内壁贴合情况（见彩图）

4.2.1　工装的设计方案

1）限位工装整体成“L”形结构，它包括三个部分，由底板、前叉、紧固螺钉组成（如图 8 和图 9 所示）。

2）底板为长方形，保证与爆炸螺栓盒下端框外表面紧密贴合；

3）底板上方有两个前叉，底板与前叉成 90°夹角；

4）底板上有两个圆孔，其中心孔距与爆炸螺栓盒下端框外表面安装螺孔位置一致，用于固定连接可靠；

5）前叉为长方形，保证与爆炸螺栓盒下端框上表面紧密贴合；

6）前叉的端面及侧面，用于限制止动垫圈在爆炸螺栓预紧力加载和分解过程中产生的轴向转动；

7）紧固螺钉上半部为圆柱形，表面“滚花”处理，上端面开槽，用于固定连接可靠；

8）紧固螺钉下半部为普通螺钉，与爆炸螺栓盒下端框安装螺孔规格相同，用于固定连接底板。

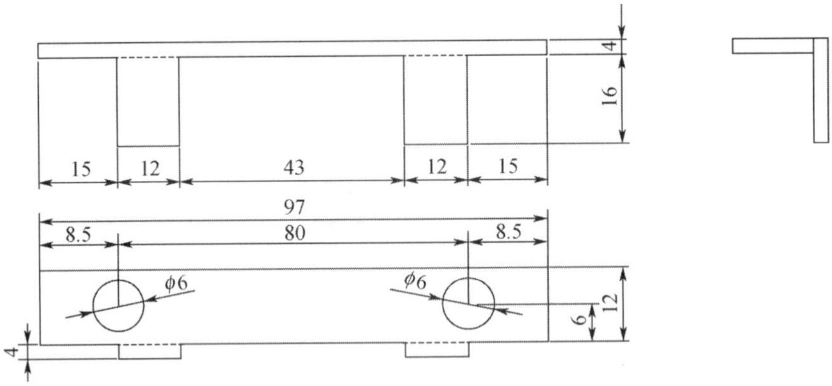

图 8　限位工装设计图

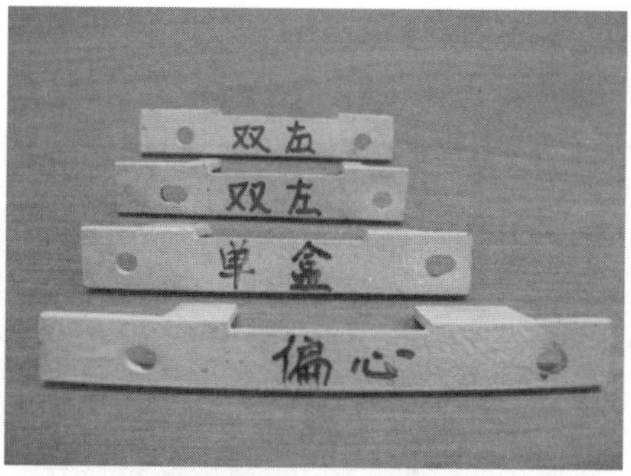

图 9　限位工装实物图

4.2.2　工装的使用方法

1）将两级火箭部段对接面贴合；

2）将爆炸螺栓从二、三级级间段对接面安装孔穿入，从三子级对接面安装孔穿出；

3）将止动垫片套装在爆炸螺栓上，止动垫片的限位边与爆炸螺栓盒内壁贴合无缝隙；

4）将锁紧螺母套装在爆炸螺栓上，直至锁紧螺母与止动垫圈完全贴合；

5）安装止动垫片限位工装（如图 10 和图 11 所示）：

a）将底板与爆炸螺栓盒下端框外表面贴合，止动耳从底板上方伸出；

b）前叉朝向爆炸螺栓盒内侧，前叉端面与限位边下面贴合，前叉侧面与止动耳侧面贴合；

c）在底板上安装紧固螺钉，并拧紧固定；

6）对锁紧螺母进行预紧力加载直至 300^{+10} N·m；

7）反步骤分解止动垫圈限位装置；

8）止动耳折弯至锁紧螺母六角边外侧。

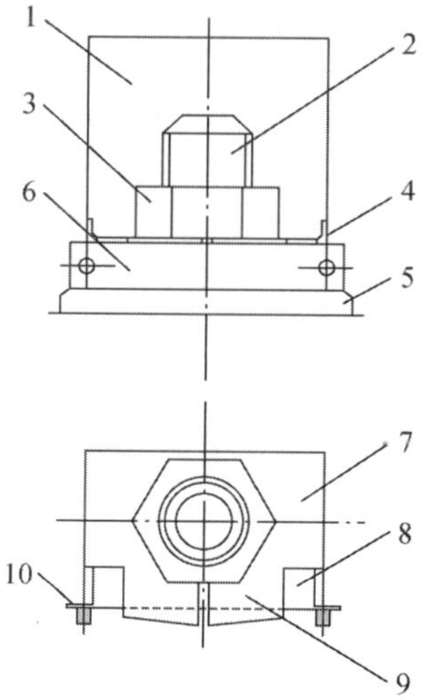

图 10　限位工装装配示意图

1—爆炸螺栓盒；2—爆炸螺栓；3—锁紧螺母；4—限位边；5—对接面；
6—工装底板；7—止动垫片；8—工装前叉；9—止动耳；10—紧固螺母

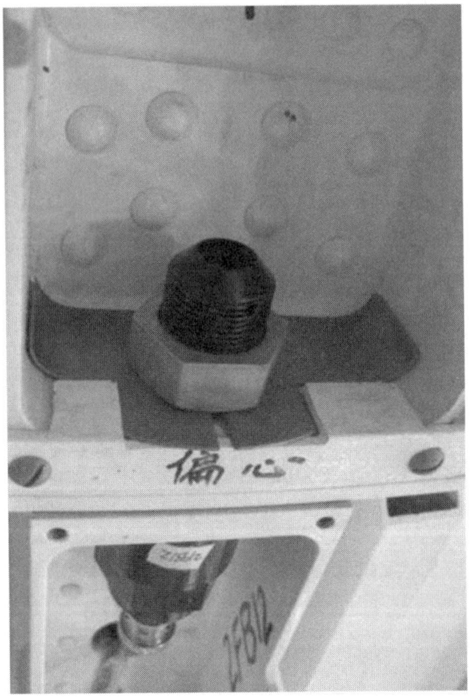

图 11　限位工装（单盒偏心）装配实图

4.2.3　工装的使用效果

为了保证限位工装使用的可靠性，进行了工艺爆炸螺栓预紧力加载试验，在预紧力 50 N・m、100 N・m、150 N・m、200 N・m、250 N・m、300 N・m 条件下，检查止动垫片的安装位置，进行 5 组数据比对，结果见表 1。

表 1　限位工装预紧力加载试验数据统计表

序号	50 N・m	100 N・m	150 N・m	200 N・m	250 N・m	300 N・m	质量情况
1	无错位	无错位	无错位	无错位	无错位	无错位	一次合格
2	无错位	无错位	无错位	无错位	无错位	无错位	一次合格
3	无错位	无错位	无错位	无错位	无错位	无错位	一次合格
4	无错位	无错位	无错位	无错位	无错位	无错位	一次合格
5	无错位	无错位	无错位	无错位	无错位	无错位	一次合格

限位工装使用爆炸螺栓盒安装孔作为其固定点，通过利用限位工装的底板、前叉以及紧固螺钉，组合限定止动垫片限位边及止动耳，限制止动垫片的安装位置，实现了对止动垫片轴向位移的控制。

5　结论

在采取调整装配间隙、控制止动垫片轴向位移、优化装配操作流程等改进措施后，有效解决了在爆炸螺栓预紧力加载及分解过程中，止动垫片产生的轴向位移问题，同时预防了限位边发生变形以及爆炸螺栓螺纹“锁死”现象的发生，使爆炸螺栓预紧力加载过程一次完成，提高了装配质量的可靠性。且该方法已成功应用于以“嫦娥五号试验器”“北斗卫星导航系统”为代表的多发同型号二、三级间段与三子级级间分离爆炸螺栓的装配操作中，装配操作一次合格率100%，符合相关设计要求。

参考文献

[1] 黄帅，等．运载火箭级间分离与碰撞检测分析．科学技术与工程，2012.6.

[2] 何春全，等．导弹级间火工分离装置综述．航天返回与遥感，2009(30).

[3] 龙乐豪，贺祖明，等．长征三号乙技术手册．中国运载火箭技术研究院．1999.

发动机双机导管分层装配选排技术

林海鹰

航天一院 211 厂

摘　要　通过分析大氢氧发动机双机导管结构特点，设计了发动机双机导管装配的工艺流程，通过优化导管安装路径和氦检漏检查时机，解决了发动机装配过程中导管安装干涉及氦检漏不合格的排故难题，达到了提高发动机装配质量与效率的目的。

关键词　发动机　导管　选排　分层装配

1　引言

大氢氧发动机双机装配过程中，最重要的工作环节之一就是双机导管的选排及装配，由于双机导管数量多，导管连接跨度大，形状各异，且受发动机装配空间位置制约，导管装配过程中很难避免干涉现象的产生，并且双机导管一般采用球头与喇叭口密封结构连接，这种结构的密封连接，在高压状态下不能保证一次装配气密合格，重新选排装配难度很大，如图 1 所示。通过梳理双机导管数量，根据导管位置及连接系统进行分类，以活门盒为装配基础，按测压、吹除、控制等不同系统进行导管选排，并设计安装顺序，为保证装配质量及减少重复拆装工装，安排过程中设计适宜的氦检漏时机，检查完成工作质量，确保装配质量及效率。

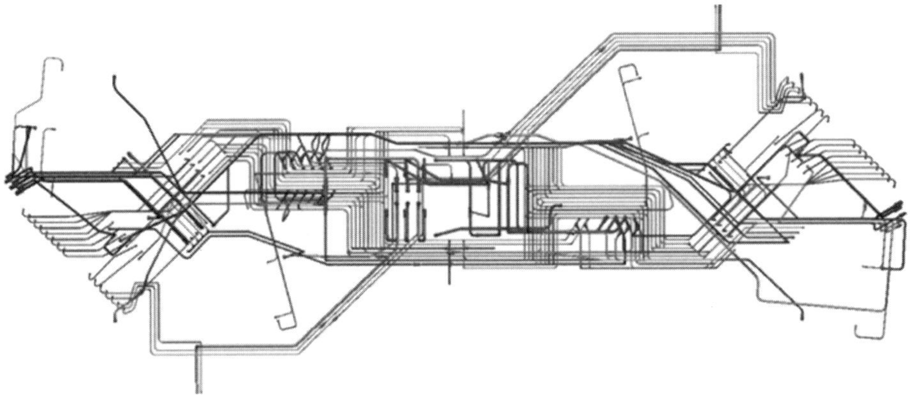

图 1　发动机导管示意图

2　技术难点

大氢氧发动机双机装配过程中，其中最重要的工作之一就是双机导管的选排及装配，装配时主要存在以下难点：

1）由于导管数量多，连接跨度大，形状各异，且导管之间需要一定距离间隔，其空间相对位置较难确定，如图 2 所示；

2）受空间位置制约，导管装配过程中很难避免干涉现象的产生；

3）导管间通常情况是球头与喇叭口密封面连接，如图 3 所示，这种结构的密封连接，不能保证一次装配气密合格，若是内侧导管，分解及重新选排装配难度大。

图 2　发动机导管安装图

图 3　导管球头喇叭口结构图

3　技术方案

1）统计发动机所需要装配的导管数量，并且根据长短、粗细和不同的系统功能进行分类，同一系统的导管需同一层装配。

2）确定以活门盒为中心的导管装配前提，根据导管的形状走向将导管逐根选排到合适位置，防止导管间相互干涉，如图 4 所示。

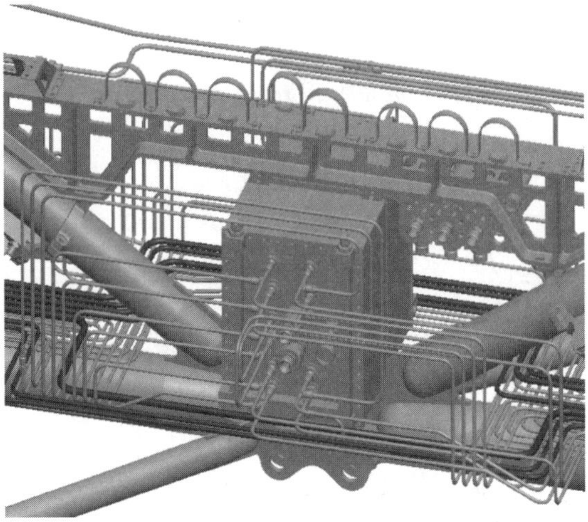

图 4　发动机导管选排示意图

3）根据导管选排结果确定导管的装配顺序，即把所有导管分为三层分别按顺序依次装配，如图 5 所示。

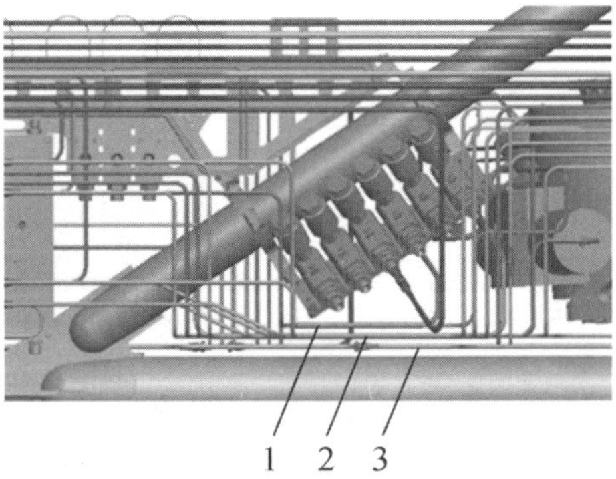

图 5　发动机导管分层装配示意图

1—第一层导管；2—第二层导管；3—第三层导管

4）根据发动机系统结构及电磁阀动作原理，每装配完成一层导管后，进行本层导管检漏试验，所有对接位置均符合要求后再进行下一层导管装配。最终完成发动机导管的分层装配与检漏。

4　实用案例

长征五号动力双机装配时，开始进行双机导管分层选排装配及检漏研究，历时 7 天完成双机导管装配并且检漏合格。后续通过对动力双机装配进行总结及改进，长征五号遥一发动机装配时，仅用了 3 天时间就全部完成了 59 根导管的选排及气密检查，如图 6 和图 7 所示。

图 6　管夹固定导管图

图 7　双机导管分层装配效果图

5　结束语

通过对发动机双机导管分层装配选排技术的研究，确定了双机发动机导管装配流程及检漏时机，保证了双机发动机导管安装后各导管间空间位置间隙尺寸，提高了发动机的装配效率和装配质量，大幅缩短了发动机的装配周期。

参 考 文 献

[1]　王荔岩,谢本才．发动机装配技术浅谈．黑龙江科技信息．2010(23).

[2]　周长春,杨晓强,田野．A320 飞机选装发动机性能及使用比较．国际航空,2006.10.

[3]　王培乐．发动机装配过程质量控制策略研究．合肥工业大学．2015.

电连接器插接不到位问题及对策

雷　义

航天一院 211 厂

摘　要　针对总装中电连接器插接不到位问题，在多年实践中总结出了发生问题的原因，从操作检查要点、工艺、管理等方面提出对策，以图提高电连接器操作的可靠性。

关键词　电连接器　插接不到位　对策

1　引言

电连接器是系统之间、部件之间或不同电路间进行能量、信息传输的通道。我国航天型号产品上电连接器种类繁多，仅我厂总装事业部用到的电连接器就有上百种。单发产品上用到的电连接器少则数百对，多则上千对。

据统计，2001—2011 年间总装事业部发生与电连接器相关的需要“归零”质量问题 18 个，约占同期需要“归零”质量问题的 15%。另据统计，近 50 年以来总装车间共发生有文字记载的电连接器相关质量问题不少于 50 个，主要有插接不到位、损伤、插错和多余物四个方面的问题，其中插接不到位问题占 20%。

本文系统梳理电连接器插接不到位问题的具体表现形式，吸取历史教训，总结经验，从操作检查要点、工艺、管理等方面提出对策，以图提高电连接器操作的可靠性。

2　技术难点

电连接器种类繁多、数量众多的特点，决定了装配工纯手工操作确保操作高可靠性极为困难。

解决插接不到位问题的难点在于熟练掌握种类繁多的电连接器插接到位指示。不同行业、不同年代的电连接器同时在航天型号产品上应用，导致使用的电连接器种类繁多。而随着人员的不断更替，新员工掌握各种电连接器插接方法和到位指示需要一个学习的过程。

还有安装中测试、出厂测试、仪器拆装过程中的反复插拔。最后操作位置和操作空间也有影响。

3　技术方案

插接不到位/松脱一般是因为操作者未掌握操作要领而使电连接器插接不到位，拧紧程度不够或者防松保险措施不到位，在后续起吊、运输等外力作用下松动或脱落。确认插接到位很重要。

电连接器插接到位指示主要有标记、响声、手感三类，部分电连接器有 2～3 种到位指示，如 Y11 系列圆形卡口式电连接器有标记、响声、手感三种到位指示，并且标记有标记点和标记线圈两种（如图 1 所示）；德驰 LM123 型电连接器有标记线圈（如图 2 所示）和手感两种到位指示。

图 1　Y11 系列圆形卡口式电连接器的到位指示标记

图 2　德驰 LM123 型电连接器标记线圈

下文对有不同插接到位指示的各类电连接器插接不到位的原因、检查方法及注意事项分别进行论述，并提出避免电连接器插接不到位的质量控制建议。

3.1　有可视到位标记的电连接器

有可视到位标记的电连接器插接到位后，操作者自检、互检者互检、检验员检验均很方便，也很容易进行多媒体记录。但是受插座安装位置及周围空间影响，检查者有时难以目光垂直直视标记点或标记线，容易误判，比如实际标记线圈已露出，但检查者观察认为还没有露出来。也可能根本不能直接看到标记点或标记线，一般借助普通小圆镜或带可伸缩杆且能万向旋转的小圆镜辅助观察，这也可能会使视线不垂直于标记点或标记线导致误判，比如实际标记线圈还没有被锁紧套盖住，但检查者观察认为已盖住。

值得注意的是，Y11 系列圆形卡口式电连接器的红色线环露出连接卡帽和从连接卡帽圆孔看到白色圆点标记虽然都是插接到位指示。但红色线环露出连接卡帽与操作者的观察角度有关，因而不如白色圆点标记特异性好。有可能操作者从插座侧观察看不见红色线环（见图 3），实际已插接到位。还有可能实际未插接到位，白色圆点标记未完全与连接卡帽圆孔重合，从插头侧观察也能看到红色线环。

图 3　Y11 系列圆形卡口式电连接器的到位指示白点标记

德驰插头插接螺纹阻力较大，需用力插至盖住红线（见图 4）。因此盖住红线指示比手感拧紧指示特异性好。此种电连接器的三头螺纹因对防松的考虑阻力比其他圆形螺纹连接式电连接器要大。个别配合较紧的电连接器更是需要尽全力拧紧，特别是位置不便于用力时。数个单位在初次使用此种电连接器时均发生过未插接到位的问题，需要特别注意。

图 4　德驰 LM123 型电连接器插接到位看不见标记线圈

还有很多情况下插头、插座插合到位后，可目视检查看到一些非特异性的标志，比如部分插头插接到位时连接螺帽应盖住插座螺纹，或插头壳体盖住插座壳体未喷漆部分。这些可以观察到的现象并不是插头插接到位的充分条件，但是插头插接到位的必要条件，有一定参考意义。

3.2　插接时有声音的电连接器

响声对操作者来说是一种较为有效的到位指示，但有时会受厂房内吊车运行或其他噪声的影响听不清，且声音转瞬即逝，互检者、检验员当时在场也未必听得到，事后更是没法检查。虽然理论上摄像机有可能录下这种声音，但这种到位指示响声往往比较小，而且占用硬盘空间较大，管理和确认比较困难，因此不作为多媒体记录的要素。

响声很少作为唯一的到位指示，虽然圆形卡口式的 KZ036、KZ038 型和矩形的二次挂钩锁紧式的 J7A 型连接器根据集团公司标准以响声作为到位指示，但实际上因为卡帽较小、较松，声音极小，但仍然有手感或目视检查方法。旋插的 KZ036、KZ038 插接到位时能感觉到卡销落入止退槽的震感，可目视观察到卡销与长圆孔边缘贴合（见图 5），插接到位时仍然有插接时的手感阻力，也可以在插接后试旋紧来检查是否插接到位。

图 5　插接到位的 KZ038 型连接器

挂钩锁紧的 J7A 型连接器在插头与插座对准后插入，插头两侧的锁紧板与插座上的锁钩挂紧时可以听到挂接发出的响声，但插接到位后，可以用拇指和食指轻压插头两侧锁紧板，检查与锁钩的挂接应无脱钩，也可以手感锁紧板无明显位移，观察条件较好时，甚至可以目视检查锁紧板是否挂接在锁钩上，也可以观察插头两侧的簧片是否推入到底，锁紧簧片上的球形凸台是否落到锁紧板对应的孔内，即仍有手感和目视方法。

3.3　手感拧紧的电连接器

手感是很多插头插接到位的唯一指示，如选取的 15 种圆形螺纹式连接器，有 12 种以手感作为插接到位的唯一指示，仅有 3 种有标志线。手感这种到位指示受操作者经验、体力和技能水平影响较大，也受电连接器本身加工质量的影响。比如螺纹配合不佳或插针插孔间阻力较大时，经验不足的操作者可能会觉得已拧紧，而实际上还没有拧到底。虽然互检者和检验员也能通过试拧紧用手感判断插头是否插接到位，但目前的多媒体记录手段无法记录并确认插头插接到位的情况。

如矩形二次挂钩锁紧式 J24H 型连接器插接：插头两侧的锁紧板与插座上的锁钩挂紧，此时可以听到挂接发出的响声，表明插头座已对接到位。然后将插头两侧的簧片推入到底，当锁紧簧片上的长圆形凸台落到锁紧板对应的孔内（见图 6）时，即完成了插头与插座的对接和保险。插头与插座连接完成后，可以用拇指和食指轻压插头两侧锁紧板，检查与锁钩的挂接应无脱钩（见图 7），也可以手感锁紧板无明显位移为宜。

图 6　锁紧簧片上的长圆形凸台落到锁紧板对应的孔内（见彩图）

图 7　插头两侧的锁紧板挂在插座的锁钩上

历史上曾经数次发生矩形二次挂钩锁紧式 J14 系列连接器插接未到位（见图 8）或松脱问题。插接后应检查两侧锁钩应钩住台阶（见图 9）。插接后轻压插头两侧锁紧板，并轻轻晃动或向外拨插头检查与锁钩的挂接应无脱钩。然后应将簧片压到底。在插头座需要套防波套或缠绕蓝胶带防松前更应特别确认，否则之后除通电测试，难以目视检查确认。

一些电连接器设计用专用扳手拧紧作为到位指示。专用扳手的长度固然可以控制，但手感用力却因人而异。近年来发生过用螺刀手感将螺钉锁紧式插头的 M2.5 螺钉拧断和用扳手将小高频插头拧折的情况。除了加强对操作者的培训，采用定力矩控制是解决问题的方向。

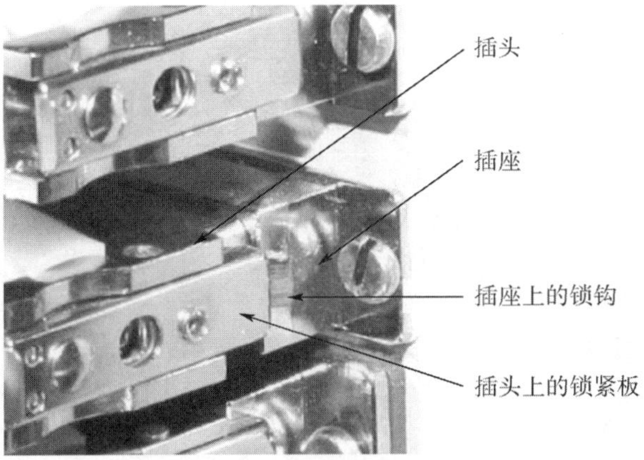

图 8　插头上的锁紧板未钩住插座上的锁钩

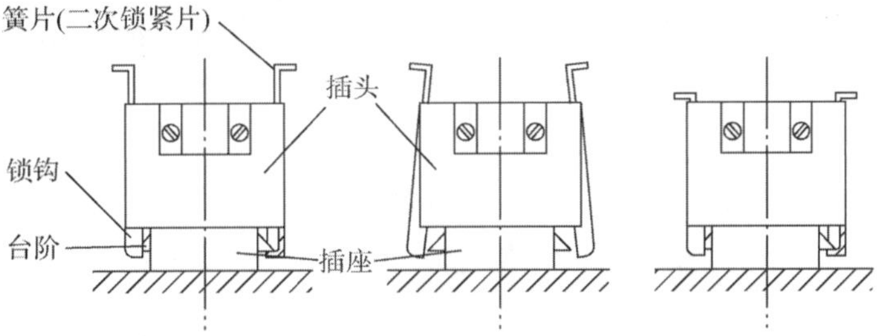

(a) 锁紧片拉起状态　　(b) 插拔时状态　　(b) 插接后状态

图 9　矩形二次挂钩锁紧式连接器插接示意图

3.4　常见分离电连接器插接到位指示及操作检查方法

对旋插连接分离电连接器，首先应旋转插头上的连接卡帽，使其外圆上的三条标记线（120°均布）中的任意一条与插头上的标记线对齐。然后使插头上已对齐的两条标记与插座上的标记成一直线，将插头插入插座，实现定位。顺时针转动连接卡帽，直至连接卡帽上相邻的另一标记线与插头、插座上的标记线成一条直线为止。此过程中可听见两次响声。插合到位的标志有两个，一是拉杆缩进，看不见端部的红色环（见图 10）；二是插头与插座及其连接卡帽上的标记线在一条直线上（见图 11）。

图 10　插座拉杆上的红色环（见彩图）

图 11　插头与插座及其连接卡帽上的标记线在一条直线上

对手轮式分离脱落电连接器，插接前应逆时针旋转手轮到底，使连接套管达到最大伸出，双手扶住插头，使其导向键对准导向槽，然后用力将插头向插座推合至上锁（听到“咔”上锁声），再顺时针方向拧紧手轮到打滑为止。

CFH1－80 型分离脱落电连接器的手轮无打滑功能，为避免历史上曾发生过的拧得过紧导致无法分离的情况发生，要求手轮手感拧紧后退回约 1/8 圈，此时插头座上的红点应对齐，插头座约有 0.5 mm 的间隙（见图 12）。

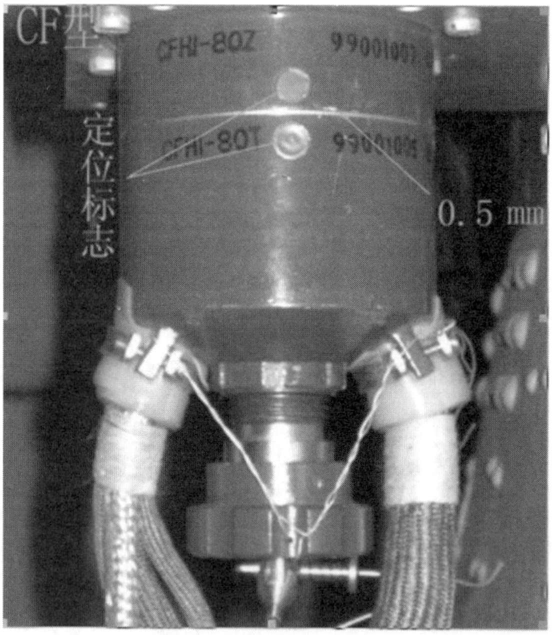

图 12　CFH1－80 型分离脱落电连接器插接到位

分离插头一般应用在影响飞行成败的重要分离面。插接不到位可能导致不能正常分离，分离插头插接后必须试拉脱一次。插接不到位可能脱落。当然脱落也可能是意外受力拉下。

电连接器有不止1种到位指示的，应通过视觉、听觉、手感同时确认插接到位。一些插接到位时可以观察到的现象，虽然这些现象并不是插头插接到位的充分条件，但是插头插接到位的必要条件，观察这些现象可及时发现并排除一些异常情况。

如JF3－256型分离脱落电连接器插接到位后，防水橡胶圈应压紧（见图13）。TL－1－112TF防雨型脱插的说明书要求：插接时需尽手臂之力推在手轮上，同时转动手轮，直到打滑10次。如未用力将胶圈压紧，虽然已拧至手轮打滑，仍有可能连接不到位。

图13　JF3－256型连接器插接到位后防水橡胶圈压紧

3.5　避免电连接器插接不到位的质量控制

严格执行“三检”制并进行多媒体记录是避免电连接器插接不到位的有效质量控制手段。电连接器插接到位情况应由同岗人员进行互检，并提交检验进行检查。插接后对插接到位可视标志进行照相记录并确认。特别应该注意的是，已进行过“三检”的电连接器，若进行安装中测试、临时返工等工作需要断开，再次插接时应重新进行“三检”和照相记录。

4　结束语

要避免电连接器插接不到位问题的发生，首先应加强对操作者的培训，使其掌握各种电连接器的操作方法和各类到位指示，按照正确的方法操作，并认真检查确认其到位情况。其次应严格执行“三检”制，进行多媒体记录和确认，以便及时发现错误并纠正。

参考文献

[1]　雷义，麻高占．提高航天电连接器操作可靠性工艺研究．质量与可靠性．2015(4)：8－9.

发动机摇摆软管与涡轮泵严控多余物装配技术

刘 佳

航天一院 211 厂

摘 要 运载火箭液氢液氧发动机，属低温飞行发动机，具有系统结构复杂、比冲高等重要特性。对多余物的控制始终作为影响产品质量的重要因素，对运载火箭发动机的飞行发射的成功与否，具有重要的质量意义。随着我国高强密度发射的形势背景，只许成功、不许失败的形势任务要求，对于产品多余物控制要求水平日益提升。XX 重点型号发动机从 XX 台份起，在摇摆软管与涡轮泵连接端装配后，设计文件增加内窥检查密封槽内石墨垫装配质量情况，要求不得存在石墨残余物。相关工作具有操作难度大、涉及工序多、多余物难控制、耗费周期长等不利因素，严重制约发动机的按期交付。为了能够有效解决问题，综合分析产品装配情况，制定了相应改善技术，达到解决生产实际问题的目的。

关键词 内窥 石墨垫

1 引言

多余物，即凡是产品上存在设计文件、工艺文件以及订货合同规定以外的一切物件，均为多余物。多余物一旦进入发动机内腔可能导致阀门和其他组件动作失灵，以及孔道堵塞等故障，将造成无法估量的后果。在只许成功、不许失败的形势任务背景下，在装配生产现场结合先进检测手段，使产品质量管控手段不断增强。XX 重点型号运载火箭飞行发动机，从 XX 台份起，在摇摆软管与涡轮泵连接端装配后，设计文件增加内窥检查密封槽内石墨垫装配质量情况，要求不得存在石墨残余物。

2 问题及技术难点

2.1 问题

内窥检查工作，规定在发动机性能试验工序中进行。而试验已处于临近发动机交付期限，全部安装工作已经完成，若分解再装排除残余物，一次排除故障时间至少需要 2 天，无法确保产品交付试车时间节点。根据发动机外廓尺寸测量，从泵前阀入口端面到与涡轮泵入口法兰高度距离约 450 mm；摇摆软管与涡轮泵连接处，安装后密封凸台与凹槽的间隙约 1 mm。受此结构限制，使用现有工装、设备如果直接抠除挤出物，存在着损伤摇摆软管内壁和形成石墨残渣多余物、掉入发动机内腔等质量隐患。

在初期执行内窥检查要求时，内窥结果为石墨垫被挤出问题明显，呈局部连续条状和碎渣两种状态。连续条状与石墨垫主体未脱离；碎渣状与石墨垫主体轻微粘连。按现有装配方式重新分解再装产品后，仍存在石墨垫挤出情况。从 3 台单机，氢氧系统 6 处内窥点统计，只有 2 处无石墨垫挤出。对其中 4 处问题点进行分析，连续条状为 3 处、碎渣状 1 处。一次内窥合格率仅为 33%。其中连续条状石墨挤出物占不合格率的 75%，如图 1 所示。

图示	不合格项目	不合格(处)	百分比(%)
	连续条状	3	75
	碎渣状	1	25

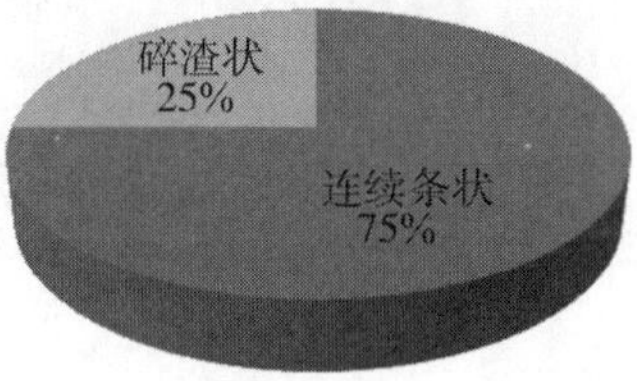

图 1　发动机摇摆软管与涡轮泵连接图示

2.2　技术难点

通过分析产品特性，查找关键点，3 台发动机 6 处内窥检查点中，已有 2 处完全合格的经验判断，应能制定出有效的工艺措施。针对于影响摇摆软管与涡轮泵连接处石墨垫挤出问题进行原因分析，得出如下存在的问题点。

2.2.1　石墨密封垫产品结构造成隐患

石墨垫是由 0.2 mm 铝垫和 1.4 mm 石墨垫复合压制而成（如图 2 所示），在干燥的储存环境问题下，容易造成分层，局部出现石墨毛边。

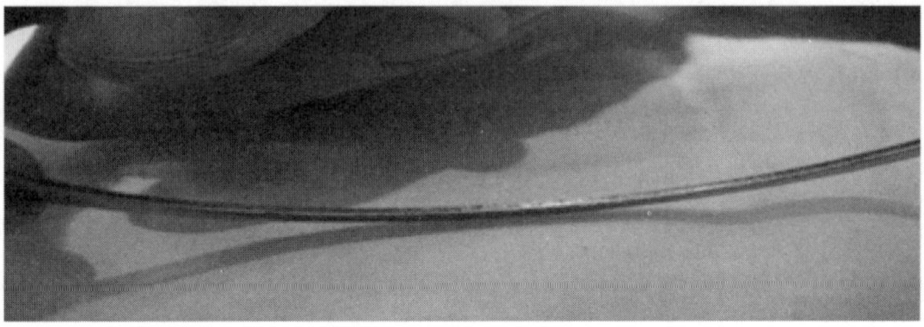

图 2　石墨垫产品结构

2.2.2　涡轮泵转速线圈结构问题，影响固定螺母的装配

产品装配过程中，需由操作者搬运摇摆软管和泵前阀组合件，与涡轮泵进行连接。受产品结构限制，泵转速线圈外壳与泵入口法兰距离过近，与其相邻的两个螺母无法顺畅拧紧。装配过程中，如不能保持垂直和平行装配，将产生剪切力，使石墨垫被局部挤出。

3 技术方案及实用案例

3.1 针对石墨垫问题制定控制手段

1）使用恒湿恒温箱保存石墨垫圈，防止干燥分层。产品领取后尽快完成装配工作，避免由于石墨垫长期摆放在露天环境，造成产品因干燥分层。

2）从库房领出石墨垫后，使用干净的绸布擦除石墨垫边缘处毛边（如图 3 所示）。减少石墨垫圈边缘的挤出，满足装配质量要求。

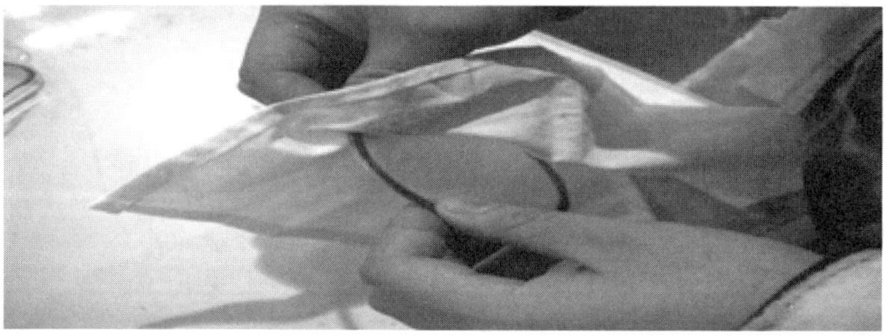

图 3　石墨垫清理

3.2 针对产品结构的问题，运用工装设备辅助操作

利用发动机泵前阀入口尺寸测量工装，设计合理的操作流程，以进行摇摆软管组件的安装。

为避免操作者人工搬运泵前组件，在对接过程中摇摆软管螺桩与泵转速线圈间距过近，影响防松垫圈与螺母的上装。调整过程中，无法保证摇摆软管螺桩垂直于涡轮泵，造成摇摆软管密封凸台在下装过程中形成剪切力，此时局部挤出泵入口法兰已预装石墨垫，造成石墨垫边缘被挤出。为满足装配要求，降低对人员操作的依赖，利用泵前阀调整工装上的定位调整立柱的升降功能，半机械地控制泵前组件的升降。具体操作流程如下：

1）首先涡轮泵入口法兰处不安装石墨垫，将泵前组件与涡轮泵对接。

2）松开泵前阀调整夹具定位螺钉，使夹具法兰与泵入口法兰对接，安装固定螺栓，使用开口扳手将螺母拧紧到止动为止。

3）将调整夹具与泵前阀和摇摆软管组件一同抬起，使摇摆软管螺桩离开涡轮泵入口，控制以可安装石墨垫的距离为宜，拧紧定位螺钉。

4）在泵入口法兰密封面处，放入石墨垫圈。注意应将石墨垫圈接近铝垫一端与泵入口接触。安装过程保证石墨垫圈受力均匀。

5）操作者一人扶住泵前阀组合件与调整夹具，保持操作过程中的稳定性。一人松开定位螺钉，下降调整夹具，待摇摆软管螺桩接近涡轮泵入口法兰时，再次拧紧定位螺桩。

6）平视螺桩与泵入口法兰孔的位置，使用开口扳手分别调整摇摆软管上三个调节拉杆长度，利用摇摆软管的收缩、伸展的变形量，使螺桩能够垂直进入法兰孔。

7）继续调节摇摆软管调节拉杆长度，待转速线圈相邻位置 2 个螺桩，满足安装防松垫圈及螺母位置后，操作者安装防松鞍形垫及螺母。

8）使用扳手拧紧已上装的螺母，并实时调整调节拉杆长度使摇摆软管不受拉力影响。直至摇摆软管法兰完全安装到位。再安装剩余防松垫圈及螺母，从而完全解决安装过程中的同轴度问题。

3.3　设计工装解决石墨垫的挤出问题

针对局部挤出的残渣类石墨残余物，可以利用吸尘器的吸尘功能，设计、制作简易工装（工装如图 4 所示）。设计清理工装，首先保证不会对摇摆软管内壁造成损伤，以及产生多余物；其次，针对石墨残渣清理点能够进行可视化操作，确保清除干净。制作步骤如下：

1）截取木质圆柱体，直径控制在可插入吸尘器直管为准。圆柱体中间打 $\phi 8$ 通孔。

2）截取报废不锈钢导管弯管处，保留导管球头，以避免划伤摇摆软管内壁，将截取的导管直管端插入圆柱体的 $\phi 8$ 通孔。使用胶布包覆圆柱体，杜绝多余物，并将圆柱体与金属管一同插入吸尘器直管，完成简易工装的制作。

3）将内窥镜调整角度绑缚在工装上，增加了操作过程中的可视性，可实现对石墨残渣的定点吸除。

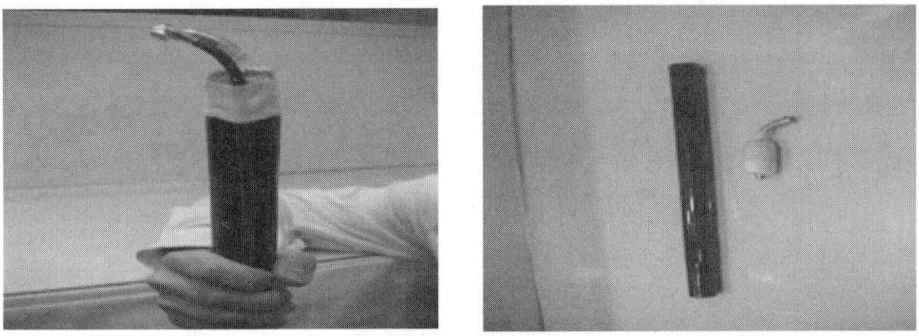

图 4　多余物清理工装

3.4　实施效果检查

型号发动机在实施解决办法后，新装配的几十台份发动机内窥检查点，均没有发现摇摆软管与涡轮泵对接后产生连续条状石墨垫挤出情况（如图 5 所示），个别存在的碎渣类石墨残余物，使用洗尘工装进行吸除，满足设计要求。

4　结束语

液体火箭发动机系统结构复杂、零件众多。在总装环节中须有效预防多余物产生和清理多余物。需要操作者严格落实各项设计、工艺操作规程要求，严控任何的问题发生点。操作者同样需要不断提高装配质量和技能水平，辅助使用包括内窥镜在内的新检测设备，

内窥镜

图 5　多余物清理工装

解决装配工作中的“瓶颈”问题，确保发动机产品保质保量地交付。

参考文献

[1]　航天职业技能鉴定习题集．北京:宇航出版社,2002.

[2]　王荔岩,谢本才．发动机装配技术浅谈．黑龙江科技信息.

尾段底部防热结构装配工艺改进

马小腾
航天一院 211 厂

摘　要　本文以尾段底部防热结构安装工艺改善及制作调整间隙工装为主要着眼点，根据测试出现产品摩擦痕迹的问题，对石墨垫块安装的方法进行了研究，为确保产品质量达标率和操作的一次合格率做了详细的分析并制定了改善措施，避免出现质量问题，从而保证工作周期。

关键词　燃气舵　石墨垫块　工艺改进　调整间隙工装

1　引言

尾段含有空气舵和燃气舵结构，用于飞行过程调整导弹姿态及飞行方向。尾段整体安装于发动机后端，与发动机喷管距离近。飞行过程中发动机喷管温度高达上千摄氏度，为保护尾段机构内部仪器电缆安全，在尾段后端与发动机喷管间设计底部防热结构。

由于燃气舵为活动部件，飞行过程中有一定的摆动，为保证可靠的防热，防热结构复杂，各个结构尺寸既要保证防热要求，又不能与燃气舵发生干涉，因此安装要求严格。

产品实际总装过程中，各零部件安装顺序及安装状态与设计理论要求存在一定偏差，根据总装经验的不断积累及总装工艺的不断改进，完善产品总装流程。型号飞行试验中，飞行姿态是决定产品成败的主要因素。因此，我们针对尾段燃气舵本体上螺母与石墨垫块干涉，以及石墨垫块与燃气舵凸块安装间隙有摩擦现象，进行了分析，以消除隐患、提高效率为目标，对石墨垫块安装工艺方法进行了改进并设计制作了安装调整工装。

2　技术难点

尾段部分由伺服机构、石墨垫块、圆环、燃气舵、防热板等部件装配组成，如图 1 所示。

尾段底部防热结构复杂，各零部件装配尺寸精度极其精细，要求燃气舵安装在舵支架的内侧面距离弹轴为 281 mm 左右，以保证舵护板迎风面距弹轴距离 230 mm；石墨垫块 4 个 M6 螺栓安装在舵圈上（在舵圈上定位尺寸为：螺栓安装孔孔径为 $\phi7$，背面安装有 M6 游动自锁托板螺母，石墨垫块上安装连接孔径为 $\phi7$）。同时，石墨垫块舵圈外侧的防热板有协调安装关系，燃气舵与石墨垫块形成一个动密封防热迷宫结构，燃气舵安装结构及石墨垫块极易产生摩擦现象，如图 2 所示，操作难点主要体现在以下方面：

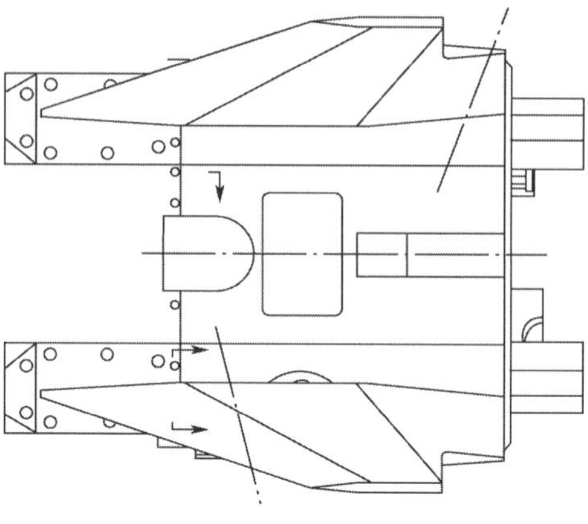

图 1　尾段结构示意图

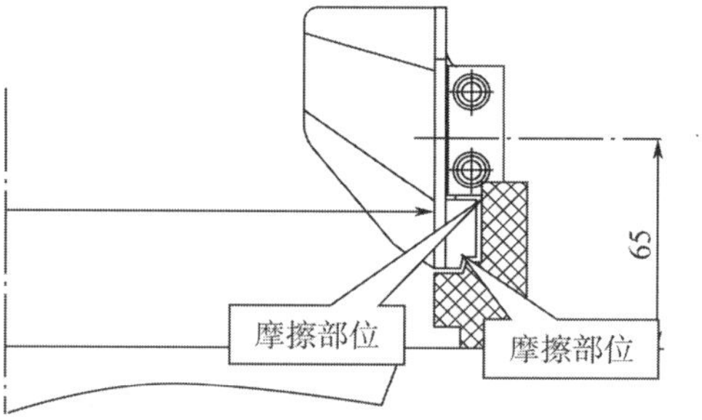

图 2　燃气舵安装结构

1）燃气舵与石墨垫块间隙尺寸要求准确性高。在进行尾段总装中，舵护板燃气流平面应低于石墨垫块弧顶 0～1 mm，并且燃气舵与石墨垫块之间的间隙均匀，安装到位情况合格。由于石墨垫块与燃气舵之间的间隙无固定的测量尺寸，在操作过程中，极易产生预留间隙被占用，导致燃气舵石墨凸块与尾段石墨垫块产生接触，或者出现石墨垫块安装不到位的情况。

2）石墨垫块安装费时费力。在安装调试中，为控制石墨垫块与燃气舵两侧间隙，需要两人同时操作，一人负责手动调节，另一人利用钢板尺进行间隙测量，在反复调节与测量保证两侧间隙均匀的情况下，定位卡紧石墨垫块，进行螺钉拧紧安装。有时需要花费整整一个小时的时间去反复调整石墨垫块与燃气舵之间的间隙。人工手扶的方式难免出现尺寸误差，导致调整效果出现偏差。按每发产品四个燃气舵，每批将近 60 发的生产任务，这种调整工作对其他后续工作无形中施加了压力。

3）石墨垫块与燃气舵安装操作两侧间隙一致性较低。按照工艺要求，先安装石墨垫块下方的玻璃钢圆环。安装圆环时使圆环与发动机喷口之间间隙均匀，然后以定力矩拧紧力矩安装螺钉。

观察发现：在安装调整石墨垫块时，石墨垫块周向与燃气舵不对称，两侧间隙不一致，一侧间隙偏小甚至干涉。还可能由于圆环安装孔与舵圈上螺孔的中心有偏移，即圆孔上缺口相对于燃气舵不对称，导致石墨垫块径向无调整空间。

但圆环安装螺钉在之前已拧紧，圆环缺口的其中一侧顶住了石墨垫块，导致石墨垫块径向无调整空间。

3 技术方案

3.1 间隙预留尺寸控制

由于燃气舵石墨凸块与尾段石墨垫块上有明显的摩擦痕迹，在装配时，预留的间隙被占用，导致燃气舵石墨凸块与尾段石墨垫块产生接触，在测试时，燃气舵转动，产生摩擦，形成明显痕迹。提出的解决方案是控制石墨垫块与燃气舵石墨凸块径向间隙在1～3 mm。

摩擦问题的出现，主要原因是设计协调尺寸未明确要求，提出解决方案将燃气舵安装后，调整石墨垫块并将其固定，保证石墨垫块与燃气舵石墨凸块侧向间隙在1～3 mm内，调整并用钢板尺测量石墨垫块与燃气舵石墨凸块径向间隙余量为0.5 mm尺寸范围内，确保能够满足调整石墨垫块与燃气舵石墨凸块之间的间隙要求。

3.2 石墨垫块安装工艺改进

依据原总装工艺流程进行产品装配过程中发现，石墨垫块周向与燃气舵两侧间隙不一致，一侧间隙偏小甚至干涉，不能进行螺纹连接。由于圆环安装孔与舵圈上螺孔已固定，中心位置偏移，导致石墨垫块径向无调整空间。为避免产品装配过程中出现尾段石墨垫块安装两侧间隙不一致的现象，提出改善工艺操作流程为：

1）圆环安装时，注意应使圆环与发动机喷口之间间隙均匀，螺钉头目视在圆孔中央。暂不拧紧螺钉，使圆环能上下晃动。

2）安装石墨垫块，安装时将垫板垫在石墨块下面。暂不拧紧螺钉，注意螺刀尽可能垂直避免损伤螺钉，以免石墨塞子安装时被咬死。

3）安装燃气舵，安装并拧紧螺母及备母的锁紧力矩。

4）安装调整，调整燃气舵与石墨垫块之间左右间隙基本均匀，若圆环影响石墨垫块的调整，可用橡胶锤和螺刀周向微调圆环位置。调整石墨垫块使燃气舵与石墨垫块从外往里第一个直角处间隙为2.5^{+1} mm，且两侧间隙基本一致，检查燃气舵本体上的银色螺母应与石墨垫块有间隙（若干涉可最多调至3.5 mm）。以3 N·m力矩拧紧石墨垫块安装螺钉。以2 N·m力矩拧紧圆环螺钉。检查燃气舵与石墨垫块迎气流面应有间隙。

圆环与石墨垫块安装结构图如图3所示。

3.3 间隙调整工装的设计与制作

针对安装石墨垫块与燃气舵间隙操作困难的特点，使用工装进行间隙调整，保证产品安装尺寸。通过反复的计算与测量，为保证满足工艺设计要求，反复进行石墨垫块倒角、圆环与石墨垫块间隙、石墨垫块与燃气舵间隙、螺纹与孔间的尺寸公差等数据的计算、选材与制作。

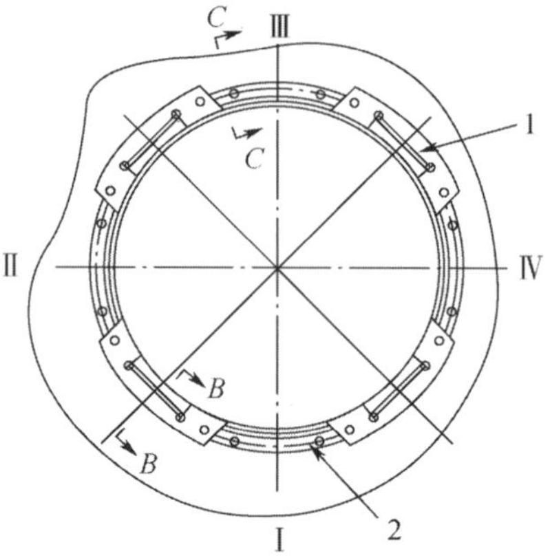

图 3　圆环与石墨垫块安装结构

1—石墨垫块；2—圆环舵圈

（1）工装尺寸的尺寸设计

在现场进行产品外侧与内侧的宽度与高度的测量，先使用塞尺进行基本尺寸的测量，选取整数值作参考，设计工装各板面的宽度及厚度尺寸，利用舵支架两臂外沿尺寸作为U型开口工装的内开口尺寸（为 55 mm），工装的外边缘宽为 88 mm，高度为 120 mm，厚度为 2.5 mm，由于石墨垫块内壁边缘是弧形，于是将棱角变为圆角，调整角度为 $R50$ 与 $R2$。

（2）工装材料的选材

考虑到石墨垫块与燃气舵都属于脆性材料，在保证使用过程中卡具不会损坏产品的前提下，从市场上购置聚四氟乙烯板为材料，制作工装。其优点是具有极为优越的综合性能，如耐高低温（－192～260 ℃）、耐腐蚀（强酸、强碱、王水等）、耐大气老化性、高绝缘、高润滑（具有塑料中最小的摩擦系数 0.04）、不粘性（具有固体材料中最小的表面张力而不粘附任何物质）、无毒害等优良特性。优异的电气性能，是理想的绝缘材料。

（3）工装的制作

通过反复的计算与测量，为保证满足工艺设计要求，反复进行石墨垫块倒角、圆环与石墨垫块间隙、石墨垫块与燃气舵间隙、螺纹与孔间的尺寸公差等数据的测量与计算，并将计算后的尺寸画在塑料板上，然后按照所画形状锯掉多余部分，锯不到的地方用刀片切割，再用锉刀进行修配打磨，最后用金相砂纸进行圆角的倒角处抛光，防止对石墨垫块底部边缘的刮蹭，工装做好后进行尺寸检验，测量结果全部符合设计所提供的要求，调整间隙工装制作完毕，如图 4 所示。

4　实用案例

根据改善后对燃气舵凸块与石墨垫块间隙的尺寸要求，安装工艺方法，间隙调整工装的制作，再次进行安装工作的检查。

1）安装圆环，定位不拧紧螺钉，使其有松动量。

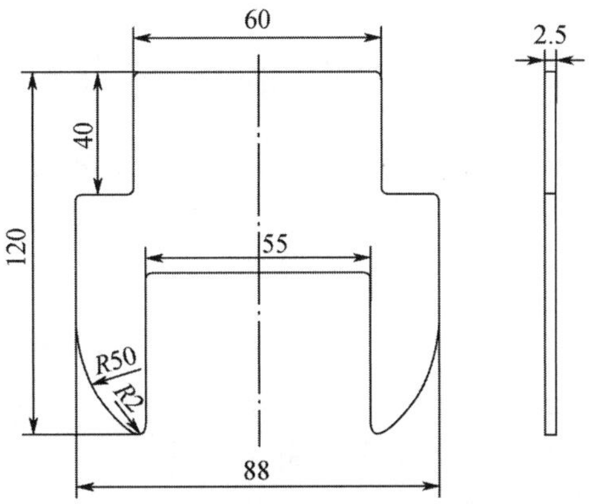

图 4　调整间隙工装

2）安装石墨垫块，同上方法。

3）进行燃气舵的安装固定拧紧力矩。

4）微调圆环及石墨垫块径向位置，使石墨垫块左右两侧的间隙均匀后，固定圆环。

5）将 2.5 mm 开口工装 U 型口跨过燃气舵与舵腿的方形接头位置，并将工装插入燃气舵与石墨垫块间，将石墨垫块向内推至与工装两侧平面完全贴合后，拧紧安装螺钉，取出工装，用卡尺测量燃气舵凸块与石墨垫块一个阶梯的间隙，左右均匀为 2.5 mm，均匀且一致性好。符合操作规程及产品的尺寸要求。

用相同的方法安装剩余 3 个燃气舵，1 小时便完成了一发产品 4 个燃气舵的安装工作。

5　结束语

通过改善操作工艺流程、操作工装规格化以及安装间隙的尺寸标准化后，对总装工序带来很大的改善。不但缩短了安装过程中大量耗费在间隙调节上的工作量，操作人员也可由原来的两人操作缩减至一人即可在 15 分钟内轻松完成此项工作，保证了产品质量间隙的一致性，使产品批产型号总装一次合格率达到了 100％的良好效果。确保了产品生产进度和质量要求。

参考文献

[1]　郭岳，刘文博，等．舱舵组合体．2014.

[2]　聂青，雷义，等．二级弹体．2012.

[3]　雷义，聂青，等．弹体工艺规程．2012.

异型导爆索限位切割技术的研究及应用

马　利　赵允宁　吴延翔　韩世涛

航天一院 211 厂

摘　要　本文通过对 CZ-3B、CZ-3C 卫星整流罩纵向分离解锁装置异型导爆索在切割过程中所遇到的难点进行分析，设计一套具有限位切割功能的工装，提出了一种基于限位切割技术的异型导爆索装配方法，有效地解决了异型导爆索切割过程中，操作用时长、外形尺寸易超差等难题，实现了异型导爆索的快速切割成型，并且可以在 CZ-2F（目标飞行器状态）、CZ-5、CZ-7 等新一代运载火箭型号上推广应用。

关键词　异型导爆索　限位切割技术　专用工装

1　引言

CZ-3B、CZ-3C 火箭卫星整流罩纵向分离面采用分离解锁装置，主要由凹口螺栓、对接桁支架、扁平管、起爆器、异型导爆索等部件组成。异型导爆索是将高能炸药黑索金，滚压在 $\phi3$ mm 的铅管内，铅管又被套滚在 12.5 mm×5.5 mm 的聚乙烯包覆层里。两根长 22m 的异型导爆索从卫星整流罩Ⅱ象限穿进，从Ⅳ象限穿出（见图 1），异型导爆索的端头经过切割后，与起爆器相连（见图 2）。解锁时，通过起爆器引爆，起爆器通过起爆电流引爆，爆轰的能量使导爆索工作，异型导爆索爆炸产生的冲击波、高温高压的气体，使扁平管变形、膨胀，通过挤压对接桁，使支架产生位移、凹口螺栓断裂，实现纵向分离装置的分离。可以看出，异型导爆索是卫星整流罩纵向分离过程中涉及分离的关键产品，火箭总装过程中异型导爆索的切割质量，直接影响到卫星整流罩能否正常分离。

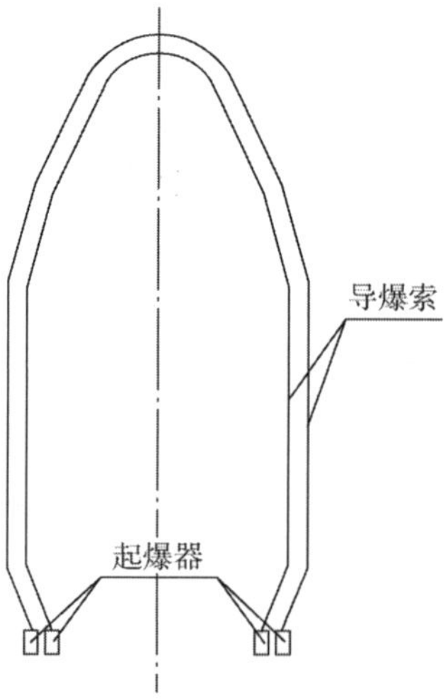

图 1　异型导爆索安装示意图

图 2 异型导爆索安装实图

2 异型导爆索切割难点分析

2.1 技术难点一：纯手工切割，精度要求高

异型导爆索切割采用逐层分段切割的工艺方法，安装时需将异型导爆索从卫星整流罩的扁平管内伸出，安装限位套固定异型导爆索后，将异型导爆索端头的聚乙烯包覆层手工切割修型成为长度为 7 mm、底面直径为 5 mm 的圆柱状，切割后铅管炸药索应与起爆器堵头的 *A* 面齐平（见图 3）。该方法采用纯手工操作，对人员的技能水平和素质有较高的要求，属于依靠人员保证操作项目，且存在操作时间长、切割尺寸精度要求高等困难。

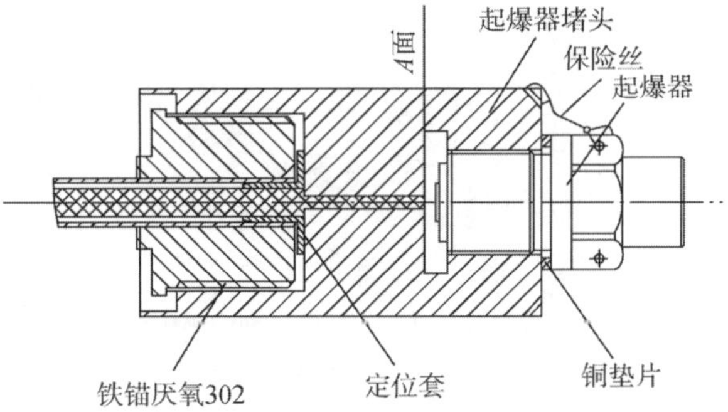

图 3 异型导爆索安装结构示意图

2.2 技术难点二：柔性软结构，切割易变形

异型导爆索由高能炸药黑索金、铅管、聚乙烯包覆层组成（见图 4）。其结构异型，质

地柔软。异型导爆索从扁平管伸出后，需使用单面刀片切割异型导爆索外形尺寸，虽然限位套能够限制异型导爆索径向和横向变动，但受力部位主要集中在扁平管端面，对于伸出的异型导爆索部分（约 10 mm）定位作用较小，切割易导致异型导爆索弯曲变形，造成外形尺寸超差、甚至报废。所以需要组合限定异型导爆索多方向切割变形量（见图 5）。

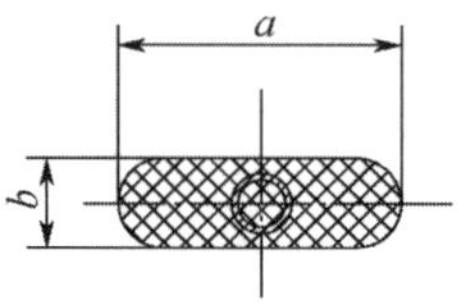

图 4　异型导爆索截面示意图（$a=12.5$ mm，$b=5.5$ mm）

图 5　异型导爆索伸出后示意图（定位套未安装）

2.3　技术难点三：空间受限，无法有效测量

异型导爆索切割后，拧入起爆器堵头，受空间限定因素影响，无法使用通用测量工具，检测药芯与起爆器堵头的平面 A 的齐平情况（见图 6），存在一定的测量困难，操作者及专职检测人员的最终检测因缺乏有效测量工具，只能通过目测进行模糊识别，存在一定程度的质量隐患。

图 6　起爆器堵头安装后示意图

3 异型导爆索限位切割工装的设计

为有效提高 CZ－3B、CZ－3C 卫星整流罩异型导爆索安装可靠性，避免异型导爆索在切割过程中出现外形尺寸超差而导致的产品报废甚至是发射失利，通过研究和实践，设计了一套异型导爆索限位切割工装，具有快速精确定位、辅助测量的功能，分别为工装 1（见图 7）和工装 2（见图 8）。

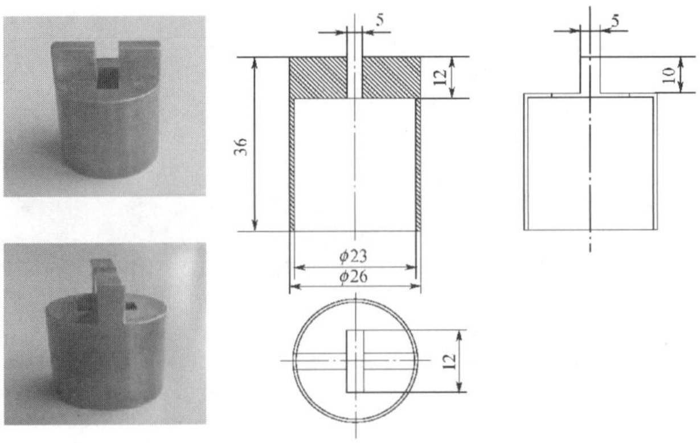

图 7　限位切割工装 1 实物及结构图

图 8　限位切割工装 2 实物及使用结构图

4 异型导爆索限位切割工装原理

4.1 “T”型凸台结构，组合限定双向切割尺寸

异型导爆索原切割方法为逐层分段切割的工艺方法，由操作者根据经验判定控制切割余量，易造成异型导爆索切割尺寸超差甚至是切断的问题。通过工装 1 上的“T”型凸台结构，对异型导爆索伸出的部分进行组合限定，用切割刀片沿凸台侧面及底平面分别对异型导爆索进行横向和纵向切割，就可以将异型导爆索快速切割成为长方体。

考虑到异型导爆索为火工品，工装 1 以黄铜作为零件基材，外形尺寸参照异型导爆索切割尺寸要求，将工装 1 套在扁平管的外螺纹接头上，对异型导爆索边角进行适当修整，使之成为 $\phi 5$ mm 圆柱状（见图 9）。

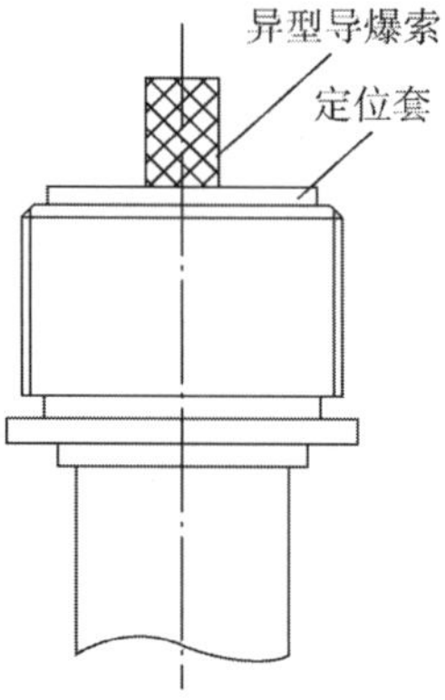

图 9　限位切割工装 1 使用后示意图

4.2　参照起爆器堵头尺寸，设计工装 2 结构

起爆器堵头尺寸见图 10，影响导爆索端头长度的尺寸为 L_0，以及相关的结构尺寸分别为 $25^{0}_{-0.1}$ mm、$13^{0}_{-0.1}$ mm、(45±0.1) mm，由尺寸链计算 L_0

$$L_0=(45\pm 0.1)-(25^{0}_{-0.1})-(13^{0}_{-0.1})=7^{+0.3}_{-0.1}(\text{mm}) \tag{1}$$

参照起爆器堵头 L_0 尺寸，选定工装 2 的 L_1 尺寸，同样由尺寸链可计算 L_1

$$L_1=(31.8^{+0.1}_{0})-(25^{0}_{-0.1})=6.8^{+0.2}_{0}(\text{mm}) \tag{2}$$

由公式（1）和公式（2）计算所得的 L_0 和 L_1，可理论上算出导爆索端头在使用工装 2 进行切割后距端面 A 的距离尺寸为

$$L_0-L_1=0.2\pm 0.3\ (\text{mm})$$

导爆索端面低于端面 A 的距离最小为－0.1 mm，最大为 0.5 mm，满足≯0.5 mm 的设计要求。

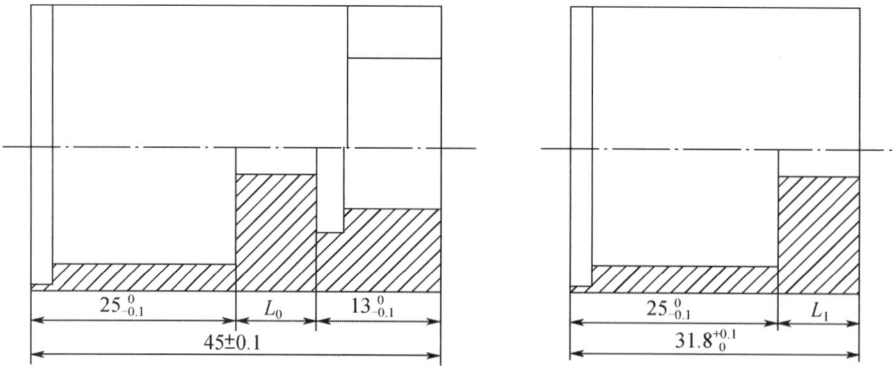

图 10　起爆器堵头尺寸和工装 2 尺寸

通过对工装 2 的 L_1 尺寸进行精确控制，用切割刀片沿切割平面对 $\phi5$ mm 圆柱状异型导爆索伸出部分进行一次切割，可保证药芯与起爆器堵头的平面 A 的齐平，使工装 2 在使用中具有一定程度的辅助测量功能，同时也实现了异型导爆索的快速切割成型。

5 基于限位切割技术的异型导爆索装配方法

5.1 异型导爆索限位切割装配流程

1）异型导爆索从卫星整流罩的扁平管内伸出，在距扁平管端面 10 mm 处用单面刀片将异型导爆索切断；

2）根据异型导爆索的尺寸，试装限位套（A、B、C），将选配好的限位套套入异型导爆索，用力将限位套压入扁平管（压紧前可微微将异型导爆索向扁平管内推入），使之与扁平管端面贴合，异型导爆索固定；

3）安装工装 1，将工装 1 套在扁平管的端头（带螺纹的部分），异型导爆索从工装 1 的长方槽伸出，切割刀片沿工装 1 上的凸台侧面及底平面分别对异型导爆索进行横向和纵向切割，可将平椭圆形的异型导爆索快速切割成为一个 10 mm×5 mm×5 mm 的长方体（见图 11 和图 12）；

图 11 限位切割工装 1 使用实图 1

图 12 限位切割工装 1 使用实图 2

4）取下工装 1，用切割刀片对正方形的异型导爆索边角进行适当修整，使之成为 ϕ5 mm 圆柱状；

5）将工装 2 拧入扁平管的端头（带螺纹的部分），用切割刀片沿工装 2 的切割平面对 ϕ5 mm 圆柱状异型导爆索伸出部分进行切割（见图 13）；

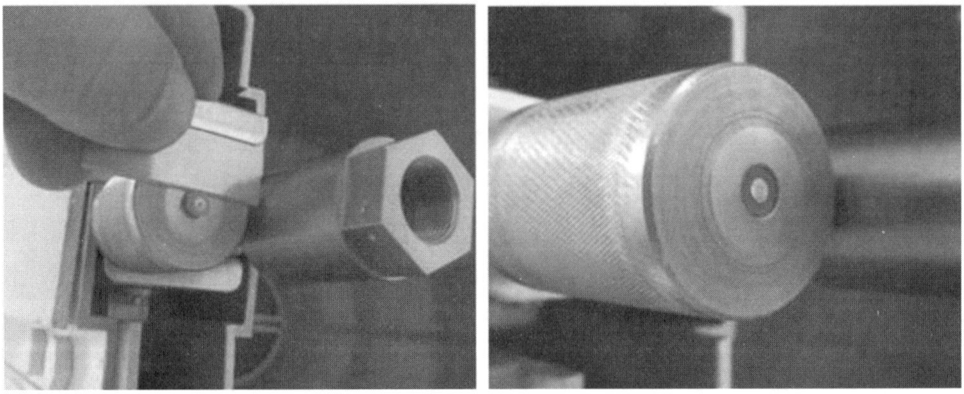

图 13　限位切割工装 2 使用实图

6）取下工装 2，试装起爆器堵头，观察药芯与起爆器堵头的平面是否齐平，药芯端面涂抹硝基漆（见图 14）；

图 14　采用限位切割工装后效果图

7）正式安装起爆器堵头前，在与起爆器堵头相配合的外螺纹上涂厌氧胶铁锚 302，再拧紧起爆器堵头。

5.2　限位切割工装使用效果

为了保证限位切割工装使用的可靠性，分别在 1 号至 6 号扁平管的端头上，利用限位切割工装 1 和限位切割工装 2 进行异型导爆索切割试验，检查药芯与起爆器堵头的平面是否齐平，进行 5 组数据比对，结果见表 1。

表 1　导爆索限位切割试验数据统计表

序号	1 号	2 号	3 号	4 号	5 号	6 号	质量情况
1	齐平	齐平	齐平	齐平	齐平	齐平	一次合格
2	齐平	齐平	齐平	齐平	齐平	齐平	一次合格
3	齐平	齐平	齐平	齐平	齐平	齐平	一次合格
4	齐平	齐平	齐平	齐平	齐平	齐平	一次合格
5	齐平	齐平	齐平	齐平	齐平	齐平	一次合格

通过利用限位工装组合限定导爆索端头外形尺寸，沿工装 1 的凸台侧面及底平面分别对异型导爆索进行横向和纵向切割，沿工装 2 的切割平面对 $\phi 5$ mm 圆柱状异型导爆索伸出部分进行切割，有效地保证了药芯与起爆器堵头的平面齐平，实现了异型导爆索的快速切割成型。

6　创新点

1）独特的“T”型凸台结构，具有组合限定切割尺寸的功能；

2）具有精准定位切割功能；

3）辅助目视测量功能；

4）根据上述思路设计生产需要的系列治具。

7　结论

通过对 CZ－3B、CZ－3C 卫星整流罩纵向分离解锁装置异型导爆索在切割过程中所遇到的难点进行分析，设计一套具有限位切割功能的专用工装，提出了一种基于限位切割技术的异型导爆索装配方法，有效地解决了异型导爆索切割过程中，操作用时长、外形尺寸易超差等难题，实现了异型导爆索的快速切割成型，工作效率提高 5 倍。并且可以在 CZ－2F（目标飞行器状态）、CZ－5、CZ－7 等新一代运载火箭型号上推广应用。

参 考 文 献

[1]　龙乐豪，贺祖明，等．长征三号乙技术手册．中国运载火箭技术研究院，1999.

[2]　梅群，沈兆武，等．超低能导爆索传爆原理及应用的研究．中国工程科学，2005.

插接式捆绑支座装配工艺技术

万书会　张　泉　乔国华　邢厚旺
航天一院 211 厂天津公司

摘　要　针对插接式捆绑支座在装配中存在的操作空间狭小、制孔实现困难、轴向孔质量一致性不高、生产效率较低的突出问题，从制孔工具选择、捆绑支座无约束下的预装配制孔及复位技术、捆绑支座径向狭小空间内的贯通制孔技术等方面进行研究，实现插接式捆绑支座高质、高效的装配。

关键词　插接式捆绑支座　无约束装配　贯通制孔

1　引言

现役运载火箭捆绑支座与壳体的连接均采用捆绑支座贴紧蒙皮后，径向螺栓螺接的连接方式如图 1 所示。该连接方式的捆绑支座，操作空间大，可采用摇臂钻钻绞径向螺栓安装孔。插接式捆绑支座是通过蒙皮插接口与组合式中间框组成封闭结构进行轴向螺接，如图 2 所示。捆绑支座采用插接的连接方式后，其操作空间大幅减小，无法借鉴现役型号捆绑支座的制孔和装配方式。

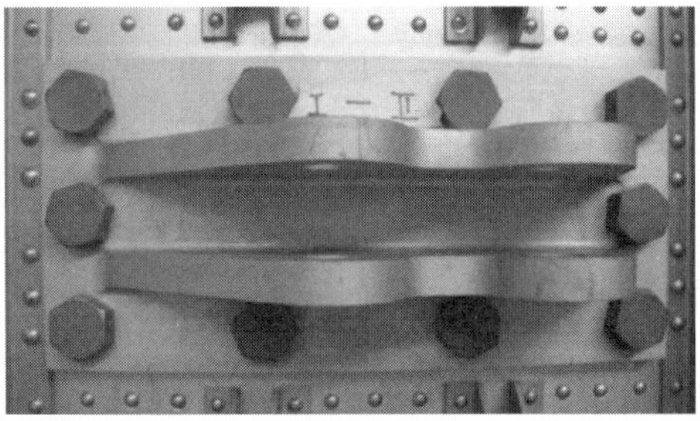

图 1　现役型号捆绑支座实物图

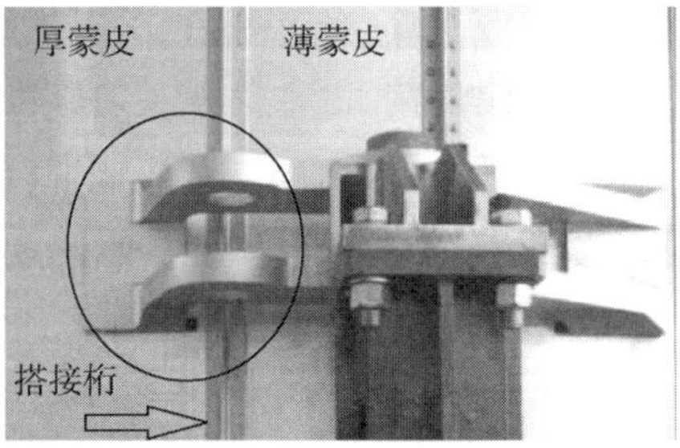

图 2　插接式捆绑支座实物图

2　技术难点

针对插接式捆绑支座装配质量及制孔实现困难的问题，结合插接式捆绑支座装配结构特点，从制孔实现、捆绑支座装配工艺流程两个方面进行分析，插接式捆绑支座装配的难点主要体现在以下几个方面。

（1）制孔实现工具落后，钻铰孔质量差

插接式捆绑支座多采用 30CrMnSiNi2A 或 ZT4－1 锻件材质加工而成，目前采用手工钻铰出的安装孔孔径超差较多、质量一致性差。某部段共有 8 个捆绑支座，需钻铰 256 个安装孔，设计要求终孔精度为 ϕ12H9，通过对试验件产品捆绑支座安装孔的孔径质量进行统计发现，近 80 个铰孔尺寸出现超差。

（2）径向操作空间无法满足制孔工具使用要求

插接式捆绑支座靠近蒙皮处的螺栓孔距蒙皮内表面尺寸为 14～15 mm，捆绑支座距离蒙皮内表面最近的一排安装螺栓孔，在径向距离上无法满足普通风钻等钻、铰孔工具的操作空间要求（以普通风钻为例至少需要空间≥20 mm），因此在钻孔过程中受结构和空间限制，径向操作空间狭小。捆绑支座距蒙皮径向尺寸如图 3 和图 4 所示。

图 3　某助推段捆绑支座距蒙皮径向尺寸

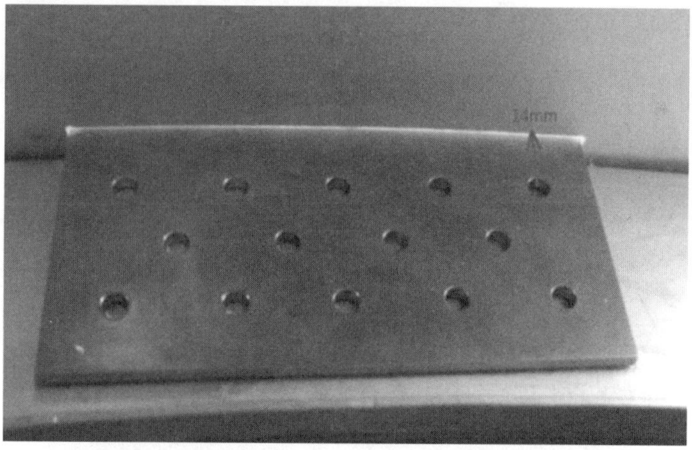

图 4　某芯级部段捆绑支座距蒙皮径向尺寸

（3）轴向操作空间有限，影响制孔、装配效率

插接式捆绑支座装配结构如图 5 所示，由图可以看出，捆绑支座与组合中间框进行插接轴向连接，螺栓孔在壳体内部且为轴向，同时组合中间框下表面与下端框距离为 200 mm、组合中间框上表面与中间框下表面的距离为 170 mm，普通风钻装夹钻头后总长度近 240 mm，捆绑支座的装配和组合框在轴向方向操作空间较小，在人工制孔时，因受壳体结构和空间限制，操作人员无法保证钻孔垂直情况。

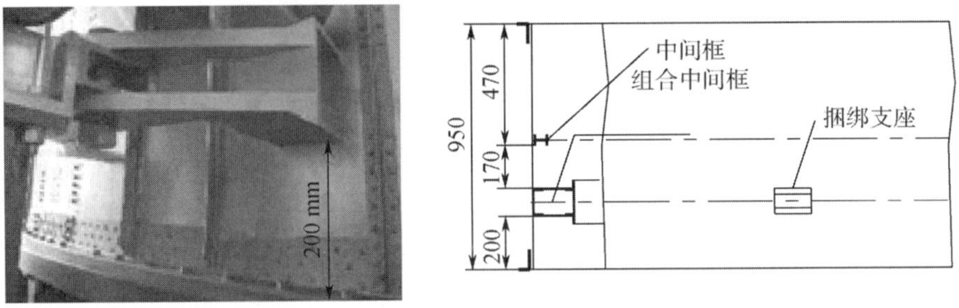

图 5　捆绑支座与装配型架平台间距

综合以上插接式捆绑支座装配影响因素的分析，造成插接式捆绑支座装配困难的主要原因为受轴、径向操作空间因素制约严重，30CrMnSiNi2A 或 ZT4－1 材质的捆绑支座材料硬度及韧性较高，导致制孔困难。因此需要重点解决插接式捆绑支座轴、径向空间不足，优化壳体装配流程，改进制孔方式。

3　技术方案

3.1　制孔实现工具的选择

针对插接式捆绑支座采用钢锻件或铸钛件等材料加工而成，其硬度高、韧性强、手工制孔难，制孔质量较低并且孔的一致性不高、制孔过程耗时长的问题，需采用更为便捷和实用的工具以满足制孔质量要求，减少生产周期。同时由于现役型号所采用的大型钻铰机构已不能满足狭窄空间的制孔需求，因此需采用体积较小的钻孔工具，如自动进给钻、磁力钻，如图 6 和图 7 所示。

图 6　U 型自动进给钻

图 7　MAB840 磁力钻

3.2　无约束情况下制复位定位孔

捆绑支座在架上装配时，利用现有工装上的定位夹具定位捆绑支座，如图 8 所示，确保捆绑支座与中间框的精确位置后，直接使用自动进给钻在捆绑支座、中间框、内加强件、外加强件上贯通，制出保证其相对位置关系的工艺螺栓孔，用于分解后的复位基准，复位基准孔如图 9 所示。

图 8　夹具定位捆绑支座

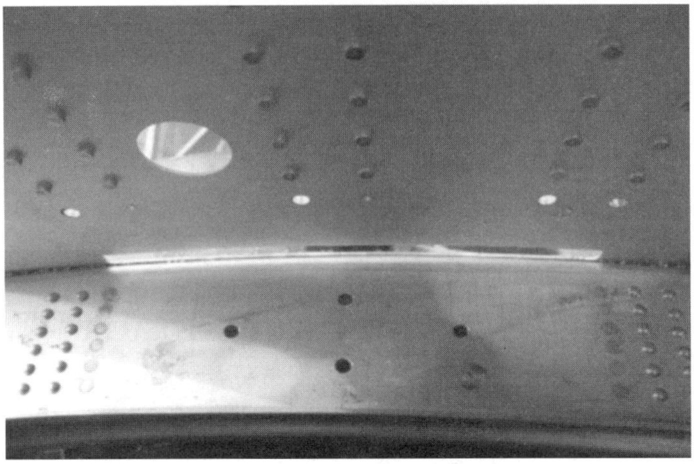

图 9　预装配制定位孔

3.3　插接式捆绑支座无约束预装配技术

利用中间框定位支撑和已经定位的插接式捆绑支座定位中间框，如图 10 所示。使用与蒙皮等厚度的工艺蒙皮垫片代替正式蒙皮，释放轴向和径向操作空间。通过工艺蒙皮一方面保证捆绑支座、加强件、中间框在径向方向上的相对位置关系，另一方面解决产品蒙皮存在带来的径向操作空间不足的问题。预装配后操作空间具有较好的开场性，可避开制孔工具与蒙皮引起的干涉问题。

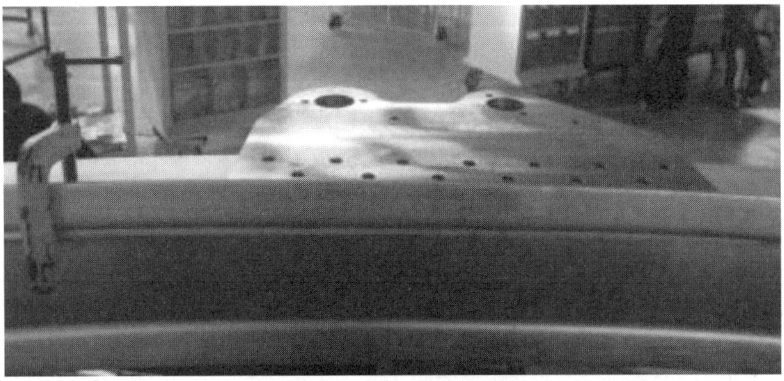

图 10　捆绑支座定位中间框

3.4　插接式捆绑支座贯通制孔技术

在捆绑支座、中间框、内外加强件预装配后将已制定位孔的外加强件进行拆除以释放外加强件翻边所限制的径向空间。在捆绑支座支腿上已制定位孔固定钻模板，利用自动进给钻对捆绑支座、中间框、内加强件进行制底孔并铰孔至终孔状态，制孔过程如图 11 所示，铰孔后的预装配组件如图 12 所示。

图 11　自动进给钻制铰孔

图 12　铰孔的预装配组件

自动进给钻在制孔时，选用了 YG3X 硬质合金钢钻头，钻头顶角选择 136°进行制孔，铰孔后利用定制塞规对轴向孔进行检查，轴向孔均能够满足塞规通端过、止端止的检查要求。

3.5　插接式捆绑支座、中间框组件架上复位技术

捆绑支座的定位依靠工装上的定位夹具实现，以保证捆绑支座的周向和高度方向的位置精度，为保证捆绑支座复位位置与定位位置的一致性，捆绑支座、中间框、内加强件、外加强件的复位需保证四者之间的相对位置关系，因此选择预装配时钻制的轴向孔作为定位基准。根据捆绑支座、中间框、内加强件、外加强件的复位基准，对分解的预装配组件进行复位。

4　产品质量检测

经实测数据验证：

1）捆绑支座满足设计要求的钻铰孔精度；

2）制孔一次性合格率≥90%。

刀具在切削过程中切削润滑及刀具磨损等因素，对于孔加工的一次性合格率有着重要的影响。现利用水溶性切削液在制孔过程中进行切削冷却及润滑，每次制孔后利用标注塞规对加工孔径进行测量，对不符合要求的孔径利用未磨损的铰刀进行再次精铰孔，实现制孔合格率 100%。

5　结束语

插接式捆绑支座装配技术采用了占据操作空间更小、制孔精度较高的自动进给钻作为制孔工具，摸索出了制孔时较优的刀具材质及刀具顶角。首次采用无约束的预装配制孔及复位工艺方法，提出了利用工艺蒙皮垫片代替产品蒙皮，释放蒙皮存在带来的径向操作空间，避开了制孔工具与蒙皮引起的干涉。贯通制孔技术有效地在确保制孔精度及质量的前提下，改变了传统的分层制孔方法，提高了轴向连接螺栓孔制孔效率。

经过改进，插接式捆绑支座钻铰孔质量一致性有了显著提高，同时采用新的制孔工具，降低了操作者的劳动强度，提高了制孔加工精度及质量，具有良好的经济效益。

法兰密封结构在总装过程中的精密修配技术

范大伟　崔　鑫　平瑞华　杨　昊
航天一院211厂天津公司

摘　要　法兰密封结构在火箭总装前经历机械加工、焊接等多道工序，由于材料内部残余应力释放和焊接热应力造成密封结构变形，影响着火箭的总装精度和效率。本文通过研究精密校形和修配工艺，解决了总装过程中法兰密封结构的变形、配合尺寸不协调等问题，实现了总装过程中法兰密封结构的适应性精密修配，在新一代运载火箭总装过程中得到应用。

关键词　火箭总装　密封结构　精密校形　适应性修配

1　引言

法兰类零件是运载火箭箱体、管路结构中常用的输送接口，法兰密封结构直接决定着输送的密封性能，在火箭总装、测试、发射的全过程起着重要作用。密封结构一旦失效，将会导致燃料泄漏，后果严重。因此法兰密封结构具有较高的设计精度和配合公差要求。如图1所示为XX-5典型的法兰结构，密封结构为法兰端部的密封榫，其结构尺寸公差仅0.08 mm，表面粗糙度 Ra 0.8。

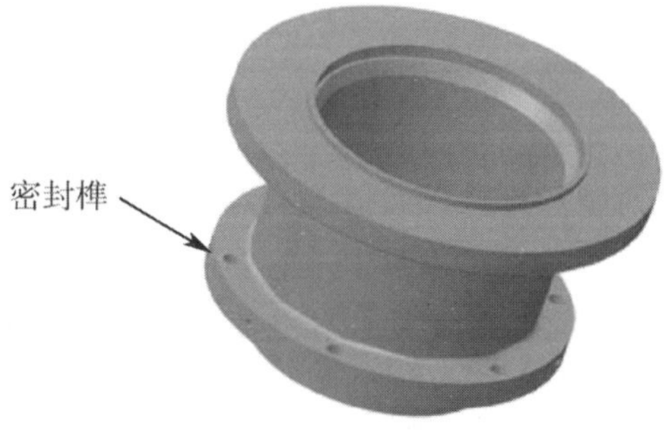

图1　XX-5典型法兰结构示意图

在总装前，法兰零件经过机械加工、焊接等多道工序，由于材料内部残余应力释放、加工应力集中、焊接热应力，造成法兰密封结构存在不同程度的变形，法兰与加泄阀无法实现精密配合，只能根据加泄阀的结构对法兰密封结构进行适应性精密修配。

本文通过对法兰密封结构进行精密校形和精密修配技术研究，解决了密封结构变形、配合尺寸不协调造成的法兰与加泄阀无法精密装配的问题，在新一代运载火箭总装过程中得到广泛应用。

2　技术难点

由于法兰密封结构的修配工作是在总装过程中进行的，因此存在较多的技术难点，如以下方面：

1）法兰已焊接运载火箭箱体上，工作位置高，操作环境狭小，不便修配工作展开；

2）法兰在焊接到箱体上后，受焊接应力影响，沿箱体径向拉长，呈不规则的椭圆，长轴方向超上差 0.12 mm，短轴方向超下差 0.05 mm；若直接采用锉修的方法，密封榫宽度将至少超差 0.02 mm，严重影响密封性能；

3）修配过程采用校正的方法，校正力度不易控制，若用力不当将造成箱体的损坏；

4）校正、修配只能凭借钳工手工完成，手工工具容易划伤密封面，对产品造成二次伤害；

5）火箭箱体已经封箱，对多余物控制要求较高，修配产生的切屑细小，多余物防控难度较大。

3　技术方案

3.1　方案分析

采用卡尺、卡规与塞尺、测量样板结合，通过测量、计算绘制出配合密封结构实际外形图。经测绘加泄阀密封槽尺寸满足公差要求，而法兰密封榫实际形状为椭圆，沿箱体直径方向拉长，数值如表 1 所示，尺寸超差－0.05～＋0.12 mm，因此决定根据试配情况对法兰密封榫进行适应性修配。

为保证法兰密封榫的宽度尺寸，在修配前需先进行校正，首先采用不去除材料的冷校正法对变形法兰密封榫进行精密校正。经过校正工序后，再根据加泄阀密封槽与法兰密封榫实际配合情况进行适应性的精密微量修配。修配过程通过采用锉修→抛光→研磨→清洗→测量→试配等工艺方法，直到零件满足密封要求。

表 1　变形法兰密封榫内外径测量值

序号＼项目	密封榫内径			密封榫外径		
	理论值/mm	测量值/mm	超差/mm	理论值/mm	测量值/mm	超差/mm
1	235.02～235.10	235.19	＋0.09	241.30～241.38	241.50	＋0.12
2		235.12	＋0.02		241.42	＋0.04
3		235.07	—		241.37	—
4		235.00	－0.02		241.30	—
5		234.95	－0.07		241.25	－0.05
6		235.00	－0.02		241.30	—
7		235.06	—		241.36	—
8		235.12	＋0.02		241.42	＋0.04

3.2 密封榫精密校正

法兰材料为2219铝合金，材料具有强度高、高低温力学性能好、焊接性能好、断裂韧度高等特点，考虑到密封榫最大变形量达0.12 mm，需在修配前对密封榫进行精密校正。

根据法兰结构及总装状态制作如图2所示校正工装。工装由内撑杆、连接杆、校正头、旋紧螺栓组成。内撑杆支撑在法兰内孔，起受力支撑作用；连接杆在内撑杆和校正头之间，起受力连接作用；校正头弧面与法兰外圆面贴合，起压紧校正作用；旋紧螺栓通过旋转，将压紧力施加到校正头。

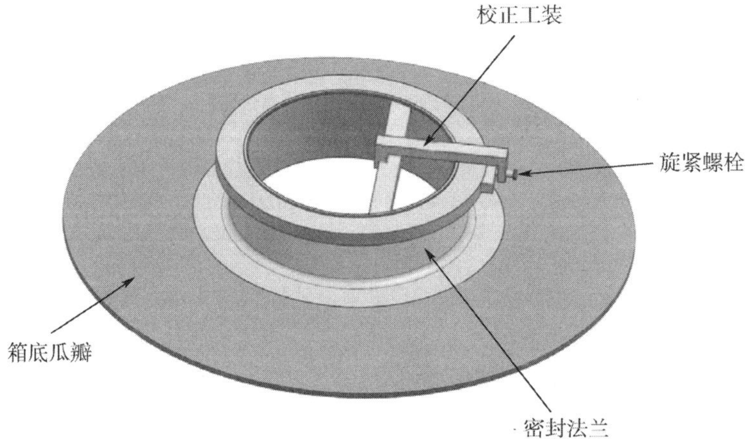

图2　密封法兰校正过程示意图

校正操作前在校正工装与法兰接触面粘白胶布，防止破坏法兰表面。将校正工装内撑杆装入法兰内孔中，校正头与法兰外圆面贴合，通过调整连接杆使校正工装找正。校正工装找正后，通过旋紧螺栓对校正头加压，使校正头压向法兰。首次加压时应控制压力大小，边加压边用卡尺测量法兰校正量。当法兰密封榫尺寸进入设计公差后，释放旋紧螺栓，再次测量法兰校正回弹量。以首次法兰校正量和回弹量为参考值，重复进行多次加压和释放，过程中根据法兰实测值对压力进行适应性调整，直到法兰产生塑性变形，密封榫校正为圆形。校正操作为关键过程，一定多次测量，逐渐加力。通过对法兰不同变形位置进行校正，在不破坏零件和箭体结构、性能的情况下，保证了法兰密封榫的圆度。

法兰校正后实测情况如表2所示。经过校正后的法兰由原来的10处超差减少为2处超差，最大超差量0.12减小到0.02，由此可见密封榫的校正结果显著，有效降低了法兰的变形量。

表 2　法兰校正后密封榫内外径测量值

项目 序号	密封榫内径			密封榫外径		
	理论值/mm	测量值/mm	超差/mm	理论值/mm	测量值/mm	超差/mm
1	235.02～235.10	235.09	—	241.30～241.38	241.40	+0.02
2		235.06	—		241.36	—
3		235.04	—		241.34	—
4		235.03	—		241.33	—
5		235	−0.02		241.30	—
6		235.03	—		241.36	—
7		235.06	—		241.36	—
8		235.06	—		241.38	—

3.3　密封榫适应性修配

根据试配情况，对校正后的法兰密封榫进行适应性修配。选择中齿什锦平锉，将刀具顶端修磨圆滑，刀具侧面修磨平整，刀面和侧面圆角修磨到 *Ra*0.2，以免划伤零件，修整后的锉刀如图 3 所示。将锉刀侧面紧贴法兰端面，沿密封榫侧面超差处轻轻地做圆弧形推锉，微量去除材料。推锉过程中，注意锉削平面是否与法兰端面垂直，锉削力度要轻且均匀，并沿零件型面运动。修配过程中应多次测量，达到适应性修配目的。锉修到规定尺寸后用 400、600、800 目砂布进行逐级打磨，然后用镜像砂纸将密封榫表面抛光至 *Ra* 1.6。

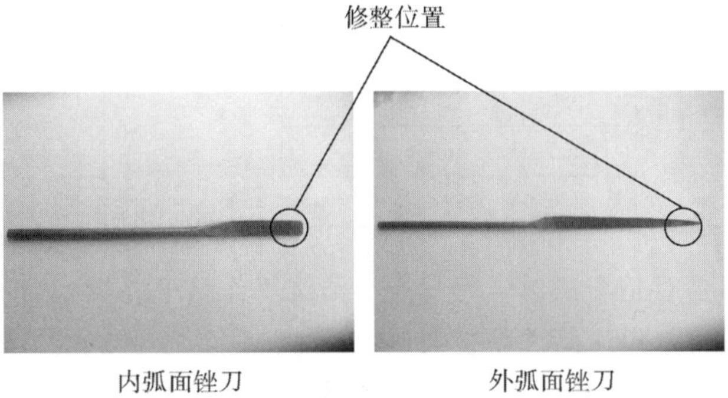

图 3　修整后锉刀

最后采用自制研磨模对法兰密封榫端面进行研磨，如图 4 所示。研磨模上有与法兰密封榫相配合的密封槽，密封槽比密封榫宽 0.2 mm。研磨前在研磨模的密封槽内添加磨粉号数为 100 的黑碳化硅磨料研磨膏。在研磨时使研磨模上的密封槽与法兰密封榫紧密配合，各接触面均匀接触。研磨时要使工件表面各处都受到均匀的切削，粗研时运动速度约 40 r/min，压力约 0.15 MPa；精研磨时运动速度约 20 r/min，压力约 0.05 MPa。最终将法兰密封榫端面研磨至 *Ra* 0.8，保证密封榫端面平面度达到 0.01 mm 以内。

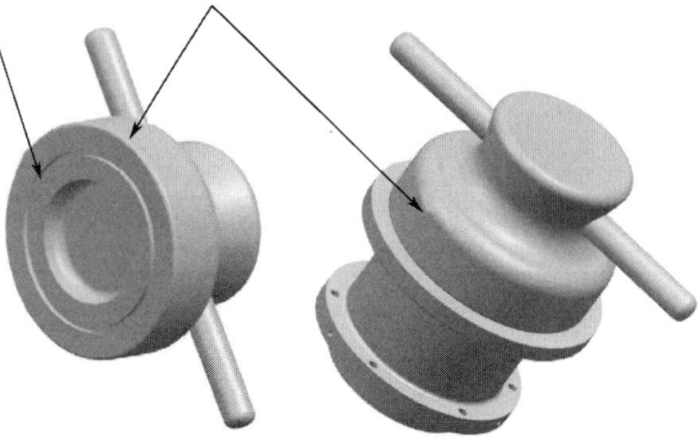

图 4 研磨模的结构及使用

密封榫经过适应性修配后实测情况如表 3 所示。经过修配后的法兰由原来的两处超差减少为 0 处超差，最大超差量由+0.02 mm 减小到 0 mm，由此可见密封榫的适应性修配结果显著，有效修复了法兰的变形量。

表 3 法兰修配后密封榫内外径测量值

序号 \ 项目	密封榫内径			密封榫外径		
	理论值/mm	测量值/mm	超差/mm	理论值/mm	测量值/mm	超差/mm
1	235.02～235.10	235.09	—	241.30～241.38	241.37	—
2		235.06	—		241.36	—
3		235.04	—		241.34	—
4		235.03	—		241.33	—
5		235.03	—		241.30	—
6		235.03	—		241.36	—
7		235.06	—		241.36	—
8		235.08	—		241.37	—

最后用绸布蘸酒精对整个法兰进行清洗。清洗工作结束并交检合格后，拆除并收集保护各面用的医用橡皮膏，再次清洗粘接痕迹。用加泄阀与法兰试配，密封榫能轻松进入密封槽中，配合间隙符合总装技术要求，清点工具清理现场，修配工作结束。

4 结束语

法兰类密封件在火箭总装过程适应性修配技术研究，综合采用了精密校正、适应性修配和精密研磨等修复手段，保证了法兰密封榫满足对接要求，保证了总装过程的顺利开展。法兰密封结构的适应性修配技术已在新一代运载火箭的总装过程中得到广泛应用，应用效果显著，解决了总装过程中密封零件的对接难题。该技术为变形零件的精密校形、高精度零件的精密修复、密封对接零件的精密修配奠定了技术基础，在航空航天领域具有深远的发展前景和推广意义。

参 考 文 献

[1] 韩克筠,王辰宝,刘培友,等. 钳工实用技术手册. 江苏:科学技术出版社,2000.

[2] 张全民,史朝辉,等. 机床夹具设计. 北京:科学出版社,2006.

[3] 袁哲俊,王先逵. 精密和超精密加工技术. 北京:机械工业出版社,2010.

新型捆绑支座与主梁协调装配方法

曹 宇 于 丹 刘 晚 杨宏伟

航天一院211厂天津公司

摘 要 针对新结构捆绑支座装配关系复杂、装配空间狭小、装配位置及装配精度要求高等特点，为实现芯级捆绑支座与主梁的协调装配，提高装配连接质量，针对芯级捆绑支座与主梁协调装配进行了深入研究，在多年实践中总结出了一套行之有效的装配工艺方案。与此同时，针对大尺寸过渡支座装配位置定位困难及装配精度较低问题，优化了过渡支座装配方案，较好地保证了过渡支座装配位置及装配精度，有效地保证了捆绑支座装配精度及装配位置要求。

关键词 协调装配 新结构捆绑支座 主梁

1 引言

芯级捆绑支座作为连接助推器箭体的主要承力零件之一，具有质量大、外形轮廓大、刚性好等特点。组合主梁作为与壳体外侧芯级捆绑支座的重要连接件，依靠径向连接螺栓与壳体外侧芯级捆绑支座进行螺接装配，具体结构如图1所示。同时，组合主梁由两根主梁通过连接支架、角盒、支座以螺接和铆接的形式连接而成，捆绑支座轴向与前端框用螺栓连接，径向与组合主梁、前端框用多种规格的螺栓连接，螺栓排布较为密集，协调装配较为复杂。由于芯级捆绑支座装配在壳体外侧，而组合主梁装配在壳体内侧，且在组合主梁与芯级捆绑支座之间装有蒙皮进行间隔，在没有蒙皮情况下保证两者的协调性较为困难。因此，为实现芯级捆绑支座与主梁的协调装配，提高装配连接质量，针对芯级捆绑支座与主梁协调装配进行了深入研究，并通过工程实践提出了新型捆绑支座与主梁协调装配方法。

2 技术难点

根据组合主梁的结构特点，其装配问题可归纳为两个方面。

1）根据图纸要求，主梁需装配在蒙皮内表面而芯级捆绑支座需装配在蒙皮外表面，壳体蒙皮将两零件之间隔离开来。为满足产品强度要求，主梁与芯级捆绑支座要求通过径向连接螺栓进行连接。与此同时，壳体前端框为U型结构，其与主梁U型凸起轮廓进行配合装配。由于蒙皮间隔且主梁只能沿前端框周向移动，主梁与芯级捆绑支座相对装配位置很难保证。

2）过渡支座U型槽轮廓需与两件主梁底端U型凸起进行连接。为保证连接的可靠性，零件间的U型轮廓需紧密贴合，以保证壳体前端框所承受的轴向压力顺利地传递到

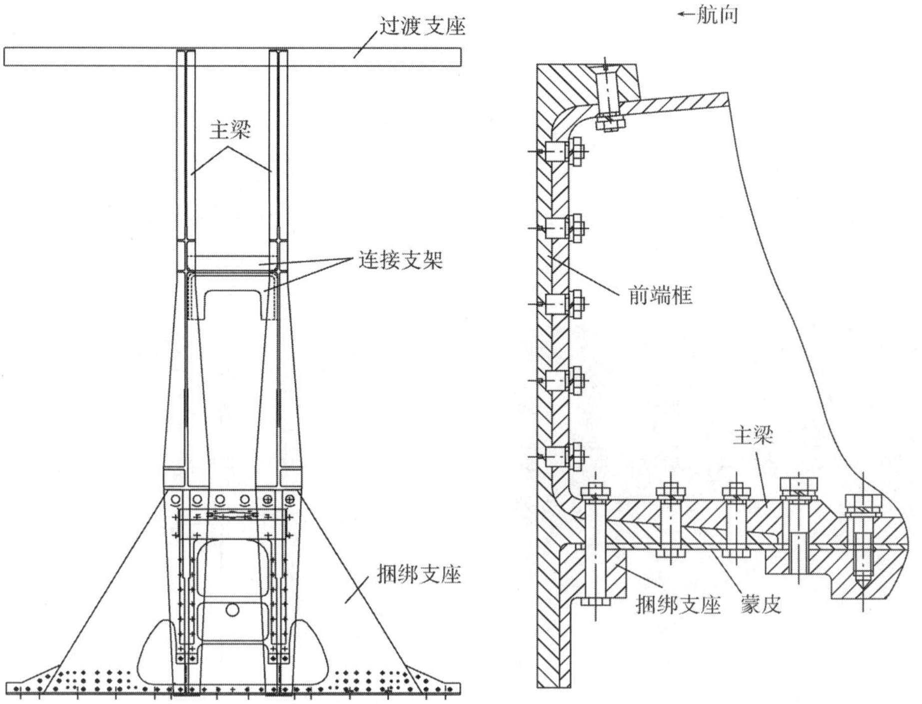

图 1　主梁与捆绑支座装配示意图

壳体后端框。过渡支座轮廓尺寸为 1260 mm（长）×120 mm（宽）×55 mm（高），需与两梁底端采用铰制孔螺栓螺接，由于该零件尺寸较大，受零件加工及壳体装配变形的影响，在铆接型架上进行装配时，过渡支架与主梁插接的 U 型轮廓难以贴合。同时，由于此处为三个零件间的协调装配，其装配位置及装配精度很难保证。

图 2　主梁与过渡支架装配情况

图 3　主梁与前端框装配情况

3　技术方案

针对主梁与芯级捆绑支座复杂的协调装配关系，通过以下两个方面解决其装配不协调及制孔问题。

（1）主梁与芯级捆绑支座协调装配技术

针对主梁与芯级捆绑支座协调装配问题，利用专用的组合主梁工装夹具对主梁、芯级捆绑支座进行组合装配。主梁组合夹具如图 4 所示。为保证主梁与前端框 U 型轮廓紧密贴合，主梁组合夹具上设有前端框模拟件。同时，为保证组合主梁装配位置，在工装型架上设置有两主梁间距及上下端面限位装置、芯级捆绑支座定位装置、主梁压紧装置、工艺蒙皮等。通过在组合夹具上模拟捆绑支座与组合梁的装配实现两者的实物装配，保证两者的位置关系。

图 4　主梁组合夹具图

捆绑支座与主梁组合装配过程为：首先组合主梁与前端框模拟件，保证主梁与前端框模拟件贴合，如因加工误差影响装配干涉，适当依据装配干涉情况对干涉面进行打磨锉修；然后利用捆绑支座上的对接螺栓孔与夹具上的定位孔定位捆绑支座与主梁。由于主梁与捆绑支座之间需装有厚度为 2mm 的蒙皮，为避免装配间隙的影响，在预装配主梁与捆绑支座时，在捆绑支座与主梁之间插入工艺蒙皮，以保证主梁与捆绑支座装配位置关系。定位装配完成后，利用专用工装上的压板块对主梁进行压紧，同时在两个主梁之间装配连接支架，保证主梁之间的相对位置。

（2）大尺寸过渡支座与组合主梁协调装配技术

针对过渡支座尺寸大、与主梁装配位置精度不好保证的问题，主梁组合夹具中设计了过渡支座定位装置及过渡支座与主梁连接螺栓孔的制孔钻模。在组合主梁装配完成后，将过渡支座安装在定位装置中，盖紧工装定位上盖，插入过渡支架限位销，以保证主梁与过渡支座的相对位置关系及过渡支座的周向及径向位置。最后利用夹具上连接螺栓孔制孔钻模，由过渡支座向主梁透孔并螺接主梁与过渡支座。过渡支座与主梁协调装配方式如图 5 所示。

图 5　支座与主梁协调装配实物图

4　结束语

通过此项捆绑支座与主梁协调装配新结构的实施，形成了一套较为合理的新型捆绑支座与主梁的协调装配工艺方法，通过专用工装的设计，有效地解决了芯级捆绑支座、主梁、过渡支架及其连接支架等零件的装配位置及装配精度，实现了一件工装多个零件的装配控制。有效控制并解决了主梁与芯级捆绑支座协调装配难题，保证了捆绑支座装配精度及装配位置要求。运用此项方案形成了成熟的主梁与芯级捆绑支座协调装配工艺流程，得到了符合产品设计性能指标要求的芯级捆绑支座装配质量要求。

精密滚珠丝杠副的装配技术

赵新颖　张　莉

航天一院 18 所

摘　要　一种千瓦级大功率滚珠丝杠副与同步伺服电机的装配首次在航天型号中应用。针对精密滚珠丝杠副的装配难点进行分析，开展精密滚珠丝杠副与电机的装配与仿真等方面的技术研究，取得了精密滚珠丝杠副与电机装配过程中控制的关键技术，研究成果已成功应用于某型号产品初样、试样、定型生产中。本项研究在突破新产品生产关键瓶颈、保证产品质量和交付进度、提高生产合格率等方面取得了良好效果。

关键词　精密丝杠副　装配　过程控制

1　引言

某级伺服机构的执行机构——机电作动器主要由永磁同步伺服电机、滚珠丝杠副、线位移传感器以及连接支耳等组成。其工作原理为：电机的旋转运动通过滚珠丝杠作动器转换为作动器直线伸缩运动。

首次应用于航天型号的大功率机电伺服机构为新研制产品，其滚珠丝杠副传动精度要求高、技术指标严。首批产品反映出一次装配合格率仅为 50%、超差点多等问题，对生产进度和生产效率产生不利影响。需要解决滚珠丝杠副精密装配的难点，保证精密滚珠丝杠副的传动精度。

2　存在的技术难点

2.1　滚珠丝杠副装配间隙小

滚珠丝杠副为单螺母 4 列固定式内循环旋转型，IT1 级精度。装配中滚珠丝杠副螺母由一对支撑轴承约束轴向和径向自由度，滚珠丝杠两端无任何支撑，无法定位安装。丝杠一端悬浮进入同步电机中空轴，另一端穿入壳体孔作为作动杆，由于壳体孔还装有环形密封圈，装配间隙为 0.013～0.017 mm。装配过程中不容易对正壳体孔，易使滚珠丝杠副受到径向力或偏置载荷力作用，影响机电作动器的装配精度。

2.2　需进行余程控制及测量以防撞

伺服机构的有效行程（即丝杠的有效行程）是除余程以外的所有丝杠滚道。由于防撞设计需要，在丝杠的余程端安装有缓冲垫，并通过双支耳止动垫圈长耳弯折固定，装配中如果止动垫圈长耳根部弯折半径过大，或者弯折操作在滚道表面产生硬点，均会引起余程超差。余程是滚珠丝杠滚道没有精度的一段，无法直接测量。余程超差直接影响伺服机构的有效行程，为了保证有效行程满足要求，必须在装配中控制余程，解决装配后余程的测量问题。

2.3 电机平键径向匹配性压装

电机通过平键传递转矩，平键的两侧面为工作面，靠键和键槽侧面挤压传递转矩。键槽沿电机轴向开槽，但是不允许在转子轴向施力，要求平键在电机转子轴的径向完成压装。另一方面，电机转子轴低于电机壳体，完成径向压装的操作空间过于狭小，受空间限制只能手工斜向装键，不均匀施力造成键配合不均匀，平键的工作面出现不均匀间隙，直接影响作动器的稳态控制及动态特性。

3 技术方案实施

3.1 滚珠丝杠副的仿真与装配

滚珠丝杠副是机电伺服机构的关键件，它具有精度高、外形尺寸小、集成度高的特点，装配有滚珠丝杠支撑轴承、轴承锁紧螺母、导向柱组件、防尘圈、机电作动器壳体。

3.1.1 滚珠丝杠副受载荷的仿真分析

滚珠丝杠副的丝杠螺母由一对轴承约束轴向和径向自由度，作动杆一端由壳体孔约束径向自由度，另一端悬空呈自由状态。通过仿真软件对滚珠丝杠所受径向力和偏置载荷进行 ANSYS 仿真计算，得到径向力、偏置载荷对滚珠丝杠滚珠变形量的影响参数（如图 1 所示）。当滚珠丝杠的作动杆端部受到 10N 的径向力，变形量为 0.048 mm（相当于丝杠螺母与作动杆支撑处存在的最大偏心量），滚珠变形量 0.8 μm 左右。

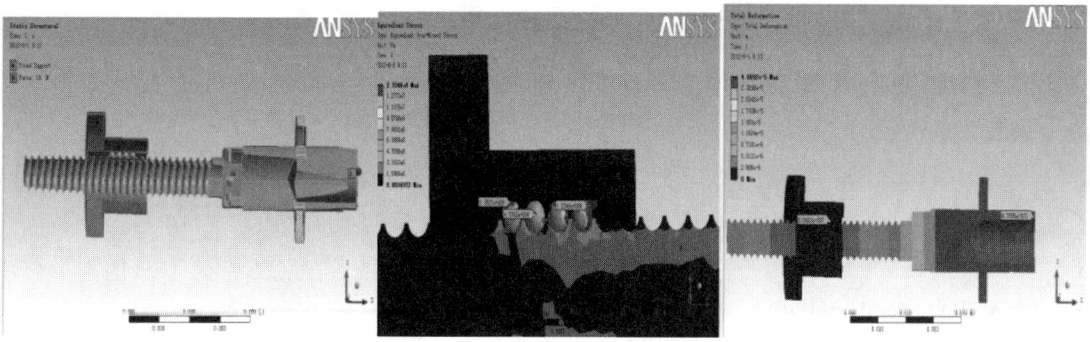

图 1　滚珠丝杠副边界条件、应力云图及变形量云图（见彩图）

3.1.2 滚珠丝杠副对中引装

为防止滚珠丝杠装配中受径向力和偏置载荷，滚珠丝杠副装配过程重点需要解决滚珠丝杠副与壳体装配时的装配方式，装配过程应保证滚珠丝杠副不偏心（同轴度要求为

0.01 mm)，即对中装配。因此设计对中引导工装，保证滚珠丝杠副不受径向力和偏置载荷，使其装配进入壳体过程中随着锥面过渡段引导自对中，保持缓慢、精细地进行装配。

对中引装工装用于将滚珠丝杠副作动杆对中装配至壳体内，防止装配中滚珠丝杠副径向受力。引装示意如图 2 所示。设计的对中引装与作动杆装配后的偏心量范围对照仿真分析，必须控制在 0.01 mm 以内，以保证滚珠丝杠装配过程不受径向力或偏置载荷影响。

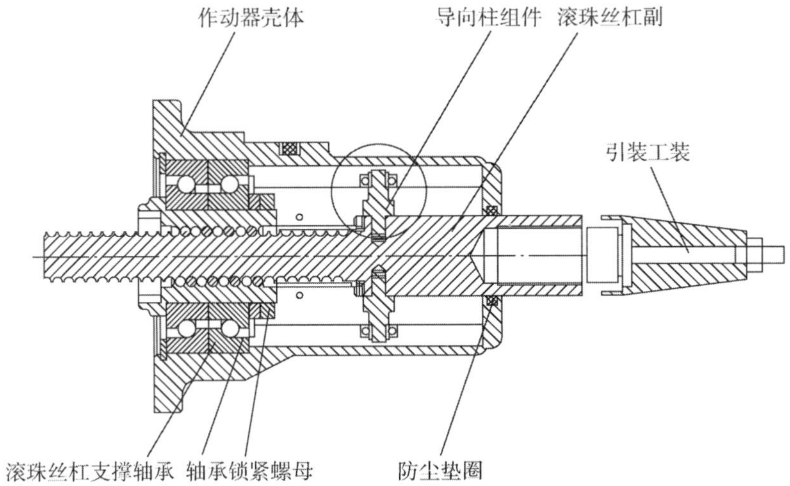

图 2　对中引装示意图

产品壳体孔端尺寸为 $\phi 25^{+0.028}_{+0.007}$ mm，作动杆端外圆尺寸为 $\phi 25^{0}_{-0.013}$ mm，设计引装工装时，考虑到作动杆螺孔螺纹为 M18×1.0－6h，工装螺杆螺纹也是 M18×1.0－6H。导引工装的锥面过渡最大外圆应小于壳体孔，同时小于或等于作动杆端外圆尺寸；因此设计引装工装（图 3）的外径上差为 $\phi 25^{0}$ mm。作动杆与壳体的同轴度均要求 $\phi 0.01$ mm。极限条件下相差 0.02 mm，按照同轴度最大偏差选择引装工装的外径下差为 $\phi 25^{0}_{-0.02}$ mm，引装工装的最大外径为锥面过渡段翅膀，与作动杆平滑对接，可以引装作动杆顺畅穿入壳体孔。工装与零件接口处保持尺寸一致，保证工装与零件衔接紧密，平滑过渡，防止划伤防尘垫圈。

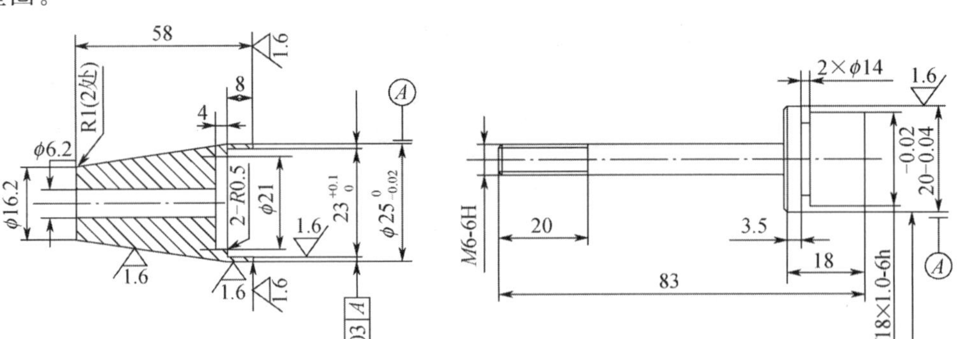

图 3　对中引装工装图

3.2 滚珠丝杠余程值的控制及间接测量

3.2.1 滚珠丝杠余程值的控制

余程是滚珠丝杠滚道上没有精度的一段（滚道加工的收尾段），其测量基准在产品实物上只有双耳止动垫圈一端面，另一端面必须通过丝杠运行力矩突然变大的某点丝杠螺母所停留的相对位置找到，因此没有物理意义上的测量基准点。

此外，在滚珠丝杠余程段附近还有双耳止动垫圈与导向柱同时套装，止动垫圈双耳必须弯折将缓冲垫贴紧在丝杠端面。由于导向柱与丝杠安装位置非常贴近丝杠，弯折过程稍有不慎就可能损伤丝杠滚道；另一方面双耳止动垫圈的弯折、贴紧操作过程不规范，止动垫圈在缓冲垫端面突出均可能导致余程超差。设计专用夹紧工装用于双耳垫圈的弯折，前端 V 型槽与导向柱紧固螺母六方外形自适应贴合，能够可靠夹紧止动垫圈耳片向上弯折。U 型短直角面压在缓冲垫端止动垫圈的长耳片，保证向下垂直压平不会突出缓冲垫端面。

3.2.2 余程值的间接测量技术

滚珠丝杠副完成组件装配后必须检查余程。借助旋转螺母过程中的摩擦力变化点，以变化点作为余程值测量的基点。由于滚珠丝杠副摩擦力矩不大于 0.5 N·m，设计的检测装置为一种微小力矩测量工装，利用弹簧的变形功能来实现微小滚珠丝杠的微小力矩测量。弹簧选用非接触式平面蜗卷弹簧，其特性是线性的，即弹簧变形角与所受力矩成正比关系。测量装置由底座、轴、平面蜗卷弹簧、两对深沟球轴承、转杆及指针等组成，检测装置在总体布局上成串接式。选择滚珠丝杠副的平键槽作为连接点，与微小力矩测量工装之间采用键连接，摩擦力矩检测装置示意如图 4 所示。

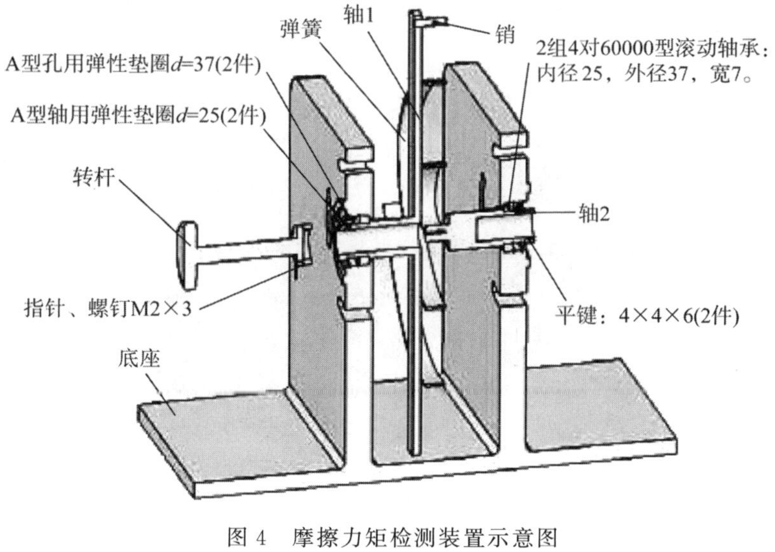

图 4　摩擦力矩检测装置示意图

1）丝杠副固定在测试工装端面，通过键来传递扭矩，为避免安装带来的干涉引起测试误差，采取以下措施：轴上平键宽度、高度尺寸设计值相对于丝杠键槽要小，避免因同轴度不好引起的额外负载力矩问题；工装设计有定位孔，并在安装端面圆周设计有 4 个圆环腰形槽，可以保证丝杠键槽与平键对正。

2）以初始位置为基准，弹簧旋转 2 圈对应力矩为 0.4 N·m，在工装圆周端面以 9°分度均匀刻 40 道标志线。

3）滚动轴承摩擦力矩校核：通过转杆轻轻转动一端轴，记录下另一端轴稳定转动后指针对应的标识刻度，然后将指针调至此处，完成工装力矩调零。

滚珠丝杠副键槽与检测装置的键槽通过平键对接。缓慢旋转转杆，在丝杠全行程的开始位置监测刻度盘指针示值，当丝杠刚刚启动时，检测到的值为丝杠摩擦力矩值；当丝杠缩回近壳体时，减缓旋转速度，连续监测刻度盘指针示值，当摩擦力矩突然变大时，停止旋入，使用精密内卡规测量缓冲垫端面的止动垫圈最高点与丝杠螺母的端面距离应不大于 0.5 mm，即通过间接测量方法判断余程值是否符合设计要求。

3.3 电机径向平键压装技术

电机与滚珠丝杠靠平键连接传递扭矩。平键槽沿电机轴向开槽，但要求平键在电机转子轴的径向完成压装。另一方面，电机转子轴低于电机壳体止口，坡口最大沿直径 ϕ53 mm，最小 ϕ34 mm，电机轴径 ϕ25 mm，键槽位于止口内，进深为 10 mm，完成电机轴径向压装的操作空间狭小。必须要保证平键的工作面无间隙才能保证作动器的稳态控制及动态特性符合技术要求。

3.3.1 仿真分析

通过 ANSYS 软件仿真键与键槽压装力的仿真结果（图 5）可知，平键压装力、键槽所受压装应力和配合过盈量基本成线性关系，即 134N/41.5 MPa/0.001 mm。实际过盈量与压装力的范围选取通过实际压装试验结果确定。

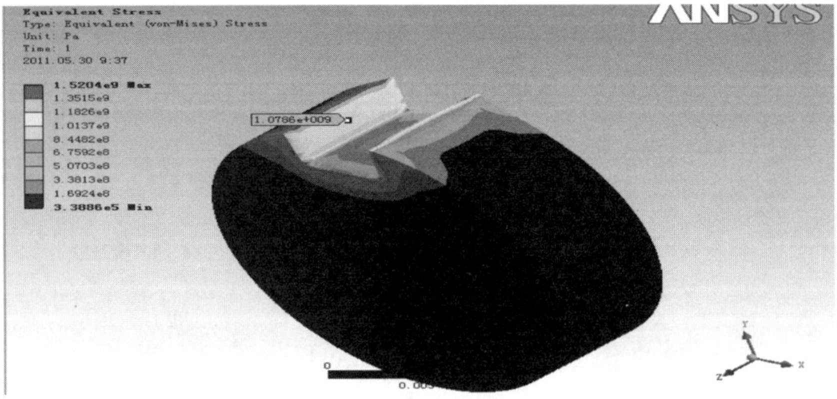

图 5 电机仿真压装应力云图（见彩图）

3.3.2 工装设计

由于电机键槽低于电机壳体止口，并且键的装入方向不允许从轴向进入，通常的压装机根本无法进入，需要根据极为有限的空间设计工装，才能完成轴径向压装，设计一种在线测力压装工装，如图 6 所示。在线测量卧式压装装置由底板、上压板、随动块、摆杆、压力传感器、转接耳轴、压力传感器显示表头组成。随动块通过铆钉与摆杆连接，摆杆与连接耳轴间串入压力传感器，随动块与上压板组成电机的平键压装头，伸入电机坡口，从电机轴径向压装平键。操作者通过手动压力机施加压装力，并通过仪表实时显示压装力，完成狭小空间平键压装。

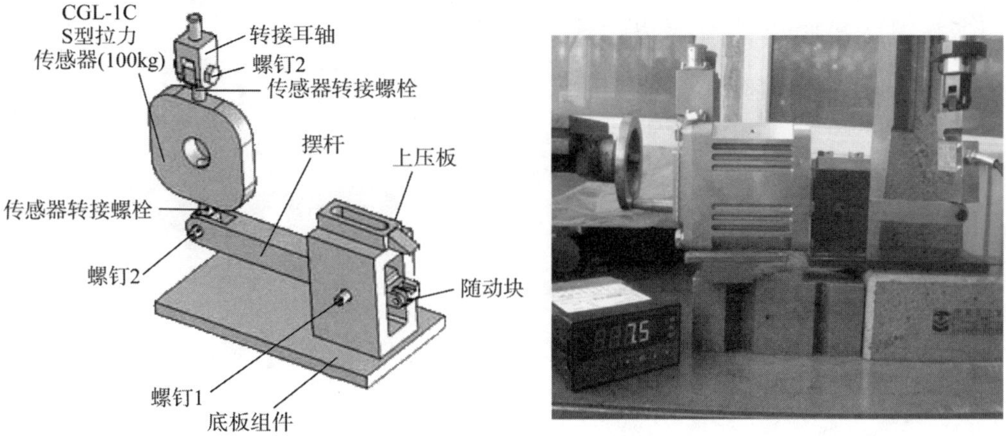

图 6　在线测力压装装置图

3.3.3　试验验证

选取过盈量为 0.001～0.005 mm 做平键与电机槽径向压装试验。装配前首先复验电机键槽的尺寸，研配平键按照过盈量分组进行压装试验，同时测量压装力大小。根据试验和数据分析确定压装力参数，找出电机平键径向压装的压装力与过盈量的对应关系。根据验证结果，提出电机平键径向压装过程工艺控制要求：平键修配的过盈量范围 0.001～0.003 mm，压装力 200～400 N。

4　结果及效益分析

通过滚珠丝杠副精密装配方法的研究和实施，在实践的 100 余台伺服机构装配中，其机电作动器一次装配合格率达到 97.5%，超出原技术指标 90%的要求。滚珠丝杠余程值范围 3.25～3.9 mm（技术指标：≤4 mm）；作动器机械副行程范围 26.75～26.9 mm（技术指标：≥26.5 mm）；启动摩擦力矩 0.43～0.49 N·m（技术指标：≤0.5 N·m）；平键修研后的过盈量控制在－1～－5 μm，表面粗糙度 $Ra \leqslant 3.2$，满足图纸技术要求 5（P9/h8）。

随着精密滚珠丝杠副装配技术在新型机电伺服机构中的首次成功应用，为大功率机电伺服机构的装配技术开辟了新路，在后续及其他相似新型机电大功率伺服机构应用已达 500 台套以上，上述技术指标均满足要求，且质量稳定可靠。

参考文献

［1］ 宋现春．滚珠丝杠副摩擦力矩测量系统的研制．山东建筑大学学报，2007.03(22)：240.

［2］ 康献民．精密滚珠丝杠副摩擦力矩波动的分析与测试．中国机械工程，2010.2(21)：400.

［3］ 孙征．产品的装配精度及工艺保证方法．科技信息，1994－2010：236.

［4］ 封丽琴．平键连接中的两个技术问题．机械工人，2002.11：33.

［5］ 王越辉．摆针法测微型轴承摩擦力矩．计量技术，2007.8：13.

三冗余反馈电位计装配技术

崔新宇　李　健
航天一院18所

摘　要　三冗余反馈电位计是运载伺服系统闭环中重要零件，关系到火箭飞行成败，具有结构复杂、装配难度大、装配质量直接影响产品最终质量等特点，在多年生产实践中总结出了电位计各个组成环节的装配技巧、工装设计和参数控制等技术，能够显著提高产品装配合格率，确保产品质量。

关键词　反馈电位计　装配　技术

1　引言

三冗余反馈电位计采用电阻分压原理设计，为三冗余结构。主要由电阻组件、电刷组件、座和拉杆等组成，其结构简图如图1所示，传感器外形图如图2所示，三个电阻组件安装在座的三个平面上，在电气上分别供电，分别引出信号，与之对应的电刷也是三个，此三个电刷固定在同一刷握上，刷握带动电刷随拉杆在电阻膜和导电条上滑动，从而实现位移测量功能。

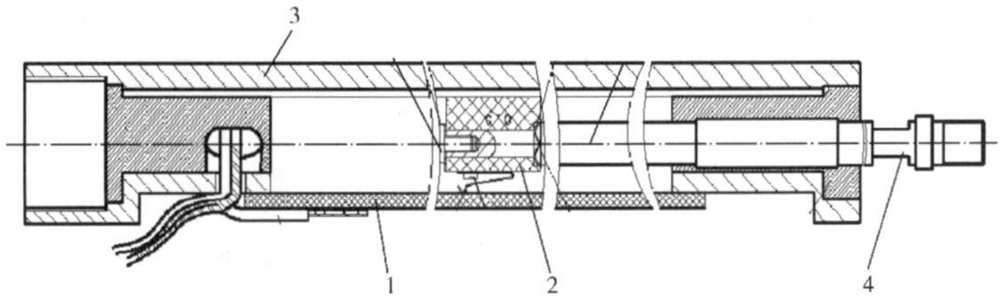

图1　反馈电位计结构简图

1—电阻组件；2—电刷组件；3—座；4—拉杆

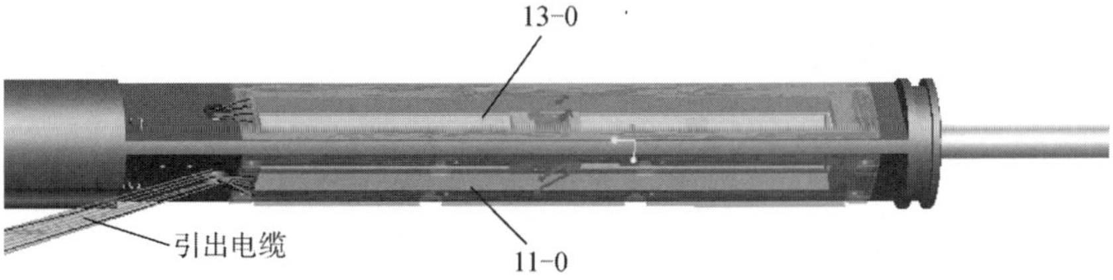

图2　传感器三维模型图

三冗余反馈电位计安装在伺服机构作动器内部，用来测量伺服作动器活塞的位移，并反馈到前端伺服放大器进行综合，是伺服机构的关键元件，其性能好坏及可靠性高低直接影响伺服机构性能乃至飞行成败。

三冗余反馈电位计因自身结构紧凑、可靠性要求高等特点，其装配过程中存在诸多难点。

本文以某型号三冗余反馈电位计为例，介绍了其装配的技巧、工装设计、工艺参数选择、多余物防控等方面的经验。

2 技术难点

三冗余反馈电位计装配难点主要体现在以下方面。

（1）刷握组件装配

刷握组件由电刷、刷握和销钉等组成，刷握用以支承电刷和安装销钉，销钉在壳体的导向槽中滑动。一是起导向、防转作用；二是使刷握在受振动时，不致因产生过大的上下摆动而影响电刷的接触可靠性。压簧装配后采用锁紧垫片锁紧轴端螺钉端面的机械防松方式，确保刷握组件在拉杆上无攒动且拉杆转动时电位计输出稳定。

（2）一体式电刷成型、装配

电位计的电刷与电阻膜及导电条接触，等比例拾取被测产品位移量。它应耐磨，富有弹性，在受振动、冲击的情况下，应能可靠地工作。其接触可靠性高低及压缩量的选取直接影响产品输出质量及寿命。三冗余反馈电位计一体式电刷由钯铱合金片线切割而成，电刷成型工装设计、电刷去毛刺技术、电刷安装技术都是其装配难点。

（3）电阻组件装配

传感器电阻组件由电阻片和骨架组成产品主体，功能是提供电压载体。电阻片是在带有印制线的骨架体电阻位置通过喷涂一定厚度的合成膜电阻液制成，为达到要求的线性度等指标，再通过机械修刻的方法对电阻体进行线性修刻，电刷在产品内部与电阻组件上的电阻膜和导电条接触滑动。由于电位计电阻组件全部装配后会形成封闭内腔，并且电阻组件上的电阻膜和导电条宽度有限，必须保证电刷与电阻膜和导电条均对中接触才能避免使用过程电刷脱离导致的产品失效，在前两路电阻组件装配时可以通过第三路的方向对电刷位置的正确性进行检查，但是第三路电阻组件安装时由于已无法直接观测，因此需要特殊的装配及检验方法。另外对封闭内腔的多余物防控也是产品装配的重点和难点。

3 技术方案

3.1 刷握组件装配技巧

刷握组件结构组成如图 3 所示，主要由轴端螺钉、锁紧垫片、刷握、电刷组件、压簧、销钉等组成，安装在拉杆端头，是拾取电压的重要组件。

装配技巧：将拉杆从导向圆筒孔穿入套入压簧，再穿过刷握组件 $\phi 4$ 孔，其中压簧要落入刷握组件孔内，拉杆穿出端套锁紧垫圈，用自制的内六角扳手固紧轴端螺钉，固紧时锁紧垫圈的方圆孔一定落入拉杆的方圆槽内，再拧紧，直至压缩间隙消除为止，用专用工

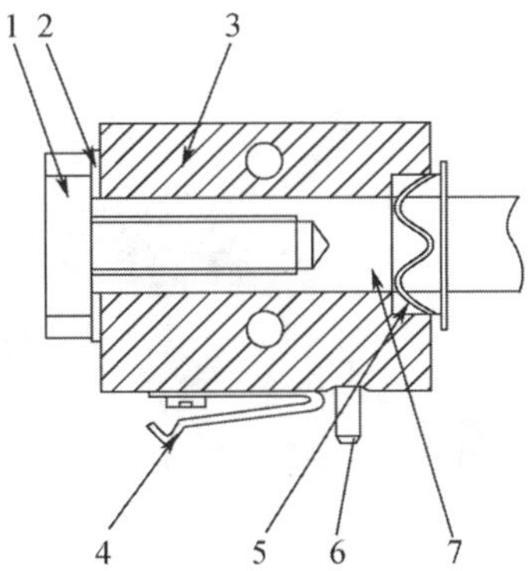

图 3　刷握组件结构图

1—轴端螺钉；2—锁紧垫片；3—刷握；4—电刷组件；5—压簧；6—销钉；7—拉杆

装将刷握组件紧靠在垫圈左端，将锁紧垫圈朝轴端螺钉方向弯曲 90°，锁住轴端螺钉，操作过程中不得翻损垫圈、不得损坏刷握组件，此时用手能拧转拉杆。

3.2　一体式电刷成型、装配技巧

一体式电刷由钯铱合金片线切割而成，线切割后的钯铱合金片零件如图 4 所示。

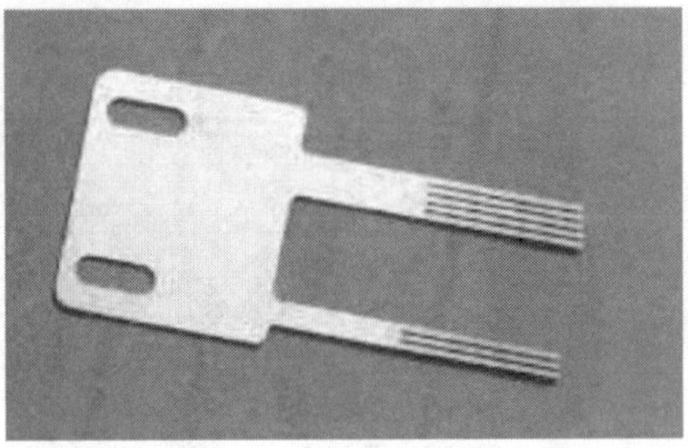

图 4　线切割后的钯铱合金片零件

为确保产品电刷最终成型，满足图纸使用要求，根据多年生产实践经验，设计了成型工装，绝技在于：在成型工装上垫一块 0.05 mm 厚的聚酰亚胺薄膜，在保证电刷尺寸的同时防止电刷硌伤，电刷成型工装如图 5 所示，成型后的电刷如图 6 所示。

图 5　电刷成型工装

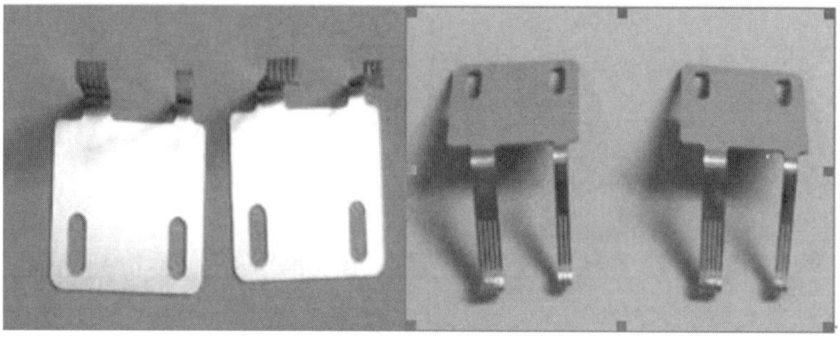

图 6　成型电刷

电刷成型后，由于是线切割电刷，在生产过程中刷丝之间还存在机加毛刺，因此在电刷最终成型之前用专用的工装去除毛刺。专用的工装设备如图 7 所示，低速旋转的电机带动涂有研磨膏的工装表面，电刷触点与工装表面接触，去除触点毛刺，绝技在于：接触面圆角处所有的毛刺去除干净，但又保证电刷接触部位磨损最小，去毛刺的手法及时间必须严格控制，去除毛刺后用 25 倍显微镜检查接触面质量。

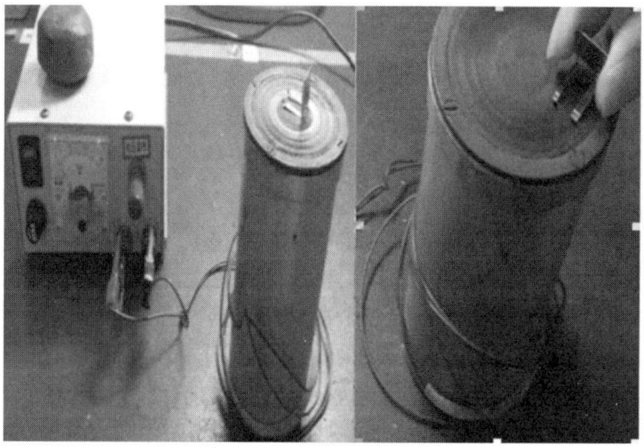

图 7　去毛刺工装

三冗余反馈电位计安装时用专用支架夹紧座，将三片电刷分别安装在刷握组件的三个安装面上，并用小螺钉固定，装配过程如图 8 所示。

图 8　装配过程图

装配过程图中包含三个电刷，其中两个电刷朝向轴端螺钉，另一个电刷与轴端螺钉方向相反，电刷底面和刷丝根部之处不得超出刷握端面，防止与座短路。同批次电刷首件试装安装位置，同电阻组件装配调零位和正负最大机械行程应满足要求。安装后的电刷示意图如图 9 所示。

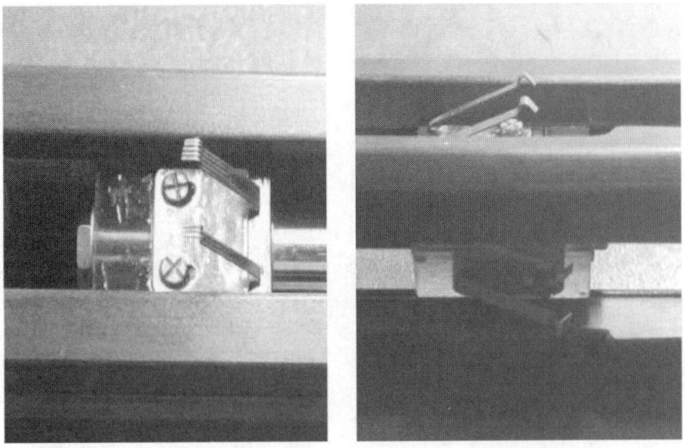

图 9　安装后的电刷示意图（见彩图）

调整电刷的自由高度，用自制电刷高度检查工装（如图 10 所示）检测触点到刷握安装面尺寸为（5.6±0.1）mm。保证电刷压缩量 1.0 mm；电刷安装后要检查电刷两端水平不超出刷握，防止电刷与座短路；电刷小螺钉螺纹上涂适量 204 铁锚胶固紧。

图 10　电刷高度检查工装（见彩图）

3.3　电阻组件装配技巧

电阻组件的装配也是三冗余反馈电位计装配的最后环节，同时也是最关键环节，如果此环节出现问题可导致电位计输出异常，直接造成伺服系统指标异常。

2013 年，某伺服系统单元位置特性测试时，电位计第三路输出信号数字量在 5.2°附近出现跳变，负方向也出现小的跳变，就是由于电位计电阻组件装配时导电条与电刷在装配时位置存在偏离。复查产品装配过程，其装配流程如图 11 所示。

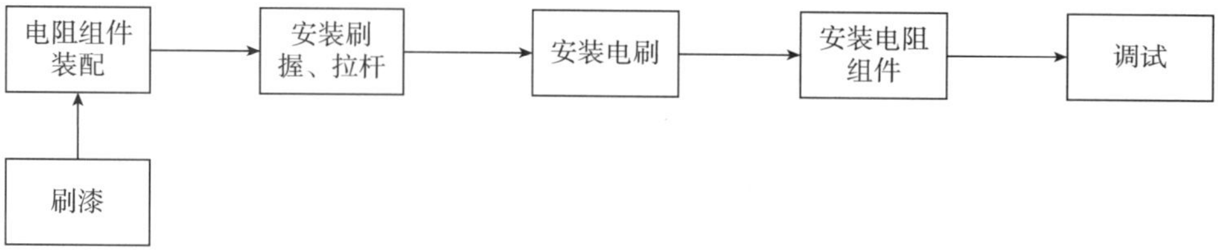

图 11　装配流程

造成电刷偏离主要是由于将电阻组件向座安装面扣装时，由于电阻组件上螺钉安装孔与螺钉间存在一定间隙，安装调整电阻组件位置时在侧向存在窜动，使导电条边缘压在电刷第三、四根电刷丝之间，导致只有一根丝与导电条接触（0.2 mm）。同时由于导电条边缘有 0.3 mm 漆膜，如图 12 所示，电刷在导电条上运动到与漆膜接触时，接触电阻逐步增大，导致输出异常。故障部位 X 光透视图如图 13 所示。

图 12　导电条边缘漆膜照片（见彩图）

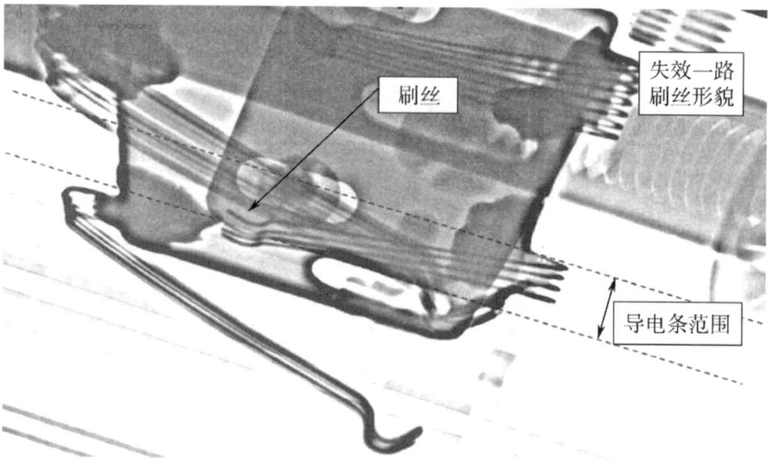

图 13　故障部位 X 光透视图

问题发生后，对防装偏问题进行了专项研究，总结出质量控制的几个关键点：一方面要严格检查电阻组件表面质量，不应有多余物影响电气接触区域，另一方面要设计专用的工装装置，确保电阻组件安装后电刷位置的正确性；最后要采取检测手段验证电刷位置。

优化后的装配流程如图 14 所示。

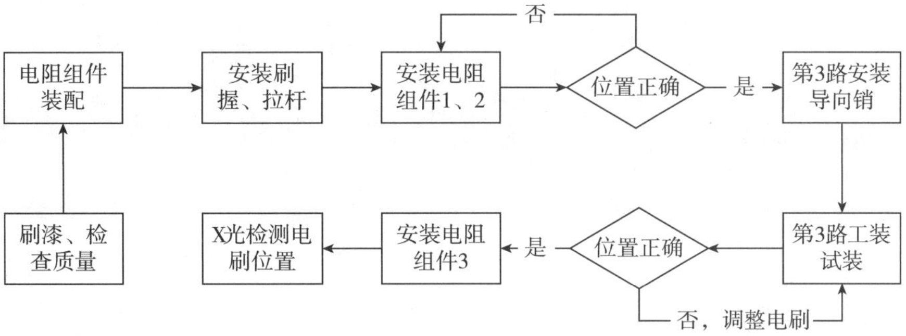

图 14　优化后的装配流程

装配前，为了确保电阻组件在长期使用中不变形，要求对电阻体骨架进行胶木化处理。设计工艺文件要求，骨架除电阻膜和导电条外，其余部分涂环氧脂烘干绝缘漆，专检导电条表面质量，无污物、无划伤、无流痕、无漆瘤。实际操作中用软毛笔涂覆，其操作难度在于电阻膜与导电条之间距离狭窄，流动的绝缘漆会造成导电条或电阻膜上漆膜残留，要求操作者在涂覆过程中手法娴熟，涂覆中电阻膜、导电条上的绝缘漆要及时拭除。涂覆后的电阻体如图 15 所示。

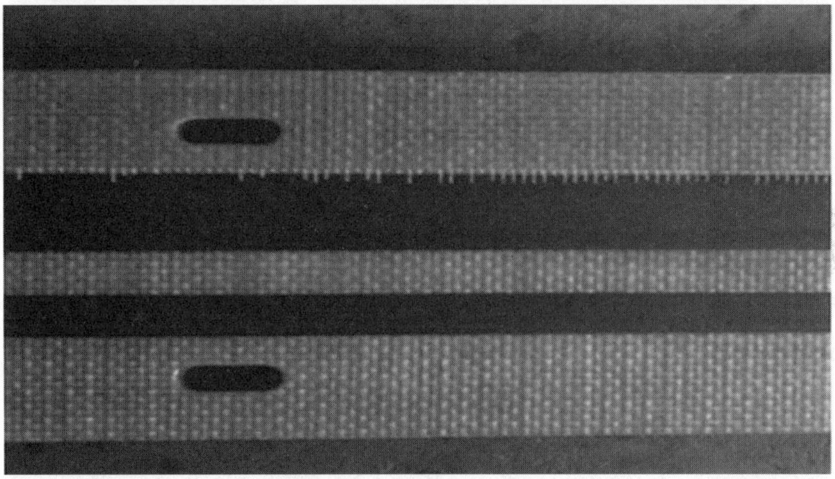

图 15　涂覆后的电阻体

再次白检电阻组件电阻膜、导电条表面无损伤、无污物，无漆膜；自检电阻组件同座之间的安装接触面清洁和平整，若有污漆点或浅伤，可用细金相砂纸进抛光，不可损伤电阻组件和座基体表面，抛光后用绸布蘸汽油擦拭干净。

安装电阻组件 1、电阻组件 2 时，拉动拉杆，通过第三路安装窗口观察电刷在导电条上的运动轨迹，如图 16 所示，保证全行程范围内电刷运动轨迹处于导电条中间位置。

在装配第三路电阻组件时，先安装工艺导向销，用与电阻组件结构尺寸一致并标注有电刷运动轨迹包络带的可视有机玻璃工装进行试装，确保电刷安装位置在规定的包络带

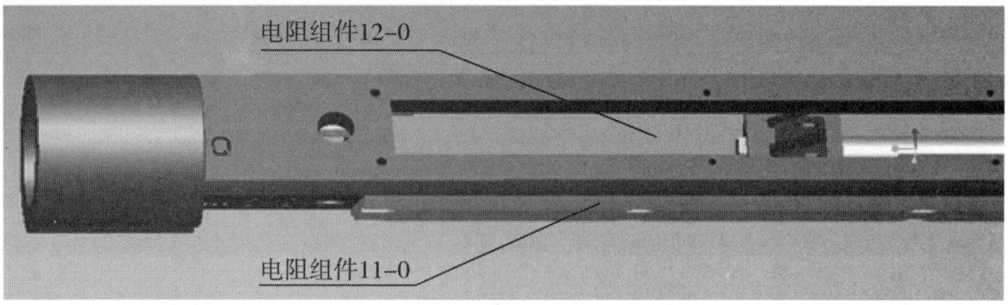

图 16　电阻组件安装示意图

内。然后取下试装工装，工艺导向销保持不动，将电阻组件 3 装到座上，由于导向销的存在，电阻组件 3 安装时位置是与试装工装一致的，并保证垂直落到安装面，不会发生侧向的窜动，这样就可以保证电刷位于电阻膜和导电条中心位置不发生偏离。工艺导向销安装状态如图 17 所示，试装工装如图 18 所示。

图 17　工艺导向销安装状态

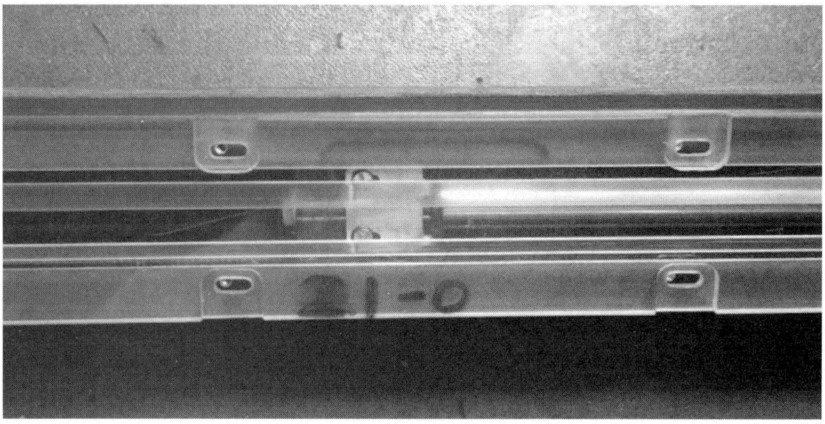

图 18　有机玻璃专用工装试装示意图

合装第三路前用吸尘器吸尽空腔内的多余物，内窥检查空腔内无多余物。装配后，在全行程范围内拉动电位计拉杆，仔细鉴听电刷运行有无杂音，检查三路引出线之间及引出线与壳体之间绝缘电阻不小于 50MΩ。

电阻组件安装完成后，用 X 光检测 1、2 、3 路导电条与电刷接触位置，3 路分别检测前、中、后三点位置，电刷应全部在导电条中心位置上，距导电条两边缘应有 0.03 mm 以上距离，电刷应无散丝。采用专用工装安装后 X 光检查其中一路中间位置图如图 19

所示。

最后，按照 3 个电阻组件零位重合电压要求，调节电阻组件零位满足图纸要求。装配后的三冗余反馈电位计如图 20 所示。

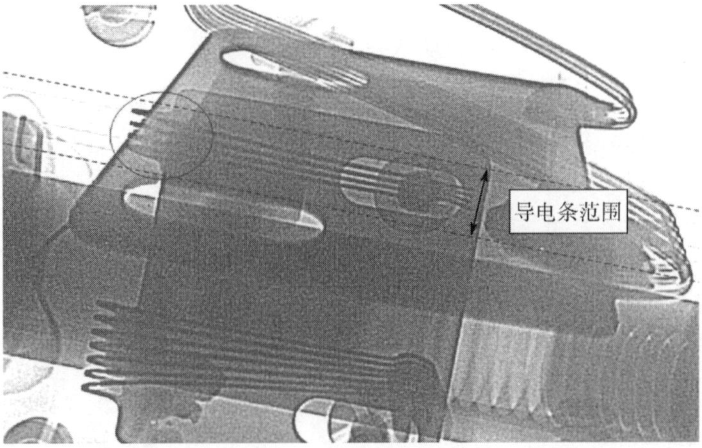

图 19　采用专用工装安装后 X 光检查图

图 20　装配后的三冗余反馈电位计

4　结束语

三冗余反馈电位计装配技术的研究，是建立在多年生产实践基础上积累的经验，并结合历次归零的经验教训，不断完善工艺参数和改进专用工装设备，确保产品装配中刷握组件装配 、一体式电刷成型装配、电阻组件装配等关键技术的应用，为产品的质量提供保障，为载人航天等多个型号的飞行试验的成功做出了贡献。

参考文献

[1]　崔玉江,等．伺服反馈位移传感器的现状及发展趋势．宇航计测技术,2012,32(4):65－68.

[2]　李丹佳,等．超小型高可靠三冗余角位移传感器研制．宇航计测技术,2015(2).

[3]　GJB 1865—1994,非线绕精密电位计总规范．北京:国防科学技术工业委员会,1994.

射流盘组件装配技术

徐　琥
航天一院 18 所

摘　要　针对射流盘组件结构复杂、厚度薄、具有精密型腔、精度要求高等特点，在多年实践中总结出了影响销孔装配精度的主要原因，并给出了解决问题的方案，有效保证了组件的装配精度，为今后具有精密型腔结构零件的装配技术提供了借鉴。

关键词　射流盘组件　精密型腔　销孔装配

1　引言

伺服阀是伺服机构的关键元件，其加工质量直接影响伺服机构的性能，长期以来伺服阀的生产由于加工精度高、生产周期长，一直制约着伺服机构的生产，是伺服机构的生产瓶颈。

为了满足战略型号大流量、高可靠性伺服机构的要求，一、二级伺服机构采用的大流量伺服阀为偏导射流式伺服阀。射流盘组件是伺服阀中的关键零件，其中射流盘零件尺寸小、厚度薄、平行度及平面度精度要求高，同时具有微米级精密型腔，装配过程中容易产生变形，以至于导致射流盘组件在装配后表现出压力对称性差、压力增益性能低等现象，甚至会使得组件出现射流紊乱、射流不均衡，引起产品自激抖动，直接影响了伺服阀的性能稳定性。

本文以某型号偏导射流伺服阀压装式射流盘组件为例，分析了影响销孔装配精度的主要原因，并给出了解决问题的方案，有效保证了组件的装配精度，为今后具有精密型腔结构零件的装配技术提供了借鉴。

2　技术难点

射流盘组件是由四种零件组成的，分别是：上端盖、下端盖、射流盘、销钉，如图 1 所示。其中，射流盘零件厚度仅 0.2 mm，平面度及平行度要求高，具有微米级精密型腔，极易产生变形。由于其自身的结构特点，组件销孔装配的难点主要体现在以下方面：

1）定位不准。由于各零件放入工装时放置顺序不对，易产生横向偏差和定位研磨条磨损，导致纵向定位失灵，直接影响了组件的定位关系。

2）连接失灵。射流盘组件是由三个主要零件通过销钉连接的方式进行结合，由于销钉与销钉孔之间的过渡关系没有完全理解，易出现连接处过紧或过松的情况而产生问题。

3）贴合不严。射流盘、上下端盖的销钉孔与工作面边缘易产生多余物与零件表面轻微变形，致使三零件工作面未能密合。

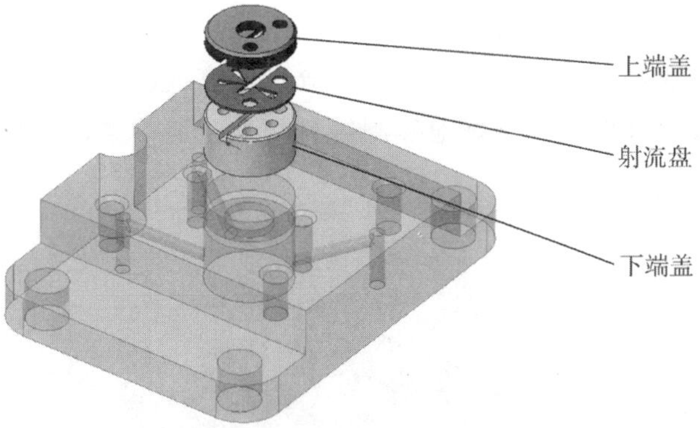

图 1　射流盘组件结构示意图

3　技术方案

通过反复研究试验及有针对性的加工方法改进，以上三项问题均得以解决，具体控制方法如下。

3.1　定位问题

1）在传统的组件加工中，并没有顺序放入工装的要求，加工时，操作者很可能根据零件名称自下而上将各部件放入工装当中，造成放入位置滑动。由于上、下端盖和射流盘三件零件的直径不尽相同，应最先放入上端盖，其次射流盘，再其次下端盖。逆序放入的原因是上端盖直径较小，工装内孔直径稍大且与下端盖吻合，下端盖在上能很好地对中间的射流盘和上端盖进行压制固定，反之不能。另外在研磨内孔配销时，研磨套先要经过近5 mm的内孔研磨动作才能进入射流盘销钉孔，此时研磨套已经过一段距离的微量损耗，表面的粗糙度和圆度有了较大的提升，不会对仅 0.2 mm 左右的射流盘产生较大的扭力，保护了射流盘各项工艺尺寸的完好，同时免去了其薄壁变形的可能，最主要的是，在很大程度上提高了组件的横向定位。

2）三件零件需放入专用工装，用研磨条进行定位，由于研磨条反复使用，配合面窄且细长，易磨损，导致研磨条与上、下端盖定位槽出现间隙晃动，致使定位跑偏。在实际加工中，可以准备多件约 2 微米/挡的分级研磨条，根据上下端盖定位槽实际尺寸进行配合固定，并经常测量修正，避免定位研磨条因过松或过紧导致组件纵向位置的微跑偏。通过这两点，可很好地提高射流盘组件的定位精度，保证了其组件的装配加工。

3.2　连接问题

射流盘组件是通过圆柱形销钉与上下端盖和射流盘过渡连接而组成的，如图 2 所示。销钉配合非常重要，因销钉配合过松或过紧，会导致各零件联结的失灵或组件内部薄壁件变形，以及射流盘销钉孔边缘处因积压产生堆积问题。根据理论所述，过渡配合是有可能有间隙或过盈的一种配合。孔和销钉的公差带交叠，孔的最小极限尺寸减销钉的最大极限尺寸，差值最大时销孔配合最紧，反之最松。现阶段采用通过内锥为 1：50 的研磨套与组件销钉孔研磨，通过销钉孔的实际尺寸与分级销钉进行反配，注意销钉倒角。通过实际加工证明此方法实用有效，能很好地控制销钉与上、下端盖，射流盘的配合关系，达到了预期效果。

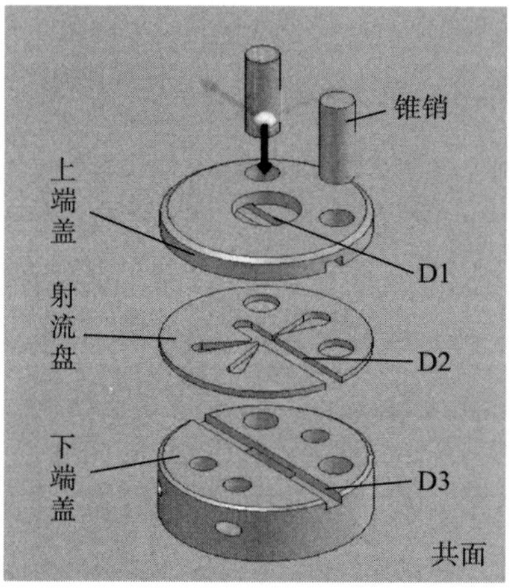

图 2　锥销装配示意图

3.3　贴实问题

射流盘组件的应用是油液通过上、下端盖与贴合在中间的具有镂空分油油路特性的射流盘，最终达到射流、分油功能的组件，如图 3 所示。如果三件零件未完全贴合，会导致油路间相互的串通，严重影响组件的正常工作。导致不能完全贴合的原因如下。

（1）销钉孔边微小毛刺的产生

在配合销钉时，对于销钉过紧和反复压装积压，容易使销钉孔边缘产生微小毛刺，垫在零件结合面之间。

解决方法：组装完组件后，将组件拆开，仔细观察上、下端盖与射流盘的各处边角，由于射流腔最小处仅 0.15 mm，需用至少 45 倍显微镜观察结合面各处，确认毛刺的位置与大小，选择性地使用纤维油石或超小刃具，通过显微镜进行创造性的加工，这是一种定向去除毛刺，不会伤及型腔其他部位与保护 0.2 mm 薄壁不会变形的有效方法。

（2）上、下端盖，射流盘三件零件平面变形

解决方法：通过平面研磨技术，使用油石与研磨平板对零件进行修研加工，零件在研磨的特定物理与化学作用下，表面氧化膜不断地迅速形成，又不断地被磨掉，这一过程可进一步地提高零件表面的粗糙度与平面度，使之去除变形，完美贴合，避免了因组件内部产生微小间隙，导致油路串流现象的发生。

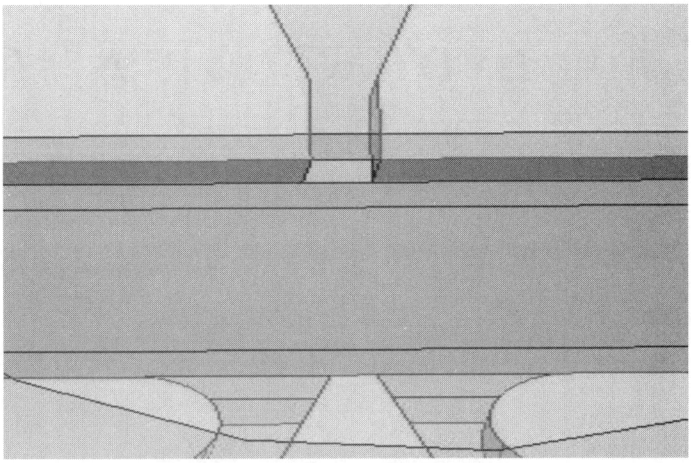

图 3　射流盘零件局部示意图

4　结束语

本文诠释了射流盘组件在组装时，易出现的三种问题及形成的原因与解决方法，此几种方法在实际加工中已推广使用，实际证明效果显著，可以极大提高射流盘组件的配销合格率，且方便、有效。

通过这种创新的组装加工，使所有战略型号的伺服阀射流盘组件的成功率由百分之五十提升至百分之九十以上，节约了成本及再投产的加工时间，具有良好的社会效益，并且对于所有此类的平面配合类组件都具有良好的推广和应用前景。

双冗余高精度 LVDT 式位移传感器生产技术

董舒筠

航天一院 18 所

摘　要　LVDT 式位移传感器在伺服系统中广泛应用。由于产品可靠性的提高，我所在系统的闭环控制中采用了双冗余 LVDT 式位移传感器方案。本文结合实例详细讲解了双冗余 LVDT 式位移传感器的绕制、焊线、装配等生产创新技术，显著提高了产品的可靠性。

关键词　双冗余 LVDT 式位移传感器　漆包线　线圈组件

1　引言

LVDT（Linear Variable Differential Transformer）式位移传感器，即差动变压器式位移传感器，是利用电磁感应原理来测量位移量的一种装置。该产品具有结构小、线性度好、工作可靠、寿命长、环境适应性强等优点，广泛应用于伺服系统。

双冗余高精度 LVDT 式位移传感器用于某重点型号伺服系统中，是伺服系统测量及反馈的关键部件，对传感器的性能及可靠性要求较高。传感器由两个线圈组件串联而成，测试时产生两路信号，实现传感器冗余要求。该传感器的核心部件线圈组件选用直径 0.06 mm的聚酰亚胺漆包线，采用平行紧密排绕技术绕制而成，具有多层、精细、复杂等特点，对其机械强度、绝缘性能均有较高要求，因此，位移传感器的制造存在着很大困难，其均匀紧密排绕、导线引出及双线圈组件装配技术是满足产品性能要求及环境要求的关键技术。

本文介绍了双冗余高精度 LVDT 式位移传感器线圈组件绕制、导线引出及双线圈组件装配等方面的生产技术和经验。

2　技术难点

双冗余 LVDT 式位移传感器（结构如图 1 所示）的核心部件为两个线圈组件。线圈组件由骨架体、初级线圈和左右两个对称的次级线圈组成，其显著特点是多层、复杂、精细，且要求其高可靠、高稳定、耐强力学环境。位移传感器的加工难点主要体现在以下方面：

1）线圈组件排绕技术；

2）线圈组件导线引出技术；

3）引出线根部处理技术；

4）双线圈组件装配技术。

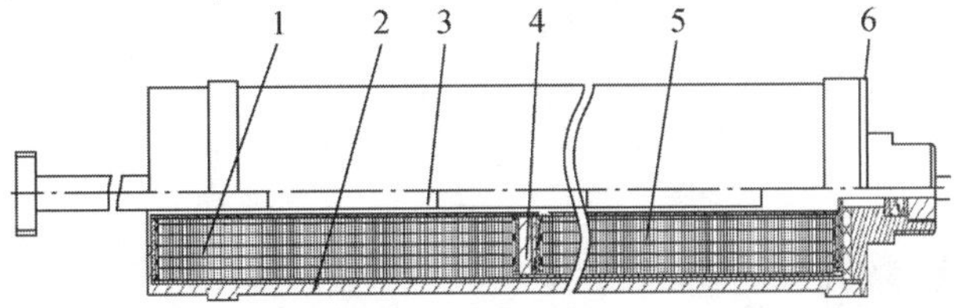

图 1　双冗余 LVDT 式位移传感器结构示意图

1—线圈组件Ⅰ；2—壳体；3—铁芯组件；4—隔环；5—线圈组件Ⅱ；6—后端盖

3　技术方案

3.1　线圈组件排绕技术

线圈组件的初级线圈采用平行排绕方式，次级线圈采用阶梯排绕方式，但每个小阶梯的排绕仍属于平行排绕。我所采用的绕线设备为数控绕线机 J801-6/ZF，根据多年的生产实践总结出以下线圈绕制技巧。

1）绕制前首先要对设备排线宽度、绕线张力进行设置。直径 0.06 mm 漆包线排线宽度设为 0.068 mm，绕线张力控制在（20.3～23.2）g 之间，绕线机转速控制在 700 r/min 左右，排线器需滞后线圈骨架绕制点，保持 15°夹角（夹角如图 2 所示），目的是将漆包线紧密、均匀地排绕在骨架绕线窗口内，线圈组件在整个绕制过程中，漆包线受力均匀，不折断。

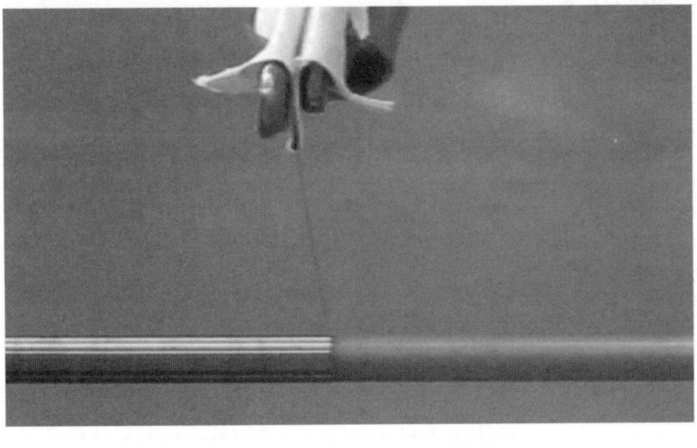

图 2　夹角实物图（见彩图）

2）初级线圈在线圈骨架的全范围内逐层均匀紧密排绕，共绕 5 层。要求绕制过程中漆包线紧密、均匀，不允许有叠匝、落匝现象，否则无法进行下一层绕制。当线圈一层绕满，绕下一层切换绕制方向时，要将设备转速匀速降至 300 r/min，待切换绕制方向完成后，再匀速提升设备的转速至 700 r/min 左右。

3）在初、次级线圈间要包两层特制的耐高温、高绝缘的聚酰亚胺薄膜，左右各一片，两片聚酰亚胺薄膜在骨架体中间部位要搭接约 1 mm（薄膜搭接如图 3 所示）。通过此种搭接方式增加线圈组件对漆包线的支撑。薄膜包绕方向要与漆包线缠绕方向保持一致，使薄膜紧密缠绕在初级线圈上，为次级线圈的排绕打下基础。

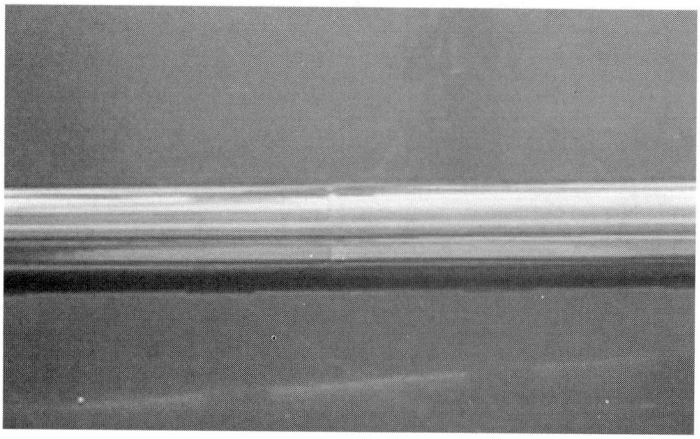

图 3　薄膜搭接实物图

4）次级线圈左右对称逐层阶梯排绕（次级线圈排绕如图 4 所示），两次级线圈之间阻值要求相差小于 4Ω，因此每层绕制的漆包线匝数、绕制长度必须严格控制。各阶梯层与层之间的跨线位置选取直接影响产品的线性度，若产品线性度不满足要求，可通过对测试数据的判读调整跨线位置，改变阶梯部分每层的长度以达到设计要求。

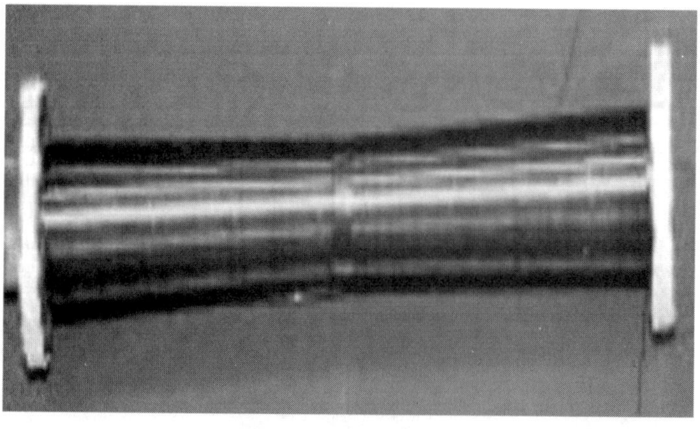

图 4　次级线圈排绕实物图（见彩图）

3.2　线圈组件导线引出技术

绕制好后的线圈组件漆包线需要与导线焊接后引出。需要焊接引出的包括初级线圈始端、终端漆包线；两对称的阶梯型次级线圈两始端漆包线，均选用直径 1 mm 的小截面安装线引出。两个次级线圈终端两端头要在线圈内部焊接，实现其反向串接。

通过对历年来传感器出现归零问题进行统计，传感器发生故障部位主要集中在：

1）漆包线与小截面安装线焊点处断线；

2）次级线圈内部反向串接漆包线断线。

其断线主要原因为传感器受外力影响，内部漆包线走线未留余量，由于自身较细受力后而出现断线情况。结合历年来归零教训，在不断的实践中总结出以下生产经验：

1）首先对各端头的漆包线进行去漆皮处理，由于传感器结构所限，不能采用热脱剥线工艺。实际操作中漆包线需采用砂纸打磨漆包线漆皮，在打磨时如砂纸过粗易损伤漆包线，产生断裂现象，过细则打磨效果较差，易出现漆皮未打磨干净情况，直接影响焊点质量。通过实践，直径 0.06 mm 的漆包线选用了 360＃耐水砂纸进行打磨，同时打磨时一般将打磨长度控制在 40 mm 左右，以便于焊接。

2）在进行漆包线与小截面安装线焊接时，先将端头未去除漆皮部分的漆包线在小截面安装芯线上紧密缠绕两圈，未去除漆皮部分的漆包线机械强度要高于砂线部分，这样缠绕两圈可提高连接点的承受能力。再将端头已砂线位置在小截面安装线芯线上螺旋式缠绕 6～8 圈，螺旋间距约 1 mm，然后用高温焊锡焊接，焊点要圆滑光亮，长度为 6～8 mm（漆包线与小截面安装线焊接如图 5 所示）；在进行两次级线圈两终端漆包线端头间焊接时，要先将两个漆包线端头未去除漆皮部分捻在一起 2～3 圈后，再将砂线部分捻 5～7 圈进行焊接，焊点长度约 15 mm，间距约 3 mm（漆包线与漆包线焊接如图 6 所示），这样可提高焊点可靠性。

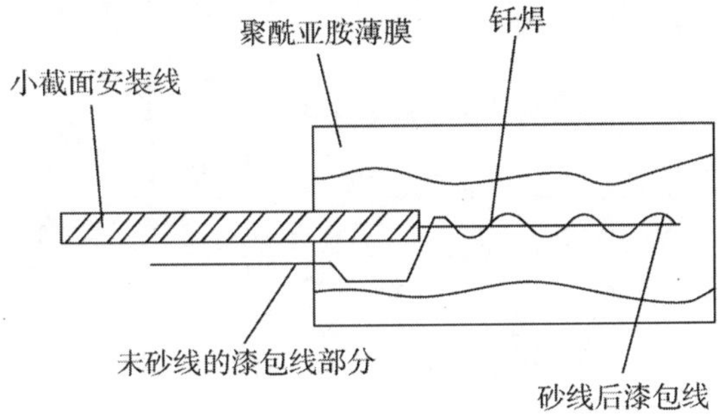

图 5　漆包线与小截面安装线焊接示意图

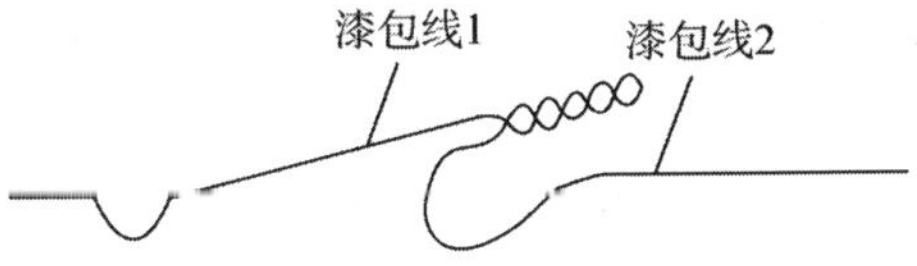

图 6　漆包线与漆包线焊接示意图

3）焊接后漆包线在线圈组件上采用 U 型弯走线方式，使传感器在受外力时可将应力释放，焊点处包聚酰亚胺薄膜绝缘保护，用锦丝线轻轻捆扎固定，捆扎部位远离焊点，提高了线圈组件的可靠性及绝缘性能。

4）考虑到位移传感器在整机安装时为悬臂梁结构，在力学环境下线圈中间部位受力较大，为避免纤细的漆包线在强力学条件下折断，焊接点应远离受力最大的中间部位。采用了将漆包线与小截面安装线焊点捆扎在距骨架两端 1/3 处，且漆包线与小截面安装线连接的 U 型弯处不做捆扎的处理方式，将小截面安装线和焊点稳定地固定在线圈组件上（引出线捆扎如图 7 所示）；对于两次级线圈终端漆包线间的内部串接，焊点处及中间部位走线均采用打 U 型弯，并将焊点放置在线圈组件 4/5 右端处，焊点处及中间部位的 U 型弯均不做捆扎的处理方式（终端内部串接捆扎如图 8 所示），这样可使漆包线应力得到释放，还可减少小截面安装线对焊点的挤压，降低了断线的风险。

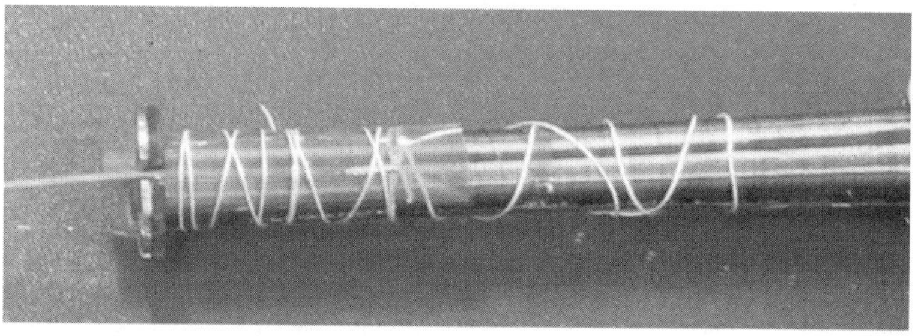

图 7　引出线捆扎实物图

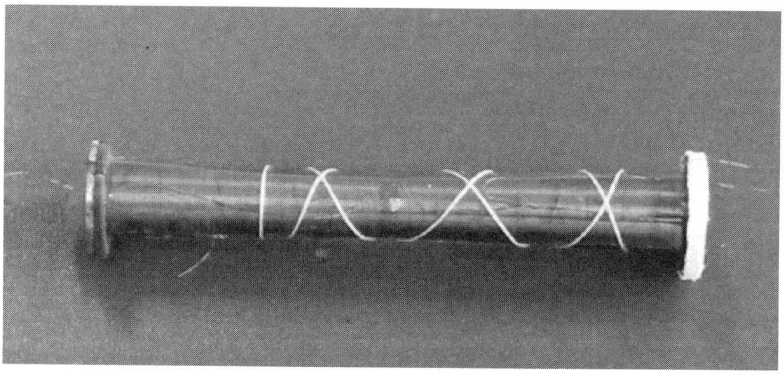

图 8　终端内部串接捆扎实物图

5）线圈组件的中间部位，由于传感器次级线圈采用阶梯绕法，中间部位漆包线较少，刚性较差，在受外力影响时，该位置为线圈组件薄弱部位，在该位置的漆包线受力较大，故障风险较大。在操作时，尽可能采用小截面安装线通过该部位，对于两次级线圈终端串接漆包线，采用左右两片聚酰亚胺薄膜的搭接方式，支撑漆包线，同时通过该部位的漆包线走线采用 U 型弯处理，这样可有效地提高线圈组件可靠性。在完成后用无碱玻璃纤维带缠绕在线圈组件上，以提高线圈组件自身刚性。

3.3　引出线根部处理技术

线圈组件引出线需通过金属短路环后引出，短路环上留有引线槽，在通过引线槽时，如果处理不当，会出现引出线破损、对外绝缘性能下降问题。经对多年的生产实践经验进行总结后，引出线根部处理采用如下方式：

1）引出线根部外套聚四氟乙烯管，在套套管时，一头通过锦丝线固定在线圈内部，其余保证在引线槽内全部小截面安装线均有套管保护，避免引出线通过短路环时出现破损，影响产品绝缘性能。由于传感器线圈组件外径较小，绕线后线圈端部径向方向余量较小，故套管结构与同类型其他传感器不同，套管采用半壁结构（套管结构如图 9 所示），将半壁套管部位深入线圈组件内部，用锦丝线缠绕固定，且保证全壁套管部位嵌入引线槽内，提高线圈组件绝缘性能。

2）套管长度选取是综合考虑传感器装配环节，结合传感器结构，既保证绝缘性能，又不影响后续组装。经过实践，线圈组件Ⅰ套管引出长度确定为 25 mm，线圈组件Ⅱ套管引出长度确定为 5 mm。最后将合适长度的套管通过锦丝线捆扎固定在线圈组件上（套管捆扎如图 10 所示）。

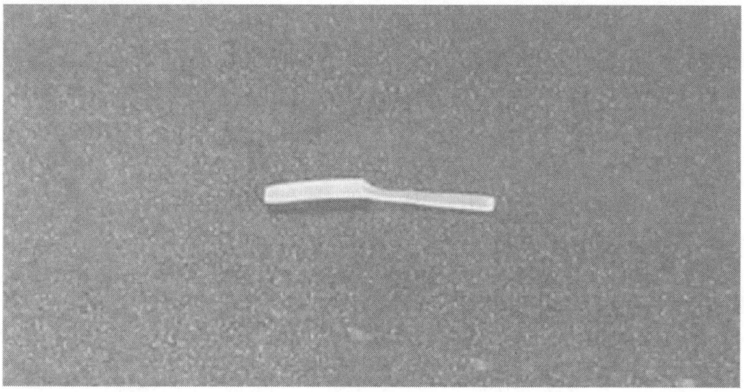

图 9　套管结构实物图

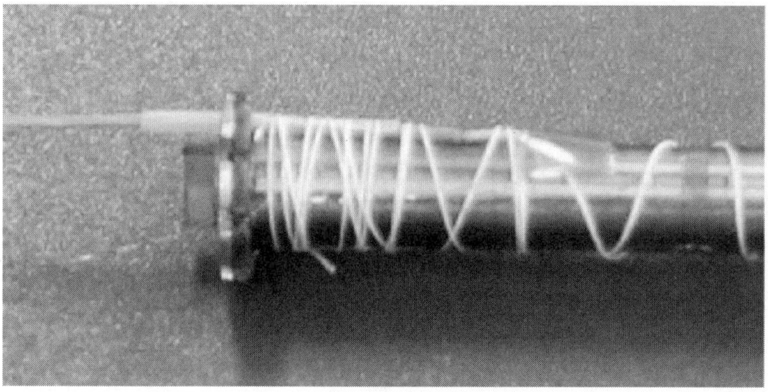

图 10　套管捆扎实物图

3.4　双线圈组件装配技术

双冗余位移传感器两线圈组件的装配技术是传感器装配的关键环节，线圈组件Ⅰ和线圈组件Ⅱ通过隔环连接，一同装入壳体内，由于是盲操作，在装后端盖施力过程中，易发生两个线圈组件在壳体内部扭转的现象，造成引出线破损，导致产品失效，在装配时：

1）通过与铁芯组件配合试装，确定了两线圈组件间隔环尺寸，保证两线圈组件机械零位重合；

2）将线圈组件Ⅰ与线圈组件Ⅱ用锦丝线捆扎在一起，中间隔环及线圈组件外部的屏蔽套涂上铁锚 204 胶胶固成一体后，一次性装入壳体，并采用专用工装安装到壳体底部；

3）在将后端盖拧入壳体时，虽有防扭转结构设计，但操作时仍需时刻观察线圈组件，通过检查引出线判断线圈组件是否存在扭转可能。拧入时采用专用工装缓慢加力到位。采用上述方法后提高了装配可靠性，同时保证了产品装配质量。

4　产品质量、性能检测

绕制、导线引出、装配环节优化后的双冗余 LVDT 式位移传感器，通过采集传感器的输出直流电压，采用五阶数字拟合的方法计算出线性度，目前生产的产品线性度最低可至 0.094%（数字拟合点分布如图 11 所示），远远低于规范中不大于 0.6%的线性度要求，且两组线圈输出值重合度较高，能够满足规范所提要求。

在绝缘性能要求方面，满足了绝缘电阻大于 50 MΩ，绝缘介电强度达到 250 V、50 Hz 交流电压 1 min 不击穿的要求。在高温、低温、振动、冲击及恒加速度等一系列极其恶劣的环境试验下，传感器均能稳定输出，满足环境试验要求。

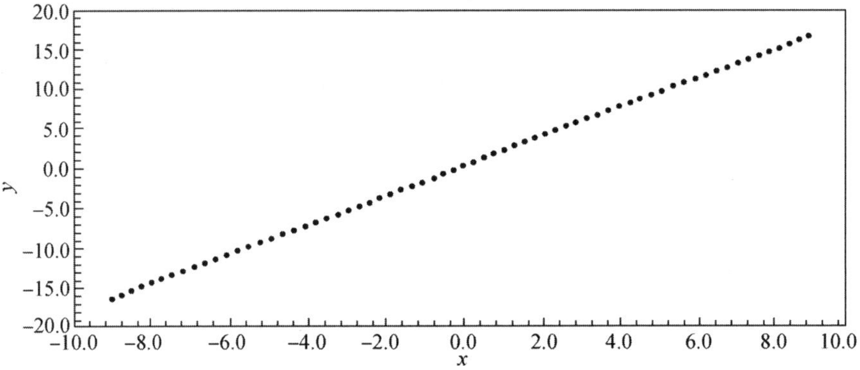

图 11　数字拟合点分布图

5　结束语

双冗余高精度 LVDT 式位移传感器生产技术的研究，综合采用了均匀紧密排绕、导线引出、引出线根部处理、双线圈组件装配等技术手段，保证了 LVDT 式位移传感器的高质量生产、高可靠工作，生产合格率达到 99%以上，为型号的历次飞行试验成功做出了贡献。

参考文献

［1］ 袁希光．传感器技术手册．北京：国防工业出版社，1986

［2］ 严钟豪，谭祖根．非电量电测技术．北京：机械工业出版社，1983

伺服机构狭小空间装配及密封保障技术

胡晓斌　张　莉

航天一院 18 所

摘　要　伺服机构中，狭小空间的装配及零位调整，是产品装配中的关键。同时，为适应新型密封结构在伺服机构中的应用，通过对装配工装的设计分析，总结出一整套适应密封结构装配的方法。本项装配技术的研究在保证产品质量和交付进度、提高生产合格率等方面取得了显著效果。

关键词　伺服机构　狭小空间　装配　密封

1　引言

某伺服机构装配在产品研制过程中采用了多余度位移传感器和特瑞堡新型密封结构。上述结构在装配中存在如下技术难点。

位移传感器安装空间细长且狭小，连接环节多，手工操作不易进行。在作动器壳体与活塞杆构成的狭长圆柱形空间内，传感器壳体与作动器壳体相连，用螺母锁紧，传感器芯杆与活塞杆内孔相连，用螺母锁紧。锁紧螺母安装、锁紧时，需要施加力矩要求值。

特瑞堡密封结构由于其结构安装的特殊性，需要在安装中针对其具有变形量小、变形后不易恢复及不易拆卸的缺点，摸索出不同于传统密封安装的工艺方法，以达到减小密封结构安装时的变形量，克服密封副零件之间狭小空间安装困难的目的。

2　狭小空间内位移传感器的安装方法

2.1　位移传感器安装技术难点

某型号Ⅰ、Ⅱ、Ⅲ级伺服作动器采用 SGW－XX 多余度 LVDT 位移传感器。传感器安装在作动器活塞杆腔体内（如图 1 所示）。

其中位移传感器壳体与轴承座组件相连，由小外六角螺母将二者锁紧，然后再由大内六角螺母将轴承座组件锁紧在作动器壳体上，内、外六角螺母相邻，操作空间狭小，使螺母锁紧及力矩施加较为困难。位移传感器导杆与活塞杆相连，锁紧形式与位移传感器壳体锁紧形式相同。

2.2　狭小空间内位移传感器安装的技术方案

Ⅰ、Ⅱ、Ⅲ级伺服作动器位移传感器安装结构类似，均为螺纹连接，在分析产品结构特点（外、内六角螺母）后，提出以组合工装方式完成位移传感器的安装。

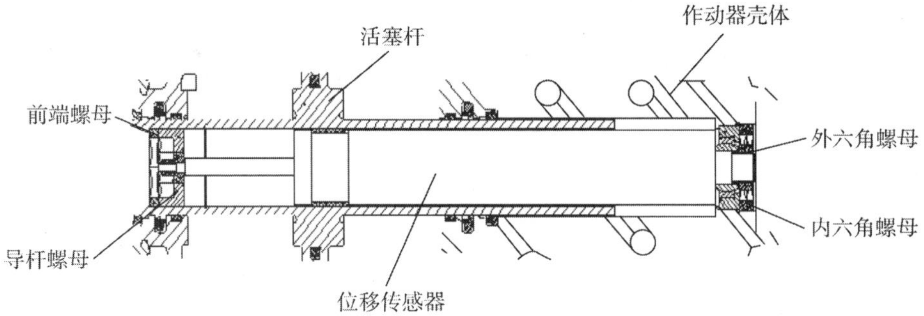

图 1　位移传感器安装示意图

组合工装采用桶状结构，这样即可以把不便下工具的位置向外延伸，方便操作，又可以克服壳体空间小的问题，完成对两个备紧螺纹件施加要求力矩。

工装结构如图 2 和图 3 所示。

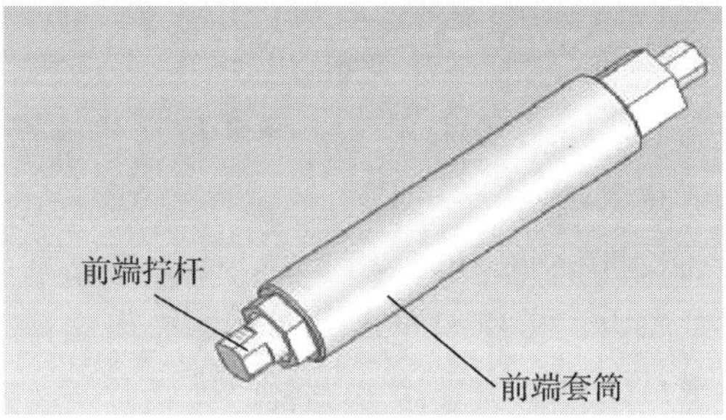

图 2　位移传感器芯杆锁紧工装图

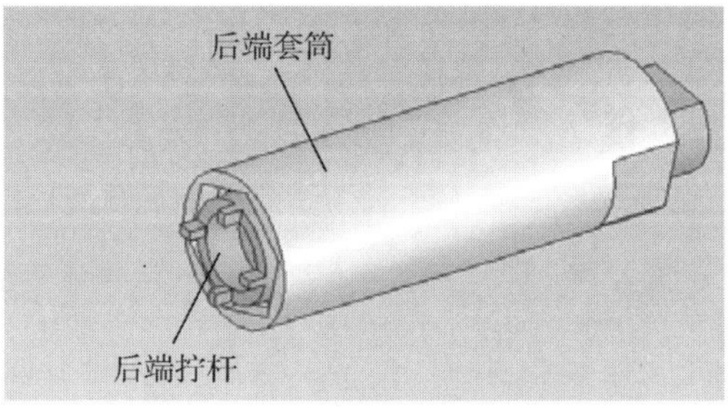

图 3　位移传感器壳体锁紧工装

Ⅲ级伺服作动器结构紧凑，体积最小，位移传感器安装空间最为狭小，下面就以Ⅲ级伺服作动器位移导杆安装工装的设计流程加以说明。

调整位移传感器导杆安装顺序。首先调节位移传感器导杆螺母（如图 4 所示），在确定位移传感器电压输出符合零位要求后，旋入内六角螺母（如图 5 所示），最后固定其中一个螺母，对另一螺母施加 20 N · m 的拧紧力矩。

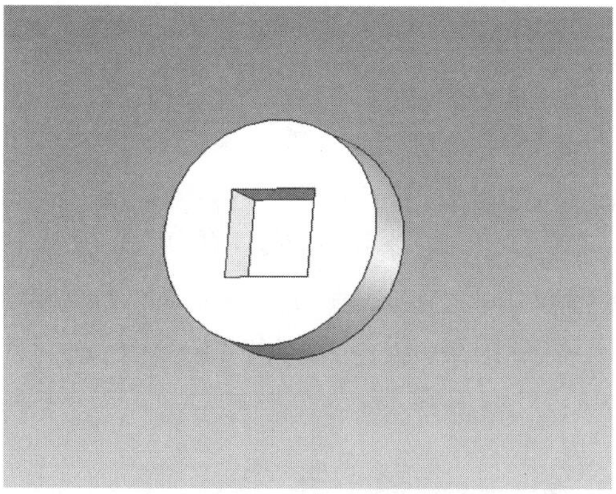

图 4　位移传感器导杆螺母

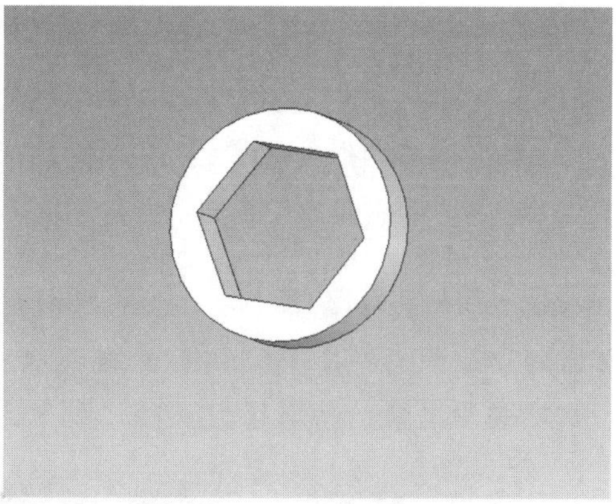

图 5　前端内六角螺母

如图 6、图 7 所示，位移传感器导杆螺母安装结构为边长为 7 mm、厚度为 4 mm 的方孔。前端螺母安装结构为内切圆直径 12 mm、厚度为 3.5 mm 的内六方。导杆螺母和前端螺母之间单边操作空间只有 2.5 mm，安装空间狭小，操作不便。

安装工装的套筒结构的采用，规避位移传感器安装的空间局限。在工装设计过程中，充分利用产品的结构特征，在结构设计中结合 SolidWorks 三维软件和 COSMOSWorks 有限元分析插件进行仿真和修正。通过确定研究模式（静态模式）、选定材料、设定约束及受力体、模型网格及运行，最后检查模型应力及安全系数，通过多轮修订，直至获取符合要求的模型。

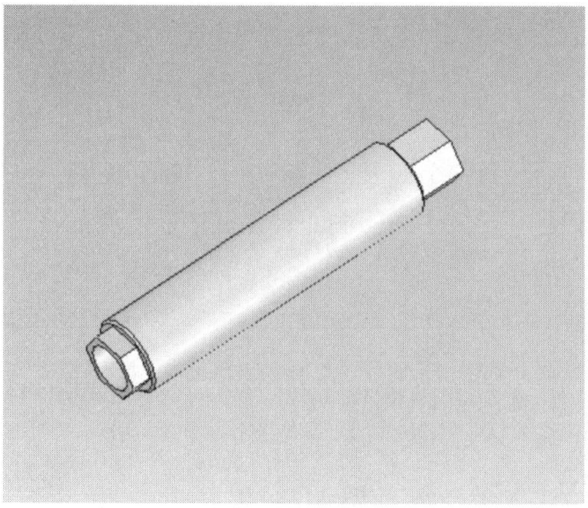

图 6　套筒

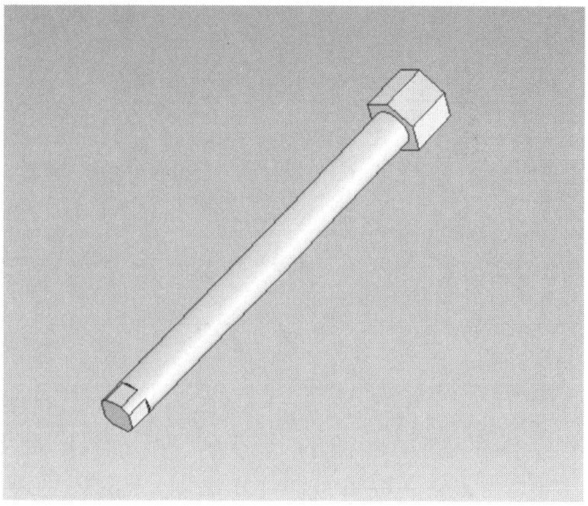

图 7　拧杆

通过调整套筒和拧杆尺寸关系，力求优化设计，克服了空间狭小和力矩要求较大问题，最终使得两者的安全系数分别达到较为均衡的 1.7 和 1.5。

经过工装实际应用，实现了位移传感器导杆安装要求，操作时间较工装应用前由 4 h 缩短至 20 min。

3　特瑞堡密封结构安装工艺方法研究

3.1　特瑞堡密封结构特点及安装难点

各级伺服作动器动密封部分密封结构采用特瑞堡（TRELLEBORG）公司的特康（Turcon）T46 系列密封结构。该系列密封结构一般由 2～3 层结构构成，即 O 型圈、骨架和密封条（只有特康 AQ 封有密封条），其中骨架采用聚四氟乙烯（PTFE）材料，添加铜粉来增强耐磨性。特瑞堡公司各系列密封产品如图 8 所示。

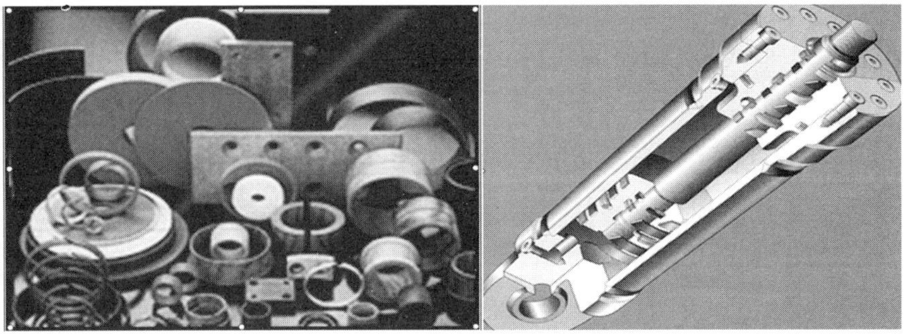

图 8　各系列密封产品

与普通的 O 型、X 型橡胶密封圈相比，特瑞堡密封结构具有耐磨性好、使用寿命长、不易扭曲、泄漏量低、自润滑等优点；同时还有变形量小、变形后不易恢复及不易拆卸的缺点，这些缺点为产品的密封结构安装带来了困难。

3.2　安装工艺方法技术方案

特瑞堡密封结构中的 O 型圈为橡胶圈，回弹性好，不存在安装后变形的问题。但聚四氟乙烯骨架安装到零件上时变形量大，不易回复，安装到密封面时易产生干涉情况，切损密封圈。

3.2.1　减少骨架安装的变形

由于安装密封结构时骨架变形量小且变形回弹较快，因此针对骨架内径与安装时所需通过零件的最大直径的差值情况采用针对性措施。

当二者相差不大时，采用通过设计组合工装进行密封圈骨架安装。

该方法可使骨架安装时缓慢、均匀变形，防止骨架变形过快受到损伤，组合工装含长程导向工装、压装工装、密封结构整形工装和导向套筒。具体步骤为：采用长程导向工装（如图 9 所示）与零件无缝连接，采用压装工装（如图 10 所示）将骨架沿导向工装均匀压入零件密封槽中，压装时导向工装上涂工作介质增加润滑。然后使用密封结构整形工装（如图 11 所示）压紧密封结构，使密封结构的变形量加速回弹。安装完密封结构的零件整形完毕后与配套零件装配时需采用导向套筒（如图 12 所示）使两个零件无缝对接，避免密封结构切损。骨架安装过程如图 9、图 10 所示。

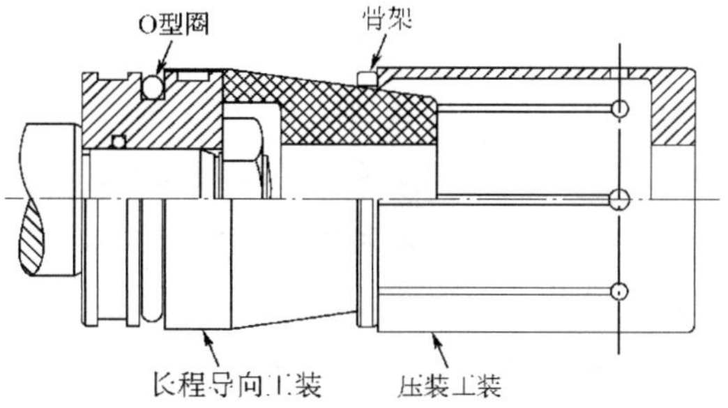

图 9　骨架安装

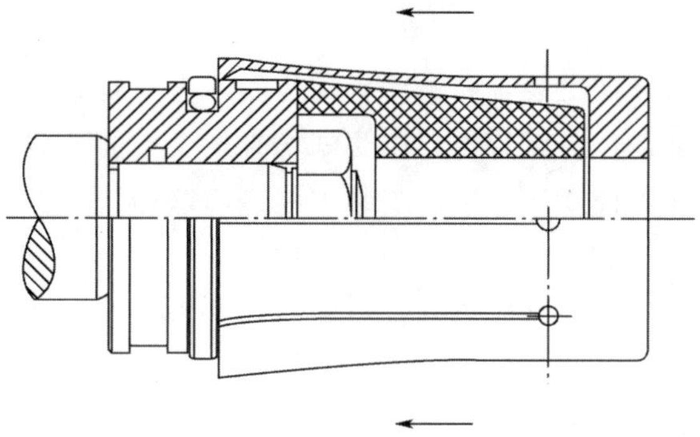

图 10　安装完毕

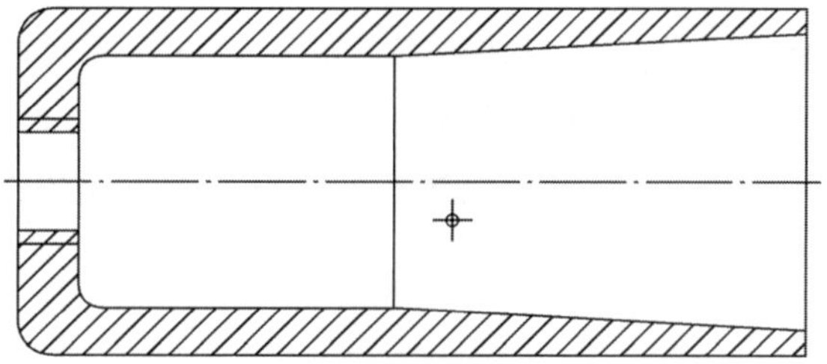

图 11　密封结构整形工装

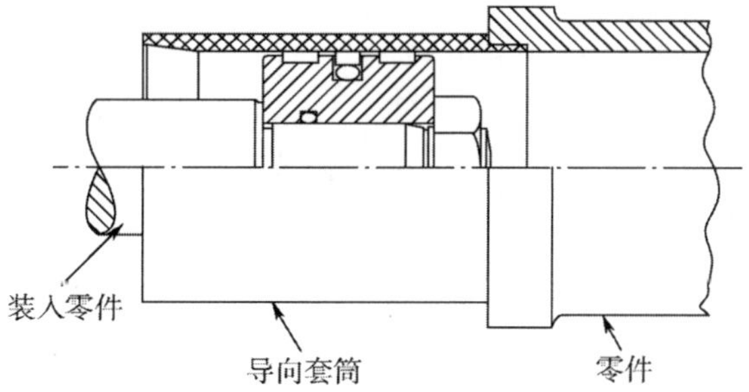

图 12　用导向套筒安装零件

当二者相差较大时，采用组合工装与热装配方法相结合的方案安装骨架。

热装配方法内容为根据场地条件使用热工作介质、热水或热空气将密封结构骨架加热到 80～100 ℃，使骨架在受热状态下更容易拉伸。使用组合工装将加热过的骨架迅速安装到零件的密封槽内。做好骨架加热时的安全防护措施，以免产生人身伤害。

3.2.2 组合工装的设计

（1）长程导向工装、密封结构整形工装和导向套筒设计

长程导向工装、密封结构整形工装和导向套筒设计时为避免工装与零件接触时损伤零件，工装材料选取黄铜等软质材料。工装与零件接口处保持尺寸一致，保证工装与零件衔接紧密，平滑过渡，防止划伤密封圈。工装导向段（锥面）锥度参数设置恰当，保证有足够的导向段又使工装不至于过大，以降低工装制造成本。工装与密封结构接触的表面应尽量光洁，减小安装摩擦同时防止划伤密封结构。

（2）压装工装设计

压装工装的作用是沿导向工装轴向推动骨架运动，直至将骨架推入零件密封槽内。压装工装与骨架及零件接触部位应无锐边，以防划伤骨架及导向工装。在骨架推进过程中骨架直径随导向工装直径变大而变大，压装工装应能适应这种变化。设计工装时有两种方案可以解决该问题。

一是弹性压装工装，该工装采用高弹性材料（如 65Mn 等）薄壁开槽设计，使骨架推进时压装工装开口跟随导向工装锥段直径变化而变化，推进全过程压装工装始终与骨架及导向工装紧密接触，可较好地完成压装工作。该工装优点为使用方便、跟随性好，缺点为加工困难、使用寿命短。

二是如图 13 所示的分段式压装工装，该工装采用分段压装设计，将骨架推进过程分成2～3 段，采用不同直径的压装工装并由工装底面限位，依次推进骨架。该工装优点为加工简单、使用寿命长，缺点为操作步骤较多。

目前，根据各级伺服作动器动密封具体安装情况，两种压装工装方案均有采用。

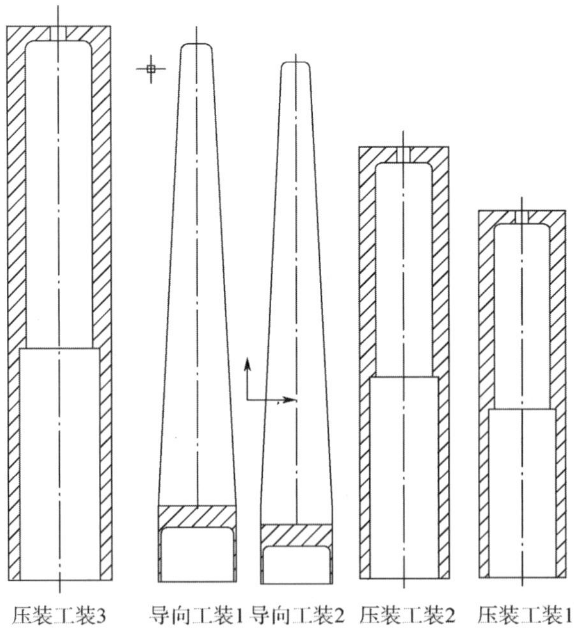

图 13 分段式压装工装

4　使用效果

位移传感器安装工装的应用和新型密封保障技术的实施，在该型号和相似型号中应用已达近200台套，生产效率较技术应用前提升60%以上，产品安装合格率达98%以上。

位移传感器及特瑞堡密封结构装配方法在型号伺服作动器上应用后，解决了装配过程中的瓶颈问题，提高了生产、研制效率。尤其是特瑞堡密封结构特点是一次性安装，即安装后无法完整取下，需破坏性取出，所以强调一次安装成功率。此次研究内容还在后续其他产品研制过程中得到广泛应用，应用合理的安装方法后彻底解决了密封圈安装问题，降低了密封圈损耗，节约了研制成本。

参考文献

[1]　徐兵．机械装配技术．北京:中国轻工业出版社,2005.

[2]　杨叔子．机械装配．北京:机械工业出版社,2012.

[3]　王先逵．机械装配工艺．北京:机械工业出版社,2008.

血泵电机线圈生产技术研究

董舒筠

航天一院18所

摘　要　人工辅助心脏（简称血泵）是18所研制开发的一个民品项目。对于这种高度集成的泵、电机一体化产品，电机的线圈是一个关键件，要求它结构简单小巧，尺寸精度精准。我们通过设计模具、优化绕线方法等手段解决了无骨架微型电机线圈绕制的难点，提高了产品成品合格率。

关键词　血泵电机线圈　模具

1　引言

人工辅助心脏（简称血泵）是我所研制开发的一个民品项目，血泵采用泵、电机一体化方案。该方案通过电机转子与离心泵叶轮的高度集成满足了产品植入人体胸腔的尺寸要求。线圈是电机中的重要元件，对使用精度有特殊要求，其精度直接影响电机的各种性能指标，且电机需植入人体体内，事关病人的生命安全，所以必须要求其具有高可靠性和高稳定性。

血泵电机线圈具有结构小型化、性能指标高精度及高可靠性等特点。该线圈为无骨架线圈，即绕制线圈时没有作为线圈载体的骨架，无骨架线圈在我所为首次绕制，无成熟经验参考，绕制难度较大。

与传统线圈绕制方式相比有如下不同：

1）传统线圈绕制方式是采用漆包线在骨架体上进行绕制，在绕制时只需用金属芯轴及两端锁紧备件将骨架体固定后，用漆包线在骨架体上紧密排绕即可，而血泵电机线圈为无骨架线圈，是采用自粘漆包线在模具上绕制，绕制后将漆包线间粘合，操作稍有不慎就会出现线圈难以成形及线圈不易从工装上取下问题，成品率较低；

2）传统线圈由于结构尺寸留有较大余量，且绕制时对线圈电阻要求较为宽松，故绕制难度较小，成品率较高，而血泵电机线圈有较为严格的绕线匝数、线圈尺寸及阻值要求，在绕制时难度较大，成品率较低。

本项目的研制就是为了解决无骨架线圈绕制难点，为血泵电机提供高质量的“精、薄、小”的无骨架微型线圈。

2　技术难点

这是我所首例研制生产的无骨架微型线圈，如图1所示，生产时是在模具上绕制漆包线，模具结构较小，线圈成形较难，生产难度大。

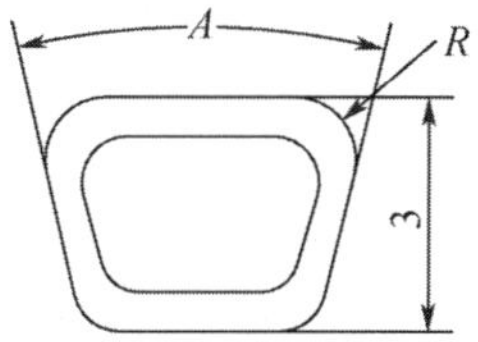

图 1　电机线圈图

血泵电机线圈采用铜质自粘漆包线 QZN-1/0.11 mm 绕制而成，该漆包线要求在绕制过程中用酒精使漆包线外层的胶层溶解，放置至胶层粘合，使漆包线成一整体。在绕线过程中，出现了如下问题：

1）在绕线过程中，模具随绕线机主轴转动过程中存在抖动情况，使线圈漆包线间间隙较大，平绕效果较差，造成线圈参数超差，无法满足高精度要求，且在抖动过程中模具与漆包线间会发生摩擦情况，导致漆包线漆皮破损，形成线圈短路情况，影响线圈可靠性；

2）血泵电机线圈为无骨架结构，在绕制过程中，绕制一定匝数后需在漆包线表面涂拭酒精使自粘漆包线间粘合，如酒精用量较多，与模具接触的漆包线会与模具粘合在一起，造成线圈粘合在模具上无法取下；如酒精用量较少，则无法完全渗透到底部漆包线中，漆包线无法完全粘合，线圈无法成形；因此，在生产过程中，血泵线圈绕制难度较大。

由于血泵电机体积小，所需线圈要求尺寸精度精准，且属于无骨架微型线圈，线圈成形较难，故需对线圈模具、绕制工艺、操作进行优化，解决线圈绕制问题，提高产品的可靠性、精度及生产合格率。

产品主要技术难点表现在：

1）优化绕线模具，解决模具抖动问题及模具与线圈粘连问题；

2）优化线圈绕制方法，解决粘连问题及线圈成形问题。

3　技术方案

3.1　改进绕线模具

无骨架线圈工艺流程为“线圈模具—绕线—抽离模具—测量”。在生产过程中，出现绕线模具抖动现象，使线圈漆包线间间隙较大，平绕效果较差，造成线圈参数超差，无法满足使用要求，且在抖动过程中模具与漆包线间会发生摩擦情况，导致漆包线漆皮破损，影响了产品质量，线圈合格率不足 10%。故需改进绕线模具，解决抖动问题。

原模具由左支架、模芯、右支架三部分组成，如图 2 所示，在绕制过程中，由于模具各连接零件间存在间隙，安装在绕线机主轴上随主轴转动时，模具抖动严重，线圈平绕效果较差，导致线圈外径尺寸、线圈阻值等指标超差，无法满足使用要求，且模具抖动使漆包线间存在摩擦，漆包线绝缘层受损，影响线圈可靠性及线圈阻值等指标。同时，在绕制过程中，须用酒精溶解漆包线上的胶层，使线圈成形。在将线圈与模具分离时，由于溶解的胶液渗透到模具上，导致线圈与模具粘连在一起不宜取下，如强行取下会造成线圈无法成形，影响产品生产合格率。

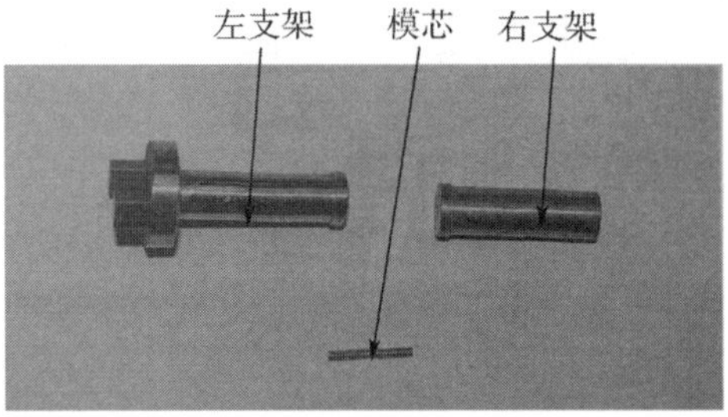

图 2　原模具实物图

为此我们改进了模具，措施包括：

1）新模具由左支架、垫块、右支架、定位销、定位螺钉组成，如图 3 所示。模具部件之间采用紧密配合，各零件连接处配作，且零件连接处设计有导向段，保证各零件间间隙小于 5 μm，同时在垫块与左支架间及右支架与模芯间采用定位销及定位螺钉予以固定，使左支架、垫块、右支架形成一体，解决了模具在绕线机上抖动问题；

2）在垫块上增加了出线槽结构，绕制时将线圈引出漆包线固定在槽中，从根本上解决了模具在绕线机上抖动导致线圈参数超差及漆包线因摩擦漆皮破损问题；

3）采用垫块结构，绕制时在垫块上垫一层玻璃布板后再进行绕制，玻璃布板有效防止了垫块与线圈的粘连。在绕制完成后，取下右支架，取出垫块与左支架的定位销，可直接将垫块连同线圈一起从左支架拔出，线圈随垫块一起脱离模具，从而解决了线圈脱模时与模芯粘连的问题。

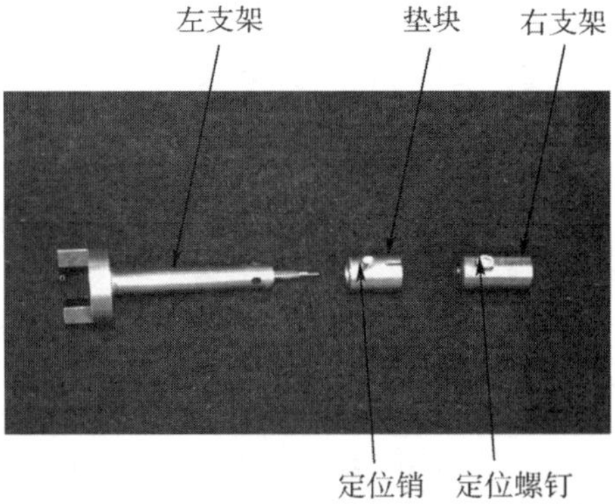

图 3　新模具实物图

3.2　优化线圈绕制方法

在进行线圈绕制时，工艺上要求：在模具上采用平绕方法，绕制 3～4 层后需涂酒精使自粘漆包线间固定，然后用热风枪调制适宜的温度将酒精吹干，分 4～5 次绕制，待完成后，将线圈从模具上取下。工艺中未对酒精用量、吹干时间等进行量化要求，绕制时出现以下问题：

1）绕制后在涂拭酒精时，由于酒精用量少，酒精未完全渗透到线圈中，拆下线圈时，底层漆包线未完全粘合，线圈无法成形；

2）绕制后在涂拭酒精时，由于酒精用量较多，拆下线圈时，因底层漆包线与模具粘合在一起，线圈无法正常取下。

通过大量试验，对线圈绕制工艺进行了优化，主要表现在：

1）线圈由多次粘结成形变成一次粘结成形，即在线圈绕制完成后涂抹一次酒精并进行一次热风吹干，这样既减少了胶液凝固占用的线圈空间，还大大提高了生产效率，以前绕一个线圈需 1 个小时，现在缩短到 15 分钟；

2）对酒精用量和吹干温度、时间进行合理配比，即线圈绕制完成后，在线圈表面涂 0.3 mL 酒精，放置约 3 min 后，用热风枪在 48 ℃下吹干 2 min。采用上述粘合工艺后，线圈未再出现与模具粘合、线圈松散现象，解决了线圈成形难的问题。

通过优化绕线模具及优化线圈绕制方法，解决了血泵电机线圈绕制问题，保证了线圈小型化、高精度及高可靠性要求，同时大大提高了线圈绕制合格率，使线圈合格率从 10% 上升到 95%以上，同时工作效率也得到提高，由 1 小时生产 1 个到 1 小时生产 4 个，操作者劳动强度大大降低，缩短了生产周期，降低了成本。

4 结束语

经过攻关，血泵电机线圈绕制问题得到了解决。通过优化绕线模具、绕线方法，保证了线圈小型化、高精度及高可靠性要求，同时大大提高了线圈绕制合格率，目前已生产多批线圈交付整机使用，且成功应用在血泵电机上，为电机的可靠运行提供了有力保证，为新一代泵、电机一体化的研究赢得了时间。

同时，通过技术攻关，解决了无骨架线圈生产问题，积累了宝贵的经验，使我所具备了该类型线圈的生产能力。

薄壁发动机温度传感器安装工装研制

钟 华 张 媛 李 园

航天四院401院

摘 要 薄壁发动机点火试验时壳体温度较高，采用铁丝捆绑式安装温度传感器的方法虽然可满足该型号温度数据测量的要求，但是捆绑式安装方法采用捆绑的材料为铁丝，由于铁丝的韧性差，每做一发型号试验，损耗铁丝16 m，并且采用铁丝捆绑式安装温度传感器需要多人协作，对操作者的捆绑操作力度要求严格。针对以上情况，我们设计并制作了一种针对薄壁发动机温度传感器安装的工装，经过反复试验，证明使用这种工装安装温度传感器比铁丝捆绑式更可靠，所测数据更准确。

关键词 薄壁发动机 温度传感器 安装工装 捆绑式 温度数据

1 引言

温度是薄壁发动机点火试验考核的重要参数之一。铁丝捆绑式安装温度传感器时，采用“先两边后中间”的方法，用三根铁丝分三次固定。安装结束后铁丝接口裸露，不仅不美观而且容易划伤下一工序操作者。有时捆绑过程中，由于铁丝的韧性差，当操作者用虎钳将铁丝拧紧时铁丝损坏，试验结束后剪断铁丝取出传感器，有时会损坏传感器。另外“先两边后中间”的铁丝捆绑方法，虽然解决了试验数据温度信号不完整问题，但是该方法使温度传感器热端接触面积增大，薄壁发动机工作温度大于380 ℃，而温度传感器表面耐温只有300 ℃，这样就增加了传感器的损坏。因此改进该型号的温度传感器安装工艺，降低材料损耗，避免人员伤害以获得完整的温度数据是本论文解决的主要内容。

2 技术难点

薄壁发动机在试验过程中壳体外壁温度大于380 ℃，采取工装替代铁丝捆绑方式的难点主要体现在以下方面：

1）薄壁发动机在试验过程中壳体外壁温度大于380 ℃，制作工装的材料选择。发动机试验时壁温较高，制作工装的材料须选择耐高温材料。

2）薄壁发动机壳体较薄，采用工装安装温度传感器时装夹的力度选择。试验过程中发动机壁温升高，壳体膨胀装夹的力度太紧，将造成发动机损坏；装夹的力度太松，会出现传感器脱落，影响安装质量。

3）工装的性能要求。薄壁发动机试验任务较多，作为安装温度传感器的工装，使用频繁。这就要求工装韧性好，不易变形。

3 技术方案

3.1 原捆绑方式分析

采用铁丝捆绑式安装温度传感器时，每一测点操作步骤如下：

1）用 10 mm×10 mm 云母将温度传感器包裹；

2）将包裹好的传感器用高温胶带固定在被测物体测点位置；

3）采用“先两边后中间”的方法，用三根 55 cm 的铁丝分三次固定；

4）剪掉多余铁丝。

如图 1 所示，每安装一个测点所需时间为 6 min。安装结束后铁丝接口裸露，不仅不美观而且容易划伤操作者。并且在捆绑过程中，由于铁丝的韧性差，当操作者用虎钳将铁丝拧紧时有可能造成铁丝损坏，或者试验结束后剪断铁丝取出传感器时，也可能造成传感器损坏。另外“先两边后中间”的铁丝捆绑方法，虽然解决了试验数据温度信号不完整问题，但是该方法使温度传感器热端接触面积增大，薄壁发动机工作温度大于 380 ℃，而温度传感器表面耐温只有 300 ℃，这样就增加了传感器的损坏。经统计每发试验损坏传感器 16 只（每只传感器 56 元），每米铁丝 0.6 元，每做一发型号试验至少损耗铁丝 16 米（9.6 元），那么一发试验仅耗材将花费 905.6 元。因此须改进该型号的温度传感器安装工艺，降低材料损耗，减少试验费用，避免人员伤害以获得完整的温度数据。

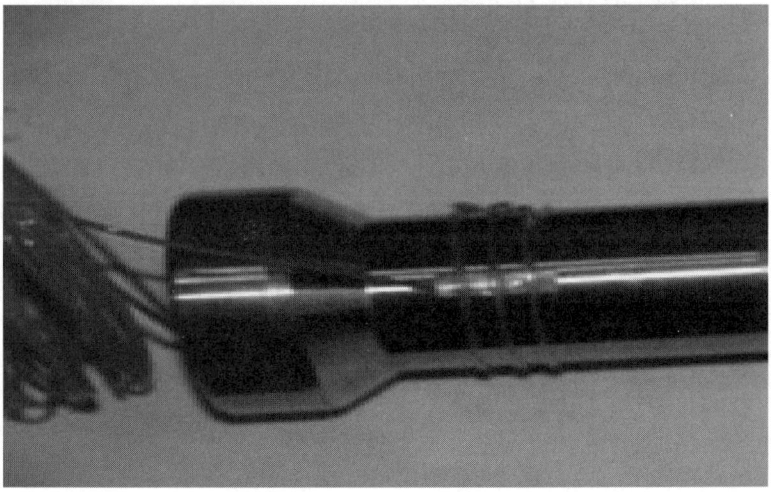

图 1 铁丝捆绑式安装图（见彩图）

3.2 新型工装的设计

新型工装是分别由一个内径 ϕ127.5 mm、宽 8 mm、厚 5 mm，ϕ104 mm、宽8 mm、厚 5 mm 的开口钢圈、螺栓、螺母组成。主视图、左视图、俯视图、右视图如图 2 所示。不同内径的设计满足了该型号发动机的测点需要。它的制作费用 160 元。

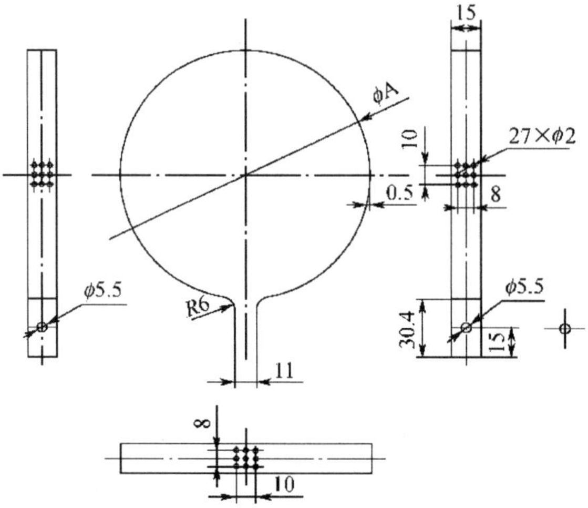

图 2　工装制图

3.3　制作新型工装的材料选择

发动机壳体材料为：T250 马氏体时效钢。查找资料，筛选对比性能，选择与之受热膨胀变形基本相同的 RA35 钢作为新型工装制作材料。选择这种材料，还减少了工装的氧化，提高了工装的利用率。

3.4　新型工装连接固定处的加工

制作工装试品时，为了反复使用，考虑连接固定处易受力变形，在连接固定处采用点焊加固处理方法。可是经多次试验试用发现，效果并不理想，工装连接固定处变形损坏。反复摸索试验，最后工装采用钢板线切割加工，并且连接固定处采用圆角过渡形。此方法减少了工装连接固定处应力集中，点焊变形、焊缝脱开等问题，从而达到了增加使用寿命的目的。

3.5　新型工装的使用

新型工装工作流程如下：

1）先将温度传感器热端用 10 mm×10 mm 云母包裹，以达到绝缘与保护传感器的目的；

2）将包裹好的传感器用高温胶带固定在被测物体测点位置；

3）把钢圈覆盖在温度传感器上，两端用螺栓螺母固定。在用螺栓螺母固定时添加弹片，此方法避免了安装试件的损坏。

每安装一个测点所需时间为 1 min，本工装试验结束后，只需松开螺母就可取出温度传感器，不会损坏传感器，而且工装完好。经多次试验，工装没有变形，可以重复使用。该工装不仅可以满足单路温度传感器的安装，而且可以同时满足多路温度传感器的安装要求，如图 3 所示。

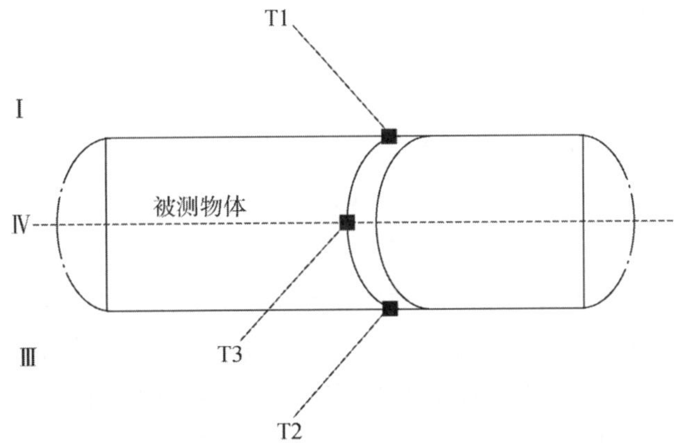

图 3　新型工装安装温度传感器的效果图

T1、T2、T3 分别是用实用新型温度工装安装的Ⅰ、Ⅲ、Ⅳ象限温度测点。使用该工装能同时安装多路温度传感器，安装时间不到 3 min，大大提高了工作效率。

本实用新型工装的技术特征在于灵巧轻便，一次能同时安装多路温度传感器。避免了安装时由于操作者力度不同，捆绑的温度传感器虚贴现象。

通过试验数据对比可以得出：用实用新型温度工装安装的温度传感器更能准确地反映温度信号，说明使用该工装能使温度传感器热端更紧密地贴在被测物体上。如图 4 所示，实线为新型实用工装温度曲线，虚线为铁丝捆绑式温度曲线。

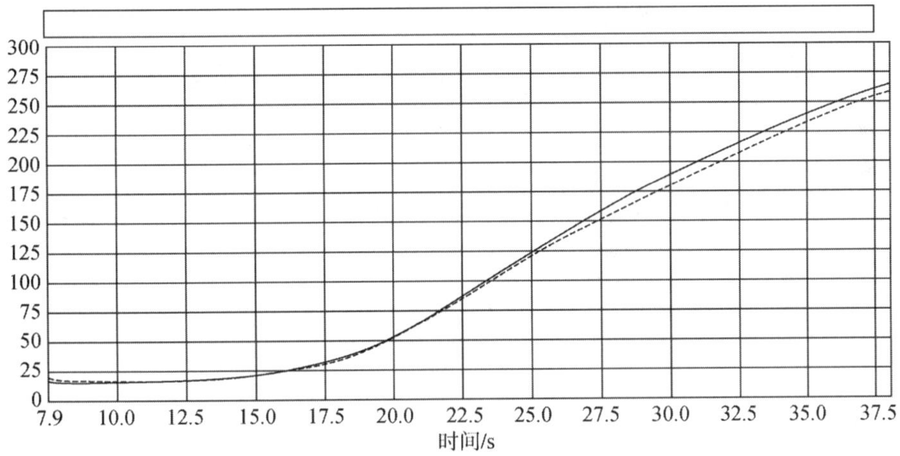

图 4　两种安装方式温度数据对比图

4　结束语

综上所述，使用新型工装比铁丝捆绑方式安装温度传感器的优点如下：

1）不但灵巧轻便而且操作简单，任何人都能熟练操作；

2）使用该工装安装温度传感器，不但可以进行单路温度传感器安装，还能进行多路温度传感器安装，提高了工作效率；

3）使用该工装安装的温度传感器，试验过程中温度传感器无脱落，保证了温度数据的完整性，提高了数据获得率；

4）使用该工装安装温度传感器，经高温试验后，传感器损坏减少，降低了温度传感器的损坏率，节约了原材料，从而减少了试验费用；

5）使用该工装安装温度传感器由多人操作变为单人操作模式，提高了工作效率；

6）采用该工装安装温度传感器，每发该型号试验还可节约费用 905.6 元；采用该工装安装温度传感器结束后，接口美观光滑，不会造成下一工序操作者的可能伤害。

本工装通过了多次试验验证，基本弥补了薄壁发动机铁丝捆绑式安装温度传感器的不足，使试验数据获得率明显提高。该方法进行标准化后已经添加到《薄壁温度传感器安装的操作规程》中，在以后的试验中将贯彻运用。此项改进还可以推广到其他发动机试验的高温测量。

参考文献

[1] 李宜敏，张中钦，张远君．固体火箭发动机原理．北京：北京航空航天大学出版社，1991.

[2] 陈焕生．温度测试技术及仪表．北京：水利电力出版社，1987.

[3] 陆友琪，马二恩，郭铁成，王毅晶．钢材实用手册．北京：中国科学技术出版社，1991.

[4] 施广富．固体火箭发动机试验传感器校准与安装.

安全机构单元测试仪连接器的装配技巧

施卫群

航天四院 401 所

摘　要　针对安全机构单元测试仪母板与模块之间连接器的装配，出现影响产品质量的问题，提出了优化连接器安装尺寸，加强安装过程控制的装配技术方案。通过连接器精确定位工装等措施，有效解决了安全机构单元测试仪连接器装配过程中存在的问题，提高了安全机构单元测试仪的质量及可靠性。

关键词　安全机构　单元测试仪　连接器装配

1　引言

安全机构是固体火箭发动机点火系统的一个重要安全部件，安全机构单元测试仪作为安全机构的测试和解锁的专用仪器，主要用于安全机构的生产、试验和交付验收时的电气性能参数测试和动作可靠性检测。安全机构单元测试仪的质量直接会影响到对安全机构的性能和功能评判。安全机构单元测试仪采用连接器实现各个功能模块与母板之间的连接，其高精密的装配是实现单元测试仪高可靠性的关键之一。

本文介绍了安全机构单元测试仪连接器的结构形式、连接方法、装配技术难点以及技术解决方案，摸索并总结了安全机构单元测试仪连接器装配过程中的技巧，解决单元测试仪装配过程中存在的问题，应用于型号单元测试仪生产中，提高了安全机构单元测试仪的生产效率。

2　连接器装配技术难点

安全机构单元测试仪连接器采用模块化结构的连接形式，连接器插头插入母板上的连接器插座，模块中的连接器通过紧固件固定在模块上，而模块的位置已经被分机的导轨零件所固定；母板上的连接器是通过紧固件固定在母板上的，而母板在分机中的位置也被结构件所固定，二者形成了固定端搭配固定端的连接，精确可靠地实现二者的有效连接是装配技术的难点。

连接器外壳常见的材料为铝合金和不锈钢，这些金属的硬度都较高，同时连接器中接触件（如插孔簧片和麻花针等）均为精密零件，因此连接器的技术要求中一般规定插头/座插配时，只允许径向 0.1 mm 以内不对准误差，见表 1。

表 1　常见连接器连接允许的偏移量

连接器类型	J30J	D 型（J18）
允许不对准	0.10 mm	0.10 mm
符合标准	GJB2446	GJB142A

当插头/座存在 0.1 mm 以上的不对准误差时，就容易在装配过程中出现模块与母板插入困难的问题，一旦发生这种问题后，如果继续强行将模块插入母板，则会出现以下几种情况：

1）连接器损坏。插针/孔损坏或绝缘体破裂，如图 1 所示。如某型号单元测试仪采用了这种连接方式，第一批 20 套产品中有 1 套产品出现了连接器强行插入损坏问题。

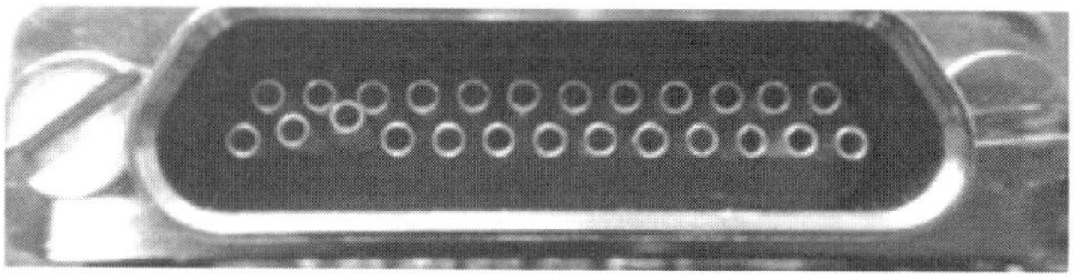

图 1　斜插后损坏的连接器插座

2）产生多余物，导致了质量隐患。某型号单元测试仪第一批 20 套产品中的 2 套产品先后在振动环境试验中出现了 J30J 连接器多余物短路故障，如图 2 所示。由于在模块插入母板前已使用显微镜检查插头/座中是否有多余物，因此多余物是插头/座插合后产生的。将多余物进行成分分析得知多余物的主要成分是镍，而在装配过程中经常出现模块插入母板时非常困难，借助工具才将模块插入到位。由此，将故障定位在模块强行插入母板时，导致插头刮掉了插座内壁的少许镀镍层，被刮掉的镍屑在产品振动过程中发生了位移，最终搭接了相邻的接触件造成短路。

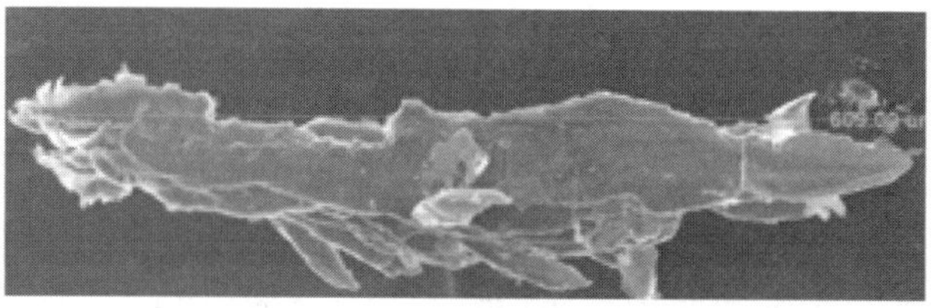

图 2　斜插后损坏的连接器插座

3）在接触件连接处集中了很大的安装应力，埋下质量隐患。模块上装配的连接器插头与模块内部的 PCB 连接一般采用焊接，如图 3 中 A 位置，母板上装配的连接器插座与母板的连接也采用焊接，如图 3 中 C 位置，当模块与母板产生倾斜强行插配时，插针/孔连接处就会集中很大的安装应力，如图 3 中 B 位置，这种倾斜的安装应力会让插孔内簧片产生永久变形或损坏插针，造成电子产品在力学环境下出现接触不良的故障。另外，如果安装应力沿着接触件传递到绝缘子则会造成图 3 中 A 处和 C 处焊点失效。某型号单元测试仪曾出现模块强行插入母板，形成的应力传递到模块连接器中绝缘子上，最终导致绝缘子通过焊点将模块内 PCB 上的焊盘拉脱。

图 3　斜插后损坏的连接器插座

3　连接器装配技术方案

安全机构单元测试仪连接器装配的过程分为四步，见表 2，结构设计（包括公差）、加工精度和装配误差都会影响最终模块插入母板时，连接器的对准情况，一旦插头/座径向不对准超过了 0.1 mm，就会出现模块装配插入困难的现象。

表 2　装配连接器连接形成过程及影响因素

序号	连接形成过程	影响因素
1	安装母板连接器	母板上连接器的装配精度
2	将母板安装到分机	母板装配精度
3	安装模块连接器	模块上的连接器的装配精度
4	模块插入母板	分机导轨的精度

为了避免安全机构单元测试仪连接器装配过程中可能出现的连接失效模式，需要在连接器装配过程中，有效控制连接器安装孔孔径及公差，加强连接器装配操作过程控制。

3.1　连接器安装孔孔径及公差有效控制

为了便于装配和提高生产效率，通常母板连接器安装孔会留有一定的余量，以 J30J 连接器为例，该连接器安装螺钉直径为 2.0 mm，图纸一般规定母板插座安装孔直径在 2.2～3.0 mm 之间，这样装配产品不会有任何质量问题，如图 4 所示。母板连接器搭配自由端如图 5 所示。如果这个母板连接器插座搭配固定端进行装配，就不能再用通用的装配方法了，如图 6 所示。因为安装螺钉与母板之间自由空间越大就会造成装配误差越大，连接器越容易偏离正中的位置，最终导致出现模块插入困难的现象。所以母板连接器如果搭配自由端进行装配，则安装孔直径设计在 2.2～3.0 mm 之间没有任何问题，如果搭配固定端进行装配，则安装孔直径必须设计在 2.2 mm 以下，同时公差应尽量小，这样可以最大限度地减少连接器与母板之间的相对位移。同样的道理，模块上的连接器如果是与母板插座形成连接也必须尽量减小连接器安装孔直径并严格公差尺寸。

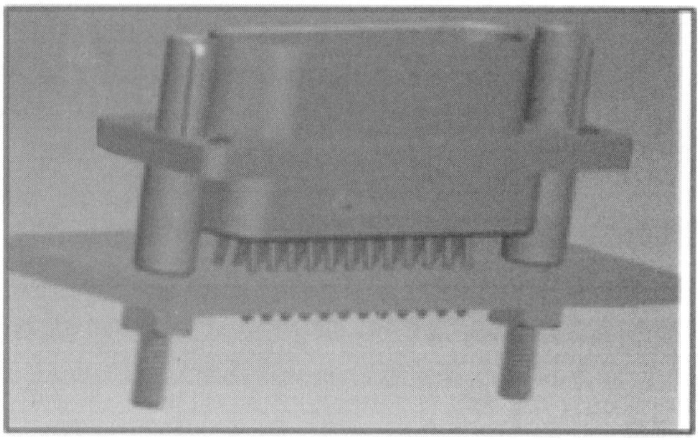

图 4　插座装配到母板过程中偏离正中位置示意图

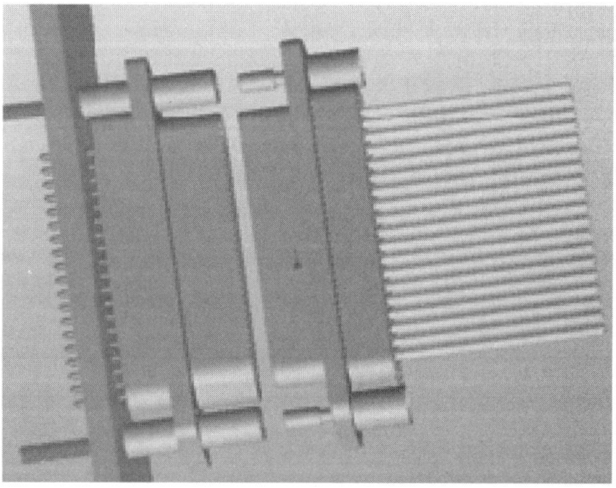

图 5　母板连接器搭配自由端

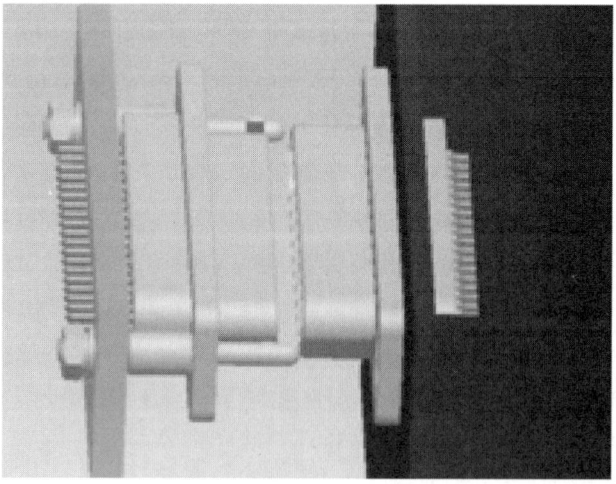

图 6　母板连接器搭配固定端

减小安装孔孔径并严格公差尺寸，让分机上的安装孔、分机导轨、母板安装孔、母板连接器安装孔、模块外形和模块连接器安装孔等位置和尺寸最大限度地吻合设计图纸，减少人为操作带来的装配误差，尽量提高表 2 中提到的 4 个装配精度，无疑会提高这种盲插连接的可靠性。

3.2 连接器校形装配工装的设计与应用

根据装配经验的积累及对这类连接进行的探索和分析，设计出了母板连接器精确定位工装，经实践验证，该定位装配工装可以有效解决非浮动连接器连接后造成的可靠性问题。连接器模块装配插入困难大都是母板上个别连接器的安装位置出现了略微的偏差，绝大部分连接器的位置都是精确的（可顺利插拔），个别连接器和其他连接器的相对位置与设计图纸的规定偏差了 0.1 mm 以上。如果让母板上所有连接器的相对位置偏移在 0.1 mm以下，就可以解决装配模块插入困难的问题。根据这个思路将母板设计图纸中各连接器的相对位置信息提取出来并设计定位装配工装。加工完成的定位装配工装，如图 7 所示；母板上为 J30J 连接器，如图 8 所示；模块插入到母板上，如图 9 所示。连接器之间的相对位置公差可设置在±0.05 mm（即母板连接器安装后与设计图纸规定的位置偏差在 0.05 mm 内，根据不同连接器的插合要求还可进一步减小公差）。

图 7　加工完成的定位装配工装

图 8　母板上有连接器

图 9　模块插入到母板

使用时先将所有连接器引线插入母板，然后将定位装配工装套在连接器上，接下来再锁紧螺钉并焊接连接器，最后取下定位装配工装。该定位装配工装可以保证各连接器之间的相对位置与母板设计图纸精确一致。装配后单元测试仪内部装配效果，如图 10 所示。经多个型号安全机构单元测试仪连接器实践，使用连接器定位工装装配的母板与各模块插拔非常顺滑，没有障碍，这种定位装配工装可以有效解决连接器模块插入困难的问题。使用定位装配工装后的第二批 20 套某型号单元测试仪在温度循环、高温老化、随机振动及交付用户使用过程中工作正常，模块与母板连接器连接处没有出现任何质量问题，可靠性很高。

图 10　单元测试仪装配内部情况

为了保证单元测试仪连接器的装配可靠性，不仅需要关注安装孔设计尺寸、连接器选型及使用定位装配工装，还需要对连接装配过程加强操作控制，建议重点关注以下两个方面：

1）模块连接器检验和装配时，应重点检查连接器的安装状态，同类连接器的插合面高度是否一致，插合面有无倾斜现象；连接器紧固件的安装是否符合图纸要求；同一模块上的各连接器是否排布整齐。

2）母板安装到分机中时暂不拧紧所有紧固件，首先在母板上插入1～2件模块，垂直插入，平稳用力，遇到插入困难切忌强行插入，然后再锁紧母板安装螺钉，这样可以保证母板的装配精度。

4　装配技巧总结

在某型号安全机构单元测试仪装配过程中，我们摸索并总结出解决模块与母板插入困难的两种操作技巧，具体操作方法如下：

1）根据测量数据精确控制连接器安装孔孔径及公差，由小至大，逐步接近连接器设计安装尺寸，有效提高模块及母板的装配精度，直至位置和尺寸最大限度地吻合。

2）使用定位装配工装对单元测试仪连接器进行定位安装；连接器模块垂直插入，平稳用力，再锁紧母板安装螺钉，保证母板的装配精度，直至满足装配技术要求。

上述两种操作技巧和方法，已成功应用于多种型号安全机构单元测试仪连接器的装配过程中。

5　结束语

在安全机构单元测试仪处于研制阶段时，通过总结生产中的装配经验，提炼出安全机构单元测试仪连接器的装配技巧和操作方法，对整机装配过程具有较强的指导作用。有力地保证了安全机构单元测试仪装配质量和生产任务的顺利完成。随着安全机构单元测试仪型号不断增多，我们将利用总结出的操作技巧和操作方法，结合实践经验，继续摸索装配操作技巧，总结绝技绝招方法，不断提高生产效率，确保型号安全机构单元测试仪保质保量顺利交付。

燃气舵片退出装置安装调试技术

俞　翔　谭云峰
航天四院 401 所

摘　要　在固体火箭发动机燃气舵搭载试验中，存在发动机喷管出口的高温燃气对舵片产生作用力不稳定，燃气舵退出装置连接杆和轴套耦合复杂等问题，安装调试难度大。通过多年实践经验，结合工装设计、气缸安装和限位装置安装等相关技术，总结出了一种有效的方法，不仅能够保障退出装置稳定可靠，还能满足燃气舵退出时间要求，保证较高的控制精度。

关键词　燃气舵退出装置　二位五通阀　安装调试方法

1　引言

燃气舵是导弹控制舵面的一种。当导弹刚发射时，由于初始速度较低，使得一般的空气控制舵面的效率很低，不能有效地控制导弹的轨迹和姿态，而燃气舵设置在发动机的喷流作用范围内，不受导弹初速度的影响，可以产生足够的控制力矩。常用于垂直发射的先进拦截导弹的初始控制阶段，可以产生足够的控制力矩，因此广泛应用于地地、地空、舰舰等战术固体导弹。

燃气舵搭载试验是项检测燃气舵性能的考核试验。通过在发动机点火试验中搭载燃气舵，测试燃气舵在真实燃气冲刷烧蚀下的抗烧蚀性能。

燃气舵搭载试验中要使用一种燃气舵退出装置。该装置主要包括退出机构、气缸、电磁阀及其控制机构和供气系统 5 个主要部分。每套供气系统供应两个舵片退出，一个 2 通电磁阀交替控制一个气缸的正反腔。试验前供气系统充气压力不小于 0.8 MPa，二位五通电磁阀反腔打开，气缸内充满气，防止 1＃舵和 2＃舵在重力作用下向下滑动，试验中，电磁阀接到控制系统指令，打开正腔，关闭反腔，气缸杆带动舵片迅速运动，反腔的气通过快速排气阀排出，使舵退出火焰区。

燃气舵退出装置如图 1 所示，其组成如图 2 所示。

图 1　燃气舵退出装置

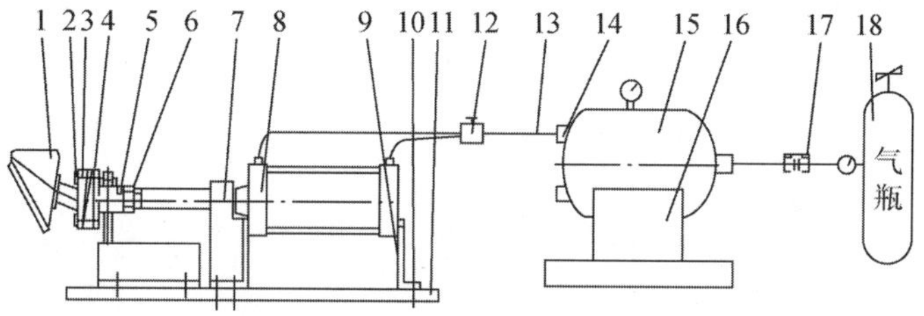

图 2　燃气舵退出装置组成示意图

1—燃气舵片；2—连接螺栓；3—斜垫圈；4—斜法兰；5—限位装置；6—锁紧螺栓；7—轴承与轴承座；8—气缸；9—脚架；10—螺栓；11—连接板；12—电控换向阀；13—输气管；14—管接头；15—储气瓶；16—支架；17—减压阀；18—气瓶

本文以某型号发动机燃气舵搭载试验为例，介绍调试燃气舵退出装置的方法。

2　技术难点

由于燃气舵退出装置结构复杂，主要部分均为刚性连接，对多处部位均有限位要求，导致本身调节余量小，且燃气舵片需始终沿轴线退出，使得调试难度大大增加。主要体现在以下几个方面：

1）燃气舵片在燃气中的位置精确度要求高。由于发动机喷管出口端面的高温高压燃气对舵片的作用力极不稳定，除了受到试验点火的冲击，还承受燃气的持续冲刷。水平方向上方两个燃气舵片退出装置由于受重力，受气流初始冲击不会自动退回。水平方向下方两个燃气舵退出装置，在高温高压燃气冲击下有可能会产生退回动作，从而影响燃气舵片烧蚀时间，因此需凭借多年的经验反复调试。

2）燃气舵退出装置在安装初始过程中要求燃气舵片联结部分、限位装置、气缸活动行程等关键活动部件都必须尽可能地在一条轴线上，任何微小的倾角和偏差都可能会导致整个燃气舵片退出过程中出现卡死或者摩擦增大导致的退出滞后现象发生，影响整个舵片烧蚀试验的结果。为满足试验任务书要求，不仅对工装安装要求更为精准而且对安装人员的操作技术和经验提出了更高要求。

3）燃气舵退出装置是利用气缸－活塞－连杆原理，通过电控换向阀控制高压气源，使燃气舵按照控制时序要求退出火焰区，燃气舵退出火焰区的时间误差±0.1s。由于发动机点火瞬时，退出装置要承受一个向后的作用力，可能会出现舵片位移。某型号舵片搭载试验中，由于发动机燃气对舵片退出机构的冲击，引起舵片退出前出现小位移，影响了燃气舵片烧蚀程度。

4）由于发动机喷管出口端面的高温燃气对燃气舵的作用力不稳定，使得燃气舵退出装置的摩擦力大小及退出时间的控制难度较大。

3　燃气舵退出装置调试安装技术

燃气舵搭载试验安装调试过程中，需要通过燃气舵退出装置将燃气舵片固定在试验台上，保证发动机推力的准确测量，其装调的关键是通过调试将轴承与轴承座、气缸、脚架调至同一轴线，保证气缸正常进出。理论上，轴承与轴承座、气缸、脚架必须在一条直线上，才能确保燃气舵正常无阻力退出，但在实际中是不可能实现的。因此，必须使三者的误差在一定范围之内，才能确保试验精度。为使精度提高，通常必须使用经纬仪、水准仪辅助进行调试，才能满足工艺要求。但经纬仪、水准仪这些设备本身工序复杂、费时、成本高，为了提高工作效率，节约成本，需要靠经验总结出一套成熟的技术进行调试。

燃气舵退出装置装调技术正是在大量的试验装置装调实践中创造的，它利用两点一线原理，采用气缸支杆代替光学仪器，固定气缸后，伸出气缸支杆，安装脚架和轴承座，通过调整脚架及轴承座的高度，使支杆顺利通过轴承，而且能够自由出入。然后给气缸充气，观察支杆表面无划痕，且整个退出过程退出装置无异常声音，这时认为轴承与轴承座、气缸、脚架在同一轴线上。

实际工作过程中，由于发动机喷管出口端面的高温高压燃气对舵片的作用力极不稳定，燃气舵片除了受到试验初始阶段的气流冲击，还承受燃气的持续冲刷。为使水平方向下方两个燃气舵退出装置在高温高压燃气冲击下不产生退回动作，需要在调节轨道时，凭借经验控制好摩擦力，使得气缸在完成进程和回程动作时，既不能自由滑动，也不能卡死，而是稍有滞涩感，保证其在火焰冲击下不会自动退回。

调试完成后，通过反复合练，记录舵退时间，验证气缸是否按要求完成调试，如满足要求，则开始试验，反之，继续调试摩擦力，直至舵退时间满足试验要求。

该技能已广泛应用在燃气舵退出试验中，安装时工序简单，调试时间大大减小，满足燃气舵搭载试验工艺要求，取得了满意的效果。

4 实际案例

4.1 安装调试过程

某型号发动机燃气舵搭载试验中，由于燃气流量大，为保证燃气舵在试验过程中不受燃气冲击影响提前退回，燃气舵退出装置安装调试难度相应增大。

在退出装置安装过程中，首先保证轴承与轴承座、气缸、脚架安装在一个轴线上，保证气缸正常完成舵退过程。接着，调节轨道使得轨道滑动有滞涩感，防止舵片退出前发生位移。最后，通过反复合练，记录舵退时间，直至舵退时间满足试验要求后停止调试。

4.2 退出时间记录

完成舵退装置调试后，进行了 10 次退出试验（冷试），其退出时间记录如表 1 所示。

表 1 使用快速排气阀退出时间记录表

序号	二位五通阀响应时间/ms	舵片退出时间/ms	总耗时/ms
1	58.6	72.6	131.2
2	55.6	70.8	126.4
3	49.0	69.0	118.0
4	45.6	71.6	117.2
5	47.2	72.8	120.0
6	45.6	73.6	119.2
7	43.2	74.4	117.6
8	51.4	65.4	116.8
9	47.8	71.0	118.8
10	44.2	74.0	118.2
平均值	48.82	71.52	120.34

从表中可以看出，燃气舵实际退出时间满足任务书 110 ms 到 150 ms 的要求。

4.3 试验结果说明

燃气舵退出装置推出量与时间关系图如图 3 所示。

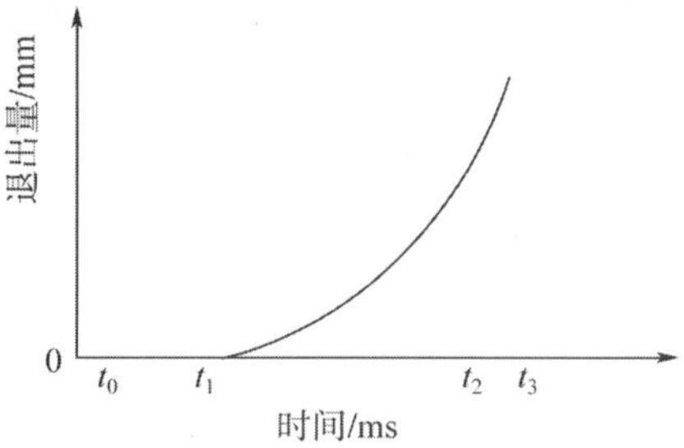

图 3 燃气舵退出装置退出量与时间关系图

t_0 —二位五通换电控向阀开始加电时间；t_1 —活塞连杆开始动作时间；t_2 —活塞连杆移动 120 mm 处动作时间；t_3 —活塞连杆动作结束时间；$t_0 \sim t_1$ —二位五通换电控向阀加电响应时间；$t_1 \sim t_2$ —舵片退出时间

燃气舵现场安装图如图 4 所示。

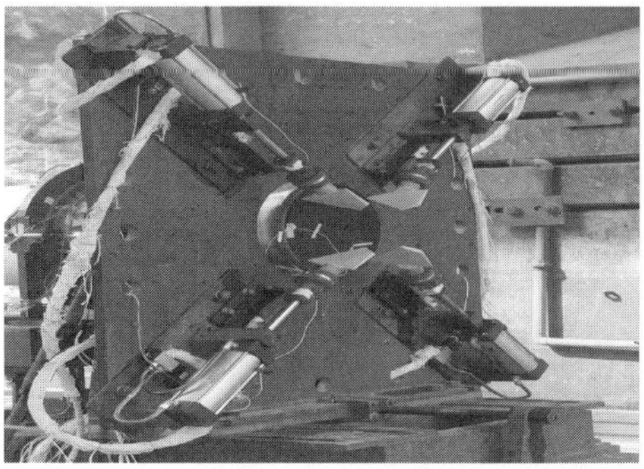

图 4 燃气舵退出装置实际安装图

经该方法调试后，满足了燃气舵退出装置控制精度，达到试验任务书所需效果。在保证舵片退出装置可靠的前提下，大大缩短了燃气舵退出装置的安装时间。

5　结束语

该方法通过将轴承与轴承座、气缸、脚架调至同一轴线，调节滑轨自由程度保证燃气舵退出时有一定的滞涩感，保证舵片烧蚀位置的准确性，使燃气舵退出满足试验要求。该操作不仅提高了退出装置的可靠性，缩短了燃气舵片的退出时间，提高了退出速度，也极大地提高了燃气舵片退出装置的控制精度。通过实际试验验证表明，燃气舵退出装置安装调试方法满足燃气舵烧蚀试验要求，确保了型号发动机的研制进度，该项技术还可以应用在其他同类试验装置的研制中。

状态指示开关装配技术

苏红兵　张建勇
航天四院401所

摘　要　针对状态指示开关性能指标要求严、结构复杂、质量稳定性和可靠性要求高等特点，在多年实践中总结出了采用专用定位工装手工铆接、专用检测工装设计、机械振动和去应力退火消除产品的铆接应力以及装配工艺参数控制等技术，确保了状态指示开关的装配质量。

关键词　状态开关　壳体铆接　装配工艺

1　引言

状态指示开关是TA系列安全机构的关键部件，具有安全和工作两种状态指示的功能，可通过电动解除/恢复保险。产品由安全状态到工作状态是通过给电机组件加电带动转子合件，再推动状态指示开关中的状态销向上运动，实现状态销上触点衬套与状态指示开关壳体内的工作触片上的触点稳定接触；产品由工作状态到安全状态是通过给电机组件反向加电带动转子合件反向转动，此时，状态指示开关中的状态销解除束缚，在弹簧力的作用下回到初始位置即安全状态，状态销上触点衬套与状态指示开关壳体内保险触片上的触点稳定接触。

作为安全机构的关键部件，状态指示开关装配性能的好坏，对产品功能的实现和使用起着举足轻重的作用，直接关系到产品整机的质量。状态指示开关外形简单、小巧，内部结构复杂，性能指标以及可靠性和稳定性要求较高，为此，有效解决其不同材质零件铆接的质量以及如何消除壳体铆接的缺陷和控制装配工艺参数成为状态指示开关亟待解决的关键技术问题。

本文以TA系列安全机构状态指示开关铆接和装配为例，介绍了状态指示开关壳体铆接以及装配的工艺方法、壳体铆接后内应力去除方式以及工艺参数的控制、开关铆接工装和检测工装的设计等方面的经验。

2　技术难点

状态指示开关主要由状态指示开关壳体、装配好的状态销、垫圈三部分构成。产品的技术指标要求：安全和工作状态的接触电阻应小于0.1Ω；状态销上、下运动灵活，无卡滞；壳体无开裂；状态指示稳定。状态指示开关装配的技术难点主要体现在以下方面：

1）不同材质零件铆接方法和铆接质量的控制。状态指示开关壳体由壳体、焊片、铆钉以及带触点的接触片铆接而成。壳体为聚砜材料塑压成型，其他零件均为有色金属材料制品，如何将两种不同材质的零件可靠地铆接在一起，不产生缺陷，成为问题的关键所在。

产品在铆接过程中，若铆接力过大，将对壳体产生损伤，导致壳体产生裂纹等质量缺陷，若铆接力过小，就会导致壳体铆接不牢靠，将影响产品性能。为此，通过设计专用铆接和检测工装，实施专人手工定位铆接和检测的方法，用以控制和提高产品的铆接质量。

2）如何有效消除壳体铆接的内应力。状态指示开关壳体由于是不同材质的零件铆接而成，必然造成其各自产生的铆接应力不同，若不及时采取相应的工艺质量措施，以消除铆接过程中产生的内应力，则将造成壳体产生开裂等质量问题。因此，状态指示开关壳体铆接后，采用机械振动和去应力退火的工艺措施，是保证壳体铆接质量的关键。

3）开关装配性能指标的控制。状态指示开关壳体铆接后，只有有效地控制长、短接触片上四个触点的相对位置，才能确保开关的性能和稳定性。由于普通量具对其无法进行检测，因此，需设计专用的检测工装，对开关触点实施有效的检测和控制，是提高产品性能和稳定性的重点。

3 技术方案

3.1 壳体铆接方法和铆接质量的控制

状态指示开关的壳体材料为非金属，采用何种方法将其与焊片、铆钉以及带触点的接触片等金属制品铆接牢靠，控制铆接后安全和工作开关触点的对称分布位置，是状态指示开关装配的首要工艺问题。采用机器进行铆接，无法控制其铆接力度，易造成壳体产生裂纹等质量缺陷。为此，设计并制造了专用定位铆接工装和检测工装，用于壳体的铆接，采用专人手工铆接的方式进行铆接，用检测工装对铆接后的触点分布位置进行检测，并合理控制铆接的力度，确保了壳体的铆接质量。

3.2 控制开关铆接应力的措施

状态指示开关壳体由于是不同材质的零件铆接而成，产品经专用检测工装检测合格后，应及时对其消除铆接应力，否则，将导致铆接点松动或壳体开裂等质量问题。产品研制初期，工艺上采用壳体铆接后进行 50 Hz 40 min X、Z 两方向机械振动来消除其铆接应力的方法，用以减小产品铆接的应力，但采用此方法，无法从根本上杜绝壳体铆接点松动或开裂的质量问题。为此，针对状态指示开关壳体各自材料的性质，并经过大量地工艺试验，最终确定对状态指示开关壳体，在机械振动去除壳体铆接应力的基础上，增加对状态指示开关进行 80 ℃、100 ℃、120 ℃各保温 2h，150 ℃保温 2h 的阶梯式去应力退火的工艺措施，用以再次减小壳体的铆接应力，提高产品的铆接质量。

3.3 开关装配性能指标的控制

为了确保状态指示开关工作状态的性能稳定性和可靠性，需有效控制壳体铆接后工作触片上四个触点的接触位置，采用普通量具无法对其进行检测和控制，为此，根据产品的结构特点和工艺特性，设计并制造了开关行程差专用检测装置，用以检测和调试开关工作触片上触点的接触位置，控制开关触点初始接触的行程差在 0.1 mm 以内，对开关进行 2 000 Hz的稳定性试验，试验后进行打开检查和 100 次导通试验，有效保证了产品的质量。

4 结束语

状态指示开关装配技术的研究，综合采用了专用定位工装上手工铆接，机械振动和去应力退火消除产品的铆接应力，以及控制开关触点装配位置和装配工艺参数的方法，有效地保证了状态指示开关的装配质量，广泛应用于各型号安全机构的研制和批生产中。

提高某热塑性药柱质量的技术改进与流程优化

胡蒙莉

航天四院42所

摘　要　某燃气发生剂药柱为热塑性药柱，在生产过程中出现了“产品一次交验合格率较低”及“生产效率低”的问题。经过对不合格品项目的统计、分析，针对较为严重的夹杂、析出、裂纹、形变等问题，对原有的生产工艺进行了技术改进和流程优化，通过模具改造、工装设计、细化工艺参数控制方法等措施的实施，旨在解决药柱的夹杂、析出、裂纹、形变等质量问题，提高生产效率，实现该药柱批产品的顺利交付。

主题词　热塑性药柱　技术改进　流程优化

1　引言

某燃气发生剂药柱为热塑性药柱，是我国研制的新一代陆基野战防空导弹舵机组件的一个重要件，被点燃后产生高温、高压气体为某型号飞行的姿态控制提供动力源。此药柱为密实、平整、具有一定硬度的实心圆柱体，采用模压成型工艺：将定量的热塑性母体材料，装入专用的模具内保温，在压塑机上真空压塑制成固体毛坯药柱，再按图纸要求整形而成。该药柱示意图如图1所示。

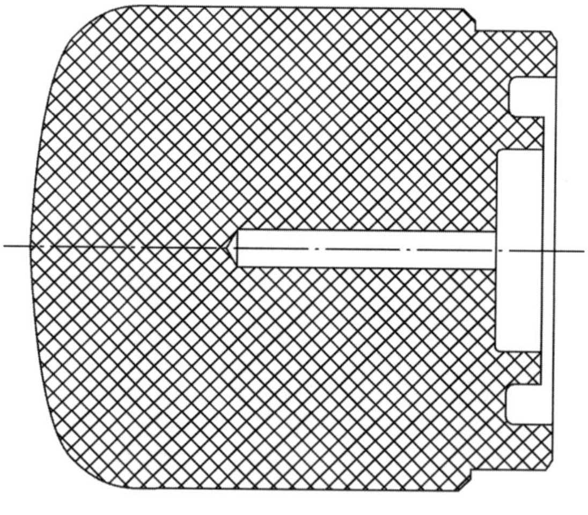

图1　药柱示意图

此药柱的生产特点是：制造周期长，工序多，成型工艺复杂，任何一道工序出现质量问题，都会导致产品质量不能满足要求，药柱有无缺陷是衡量产品质量好坏的一项关键指标。药柱的生产流程如图2所示。

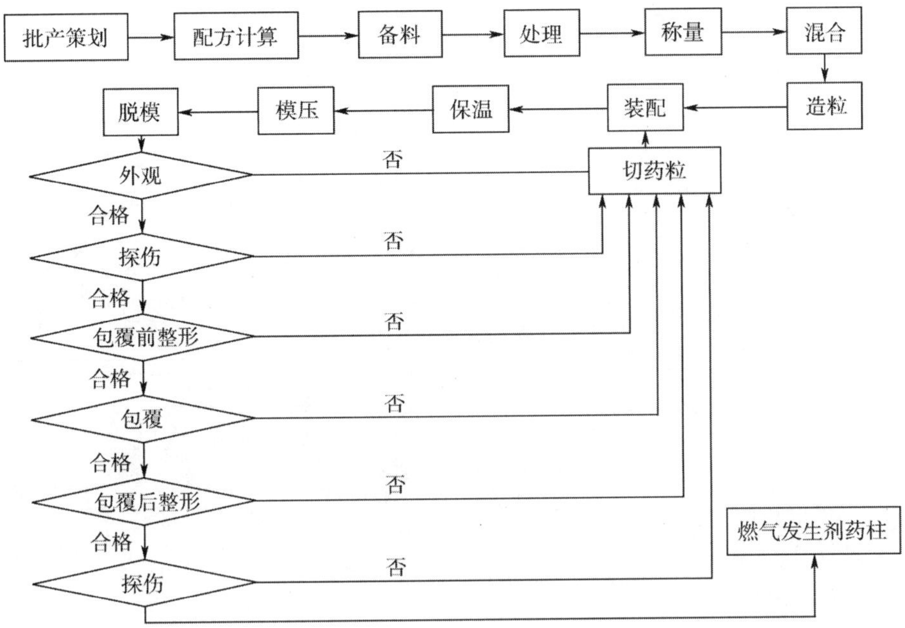

图 2　生产流程图

2　存在的难题及改进目标

2.1　存在的难题

该药柱的生产存在“两低”难题，即：

1）一次交验合格率低。在试生产时不合格率达 56%，一次交检合格率仅为 44%。

2）生产效率低。4 个月最多生产 170 发。若后续批产按原工艺状态进行，则不能确保产品按期顺利交付。

2.2　改进目标

为解决“两低”难题，进行：

1）技术改进，提高产品一次交验合格率。按照 2/8 原则，在其他条件不变的情况下，若解决导致不合格品 90%的问题，则产品一次交验合格率即可提高到：80%＋79.9%×90%×20%≈94.3%。考虑到风险因素，将目标值放宽至 90%。

2）优化流程，缩短生产周期。生产效率力争提升 30%以上。

3　原因分析

3.1　产品一次交验合格率

针对药柱“夹杂、析出和裂纹”等缺陷导致的产品一次交验合格率低的问题，从生产过程中每道工序的人员、设备、模具、材料、工艺方法、环境、检测等各个环节进行细致地分析、讨论，整理出了16项末端因素，如图3所示。

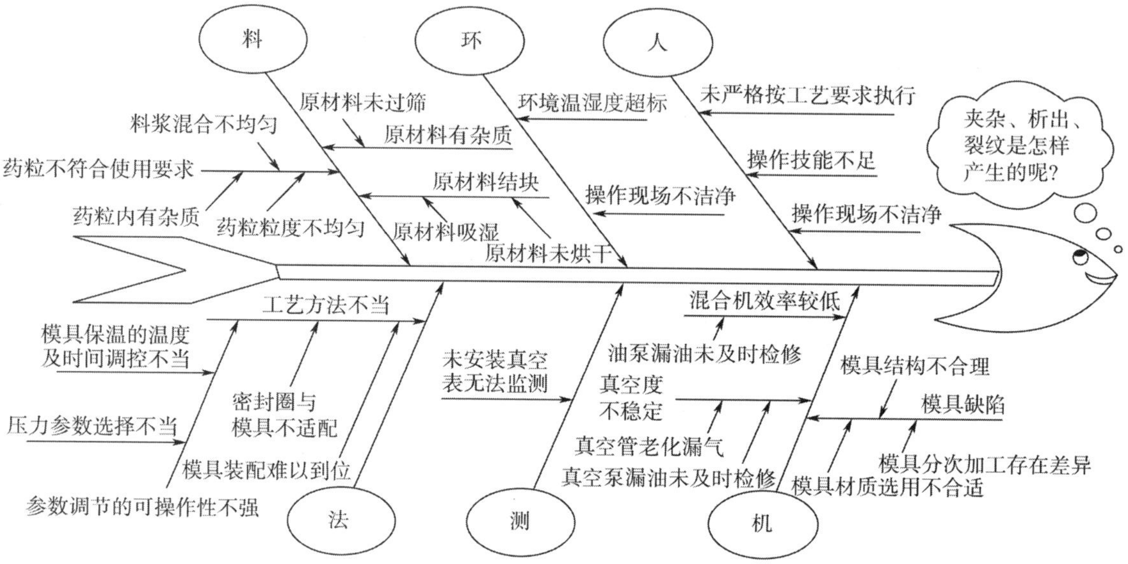

图3　不合格问题因果图

针对各项末端因素，进行分析、验证、试验，从16项末端因素中排查出了12个次要原因，找到了2个产生析出、裂纹的主因，2个产生夹杂的主因。

（1）产生析出、裂纹的主因

产生析出、裂纹的主因有两个：

1）模具预热的温度及时间调控不当；

2）压塑机参数选择不当。

此药柱为热塑性药柱，若模具预热的温度较低且时间较短，则压塑后药柱易产生裂纹和疏松；若模具预热的温度较高且时间较长，则压塑后药柱易产生析出，通过合理调控模具预热的温度及时间，可解决药柱产生析出、裂纹的问题。

装配好的模具经保温后，在压塑机上进行压塑。压塑机上下板的温度及压塑压力的大小会对压塑后药柱的析出和裂纹产生很大的影响。通过试验确定调控压塑的最佳参数，可解决药柱产生析出、裂纹的问题。

（2）产生夹杂的主因

产生夹杂的主因有两个：

1）模具材质选用不合适；

2）模具结构不合理。

现场使用的模具为多次、多批加工，存在以下问题：

a）模具设计时选用的材质不同；

b）模具由不同的加工厂家分次、分批加工，模具的材质及加工工艺存在差异；

c）压杆表面生锈，划伤严重，模具筒内表面划伤严重；

d）药柱压塑成型后，压杆与药柱底部粘连，较难脱模。

现场使用的模具筒内表面、压杆外表面均划伤严重，经分析认为：模具筒与压杆之间的公差配合设计不合理，当压杆插入模具筒内时，压杆与模具筒相互摩擦、啃咬，造成模具筒内表面、压杆外表面均被划伤，产生的金属屑落入模具内，使药柱内部出现夹杂。

3.2 生产效率低

生产效率低的原因为：等待操作时间较长，设备及模具预热时间较长，即：

1）压塑机预热需 3～4 h，待温度达到工艺要求时方可压药；

2）模具装配后放入烘箱保温≥5 h 方可压药。14 套模具一天只可完成一轮生产 14 发药柱，耗时 10.5 h（9：00～19：30），工效极低。

4 改进措施及实施

4.1 改进生产效率低的措施及实施

从优化模具保温工艺和模具保温流程这两个方面着手，提高生产效率。

（1）模具保温工艺优化

药粒及模具的预热程度直接影响到药柱的成型质量。在满足工艺要求的前提下，设计正交试验法，通过对模具的预热参数：温度（95～105 ℃）和时间（5～24 h），进行一系列的匹配优选试验，确定适宜生产的两种状态。模具预热的温度及时间调控参数见表 1。

表 1 模具预热的温度及时间调控参数

工艺要求 / 状态	升温速率/（℃/h）	保温温度/℃	药粒装入模具内保温时间/h	降温速率/（℃/h）	备注
	直入	100±5	不少于 5	直出	
1	直入	95	15.5～18.5 h	直出	较优
2	直入	98	5	直出	较优

（2）模具保温流程优化

优化流程，减少等待工时。通过：

1）缩短设备的预热时间。在压塑机上加装了定时加热开关，模具、工装放入油浴烘箱中预热；

2）合理安排工序操作。每天（9：00～17：30）可压制药柱两轮，生产药柱 16 发。第一轮生产 14 发（01＃～14＃），装配、保温 12 发（17＃～28＃）：

a）压药 14 发。将（昨日 17：30～当日 9：00～12：00）已装配、保温了 15.5～18.5 h 的 14 发模具在 9：00～12：30 进行压药。

b）脱模 14 发。9：30～10：00 进行 2 发（01＃、02＃）模具分解、药柱脱模、模具清理；13：00～15：00 进行 12 发（03＃～14＃）模具分解、药柱脱模、模具清理。

c）装配、保温明日用的模具 12 发（17＃～28＃）。15：30～17：30 装配，放入烘箱内保温；17：30～第二日第一轮 9：00～11：30 烘箱内保温。

第二轮生产 2 发（15＃、16＃），装配、保温 2 发（29＃～30＃）：

a）装配、保温 2 发（15＃、16＃）。10：00～10：10 装配模具，10：20～15：30 保温；

b）压药、脱模 2 发（15＃、16＃）。15：30～16：00 压药；16：30～17：00 进行模具分解、药柱脱模、模具清理；

c）装配、保温明日用的 2 发（29＃、30＃）。17：00～17：30 进行模具装配，17：30～第二日的 12：00 烘箱内保温。

模具装配及预热工艺流程改进效果见表 2。

表 2　模具装配及预热工艺流程改进效果

	工作量	工作时间	等待时间	
原流程	生产 14 发（01＃～14＃）药柱	10.5 h	4.5 h	
改进后流程	·生产 16 发（01＃～16＃）药柱； ·装配、保温 14 发（17＃～30＃）模具	8.5 h	0.5 h	

通过以上工艺流程的优化，压制后药柱质量合格，工效提高了 40%。

4.2　提高产品一次交验合格率

从压塑机参数优化、模具材质筛选、模具改进这三个方面，解决药柱夹杂及形变的问题，提高产品一次交验合格率。

（1）确定精确的压塑机参数

药粒装入模具内加热后压塑。在满足工艺要求的前提下，设计正交试验法，通过对压塑机参数：上板温度（90～110 ℃）、下板温度（90～110 ℃）、压力（2～7 mmHg）、抽真空时间（4～24 min）等的一系列匹配试验，确定最精确的控制参数。压塑机参数见表 3。

表 3　压塑机参数

	上板温度/℃	下板温度/℃	压力/mmHg	锁模时间/min	抽真空时间/1 min	抽真空时间/2 min
工艺要求	100±10	100±10	≤5	20	≥4	≥4
试验 1	100	100	2	20	4	10
试验 2	100	95	3	20	4	15
试验 3	95	100	5	20	4	20
结论	选用试验 3 的参数控制					

（2）解决模具材质选用不合理的问题

1）原模具筒与压杆选用了不同硬度的材质，较软的模具筒与较硬的压杆配合不当时易被啃咬，产生金属异物被嵌入药柱内产生点状或丝状夹杂；

2）压杆为 45＃钢，在室温放置易生锈，压杆与模具筒配合不当时易被啃咬，产生金属异物，落入模具内，产生点状或丝状夹杂。

通过筛选，Cr12 综合性能优越，硬度高，同时兼有较好的耐磨性及韧性。采用模具钢（Cr12）替代原有普通不锈钢（1Cr17）和 45＃钢，加工制作了压杆、延伸环，并进行淬火处理。材料性能对比见表 4。

表 4　材料性能对比

材质	屈服强度/ MPa	抗拉强度/ MPa	伸长率/（%）	洛氏硬度/HRC
1Cr17	205	520	40	45
45＃	355	570	19	35
Cr12	265	410	24	60

（3）解决模具结构不合理的问题

模具结构的缺陷，是药柱内有夹杂的主因。因此，通过设计延伸环、压杆，改进模具筒等弥补模具的自身缺陷及模具之间的配合缺陷，解决药柱内夹杂及脱模难的问题。模具改进前后的整体示意图如图 4 所示。

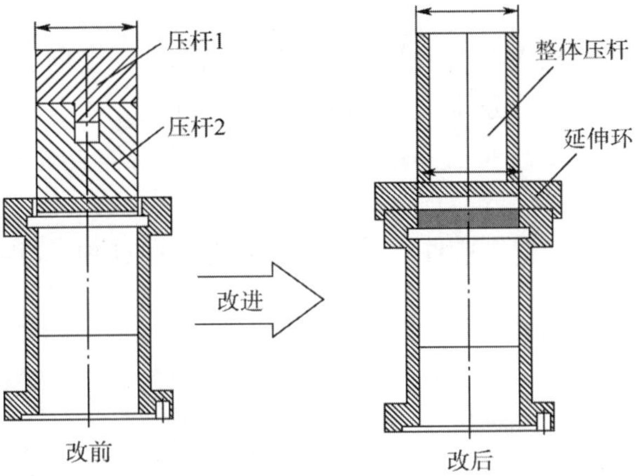

图 4　模具改进前后的整体示意图

1）设计延伸环，使压杆顺利地垂直插入模具筒内。延伸环起着定位、导向的重要作用，即：

a）延伸环卡在模具筒上端，需与模具筒、压杆三者同轴，才能确保压杆顺利地垂直插入模具筒内。公差的配合设计至关重要，延伸环的卡环与模具筒的外径采用过渡配合，内径与压杆的外径的公差配合采用滑配。

b）在延伸环上端面与压杆下端面配合处各进行圆角倒角处理。延伸环如图 5 所示。

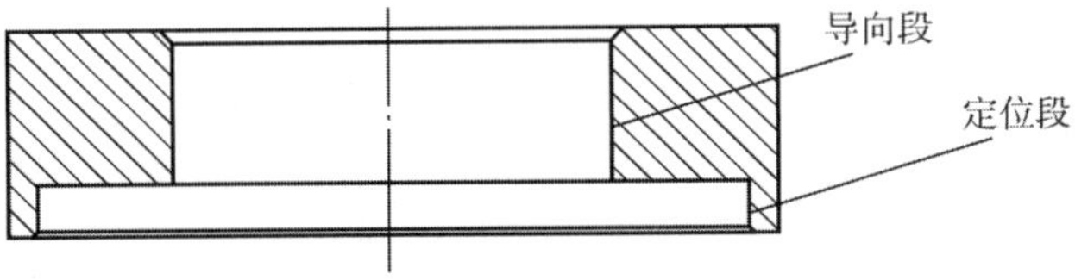

图 5　延伸环

2）改进模具筒，修复损伤，消除隐患。

a）对模具筒的内表面统一进行抛光、打磨处理；

b）将模具筒内放置密封圈的矩形槽进行了 $R2$ 倒角处理，减少压杆与模具筒、密封圈配合不当导致的摩擦，使压杆顺利地垂直插入模具筒内，消除因密封圈带来的隐患。模具筒改进图如图 6 所示。

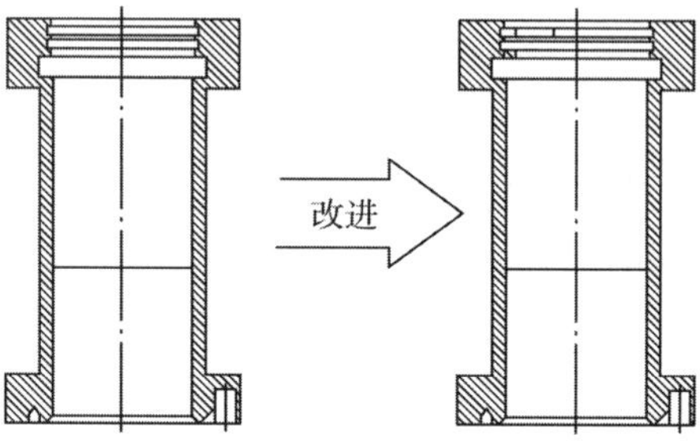

图 6　模具筒改进图

3）设计压杆，解决药柱内有夹杂及脱模难导致的药柱形变问题。改进设计有 3 个：

a）压杆的结构。把原来的分体式压杆改为整体压杆。

b）压杆的材质。用硬度高的模具钢加工压杆后再进行淬火处理，使压杆外表面不易划伤、生锈。

c）压杆的底部喷塑。在整体压杆底部进行了高温喷塑处理，使药柱与压杆轻松分离。压杆改进设计图如图 7 所示。

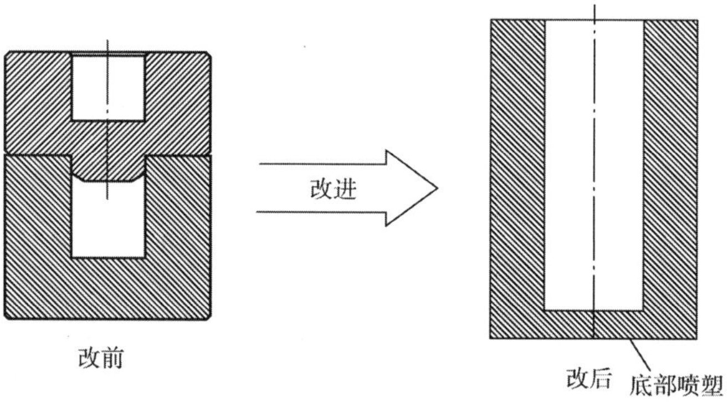

图 7　压杆改进设计图

5　实施效果

通过改进措施的实施，后续 2 批产品的一次交验合格率（08 批为 96.7%，09 为 95.1%）均大于 94.4%，仅用 3 个月的时间完成了 340 余发药柱的验证、生产、检测、交付，达到了技术改进及流程优化的目的，改进措施有效。改进前、后一次交验合格率效果图如图 8 所示。

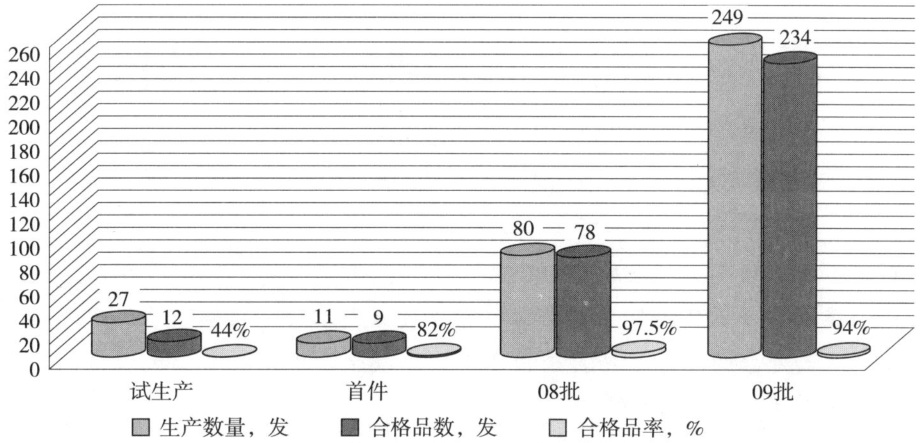

图 8　改进前、后一次交验合格率效果图

6　结论

在本次针对提高某热塑性药柱质量的技术改进和流程优化的过程中，通过对药柱的模具改造、工装设计、过程工艺参数控制方法的细化及生产工艺流程的优化等措施的实施，解决了药柱的夹杂、析出、裂纹、形变等问题，产品的一次交验合格率由 44％提高至 94.4％，工效提升了 40％，确保了该类型药柱批产品的顺利交付及预研生产的顺利进行。

薄壁筒形构件内部空间定位与装配技巧

宋可为　惠卫东　李　冲

航天四院43所

摘　要　本文介绍了“预凝胶—组合装配法”应用于大长径比薄壁筒形构件内部空间定位、曲面金属及非金属件胶接装配技术难点以及解决方案，摸索、总结出胶接装配过程中，解决空间曲面定位的操作技巧，应用于实际胶接生产中，提高了大长径比薄壁筒形内部构件胶接生产效率。

关键词　预凝胶—组合装配法　空间曲面定位　技术难点　技术方案　实用案例

1　前言

复合材料由于热稳定性好，比强度、比刚度高，具有特殊的振动阻尼特性，减振、降噪、抗疲劳性能优异，广泛应用于航空航天领域的飞机支撑结构、运载火箭和发动机壳体以及其他质量比要求高的结构件。而碳纤维与树脂基体复合而成的材料具有良好的化学稳定性和优异的强度性能，可作为应用于溶液腐蚀环境中结构件的成型材料。碳纤维复合材料制品组件之间的连接装配，主要有机械连接、胶接和两者组合共三种方式。由于连接区域含有结构形状的间断，可导致局部的应力集中，从而使连接部位成为结构的薄弱环节。而且复合材料结构影响因素比金属复杂得多，连接失效模式多，因此强度预测困难。随着碳纤维复合材料大规模、多批量研制生产，一些创新型连接装配方法应运而生。

如采用纤维复合材料成型的某型号大长径比薄壁筒形构件研制过程中，其内部220余件曲面预制件的空间定位胶接与装配相对位置复杂、定位装配困难，操作难度很大。作业人员采用“预凝胶—组合装配法”克服了薄壁圆筒受力易变形、曲面预制件空间定位装配着力难等问题，高质量保障了产品生产。

“预凝胶—组合装配法”省去了螺钉、铆钉、紧固件，适用于轻薄结构件，可以明显减轻连接件的质量，胶接接头可承受高强度外加负荷，还具有良好密封、耐蚀性能。

2　薄壁筒形构件内部空间定位与胶接技术难点

某型号大长径比薄壁筒形构件内部零部组件空间定位与胶接操作时，由于内腔空间有限，需要首先通过手工操作确定227件曲面预制件的定位位置与定位方式，再进行胶接操作。其技术难点是在半封闭空间中将曲面预制件准确地定位并牢固地胶接在薄壁圆筒上，其间由于薄壁圆筒受力易变形、曲面预制件空间定位着力难等问题，操作难度很大。只有环筋的薄壁内筒如图1所示。

该型号产品的高难度定位装配主要有两种：一种是大长径比薄壁筒形轴向直线定位胶接装配；另一种是筒形构件内部空间定位胶接装配。

图 1　只有环筋的薄壁内筒

2.1　轴向直线定位胶接装配

为提高该大长径比薄壁筒形产品的承载能力，须在筒壁轴向胶接 5 条纵筋及 55 个纵筋背板，设计总质量为 133 kg，直线度要求纵筋两端不超过±1 mm。由于自重较大，且装配面为曲面，所以在装配过程中经常出现多数背板相对纵筋位置出现位置滑移的现象，无法保证装配直线度。已经装配组粘好的两条纵筋如图 2 所示。

图 2　已经装配组粘好的两条纵筋

2.2 环向空间定位胶接装配

由图 1 可以看出大长径比筒形薄壁构件内表面光滑，且无定位台阶、销孔，需在筒形构件内壁准确定位并胶接装配不同形状曲面预制件共 227 件，且定位尺寸偏差不得超过 0.1 mm。各曲面预制件位置分布示意图如图 3 所示，各零部件装配完成后产品图如图 4 所示。

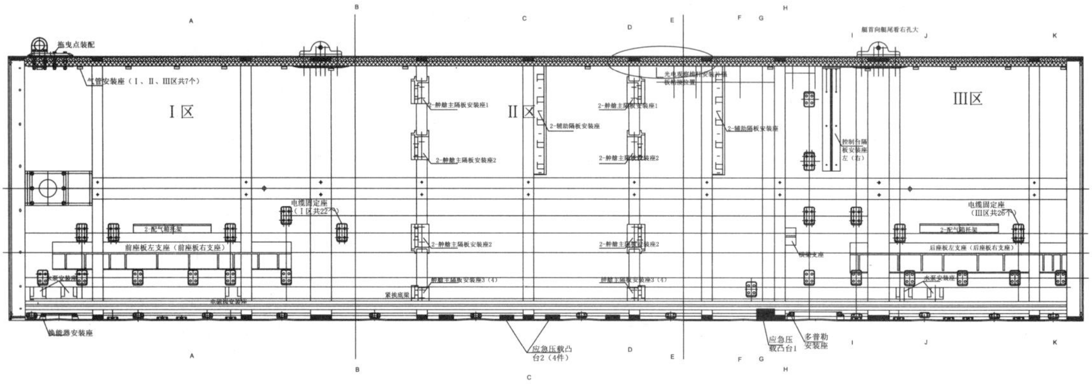

图 3　各曲面预制件位置分布示意图

图 4　各零部件装配完成后产品图

3 技术方案

如何安排各零部组件胶接生产过程是非常重要的环节，合理的工序安排不仅能提高效率，消除质量、安全隐患，还能降低生产成本。

3.1 轴向直线定位胶接装配解决方案

纵筋及纵筋背板装配组粘时，采取了划线对位及专用工装，但仍不能解决零部件变形及滑移的现象，为此我们采用“预凝胶—组合装配法”控制胶接用胶粘剂凝胶时间，改进了作业顺序，将背板及纵筋组粘在一起，再将组合件定位胶接在筒壁上，可确保胶接装配质量和直线度要求。

3.2 环向空间定位胶接技术方案

筒形内部环向空间定位分两种：一种是装配定位胶接，另一种则是空间定位组粘。

3.2.1 预凝胶—组合装配定位胶接技术方案

装配定位组粘需要专用划线平台，产品预装工具及加压量化辅助设备，其操作流程如下：

1）首先利用吊车，吊放在划线平台上，抱紧辅助抱紧装置，卸掉吊具，移走吊车。

2）产品找正对位，测定安装位置。

3）定位打孔，使用产品预装工具将零部组件组装在产品表面。

4）结合设计图纸、工艺文件，对被粘零部件预装尺寸进行复测，确保复合技术文件要求。

5）提前配制胶粘剂，合理控制凝胶时间，减少和避免粘接面胶液流失，保证界面胶接强度。

6）定位组粘，使用加压量化辅助设备，确定接触压力，将被粘零部件转到产品垂直方向。完成组粘。

3.2.2 预凝胶—组合装配空间定位组粘

空间定位组粘需要空间定位装置、专用压紧工装，要求胶接位置三线对正，偏差不超过 0.1 mm，其操作流程如下：

1）使用辊轮支架调整位置，辊轮支架的支撑位置在第三和第九环筋处，调整时注意不得偏离支撑位置。

2）使用空间定位仪对内壁进行分度对位，采用专用刻线工装画出被粘零部件装配位置。

3）使用装用压紧工装进行预压，对定位尺寸进行复测，确保胶接位置准确无误。

4）提前配制胶粘剂，合理控制凝胶时间，减少和避免粘接面胶液流失，保证界面胶接强度。

5）定位组粘，使用加压量化辅助设备，确定接触压力，确保加压部件轴向对称。

4 实用案例

在某型号大长径比薄壁筒形构件内部空间定位与胶接装配过程中，采用“预凝胶—组合装配法”取得很好效果，总结经验如下：

1）针对不同形状预制件制作专用限位工艺装备，使用室温快速固化胶粘剂胶接辅助定位块，确保胶接过程中各零部件不会出现位移。

2）采用新型快速夹钳，保证被胶接件组粘压力，保证胶膜厚度 0.08～0.12 mm，低于或高于这一厚度，胶接强度通常要降低。

3）调整内壁弧形架支撑位置，分段调节，防止大长径比壳体出现筒壁变形问题。

4）提前配制胶粘剂，合理控制凝胶时间，减少和避免粘接面胶液流失，保证界面胶接强度。

该型号大长径比薄壁筒形构件交付客户后，顺利通过了各项测试和各类试验考核，产品质量稳定可靠，标志着该操作法科学、合理、高效。目前“预凝胶—组合装配法”已成功应用于多件产品的实际生产中。

5 结束语

在具有薄壁筒形构件的产品小批量生产的阶段，我们通过总结生产实践的经验，提炼出绝技绝招“预凝胶—组合装配法”用于薄壁筒形构件的产品胶接装配操作，有力地保证了胶接装配质量，提高了生产效率，对同类产品的生产起到了很强的指导作用。

纤维缠绕壳体复合材料裙压力铆接装配技术

孙　坤　王　刚

航天四院 43 所

摘　要　针对发动机纤维缠绕壳体复合材料裙压力铆接装配易出现复合材料劈裂、分层，产生微裂纹等质量问题，通过实践总结出底孔加工、铆接操作和工艺参数控制等技术要点，确保铆接高可靠性及高承载力，显著提高纤维缠绕壳体复合材料裙铆接装配质量。

关键词　纤维缠绕壳体　铆接工艺

1　引言

随着军事科技发展，碳纤维增强复合材料（CFRP 材料）因其导热性能好、热膨胀系数低等特点，被广泛用作宇航领域中的烧蚀防热材料，适用于各类导弹、航天飞机等较高工作温度环境下耐热部件选材。一般情况下碳纤维复合材料制品成型后仍需与其他零部件进行装配工序才能最终实现其功能化。

某型发动机纤维缠绕壳体裙部为碳纤维复合材料缠绕制成，在其内型面装配多种传感器支座等结构件。复合材料是纤维和基体组成的多相结构，具有非均质和各向异性性能，与金属材料相比无法采用焊接方式装配。此前一直采用胶液粘接和螺钉连接组合方式进行装配。发动机需在高温及高负载等恶劣环境下工作，高温条件下，胶液粘接面易失效；高负载条件下结构件变形会引起螺钉螺母连接结构失稳，对于具有高可靠性要求的火箭发动机来说存在质量隐患。铆接主要是依靠铆钉变形膨胀达到紧固零部件的作用，铆接装配具有定位准确、操作快捷、连接可靠、承载大的特点，非常适用于发动机壳体工作环境，据此将其应用到复合材料壳体结构件装配。本文以某型号壳体碳纤维复合材料裙部压力铆接装配为例，介绍了为防止复合材料铆接缺陷，在底孔加工、铆接操作和工艺参数控制等方面的经验。

2　技术难点

与常规复合材料铆接构件相比，固体发动机复合材料壳体铆接结构工作条件苛刻、可靠性要求高，铆接结构不仅要承受发动机飞行引起的高温及结构变形，而且在 20 mm×60 mm内四处 ϕ4 平锥头钛合金铆钉必须承载超过 65 N·m 的力矩。复合材料壳体铆接的难点主要体现在以下方面。

（1）铆接部位的复合材料底孔加工中不允许出现缺陷

纤维缠绕复合材料在厚度方向没有连续纤维，层间强度本身不高；而加工切削温度高，增强纤维和基体树脂的热膨胀系数相差太大，钻孔时复合材料容易产生分层破坏。碳纤维缠绕复合材料是由质软的基体和强度高、硬度大的纤维构成，是典型的难加工材料；刀具磨损严重，加工表面的尺寸精度和表面粗糙度不易达到要求而且易产生残余应力。以上这些因素都会引起复合材料底孔出现缺陷，从而造成铆接时复合材料破坏，铆接部位承载过低。

（2）压力铆接操作和工艺参数设置不当引起材料裂纹

复合材料受到铆接压力后，由于材料内部组织的不均匀性及铆接时压力的不稳定性易造成材料裂纹。这主要是由于复合材料特性与金属存在根本区别，增强纤维和基体树脂的塑性和韧性等物理力学性能不一致，在受到铆接压力载荷后微观组织变形不协调，导致在材料内部某些点的应力超过此处材料屈服极限，故出现微裂纹。在发动机飞行过程中高载荷的作用下这些裂纹不断扩大，最终引起铆接部位失效。

为确保复合材料铆接装配高可靠性及高承载力，必须从底孔加工、铆钉选择和铆接工艺参数控制等方面进行大量工艺试验，确定纤维复合材料壳体铆接结构的可靠性。

3 技术方案

3.1 复合材料铆接底孔加工

碳纤维复合材料铆接底孔与铆钉直径的配合必须适当，孔径过大时铆钉虚接，铆接质量不佳；孔径过小时复合材料基体受到铆钉变形挤压，易出现裂纹缺陷。此外，由于加工时钻头易磨损，表面粗糙度 Ra 较低时，微观表面毛刺也会在铆接时产生残余应力，引起铆接问题等。针对铆接底孔加工的要求，如图 1 所示，从加工刀具、刀具几何参数、钻削加工参数等几方面进行实验验证，优化底孔加工参数。

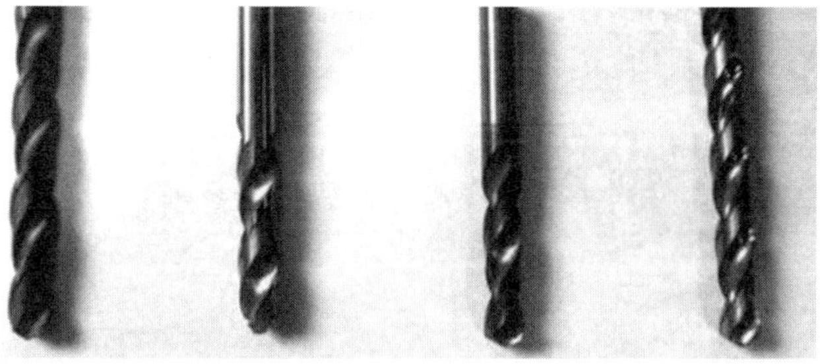

图 1　优化铆接底孔钻削加工工艺参数

通过实验验证，优选 TiN 涂层硬质合金钻头作为铆接底孔加工刀具；特制减小顶角、增大后角、减小横刃宽度参数的钻头进行加工；孔钻削进给量与孔圆度、孔壁表面粗糙度成正比关系。据此优化底孔钻削工艺参数后，有效提高刀具寿命，批量加工底孔时孔径一致，且孔壁粗糙度可达 6.3 μm 以下，避免孔壁起毛分层等缺陷。底孔加工后通过 X 射线等无损检测，确保碳纤维复合材料铆接底孔无分层、裂纹等缺陷。

3.2 铆接工艺参数

壳体复合材料裙铆接采用的是 TA1 平锥头钛合金铆钉，铆钉强度高，铆接过程对复合材料基体冲击力更强。压力铆接工艺参数主要包含铆钉长度选取、镦头压缩量、行程控制等几方面。

铆钉长度是铆接零部件厚度加上形成铆合头部分的长度。结合复合材料特性，若铆钉过长，铆接时铆钉变形较大，当超过材料性能极限时，就会出现复合材料裂纹，影响铆接质量；若铆钉过短，则无法保证铆接强度。通过实验验证，选取钛合金铆钉长度为 $L=\Sigma\delta$(铆接厚度)$+1.2d$(铆钉直径)。

针对钛合金铆钉压铆，压缩量越大必然会造成复合材料的开裂。经过实验验证，镦头压缩量为铆钉小端外露部分长度的 0.5 左右为宜。据此调整铆机行程，确保铆接后零件连接牢固可靠，同时铆接变形力在复合材料屈服极限之内，不会产生裂纹缺陷。

铆接操作前一定要在类似材料上按相同工艺条件试铆接，调整好铆机行程，防止出现过铆接或欠铆接。蒙皮较薄时，需在一侧施加反向作用力（使用支承工装或其衬垫工装），使之吸收铆接动能及抵消铆接冲击力。铆接时在复合材料一侧增加铆钉垫片，通过增大复合材料铆接孔周围的受力面积，降低材料局部所受应力，可防止复合材料微裂纹的出现。铆接操作要点如图 2 所示。

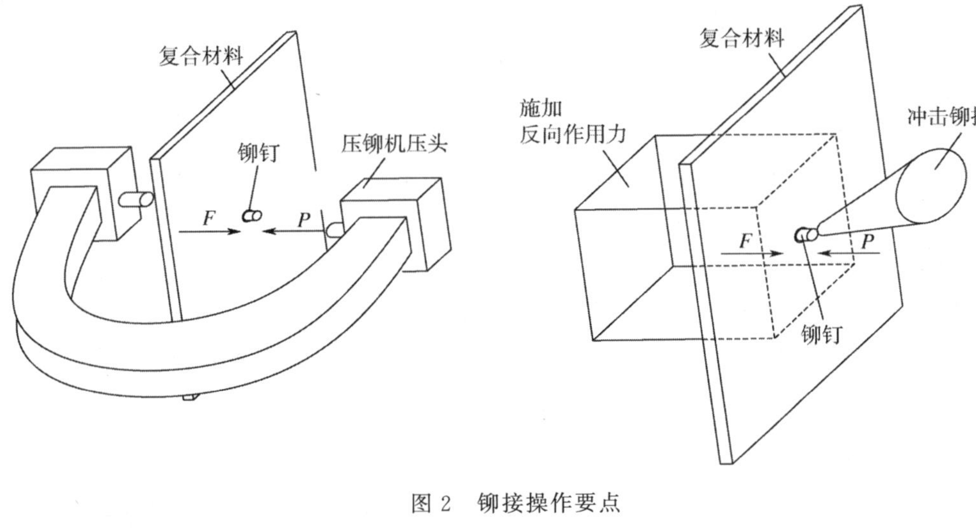

图 2　铆接操作要点

4　实用案例

4.1　试验设备

采用青岛前哨牌 YST－1 手持式气动压铆机，行程范围为 0～35 mm，压缩空气压力要求为 0.6～0.8 MPa，其外形结构如图 3 所示。

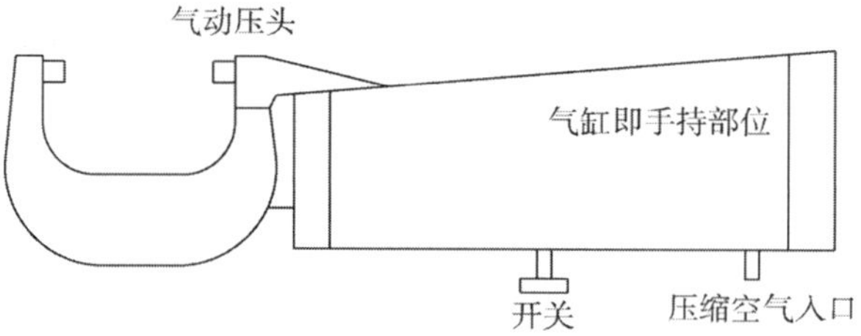

图 3　压铆机外形

4.2　试验对象

在碳纤维复合材料壳体裙部铆接若干结构件，铆接部位厚度不同，使用不同长度及直径铆钉进行铆接。碳纤维基体部位有厚 2 mm 的蒙皮部位和 20 mm 厚、8 mm 厚基体三种。其中 2 mm 厚蒙皮部位需铆接 ϕ2.5（钛合金）铆钉，8 mm 处铆接 ϕ2.5（钛合金）铆钉，20 mm厚处铆接 ϕ4（钛合金）铆钉。其具体工艺参数及方法见表 1。

表 1　工艺参数及方法

部位	铆钉类型	使用设备	设备配套条件
2 mm 厚蒙皮部位	ϕ2.5×8（钛合金）	气动压铆机	气压 0.6～0.8 MPa
8 mm 厚基体	ϕ2.5×14（钛合金）		
20 mm 厚基体	ϕ4×26（钛合金）		

4.3　试验过程

1）底孔加工：选用特制的 TiN 涂层硬质合金钻头，由数控加工中心按程序设定好转速及进给率，分别加工 ϕ2.5、ϕ4 铆钉底孔（图 4）。

2）清洗：清洗铆钉、底孔及待铆接结构件。

3）铆钉定位：将铆钉穿入壳体裙部底孔及待铆接结构件，在镦头一侧放置不锈钢平垫。

4）实施铆接：保持气压稳定，根据压铆部位的厚度及零件厚度，预留铆钉头压缩量等，调整合适的压铆行程进行铆接（图 5）。

5）铆接后清理外观。

图 4　底孔加工

图 5　铆接操作

4.4 质量检查

操作后检查铆接质量：

1）铆钉头及被铆件与基体贴合面在（1.5×直径）范围内要求无间隙；

2）铆钉头、镦头不允许出现宽度及深度大于0.1、数量大于3处的裂纹等机械损伤；

3）通过X射线无损检测复合材料是否存在微裂纹缺陷。

5 结束语

针对发动机纤维缠绕壳体结构件压力铆接装配易出现复合材料基体材料劈裂、分层，产生微裂纹等质量问题，优化底孔加工、铆接操作工艺参数。发动机经过地面试车及整弹飞行试验考核，在高温及高负载状态下，铆接装配部件强度可靠，结构稳定，强度满足设计要求数值，为复合材料壳体装配提供了技术保证。

参考文献

[1] 苏小萍．碳纤维增强复合材料的应用现状．高科技纤维与应用，2004，29(05)：34－36

[2] 黄题元，等．现代大飞机复合材料应用与制造技术浅析．航空制造技术，2008(10)：46－48

[3] 胡宝刚．复合材料结构件的机械连接工艺．导弹与航天运载技术，1995，6：46－51

[4] 张厚江，等．高速钻削碳纤维复合材料钻削力的研究．航空制造技术，2006(12)：76－82

[5] 全燕鸣，叶邦彦．复合材料的切削表面结构与表面粗糙度．复合材料学报，2001，18(4)：128－131

[6] 李柱玉，等．硬质合金钻头钻削碳纤维增强复合材料工艺．粉末冶金材料科学与工程，2010，6：3－6

[7] 张宇惟，等．1420铝锂合金板材铆接工艺探索．航天制造技术，2006，5：6－8

[8] 飞机装配工艺平锥头铆钉干涉铆接标准．北京：中国航空综合技术研究所，2004：15－22

某大型喷管堵盖粘接技术

刘　钢　田　琨
航天四院 43 所

摘　要　某大型喷管堵盖粘接型面复杂，需要先后进行碳碳/橡胶粘接、铝/橡胶粘接，若界面粘接处理不当，容易造成局部弱粘，直接影响喷管整体气密性能。为了提高喷管堵盖的粘接质量，通过对堵盖粘接过程中的间隙控制、表面处理等因素展开研究，提高了喷管堵盖粘接质量。

关键词　堵盖粘接　间隙控制　表面处理

1　引言

堵盖粘接是喷管生产的最后一道工序，其粘接质量直接影响到喷管整体的气密性。某大型喷管曾发生过两次堵盖弱粘漏气现象，先后从试验基地返厂修理，造成恶劣影响。

该型号喷管堵盖粘接需要先将天然橡胶软层粘接在碳碳喉衬内型面，然后再将薄层椭圆形铝合金堵盖粘接在天然橡胶层上，形成碳碳/橡胶/铝复合冷粘界面，粘接界面复杂。加之该型号喷管尺寸较大，大而薄的椭圆形铝合金堵盖容易变形，导致堵盖粘接时配合间隙不均匀，进一步影响堵盖粘接质量。本文通过对影响堵盖粘接质量的各项参数的控制研究，提高了堵盖粘接质量，为型号批生产的顺利进行打下了基础。

2　技术难点

橡胶的冷粘强度普遍较低，国内外对橡胶与金属的非硫化粘接研究的较少。廖斌使用微波低温等离子对橡胶材料表面进行改性处理，再用 NDJ－1 型专用胶粘剂与金属进行了粘接，其剪切强度为 0.94 MPa。张建庆采用丁腈橡胶改性的技术路线，研制了室温胶粘剂，能广泛应用于金属与橡胶的粘接，但其剪切强度最高的仅为 3.8 MPa。王德志等研制了酚醛-丁腈橡胶型双组分胶液，粘接强度也只能到 5.4 MPa。该型号喷管堵盖部分不但要进行橡胶—碳碳材料冷粘，还需完成铝—橡胶粘接，形成复杂的碳碳/橡胶/铝复合冷粘界面。该大型喷管堵盖粘接的难点主要体现在以下方面：

1）橡胶冷粘强度不高；

2）碳碳/橡胶/铝复合冷粘界面，配合复杂；

3）大而薄的椭圆形铝合金堵盖容易变形，影响粘接质量。

为确保该型号喷管堵盖粘接质量，必须从配合间隙、粘接界面表面处理方面进行大量工艺试验，确定最佳的工艺参数。

3 技术方案

3.1 配合间隙参数优化

装配过程中，配合间隙不但影响部件之间的位置关系，决定整件的装配精度，还直接影响部件之间的胶粘强度，因为胶层厚度是决定胶接强度的关键因素之一，胶层太厚，界面连接力弱化，因体积收缩造成内应力增大的风险增加，胶层内部薄弱区形成缺陷的几率增大，从而导致粘接强度下降。胶层过薄，直接的后果是容易缺胶，因此，研究配合间隙对堵盖粘接质量的影响，优化碳碳/橡胶/铝三者之间的配合间隙工艺参数，可以有效提高堵盖粘接质量。

为了了解间隙大小对粘接强度性能的影响，在试片与橡胶衬层之间加上大小不等的间隙，然后测试其剪切强度，具体实施方案如图 1 所示。在正常情况下，间隙存在于铝试片 2 与橡胶层之间，如图 1 中黑色填充部分所示，在固化过程中此处间隙会被胶粘剂填满。我们测量了 Al 试片及经酸处理后的橡胶层平均厚度，加工了数组垫块。各组垫块高度 H 不同，通过人为调节垫块 H 值，达到控制 Al -橡胶- Al 配合间隙的目的。

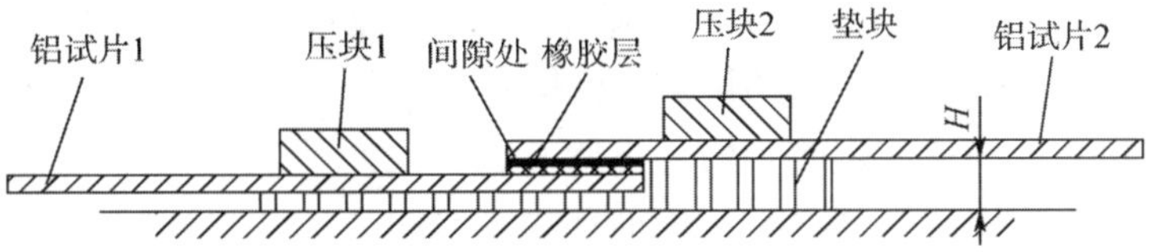

图 1 试片间隙示意图

制作 0 mm、0.10 mm、0.20 mm、0.30 mm…0.90 mm、1.0 mm 等不同间隙梯度的 Al—橡胶—Al 粘接试样（试样测试中发现碳碳—橡胶—Al 试样与 Al—橡胶—Al 试样强度相近，破坏形式相同，从经济与制作方便的角度，可选择 Al—橡胶—Al 试样替代），比较各组试样的剪切强度和破坏形式。

从破坏的试样观察：配合间隙控制在一定范围内的情况下，破坏主要是发生在橡胶层，属于内聚破坏，如图 2 所示；当配合间隙达到某一数值时，Al/橡胶粘接界面发生分离，分离的橡胶界面几乎无胶粘剂残留，如图 3 所示。

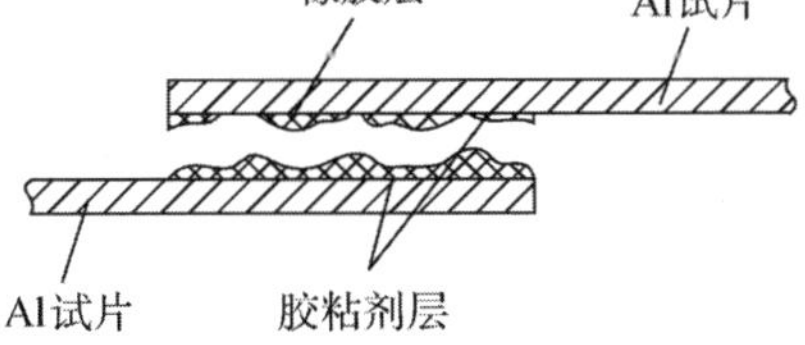

图 2 拉剪试样橡胶层破坏图

从测试数据看，粘接试样橡胶内聚破坏时试样剪切强度较高，而且试验数据的离散性

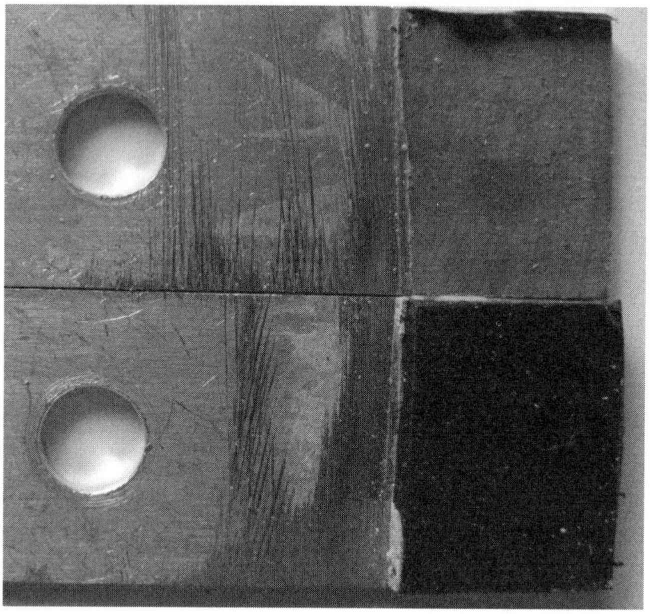

图 3　拉剪试样 Al/橡胶界面破坏图

也比较小。但当间隙超过某一数值时，胶粘剂的粘接性能会出现较大程度的下降，试验数据的离散性增大，而且破坏发生在 Al/橡胶粘接界面。说明橡胶与金属间隙过大，会对橡胶与金属之间的相互浸润造成影响，弱化橡胶与金属之间的硫化或其他化学反应，降低各种化学键及界面力的作用，使试样粘接界面变得不稳定，无法保证粘接质量。

3.2　粘接界面表面处理

粘接是发生在被粘材料表面的现象，表面处理方式对粘接效果具有重要的影响。首先，表面处理可以去除粘接表面吸附的各种多余物，如尘埃、油垢、脱模剂、金属氧化层等，这些物质阻碍了胶粘剂与被粘表面直接作用，使粘接强度大幅度下降。其次，表面处理可以改善被粘物品表面粗糙度，提高胶粘剂浸润角度和粘接表面积，增加粘接强度。再次，表面处理可以引入活性反应基团，如橡胶的表面磺化处理（硫酸处理），可以将橡胶表面的碳—碳键打开，引入 H^+ 和 SO_3H^-，利于与胶粘剂反应生成化学键，提高粘接强度。最后根据界面的机械作用理论，表面处理可以在被粘物体表面形成小凹坑或微裂纹，胶粘剂渗入后可以形成“咬合”和“投锚”效应，提高粘接强度。

堵盖粘接过程中橡胶表面适合采用的表面处理方法有：溶剂清洗、手工打磨和磺化处理（硫酸处理）；Al 堵盖表面适合采用的方式有：溶剂清洗、手工打磨、喷砂处理和硫酸膏处理。

溶剂清洗：横向比较不同种类的清洗溶剂、清洗次数、清洗时间对试件粘接强度的影响，选择合适的清洗溶剂和参数。

手工打磨：横向比较不同规格砂纸打磨后对试件表面粗糙度及粘接强度的影响，选择合适的打磨砂纸。

喷砂处理：横向比较沙粒直径、喷砂压力等参数对试件粘接强度的影响，选择合适的喷砂参数。

硫酸（膏）处理：横向比较不同处理时间、处理次数、晾置时间等对试件粘接强度的影响，选择合适的硫酸（膏）处理参数。

纵向比较溶剂清洗、手工打磨、喷砂处理、硫酸（膏）处理对试件粘接强度的影响，得出结论：金属件喷砂处理、橡胶表面硫酸（膏）处理，堵盖模拟粘接试样粘接强度最高。

3.3 金属堵盖喷砂变形防护

通过表面处理研究发现金属表面喷砂处理方便易行，粘接强度最高。但是该型号喷管堵盖是较大的铝合金薄壁件，本身容易变形，受到喷砂压力时也容易产生形变，从而影响粘接强度。从三个方面入手解决堵盖变形问题。

1）采用更细小的喷砂砂粒。喷砂件表面粗糙度与喷砂用砂粒的目数有直接的关系，砂粒越细小，在喷砂件表面打出的坑就越细小，喷砂件表面越均匀，表面粗糙度越小，喷砂后表面的变形也越小。

2）减小压力。喷砂时采用的压力越大，喷砂后表面越粗糙，喷砂型面的变形越大，适当降低喷砂的压力，可以在一定程度上减小喷砂后表面的变形。

3）设计堵盖喷砂保护工装，阻止堵盖因喷砂发生变形。根据堵盖的设计图纸，设计完成与堵盖曲面配合的喷砂专用支撑、保护工装，见图 4。图 4 中左侧是按铝合金堵盖内型面尺寸加工的支撑工装，将堵盖倒扣在支撑工装上。图 4 中右侧是按堵盖外型面加工的喷砂防护工装，将工装倒扣在堵盖外型面，使堵盖粘接面外露。当沙粒打在旋转的堵盖粘接面上时，对堵盖形成均匀的冲击力，使堵盖紧紧贴合支撑工装，最终达到堵盖内型面与支撑工装外型面完全贴合的目的，起到防止堵盖变形、纠正堵盖变形量的目的。

图 4　堵盖喷砂支撑保护工装

采取以上措施后，选取废旧堵盖进行工艺试验。在堵盖进行喷砂前，对堵盖尺寸及堵盖与喉衬配合间隙进行测量、记录。用量具测量并记录下堵盖的原始尺寸的几个关键数值。关键尺寸点主要选择在经喷砂后易发生形变的点。将堵盖放置在平台上，用高度尺确定水平高度一致的相对的两个点，以这两个点为平面，确定出 ϕ 值。选择的关键点如下：1、2、3、4、5、6，每个关键点沿圆周方向测量 4 次取均值，位置如图 5 所示。堵盖喷砂后，再次测量堵盖与喉衬的配合间隙，并对关键尺寸点进行测量。

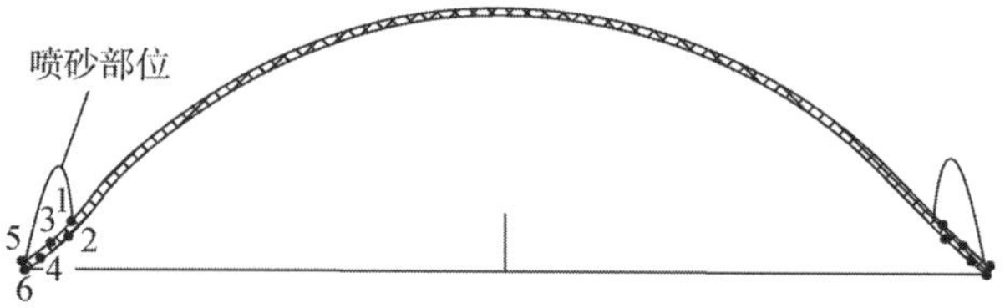

图 5　堵盖测量部位示意图

通过废旧堵盖试验表明，喷砂后堵盖关键点尺寸变化≤0.10 mm，小于堵盖个体之间的尺寸差异，喷砂过程没有导致堵盖产生超出工艺及设计允许的变形；从喷砂前后堵盖与喉衬配合间隙的变化可以来看，喷砂使堵盖与喉衬的配合间隙变得更均匀，说明堵盖喷砂采取的措施有效，保护工装设计合理，有利于提高堵盖粘接质量。

4　实用案例

4.1　试验对象

使用普通石墨材料加工喉衬组件模拟件，在喉衬组件内型面粘接橡胶软层、薄层椭圆形铝合金堵盖，如图 6 所示。

图 6　堵盖粘接试验件

其具体涉及到的工艺参数有：橡胶层与喉衬配合间隙，橡胶层与铝堵盖配合间隙、橡胶层酸处理时间、次数与晾置时间，铝堵盖喷砂沙粒、压力等均在技术方案中进行了研究，选用最佳的参数进行试验。

4.2 试验过程

1）橡胶层酸处理：橡胶层使用浓硫酸处理完成待用；

2）喉衬组件表面：使用溶剂清洗待用；

3）橡胶层与喉衬组件粘接，加压固化；

4）薄层铝堵盖喷砂处理；

5）铝堵盖与橡胶层粘接固化；

6）刷涂密封胶密封；

7）充放气试验、气密试验、堵盖打开试验。

4.3 产品质量检测

按以下要求对该型号喷管堵盖粘接质量进行性能检测：

1）堵盖粘接随炉试验强度均值≥10.0 MPa；

2）喷管整体充气 0.2 MPa，保压 24 h 无压降；

3）堵盖打开件充压 0.35 MPa，然后放气，反复十次再打开，要求堵盖本身破坏，堵盖粘接面不脱开。

5 结束语

采取研究措施以前，该型号喷管堵盖粘接试验剪切强度仅为 3 MPa 左右，采用了合适的工艺参数和保护工装后，粘接形成的堵盖型面光滑、规整，堵盖粘接试样剪切强度≥10.0 MPa，粘接强度提升 3 倍，进行数十次堵盖打开试验均为铝堵盖本身材质破坏，措施应用于其他型号产品，经过两年的生产检验未发现一例堵盖粘接质量问题，堵盖粘接质量有了本质提高。

参考文献

[1] 廖斌，安同一，王源身，朱守正．微波等离子体用于橡胶表面改性处理的研究．华东师范大学学报，2003(2)：40-45.

[2] 王德志，曲春艳，张杨．金属与橡胶粘接用双组份胶液的研制．中国胶粘剂，2012(4)：11-14

[3] 丁立朋．硫化橡胶表面处理对粘合性能的影响．橡胶工业 1997.

[4] 刘锦春，肖建斌．浇注型聚氨酯弹性体/硫化橡胶粘接性能影响因素研究．中国胶粘剂，2010.19：9-11.

[5] 贺曼罗．环氧树脂胶粘剂．北京：中国石化出版社，2004.

[6] 刘光明．表面处理技术概论．北京：化学工业出版社，2011.

[7] 牛慧军，崔言云，张云，等．丁苯橡胶表面处理技术对粘接强度的影响．粘接，2011(1)：94-97.

扩张段壳体零部组件装配精度控制技术

付文军

航天四院 7414 厂

摘　要　扩张段壳体是发动机喷管中的关键重要零件，由扩张段壳体、支耳、仪器座等装配后再精加工而成，产品尺寸精度及形位公差要求严，钳工序装配质量对后续加工及产品最终质量影响很大，连接支耳和扩张段壳体的定位销孔与圆柱销采用过盈配合，配合精度高，过盈量为 0.015 mm，且由于扩张段壳体锥和支耳材料不同，销孔加工质量直接影响定位圆柱销的配作与装配，对产品质量起着至关重要的作用。

关键词　扩张段壳体　装配　销孔加工

1　引言

扩张段壳体是发动机喷管中的关键重要零件，由扩张段壳体、支耳、仪器座等零部组件装配而成。基于产品结构特点，一般采用的是集件→装配→精加工→配作定位销孔→拆卸、清理→装配→检→入库的工艺方法，钳工序的装配质量和销孔加工质量对产品质量起着至关重要的作用。图 1 为扩张段壳体组件示意图。

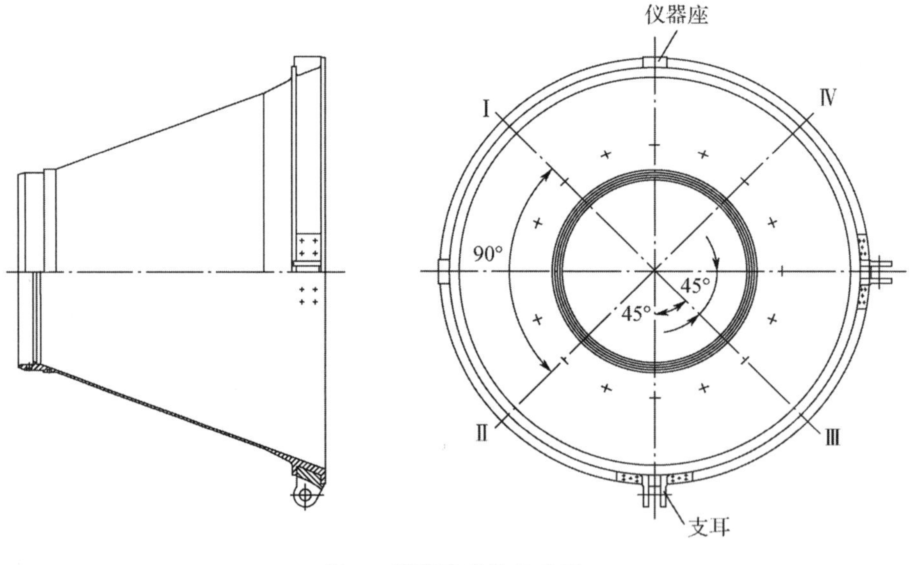

图 1　扩张段壳体示意图

本文以某型号扩张段壳体零部组件装配为例，介绍了在零件装配与清理、配加工各类孔、刀具的选择等方面的经验。

2 技术难点

在钳工序装配过程中，尤其是钳工装配和配作定位销孔圆柱销时，有许多技术难点，若操作不当，就会给后续加工及产品质量保证带来很大的困难。扩张段壳体零部组件装配过程中的难点主要体现在以下方面。

1）螺孔角度精度难控制。由于装配支耳、仪器座所用的螺钉孔均为斜孔（如图 2 所示），其角度要求垂直于扩张段壳体锥面且向心。如果加工时角度出现问题，会造成螺钉在压紧支耳和仪器座时，产生半边压紧，螺钉的压紧效果不好，使弹簧垫圈挤压产生膨胀。弹簧垫圈的开口变大，不符合工艺要求：还有一种比较严重的现象，当角度大时，会发生上螺钉时，螺钉边缘与扩张段壳体环带棱边干涉相蹭，造成环带的蹭伤，同时使螺钉外圆的镀层受到损伤，造成螺钉报废。

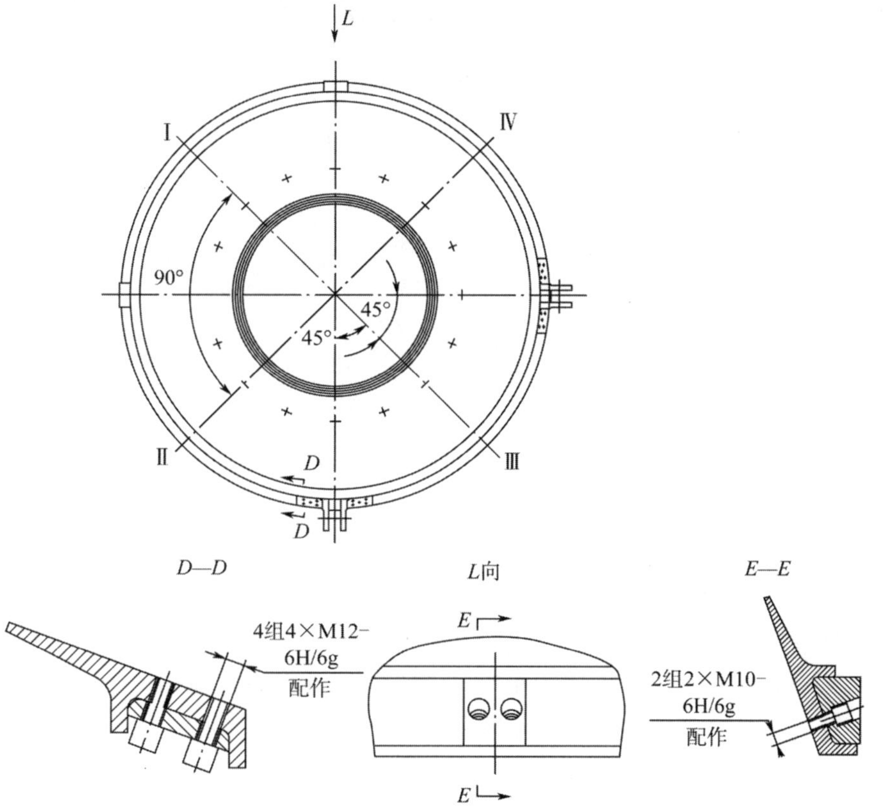

图 2　斜孔示意图

2）定位销孔精度要求高。支耳、仪器座与扩张段壳体连接有定位销（如图 3 所示），加工定位销孔时，除满足角度及向心要求外，还需满足孔径的高精度要求。销孔与圆柱销为过盈配合，过盈量为 0.01～0.015，圆柱销的孔径精度控制好，装配时就容易装入。上下孔径偏差如果过大，会造成装配时圆柱销无法完全安装到位，给产品质量带来较大的隐患。

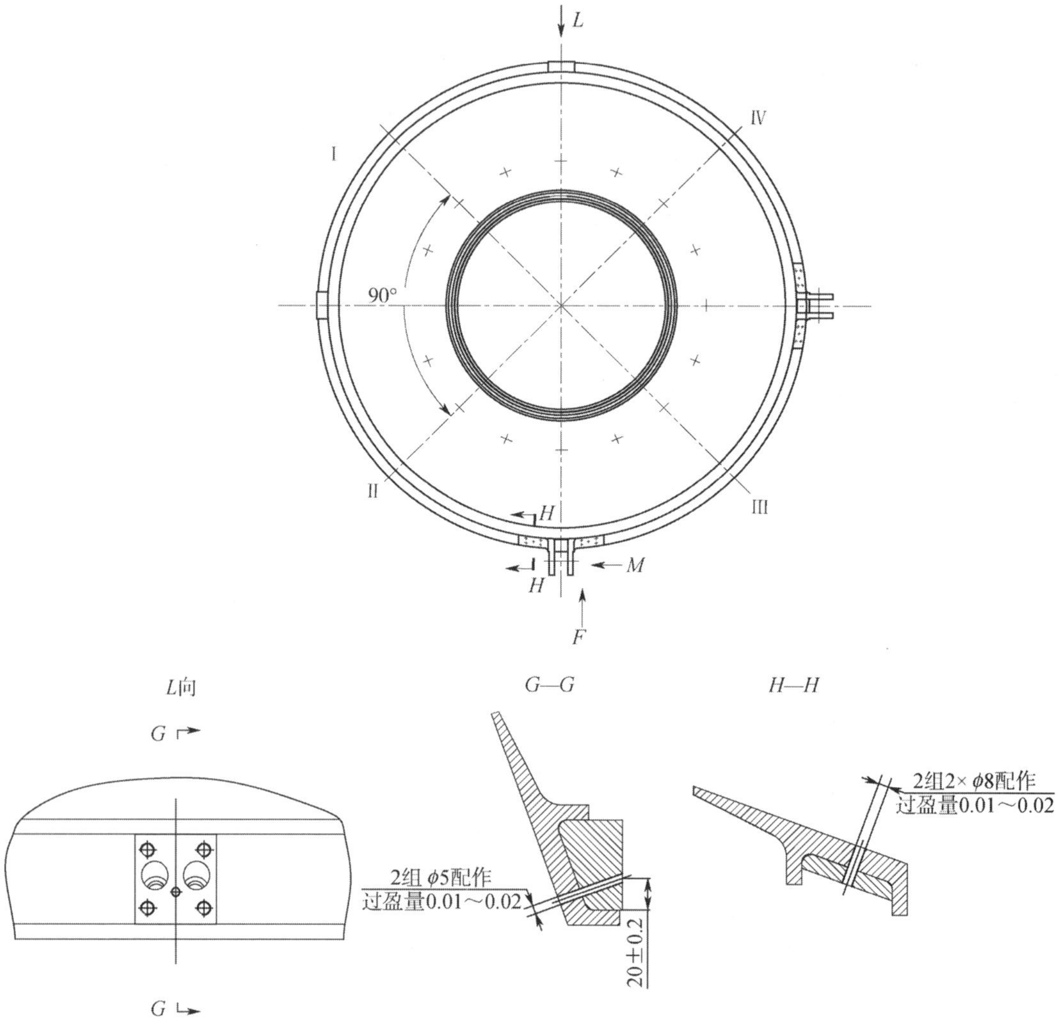

图 3　定位销孔示意图

3）定位圆柱销装配质量要求高，装配难度大。扩张段壳体组件主要是由扩张段壳体与支耳、仪器座通过螺孔与定位销孔相连接，由于螺纹连接存在间隙，定位销孔的加工、装配精度对整个装配质量起着重要的作用。实际装配过程中，圆柱销实际过盈量的确定，圆柱销的装配流程，口部倒角的形式等都直接影响着圆柱销的装配质量。

3　技术方案

3.1　螺孔角度精度控制

为了确保扩张段壳体与支耳、仪器座配作的螺孔垂直于扩张段壳体的锥面且螺孔向心，通常将扩张段壳体放置于可倾斜圆盘上，利用角度仪测量扩张段壳体装配面与钻床主轴的角度，通过调整圆盘的角度直至两者垂直后进行相应螺孔的加工。该方法的运用较好地保证了螺孔的角度精度。

3.2 定位销孔精度控制

一般通过钻、铰完成定位销孔的加工。

销孔的底孔大小对后续所加工的销孔尺寸及表面粗糙度有着较大的影响。如果底孔尺寸过小，使用铰刀铰孔时吃刀量过大，造成挤屑，导致销孔挤伤，同时，吃刀量过大也会导致销孔孔径尺寸一致性较差。底孔尺寸过大，虽然可以保证孔径尺寸精度，但在使用铰刀铰孔后会在孔内壁留有之前底孔的加工纹路，销孔的表面粗糙度差。通过以上分析，实际加工时，将销孔底孔加工至 $\phi D_{-0.2}^{-0.1}$（D 为销孔直径）。

钻底孔时需要用中心钻定位，定位不好，会使加工出来的销孔出现椭圆、上下孔径不一致等现象。钻侧向孔时，由于销孔的位置距离支耳比较近，钻夹下不去，可用加长中心钻定位。由于加长中心钻两头都有钻尖，在钻夹上夹紧时，有效的夹紧长度减少，会使中心钻稳定性差，定位效果不好，可采用把一端磨平的方法，以提高中心钻的稳定性，提高定位效果。

铰孔时需注意如下事项：

1）先用铰刀在废旧料头上进行试切，尺寸合格后方可使用于产品。

2）不使用磨损严重的铰刀。若磨损严重，在铰孔时，由于支耳和扩张段壳体材质不同，会造成钢件（支耳）孔大、铝件（扩张段壳体）孔小，销孔尺寸一致性差，同时会使销孔的孔壁产生挤伤，表面粗糙度差，配作圆柱销难度加大。

3）铰孔时要及时排屑，避免切屑把孔挤伤、挤大，影响销孔表面质量。

4）铰孔时须配合使用润滑油润滑，以提高孔的质量。

3.3 定位圆柱销装配方案优化

圆柱销装配是整个扩张段壳体零部组件装配中的关键一步。在圆柱销装配时需注意以下方面：

1）圆柱销过盈量的选择。工艺文件中要求过盈量为 0.01～0.015 mm，实际加工与装配中，通常将过盈量加严控制在 0.01～0.012 mm，这样既可以满足过盈量要求，也可以比较顺利完成装配。

2）优化圆柱销倒角。圆柱销一般为 45°倒角，而扩张段壳体材料为铝件，装配时会使扩张段壳体的销孔内径与圆柱销的倒角外角产生挤屑，从而使扩张段壳体的销孔尺寸发生改变，使过盈量不符合工艺文件要求，同时，圆柱销通过钢件支耳时也不顺畅。为此，优化圆柱销倒角结构，将原先的 45°倒角改为 30°，并对圆柱销的外角作圆滑处理，这样在圆柱销装配时，不会产生吃屑，无论在通过铝件扩张段壳体还是钢件支耳时，都能较为顺畅地进行装配。

3）分步操作，精细化装配。装配圆柱销时，应与销孔保持垂直，开始时用铜棒轻轻敲打，装入 1/3 长度时，进一步确定圆柱销与装配面是否垂直，满足要求后再用力进行敲打，圆柱销还剩 1 mm 完全进入时，改用钢件垫着圆柱销进行敲打，否则，圆柱销会发生膨胀，难以精确装入到位。

4 实用案例

4.1 加工设备

沈阳机床中捷钻镗床厂摇臂钻床 Z3063，最大钻孔直径 50 mm，跨距 1 600 mm。

4.2 加工对象

某型号扩张段壳体组件，包括扩张段壳体（铸铝 ZL205A，1 件），支耳（30CrMnSiA，2 件），仪器座（7A09，2 件），销钉 ϕ8（30CrMnSiA，4 件），销钉 ϕ5（30CrMnSiA，2 件），螺钉 M12（30CrMnSiA，16 件），螺钉 M10（30CrMnSiA，4 件），弹簧垫圈 12（16 件），弹簧垫圈 10（4 件），其结构示意图如图 4 所示。

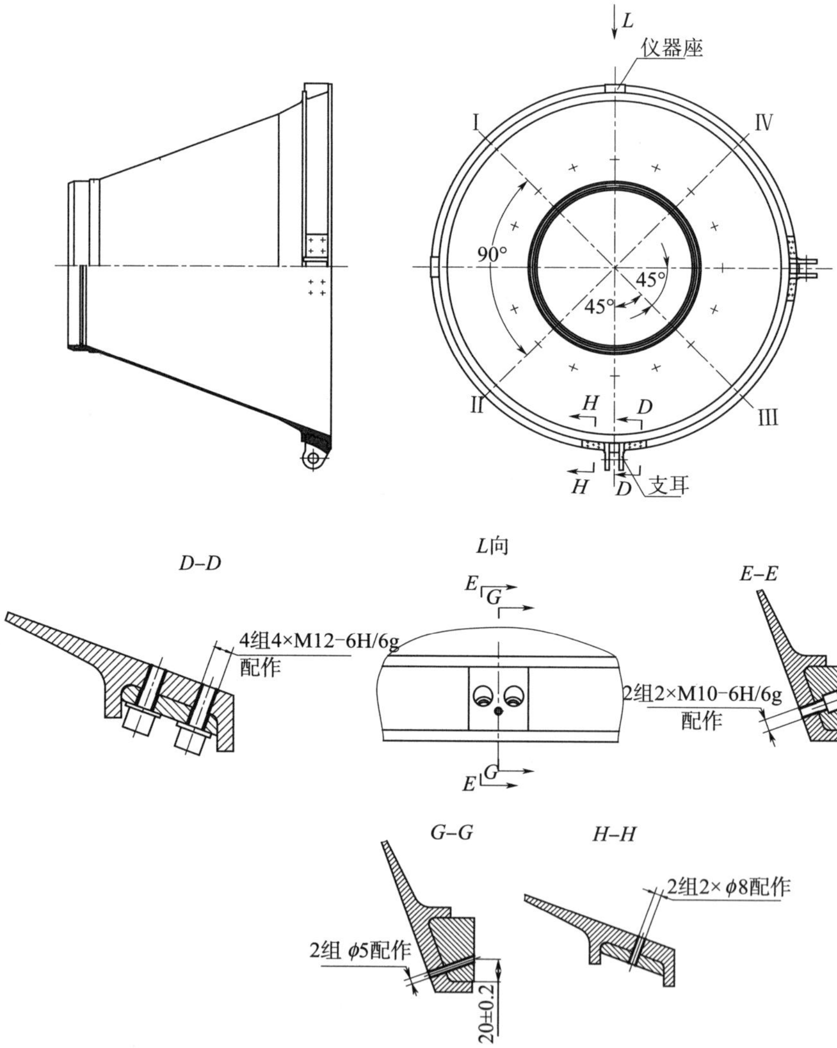

图 4 扩张段壳体组件结构示意图

4.3 加工过程

1）配作螺钉孔，预安装零件。对正安装位置刻线，按要求配作支耳及仪器座上各螺钉孔。配加工完螺孔后，对正刻线，装配支耳、仪器座，安装零件上的螺钉，不装弹簧垫圈。

2）完成支耳、仪器座相关尺寸的精加工。支耳、仪器座安装于扩张段壳体上后，须在镗床上完成零件相关尺寸的精加工（其在零件状态留有加工余量）。

3）配钻、铰定位销孔。按要求配钻、铰支耳、仪器座上的定位销孔。

4）零部组件的正式装配。在扩张段壳体组件锥上的对应位置装配仪器座和支耳，连接仪器座和支耳的螺钉及销钉不能凸入扩张段壳体内锥面，也不允许低于锥面 1.0 以上，螺钉应带弹簧垫圈，所有螺钉需涂 941 胶拧紧，装配时须使用新的螺钉。装配后清理干净多余的 941 胶。

4.4 产品质量检测

按以下要求对装配后的扩张段壳体组件进行检测：

1）连接扩张段与支耳、仪器座的螺钉及销钉装配到位，既不凸入扩张段壳体内锥面，也不低于锥面 1.0 以上；

2）各零件配合面无残余物。

5 结束语

通过螺孔角度精度控制，定位销孔精度控制，定位圆柱销装配方案优化等方面对扩张段壳体零部组件装配精度控制技术进行研究，保证了发动机喷管扩张段壳体组件的高质量装配，装配合格率达到99%以上，为后续诸多型号发动机喷管扩张段壳体零部组件的装配提供了可靠的技术保证。

移动式翻转车在发动机总装过程中的应用

李绪云　刘　浩　张桃红
航天四院 7416 厂

摘　要　在固体火箭发动机生产过程中，多工序、工步需进行移位翻转操作。随着发动机生产数量增加，工房作业现场、吊车、工位、人员紧张，易造成生产冲突。本文介绍了移动式翻转车在发动机总装过程中的应用，改变传统的发动机吊装移位、翻转模式，提出改进的新方法。实践证明，该翻转车能极大提高发动机翻转效率，降低劳动强度，减少吊车频繁使用率，提高总装生产能力，确保发动机顺利交付。

关键词　固体火箭发动机　移动式升降翻转车　改进新方法　提升生产能力

1　引言

目前，固体火箭发动机总装车间多种型号发动机并行生产，各个工序经常需要翻转发动机。以某型号发动机产品为例，其喷漆前壳体预处理工序、总装前漆层修补工序、总装后续处理工序、交付工序需要对壳体（发动机）进行多次移位、翻转。原采用吊车结合固定式翻转台进行移位、翻转操作，操作周期长，且工房内吊车安装了一部，经常出现等待现象。随着车间总装交付任务量的不断增加，吊车使用相互冲突更为频繁，严重影响着各型号生产的顺利进行。移动式翻转车的使用有效解决了以上问题，提高生产效率。

2　原发动机翻转方式及所存在问题难点

采用吊车结合固定式翻转台的工作模式情况下，某型号发动机装配、喷漆作业流程需要九个工步，如图 1 所示，设备使用情况见表 1。

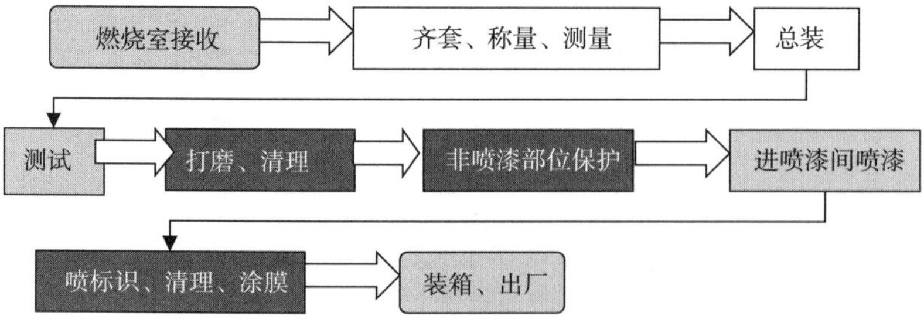

图 1　装配、喷漆作业流程图

表 1　原工艺条件下设备使用情况表

工序工步	所需设备使用情况
燃烧室接收	吊车
齐套、测量、试装	—
总装	—
测试	吊车
打磨清理	吊车、固定式翻转台
非喷漆部位保护	吊车、固定式翻转台
喷漆	吊车
涂防锈油等后续工作	吊车、固定式翻转台
装箱交付	吊车

其中燃烧室接收、测试、打磨清理等 7 个工步需要使用吊车。打磨清理、非喷漆部位保护等 3 个工步需要使用吊车和固定式翻转台。壳体打磨工序中，打磨完上半面时，需要采用吊车进行起吊，起吊至固定式翻转车进行翻转，利用翻转车完成发动机上下半面翻转，翻转后再起吊至原来弧形架放置。非喷漆部位的清理保护工序、涂防锈油等后续工作，也需要进行相同的起吊移位翻转操作。发动机生产现场布局、发动机吊运路线如图 2 所示，经统计，在与其他工作不冲突的情况之下，单台发动机一次起吊、移位、翻转平均需要 13 分钟。随着总装交付任务量的不断增加，生产现场、吊车、工位使用更加紧张，若出现等待吊车起吊情况下，发动机移位翻转误工时间将会延长，发动机吊运的主要问题见表 2。

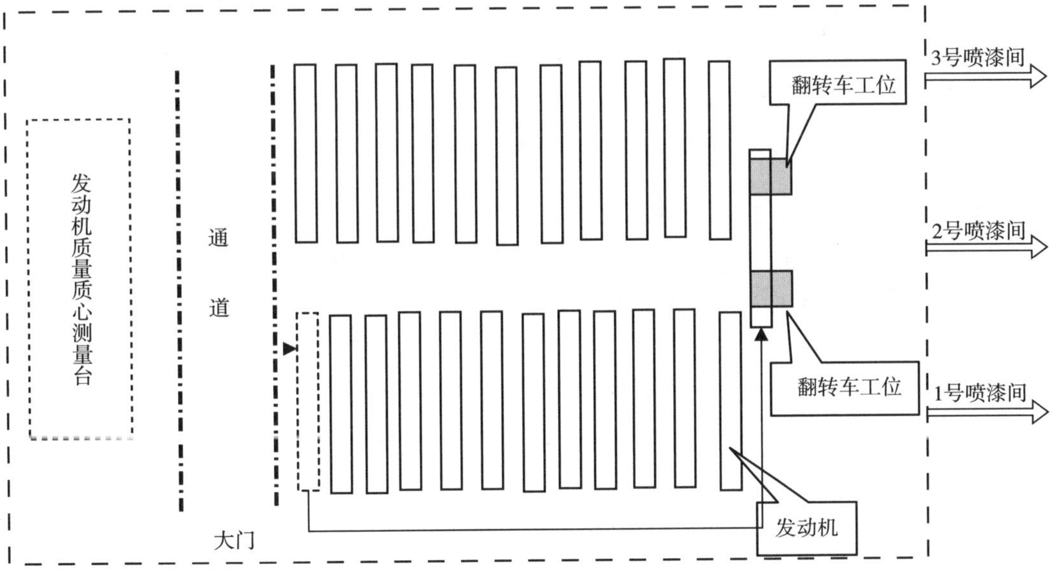

图 2　原发动机生产现场及物流图

表 2　发动机吊运存在问题

编号	存在问题	问题描述
1	工位紧张	固定翻转装置占用工位，影响物流通畅
2	设备使用冲突	多型号均使用吊车进行产品装卸、转运，现场需协调等待，增加生产不确定性，提高管理难度，且频繁使用缩短吊车使用寿命
3	安全、质量隐患大	发动机位置间隙小，起吊位移易发生磕碰； 频繁起吊增大发动机跌落、与人员碰撞等风险； 频繁起吊对发动机涂层造成损害
4	人员紧张	起吊至少需要 4 人全程协同作业
5	操作时间长	单发发动机起吊、移位和翻转全程需要 15 分钟

3　移动式发动机升降翻转车的研制技术方案

对吊车转运存在的问题进行分析，可以看出，主要的症结在于吊车、翻转车等设备需求与日益增长的生产任务之间的矛盾。应研制型号专用工装设备，以减少型号生产对公用设备的依赖，减少吊车使用次数、实现发动机原地翻转，进而提高型号专线生产效率。

使用移动式翻转车时，在发动机需要翻转的工序，可将翻转车推至发动机的下方，原地托举一定的高度，采用人工或电动的方式，将发动机转动一定的角度，然后再下降，将发动机再放回到弧形架上。再逐台发动机进行转动，技术方案如图 3 所示。

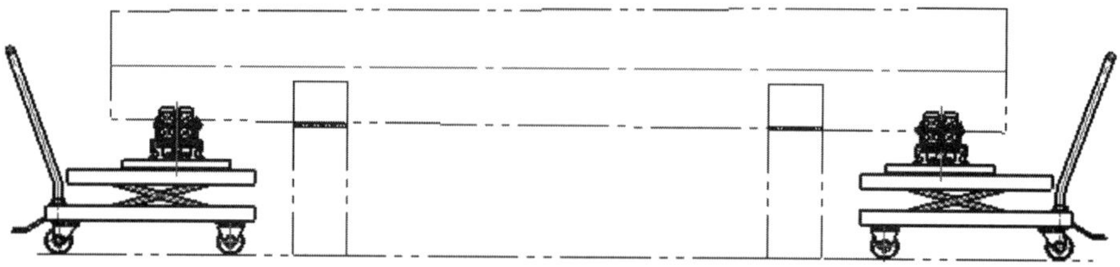

图 3　移动升降式翻转车的技术方案图

以某型号发动机为目标，考虑到该发动机具有细长比大，圆锥形外形，质量小于 900kg 的尺寸和质量特性，翻转车需要经常移动，以及工作场所的安全防爆等限制，拟采用人工转动的方式，翻转车的升降采用轻便的手动液压升降方式，翻转车尽量轻巧，便于翻转车快速移动，如图 4 所示。

对于发动机的转动，采用两组支撑滚轮，为硬质橡胶滚轮，滚轮直径 150 mm、宽度 100 mm，每个承载能力 500 kg。对于翻转车的升降，考虑电器防爆和移动，发动机存放位置等因素的限制，采用液压升降机构比较合理，符合发动机生产的安全要求。经过研究分析和市场调研，认为此车的移动和升降部分，可以采用成熟的小型液压升降工作台，将转动滚轮安装到工作台上就基本可以满足使用要求（如图 5 所示）。翻转车主要技术参数见表 3。

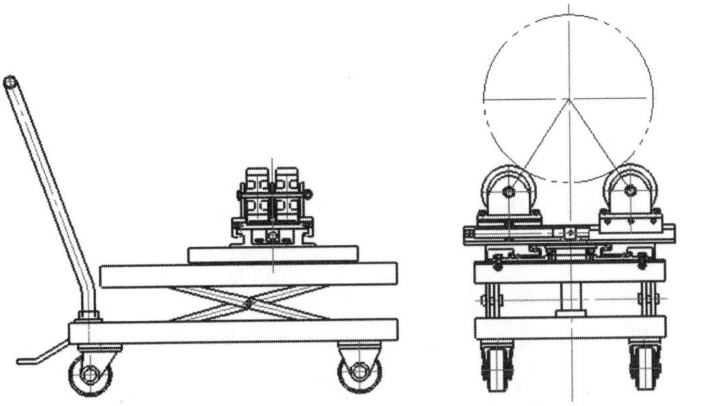

图 4　移动升降式翻转车结构图

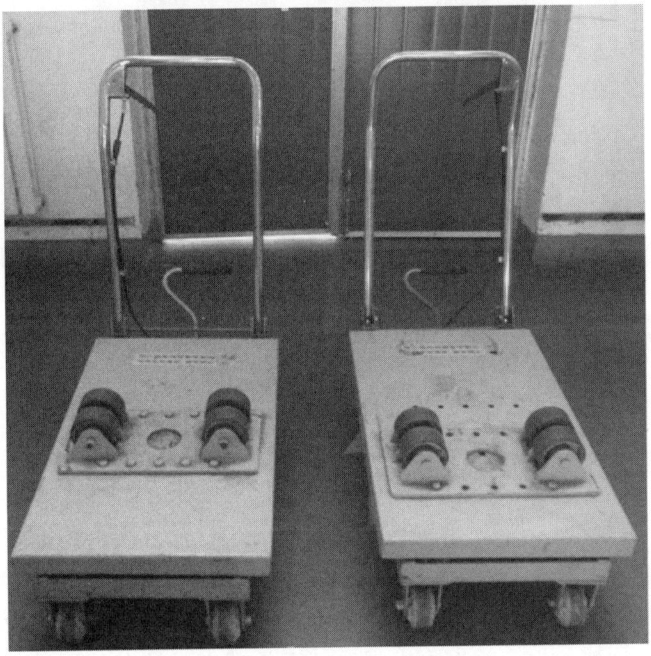

图 5　移动式发动机翻转车

表 3　翻转车主要技术参数

编号	项目	参数
1	平台的长度	815 mm
2	平台的宽度	415 mm
3	滚轮的外径	ϕ150 mm
4	平台高度	600 mm
5	设计承载能力	≤1 000 kg
6	适应产品直径	ϕ300～ϕ600 mm

4 实用案例

该升降翻转车设计加工完成后，在现场进行了试用，升降翻转车结构轻巧，操作人员可以方便地推动小车。在进行发动机转动时，两人同时将升降翻转车推动至发动机的前后位置，利用脚踩升降装置的液压泵，升起翻转车平台，使滚轮橡胶部位接触发动机的下方，从而顶起发动机，发动机离开弧形架约 50mm。然后两人同时向发动机翻转方向缓慢用力，将发动机缓慢转动至需要角度，然后两人同时使用手动放油闸，降低翻转车，翻转车缓慢下降，发动机平稳降落至弧形架上。然后继续降低翻转车的高度，将翻转车拖离发动机工位，完成发动机翻转。移动式发动机翻转车如图 6 所示。

图 6　移动式发动机翻转车

发动机按每组 12 发进行生产。原吊装操作人员至少需要 4 人，在打磨清理、非喷漆部位保护、涂防锈油后续工作等 3 个工序，起吊、移位、翻转一发至少需要约 13 分钟。采用移动式发动机翻转车，操作人员可缩减为 2 人，不需要使用吊车进行移位操作，原地一台发动机翻转一次不到 2 分钟，生产效率大大提升，有效减少了吊车使用次数，吊车转运存在的问题得到了完美解决，移动式翻转车使用前后效果对比见表 4，效率提升统计见表 5。

表 4　翻转车使用前后效果对比

	原存在问题	使用前	使用后
1	工位紧张	固定翻转装置占用工位	固定翻转车被拆除，节省工房空间
2	设备使用冲突	多型号均使用吊车进行产品装卸、转运，现场需协调等待	翻转操作无需等待、协调吊车
3	起吊发生磕碰概率大	发动机间距只有 300 mm，来回起吊移位发生磕碰概率大	发动机不移位，无发动机互相磕碰隐患
4	人员紧张	起吊至少需要 4 人	翻转操作人员为 2 人
5	操作时间长	来回移位和翻转需要 15 分钟	无移位时间，原地翻转时间 2 分钟

表 5　前后效果对比表

编号	项目	操作人数	每组操作时间/min	翻转次数	工作量/（人·h）
1	吊车转运、翻转	4	156	3	31.2
2	移动升降翻转车	2	24	3	2.4
效率提升		92.3%			

型号产品采用原地翻转车进行升降翻转，改变传统吊车起吊产品方式，确保了产品安全和质量，减少了人力，节约了成本，生产效率提升了92.3%（如图7所示）。

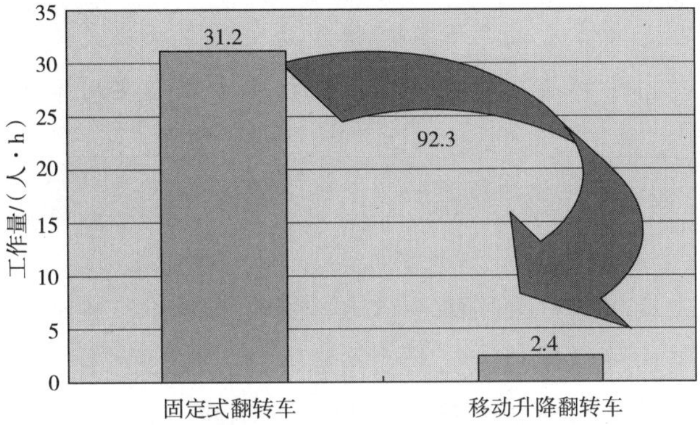

图7　工作量前后对比图

5　结束语

本文介绍了一种移动式翻转车在发动机总装过程中的应用，验证了不使用吊车进行产品起吊的新方式、新理念，有效提高了发动机生产效率，减少了操作人员，缓解了吊车这种公用设备占用时间长的问题。目前该移动式发动机翻转车已经在两大型号批产中使用，具有推广价值。

卡环式连接发动机装配技巧

刘 浩 韩卫民 朱 斌

航天四院 7414 厂

摘　要 本文介绍了卡环连接发动机结构形式、总装方法、分段式卡环连接装配技术难点以及技术解决方案，摸索、总结出发动机卧式装配过程中，解决燃烧室壳体变形的操作技巧，应用于型号生产中，提高了卡环连接发动机总装生产效率。

关键词 装配技巧　卡环连接　技术难点　技术方案　实用案例

1　引言

目前，固体火箭发动机通常采用法兰结构、螺纹结构和卡环结构连接。三种连接结构各有特点，法兰连接结构可靠性高、气密性好、拆装方便，但连接部位结构质量大，多用于大、中型发动机；螺纹连接结构紧凑，但是加工困难，需专用的成型刀具以及检测环规，加工成本较高，一般用于中、小型发动机；卡环连接结构具有结构质量轻、成本低、工艺性好等特点，对于质量比要求苛刻的发动机，是理想的连接结构形式，也是发动机壳体与喷管连接结构的一个发展方向。

近几年来，卡环连接结构发动机在我院逐步开始研制、生产，卡环连接发动机总装过程不同于法兰结构、螺纹结构的发动机总装及分解难度较大，且装配不好，会出现卡环在卡环槽内卡死的情况，最终导致产品报废。

2　卡环连接结构发动机装配技术难点

卡环连接结构燃烧室壳体与喷管进行装配时，通过人工手持或吊车将喷管装入燃烧室对接处。其技术难点是为了克服密封圈的阻力，必须使用专用喷管压紧工装（装置），将喷管压入到位，在加压情况下，将卡环装配入卡环槽内，最后装上堵盖，完成装配。目前卡环连接分为双楔形卡环连接结构和分段式卡环连接结构两种结构。

2.1　双楔环卡环连接方式技术难点

双楔环由两根环形楔形卡环（如图 1 所示）、盖板、补偿块、螺钉等组成。总装完成后两根卡环首尾相连。

楔形卡环装配时，必须采用敲击装入（如图 2 所示）。先敲入第一根卡环，随着装配长度的增大，摩擦力将逐渐增大，到了第二根楔环条装配后期，敲击力度很大，且卡环条互相干涉（如图 3 所示），造成装配困难，甚至出现卡环槽损伤，装配后槽口处楔环条出现外绷现象（如图 4 所示），盖板难以完全装配到位的现象。

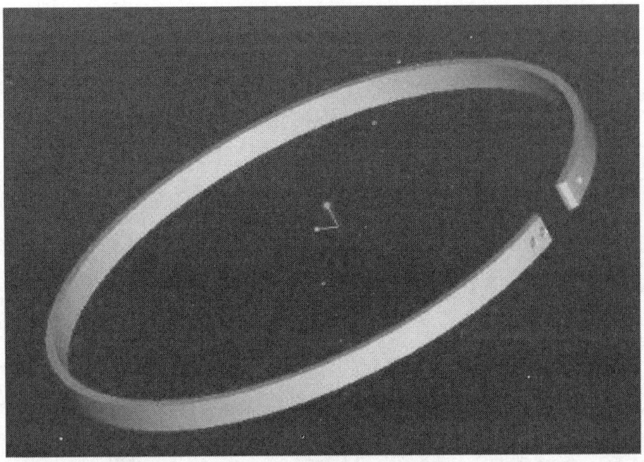

图 1　卡环结构示意

图 2　楔环装配

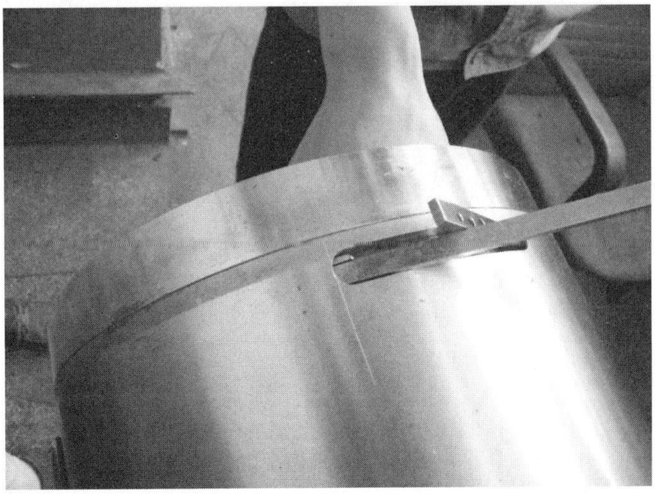

图 3　楔环条干涉

图 4　楔环外绷现象

2.2　分段式卡环连接方式技术难点

分段式卡环由卡环块（如图 5 所示）、堵头、盖板、螺钉等组成。卡环块截面为 6 mm ×6 mm 正方形结构，每块弧长约 20 mm。在喷管加压情况下，把每段卡环块从开口处直接放入卡环槽，使用铁丝可将卡环块逐个推入（如图 6 所示），安装方便，最后安装盖板，完成总装（如图 7 所示）。拆卸过程按照装配逆序依次拆卸。安装喷管压紧工装后，依次拆卸盖板，使用铁丝可将卡环块逐个推至槽口处取出。分段式卡环连接方式较双楔环卡环连接方式装配、分解顺利和便捷。

分段式卡环连接结构发动机装配需要解决燃烧室变形问题，直径 ϕ300 mm 的燃烧室卧式放置，后开口水平方向与垂直方向配合尺寸变形量可达 0.50 mm，卧式旋转 90°后问题仍然存在。

图 5　卡环块

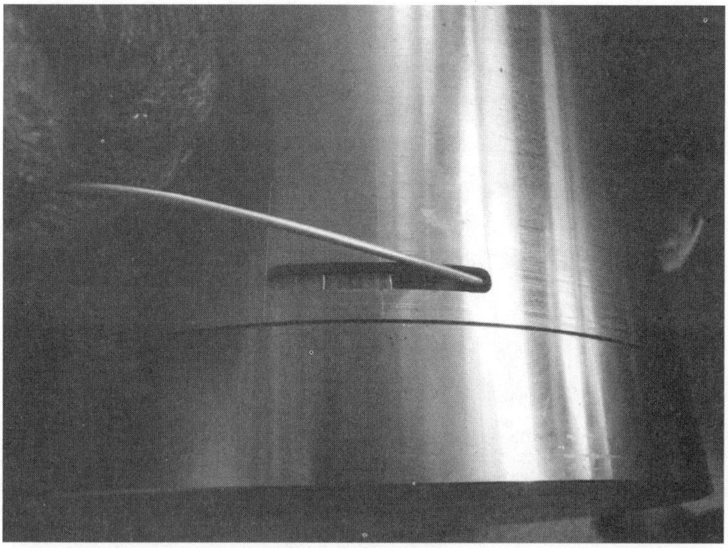

图 6　分段式卡环安装（拆卸）

图 7　分段式卡环装配完成

3　技术方案

如何安排发动机装配工序过程是非常重要的环节，合理的工序安排不仅能提高效率，消除质量、安全隐患，还能降低生产成本。

3.1　楔形卡环装配操作解决方案

楔形卡环装配时，目前采用对卡环进行预弯曲、边缘圆滑处理等措施后，但无法从根本上解决卡环拆装问题。在装配卡环时，采用了涂抹上滑脂的方法，适当减轻装配难度，采用逐条敲击方法进行装配。

发动机试车后，楔环拆卸更为困难，须多人配合操作，为此我们设计了专用敲击拆卸工具。采用敲击工装的冲击方法进行拆卸，适度用力解决难题，拆卸过程较为便利，如图8所示。

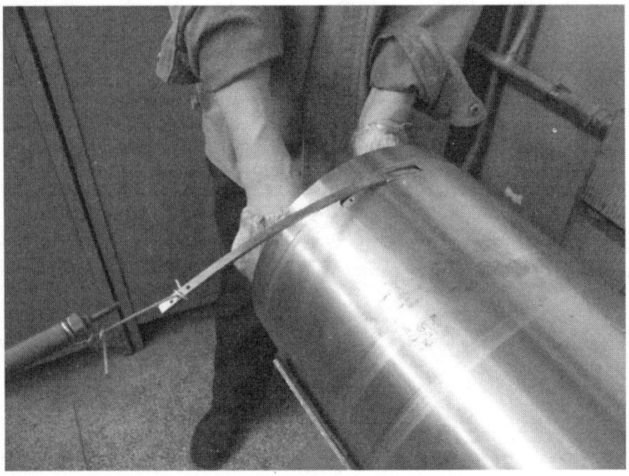

图8 楔环拆卸

3.2 分段式卡环装配技术方案

分段式卡环连接发动机装配为了避免燃烧室变形的问题，可以采用立式发动机装配方法，但立式发动机装配过程繁琐，不适合新工艺技术要求。

卧式发动机总装装配过程安全质量相对受控，适合新工艺技术要求，但重点需要解决燃烧室壳体变形问题。

3.2.1 立式总装技术方案

立式总装需要专用装配地坑（装配架）、装配工作平台、定位装置、喷管压紧工装（装置）、辅助抱紧装置等。定位装置固定在装配地坑（装配架）上，其中要求定位装置、压紧装置轴心重合。其工步流程如下：

1）首先安装翻转工装，利用吊车将燃烧室翻转到立式状态，吊放在地坑（装配架）与定位装置固定。抱紧辅助抱紧装置，卸掉吊具，移走吊车。

2）试装，将喷管装入燃烧室后开口。

3）使用压紧工装（装置）将喷管压紧到位。

4）在卡环上涂抹适量润滑脂，把卡环装入卡环槽内，整个过程无阻塞，认为试装合格后，然后压紧工装（装置）卸压复位，分解卡环和喷管。

5）安装密封圈，涂敷腻子。

6）将喷管装入燃烧室后开口。

7）压紧工装（装置）将喷管压紧到位，加压时，必须保证水平施力，防止喷管倾斜，致使密封圈受力不均，造成密封圈局部过压情况，即燃烧室卡环槽与喷管卡环槽对正，测量四个象限燃烧室后端面到喷管尺寸距离，避免密封圈局部受压。

8）安装卡环，堵盖。

9）压紧工装（装置）卸压复位，安装翻转吊具，吊走发动机，完成总装工作。

3.2.2 卧式总装技术方案

卧式总装工装相对立式总装工装要减少很多，只需要喷管压紧工装（装置）即可，操作简便。卧式总装工序工步项目比立式总装工序工步项目大幅减少，发动机装配过程安全、质量风险降低，卧式总装技术方案可实施。

4 实用案例

在某型号卡环式结构发动机装配过程中，我们采用的是卧式装配方法，并摸索、总结出解决燃烧室壳体变形的三种操作技巧，具体操作方法如下：

1）使用校形工装对燃烧室进行校形；校形工装一周有若干压块，根据尺寸测量数据对压块施力进行校形，边校形边测量直径、圆度变化量，直至满足总装要求。

2）打磨、挫修喷管，根据尺寸测量数据打磨、挫修喷管，边打磨、挫修边试装。直至喷管可平稳装入燃烧室。

3）调整弧形架支撑位置，增加辅助支撑，分段调节，解决燃烧室壳体变形问题。

第三种方式是首选的最优操作方法，如第三种方法不能满足要求后，再采用前两种方式进行辅助校形。

上述三种操作技巧和方法已成功应用于多种型号生产中。

5 结束语

在具有卡环连接结构的发动机处于小批量生产的阶段，我们通过总结生产实践的经验，提练出的卡环式连接发动机的装配技巧和操作方法，对总装过程具有较强的指导作用，有力地保证了装配质量和生产任务的完成。随着该类型号发动机批量的增加，我们还将利用上述三种操作技巧和操作方法，结合研制发动机卧式对接车，继续摸索装配操作技窍，总结绝技绝招方法，不断提高生产效率，确保产品精品交付。

某型号发动机喷漆后包覆工装设计和工装装配及拆卸方法优化

易　俊　韩　朔　薛　辉　闫　鹏　郑剑波

航天四院 7416 厂

摘　要　某重点型号发动机采用先外喷漆然后进行衬层包覆、装药生产的方式，为此需要在衬层包覆工序对漆层进行防护，而目前的发动机筒体支撑旋转方式不利于漆层防护。本文通过设计包覆工装增长段，改变旋转支撑位置，避免了壳体旋转过程中损伤外防护漆层，同时该产品一次六发生产，螺栓和连接点多，采用气动棘轮扳手代替传统扳手，使得包覆工装装卸更加高效、可靠，有效保障了产品生产安全和质量。

关键词　漆层防护　包覆工装　气动棘轮扳手

1　引言

固体发动机绝热层和衬层成型质量的好坏直接关系到固体发动机工作的成败，产品质量要求非常严格，不容许有丝毫质量缺陷存在。某型号发动机生产时为提高生产效率，将发动机外防护漆层的喷涂工序提前到衬层包覆、推进剂装药工序之前，原有的衬层包覆作业过程中使用的包覆工装，其支撑旋转架位于壳体筒段，长时间旋转会对壳体筒段漆层产生损害，不利于漆层保护，为此需要对原有的包覆工装进行改造，改变旋转支撑位置，避免漆层损伤。同时由于采用 6 发成组包覆工艺，工装上连接螺栓数量众多，采用传统扳手手工装卸螺栓，速度慢，拧紧力矩不易控制，螺栓易脱落引发生产事故，需要采用新的装配方法，提高工装装配效率和安全性。

2　技术难点

2.1　支撑旋转位置选择

该型号包覆作业采用多发成组包覆支架，一次六发产品同时包覆，头部通过包覆工装与多发联动装置连接，提供壳体旋转动力。壳体使用多发包覆支架上的支撑轮进行支撑，支撑位置位于壳体的筒段。采用先喷漆后包覆、装药的生产方式，壳体筒段有漆层，为了避免损伤漆层，支撑位置不能位于壳体筒段，需要重新选择支撑位置，而壳体外形为圆锥形，筒体位置均有漆层，没有支撑点可选。

2.2　装配效率和可靠性

发动机工装装配采用螺栓连接，与发动机壳体连接时一方面不能损伤发动机螺纹孔，另一方面要保证连接牢靠，保证装卸力矩，同时螺栓装卸速度要快。

3 技术方案

3.1 包覆工装设计

由于发动机壳体筒段已经没有可选的支撑位置，为此给壳体两端各增加一段，将壳体支撑位置放置在增长段上，这样就能避免壳体外表面漆层与支撑轮接触，起到了保护漆层的作用。

增长段形状为圆柱状，通过螺栓与壳体连接，工装实物图和装配效果如图 1 所示，支撑在弧形架上的部分为包覆工装。

图 1 包覆工装实物

3.2 工装装配改进

对该型号一次 6 发产品同时生产所用的螺栓规格和力矩要求以及所用工具、装配用时进行了统计，分别如表 1、表 2、表 3、表 4 所示。从表中可以看出，工装装配和拆卸的螺栓数量较多，力矩要求也不同，用到的工具也较多，工装装配的时间也较长，劳动强度较大，同时还需对喷涂炉内多发包覆支架进行调整，也要对多种不同规格的螺栓进行紧固和拆卸。

表 1 某型号喷漆后包覆工装、增长段工装装配螺栓力矩统计表

序号	螺栓规格	连接螺栓数量（个）	要求力矩/（N·m）
1	M10	36	15
2	M12	72	20
3	M10	36	15
4	M8	72	10

表 2　多发包覆支架螺栓规格数量统计表

序号	支架位置	螺栓规格	数量/个	要求力矩/（N·m）
1	整体多发包覆支架底座	M26	4	无力矩要求
2	支撑轮轮插	M12	32	无力矩要求
3	支架多层连接	M10	20	无力矩要求
4	支架固定	M12	24	无力矩要求

表 3　装配工具规格和数量统计表

序号	工具名称	数量
1	活动扳手	3 件
2	开口扳手	2 套
3	梅花扳手	2 套
4	内六方扳手	1 套
5	套筒扳手	1 套

表 4　工装装配用时统计表

序号	工装上卸工步	用时/h
1	工装准备	0.5
2	喷涂工装支架调整	0.5
3	工装组件连接	1.5
4	工装安装	1.5
5	卸工装组件	3.5
合计		7.5

经过技术调研，采用气动棘轮扳手代替传统手工扳手，提高装配效率和可靠性。根据表 1 螺栓规格和上、卸力矩要求选择不同规格的气动螺栓上、卸工具。经过对三种豪瑞斯牌不同规格 HR－266J、HR－266、HR－185 型气动棘轮扳手技术指标进行比较。HR－266J 型气动棘轮扳手的力矩最大值 25 N·m，产生的力矩大于工装装配螺栓紧固要求的最大力矩值，容易损坏螺栓，且转速不可调。HR－185 型气动棘轮扳手产生的力矩值偏小，不能满足工装装配螺栓紧固的力矩要求，会导致螺栓紧固不牢靠。HR－266 型气动棘轮扳手产生的力矩值与工装装配螺栓紧固要求的力矩值一致，且力矩和转速可调。经过试验验证该型气动棘轮扳手在某型号包覆工装装配和拆卸过程中，同种规格的螺栓紧固力矩经力矩扳手检查力矩均匀一致有效，可以满足某型号包覆工装装配的技术需要，安装和操作都较为简单，而且速度很快。详细豪瑞斯牌 HR－266J、HR－266、HR－185 气动棘轮扳手技术指标参数见表 5、表 6、表 7 和图 2。

表 5　豪瑞斯 HR－266J 型气动棘轮扳手

序号	规格	技术指标
1	规格尺寸	1/2，3/8 mm
2	自由转速	300 rpm
3	适用气压	5～8 kgf/cm^2
4	气管	5×8 mm
5	质量	0.88 kg
6	力矩	3～25 N·m
7	调速	1 挡
8	力矩调节范围	不可调

表 6　豪瑞斯 HR－266 型气动棘轮扳手

序号	规格	技术指标
1	规格尺寸	1/2，3/8 mm
2	自由转速	300 rpm
3	适用气压	5～8 kgf/cm^2
4	气管	5×8 mm
5	质量	0.88 kg
6	力矩	3～20 N·m
7	调速	4 挡
8	力矩调节范围	1～20 N·m

表 7　豪瑞斯 HR－185 型气动棘轮扳手

序号	规格	技术指标
1	规格尺寸	1/4，3/8 mm
2	自由转速	250 rpm
3	适用气压	5～8 kgf/cm^2
4	气管	5×8 mm
5	质量	0.88 kg
6	力矩	3～18 N·m
7	调速	4 挡
8	力矩调节范围	1～18 N·m

4　应用事例

经过某型号发动机喷漆后衬层成型一组 6 发产品包覆试验，使用豪瑞斯牌 HR－266 型气动棘轮扳手对喷涂多发包覆支架调整、包覆工装装配、包覆工装和增长段工装的拆卸比之前使用传统工具用时效率更高，整个过程用时缩短了 3.5 小时，操作人员的劳动强度有效降低，生产效率提高了 1 倍，详细统计见表 8。

图 2　豪瑞斯 HR－266 型气动棘轮扳手安装和螺栓紧固图

发动机壳体在旋转过程中，无螺栓松动现象，固定牢靠，旋转稳定，壳体支撑在增长段上，与漆层无接触，有效保护了漆层。

表 8　某型号发动机 6 发包覆工装装配和拆卸用时统计表

序号	工装上卸工步	使用传统工具工装装配和拆卸用时（小时）	使用 HR－266 型气动棘轮扳手工装装配和拆卸用时（小时）
1	工装准备	0.5	0.25
2	喷涂工装支架调整	0.5	0.25
3	工装连接装配	1.5	0.5
4	工装安装	1.5	0.5
5	卸工装	3.5	1.5
合计		7.5	3

5　结束语

通过给已喷漆壳体设计增长段，提供支撑旋转位置，解决了因壳体筒段有漆层无支撑旋转点的问题，有效保护了漆层。采用气动棘轮扳手进行装配，精确控制力矩，避免螺栓上紧力矩不够装配不牢靠以及力矩过大损伤螺孔情况，同时，有效提高了装配效率。

动光栅装调精度改进

孙　艳　张慧锋

航天五院 502 所

摘　要　摆动红外地球敏感器通过动光栅片上的光栅条纹计数来实现扫描角度的测量，该扫描角精度是保证产品精度的重要因素。动光栅片原有的装调方法是通过目视调整动光栅片上“十字刻线”与动光栅架上的“十字刻线”对准来实现装调精度，这种装调方法的合格率较低。利用万能工具显微镜，首先测量并确定动光栅架扫描摆动的轴心坐标；然后测量并调整动光栅片位置，使动光栅片上刻划的光栅条纹中心与动光栅架轴心坐标对准，提高了产品装调的合格率，提高了扫描角精度。

关键词　光栅装调　十字刻线对准　轴心对准

1　引言

摆动红外地球敏感器通过扫描地球边缘来获得姿态信息，其中扫描角度的计量主要靠莫尔条纹来计数实现。动光栅片与静光栅片上有明暗相间的刻线区，相互运动形成明暗相间的条纹。如图 1 所示，处于动光栅片中心弧后的两个接收管相位差是 90°（理论值）。通过这两路接收信号进行差分，使光栅编码器的角度分辨率提高原来的 1/4。所以这两路信号的相位差将对角度测量的精度产生直接影响。

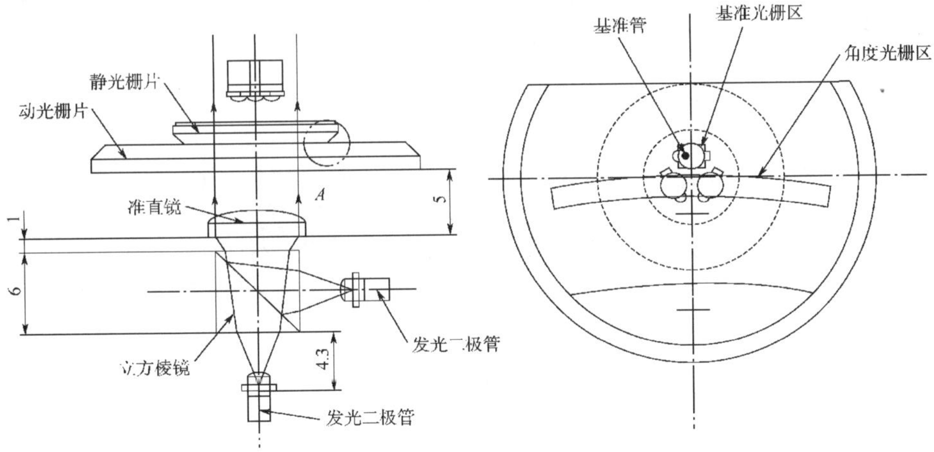

图 1　光栅编码器光路图

2　原装调方法

动光栅片和静光栅片上弧线刻划区理论上需要是同心的，两段弧线的圆心都应落在扫描轴上，这也对动光栅片和静光栅片的安装和调节提高了要求。光栅编码器装调过程是：

1）动光栅片粘接在动光栅架上；

2）目视十字刻线对准来实现定位，如图 2 所示；

3）在轴系装完后，调整静光栅片位置来实现两段弧线的圆心对准。

可以看出，动光栅片与扫描轴同心是保证光栅编码器精度的前提，从实践中看，第 1 步造成的误差对整个精度影响较大，且轴系安装完成后，无法调整。

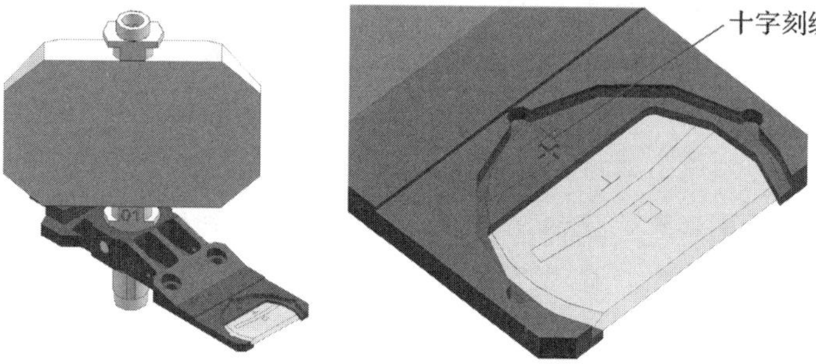

图 2　动光栅片位置示意图

3　改进方法

改进后的装调方法是，用动光栅条纹刻划区的弧线直接与扫描轴的轴线对准，如图 3 所示，相对原有方法少了一个环节，对准精度更高。具体过程如下：

1）在动光栅架的扫描轴孔的圆上找八个点，拟合出一个圆，得到圆心坐标；

2）将动光栅片粘接到相应位置，目视对准（粗调）；

3）在弧线上均匀选取五个点，并测量这五个点到圆心的距离 $R_1 \sim R_5$；

4）确认五个距离 $R_1 \sim R_5$ 在图纸要求范围内（50.9±0.1 mm），且如果五个距离相差超过 0.01 mm，则调整动光栅片位置，直至满足要求。

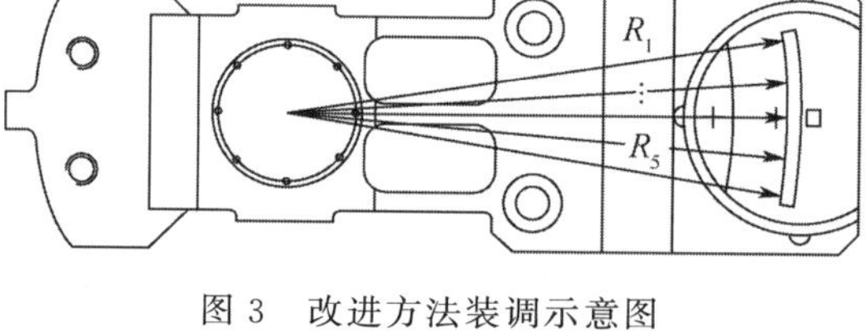

图 3　改进方法装调示意图

4　误差分析

如图 4 所示，在进行动光栅片装调时，相对于理想位置，动光栅片的误差主要可以分成三部分：

1）动光栅片在 X 方向位置误差；

2）动光栅片 Z 向位置误差；

3）动光栅片（圆形）绕自身圆心的转动误差。

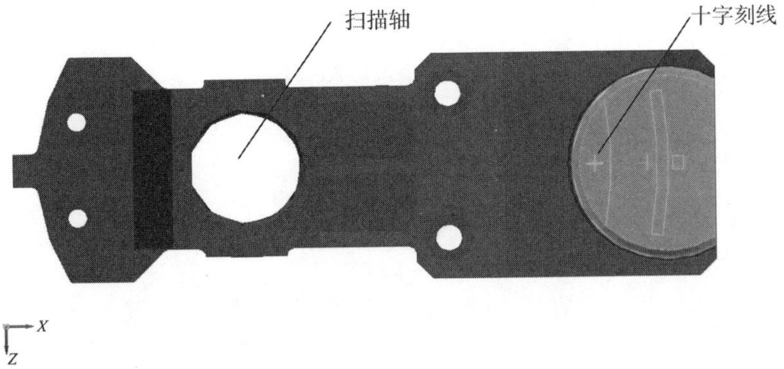

图 4　动光栅片装调示意图

通过分析莫尔条纹形成机理，并结合如图 5 所示的几何误差，建立两路光栅信号的模型，对三种误差导致的两个接收管的 90°相位差的误差进行计算，在窄扫模式下，三种误差造成的 90°相位差的误差如图 6 所示。

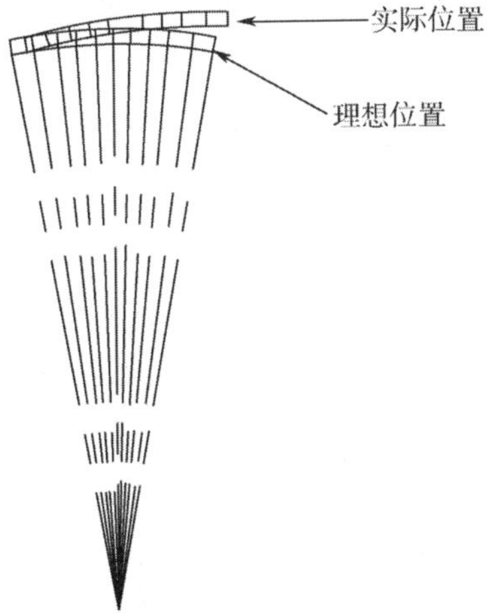

图 5　动光栅片位置和旋转误差

由计算结果可知，动光栅片绕自身圆心的转动误差造成的相位误差（33°）远大于位置误差造成的相位误差（3.6°和 0.096°）。

动光栅架和动光栅片上十字刻线加工位置精度±0.01 mm，刻线宽度的加工精度（0.1±0.01）mm，十字刻线总长是（2±0.1）mm，两个十字刻线的转动误差最大可以达到 $\tan^{-1}\left(\frac{0.01}{1}\right)=0.573°$，两个误差叠加则可达到 1.146°，在窄扫模式下，所产生的相位误差可达 37.8°。

而测量弧线上点到扫描轴线距离 $R_1\sim R_5$ 的方法，则可以通过控制 5 个值的差值（尤其是最外侧的 R_1 和 R_5），来有效控制转动误差，最大值为 $\tan^{-1}\left(\frac{0.01}{2\times 50.9\times \sin 10°}\right)=0.032\,4°$，在窄扫模式下，所产生的相位误差为 1.07°。

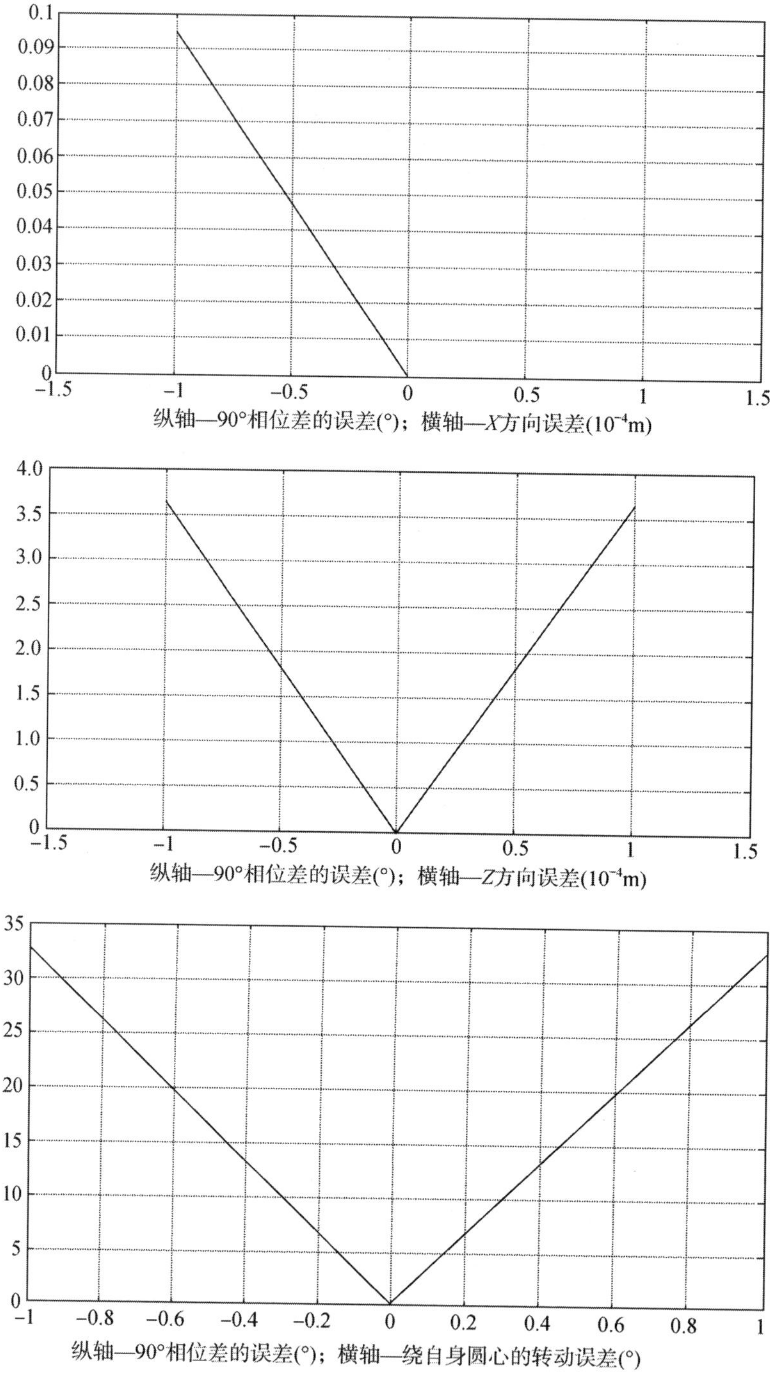

图 6　窄扫时的相位误差分布

5　结论

在十字刻线对准时，容易造成动光栅片绕自身圆心的转动，而采用动光栅片上弧线与扫描轴轴心直接对准，可以有效避免这种误差，从而提高相位差精度，相位差可以控制在90°±3°范围。改进前后的李萨如图形如图7所示，可以看出有明显改善。

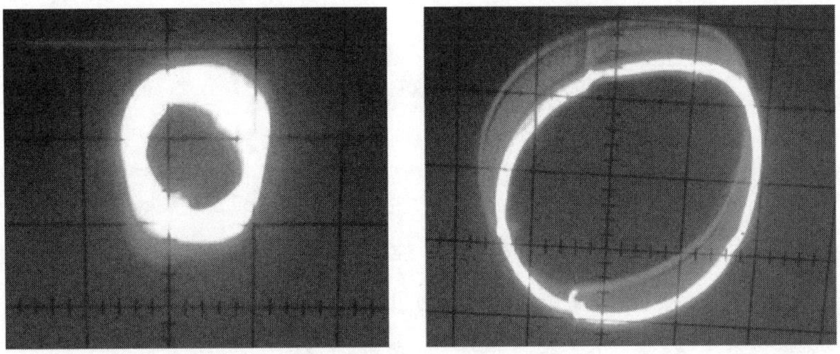

图7　改进前后李萨如图形

参考文献

[1] 谭民涛．IRES－SWS－1B地球敏感器正样设计报告．2012

[2] 叶盛祥．光电位移精密测量技术．成都:四川科学技术出版社,2003.

双组元推力器铠装加热器制作的关键技术

孙　超　冉　鹏　姜　鹏　任江英
航天五院502所

摘　要　双组元推力器热控装置主要是由铠装加热器组件和热敏电阻的预处理（氩弧焊接引线）、热控外罩等辅助材料的制作、热控相关零件的安装与压紧、硅橡胶的固封等多工种串行工序组成的。热控装置能有效地防止燃烧剂和氧化剂之间温差过大。

关键词　热控装置　铠装加热器组件　铠装加热丝　脱头　固封　熔焊　固化包装

1　概述

双组元推力器是空间飞行器推进系统的关键部件和最终执行部件，为飞行器提供轨道控制和姿态控制所需要的力和力矩，使其在寿命期间完成姿态控制和位置保持。其热控装置的作用是防止液体推进剂冻结，同时防止燃烧剂和氧化剂之间温差过大，是影响推力器是否正常工作的关键部件。其主份与备份也是双组元推力器的重点和难点，直接关系到整机的在轨性能和使用寿命。

鉴于双组元推力器热控装置研制生产过程中，存在保持性能一致性问题和铠装加热器组件研制生产周期进一步优化调整问题，通过本文解决铠装加热器制作这个重点、难点问题。

2　推力器铠装加热器组件主要技术要求

铠装加热器组件满足以下参数要求：

1）铠装加热器最终阻值；

2）制作过程中绝缘电阻。

3　推力器铠装加热器组件制作要点与难点的分析

3.1　保障脱头过程中加热丝的绝缘与阻值

铠装加热丝极为“脆弱”。考虑到铠装加热丝的特性，结合生产实际以及军工行业产品工作的现状，铠装加热丝脱头工作还是要依赖手工脱头的方式。

加热丝与外皮夹杂镁粉以达到绝缘的效果。外皮一旦破损，则会影响到整根加热丝的绝缘。脱头过程中也极易损伤铠装加热丝，使其阻值发生不规律变化。由此可见寻求好的脱头方法对于制作铠装加热器组件极为关键。

3.2 保障固封过程中的完全密封

固封环节是保障铠装加热丝密封、防潮的环节。此环节的成功与否直接影响铠装加热丝的阻值与绝缘。

铠装加热丝固封过程中，如何保证加热丝在点胶中的胶球均匀、无偏移、无气泡、无针孔、无过大或过小是固封的重中之重。

3.3 保障熔焊过程中焊球的质量

铠装加热丝的熔焊是整个铠装加热器组件制作的关键，针对加热丝纤细及易损伤的特性，熔焊过程中会有许多微小的细节影响最终的成果，如焊球出现虚焊、被氧化。由此可见，掌握熔焊过程的诀窍，充分理解熔焊设备的性能，对于熔焊工作和获得最佳的效果是至关重要的。

3.4 保障封头及固化包装完整性

固化包装为整个过程的最后一步，铠装加热器组件的整体协调及最后的外观美化将在这里体现，好的技巧能够促使铠装加热器组件完美的闭环。

此步骤包装时焊点易受力可能造成开焊；放置时注意保护铠装型电加热器焊点及芯丝。

4 推力器铠装加热器组件绝技与诀窍

4.1 铠装加热丝脱头诀窍与技巧

脱头时借助绝缘扁嘴钳或钢丝钳垂直于铠装加热丝轴线方向夹扁，沿垂直的方向再夹扁，反复多次。然后，利用绝缘柄扁嘴钳或钢丝钳将铠装加热丝端待脱外皮部分夹紧，左右弯曲，直到待脱落的外皮与整根加热丝断裂，小心剥落外皮。切口整齐且加热丝完好无损。脱头如图 1 所示，局部脱头如图 2 所示。

此法实际操作中不仅能保证待脱头铠装加热丝其他外皮部分不受任何外力的影响，被夹掉的外皮部分还能保护脆弱的加热丝不受到钢丝钳的夹力，保证加热丝不受到损伤，从而达到了绝缘的最佳效果。既强化了整体的美观也极大地提高了工作效率，在实际操作中效果显著。

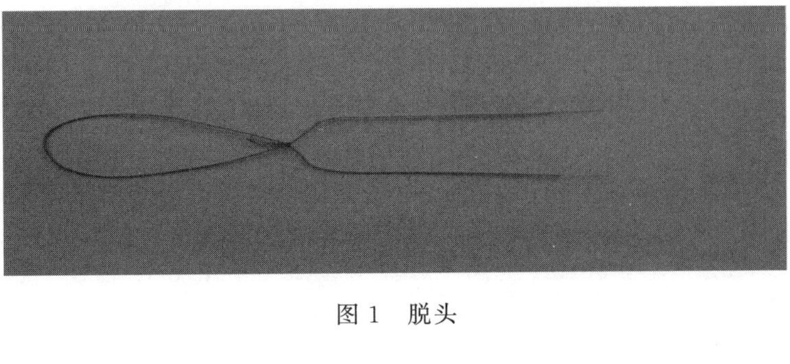

图 1　脱头

图 2　脱头（局部）

4.2　铠装加热丝固封诀窍与技巧

铠装加热丝的固封过程中，如何保证固化的胶球达到最佳的效果是整个过程的关键。

实际操作中采用“少量多次”的固封点胶法，点胶的次数可分为多次，每次的点胶量“点到为止”即可。点胶时考虑到重力及电热鼓风干燥箱的风向问题，把握好点胶位置。烘干后要及时观察胶球的形状，确认补胶的次数，从而确保胶球的形状及整体的密封。

此种新型铠装加热丝固封技巧可有效地控制胶球的形状、大小及其整体的密封效果。固封效果如图 3 所示。

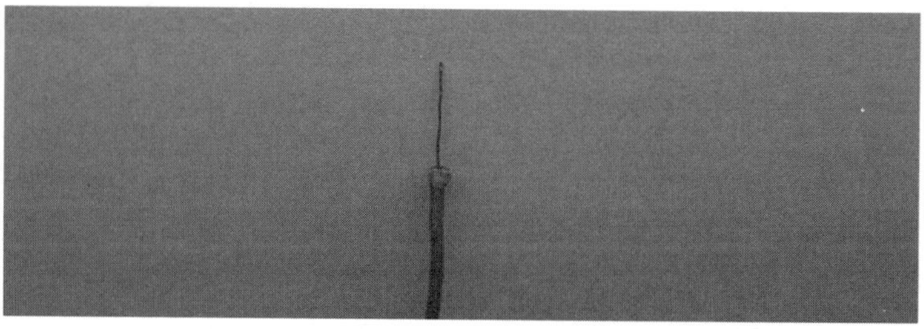

图 3　固封效果

4.3　铠装加热丝熔焊诀窍与技巧

把脱好外皮的引线一个端头的铜丝按其数量均匀分成两股，均匀拧紧，严密缠绕加热管芯丝。用氩气保护电弧焊把铠装加热丝的芯丝与引出导线铜丝缠绕段熔焊成一个光滑的圆球，并且采用“多次数，少接触”的方法焊接。

此法熔焊出来的焊球光亮、圆润、无虚焊，如图 4 所示。

图 4　熔焊焊接

4.4 铠装加热丝封头及固化包装诀窍与技巧

用适当粗细的热缩套管将铠装加热丝焊点同其氟塑料套管及引出导线（包括引线外皮）一起热缩保护，在引出导线上装好临时标记牌。封头及固化包装如图 5 所示，局部效果如图 6 所示。

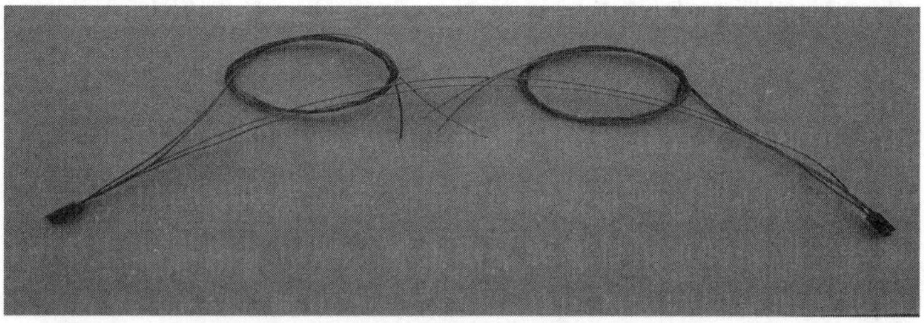

图 5　封头及固化包装

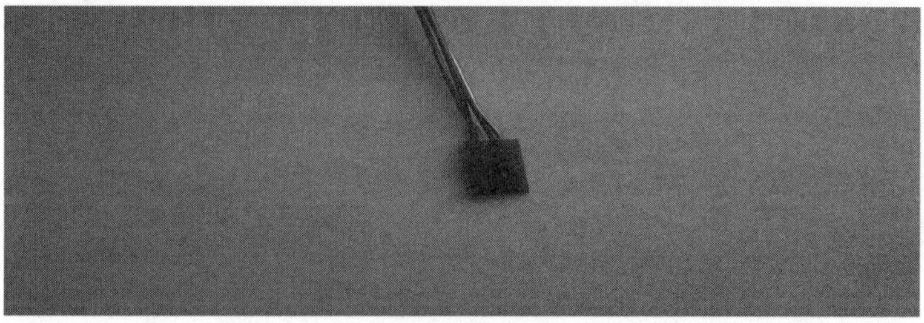

图 6　封头及固化包装（局部效果）

5　推力器铠装加热器组件诀窍对产品性能影响的分析与思考

铠装加热器组件装置制作及安装过程中，能较好地保持铠装加热器装置在整个过程中良好的性能指标，能准确无误地体现铠装加热器在整机测试和在轨飞行中测量出的精确数值，达到设计要求和产品状态要求。

铠装加热器组件成型的质量：在轨飞行的飞行器中双组元推力器已经成功飞行十余年，满足设计时铠装加热器性能要求，达到在轨飞行无异常状态，已经成为当前飞行器中可靠信得过产品。

技巧实现了从产品个体到组件到整机的快速转变，同时也符合了当前的科研生产要求，保证了整机热控装置装配过程中的快速操作和质量提高。在安装形式的实验过程中达到完整、固定、致密，保证了产品的性能质量和可靠性要求。

6　结论

双组元推力器是双组元推进系统的关键部件和执行部件，其性能的优劣和可靠性的水平对整星的成败有着非常重要的影响。自 20 世纪 80 年代开始研制双组元推力器产品，现已经广泛应用于各种地球轨道卫星、月球探测器、外太空空间飞行器等，作为飞行器关键部件之一，双组元推力器的寿命已经成为整星的关键参数。

事实证明，此种铠装加热器装置的制作方法，经过数年的在轨飞行，能够有效地控制铠装加热器总体阻值及始终保持绝缘的稳定状态，为发动机保持良好的工作奠定坚实的基础。特别是在保证铠装加热器的绝缘稳定方面，我们创新了某种固化胶多次固封、真空烘干的技术，与其他方法相比具有突出的可靠性、安全性，在实际应用中表现出色。

TG－1单框架控制力矩陀螺框架轴承精确加载方法

路　鸿　闫素娜　伏　蓉　褚天阔　李雪峰
航天五院502所

摘　要　单框架控制力矩陀螺是TG－1空间实验室姿态控制分系统关键控制部件，它通过一个高速旋转的转子来获得一定的角动量，并通过改变角动量的方向来对外输出力矩。框架轴承组件用来支承框架转子系统，并使框架轴获得360°回转。为使框架轴承组件输出平稳力矩，针对该轴系采用的精确加载方法，其加载精度可达到±10N，应用效果良好。

关键词　单框架控制力矩陀螺　轴承　加载

1　前言

单框架控制力矩陀螺是TG－1空间实验室姿态控制分系统的关键控制部件，它通过一个高速旋转的转子来获得一定的角动量，并通过改变角动量的方向对外输出力矩。框架轴承组件为高速转子系统提供框架轴的支承，使框架轴可以360°回转。框架轴承组件的摩擦力矩的大小以及平稳性直接影响到整机输出力矩的精度指标。框架轴承组件的摩擦力矩大小以及平稳性主要取决于轴承预载荷的施加情况，预载荷过大会增加摩擦力矩和功耗，预载荷过小，会导致轴承脱载，运转不平稳，进而影响整机性能和寿命。因此，框架轴承施加精确的预载荷决定单框架控制力矩陀螺产品性能，控制力矩陀螺框架轴承的预载荷名义值要求为150N，施加精度要求达到±10N以内。

2　框架轴承组件结构

单框架控制力矩陀螺框架轴承组件采用组件化的成对角接触轴承使转子系统获得支承，组成如图1所示。座套固定在基座上获得支承，使主轴实现360°回转，通过内、外固紧螺母实现对轴承以及内外隔圈的固紧，框架轴承采用O型配置并构成独立的硬预紧系统，内外隔圈用来分离轴承，并通过调整其高度差来调整轴承预载荷，最终达到载荷要求F。

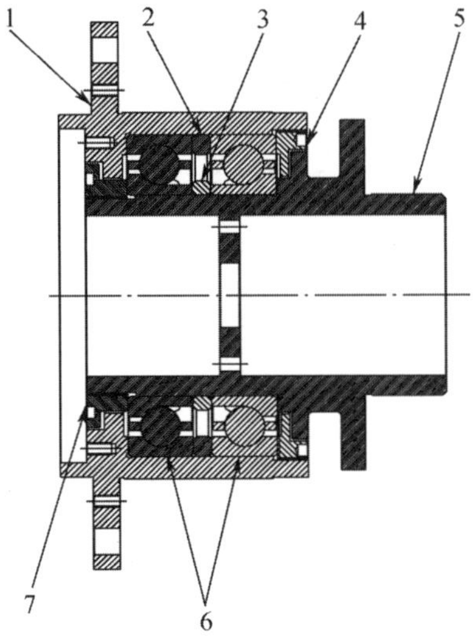

图 1　框架轴承组件

1—座套；2—外隔圈；3—内隔圈；4—外固紧螺母；5—主轴；6—轴承；7—内固紧螺母

3　常用的轴承预载荷控制方法

3.1　传统方法

1）测量轴承凸出量并修磨配对；

2）测量轴承组配后的摩擦力矩；

3）测量轴承套圈端面和外隔圈端面摩擦力；

4）测量轴承轴向位移量。

以上方法由于受工装精度、人为操作、系统误差等影响，加载精度均无法满足框架轴承精确加载要求。

3.2　初样阶段框架轴承预载荷测量方法

在单框架控制力矩陀螺产品初样研制阶段，采用的是测量框架轴承凸出量并修磨配对的方法，并在装成轴承组件后，测量框架轴承组件的摩擦力矩加以修正。

由于轴承凸出量实际测量误差较大，需要多次测量取平均值来减小系统误差。组装轴承组件后，测量摩擦力矩反映的轴承预载荷又经常与轴承凸出量反映的预载荷不一致。实际装配中，难以准确判断，延长了测量周期，一套框架轴承组件的预载荷周期至少需要 15 个工作日，且难以保证预载荷精准。

4　框架轴承加载原理

综上所述，传统的加载方法均不能满足控制力矩陀螺框架轴承精确施加预载荷的要求。通过比较上述加载方法的优缺点，结合框架轴承组件的结构特点，在产品正样研制阶段，经过攻关，确定了框架轴承新的加载方法。

测量原理为：将成对轴承、内加载环固定在一个稳定芯轴上，测量出轴承内环与内加载环之间的绝对高度，然后把成对轴承和内、外隔圈组合到一起，对轴承施加连续增加的轴向载荷，通过压力传感器监控施加于轴承上的载荷，通过位移传感器测量轴承定位的相对位移来判断轴承内圈和内隔圈是否接触，当轴承内圈和内隔圈接触时，停止增加载荷，这时施加到轴承上的轴向载荷，即为成对轴承的预载荷。

根据测量原理研制了控制力矩陀螺框架轴承加载设备和工装。设备测量部分主要组成如图 2 所示。定位芯轴的位移值通过位移传感器测量，加载系统的导向系统采用空气轴承，通过压力调节实现轴承连续变化的轴向载荷，载荷具体值由压力传感器监测，成对轴承由基座、基座顶板、上定位座以及定位芯轴支承。

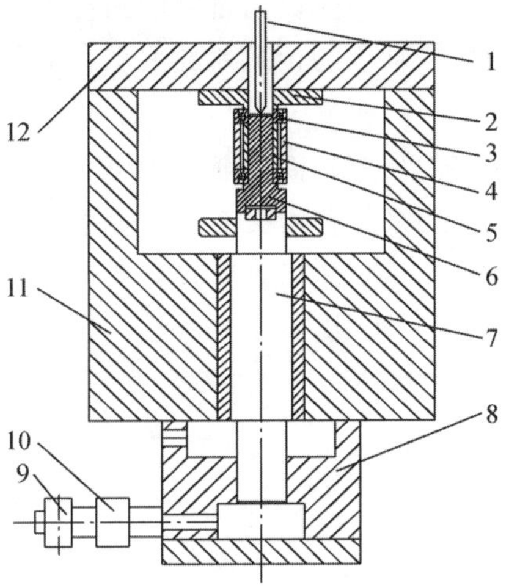

图 2　控制力矩陀螺框架轴承加载设备结构原理简图

1—位移传感器；2—上定位座；3—被测轴承；4—外隔圈；5—内隔圈；6—定位芯轴；7—空气主轴；8—加载气缸；9—精密调压阀；10—压力传感器；11—基座；12—基座顶板

5　框架轴承精确加载过程

在设备和工装研制完成后，通过反复试验优化了加载过程，提高了加载的重复性和精度。优化后的加载过程如下。

5.1　加载前的准备

1）轴承及工装的清洗。对轴承及相关加载工装进行清洗，避免多余物及污染源的存在。

2）内外隔圈的研磨。修研内、外隔圈到高度基本一致，保证端面平行度不超过 0.5 μm。

3）轴承的配对。根据轴承接触角以及轴承的内外径尺寸相近的原则对轴承进行合理配对。

5.2 加载过程

1）设备预热。减小电气漂移对加载精度的影响。

2）零位的调整。零位是指将轴承内圈和内隔圈接触时的位移值作为基准值，零位的调整是确定这一基准值的过程。把上下轴承、内隔圈依次按顺序组装在定位芯轴上，把定位芯轴放置在空气主轴的端面上，将定位芯轴上升，使位移传感器接触到芯轴端面中心位置。调节精密调压阀施加一定的载荷，转动空气轴承 2～3 次，保证各端面压紧。重复观察定点位置的瞬时位移值，若位移值稳定，则确定零位。

3）加载。把上下轴承、内隔圈、外隔圈依次按顺序组装在定位芯轴上，不断增加载荷，当显示的瞬时位移值为校零位移值时，这时显示的压力值即为轴承预载荷值。

为了进一步分析测量的准确性，还可以通过刚度测量的方法测量轴承的预载荷，并通过分析位移随载荷的变化率来判断轴承的预载荷的大小，也可以通过图像更直观地分析预载荷的测量值。

正确判断测量曲线图中拐点的位置，需要兼顾轴向变形量的测量数据、轴承轴向载荷和轴向变形量的关系曲线。实际测量过程中关系曲线不是理论状态，拐点的位置需要根据曲线进行判断，一般将两次测量曲线对比后判断预载荷具体值（如图 3 所示）。

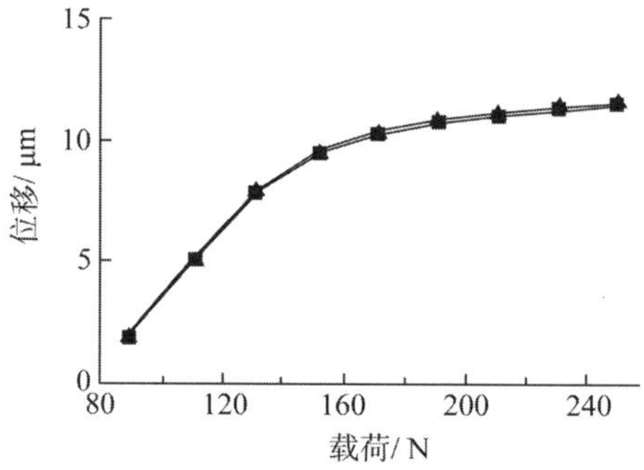

图 3　加载曲线

4）再次修研。测试预载荷 F' 不在要求范围之内，修研量根据成对轴承的测量刚度 K，测量所得预载荷和规定值之间的差值计算得出：预紧力小于 F，实测预紧力 F'，则修研内隔圈，修研量为：$2(F-F')/K$；预紧力大于 F，实测预紧力 F'，则修研外隔圈，修研量为：$2(F'-F)/K$。

5.3 加载精度

上述方法的加载精度主要受位移测量精度和载荷施加精度的影响。

1）位移测量精度保证。位移传感器的重复性误差为 0.01 μm，通过把位移传感器测点位置调整到尽量通过轴承的回转中心，保证被测零件和定位零件的精度，保证位移测量精度达到±0.25 μm。

2）载荷施加精度保证。为了保证载荷施加的精度，加载系统的导向系统使用空气轴承，一方面保证成对轴承的旋转精度，另一方面保证加载系统的导向精度。

空气轴承的导向长度远远大于被测组件高度，因此载荷施加精度主要决定于空气主轴的端面跳动。在设备的研制过程中，已保证空气主轴的端面跳动小于0.5 μm，这样就可以保证载荷施加精度。

影响载荷施加精度的另一个因素是内外隔圈的平行度，内、外隔圈平行度均控制在0.5 μm以内。

3）轴承加载精度。如前所述，轴承加载误差由位移测量精度、空气主轴的端面跳动和内外隔圈的平行度三部分组成，因此整个加载过程累积误差为：0.25＋0.5＋0.5＝1.25 μm。

成对框架轴承的平均刚度约为7.5N/ μm，因此加载误差约为1.25 μm×7.5 N/ μm＝9.3N，加载精度优于±10 N。

6　预载荷的精度判断以及异常情况处理

为了进一步分析测量的准确性，还可以将测量结果作图，借助测量曲线更直观地分析预载荷的测量值。

判断测量曲线图中拐点的位置至关重要。一般会出现以下几种情况。

（说明：下列图示中，横坐标的单位为：N；纵坐标的单位为：μm。系列2曲线表示载荷增加过程，系列3曲线表示载荷减小过程。）

6.1　预载荷太大

预载荷太大一般在预期载荷范围内不会出现拐点，轴向变形量大，在测量数据中也能判断（如图4所示）。

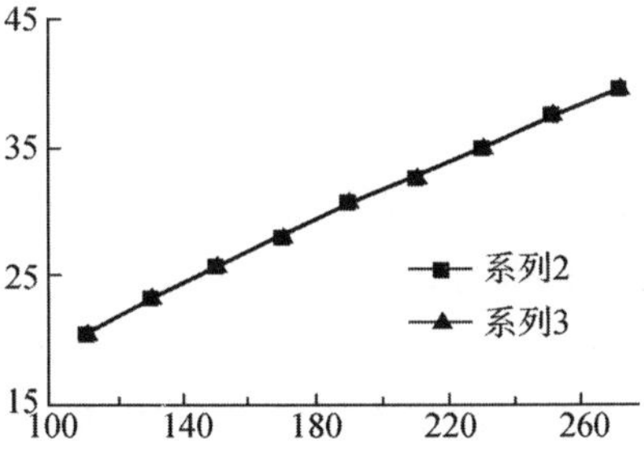

图4　预载荷太大

6.2　预载荷太小

预载荷太小一般是拐点过早出现，在曲线图和测量数据上都可以直观判断（如图5所示）。

载荷增加和减小过程中，如果曲线重合度不好，一般以载荷减小过程曲线为准，在曲线的上升过程中，可能各端面没有完全压紧，随着载荷的增大，间隙消除，下降过程中曲

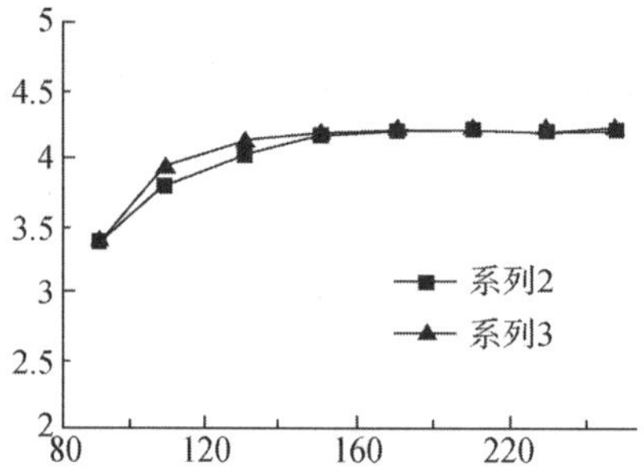

图 5　预载荷太小

线更真实。

6.3　曲线拐点不明确

有些轴承刚度曲线拐点不明显，刚度变化值没有一个明显的台阶，预载荷难以判读，可以采取做切线的方法进行判断（如图 6 所示）。

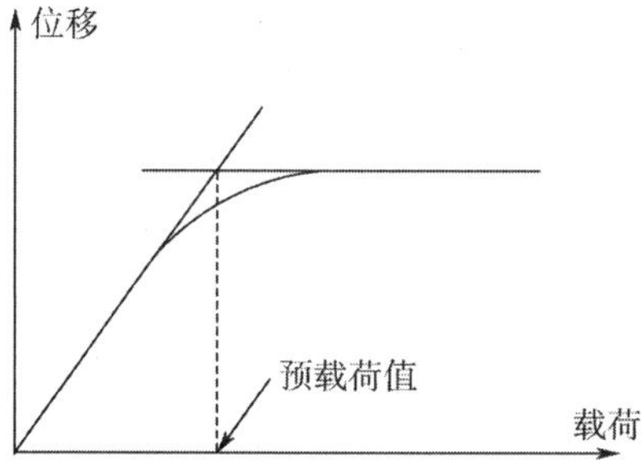

图 6　曲线拐点不明确

7　总结

本文介绍了 TG－1 单框架控制力矩陀螺框架轴承精确加载方法，该方法的特点是能直接测量成对轴承实际工况时的预载荷，减小了测量误差，加载精度可达到±10N，满足了设计要求，并将预载荷周期由 15 个工作日减少到了 3 个工作日。

控制力矩陀螺框架轴承的高精度加载方法已经应用到 TG－1 以及后续型号的累计 19 套产品中，效果良好，框架轴承组件摩擦力矩平稳，输出力矩精度等各项性能指标满足设计要求。目前，该方法也已推广到其他控制力矩陀螺产品和空间机电产品（如飞轮和太阳帆板驱动机构）中，均取得了良好效果，保证了产品质量的一致性和稳定性。

模块化电子机箱装配技术

李晋军　赵连清　闫　杰　徐天达　高　明

航天五院502所

摘　要　航天器电子产品机箱的平面度是一项重要的热控指标，也是产品安装在航天器的重要的机械接口；模块化电子机箱结构复杂、由若干个模块框架依靠阴阳子口拼接而成，加工环节较多，且要求装配后拼接整面平面度，对装配环节提了很高的要求；本文通过对典型模块化机箱加工及装配环节进行了工艺优化，最终保证产品的顺利交付，对同类型产品具有一定的推广应用价值。

关键词　平面度　专用调平胎具　机箱装配　力矩调节

1　引言

航天器电子产品机箱的平面度好坏关系到机箱的导热、散热水平，影响到产品的接口尺寸。而且平面度超差问题在过去的3～4年一直是我所机箱类产品检验和交付验收时，指标超标的主要项之一。

如图1所示模块化拼接电子机箱结构，平面度的要素一般由各个模块框架的底面组成，装配组合后若干个模块框架底面的平面度需整体同时满足平面度指标要求。模块之间的连接形式有三种：长穿钉连接、两两模块螺钉连接，以及长穿钉和螺钉的组合连接方式。模块之间的相对关系可以上下微调，以保证所有模块底面在同一平面上，并满足平面度指标要求。

该结构形式的机箱平面度的实现取决于2个生产环节：零件的加工环节和整机的装配环节，对整机装配环节的操作水平要求很高。

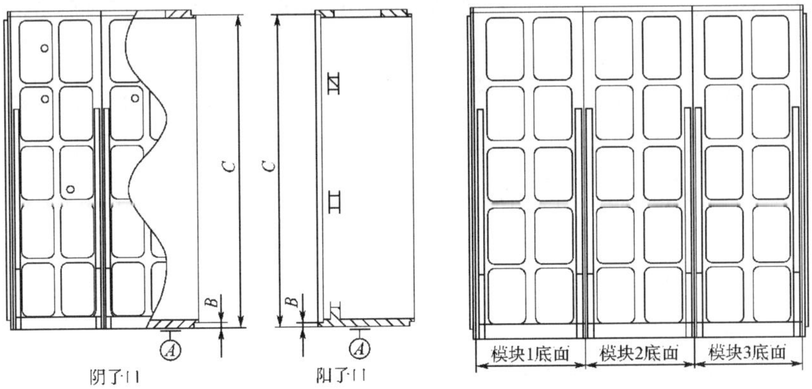

图1　模块化电子机箱设计结构

2 技术难点

如图 2 所示 GADU－1 机箱为近年来研制的外形尺寸较大的模块化机箱，在模块化机箱中具有很强的代表性，外形尺寸 336 mm×380 mm×263 mm。此类型机箱由 11 块单独模块组装而成，14 个穿钉对称依次贯穿各个模块实现模块间紧固，框架的连接依靠图 1 所示的阴阳子口连接，依据所内平面度检验规范要求，组合后 11 个模块框架底面平面度需要同时满足平面度要求 0.1/100，整机放置在平台上平面度要求 0.1，难度很大。

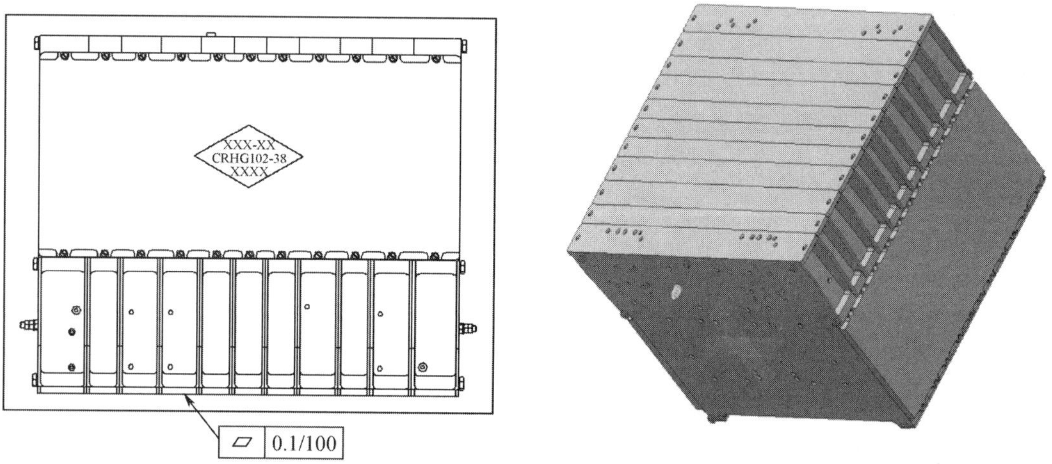

图 2　GADU－1 机箱

技术难点原因分析：

1）机箱外形尺寸大，11 块框架装配后平面度只要有一处不合适，整机即难以交付，而且 11 个框架相互有作用力，调平到最佳状态难度很大；

2）加工环节保证每个框架底面 0.1/100 基础上，难免有累计误差的存在影响整机的平面度；

3）零件加工环节的残余应力、整机装配环节的装配应力导致平面度难以满足指标要求；

4）以往装配师组装过程中，基本依靠人工手动装平，调整穿钉的装配顺序时，框架之间相对容易滑动，底面受力不均，在整个穿钉调节期间没办法观测底面平面度变化。

综合以上原因，从零件加工环节、装配环节进行工艺优化。

3 技术优化方案

3.1 加工环节粗、精加工工序拆分

零件加工环节对框架底面平面度提工艺加严要求，设计要求 0.1/100，工艺加严为 0.08/300。

框架底面加工采用粗、精加工工序拆分的原则，工序之间增加 1～2 道时效热处理工序，尽可能消除加工残余应力。半精加工时所有模块框架底面留余量 0.3 mm，精加工工序采用特定机床、特定人员将 0.3 mm 余量去除。如图 3 所示，半精铣主视图时支耳底面留余量 0.3 mm，精铣工序支耳底面余量一刀完成，保证底面平面度 0.1。

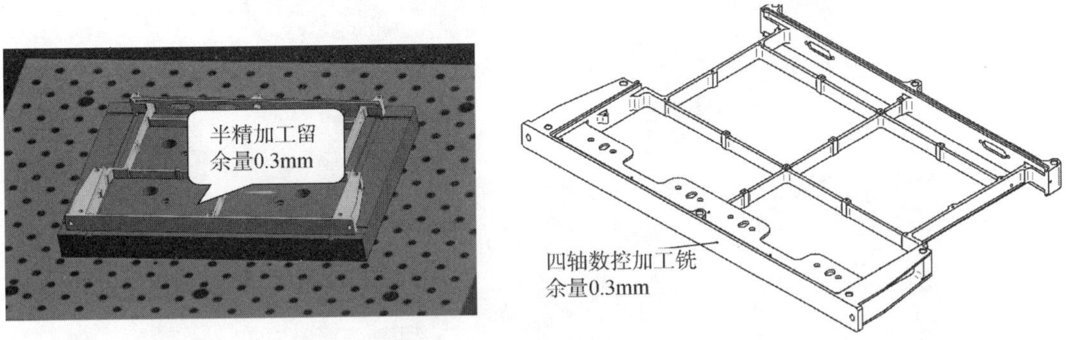

图 3　半精铣、精铣加工示意图

3.2　装配环节设计专用胎具

专用胎具的设计如图 4 所示。依据机箱设计规范，所有框架以底面为基准，为保证装配时底面受力均匀，制作胎具，上下表面研磨成型，以底面 22 处支耳安装腰型孔为基础配加工 22 处 M4 螺纹孔，整机调平时预紧机箱，使调平时不随意滑动，同时方便对整机平面度进行实时观测。

图 4　专用胎具的设计

3.3　优化装配方案

结合设计胎具、经过多次调平试验，最终摸索出较优的螺钉安装顺序及拧紧力矩数值。

胎具使用要求：在整个调平过程中，始终将该机箱固定放置在胎具平台上，对平面度进行实时监测，保证该产品的底面各方面受力均衡。

1）首先测量每个框架的底面平面度（如图 5 所示），用 M4 螺钉将 11 块框架分别预紧在胎具上，保证支耳底面与胎具面紧贴；

图 5　框架的装平

2）以此类推，将 11 个框架安装在胎具表面，确保内六角螺钉紧固无松动；

3）安装穿钉的顺序（如图 6 所示），将 14 个穿钉微微预紧，对称预紧底面 3 处 6 个穿钉，接着预紧中间部位 3 处 6 个穿钉，此时微微松动腰型孔处内六角紧固螺钉；

4）拧紧过程中时时测量各处平面度，不妥之处优化调节；

5）拧紧机箱顶面 3 处 6 个穿钉；

6）按照穿钉调整顺序 2）～5）反复调平多次；

7）拧紧力矩参考数据 2.4～2.6 N·m。

图 6　穿钉的拧紧顺序

4　应用效果

检验人员按照《机箱平面度检验规范》要求对22处耳朵、整机底面进行平面度测量（如图7所示），刀口尺检查满足0.1/100，整机测量满足0.1要求。此方法对于GADU－2、GADU－4、GADU－3等标准化模块化机箱加工积累了宝贵的经验，具有很强的推广价值。

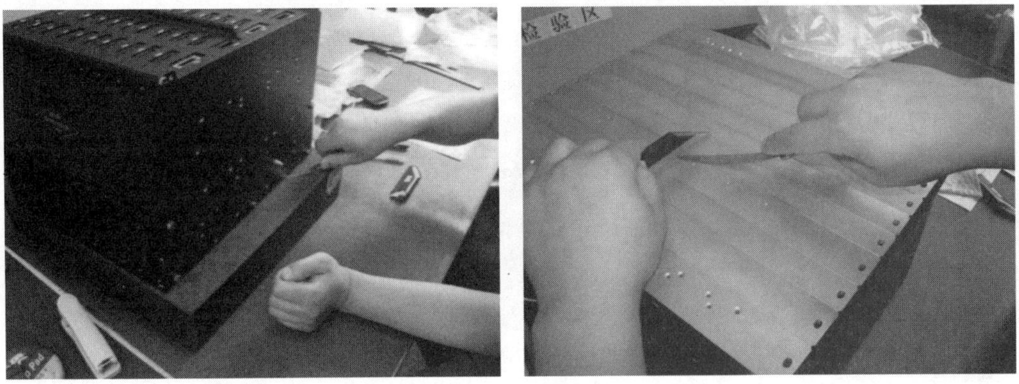

图7　平面度的测量

5　总结

本案例分析了造成模块化机箱平面度超差的主要原因，通过加工环节增加控制残余应力措施，装配环节摸索了较优的调平方法，最终保证产品平面度要求。

我所电子机箱产品整星安装底面设计结构差异较大，包括左右侧板支撑结构、模块化拼接结构、底板结构、深腔壳体结构。针对不同设计结构，我所制定了电子机箱平面度设计规范、电子机箱平面度检验规范及电子机箱结构件加工工艺规范等。主要工艺措施有：使用机械拉伸后的预拉伸板原材料，加工过程中适用性增加模冷压、时效、深冷热处理工序消除残余应力；装配环节提出了拼接式底面装配后飞平、设计专用调平工装、经验积累逐渐固化不同架构机箱螺钉紧固顺序等，应用过程中取得了不错的效果，基本保证了产品的顺利交付。

大型弹伞筒的装配技巧

张博宇　刘媛媛　刘晓刚
航天五院 508 所

摘　要　弹伞筒属于弹射类火工装置，本文对某大型弹伞筒在装配过程中遇到的问题进行了分析，找到了制约装配质量的三个主要影响因素：涂油工艺、长行程的活塞—外筒结构装配、剪切销孔对齐。并针对每种影响因素提出了问题解决方案，通过几种对策方案实施对比，解决了现有大型弹伞筒装配的难题。本文提供的这些解决问题的思路在此大型弹伞筒产品装配工作中达到了提高装配质量和效率的目的，为今后同类产品的装配工作提供了借鉴经验。

关键词　弹伞筒　装配　O 型圈　摩擦力　剪切销

1　引言

弹伞筒作为弹射类火工装置，目前广泛应用于航空、航天及武器型号回收着陆。产品具有结构简单、可靠性高、适用范围广和安装方便等优点。近年来随着我国航天事业的快速发展，航天型号对大型降落伞的需求也越来越高，降落伞也相应越来越大，作为负责降落伞弹射开伞的主要单机产品，弹伞筒的体积也相应增加。产品体积的增加会对原有成熟的装配方法带来新的问题，下面通过对某型号大型弹伞筒（下文简称弹伞筒）装配过程中实际遇到的问题进行阐述，如图 1 所示。

图 1　某弹伞筒地面试验高速摄像图片

2　弹伞筒装配中的问题

某型号大型弹伞筒结构如图 2 所示，弹伞筒外筒高约 700 mm，内侧直径约 400 mm，是同类产品的六到八倍。主要由筒体、活塞、底座、剪切销等零件组成。从图 3 中可以看出，活塞从筒体顶部装入，装配到位的情况下处于筒体底部，活塞与筒体之间通过筒体上的台阶定位，然后由 8 个剪切销连接。活塞上安装两道密封圈保障弹伞筒工作时内部燃气密封，装配时要求所有零件配合面均匀涂抹润滑脂，保证活塞与筒体之间相对滑动灵活。

图 2　弹伞筒结构示意图（见彩图）

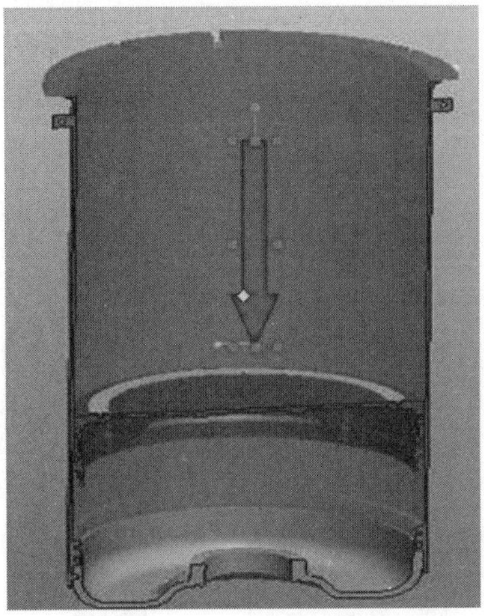

图 3　活塞装配方向示意图（见彩图）

和以往类似结构的弹射结构火工产品相比，此次弹伞筒装配过程中，主要遇到了以下三个问题：

1）外筒内壁均匀涂油：弹伞筒外筒内壁全部为此产品工作时的配合面，其内壁面积大概为：$S_{外筒内面积}=C_{外筒周长}\times h_{外筒高}\approx 0.9\ m^2$，在将近 1 m^2 的筒体内表面，如何实现油脂的适量均匀涂敷，是保证产品后续装配是否顺利的关键。

2）活塞安装到位：弹伞筒设计时由于减重考虑，外筒和活塞均为铝制材料，相对于钢制材料，筒体与活塞表面因阳极化处理较为粘涩。由于外筒体积较大，当活塞与密封圈组件装入筒体时，由于密封圈压缩形变较大，摩擦力也随之增大，因此活塞装配时即使润滑油涂抹均匀也较难直接顺畅装配到位。

3）剪切销孔对齐：当活塞通过将近 700 mm 的行程到达装配预定位置时，如何实现活塞和筒体上 8 个 ϕ 4 剪销孔的定位，使剪切销顺利装配到位，是弹伞筒装配过程的又一个难点。

3　问题的分析与解决方案

3.1　油脂均匀涂敷与装配质量

在弹伞筒的装配过程中发现配合面润滑油脂的用量与均匀度直接影响产品装配质量，如图 4 所示。油脂用量过多时，当活塞装配到位后，润滑脂挤压至筒体根部产生堆积，形成多余物。油脂用量过少或涂抹不均匀，会造成活塞组件推入筒体时卡涩难以装配到位。

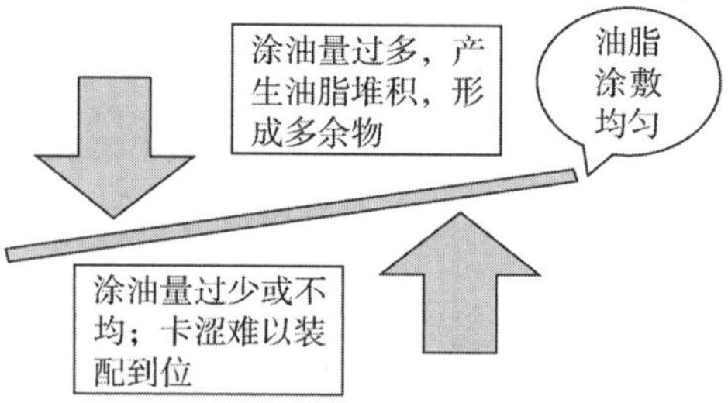

图 4　油脂涂敷影响示意图

经组内讨论，决定采用油脂定量涂抹的方案解决此问题。首先，确定涂油工艺。将筒体如图 5 所示自下而上划分为 5 个区域，设计了如图 6 所示能够夹持纱布的工装，进行涂油操作。该工装主要由伸缩手柄和可拆卸纱布固定轴两部分组成，能实现工装的长度调节和纱布条的快速换模。使用时，先均匀涂敷一个区域以后，换纱布涂抹上一层区域，直到涂完整个筒内壁。涂敷一个区域时主要由涂敷圈数作为参数控制涂覆均匀性。

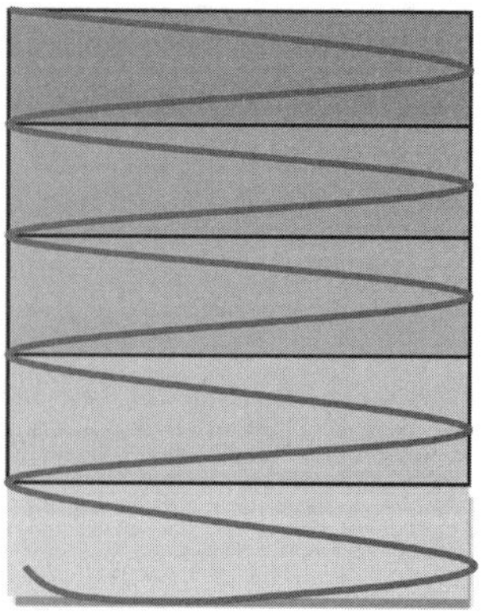

图 5　筒体内壁涂油区域划分

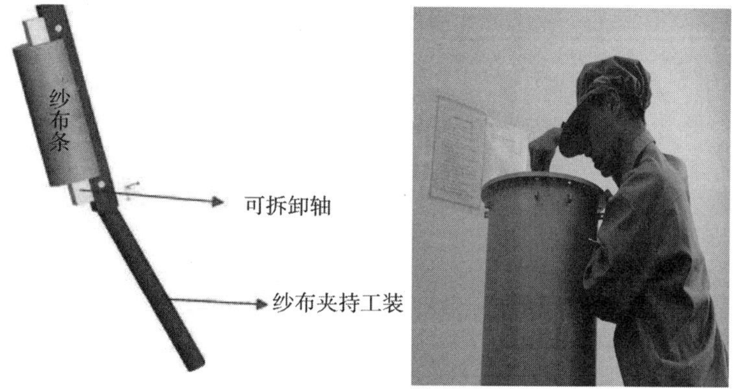

图 6　分段涂油操作图

然后，通过试验精确涂油量。经计算需要涂敷油脂的外筒内壁面积约为 0.9 m^2，根据以往经验，0.1m^2 面积需涂油（3～5）g，因此可计算出此产品单发装配油脂用量在（27～45）g 之间，选取称量 25g、35g、40g 和 45g 共 4 种涂油量进行比对性试验，试验数据及结果见表 1。

表 1　油脂涂敷量对装配质量影响

试验工况设置	涂油量影响（活塞不安装密封圈）			
2＃航空油脂油量	25g	35g	40g	45g
油脂涂敷效果	油脂涂敷不均匀、装配卡涩	油脂涂敷不均匀、装配卡涩	筒壁油脂涂敷均匀、无卡涩	筒壁油脂涂敷过量、堆积
筒壁涂敷面积比	≈73％	≈95％	100％	100％

通过表 1 可以看出，油脂用量选择 40g 时，涂敷效果最好，且不产生涂敷过量、堆积问题。当活塞不安装密封圈时，活塞能够安装到位，且无卡涩现象。

3.2 克服密封圈压缩摩擦力安装活塞

O 型圈靠压力密封，作用于密封圈一侧的压力将密封圈压紧在活塞和筒壁间的环形槽内，橡胶弹性材料受压缩后产生自动的压紧效应，形成接触面间的接触应力来实现密封。其密封原理图见图 7 所示。

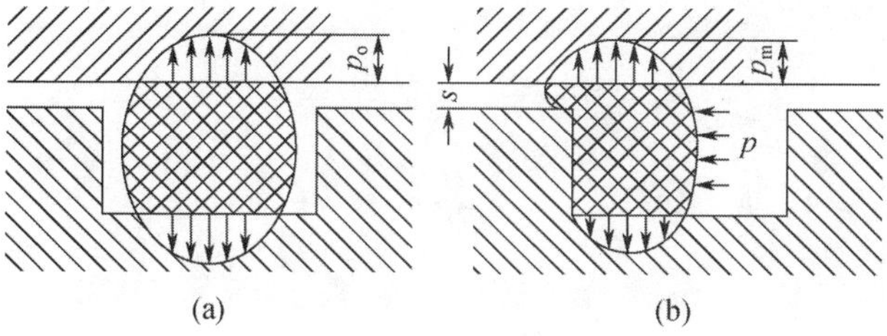

图 7　O 型圈密封原理示意图

由于该型号弹伞筒体积大，密封圈尺寸也相应增大，而且设计采用了两道密封圈的结构，由于密封圈的压缩导致活塞装入筒体后摩擦系数增大成为活塞安装的难点。主要体现在以下两个方面：

1）采取以往人力将活塞直推到底的装配方法较难实现。因为人工装配用力不均可能导致活塞在筒体内部卡死，造成筒体内壁损伤，导致产品报废。

2）由于密封圈装入外筒时的压缩量较大，装配时必须考虑到活塞两道密封圈在通过外筒法兰面时，法兰面边缘对密封圈的损伤问题。

因此通过不断的摸索完善，形成以下装配方法：

1）密封圈和活塞组件在进入外筒法兰面时，用力应尽量平稳、均匀。防止密封圈切伤。示意图如图 8 所示。

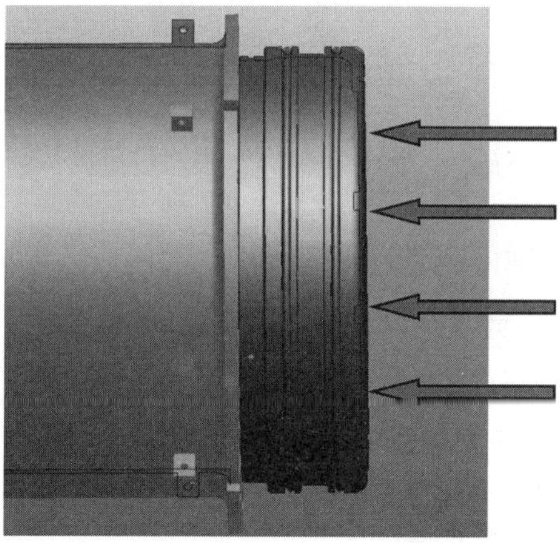

图 8　活塞装入筒体示意图

2）当活塞进入筒体大约 5cm 左右距离后，使用深度尺沿外筒内侧选择 4～6 个点均匀测量与活塞之间的距离，并用橡胶锤调整活塞的平面，使其与外筒垂直如图 9 所示。

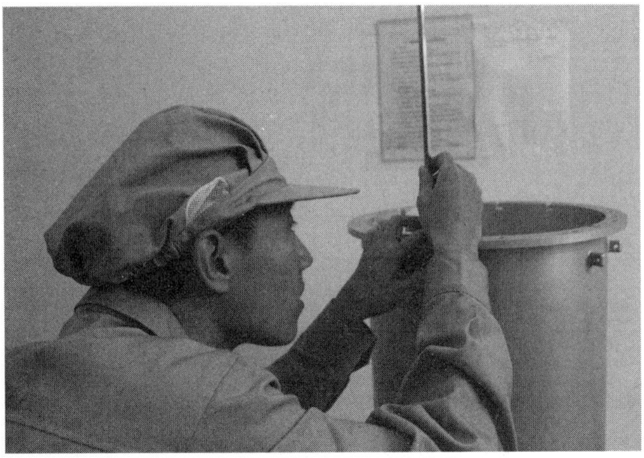

图 9　活塞与筒体保障垂直

3）调整完成后，将伞包模拟工装（约 36 kg）放置在活塞平面上，依靠伞包模拟工装自身重力使活塞匀速下降至装配预定位置。

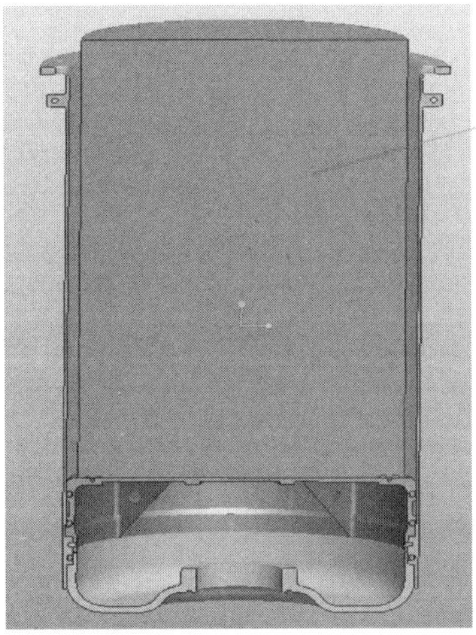

图 10　伞包模拟件提供均匀压力

4）活塞推至接近筒体底部时可能出现活塞无法推到位的现象，这是由于弹伞筒外筒属于薄壁、大尺寸结构，机加完成后会存在局部椭圆现象，当活塞经过较长行程推至筒体底部时，会累积出现微量倾斜。解决方法为：在活塞推至接近筒体剪切销孔端面时留出微小空隙，用塞尺测量在 1 mm 左右，再用橡胶锤调整活塞与筒体垂直，调整完毕后用伞包模拟件将活塞推入筒体底部。

3.3　剪切销孔的对准和装配

由于大型弹伞筒活塞装配的行程较长，装配过程中要充分考虑外筒与活塞剪切孔的方位与孔位问题。主要有以下两个问题：

1）如果剪切销孔在安装时位移偏差大，活塞安装到位时很难转动活塞对准剪切销孔。

2）安装剪切销时，需要将筒体倒置，由于活塞自重形成的轴向力会导致活塞下沉，剪切销孔位置竖直方向产生偏移。

针对剪切销安装遇到的问题，摸索出以下装配方法：

1）首先用不装密封圈的活塞试装确定剪切销孔方位，然后在筒体法兰上做标记，定位活塞装入筒体的方位，如图 11 所示。

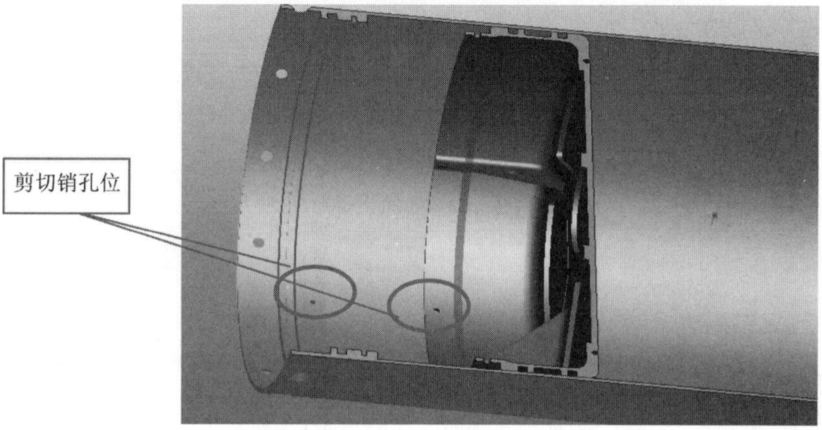

图 11　剪切销孔定位方法

2）将筒体倒置后，将伞包模拟工装置于筒体内顶住活塞，抵抗活塞的下沉力。再用专用工装利用活塞上的 4 条加强筋达到旋转活塞的目的，当筒体与活塞调整至剪切销孔位相对位置时，装入剪切销。（专用工装由四个定位块和十字形施力杆组成，上下两部分工装用八个 M14 螺钉紧固，如图 12、图 13 所示。）

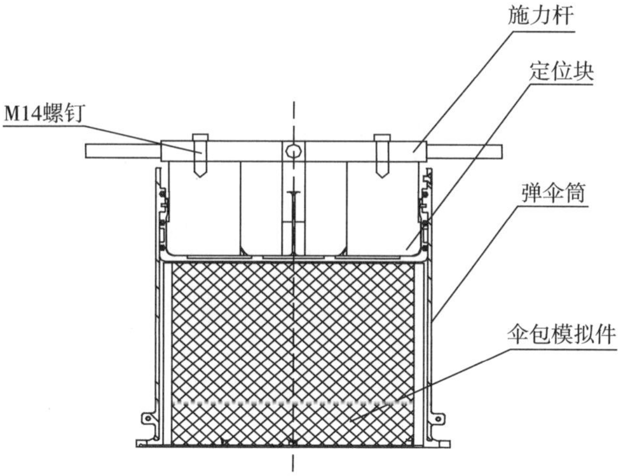

图 12　伞包模拟件顶住活塞

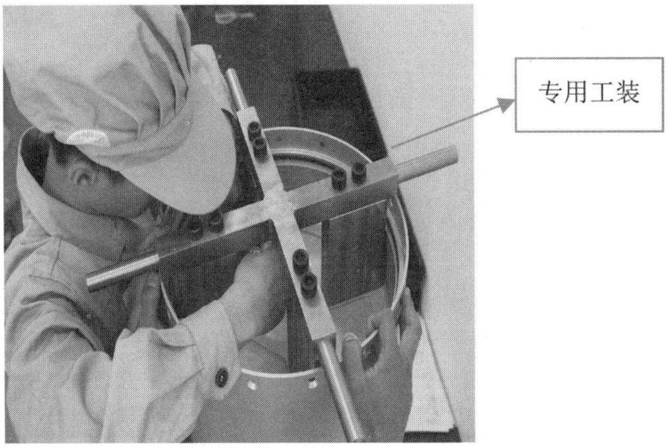

图 13　使用专用工装转动活塞

3.4　小结

通过以上步骤，装配人员通过分析主要问题，讨论方案及实施对策，克服了弹伞筒大型化带来的三个问题，实现了弹伞筒主体结构的安装。

4　结论

本文通过对大型弹伞筒装配操作方法的探索与实践，较好地克服了产品大型化对装配操作带来的困难，圆满地完成了某型号配套弹伞筒的装配任务，达到了提高装配质量和效率的目的，为今后同类产品的装配工作提供了借鉴经验。

导向面伞包伞技术

于尧炳　林汝领　杨　霞　苗思昂　蒋　伟　竺梅芳
航天五院508所

摘　要　本文介绍了一种导向面伞的包装技术。包伞是降落伞生产过程中的关键环节，关系到伞系统能否安全可靠地工作。本文在多年降落伞包伞经验的基础上，分析了导向面伞包伞的技术难点，给出了包伞的技术方案，并以某型号为例，给出了包伞示例，结合高塔投放试验对包伞技术方案进行验证。

关键词　导向面伞　包伞　操作技术

1　引言

降落伞包伞是指通过折叠、填装、封包等手段将伞装入伞包内，以满足给定的体积和几何外形的要求，为确保系统正常开伞、自身不发生缠绕和相互抽打，需要有一定的包装密度。正确的包伞方法可以确保伞系能在预定的时间、高度正常地完成开伞，因此，降落伞包伞是生产过程中的关键环节。导向面伞由于其稳定性好的特点经常作为小型前体回收伞的主伞，但是因为在伞衣中间安排了导向口、伞绳材料采用高强扁带等结构特点，在伞衣填装操作和伞绳清理等工序上需要一些独特的操作技术。

2　降落伞系统介绍

降落伞系统由主伞（导向面伞）、主伞包、引导伞、引导伞包、软伞舱、引导伞连接绳等部件组成，降落伞系统示意图如图1所示。

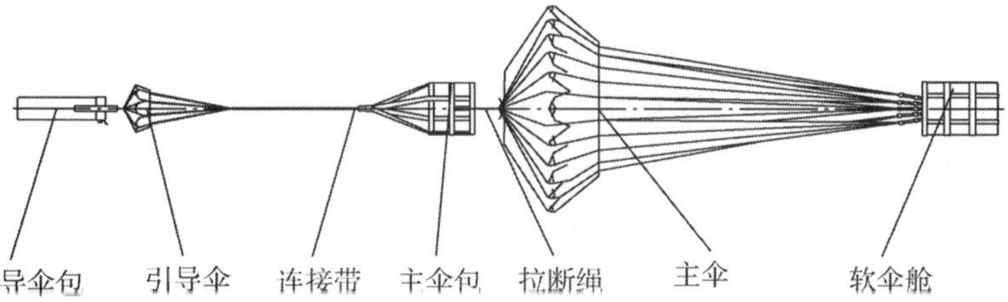

图1　典型降落伞系统示意图

3　技术难点分析

导向面伞包伞的技术难点主要是以下几个方面。

（1）伞衣在伞包内的质量均匀性分布技术

伞衣在导向面伞中质量占比为40%～60%，伞衣装填的好坏直接决定了包伞质量。如果伞衣质量在伞包内分布不均将首先导致伞衣不能全部装填进伞包；其次，导向面伞在伞衣中间缝有导向口和口边加强带，如果造成加强带堆积，在压伞时堆积点的伞衣结构由于受压较大会很容易被压坏。因此在装填伞衣时伞衣的质量分布均匀性在包伞过程中非常重要。

（2）伞绳梳理捆扎技术

伞绳是伞系统的重要组件，伞绳连接着伞衣和减速载荷，在包伞过程中伞绳通过梳理捆扎、编排，并用棉带固定在伞包内壁上，技术难点主要是梳理捆扎和井字形编排固定。开伞时伞绳高速拉出，互相之间发生碰撞摩擦保证伞绳顺序拉出是包伞技术的重中之重。

（3）伞包分区增加包伞复杂性

导向面伞的伞包为细长圆柱形分上下两层，下层放伞衣上层放伞包，上下层之间用封包盖片分隔。此时包伞操作视线被挡不能使用任何工具，要徒手将伞绳束穿过封包扣襻，封住伞衣。

4　技术方案

4.1　伞衣质量均匀分布

导向面伞的伞衣折叠形式如图2所示。折叠时伞衣径向加强带要平直，伞衣幅平坦整齐，不可漏折或边缘内折。导向面伞伞衣折叠的关键点是导向口的分布，伞衣对向的导向口要按扇形展开叠放，间隙小于10 mm，口边加强带排在下方。折叠伞衣为了更顺利地包伞，但伞衣折叠好后其加强带都是重叠在一起的，当向伞包内装填伞衣时加强带所处位置质量集中，容易弄坏伞衣。为避免加强带重叠，要用适当手法去操作，把伞衣平铺在伞包里，这样加强带就会错开，质量可均匀地分布。

操作要点：

1）伞衣按“井”字型分层排列，交叉角处一定要压实；

2）伞衣折叠长度要大于伞包直径10 mm；

3）码放一层后必须用手掌按压找出硬点并铺平；

4）切记伞衣底边伞绳缝纫接点不能插入导向口内。

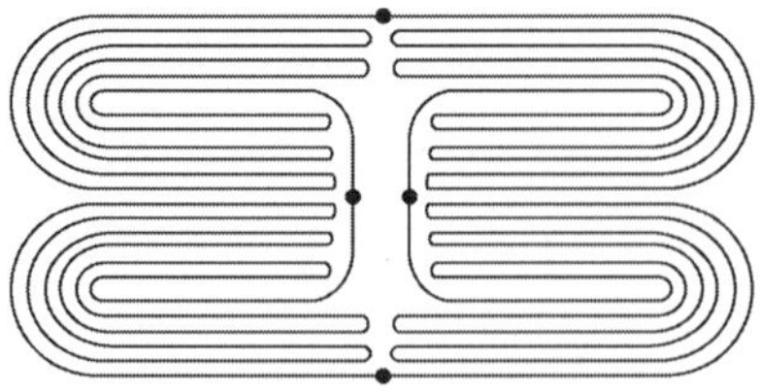

图2　伞衣方形折叠示意图

4.2 清理伞绳

清理伞绳的目的是：检查伞绳从底边到连接带的位置和顺序，消减伞绳扭转圈数使其小于每 10 米 2 圈，去除伞绳由于编织产生的内应力。

具体操作是：打开梳绳夹，从伞衣底部的伞绳端开始按顺序依次将伞绳放进对应的凹槽内，扣好夹子。一只手拿梳绳夹并保持水平，另一只手在前面用手指分开缠绕的伞绳，然后向伞绳的另一端梳理。前进时要上下抖动梳绳夹，可减小伞绳的扭转应力，速度不大于 2 m/s，太快容易摩伤伞绳。梳到伞绳底部后伞绳平行放在桌上 10 min，待释放完应力，每两根伞绳的位置保持在每 10m 内 5 mm 的位置差，伞绳的长度相同。然后每隔 800 mm用 10＃棉线将伞绳捆扎住。

操作要点：

1）梳绳夹在梳理过程中一定不能反转、换位；

2）检查相邻伞绳编号的一致性；

3）10＃棉线的捆扎力不大于 5 N。

4.3 内封包分隔伞衣与伞绳

内封包在装填伞衣与伞绳中间进行，当伞衣全部装进伞包后，放上内封包盖片，将内封包盖片的封包扣襻从伞包内壁对应的两个相邻的内封包耳片的开孔中依次穿出，将伞绳束回折，并使回折的伞绳穿过扣襻，伞绳束穿出扣襻的长度为 50 mm。按此方式依次穿过其余三点扣襻，完成四点内封包。内封包形式如图 3 所示。

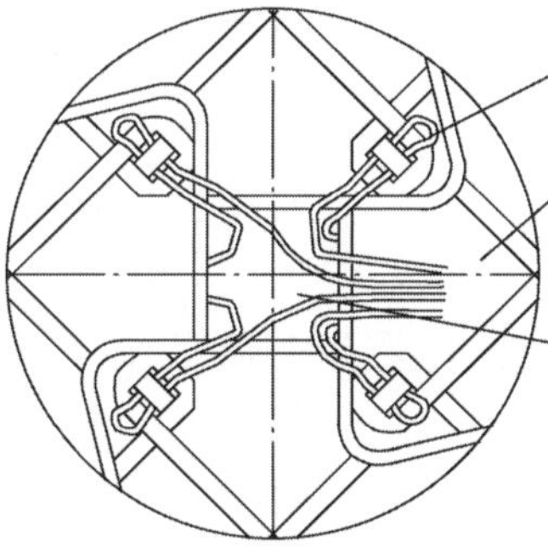

图 3　降落伞内封包示意图

采用内封包形式可以有效减轻伞包下降时伞包口处惯性力，例如：某导向面伞的伞衣与伞绳的质量都为 5 kg，如果不通过内封包将伞衣与伞绳分开，伞包拉动过程中伞包口会受到 10 kg 质量产生的惯性力，使得封包绳受到的载荷较大。如果设置了内封包，内封包会分担伞衣 5 kg 的质量，此时伞包口承担的质量仅为伞绳的 5 kg，这样就能够将封包绳受到的载荷减小一半，降低了封包绳意外断裂的风险。

操作要点：

1）操作者不准留指甲；

2）必须检查伞绳束和封包扣襻的配合松紧度；

3）封包扣襻朝向伞包壁和直径位置相同。

4.4 压力和包伞密度的选取

首先来说，降落伞包装过程中必须采用加压的方式以使其达到规定的体积和包伞密度，压伞时的包装密度与此时的压力值有关，几种典型导向面伞压力包装的数据见表1。

表1 压力包装数据

序号	压力/kN	此压力下的包装密度/(kg/L)
1	5	0.33
2	10	0.53
3	15	0.59
4	20	0.67
5	25	0.69
6	30	0.69

将这些数据拟合成函数为

$$\rho = 0.7 \times \tanh(F/10) \tag{1}$$

式中 ρ——包装密度；

F——压力。

由此得到曲线和点的拟合情况如图4所示。

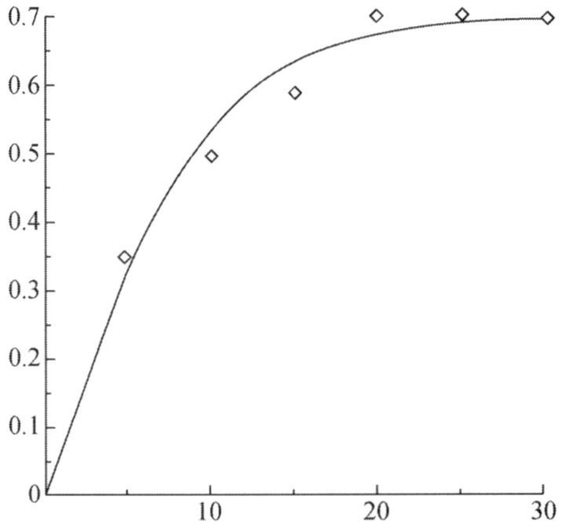

图4 压伞密度随压力变化曲线

在包伞过程中，先选取一个压伞的包装密度，压伞密度应大于降落伞要求的包装密度，然后选取合适的压伞时间。几种典型压力包装的压伞时间数据见表2。

表 2　几个典型导向面伞压伞时间数据

序号	要求包装密度/(kg/L)	压伞密度/(kg/L)	要求包装密度/压伞密度	压伞时间/h
1	0.4	0.45	0.89	1.3
2	0.5	0.6	0.72	1.1
3	0.55	0.59	0.93	1.5
4	0.60	0.63	0.95	1.8
5	0.65	0.67	0.97	2.2

将这些数据拟合成函数为

$$\frac{\rho_1}{\rho_2}=\tanh(t) \tag{2}$$

式中　ρ_1——要求包装密度；

ρ_2——压伞密度；

t——压伞时间。

由此得到曲线和点的拟合情况如图 5 所示。

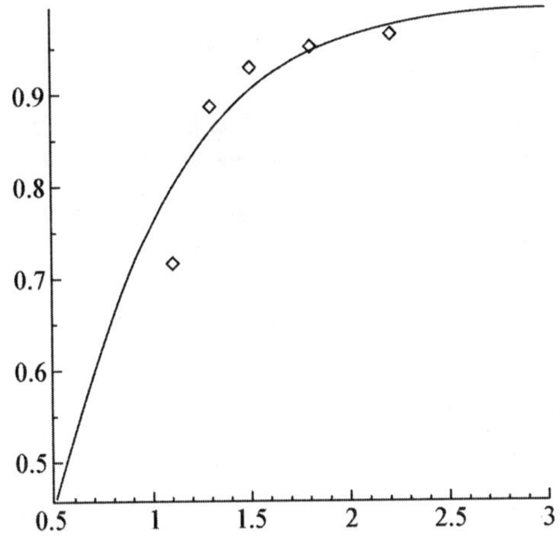

图 5　要求包装密度与压伞密度比随时间变化曲线

因此，得到了导向面伞包装过程中压伞时的包装密度、压力、压伞密度和压伞时间的理论关系，在包伞时可先进行理论计算，以减少包伞过程中的摸索。

5　实用案例

(1) 包伞前准备

某型号导向面伞主伞，零部件及辅助材料配套，包装工具和辅助用品的配套。

(2) 包伞过程

测量质量→整理伞衣→整理伞绳→连接牵顶绳→装填伞衣→内封包→装填伞绳→外封包。

（3）产品质量检测

主伞包直径 ϕ 190 mm，高度 120 mm；包装后的总质量 11 kg；封包绳封口直径≤20 mm；检查工具确保无残余物。

（4）高塔投放试验

降落伞包伞完成后需进行高塔投放试验，高塔投放试验要在没风的条件下进行，将伞放到 110 m 高塔上，然后投放，观察记录降落伞的开伞状态。试验结果降落伞能够顺利地完成出伞，达到了预期目的，证明通过以上技术方案进行包伞可靠，高塔投放试验示意图如图 6 所示。

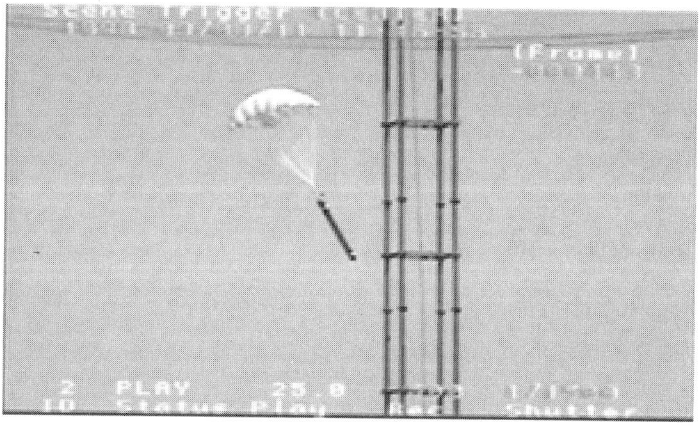

图 6　投放试验示意图

6　结束语

包伞是降落伞系统生产过程中的关键环节，本技术为全手工操作并在大量的批产包伞中进行了优化，使本技术具有较强的适用性。对不同类型的导向面伞的包装有一定的指导意义，其他降落伞包伞可参考。

参 考 文 献

[1]　王利荣．降落伞理论与应用．北京：宇航出版社，1997.

[2]　降落伞技术导论．北京：国防工业出版社，1977.

[3]　Phillip R D. Evolution of the ringsail parachute. 15th Aerodynamic Decelerator Systems Technology Conference, Toulouse, France, June 8 - 11, 1999.

光学遥感器调焦机构交叉滚柱直线导轨装配技术

张志刚　李文广　刘利枝
航天五院 508 所

摘　要　交叉滚柱直线导轨由于结构紧凑、精度高、承载力大，在航天光学遥感领域获得广泛应用。本文根据产品应用设计工艺性要求，研究了交叉滚柱导轨的结构特点，并根据产品特性，针对 THK 公司生产的 VR 型交叉滚柱导轨进行了装配技术难点分析，提出实际操作解决办法，总结了交叉滚柱导轨的装配工艺技术措施和装配技巧。

关键词　调焦机构　交叉滚柱直线导轨　导轨压条

1　引言

随着我国航天遥感器的发展，光学系统焦距增长，焦面尺寸随之加大，很难实现焦面调焦功能，需要专门设计调焦机构。某型号调焦机构运动部分采用交叉滚柱直线导轨形式，相比于传统的调焦方式，这种调焦模式结构更紧凑、运动平滑、刚性好；但这种机构内部操作空间小，滑轨要求对位安装调整准确、装配精度高，间隙配合要求严格，对操作水平要求高。

本文以光学遥感器某型号调焦机构为例，介绍了交叉滚柱直线导轨特点、装配过程难点分析、装调方式技巧等方面的经验。

2　技术难点

2.1　调焦机构的设计要求

某型号调焦机构，由于调焦过程中对镜头角偏精度高，将传统调焦机构光轴加直线轴承的导向结构更改为交叉滚柱直线导轨，如图 1 所示。

图 1　调焦机构模型（见彩图）

交叉滚柱直线导轨将带滚柱保持架的精密滚柱相互直交地组合在一起与设置在专用轨道上的90°V型槽滚动面组合起来使用，通过2列滚柱导轨平行装配，能承受相互垂直2个方向的负荷，而且能简单地施加预压，从而能获得无间隙且高刚性、动作轻快的滑动机构，如图2所示。

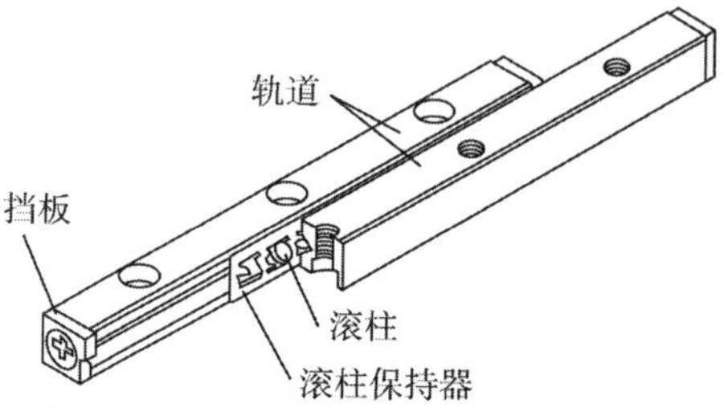

图2　交叉滚柱导轨

这种独特的滚柱保持方法，使滚柱有效接触长度与传统相比增加了1.7倍，并且由于滚柱的节距间隔变短，滚柱数量多，刚性增加2倍，能获得6倍的寿命。

2.2　装配过程技术难点

装配过程中的主要难点如下：

1）安装要保证产品的位置稳定精度。光学系统对机构的位置稳定精度要求比较高，要求导轨能够实现100 mm导程范围内0.002 mm的导向精度，这要求导轨安装面的精度要高于导轨本身，对产品接触面的形位精度要求非常高。

2）导轨中带滚柱的滚柱保持架需要有一定的预压量才能起到作用，而预压量的具体数据，无可参考经验，导轨的侧向预紧方式和预紧力大小对安装效果影响很大。

3　技术方案及难点具体解决过程

3.1　交叉滚柱直线导轨预紧方式特点分析

机构由调焦结构框、安装在结构框上的交叉滚柱直线导轨（1、2），活动框，安装在活动框上的交叉滚柱直线导轨（3、4），导轨安装用螺钉，导轨紧定用螺钉，导轨压条组成。交叉滚柱直线导轨的侧向预紧方式主要有三种，如图3所示。

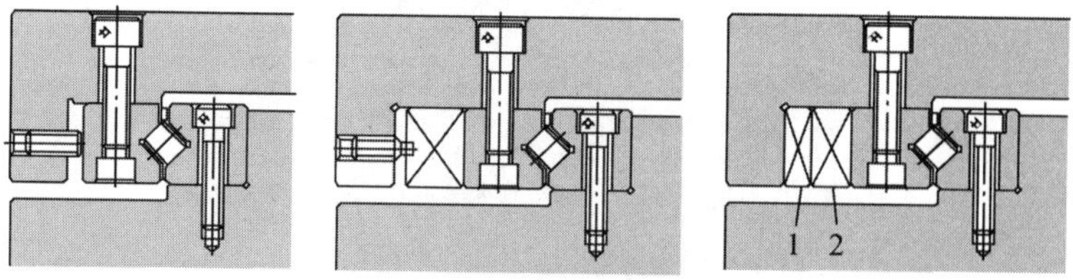

(a) 螺钉直接推压　(b) 螺钉与压板推压　(c) 组合楔块推压

图3　交叉滚柱导轨的侧向预紧方式

型号采用螺钉与压条推压的方式安装，如图 3（b）所示，通过侧向螺钉与压板推压导轨提供预紧力，其钉头不直接与导轨表面接触，而是作用于压条，将多点压力转化为压条的面压力，有效消除了由于各螺钉预紧力不一致导致的导轨受力不均现象，该预紧方式适用于对结构刚度、运动精度有较高要求的场合。

3.2 修配导轨安装面，保证产品位置稳定精度

如图 4 所示，导轨的两侧面分别与运功部件的结构框和活动框连接，导轨直线度很高，在 0.001～0.003 mm 之间，且导轨细长、整体较软，需要依靠配合面的精度保证。为满足高行走精度，必须保证导轨安装面的平行度和平面度精度等级优于轨道精度，保证轨道能够紧密贴合在安装面上。为保证导轨安装面的精度，通过制作专门工字型刮研工装保证，使两侧端面同时刮研，一致性好。

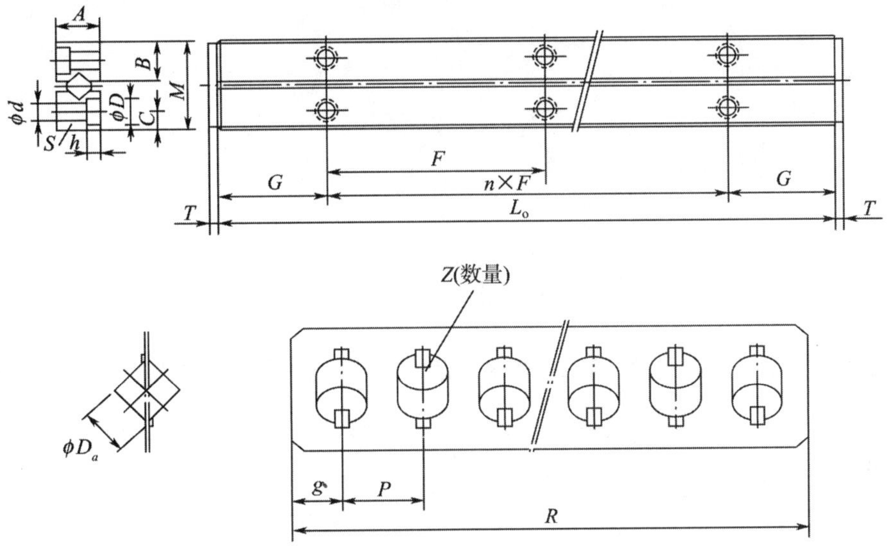

图 4　滚柱导轨示意图

3.3 合理的导轨安装顺序，消除累计误差

交叉滚柱直线导轨需成对使用，为方便描述，将安装在调焦结构框上的导轨定义为导轨 1、2，安装在活动框上的导轨定义为导轨 3、4，按奇偶数配对，导轨 1、3 为一对，2、4 为一对。

导轨安排顺序按以下顺序装配：

1）将导轨一端制动螺钉拆掉，注意保持导轨的配对性，防止弄混，防止磕碰、跌落等损伤导轨精度的行为。

2）分别用安装螺钉将导轨 1、2 紧固在调焦结构框的两个导轨安装面上，将导轨 3、4 安装在活动框相应两个导轨安装面上，利用塞尺、打千分表等方式保证导轨与安装配合面紧密贴合、无间隙或蛇形空鼓，注意有导轨压条一侧的导轨 4 利用安装螺钉连接即可，其余部分按力矩要求用螺钉紧固。

3）将调焦结构框与活动框对接，对接过程中注意之间的配合关系，然后在导轨间隙中插入带有滚柱的滚柱保持器，插入时注意放到导轨的中间位置。如有干涉和卡涩，就停手、不能强行插入；调整导轨 4 向导轨压条方向移动或修配（撤出）导轨压条后，保证间隙足够大，再插入滚柱保持器。注意此过程需要利用打千分表监测（位置如图 5 所示）。

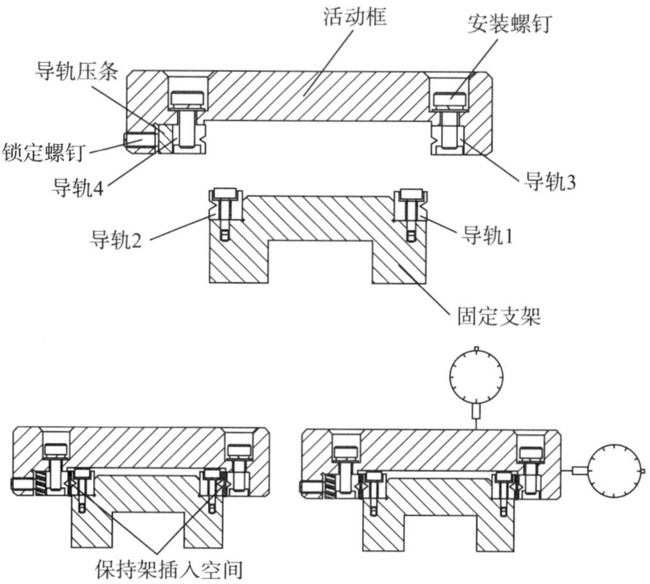

图 5　滚柱导轨安装过程示意图

3.4　合理安排调整螺钉顺序，利用工艺导轨压条调试间隙保证预压量

由于安装的零件和导轨尺寸均有一定的尺寸公差，而导轨紧定用螺钉由于产品设计限制，均在侧面，且螺钉较小，侧向顶紧力小，实现预压量的调节的效果极不明显，根据产品特点，通过尺寸链计算累积误差，利用工艺导轨压条试装调试，修配导轨压条等方法，解决此难题。具体如下：

1）如图 6 所示，打好千分表，将滚柱保持器首先放置在导轨中间，保证导轨紧定用螺钉均接触到导轨压条，计算此时从调焦结构框、交叉滚柱直线导轨至活动框之间紧定螺钉顶紧状态下导轨压条位置的实际间隙值，实测精确到小数点后 2 位，然后将导轨压条抽出。

2）根据实测值修配工艺压条，保证工艺压条厚度比实测值小 0.005～0.02 mm，将工艺压条放入实测间隙位置，打表监测，采用边调整边测量的方式，将所有调整螺钉拧至活动框无晃动为止，保证千分表变化量在 0.002 mm 以内，如果间隙过小，就修磨工艺压条，如果间隙过大，可以在压条中间垫铜箔，记录最终实测值。

调试过程注意：

先将滚柱保持器放置在轨道的中央部分，用扭矩扳手均等地拧紧在有滚柱范围内的调整螺栓（如图 6 中 c 和 d 所示），直到千分表指到所定的变位量为止。

然后将滚柱保持器挪动到 a、e 位置，用剩下的调整螺栓（a 和 e）按同样的次序加以锁紧。

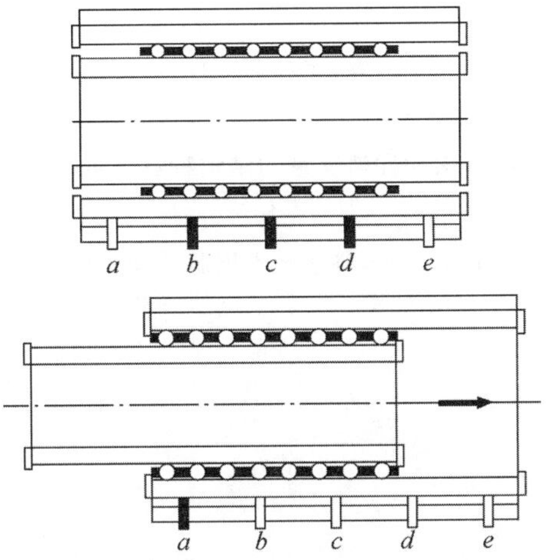

图 6　调整螺栓的拧紧顺序

3）保证交叉滚柱直线导轨固定，且在行程内前后移动无卡涩，千分表无明显变化后，将临时固定的导轨 4 用安装螺钉拧紧，重新检测导轨压条空间的实际数值，根据实际测量值修磨压条、保证间隙均匀，间隙量小于 0.005 mm。

4）松开导轨紧定用螺钉，拆下工艺导轨压条，根据最终压条厚度值，修配合格的产品用导轨压条，重新安装到位，利用原记录的螺钉拧紧力矩安装复位。

4　实用案例

4.1　产品应用

此调焦机构应用于某型号多光谱相机，已经成功发射并在轨运行，并通过在轨的调试动作，能够满足设计要求，并在近 5 年的所内类似型号调焦结构中推广使用。

4.2　产品质量检测

1）交叉滚柱直线导轨直线度 0.002～0.005 mm。

2）导轨安装面平面度 0.003 mm，平行度 0.005 mm。

3）装配过程千分表变化量 0.002 mm。

4）导轨压条实际厚度尺寸与间隙累计误差值差值 0.001～0.005 mm。

5　结论

某型号调焦机构的交叉滚柱直线导轨装配技巧，在分析产品设计使用要求的前提下，结合导轨的结构特点，利用计算装配累计误差，边调边测等方法，解决了导轨安装调整要求准确、装配精度高，间隙配合要求严格等技术难题，达到了预期效果，满足设计使用要求。

参 考 文 献

[1] 尹承秀．两种长径比的交叉滚子滚动导轨支承的结构特点．哈尔滨轴承，2007.9(3).
[2] THK 直线导轨系统产品解说．
[3] 马文坡．航天光学遥感技术．北京：中国科学技术出版社，2011.

遥感器光学镜头与焦面对接的装配技术

张　迪　张明柱　赵　亨

航天五院 508 所

摘　要　本文针对遥感器光学镜头与焦面对接的装调难点，设计了多自由度调整工装，实现了高精度位置调整，并提出了装配应力控制措施，大幅缩短了装调周期，确保了产品质量。

关键词　对接装调　位置调整　微米级　装配应力控制

1　引言

在可见光遥感器的研制过程中，为了便于组装和调试，通常将可见光遥感器的主体结构划分为光学镜头和焦面组件两大部分，如图 1 所示。光学镜头包括光学元件和主体结构件，实现光路的搭建；焦面组件包括成像器件、成像电路及其支撑结构件，实现光学信号到电子信号的转化及其成像功能。

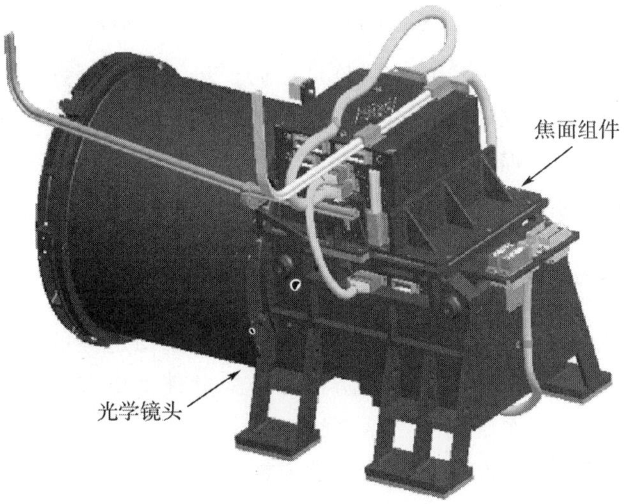

图 1　可见光遥感器主体结构示意图（见彩图）

光学镜头与焦面组件的对接装调是实现遥感器功能的重要环节（如图 2 所示），直接影响遥感器的性能指标，其过程中涉及部组件装配、光学装调和电子学测试等多个专业，需要协同配合，通过焦面组件与光学镜头相对位置的调整，保证光路汇聚到焦面组件中的成像器件感光位置，从而实现遥感器的功能。

图 2　光学镜头与焦面组件对接过程示意图（见彩图）

2　技术难点

2.1　光学镜头与焦面组件相对位置的调整

光学镜头与焦面组件对接是遥感器总装的第一个环节，主要通过光学测试方法检测光路是否能够准确落在焦面组件中的感光器件的有效感光区域内，根据测试的情况，由结构装配人员调整焦面组件与光学镜头的相对位置，实现最终的装调指标要求。

焦面组件与光学镜头的相对位置会发生平移、旋转、俯仰、倾斜等多个自由度的调整。由于光学检测无法直接给出位置的调整量，需要进行换算。并且，由于光学检测的精度较高，换算成结构位移的数量级很小，需要结构装配实现微小位移的准确调整。

在以往的遥感器总装过程中，由于光学检测和结构装配的对应关系无法准确建立，导致焦面组件与光学镜头的对接装调的过程较长，甚至会出现多次反复的情况。

2.2　装配应力控制

遥感器总装过程中，由于光学系统的敏感性和遥感器稳定性的要求，对结构装配应力的控制要求很高，要求实现无应力装配，防止在装配过程中出现结构件变形的情况。若在装配过程中存在装配应力，在后续的产品系统测试、振动试验、整星测试及试验、发射入轨、在轨运行等过程中，可能发生由于装配应力释放导致的系统性能下降，对于遥感器的功能和寿命是致命影响。

2.3　光学镜头与焦面组件的定位销孔配制

在光学镜头与焦面组件的相对位置调整到位后，需要配制二者之间的定位销孔，便于后续研制过程中拆装的复位。由于该环节处于遥感器总装过程中，产品状态比结构件加工过程中钻铰销孔的情况复杂很多。配制销钉过程中，需要考虑产品中光学元件、电子学敏感器件、热控元件的防护及多余物控制。同时，钻铰切削应力控制和切屑的清理也是需要格外关注的环节。

3 解决方案

针对以上难点，经过理论分析和试验，设计了调整用工装，解决了问题。

3.1 设计调整工装实现微调

将焦面组件与光学镜头相对位置调整的过程分为粗调和微调两部分。粗调时，首先将焦面组件安装到光学镜头上的理论位置，首先进行毫米量级的位置调整，保证光路落于感光器件的有效区域内。之后进行精调。精调主要是微米级的位置调整，确保产品的性能达到最佳状态。为了实现精调时的微米级的调整量，设计了调整工装，结构形式如图 3 所示。

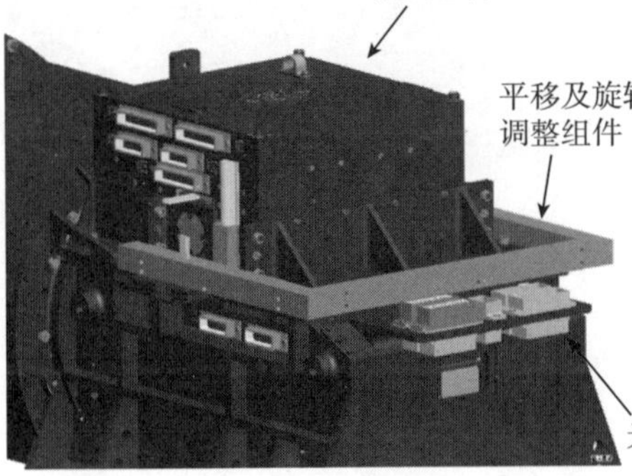

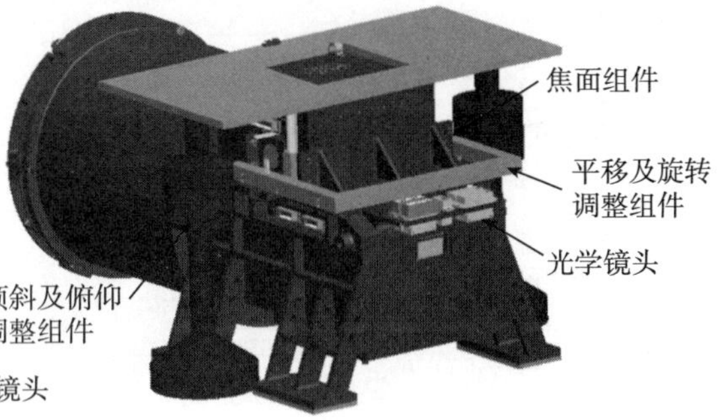

图 3 调整工装示意图（见彩图）

调整工装分为两个组件，平移及旋转调整组件和倾斜及俯仰调整组件，调整原理如图 4 所示。为了准确测量位移的调整量，可以在焦面组件其余部位架设千分表进行位置调整量的监控。

平移及旋转调整组件主要利用螺钉顶住焦面组件的法兰部位，通过各点螺钉的旋进旋出控制焦面组件平移、旋转的位置调整。为了保证微米级的调整，选用细牙螺钉，利用螺钉的螺距及旋转圈数实现微调和量化控制。平移调整时，保持固定光学镜头的螺钉不动，只需调整固定焦面组件的螺钉，实现焦面组件的整体移动，利用千分表的读数记录调整的具体数值，具体如图 4（a）所示。

旋转调整时，通过调整顶住焦面组件的各处螺钉的旋入圈数，实现焦面组件的整体旋转；这时需要利用多块千分表同时监控，根据架设千分表的具体位置及其读数，计算得出旋转角度，具体如图 4（b）所示。

倾斜及俯仰调整组件主要采用了千斤顶的原理。调整时，利用焦面组件自身结构与调整组件的连接板安装到一起，利用工装两侧的螺柱进行倾斜及俯仰的调整，具体如图 4（c）所示。与旋转调整的监控原理相同，利用多块千分表同时监控，根据千分表的具体架设位置及其读数，计算得出倾斜或俯仰的调整角度。

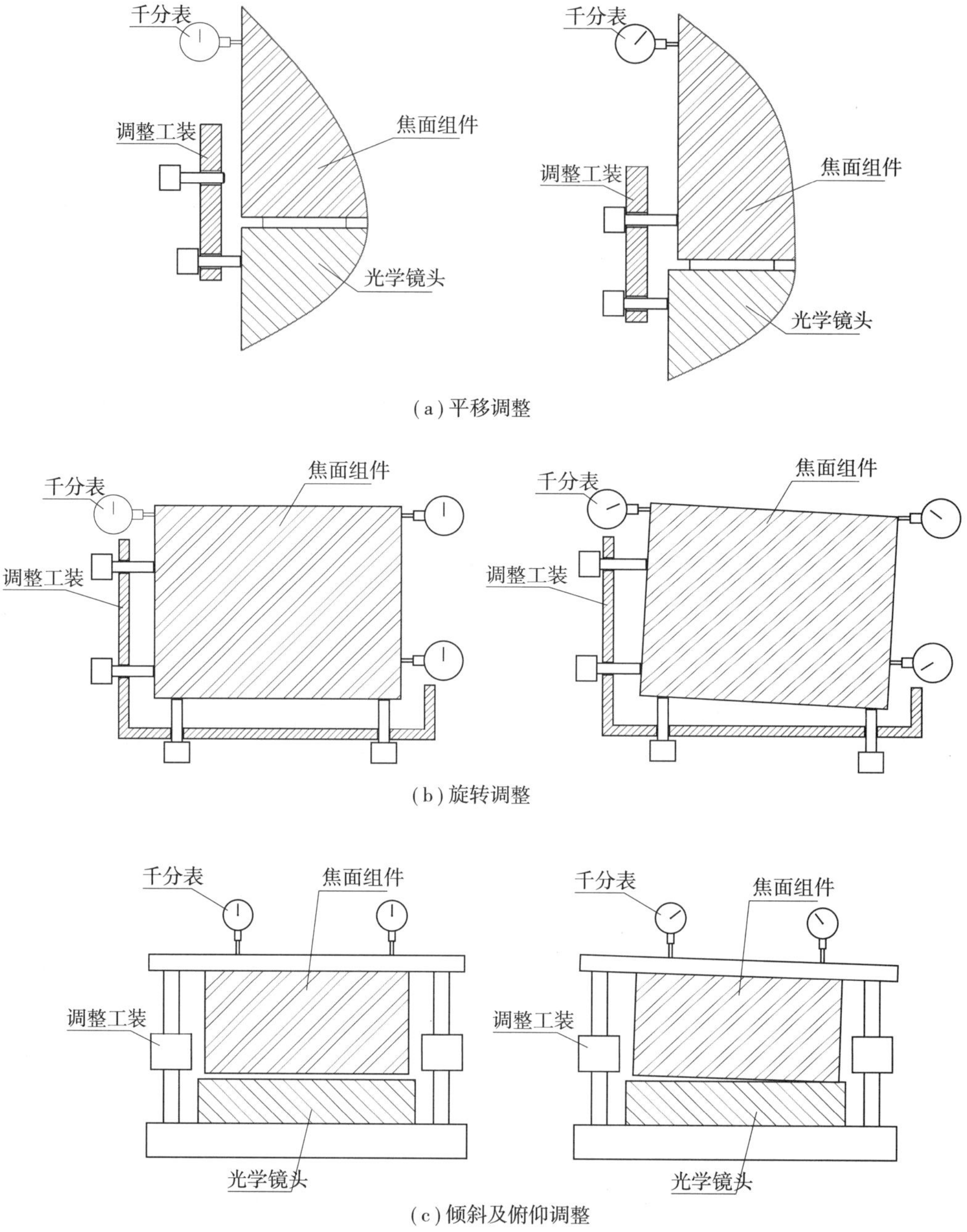

图 4　调整工装的原理图

在实际操作过程中，需要将两个调整组件配合使用。由于不同型号的光学镜头与焦面组件的具体形式不同，工装的外形轮廓需要根据光学镜头与焦面组件连接部位的形式进行调整。

当焦面组件与光学镜头的对接位置不是水平状态时，利用调整工装的螺钉顶紧焦面组件的法兰部位时，还可以起到防止焦面组件滑移的作用，如图 5 所示。

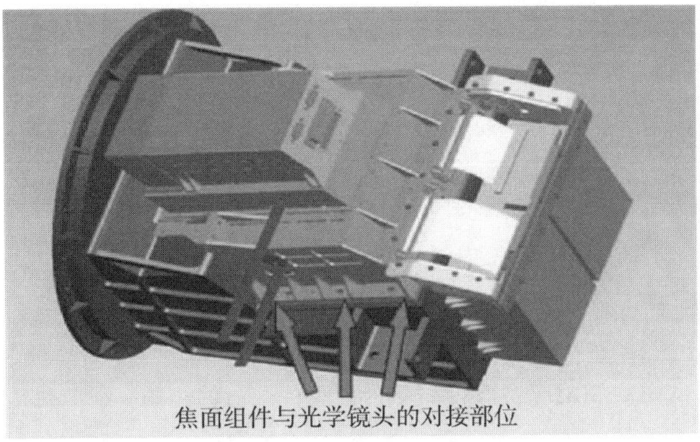

图 5　焦面组件与光学镜头呈倾斜状态对接情况示意图（见彩图）

3.2　装配应力控制

焦面组件与光学镜头对接过程中的装配应力控制主要从两方面进行，利用垫片垫实各连接点、控制各连接件的预紧力及装配变形。

在焦面组件与光学镜头相对位置调整到位后，首先利用塞尺垫实各个连接点的位置，记录各点间隙尺寸，并根据尺寸修磨整体垫片。修磨垫片主要采用手工刮研的方式，保证各点厚度尺寸及整体连接面的平面度优于 0.01 mm，将间隙误差降至最低。若间隙较大，在螺钉预紧过程中会发生结构件变形，形成装配应力。

在螺钉预紧时，利用力矩扳手控制各点的预紧力保持一致。螺钉的拧紧顺序采用“先中间后两边、对角线交叉”的方式。首先在各点螺钉施加一半的预紧力，然后再施加到标准力矩要求的预紧力。同时，在焦面组件的对接法兰部位及光学镜头的敏感部位架设千分表，监测拧紧过程中的结构件变形情况。若存在结构件变形情况，则需要重新修磨垫片，直至满足装配应力控制要求。

3.3　定位销孔配制

在配制定位销孔过程中，重点注意钻铰销孔时的切削应力控制及对产品的防护措施。

加工销孔的底孔时，采用低转速、小走刀深度、多次退刀的方式，利用少许酒精擦拭的方式进行冷却，以减小切削应力及热影响。铰孔时优先选用手铰的方式。

产品防护主要针对光学元件的防磕碰、防触摸、电子学器件的防静电损伤、热控器件的防磕碰、刮扯等。操作过程中，对易损伤的部位安装防护罩等措施，只保留操作区域；同时，及时清理切屑，避免产生多余物。

4　结束语

通过这种方法，实现了多自由度微位移调整，调节精度可达到 0.00 2mm，保证了装调质量，避免了重复装调的情况，大幅度减少了装调所需时间，提高效率达 60%；加强了装配应力控制措施和产品防护措施，确保了产品质量。该方法已在多个型号中获得了成功应用。

参考文献

[1] 马文坡．航天光学遥感技术．北京:中国科学技术出版社,2011.

[2] 孙继名,郭疆,等．大视场时间积分 CCD 遥感相机的精密定焦．光学精密工程,2014,22(3):602-607.

[3] 孙颖飞,刘朝君,吴欣龙．装配应力对提高结构件疲劳寿命的作用．科技传播,2014,6:108-109.

J30JHT 型电连接器开口挡圈防脱落方法与技巧

谢喜龙　张萍　田占敏　陈　阳

航天五院 511 所

摘　要　J30JHT 型电连接器插拔因其某型开口挡圈极易发生脱落而备受关注。为确保航天器总装电子装联过程质量安全，该型电连接器的总装插拔必须提出防止其开口挡圈脱落的有效解决办法。本文结合对该型开口挡圈脱落问题的分析，总结提炼成熟作业技能经验，归纳提出了 J30JHT 型电连接器的开口挡圈防脱落控制方法与技巧。经工程实践验证，该套方法构思精巧，充分满足了该型电连接器插拔装配技术要求，有效提高了装配工作效率，确保了电连接器插拔作业过程质量安全，初步达到了为型号总装研制保驾护航的目的。

关键词　J30JHT　电连接器　开口挡圈　防脱落

1　引言

在卫星工程中，J30JHT 型电连接器业已被较多采用，相应插头占整星电连接器总数的百分之二十左右。卫星在各状态电测期间、各阶段总装期间以及诸多星上单机设备安装与拆装过程中均要进行该型电连接器的插拔操作。而该型电连接器紧固连接附件中采用了“菊花形”开口挡圈完成电连接器紧固螺钉的限位锁紧，该型产品结构组成如图 1 所示。在总装工程实际操作过程中，J30JHT 型电连接器上述类型的开口挡圈时有脱落现象发生，星上形成多余物的同时也降低了整星产品的安全性。

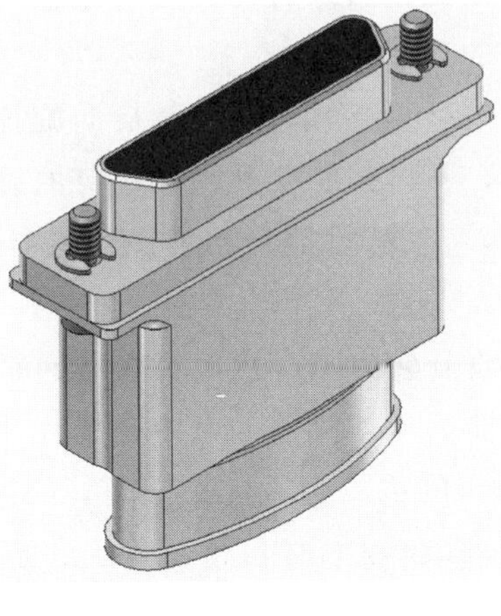

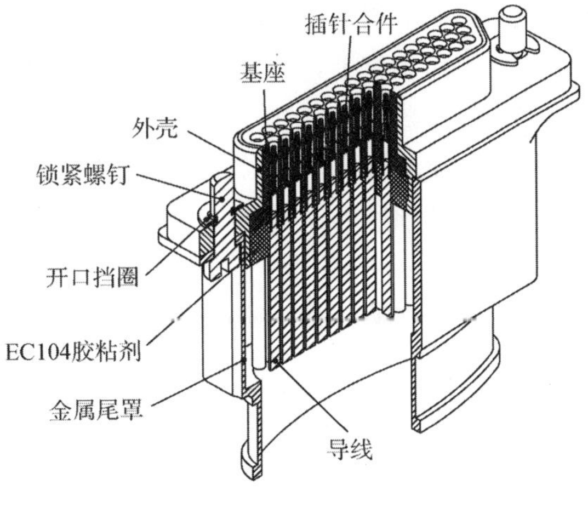

(a) 三维仿真　　(b) 结构组成

图 1　某 J30JHT 型产品结构图

2　挡圈脱落原因分析

J30JHT 型电连接器的锁紧附件结构如图 2 所示。锁紧螺钉依次穿过金属尾罩和外壳的安装孔后，通过开口挡圈内圆与锁紧螺钉开槽外圆配合进行限位，从而形成锁紧螺钉、开口挡圈、外壳以及金属尾罩为一体的防脱结构。为保证锁紧螺钉具有自动找正功能以及受四种互相配合零部件公差累积的影响，螺钉预留的开槽厚度 H 大于开口挡圈的厚度 h，因此，开口挡圈可以在预留厚度为 H 的开槽内轴向移动。

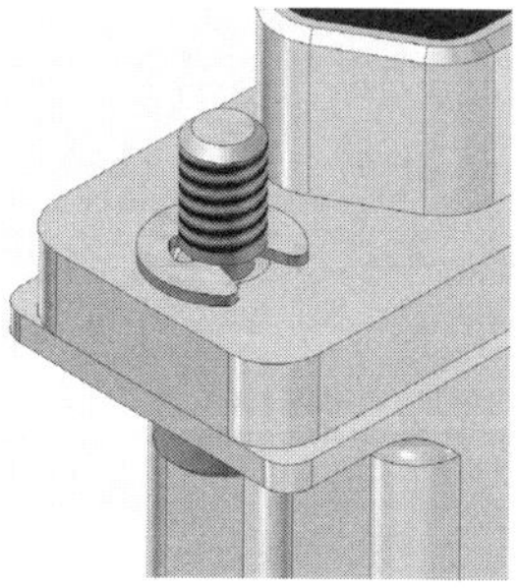

（a）三维仿真

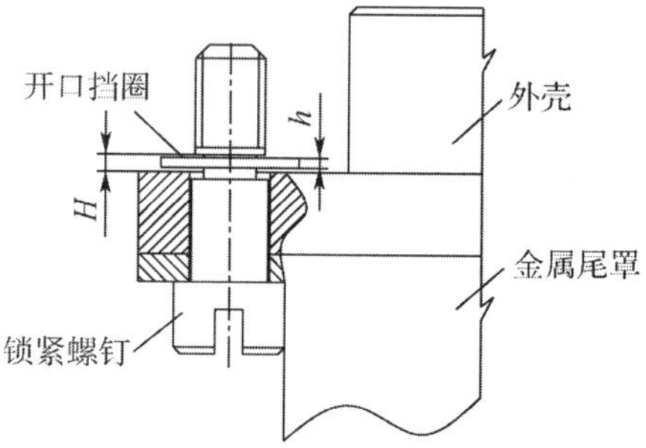

（b）结构组成

图 2　开口挡圈组装示意图

在型号总装工程实践中已发生的全部挡圈脱落事件均处于该型电连接器的拔离作业阶段，厂家的技术原理分析也佐证了该型电连接器的拔离过程容易触发其菊花形开口挡圈的脱落。

对该型电连接器（插头端）在与其对接端（插座端）拔离过程进行分析，整个拔离过程共分为三个阶段，具体分析内容如下：

第一阶段：该阶段称为预解锁阶段，在此阶段操作人员手持螺丝刀交替反向旋拧锁紧螺钉，直至旋紧出 1/4 圈为止。在此阶段，开口挡圈受到锁紧螺钉的旋转力矩被泄至插头端外壳和插座端安装螺钉上，不会造成开口挡圈脱落的现象。

第二阶段：该阶段称为解锁阶段，在此阶段操作人员手持螺丝刀交替反向旋拧锁紧螺钉，直至锁紧螺钉全部旋出为止。在此阶段前期过程，开口挡圈受到锁紧螺钉的旋转力矩被泄至插头端外壳和插座端安装螺钉上，无相对运动，仅锁紧螺钉旋出，直至旋出 Δh 的高度，如图 3 所示。

在此阶段中期和后期过程，锁紧螺钉卡槽下轴肩将旋转力矩产生旋升力传递至开口挡圈，开口挡圈又将力传递给连接器插头，带动连接器插头从连接器插座中分离。开口挡圈承受的轴向作用力为 F_4 和 F_5，F_6 为连接器插头和插座的拔离力，且 $F_5=F_4=F_6$。由于 F_4 和 F_5 的作用线不重合，会产生弯矩，使开口挡圈弯曲变形开口被迫增大，如图 4 所示。另外，开口挡圈同时还承受少量用于克服随锁紧螺钉转动的摩擦力矩作用。在此阶段，开口挡圈受到弯矩的作用，产生弯曲变形开口增大，加之摩擦力矩的相互作用，开口挡圈存在脱落的风险。

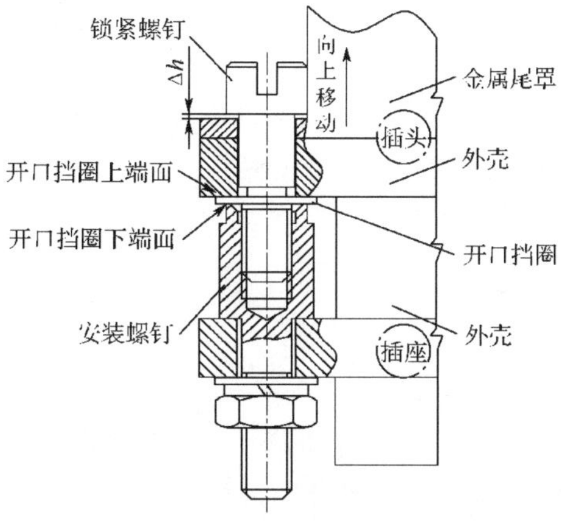

图 3　解锁前期过程示意图

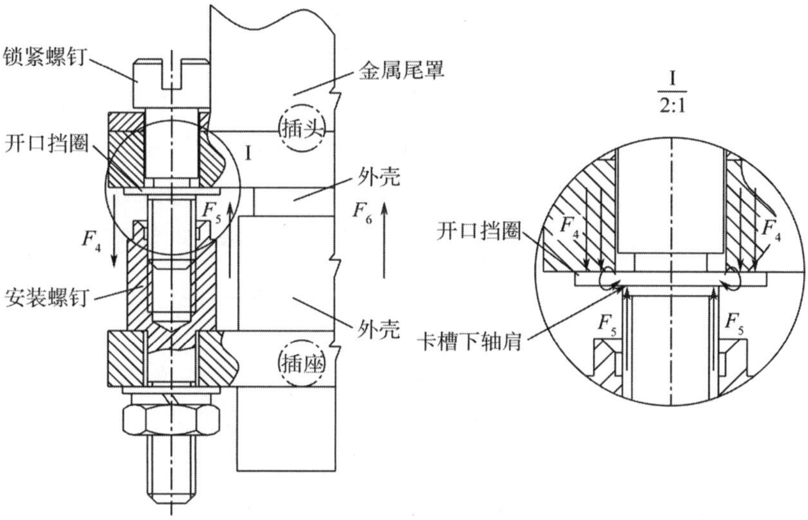

图 4　解锁中期过程示意图

第三阶段：该阶段称为分离阶段，在此阶段操作人员手持插头端金属尾罩中上部（靠近插头法兰处），然后平行于对接反方向缓慢拔出，直至连接器插头与插座彻底拔离为止。在此阶段，操作人员施加的平行于对接反方向的作用力较小，不足以使开口挡圈受力变形，不会造成开口挡圈脱落的现象。

3　插拔作业开口挡圈防脱落技巧

虽然 J30JHT 电连接器开口挡圈脱落定位为电连接器设计固有缺陷，但工程总体仍要求总装作业环节强化操作过程控制，总装电装技能人员会同型号工艺技术人员，及时归纳总结提炼该型电连接器插拔成熟作业技能经验，创新提出了专用防护罩研发思路，并从插接、拔离两过程作业控制方面归纳提出了开口挡圈防脱落控制诸项方法与技巧。

3.1 插接方法与技巧

该型电连接器插接过程虽然未发生开口挡圈脱落，但其结构设计独特，作业过程需加严控制操作手法，特别是两侧锁紧螺钉的同步操控、限力锁紧等方面，具体操作过程应严格遵循如下步骤及注意事项：

1）操作人员手持插头端金属尾罩中上部，使其与插座对正，然后平行于对接方向缓慢施力，直至插头上的锁紧螺钉下端面与插座上的固定螺柱上端面贴合；此时插头座的接触件已发生一段啮合行程，但尚未完全贴紧。

2）此过程需目视检查 2 个锁紧螺钉的间距与 2 个固定螺柱间距的匹配性，以两者贴合时，锁紧螺钉与螺柱孔双双对正，且螺钉保持严格竖直状态为判据。

3）插头、插座接触件贴合的过程中，施力使接触件对接，全过程不得使两连接器的倾斜角度超过 15 度。

4）如插头座的紧固件间距不一致，应拔离插头并停止插接。

5）不得在螺钉扭矩明显增强，特别是旋进发生困难时，使用蛮力。

6）保持连接器上两螺钉在操作过程中，旋进差异不超过 1/2 圈。

7）拧紧过程中，两连接器的倾斜角度不应超过 15 度，如图 5 所示。

8）操作过程中，始终注意观察两连接器的匹配状态，当两连接器发生明显倾斜时，应首先通过螺钉调整倾斜角度，到平行位置后，再继续操作，如图 5 所示。

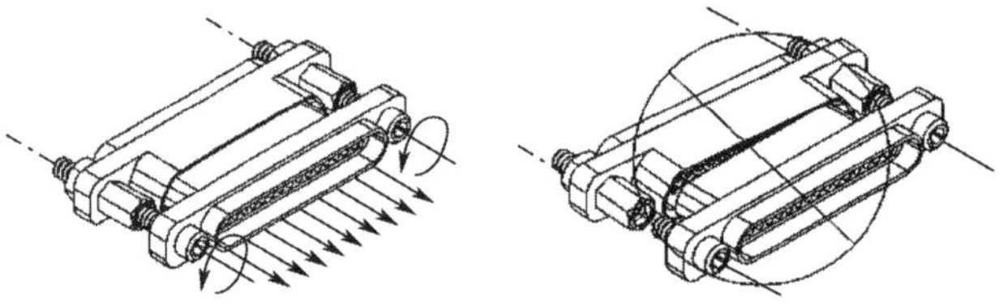

(a) 正确姿态　　(b) 错误姿态

图 5　电连接器插拔操作过程中姿态示意图

3.2 拔离方法与技巧

如前所述，该型电连接器开口挡圈的脱落一般发生在插头拔离操作过程中，因此对拔离操作过程应采用辅助的防脱落保护装置，图 6 即为全新研发使用的 J30JHT 型电连接器专用的防脱落保护罩，其作用是在拔离插头过程中，若开口挡圈发生脱落，仍然保持在保护罩内部，不会散落入星内或单机内部，从而避免脱落的挡圈造成星上多余物。

该型电连接器拔离作业过程在采取上述专用保护工装的同时，仍需加严控制操作手法，特别是两侧锁紧螺钉的同步操控、限力锁紧等方面，具体操作过程应严格遵循如下步骤及注意事项。

（1）套装保护罩，并及时检查

1）保护罩与电连接器插头座端面之间贴合状态良好，即使挡圈意外脱落，也不存在

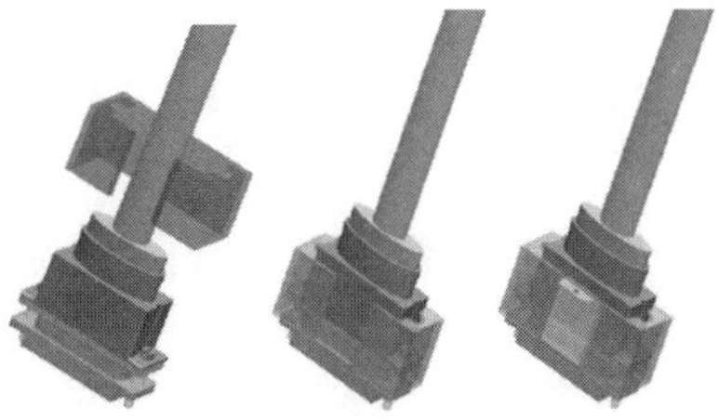

套入　　　　到位　　　　封口

图 6　J30JHT 型电连接器专用防脱落保护罩及其安装过程

掉出保护罩的空间；

2）保护罩上侧（插头一侧）应完整露出插头肩部的锁紧螺钉操作孔。

（2）预解锁

操作人员一手持螺丝刀，另一手扶住电连接器及其外套装的保护罩，交替反向旋拧锁紧螺钉，直至 2 个螺钉各旋松出 1/4 圈。此过程中，插头座端面依然贴合，所以开口挡圈受到锁紧螺钉的旋转力矩被插头端面和插座的固定螺柱所共同产生的摩擦力平衡，挡圈无脱落风险。

（3）解锁

继续一手持螺丝刀，另一手扶住电连接器及其外套装的保护罩，交替拧松锁紧螺钉，直至锁紧螺钉全部旋出插座的固定螺柱。在锁紧螺钉全部旋出后，应全方位仔细观察保护罩内有无开口挡圈脱落。如果空间位置受限，可借助反射镜、内窥镜等技术手段观察。

（4）分离

操作人员手持插头，连同其外套装的保护罩一起，平行于对接反方向缓慢拔出，直至连接器插头与插座彻底分离。在拔除后，根据电连接器与铅垂方向的相对关系，调整带保护罩的插头姿态，以开口挡圈即使脱落也不易掉出为宜。

（5）摘除保护罩

1）观察电缆插头锁紧螺钉上的开口挡圈状态无异常。

2）如有异常或挡圈脱落，则须现场对插头处开口挡圈重新装配。

4　结束语

本文通过对 J30JHT 型电连接器开口挡圈脱落问题的分析，总结提炼成熟作业技能经验，归纳提出了相应开口挡圈防脱落控制方法与技巧。经工程实践验证，该套方法构思精巧，充分满足了该型电连接器插拔装配技术要求，大幅度提高了总装电气装配工作效率，有效防止了该作业环节星上多余物的产生，确保了电连接器插拔作业过程质量安全，初步达到了为型号总装研制保驾护航的目的。

电分离摆杆安装方法与技巧

王　振　彭东剑　张　爽　刘福全

航天五院 511 所

摘　要　本文主要介绍 XX－5 探测器分离摆杆的安装调试技巧，由于此机构结构微小复杂，操作重点多，安装状态与发射状态（静止收拢状态与分离展开状态）需并存，给总装带来严峻考验，以下是描述分离摆杆的安装重点，调试细节，双重状态并存装配技巧。此技巧为设计提供了方案思路，并在确保质量满足设计要求的同时保持型号沿用推广。

关键词　分离摆杆　安装调试　双重状态　沿用推广

1　前言

根据探月三期工程任务规划，在 XX－5 探测器飞行试验任务前，需进行返回器高速再入飞行试验。飞行试验器由服务舱和返回器组成，由于返回器大底部位无法设置电连接器，返回器在轨运行期间的供电及遥测由侧向设置的电连接器连至服务舱，在轨运行期间返回器供电及遥测由服务舱提供，返回器分离前，需实现电连接器分离并避让返回器分离空间，为实现上述功能，飞行试验器设置电分离摆杆机构，电分离摆杆机构在返回器与服务舱分离前，由电分离摆杆机构实现返回器与服务舱之间可靠的电分离。

由于电分离摆杆机构组成复杂、组件繁多，如果没有细致了解它的工作原理以及安装方法，在安装过程中极易发生误操作或安装状态不满足设计要求的情况，甚至导致零部件的损坏。针对上述问题，本文结合 3D 模型鲜明区分各个部件的组成，详细阐述了分离摆杆机构工作原理及安装方法，突出安装调试过程中的重点与难点，结合操作经验总结出了各步骤的操作技巧，以 XX－5 飞行试验器试验的圆满成功为证，为后续 XX－5 探测器分离摆杆的安装奠定了重要的基础。

2　产品组成

电分离摆杆机构主要由安装于返回器侧壁的器表连接分离装置、安装于返回器支架上的支架组件以及连接两者的分离摆杆组件三大部分组成，如图 1 所示。

3　工作原理

正常工作情况下，电分离摆杆机构主要有两种工作状态，即收拢状态和展开状态，如图 2 所示。

在待发段、发射段和在轨运行段，电分离摆杆机构通过返回器端的压紧释放装置将舱

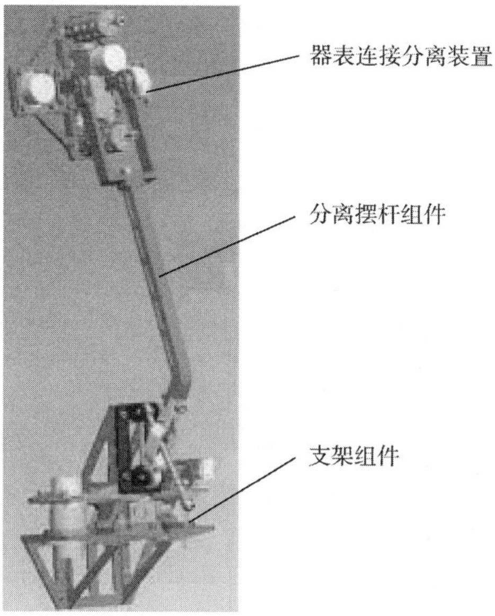

图 1　构型状态

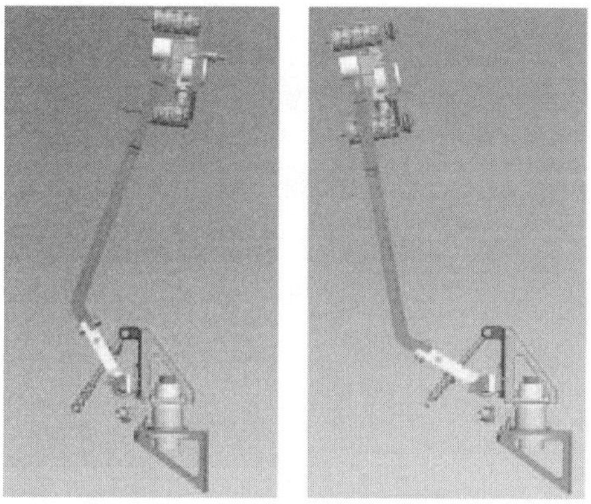

(a) 收拢状态　　(b) 展开状态

图 2　工作示意图

外板压紧到结构分系统的防热板上，保证返回器和服务舱之间电连接插头的可靠连接；在返回准备阶段，返回器端压紧释放装置根据返回器上的指令实现解锁释放，在分离弹簧弹力的作用下，舱外板与防热板分离，从而达到切断返回器和服务舱电连接的目的，当电分离摆杆机构摆开一定角度时，展开信号装置的微动开关闭合给出摆开到位信号。

为保证返回器端压紧释放装置故障情况下，返回器与服务舱仍能分离，在电分离摆杆机构服务舱端也设计了压紧释放装置，当返回器上舱外板与舱内板未能正常分离时，支架组件上的压紧释放装置工作，实现返回器与服务舱机械连接的解锁，为舱器分离做好准备。

4　电分离摆杆安装技术难点及注意事项

4.1　器表连接分离装置装器

器表连接分离装置如图 3 所示。

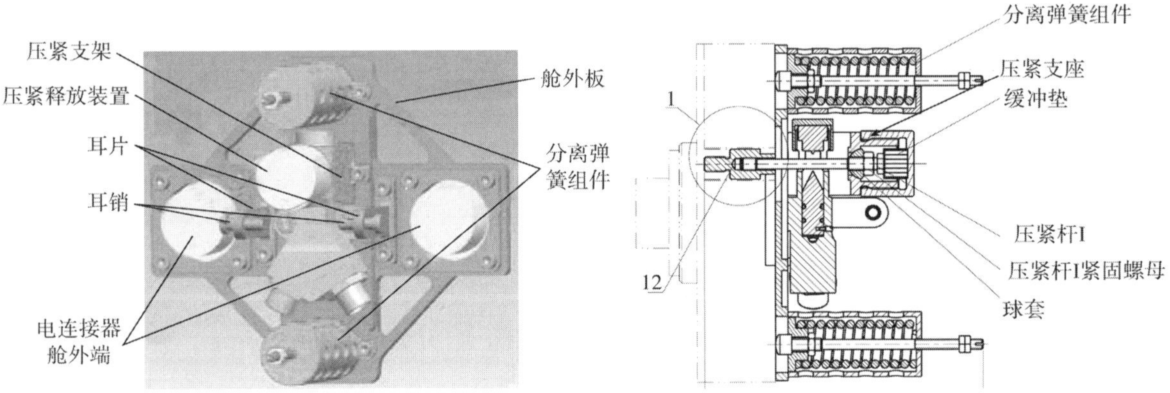

图 3　器表连接分离装置示意图

该操作的重点为：

1）根据设计要求，两个分离电连接器工作时要同时分离，但是两个电连接器的位置受到舱外板的制约，如不能精确固定电连接器，将会导致其横向或纵向受力，会直接影响分离过程。因此要求两对电连接器配套使用，并且必须控制其分离力偏差不超过 8 N。

2）根据设计要求，压紧支架与压紧杆 I 需要同轴安装，并且要求支架与压杆的安装同轴度优于 $\phi 0.2$ mm，若压紧支架位置发生偏移会导致压紧杆 I 与舱体角度发生变化进而有可能影响火工锁的切割效果，从而导致分离装置无法分离。

3）分离弹簧组件安装固定，调整压紧杆，首先将压紧螺母拧松至压紧杆的最顶端（避免手劲拧紧压紧杆时压紧螺母产生阻力），再依次手劲拧紧压紧杆和压紧螺母，然后用专用的压紧杆扳手拧紧压紧螺母，转动 120°～135°。

4）将分离弹簧组件的两个 M5 螺母从装器前安装位置拧至装器后安装位置并固定，需保证下侧螺母下表面距套筒上表面距离满足（15±0.2）mm，如图 4 所示。

该操作的技巧为：

1）舱外板与电连接器拆分开来，先将舱外板摆正，然后连接两个电连接器，待连接到位后再将电连接器的固定盖板安装到位。这样的操作顺序使得电连接器正常安装，在安装固定盖板时只对其施加垂直于器表的力，避免电连接器横向与纵向受力。

2）压紧支座的安装螺钉先不拧紧，使压紧支座能够有一定的活动余量，然后安装压紧杆，并对压紧杆 I 的螺母测力拧紧，最后再将压紧支座的紧固件测力拧紧，保证压紧杆 I 和压紧支座同轴。同时火工品切割器安装螺钉先不拧紧，待压紧支架最终固定到位后，最后将火工品切割器向尾部方向推移到极限后，再将切割器紧固件测力到位；切割器位置

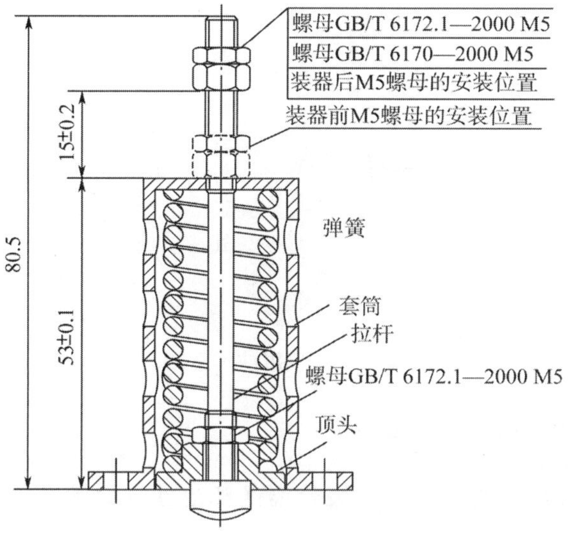

图 4　分离弹簧组件示意图

一定要找正安装，以避免其 2 个插头与下方分离弹簧安装螺钉干涉。

3）设计研制专用压紧杆专用的角度测量盘，保证压紧杆转动 120°～135°的要求，如图 5 所示。

4）使用游标卡尺将尺寸定格为 15 mm，将定格的游标卡尺置于双背母和套筒之间，将双背母拧紧后复测螺母与套筒之间的距离。这样能够在拧紧过程中不断检视螺母与套筒之间的距离，避免多次重复作业。

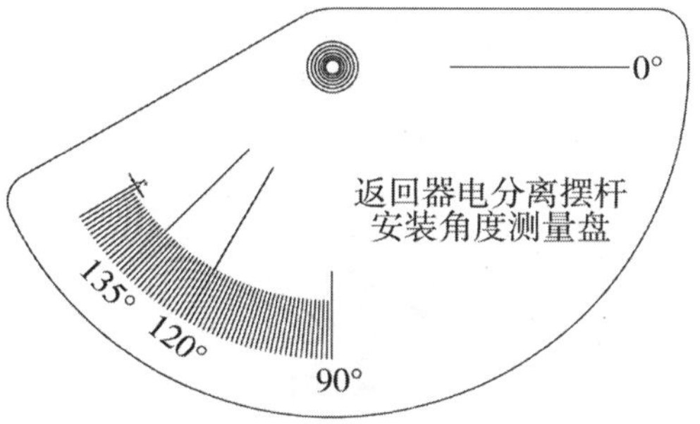

图 5　角度测量盘原理图

4.2　支架组件装器

该操作的重点为：支架组件通过 4 个安装螺钉固定在结构上，要求支架组件安装后调整水平。

该操作的技巧为：支架组件（如图 6 所示）装器过程中，先用 2 个 M4 安装螺钉通过支架组件上侧 2 个安装孔将其安装到返回器支架上，先不拧紧，调整支架组件，向下至极限以调整支架组件至水平状态后再拧紧，然后安装另外 2 个安装螺钉。

图 6　支架组件示意图

4.3　分离摆杆组件（2—0）装器

分离摆杆组件进行热控实施后，安装分离摆杆组件（如图 7 所示），进行手动展开试验后固定到位。

该操作的重点为：分离摆杆 U 型杆与器表连接分离装置要通过耳销居中连接。

该操作的技巧为：分离摆杆组件初装到支架组件上（安装螺钉不拧紧），通过耳销将分离摆杆组件与器表连接分离装置初步连接，调整分离摆杆组件在支架组件上的安装位置，使耳销位于 U 型杆长圆孔的中心附近，然后将分离摆杆组件在支架组件上的安装螺钉拧紧固定。

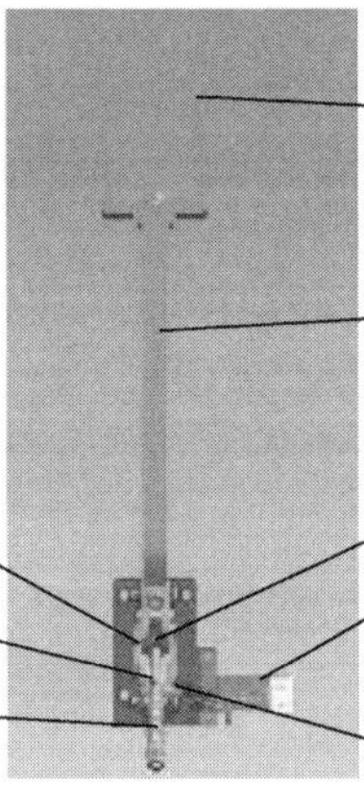

图 7　分离摆杆组件示意图

4.4　产品收拢

在电分离摆杆机构装器或器上试展开过程中，需要由展开状态收拢。

该操作重点为：

1）分离摆杆收拢前需调节微动开关使之不与转盘发生干涉，避免强行扳动损伤产品。

2）控制分离摆杆收拢时定向施加推力，不要触摸滑杆，防止触碰滑杆上面涂覆的润滑物。

该操作技巧为：

1）由甲乙两人同时操作，甲从微动开关向转盘方向推动开关杆，使开关螺母穿过转盘滑槽，避免开关杆干涉转盘转动，如图 8 所示。

(a) 展开状态位置　　(b) 收拢状态位置

图 8　收拢过程开关弹簧推动方向示意图

2）乙一只手由外向内推动滑套（解除滑杆滑套运动副的自锁状态，以免损伤产品），另一只手将电分离摆杆机构收拢起来，如图 9 所示。

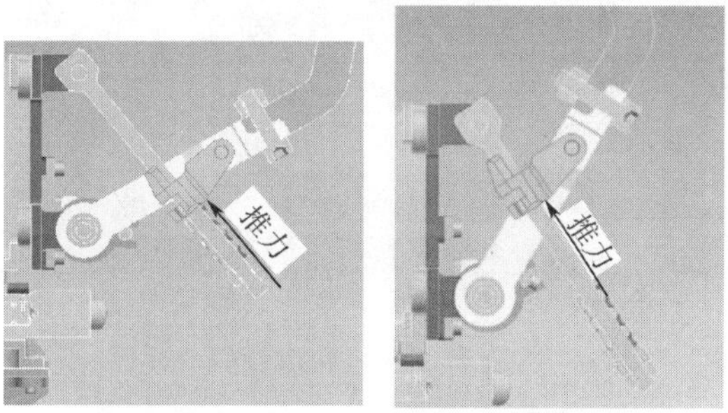

(a) 展开状态位置　　(b) 收拢状态位置

（c）实物图

图 9　收拢过程滑套推动方向示意图

4.5 电缆绑扎与固定

两器连接电缆沿着电分离摆杆机构绑扎布置，绑扎固定时应使电缆避开分离摆杆的转动运动包络范围，如图 10 所示。

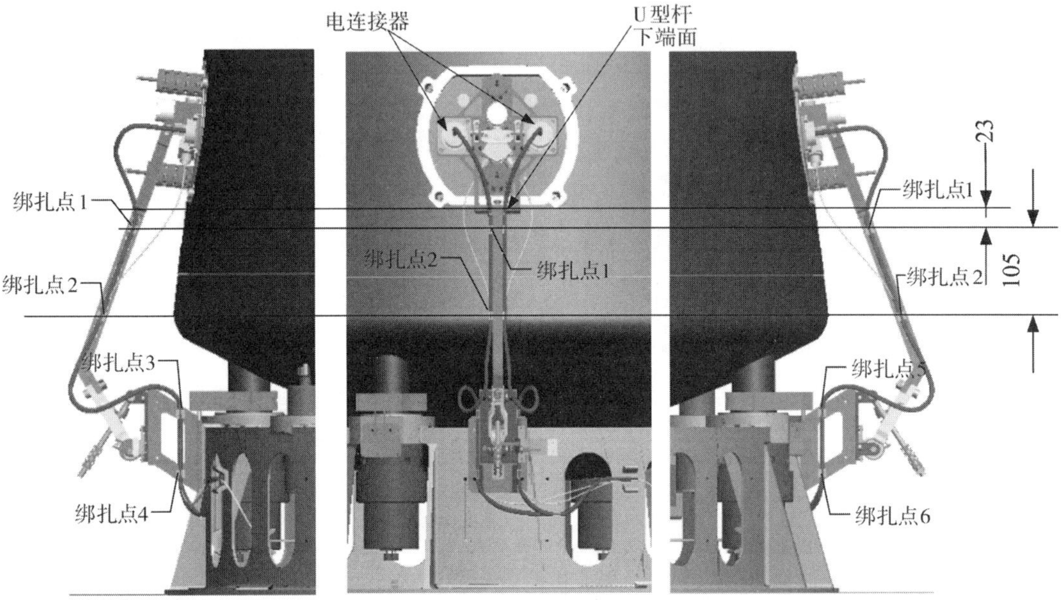

图 10 电分离摆杆机构电缆绑扎示意图

该操作技巧为：

1）连接电缆一端与返回器外侧连接器［即“X03F（返外）”和“X04F（返外）”］插接，另一端与轨道器端电连接器插接；

2）根据电缆走向，理顺电缆，通过连杆上的绑扎点 1 和绑扎点 2 固定在连杆上，并通过电分离摆杆机构安装支架上的绑扎点 3～绑扎点 6 固定在电分离摆杆机构安装支架上；

3）绑扎点 1 距 U 型杆下端面（23±5）mm；

4）电连接器尾端固定点与绑扎点 1 之间电缆长度为（165±10）mm；

5）绑扎点 1 与绑扎点 2 之间距离（105±5）mm；

6）绑扎点 2 与绑扎点 3、绑扎点 5 之间电缆长度（260±10）mm；

7）绑扎点 3、绑扎点 4、绑扎点 5 和绑扎点 6 的具体位置如图 11 所示；

8）连接电缆的拐弯半径不小于 40 mm；

9）展开信号装置的信号线就近绑扎到两器连接电缆上，拐弯半径不小于 20 mm。

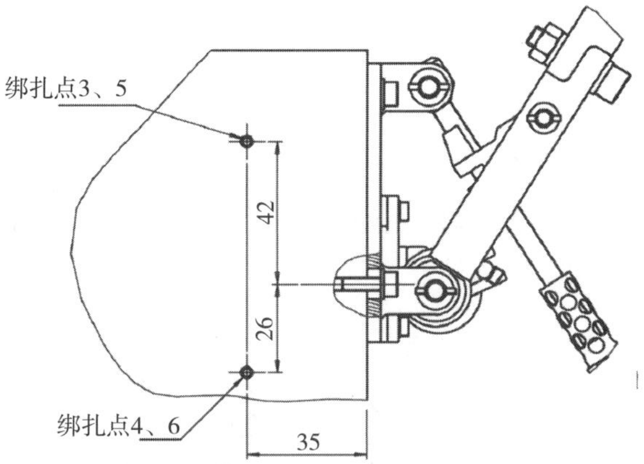

图 11　电分离摆杆机构电缆绑扎点 3、4 位置示意图

5　重点注意

（1）支架组件热控实施

由于压紧支架与分离弹簧之间距离很小（如图 12 所示），按照设计图纸进行单独包覆多层隔热组件，将可能会使分离弹簧受横向力，影响产品性能。

针对这一问题，提出将两块多层合并制作，通过取样将压紧支架多层单边包覆后于分离弹簧上多层包覆，得到了热控分系统和机构分系统的认可。

（2）分离弹簧组件多层隔热组件热控实施

分离弹簧组件多层隔热组件按照热控图纸包覆后，机构分系统认为有存在影响弹簧行程的风险。

针对这一问题，将多层隔热组件封边剪除，并设计多层帽，将整个拉杆封盖，多层帽与分离弹簧多层粘接到位，保证了热控实施不与分离弹簧组件的正常运行发生干涉，得到热控设计和机构分系统确认和认可，如图 12 所示。

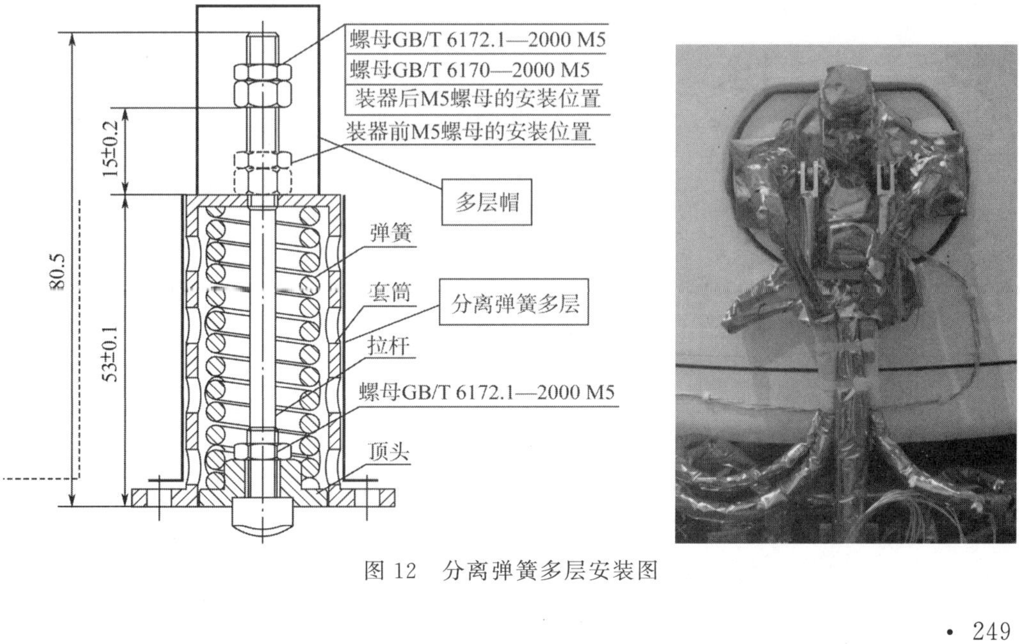

图 12　分离弹簧多层安装图

（3）分离电连接器的电缆整理及固定

由于分离摆杆上的电连接器电缆较粗、较硬，电缆自身的扭力在分离过程中会对分离摆杆产生一定的阻力影响摆杆的正常运行。

针对这一问题，在正式安装后，对电缆进行整理固定，并通过手动拔出耳销的方法实现分离摆杆的试展开，反复调整电缆的走向及固定位置，最终确定的不影响分离摆杆正常展开的电缆走向及固定方式，得到设计的认可。

6 总结

电分离摆杆结构复杂，安装步骤多，各部件之间耦合关系繁多，涉及到机构分系统、热控分系统、供配电分系统多家分系统协调工作，操作过程中协调多方要求，针对交界面模糊问题，积极提出解决方案，在熟悉电分离摆杆工作原理后，优化安装流程。电分离摆杆经历了力学振动试验后电爆展开试验，经历了发射后展开验证，均顺利展开，各项指标满足设计要求，总装工作取得圆满成功。

返回舱外滚动发动机组管路取样操作方法

刘　杰　朱　航　李　树　赵　乾　张　舸

航天五院511所

摘　要　本文主要介绍了神舟飞船返回舱舱外滚动发动机组管路取样制作的技巧。此组管路的制作无法由三维数字模型CAD/CAM一体化数控自动弯管技术或模板管路制造技术实现。本文详细叙述了靠数据控制实现手工精准弯管的全过程及取样制作中的技术难点，此项技术可精准有效地实现管路成形，提高生产效率和管路产品质量。

关键词　管路　手工制作　数据控制　提高效率

1　引言

随着总装生产中设计手段和生产工艺的进步，三维数字模型与CAD/CAM一体化数控自动弯管技术和模板管路制造技术已经进入并实际运用到总装生产中，此技术的优点：大部分管路在制造过程可以独立进行，不再依赖于航天器真实舱体，完全与总装生产主线脱离，极大提高了效率。缺点：适用范围有局限性，只适用于构型简单、可操控空间大、精度较低的管路结构。该缺点导致部分管路仍需要现场实际取样制作，其中返回舱舱外Ⅱ、Ⅳ象限滚动发动机组管路就是一组数控自动弯管技术无法实现的管路（如图1所示，两组发动机共四根管路）。具体原因有：弯管过程和机床有干涉、弯管机无相应模具、直线段过短、数控弯管不能实现连续圆弧段折弯。所以此组管路需要依托产品现场实际取样手工制作完成。

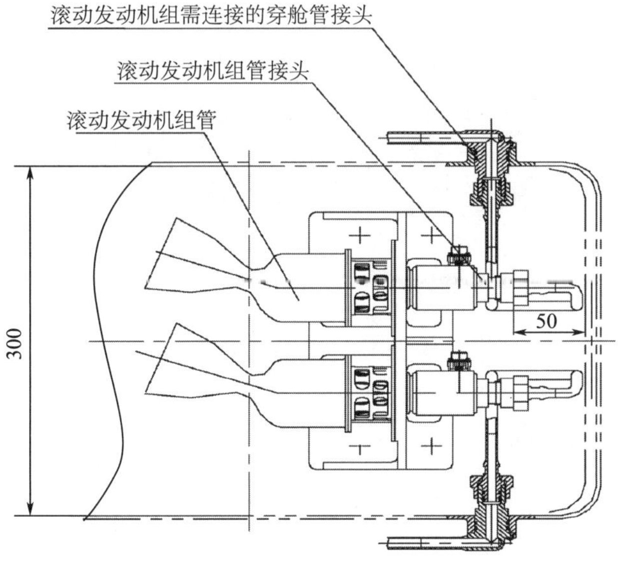

图1　发动机组件结构图

2　滚动发动机组管路制作难点

2.1　管路取样空间狭小

返回舱 II、IV 象限滚动发动机舱内空间极为有限，发动机舱内总高度为 300 mm，发动机装船后，其管接头与舱壁之间距离仅为 50 mm，且发动机管接头与其需连接的穿舱管接头的位置呈空间交错的关系，详见图 2 所示，在如此局限的空间内实现发动机管接头与穿舱管接头的连接，需要纯手工方式实现连续圆弧段折弯，给管路取样制作带来了极大的难度。

图 2　返回舱Ⅱ象限发动机组管路

2.1.1　受粘贴加热带及热控层包覆影响

滚动发动机舱内的管路表面还需要缠绕加热带并包覆热控单元，并且为避免管路安装到位后受舱壁振动的影响，设计要求管路与任何舱壁之间至少要留有 1 mm 的间隙，这些要求都要在管路取样阶段加以考虑，将缠多层及粘贴加热带的厚度留出来，要在如此狭小的滚动发动机舱的空间内实现，也增加了管路取样制作的难度，如图 3 所示。

图 3　加热片及温控实施后管路图

2.1.2 受发动机电连接器影响

在发动机组件上、下管路之间，有一个穿舱电连接器（型号 Y27A－2237ZJB4H），在管路制作中，管路的走向必须要避开插头，并给电连接器插拔留有足够的操作空间。

2.1.3 受管路取样柱塞影响

发动机管路取样室特殊的专用柱塞，直线段较短仅为 6 mm，如图 4 所示。正常的标准柱塞直线段为 25 mm，如图 5 所示。用管路卡具无法将柱塞和样管连接一起，给样管的取样和长短的截取带来很大的困难。

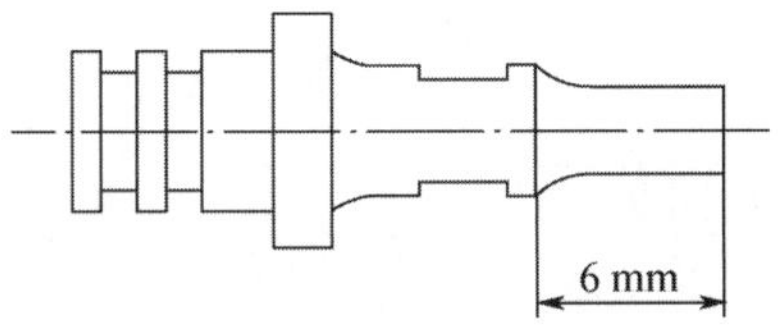

图 4　发动机专用柱塞直线段数据图

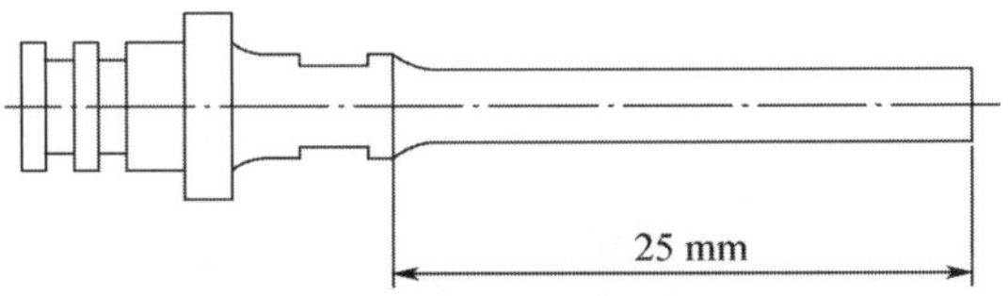

图 5　标准柱塞直线段数据图

2.2 管路取样精度要求高

发动机喷口位置有精度要求，装船后需要对发动机进行精度测量，满足安装精度要求后将发动机完全固定到位，之后才能开始管路的取样制作，而取样时另一端的穿舱管接头也是完全固定到位的，因此对滚动发动机舱内的管路提出的要求就是：连接的两端不可调整，要求取样的管路具有唯一性和特殊性，取样得出的管路必须确保在狭小的空间内将两个空间交错的管接头在无法做任何调整的情况下顺利地连接在一起，不同型号飞船发动机安装后的位置有所差别，因此也无法通过模板管路制作的方式实现，对管路取样精度要求极高。

2.3 取样制作工具特殊局限性大

发动机管路取样管，构型复杂，尺寸较小，因此对弯管器的要求很高，现在弯管一般使用 4 倍轮的弯管器，空间较小的使用三倍轮的弯管器，而发动机管路制作必须使用专制的 2.5 倍轮的弯管器才可以实现。

2.4 纯手工实现连续圆弧段折弯

发动机管路制作需要纯手工实现连续圆弧段折弯，累计误差较大，圆弧段与圆弧段之间的直线段起点很难控制。

2.5 管路本身材质为取样带来的难度

发动机舱内管路材质为不锈钢管，直径为 8 mm，壁厚为 0.8 mm，这样规格的不锈钢管硬度很大，弯管和校形难度很大，在如此局限的空间内、如此高精度的要求下，更增加了滚动发动机舱内的管路取样难度。

针对上述难点，考虑到影响管路取样制作的各种因素，经过多年针对此发动机组的取样制作过程和数据的积累，总结出一套快速精准的管路制作方法和技巧：依靠数据精确控制管路取样过程。此方法避免了反复上舱比对给管路焊接件带来的磨损，又大大提高了管路弯管取样的成品率，节省了占用总装主线的时间。

3 管路取样制作过程技巧

3.1 原始管材及工具准备

原始管材及管路取样制作工具如图 6 所示。

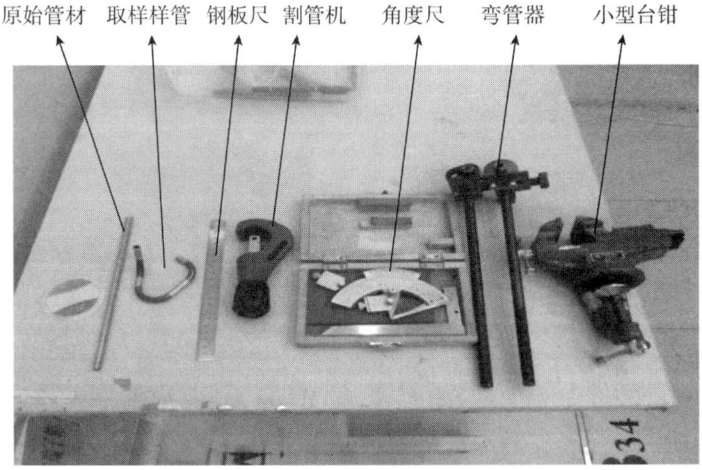

图 6 管路制作所需工具展示图

如图 6 所示，从左至右分别为：正样管路原始管材（直管，用于制作管路，管路材质为不锈钢管，直径为 8 mm，壁厚为 0.8 mm，根据正样管路成型所消耗的管材长度，确定原始管材的长度为 300 mm）、取样样管（管路走向尺寸的标准样管）、钢板尺（用于测量管路直线段）、割管器（用于切割管路）、角度尺（用于测量管路角度）、弯管器（用于管路制作实施）、小型台钳（用于固定弯管器）。

3.2 第一步

选取一根长 300 mm 样管，在中心部位制作 41°弯。分别在圆弧两直线段划线，并分别预留出 16 mm、29 mm 的直线段且在末端划线标记（注：此环节样管不宜过长，否则既影响下一环节圆弧制作，且废管材），如图 7 所示。

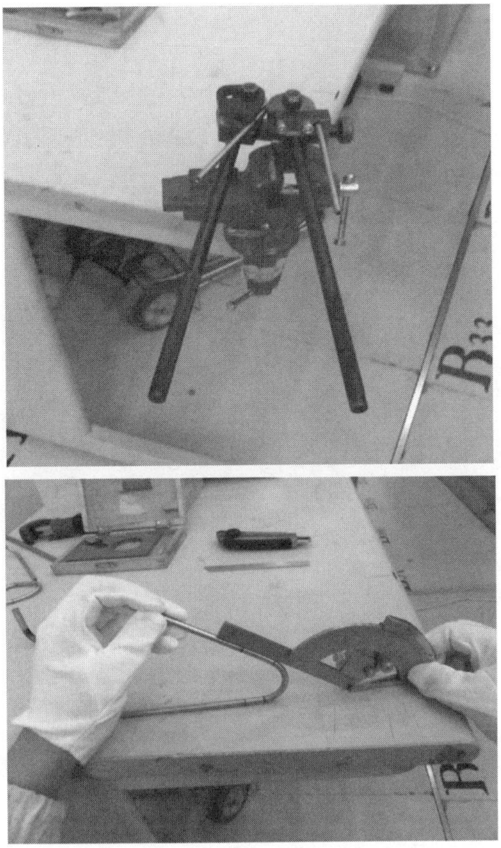

图 7　41°弯管制作过程示意图

3.3　第二步

以 16 mm 直线端末端标记处起进行圆弧制作角度为 96°，并在圆弧末端标记直线段起点，由起点量出 25 mm 直线段并作标记，用割管器在标记线外 2 mm 处截断管路（注：此环节管路截断后切口为喇叭口，需用铣刀将喇叭口断面洗平，所以要留出 2 mm 余量），如图 8 所示。

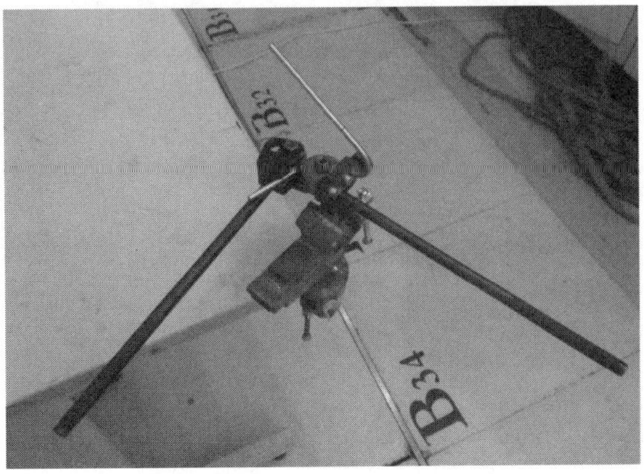

图 8　96°弯管制作过程示意图

3.4 第三步

以 29 mm 直线段末端标记处起制作出角度为 87°的圆弧（注：一组发动机分为上管路和下管路对称两根，上管口在此处对称反方向制作 87°圆弧），并在圆弧末端标记直线段起点，由起点量出 15 mm 直线段并做标记，用割管器在标记外 2 mm 处截断管路（注：此环节管路截断后切口为喇叭口，需用铣刀将喇叭口断面洗平，所以要留出 2 mm 余量），如图 9 所示。

图 9　87°弯管制作过程示意图

3.5 第四步

将初步制作出的样管在发动机接口处进行实际比对，以最终实际长短为准作标识。按照所作标识进行切管（注：此环节以考虑各项因素为重点，如：管壁与舱壁之间的距离，发动机电连接器插拔有无干涉，是否满足工艺设计的各项要求），如图 10 所示，制作后的管路实物如图 11 所示。

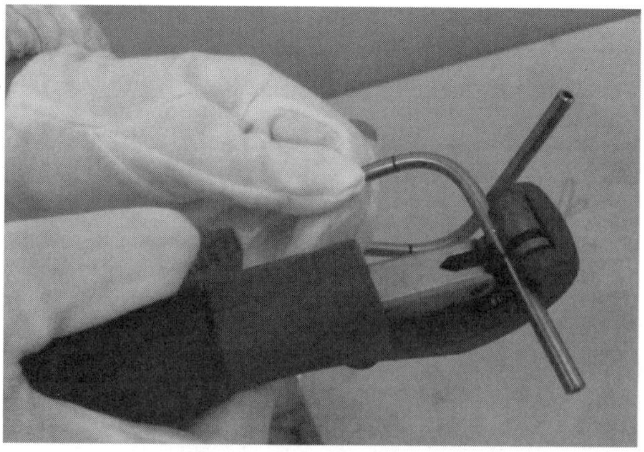

图 10　截取管路长度示意图

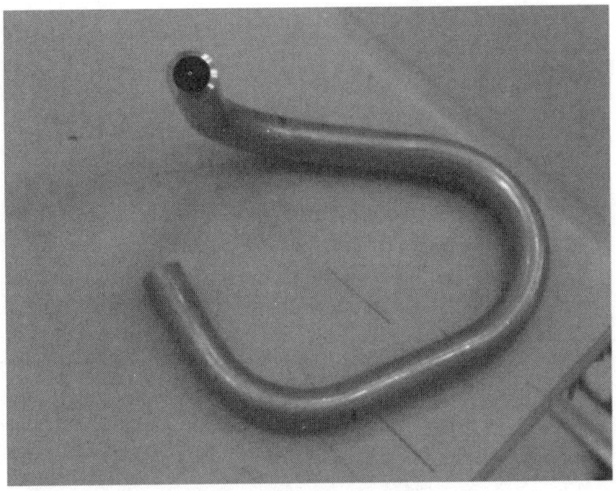

图 11　制作成形的正样管路图

3.6　第五步

将比对好的样管进行铣端面后，在进行实际比对并用专用管路卡具将管路与发动机接口连接，拍照并留记录。

3.7　补充说明

依照上述制作方法可将两组发动机的共四根管路制作完成。管路制作全过程必须依托取样样管（如图 6 所示），该样管的走向、尺寸、各项数据都是与正样管完全一致的。该样管是经过多条正样飞船发动机管路制作改进完善而成的，具有标准化样板的作用。管路的制作顺序也必须依照上述步骤不可逆，之所以先制作中间的圆弧，就是为了将手工制作的误差向两边分散，不至于将手工误差累积到一点上，并且操作顺序一旦发生改变，圆弧与工具将会互相干涉，无法实现最终管路成形。

制作此组管路的取样管走向和形状具有唯一性，所用的工具为改造特定的弯管器（直线段的点以自定在工具上标识为定位点），其各项数据受到精测和各种因素的影响可调节量范围极小。由于此组管路是纯手工制作，误差无法避免，一旦样管成形，再进行局部调节工具就会与样管走向干涉，并由于走向为连环弧形弯互相限制，调整一点整体都会受到影响，所以要将制作误差在局部制作环节中就要消减掉，只有做到各个环节都要满足数据要求，才可实现一次性制作成功。

4　小结

此技巧可实现手工数控弯管，基本可以实现一次性弯管成形，大大提高了效率，降低占用总装主线的时间，避免了多次重复性试装比对给产品和管路带来的磨损，提高了生产工作的质量。

分离包带粘贴应变片操作技巧

张天春　郝　攀
航天五院511所

摘　要　针对遥感卫星平台总装过程中包带粘贴应变片流程中的难点进行分析，结合总装实践的经验，提出了划线、打磨、粘贴、加压等各步骤的操作技巧与工装设计，形成包带粘贴应变片的规范性方法，对提高应变片的安装质量有着重要的意义。

关键词　分离包带　粘贴应变片　操作技巧

1　前言

星箭解锁装置是卫星与运载火箭的连接分离装置，在卫星发射及动力飞行阶段保证卫星与火箭可靠连接，动力飞行结束后按预定程序实现卫星与运载火箭的可靠解锁，并给出星箭解锁信号。卫星发射前须按照要求完成星箭解锁装置的装配及测试，保证星箭解锁装置的技术性能。

星箭解锁装置的安装及测试是遥感卫星总装阶段的重要工作，也是区别于其他型号的重要特点。星箭解锁装置零部件众多、安装复杂、特殊要求较多、安全性要求极高。分离包带是星箭解锁装置中的重要部件，包带上的应变片是包带测试的重要组成部分，应变片的粘贴质量直接关系到星箭解锁装置的安装质量，关系到卫星与火箭是否能够准确分离。

针对遥感卫星平台总装过程中包带粘贴应变片流程及其中的重点难点，结合总装实践的经验，总结出相应的操作技巧，对提高应变片的粘贴安装质量有着重要的意义。

2　包带简介

遥感平台卫星通常采用三根包带完成星箭解锁装置的安装。包带一般采用合金TB-2钛合金和特种不锈钢，遥感平台选用的包带一般选材为TB-2钛合金，包带表面要求不能有深度大于0.1 mm的划痕。粘贴完毕的包带上粘贴有应变片、接线端子，通过导线连接接线端子并焊接有电连接器。单根包带照片如图1所示，粘贴完毕包带示意图如图2所示，图3为包带星上工作状态照片。

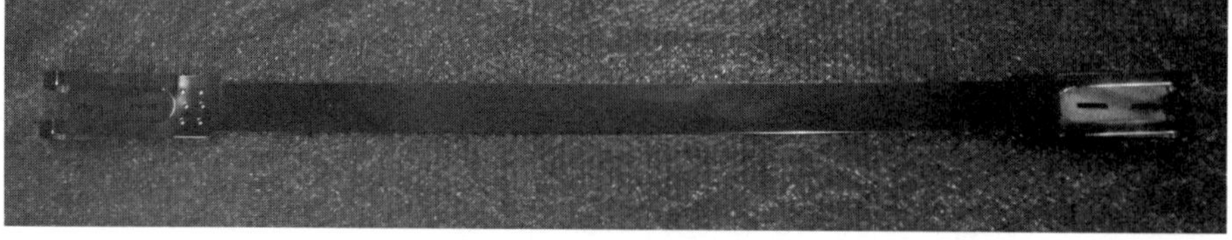

图1　单根包带照片

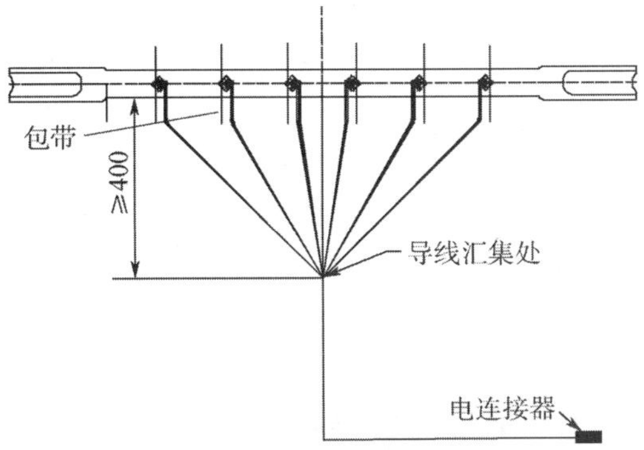

图 2　包带粘贴完应变片示意图

图 3　包带工作状态

3　包带粘贴应变片操作流程

包带粘贴应变片操作流程如图 4 所示，首先准备包带、应变片及接线端子、操作工具、辅助材料等，同时筛选应变片，并对辅助材料做相应处理；然后用无水乙醇清洗包带、应变片及接线端子，去除灰尘等污染物；清洗后，用 6H 铅笔在分离包带画出应变片粘贴位置线，划线后用砂纸打磨包带表面的应变片及接线端子粘贴处，去掉表层氧化层，打磨面积为应变片面积的 2 倍，打磨后将包带清洗干净。

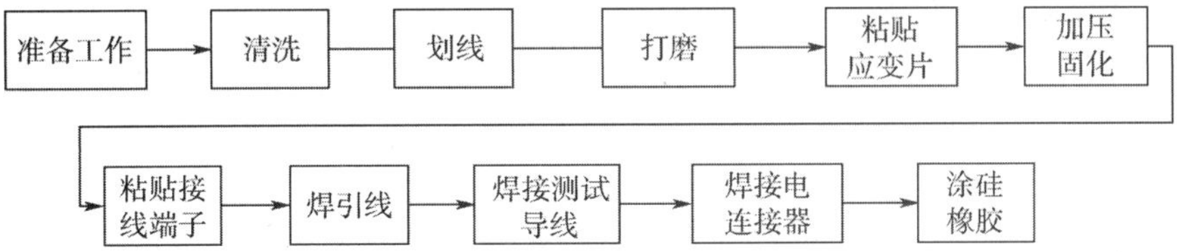

图 4　包带粘贴应变片操作流程

接着将涂有 502 胶的应变片粘贴在包带上，应变片的中心要对准包带上相应划线的十字中心；粘贴后在聚四氟乙烯薄膜和包带另一面相应部位放上胶皮垫，用手虎钳夹紧，夹紧施力部位需在包带中心线上，以保证使应变片充分承受夹紧力，在室温下加压 4 小时后，再松开手虎钳，粘贴此根分离包带另一面的应变片。

然后将应变片引线焊接在接线端子上，并焊接测试导线与电连接器，焊接操作后，在应变片和接线端子上涂 GD414 胶，把应变片、接线端子埋置在胶层内。胶层晾干后，则完成一次分离包带粘贴应变片流程，得到粘贴应变片完毕的完整包带。

4 操作难点

分离包带粘贴应变片过程中，涉及划线、打磨、粘贴、加压等多个步骤，各个步骤均十分重要，任何一个环节出现纰漏，都会造成包带应变片的反馈数据不准确，影响生产进度。各步骤中，有不同的操作关键点，质量要求高，是包带粘贴应变片操作的重点难点。

1）划线过程中，原采用钢板尺划线容易划伤包带表面，且划线不准确，易造成应变片粘贴错位，影响测量准确性，并且采用钢板尺划线耗费较多工时。

2）包带打磨要求力度控制均匀，如力度控制不均匀，易造成打磨表面纹路不平整、打磨深度不一致，在不平整表面上粘贴应变片后，会使应变片粘贴后测量阻值不合格。包带打磨需严格控制打磨方式及方向，重复打磨会造成纹路不清晰，使应变片粘贴效果不佳，易造成应变片失效。

3）各包带应变片测量阻值保持良好的一致性，粘贴后每条包带上应变片测量阻值相互差值不应超过 0.2Ω。包带粘贴应变片在平面工作台上完成，包带呈水平放置状态，而包带工作状态呈一定弧度，应变片的粘贴状态与工作状态不一致，对粘贴操作质量要求极高，若应变片粘贴不合格，则极易产生应变片在工作状态时失效。

4）应变片粘贴过程中及粘贴后加压操作对力度有严格的控制要求，若力度控制不均匀，应变片粘贴后测得的数据误差非常大，不能显示正确的阻值，不符合应变片粘贴要求。

5 操作技巧

划线工装定基准；交叉单向要牢记；
粘贴对中要准确，加压用力要均匀。

5.1 划线操作技巧——划线工装定基准

划线操作是包带粘贴应变片的第一步操作，划线决定应变片粘贴位置，如图 5 所示，是定基准的一步操作，关系后续各项操作的成败。

按图样要求用 6H 铅笔在分离包带划出应变片粘贴位置线，进行划线操作时，要求使用铅笔在分离包带划出应变片粘贴位置线即可，不可使用划针等金属物品进行操作以免损伤包带。

为了能够快速、准确地划出粘贴应变片的位置，根据多次划线操作的经验，总结出一套规范化的划线方法，设计易于使用的包带划线工装，划出包带的中心线，工装采用有机玻璃材质，既不划伤包带表面，又能准确快速地完成划线操作。

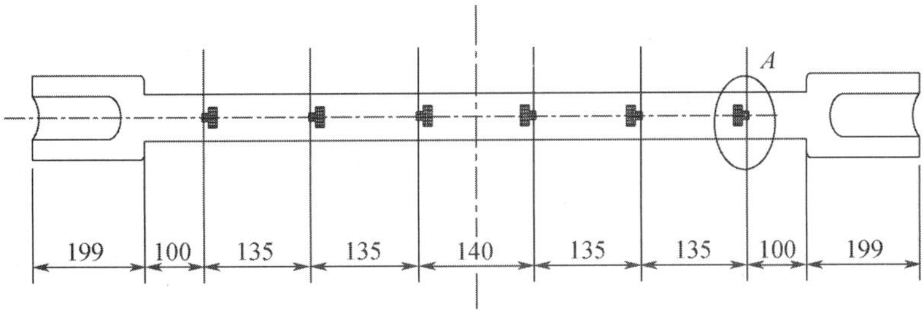

图 5　应变片粘贴位置

依据制作的划线工装 1（长度 70 mm），在中心线两侧分别划出应变片的粘贴位置，再根据划线工装 2（长度 135 mm），依次向两侧划出其他应变片的粘贴位置，最终使用划线工装 3 在包带上划出横向中心线，如图 6 所示。

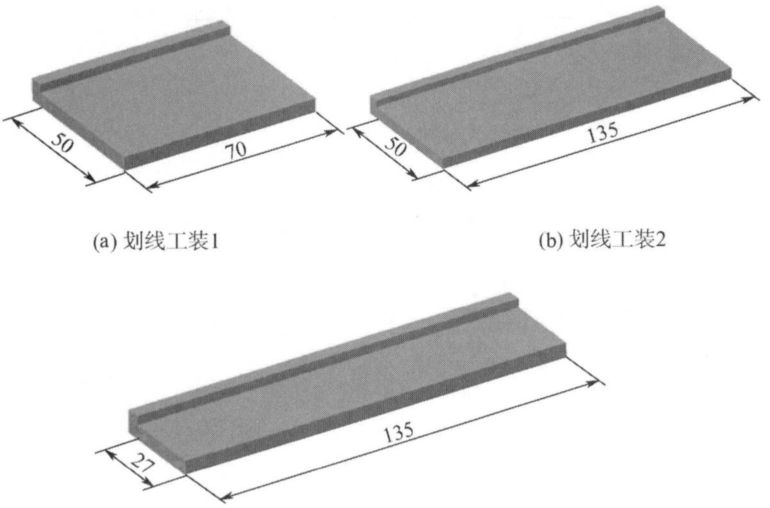

(a) 划线工装1

(b) 划线工装2

(c) 划线工装3

图 6　包带划线工装

5.2　包带打磨技巧——交叉单向要牢记

通过多次星下试验的摸索，总结出包带表面打磨的重要经验，即采用 100 目砂纸，沿包带边缘方向成 45°和 135°角两个方向，分别单向打磨。

通过试验，采用 80 目及以下目数的砂纸打磨，打磨后表面较为光滑，采用 200 目等较大目数的砂纸打磨，打磨后包带表面纹路过于粗糙，均不利于应变片的粘贴及阻值测量，因此选用目数适中的砂纸（100 目），是打磨操作的一项重要经验积累。

为保证打磨后包带表面纹路规则，深度均匀，实践得出，包带打磨需严格控制打磨方式及方向，打磨方向与包带边缘方向成 45°和 135°，交叉进行打磨，各个方向单向打磨包带，包带打磨要求力度控制均匀，不能往复打磨，打磨去掉氧化层即可。若往复打磨，打磨用力方向来回变化，不利于力度的控制，会使包带打磨深度不均匀，纹路不清晰；每条包带打磨力度需一致，若力度控制不均匀，打磨用力过大，会造成打磨表面纹路不平整，在不平整表面上粘贴应变片后，每条包带上应变片测量阻值相互差值易超过 0.2Ω，不满足技术要求，同时打磨纹路过深也会影响包带后续加压的承载能力。经验表明，单向打磨力度需控制适当，打磨操作需具有丰富经验的人员完成。

一般来说，打磨面积应是应变片面积的 2 倍，但是由于手工操作打磨面积极难控制，打磨面积较小会影响应变片粘贴，打磨面积较大会损伤包带。经过几次设计与优化，使用塑料卡片制作打磨工装，在卡片上裁出图 7 所示的多边形区域，这样在打磨过程中，可以快速、准确地打磨出粘贴区域，提高工作效率及质量。

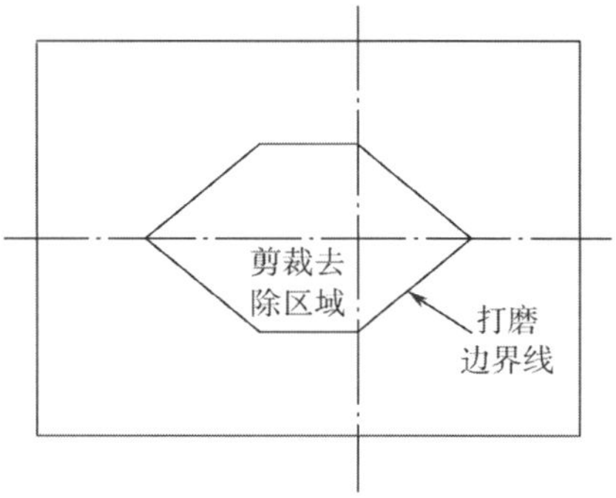

图 7　包带打磨工装

5.3　粘贴及加压应变片技巧——粘贴对中要准确，加压用力要均匀

粘贴应变片前包带应处于水平放置状态，首先在应变片粘贴面上涂一层 502 胶，胶层薄且均匀，然后将涂有 502 胶的应变片粘贴在包带上，要求应变片的中心对准包带上相应划线的十字中心，如图 8 所示。应变片粘贴过程中用手指加压时要用力均匀，每个应变片受到的压力尽可能相等，手指加压时要将应变片中多余的 502 胶挤出，应变片平整无气泡。

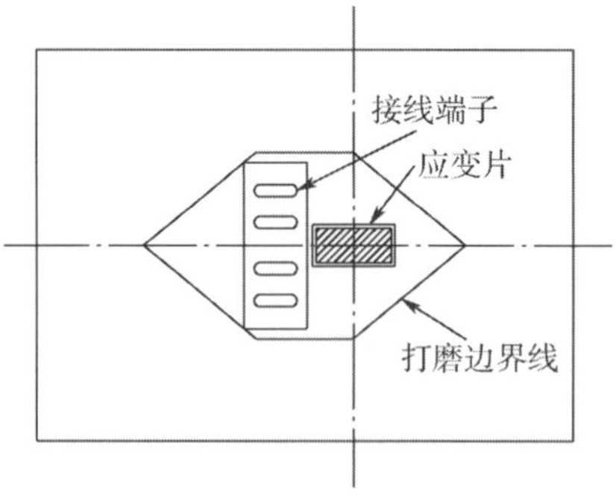

图 8　应变片粘贴位置示意图

应变片粘贴完毕后加压应变片时，需保护粘贴完成的应变片及引线（引线不能弯曲），

包带另一面也应该使用橡胶垫保护。加压前在聚四氟乙烯薄膜和包带另一面相应部位放上胶皮垫，然后用手虎钳夹紧，夹紧施力部位在包带中心线上，以保证使应变片充分承受夹紧力。每组应变片都由一个手虎钳加压，加压时先分别对各手虎钳施加预紧力，然后将各虎钳加压力度统一调整为 4～5 N·m，室温下放置 4 小时后，再松开手虎钳，以同样操作方法完成包带另一面的应变片粘贴及加压，特别注意粘贴另一面的应变片时在包带下面避开应变片的位置垫上聚四氟乙烯薄膜和胶皮垫，使包带粘贴面成水平状态。包带粘贴应变片完毕后照片如图 9 所示。

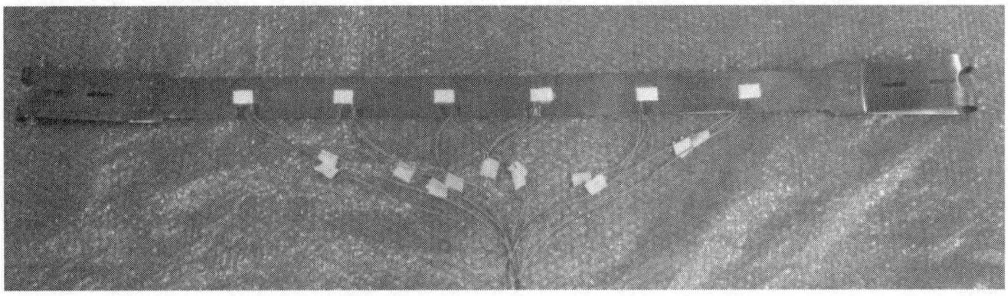

图 9　包带粘贴应变片完毕后照片（见彩图）

粘贴后每条包带上应变片测量阻值相互差值不应超过 0.2 Ω，而包带粘贴应变片是在水平工作台上完成，粘贴应变片时包带呈水平放置状态，而包带工作状态弯曲呈 115°～120°，粘贴状态与工作状态的不一致，对应变片粘贴操作质量要求极高，应变片粘贴位置需十分准确，加压力度控制需均匀适度，以保证应变片粘贴后满足工作状态。

各个包带的打磨、粘贴应变片、应变片加压应由同一个人完成，这样更能保证各个包带应变片粘贴的一致性。

6　应用效果

经过××-2、××-10 星等 5 颗卫星使用情况，验证上述系列方法高效可行，大大提高首次粘贴成功率。目前粘贴 4 根包带用时 2 天，而原有方法用时 3 天，工时节省显著。使用划线及打磨工装来完成相应操作，提高操作的一致性及准确率，进而提高一次粘贴成功率。通过长期、大量的星下试验及星上使用经验的摸索和总结，各项操作均形成了统一的操作流程，其中关键操作步骤指定具备丰富经验的总装人员完成，提高总装操作的规范性。

7　结论

本文通过对遥感卫星分离包带粘贴应变片操作流程及关键点分析，结合遥感各型号实际操作经验，总结分离包带粘贴应变片的操作技巧，为后续遥感卫星相关工作提供技术借鉴，全面提高遥感卫星包带粘贴应变片质量。

硅橡胶粘贴外热流加热片操作技巧

陈学智　陈大猛　冯同春　张天春

航天五院511所

摘　要　外热流粘贴加热片操作是卫星在热试验前一项至关重要的工作。在粘贴操作过程中，许多因素都会影响加热片粘贴质量。通过不断摸索与实践，本文总结出了操作要点以及导致粘贴质量下降的潜在因素并制定了措施。为此，本文有针对性地提出对操作手法的优化改进，加热片粘贴质量得到明显提高，并提升了生产效率。

关键词　外热流　加热片　硅橡胶　粘贴

1　前言

外热流模拟加热器是真实模拟航天器空间环境的一项重要技术手段，其性能的可靠性成为影响航天器热试验是否成功的重要因素，以深空探测系列平台为例，嫦娥三号外热流加热温度高达180 ℃，为保证加热片粘贴的牢固性，深空系列外热流加热片需用硅橡胶粘贴，并对加热片的粘贴质量提出了很高的要求。在外热流加热片数量多、硅橡胶性能不同、进度紧张的条件下，使用以往的粘贴手法进行外热流加热片粘贴，效果一直不是很理想，总是有或多或少的气泡产生，甚至会发生加热片褶皱现象，影响了产品质量，并拖后了进度。如何在这种条件下有效地保证粘贴质量成为这次加热片粘贴的难点。

2　加热片粘贴过程中常见问题分析

2.1　操作手法不易量化

加热片粘贴的具体手法并不能用文件量化作为支持，操作者大多只能凭借着经验与手感来进行粘贴操作。这次粘贴加热片过程中，虽然通过反复实验，与工艺人员的沟通改进了外热流加热片粘贴的流程，得到了技术文件的支持，能够减少气泡的产生，但对加热片粘贴效果改善有限。

2.2　操作过程中的问题分析

按照文件要求，我们选择同样的加热片。采用双面刮胶，表干10分钟后尽量保证同时进行粘贴，且均按要求沙袋固化24～48小时。大部分加热片固化后，不会产生气泡，而部分加热片固化后会有气泡。出现这样的问题，操作中可能出现了以下问题：

1）在粘贴过程中由于擀压不当导致空气进入产生气泡。

2）在加压固化过程中，GD414硅橡胶内的微小气泡聚集，最终产生大量气泡，并超出合格范围。

3）堆叠 GD414 胶并过多反复刮涂胶面导致细微气泡的产生。

4）GD414 胶存在一定批次差异，胶液中自身存在细微气泡。

以上 4 项以 1)、2）项较为常见，3)、4）项在以往加热片粘贴操作中并不被察觉，在粘贴加热片过程中增加了许多不确定性。

2.3 分析外部条件变化造成的影响

操作者严格执行了技术文件要求，自身的操作手法也符合要求，最终还是会得到许多不同的加热片粘贴效果。很显然，有许多外部因素影响着我们粘贴加热片的效果。

2.3.1 硅橡胶对粘贴加热片的影响

此次粘贴外热流加热片，GD414 硅橡胶使用量非常大，使用过多批次 GD414 硅橡胶。其批次不同也会导致粘贴效果会出现很大差异，并且有的批次胶液中会有杂质，如图 1 所示。同时胶液的粘稠度也会影响刮胶的质量。如何选用更适合粘贴加热片的硅橡胶，也是影响加热片粘贴质量的主要因素。

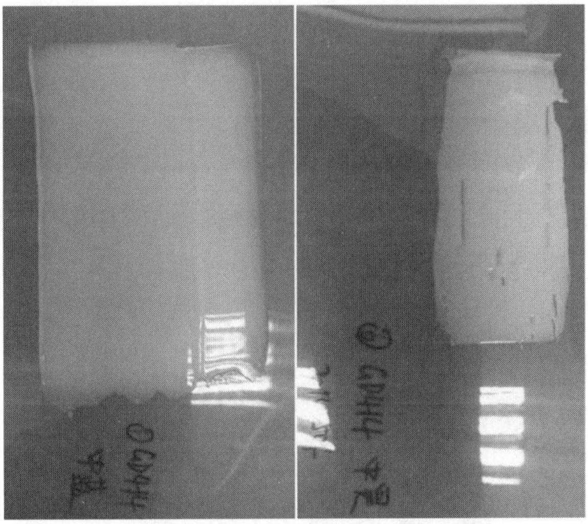

图 1　两种差异较大的 GD414 硅橡胶

2.3.2 温湿度对胶液固化的影响

外热流加热片粘贴采用的胶接剂是单组分室温硅橡胶 GD414。单组分室温固化硅橡胶的固化反应是靠与空气中的水分发生作用而硫化成弹性体。硅橡胶未硫化时，分子是线性的，在过氧化物等催化下，它们发生了架桥（硫化），分子链加长，并在空间上连接。因此，GD414 硅橡胶湿度越大固化越快，应选择一个空气温度、湿度、流动程度相对稳定的环境进行操作。

根据多次试验的结果，粘贴加热片的操作环境温度以大于 20℃ 为宜，湿度以大于 50％为宜。在此温湿度条件下，24 小时后硅橡胶可以保证良好固化。

2.3.3 工具的选用

刮胶与擀除气泡的工具，在加热片粘贴过程中，起到了至关重要的作用，过软的刮胶板在刮胶过程中难以带动胶液前行并刮匀，过硬的刮胶板会降低刮胶质量，甚至伤及加热片。刮胶工具的选择至关重要。

3 操作方法优化方案

3.1 胶质的选定

3.1.1 胶液流动性的判断

在刮胶过程中，优选流动性好的胶液，这样它的流平效果会更好。如何选出流动性较好的硅橡胶，我们选择不同批次的硅橡胶，将同体积的硅橡胶滴至聚酰亚胺薄膜上，再将薄膜垂直放置，待数分钟后，观察其流动性。

不同批次的胶液都有各自的特性。通过反复实践，得出了一个反常的结论：胶液的粘稠度和流动性没有直接关系。大部分人都认为越稀的胶，流动性越好；越稠的胶，流动性越差，但实际上并非所有的胶都是这样。并且它们的固化时间也有着各自的参数。图 2 为两种胶液流动性对比，和预想的完全不同，图中粘稠的胶液反而流动较为明显。所以，我们不能直观地以胶液的粘稠度来判断其流动性。

判断方法如下，将胶液涂覆至聚酰亚胺薄膜上，进行刮涂。在刮涂过程中，左右分多次刮涂，即留出几次刮涂拼接痕迹。待表干 5 分钟后，对胶液进行观察。若拼接痕迹消失，胶液呈现光滑状，证明胶液流动性良好，有利于加热片粘贴。如果现有的胶液流动性不好，则对刮涂手法及工具提出更高要求，适量增加刮涂次数，以保证表面胶液均匀。

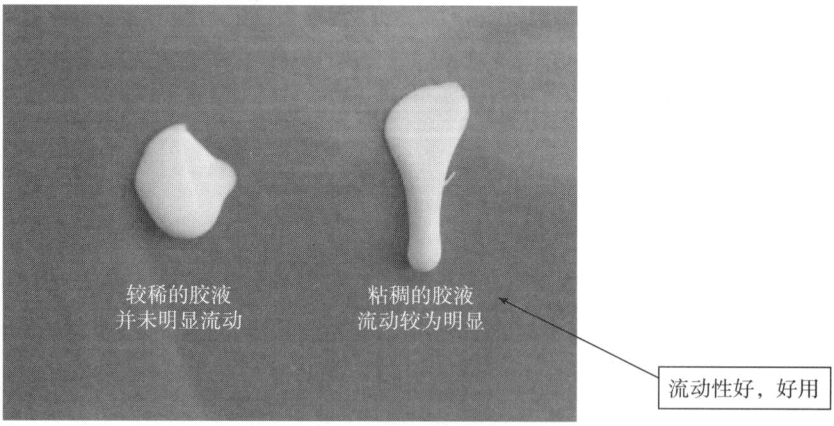

图 2 两种不同胶液的流动速度对比

3.1.2 胶液固化速度的判断

针对固化速度的不同，我们可以在每次使用新一批 GD414 胶粘贴之前，预先在聚酰亚胺膜上进行刮涂，并得出最佳表干时间，以备后续能够较精确安排加热片粘贴间隔时间。具体方法，将 GD414 硅橡胶涂覆于膜面，静置晾干数分钟后。用刮板的边角在胶层表面取样（如图 3 所示），如果刮痕光滑圆润，并有拉丝现象，此时胶层仍为流态，未达到表干效果。如果刮动胶层出现一层薄膜轻微附着于刮板，并且刮痕呈现粗糙状，胶液达到最佳粘贴状态，后续加热片在此时间点±3 分钟内粘贴为宜。如果刮动胶层直接出现褶皱堆叠于刮板前端，证明此时已经错过了最佳粘贴时机。GD414 胶已经晾干过度，表面黏性会减弱，若此时段粘贴加热片最终有可能导致气泡的产生，严重会造成加热片脱胶脱落。

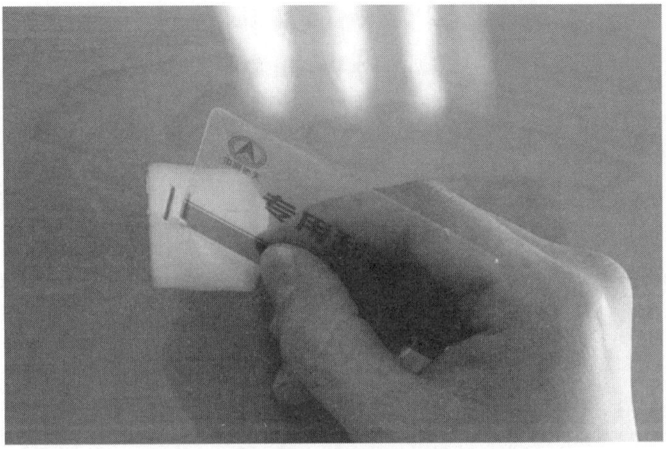

图 3　确认表干程度取样过程

3.2　工具选定

三分手艺，七分家伙。刮板作为主要工具，软硬度一定要适中，硬度过高会造成胶层不平整，易产生条状拉痕。过软的刮板不能够快速有效地将 GD414 胶刮匀，并且容易产生微小气泡。为此本人特别提出要求投产了一批 PVC 材质的刮板，尺寸与软硬度适中，便于操作，后续还会有更多尺寸的刮板，便于总装操作。图 4 为本次使用的刮板样式。

图 4　刮板样式

3.3 实际操作

操作不能光停留在理论层面，实际操作中的细节更为重要。由于型号进度要求，粘贴外热流的工作时间紧任务重。如何在保证不产生气泡的情况下加快粘贴速度，也是一项非常重要的技巧。

3.3.1 划线

部分外热流上的加热片粘贴位置并没有尺寸要求，但在一些重要部位给出了粘贴位置的尺寸。我们可以依据给出尺寸的加热片位置，将所有加热片先在外热流上布局好，然后划出每个加热片的轮廓四角（如图 5 所示）。有些操作者会认为这一步会浪费时间，没有意义。但实际上这是错误的，划出加热片粘贴位置的作用不仅仅是在粘贴时对加热片位置的校正，同时还有一个非常重要的作用，就是确定刮胶范围。以往我们操作者习惯用硅橡胶在外热流先刮出一大片区域，待粘贴完再去清洁周边。这样做有几个缺点：

1）被粘贴面与加热片硅橡胶涂覆不能做到同时，这样容易产生气泡。

2）粘贴完加热片，被粘贴面的多余硅橡胶已经接近部分固化，清洁需要额外浪费时间。

3）没有准确区域的对被粘贴表面进行涂覆硅橡胶会造成硅橡胶与酒精无尘拭布的浪费。

由此可见，提前划线确定位置利大于弊，不仅保证了粘贴质量，还省时省力省辅料。正所谓磨刀不误砍柴工。

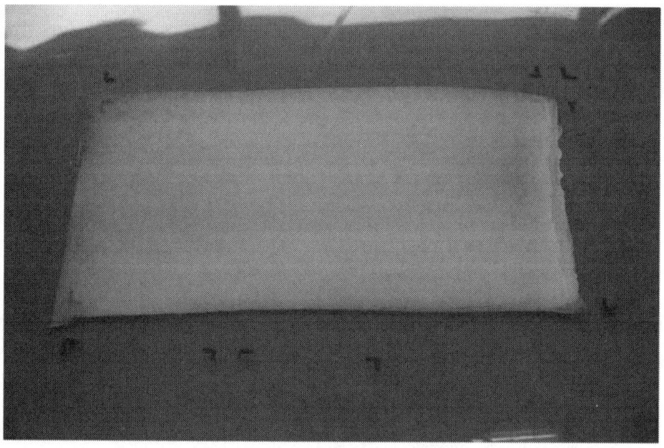

图 5 划线确定刮胶位置

3.3.2 刮胶

首先粘贴一块双面胶，这样能够更好地固定加热片，以便在用力刮胶时，保证加热片不产生位移，从而不会将胶液蹭到加热片背面，如图 6 所示。

刮胶前，用无水乙醇无尘拭布清洁加热片，无尘拭布轻微潮湿即可，否则会产生水印状痕迹，影响粘贴质量。将胶液分几次顺着刮擀方向一字挤出，不要 S 形涂胶或纵向涂胶，胶液尽量不要重叠，这样能够减少气泡的产生，如图 7 所示。

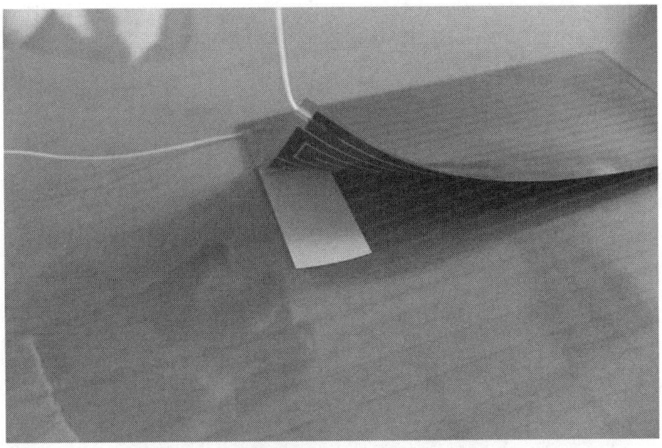

图 6　将加热片固定便于刮胶

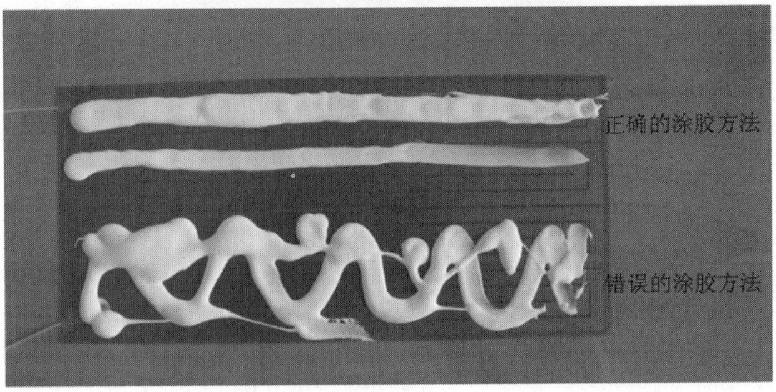

图 7　两种涂胶方式对比

刮胶时，手部保持角度不变，力量由重到轻。尽量做到一气呵成，如果一次刮胶不能够保证全面覆盖加热片，利用刮板上剩余胶液补齐后，再次刮涂。尽量保证加热片上被刮涂次数少于 5 次。

需要注意的是，以往有的操作者为了把胶面刮平，过多地反复刮涂胶面，最终，此加热片在固化后，粘贴质量往往不如其他加热片。原因是，反复刮涂会把一些边缘的胶渣带入加热片中，而且还会加快 GD414 胶的固化，导致与其他加热片晾干效果产生差异，降低了粘贴质量。GD414 胶自身存在流动性，轻微的刮痕，会在后续几分钟的晾干过程中自行流平，并不会影响到粘贴。

有些操作者习惯在刮胶过程中将膜面上多余的 GD414 硅橡胶铲起，用其再次对下一加热片进行涂覆。节约成本固然是应当提倡的，但是，如果手法不到位，或者两种固化时间不同的胶液堆叠后再次刮涂，有可能产生大量不可见气泡，最终在固化完成后，导致加热片不合格。

3.3.3　粘贴

在加热片粘贴过程中，使用带有无水乙醇的无尘拭布包裹在手指上，在加热片上轻轻按压，进行快速并密集的擀压动作即可，手指行进路径呈 N 或 W 形。确保两粘贴面所有区域在受到手指擀压动作后贴合，即可做到在粘贴过程中不产生气泡。没有气泡产生，便可以省去擀除气泡这一步骤，节约很大一部分时间，如图 8 所示。

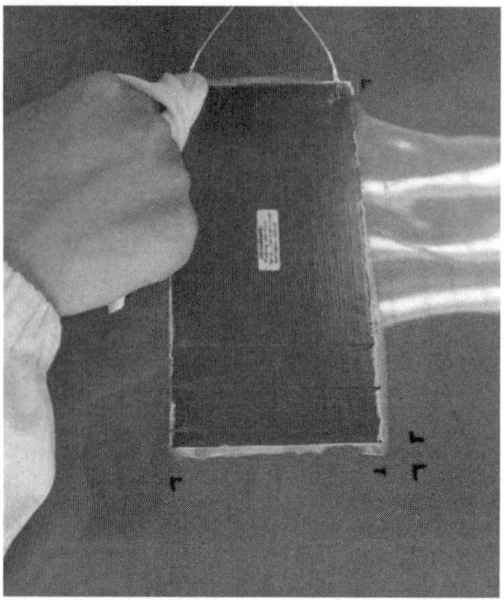

图 8　红色箭头表示擀压路径（见彩图）

切勿在粘贴过程中使用刮板直接擀压加热片使其粘贴，否则会导致加热片向上卷曲，并有一定几率使空气进入，导致气泡产生。

3.3.4　清洁

粘贴完成后，清洁外部剩余 GD414 硅橡胶，先用刮板铲除大面积的多余胶液，再用湿度较高且编织较稀疏的无尘拭布清洁，能够起到较好的清洁效果。技术文件允许的情况下，建议使用纱布。待清洁完成后，便可进行加压，至此该加热片粘贴工作完成。

3.3.5　固化环境保证

粘贴加热片的环境温度以大于 20 ℃为宜，湿度以大于 50%为宜。操作过程多在部组件装配小区进行，环境相对密闭。因为硅橡胶会吸收空气中水分子，所以大量的涂覆硅橡胶，会导致局部环境空气湿度下降，不利于加热片固化。为确保固化质量良好，进行加热片粘贴的房间应配有加湿机，以确保环境湿度不低于 50%。

4　整张外热流加热片粘贴时间参数优化

一般情况下，刮涂完一片加热片，刮涂一块对应粘贴区域，然后进行晾干。直至粘贴完这片加热片，再去进行对下一片加热片的操作。这样的粘贴顺序一小时可以完成 5～6 片的加热片粘贴工作。

通过长时间的摸索，我总结出一套提高外热流加热片粘贴效率的方法，在保证质量的前提下，尝试在一个晾干周期内增加刮涂加热片与被粘贴表面数量，并达到最大化。假设这一批次的 GD414 硅橡胶在晾干 7～10 分钟粘贴最为理想，我们用 3 分钟为一个单位时间完成 A 加热片与其被粘贴表面的刮涂并进行晾干，随之开始 B、C、D 加热片的相同操作，此时 A 加热片已经晾干 9 分钟，可以对 A 加热片开始进行粘贴（如果胶液较稀可继续晾干并刮涂后续加热片），粘贴过程耗费大约一分钟，A 加热片完成粘贴。此时 B 加热片晾干时间达到 7 分钟，一分钟完成 B 加热片粘贴。此时 C 加热片晾干时间 5 分钟，我们可以进行第二周期 E 加热片及粘贴表面的涂覆硅橡胶。耗时 3 分钟后，C 加热片晾干时间为 8 分钟，可以进行粘贴，完成 C 加热片粘贴后，D 加热片到达晾干 7 分钟时间，并完成粘贴。至此，第一周期 A、B、C、D 4 片加热片粘贴完成，E 加热片晾干 2 分钟。此时我们可以继续第二周期的加热片 F、G 刮涂工作，第二周期只粘贴三片加热片。其中间隔时间对之前粘贴的加热片进行检查，若发现气泡，对其进行擀除。最后清洁加热片周边的残余 GD414 硅橡胶。由于之前划线有效控制了刮胶范围，所以清洁步骤速度也会得到提升。

需要注意的是，应合理把握清洁的时机，清洁操作距离刮涂完成不应超过半小时，否则 GD414 将表层固化，致使清洁后加热片边缘 GD414 胶起皮毛糙，甚至进入空气，影响加热片粘贴质量。

这个周期是一个比较理想的状态，当 GD414 胶表干时间有变化时，粘贴加热片的时机还要随之调整。总体来看，使用这种方法能够提高原有粘贴速度 2～3 倍。

5 总结

经过了对 GD414 硅橡胶粘贴外热流加热片操作技巧的改进优化，我们能够在更加复杂的工况下进行外热流 GD414 硅橡胶的粘贴工作。运用上文中的技巧，能够提高加热片的粘贴质量，粘贴后加热片的一次交验合格率有明显的提高，同时，粘贴速度明显上升。确保了热试验前保质保量完成了外热流加热片粘贴工作。对我们以后实施加热片粘贴工作有很大的帮助。

货运飞船舱外航天服的安装方法

赵　乾　张丽丽　张　亮　刘　杰　姜　旭

航天五院511所

摘　要　本文对货运飞船舱外航天服的安装技术及注意事项进行了总结。首先对航天服支架的构型进行了详细的描述；其次对舱外航天服的安装技术流程进行了重点的介绍；最后作者对航天服的安装的工艺技术及操作方法归纳总结出一些安装过程中的关键技术，为后续型号类似工作提供了操作参考和成果提炼固化操作技能和技巧。

关键词　舱外航天服　安装方法

1　舱外航天服的重要性

舱外航天服是航天员在外太空出舱时的生命保障，向航天员提供氧气、保持大气压力、排除二氧化碳、维持舒适的温度和防止宇宙辐射的危害，舱外航天服安装质量的好坏直接关系着航天员的生命安全。在载人航天器总装过程中，如何将沉重的舱外航天服在保证质量、安全的情况下顺利安装到载人航天器内部，并可靠固定，是载人航天器总装过程中的关键环节。

2　航天服支架构型及安装状态

货运飞船初样阶段，航天服支架安装在结构热控船密封舱内货格内，支架分别与中间框3、前连接框相连。航天服在舱内状态如图1所示。航天服支架构型如图2所示，航天服支架通过接头和中央枢轴支座分别与前连接框和中间框3连接，其中，中央枢轴支座、两个侧面销钉与航天服为刚性连接，胸部支撑座上带有橡胶塞，起到支撑航天服的作用，同时在胸部支撑梁上有两个拉紧带支座，作为航天服拉紧带的连接接口。航天服在支架上安装状态如图3所示。

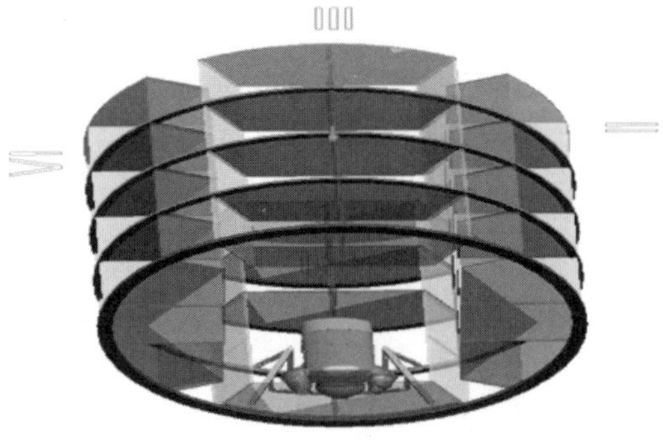

图1　航天服在舱内所在位置（见彩图）

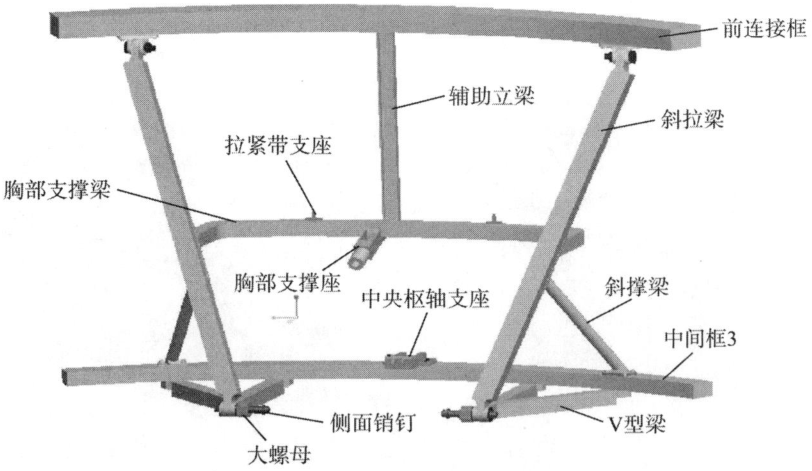

图 2　航天服支架构型图

图 3　航天服与支架组合体构型图（见彩图）

3　安装舱外航天服操作流程

3.1　安装准备

1）在舱外航天服支架顶部对应的货格结构板上相应位置安装舱外航天服吊装工装，选取吊点安装电动绞盘；

2）舱外叉车准备到位，在叉子上铺设保护海绵；

3）舱外航天服支架安装到位，胸部枢轴连接座的压板拆下，胸部支撑点橡胶塞安装到位，2 个腰部枢轴定位台肩端面距离调整至对称位置。

3.2　舱外航天服进入货物舱

将叉车移动至货运飞船货物舱的侧操作口附近，移动过程中专人把扶，避免跌落。利用已安装在舱内的电动绞盘起吊航天服肩部吊点，将航天服运送进舱，进舱时小心谨慎，多人把扶，对舱门包覆海绵或毛毡防磕碰。操作过程如图 4 所示。

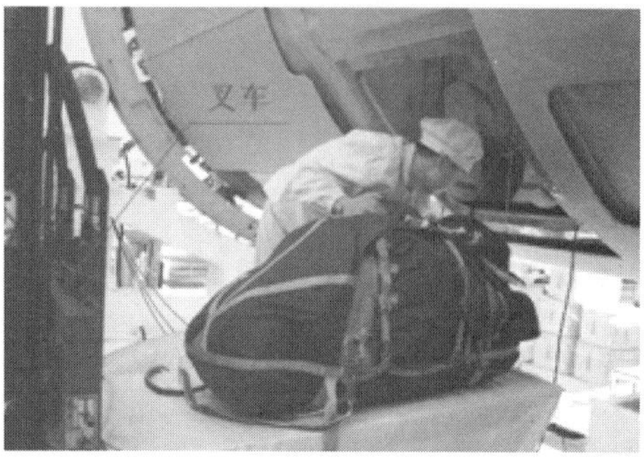

(a)航天服平放在叉车上

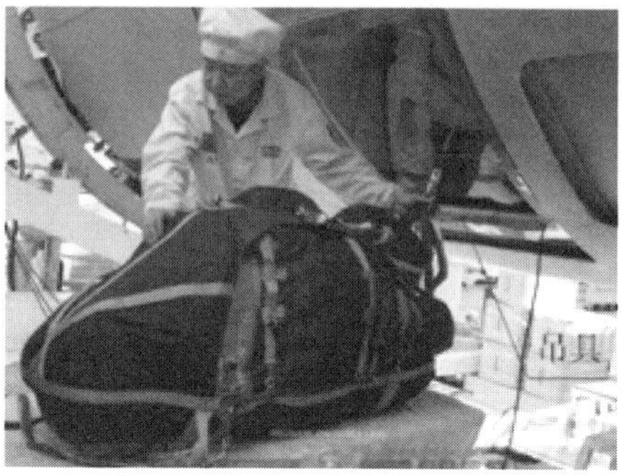

(b)与舱内吊具连接

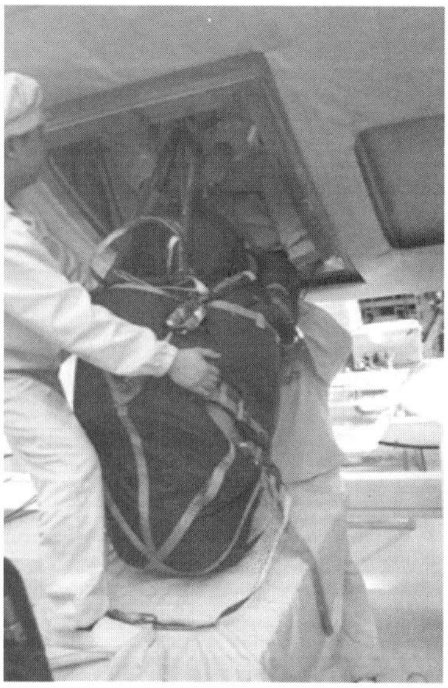

(c)起吊

(d)进入货物舱内部

图 4　航天服进舱流程图

3.3　舱外航天服安装到位

1）操作人员在舱内吊装工装的帮助下，利用电动绞盘随时调整航天服的高度及姿态，在航天服保持直立的状态下使舱外服支架的 2 个腰部枢轴沿航天服两侧的扇形导向槽进入定位槽，安装示意图如图 5 所示；腰部枢轴进入定位槽后，通过吊具及操作人员辅助，将航天服绕支架腰部枢轴缓慢转动，并在航天服胸部枢轴接近支架连接座时，调节支架腰部枢轴在航天服定位槽中位置，使航天服胸部枢轴落在支架胸部枢轴连接座上，安装示意图如图 6 所示。

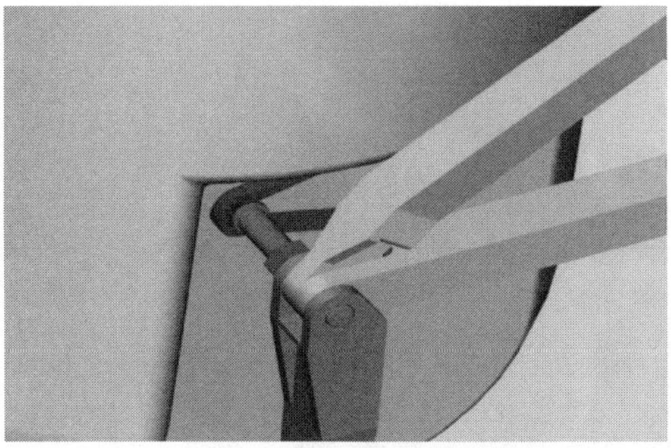

图 5　舱外服支架腰部枢轴到位

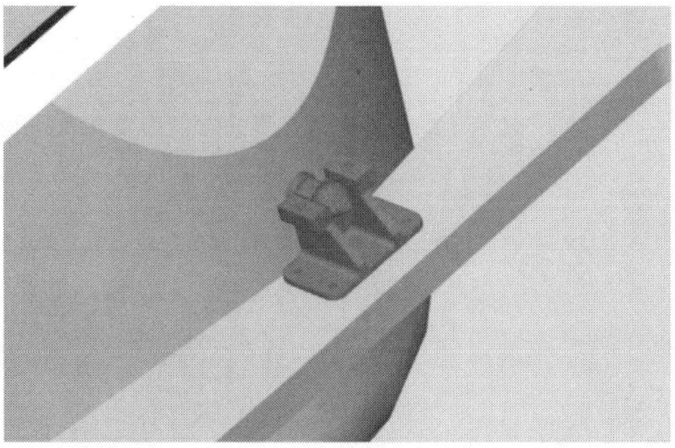

图 6　舱外航天服胸部枢轴进入连接座

2）将压板压在航天服胸部枢轴卡槽内并用 2 个防脱落螺钉将压板与连接座固定，完成胸部枢轴与连接座的装配，如图 7 所示，按要求拧紧测力，螺钉螺纹涂抹 MS 螺纹防松胶，并在拧紧后粘贴白胶布进一步防松，粘接胸部枢轴连接座的尼龙搭扣，对压板固定螺钉起防松作用，如图 8 所示。

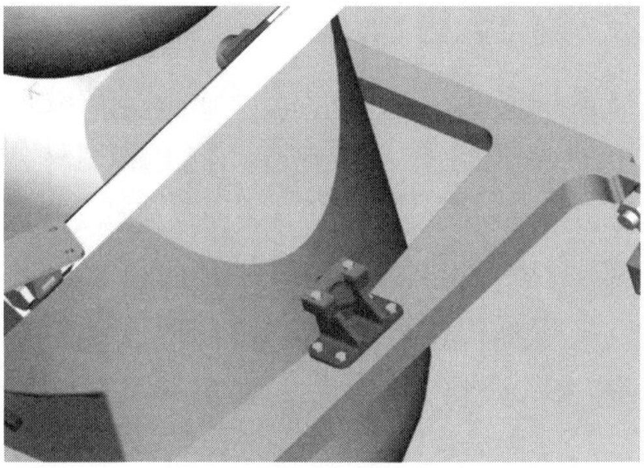

图 7　完成胸部枢轴与连接座的装配

图 8　粘接胸部枢轴连接座尼龙搭扣

3）用一个扳手套住腰部枢轴外端的六角形凸起部分并保持固定不动，用另一个扳手按逆时针方向旋转腰部枢轴内侧的大螺母，使原与支撑梁内壁紧贴的大螺母与其内壁分开；用扳手套住腰部枢轴外端的六角形凸起，按顺时针方向旋转，使腰部枢轴与大螺母一起向贴近出舱服的方向运动，使出舱服两侧腰部枢轴的内侧轴肩均与出舱服腰部定位槽接触，之后用力矩扳手继续旋拧腰部枢轴，保证旋拧力矩不变，腰部枢轴处螺纹部分及大螺母处均涂 MS 螺纹防松胶进行防松，在加载旋拧力矩时应保证出舱服两侧的腰部枢轴同时加载，力矩交替增大，直至规定力矩；用一个扳手套住腰部枢轴外端的六角形凸起部分并保持固定不动，用另一个扳手按顺时针方向旋转腰部枢轴内侧的大螺母，使大螺母与支撑梁内壁紧贴，将大螺母拧紧直至规定力矩，完成舱外服支架腰部枢轴与航天服腰部定位槽的装配，如图 9 所示。

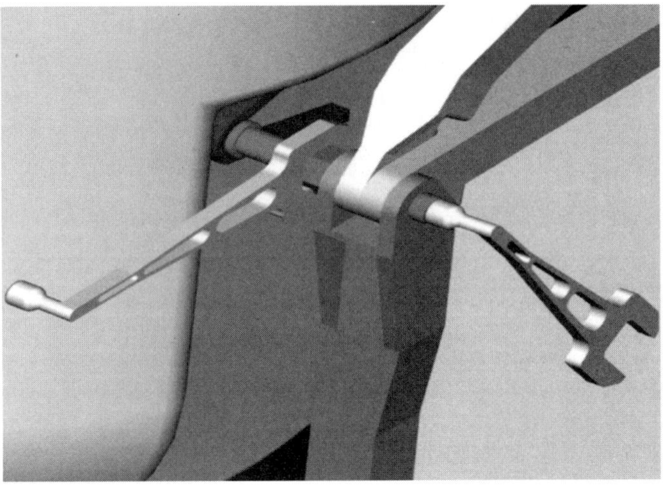

图 9　腰部枢轴与舱外航天服定位槽的装配

4）舱外服支架胸部支撑座上的橡胶缓冲垫需与舱外服试装修配，试配工作在舱外服装船前预先完成，安装橡胶缓冲垫必要时可往缓冲垫根部涂抹少许二硫化钼或润滑剂，以便将橡胶缓冲垫顺畅地装入到胸部支撑座上。

5）将舱外航天服肩部的 2 根柔性连接带与拉紧带支座连接，螺纹处涂 MS 螺纹防松胶进行防松，紧固件测力，拧紧后粘贴白胶布进行进一步防松；调节连接带上的螺杆使之张紧，张紧程度由航天服系统现场确认，使舱外航天服胸部压紧在橡胶缓冲垫上，拧紧连接杆两端的螺母，螺纹处涂 MS 螺纹防松胶，拧紧后粘贴白胶布进行进一步防松。

6）舱外服与支架的各安装接口均安装到位后，用不锈钢丝将支架两侧的腰部枢轴和大螺母打保险，打保险的方式如图 10、图 11 所示，保险钢丝规格为 $\phi 1.20$ 不锈钢丝。

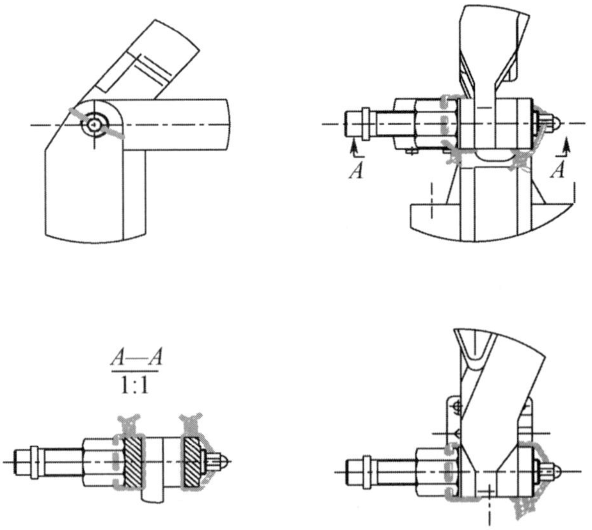

图 10　腰部枢轴及大螺母打保险方法

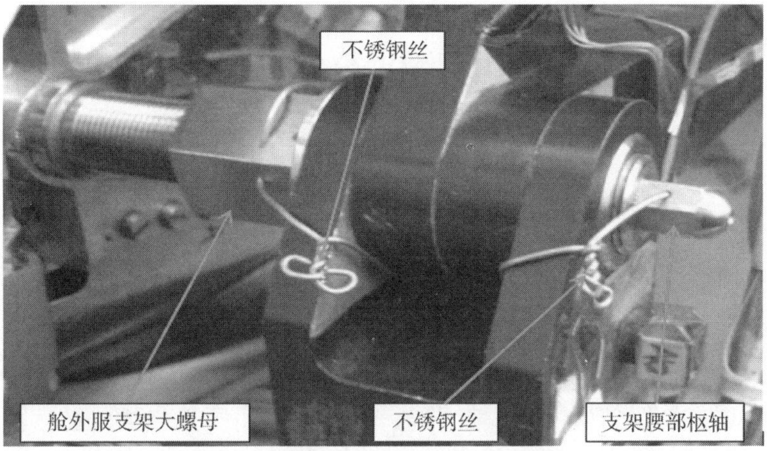

图 11　腰部枢轴及大螺母打保险状态

4　安装舱外航天服重点

1）当航天服进入舱内时，注意周围的环境，避免进舱过程中航天服磕碰到舱体。

2）当航天服支架腰部枢轴到位后，利用电动绞盘将航天服继续调整高低时，注意航天服胸部的外衣多层，防止与胸部支架的橡胶缓冲垫磕碰，必要时需要把航天服胸部的外衣多层的搭扣解开，把航天服胸部的外衣往腰部脱下，等航天服胸部与胸部支架的橡胶缓冲垫完全贴合后，将航天服胸部的外衣多层恢复。

3）如果航天服中央枢轴已进入连接座，但无法将压板安装到位，需调节中央枢轴支座的高低；如果中央枢轴高低位置合适，但左右位置不合适，需用手触摸中央枢轴在中央枢轴支座里的位置或用内窥镜来观察判断，然后调节腰部枢轴，用两个 M8 的棘轮套筒，分别同时拧腰部枢轴的侧面销钉，往同一侧的方向拧，这时须将压板对准中央枢轴支座，直到调节到能够将压板压住中央枢轴为止。

4）总装安装实施时，在胸部枢轴顺利进入连接底座的情况下，当安装胸部枢轴压板时发现压板安装孔与连接座孔位发生相对错位，连接座孔位相对偏上约 1.5 mm，导致胸部枢轴与连接座无法正常连接固定。现场分析认为是航天服腰部卡槽接口轴线与胸部枢轴接口相对位置尺寸偏大造成。

5　结束语

舱外航天服作为货运飞船上行物质中的关键设备，其安装质量的可靠性是确保任务圆满成功的重要基础。航天器总装的实践证明，细节决定成败，关键在于落实。在今后的总装工作中，我要以严、慎、细、实的工作态度严格要求自己，发扬“四个特别”的航天精神，以确保产品质量为我们工作的准绳，把每一项工作细节落到实处，取得实效，全面提升自身技能水平，为祖国的载人航天事业服务奠定坚实的基础。

某型号卫星相机底部集热板热管安装技巧

焦　阳　郭　凯　刘金超　蔡　玮　张伯寅

航天五院 511 所

摘　要　本文内容主要是介绍了一种基于辅助工装而完成的技术难题的解决方法；通过对设计基础数据分析、操作难点和风险点分析，根据型号特点和实施要求，设计并制作完成了一种设计结构简单、应用效果良好的辅助工装，从而有效地解决了 XX－4 卫星相机底部集热板热管安装的技术难题；并在结构星上进行了验证实施，为正样的应用打下了良好的基础。

关键词　XX－4 卫星　集热板热管　安装技巧

1　概述

XX－4 卫星相机/一体化结构包括相机主体、遮光罩、星敏感器、一体化结构、相机后罩、4 根相机热管及相应固定卡箍。3 个星敏感器在星下分别与支架、星敏辐射板、星敏热管组装后，安装在相机主体上；相机主体（XXY01－4）及遮光罩（XXY02－4）通过一体化结构安装在卫星对地板上；相机南北辐射板支架（XXY08－4）安装在卫星的对地板上。相机的南北辐射板（XXY09－4，XXY10－4）、4 根热管（XXY07－4）与整星没有直接的安装接口，辐射板安装在辐射板支架上；热管两端与辐射板通过卡箍连接（每端 4 个卡箍），热管中间与相机主体下部的集热板通过 3 个卡箍连接，各热管安装到位后，要求热管与辐射板、集热板接触区域内缝隙小于 0. 2mm；各设备星上位置如图 1 所示。

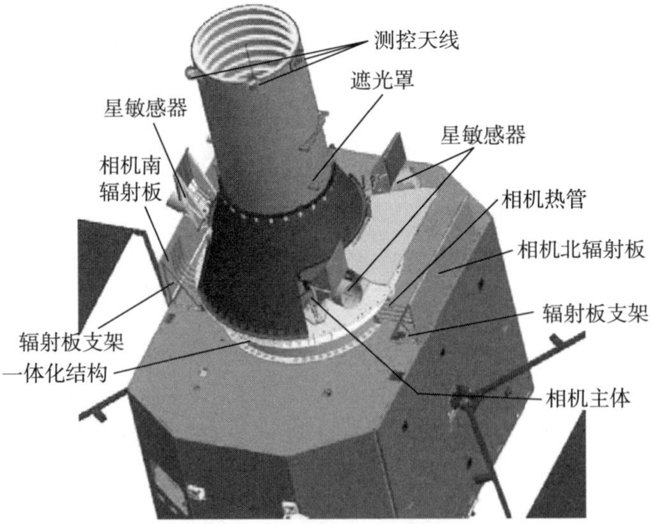

图 1　相机/一体化结构组合体的星上安装示意图（见彩图）

相机/一体化结构组合体装星前示意图如图2所示。

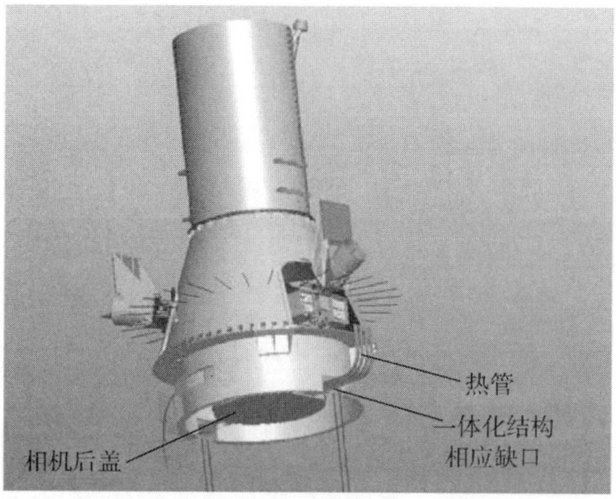

图2 相机/一体化结构组合体装星前示意图（见彩图）

相机热管的单根质量约为0.65 kg，长度2 071 mm。在进行相机底部4根热管安装时，相机一体化结构组合体放置在架车上，4根热管需同时安装，且热管与相机底部安装到位后，4根热管两端的“U”型面需在同一平面（平面度之差在0.2 mm以内）。

本文主要是针对相机底部热管的安装难点，通过设计投产辅助工装，优化操作流程，并对该操作程序进行分析，有效规避技术风险，解决操作瓶颈，为保证相机底部热管安装精度符合要求打下坚实的基础。

2 技术要求分析

2.1 技术要求

相机底部集热板上安装4根热管，技术条件：

1）4根热管每根热管（图3中尺寸 L 方向）与集热板接触部位缝隙≤0.2 mm;

2）4根热管每根热管的“U”型面（图3中尺寸 H 方向）平面度≤0.2 mm。

3）单根热管模型如图3所示，热管在相机底部固定方式如图4所示，固定热管所用卡箍如图4所示。

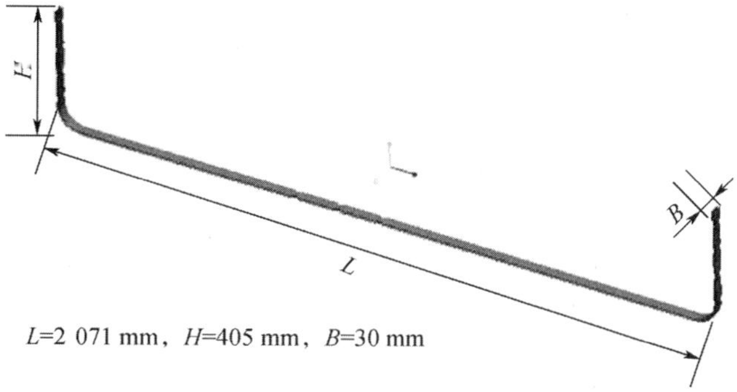

图3 热管模型示意图

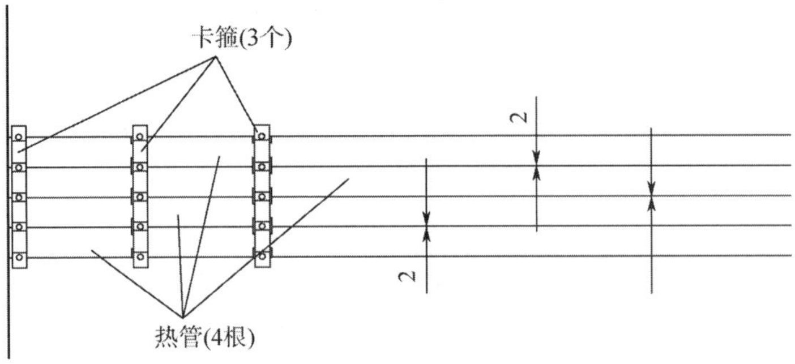

图 4　相机底部热管固定示意图

2.2　难点分析

通过对热管模型进行分析，我们可以得知，图 3 示意图热管 L 的长度为 2 071 mm，并需同时安装，在热管安装过程中造成同步性较差，相机底部热管固定位置的开口尺寸大于卡箍尺寸，并且每根热管之间存在偏差，操作过程中无法保证 4 根热管 L 平面和“U”型面三处同时满足平面度要求。

2.3　原工艺操作流程分析

工艺、设计流程：

1）先将相机底部临时固定，起吊相机组合体与整星对接，将相机南北辐射板与热管 H 调整固定到位，并在四根热管上做标记；

2）然后起吊相机组合体与整星分离，吊回支架车；

3）依据标记将相机底部热管 L 固定到位；

4）吊装相机组合体与整星对接。

经过对流程的学习分析，认为存在以下不足：

1）相机底部热管重新安装时，由于四根热管外形存在偏差，在每次紧固 3 个热管卡箍时，只能满足 L 单面平面度要求，而 H 面无法保证平面度，必须经过多次重复吊装、调整才能使 L 和 H 三处平面度都满足≤0.2 mm 的要求；

2）在安装、调整热管过程中，需吊装相机与整星反复试对接，总装操作量大（每次对接、拆除至少需要 5 名操作者）；且相机自身质量约 500 kg，相机吊具拆装复杂，星表有 10 N 推力器等凸出物，操作过程中易发生磕碰风险。

3　安装技巧

3.1　介绍

针对本操作中涉及的技术难点，需要至少 5 人以上同时操作，增加吊装试装等多次大型总装作业才能完成，可控性差，出现质量问题风险几率增加。我们根据本操作的技术难点和操作风险，认真学习技术要求，对技术参数分析，设计研制了一种可以解决多尺寸约束难题的辅助工装，顺利完成热管的安装，并经过整星的力学试验考核。

3.2 辅助工装应用介绍

我们设计的辅助工装由两部分组成，一部分为保证热管与集热板接触部位缝隙的尺寸，（热管 L 面）如图 5 所示；另一部分为保证“U”型面 H 的平面度的要求，如图 6 所示。

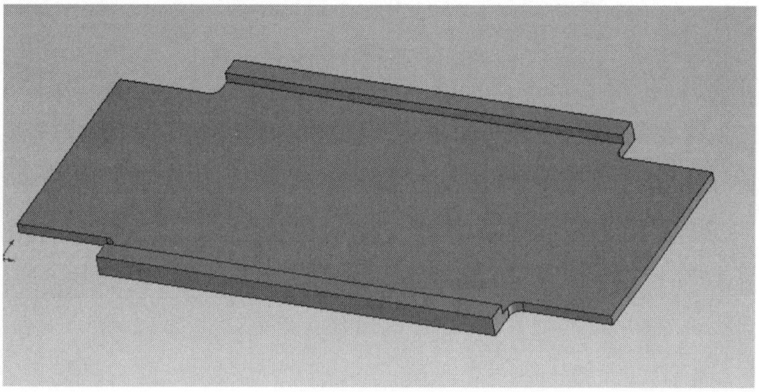

图 5 热管安装辅助托盘

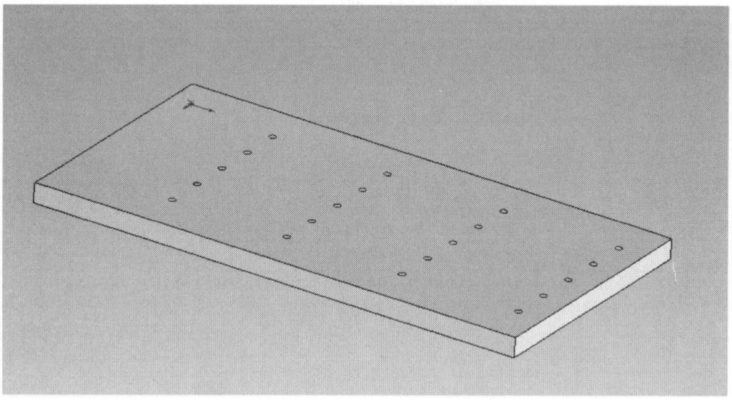

图 6 热管调整安装板

3.3 操作过程介绍

将 4 根热管安装在相机底部，并通过一体化结构侧壁的缺口穿出，热管安装的工艺步骤如下：

将相机/一体化结构组合体吊离架车安装面；

将 4 根热管放置在架车对接框表面，临时固定；

相机/一体化结构组合体重新落在架车上；

将用于固定相机底部集热板热管的最外侧 2 个卡箍放置在托盘（辅助工装）上，由操作人员托起并与热管贴合，保证4根热管的同步性，如图7所示。

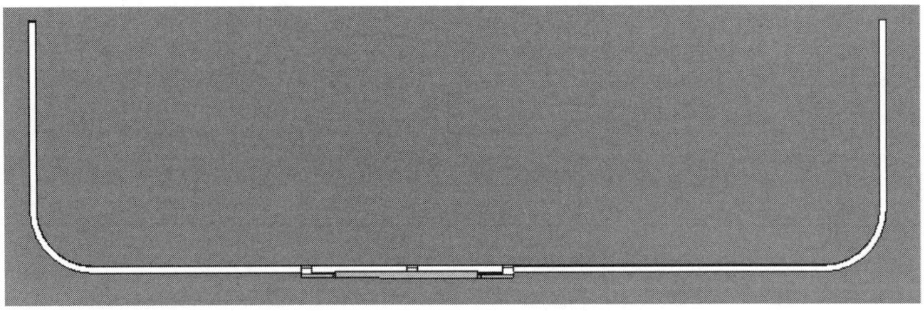

图7 托盘托起热管进行安装示意图

1）将托盘、卡箍连同4根热管一同托起至相机底部集热板处相应位置；

2）一名操作人员保持托扶姿态，另一名人员将卡箍两端的紧固件稍稍带紧，如图8所示；

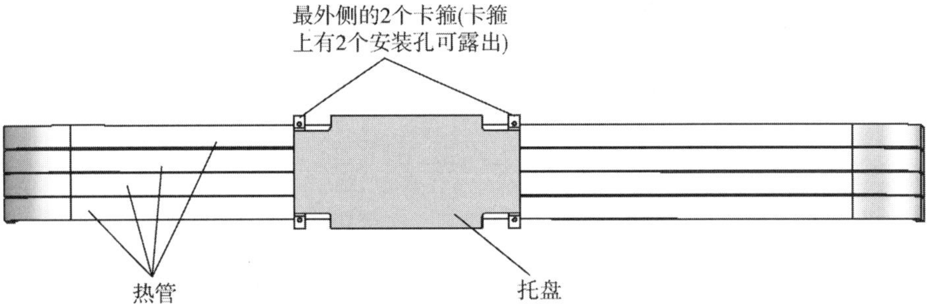

图8 热管组合体组合状态

3）架车外通过热管侧方调整板（辅助工装），利用热管卡箍、紧固件使4根热管的“U”型面保持共面，然后一名人员进入架车内通过相机集热板处紧固件松紧调节方式配合架车外的操作人员进行热管“U”型面共面的调整，如图9所示；

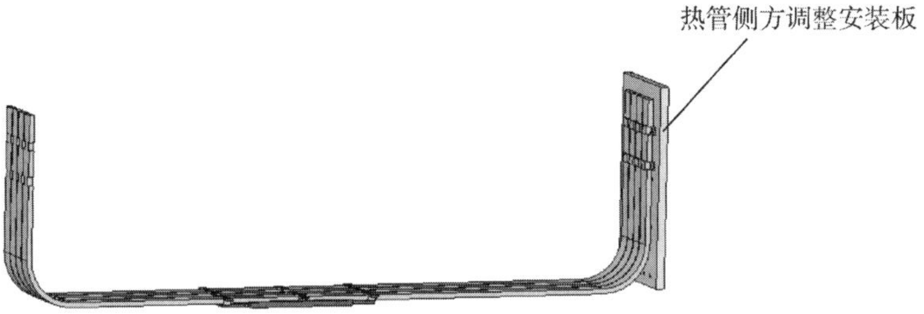

图9 热管侧方调整安装板安装状态

4）架车内操作人员将相机集热板处所有固定热管的卡箍、紧固件补齐，按力矩要求拧紧，架车外人员也拧紧热管侧方调整板，并测力；

5）经过实际检测三处安装面的平面度，均满足小于0.2 mm要求，说明相机热管安装满足技术要求；

6）将 4 根热管拆下，在相机集热板热管接触区域及热管表面刮涂 GD414 硅橡胶；

7）按照 4）～6）重新安装 4 根热管；

8）用蘸有无水乙醇的无尘拭布擦拭溢出 GD414 硅橡胶；

9）拆卸相机热管两侧辅助工装；

10）复装相机底罩。

3.4 实操证明

1）通过实际总装操作，本安装方法所应用的辅助工装可以很好地满足相机热管安装技术要求；

2）优化了操作流程，在热管安装、调整过程中，不需要实施相机与卫星的对接，所有操作均可在星下的架车上完成，且相机吊具只需要拆、装 1 次，提高了总装效率，减轻了实施操作强度，降低了操作磕碰风险，为确保正样星总装的便捷顺利打下了良好的基础。

4 总结

通过对相机底部集热板上 4 根热管安装要求的研究，我们设计完成了一种可以应用于热管安装的辅助工装，对热管的安装方法流程进行了设计优化，并针对该操作的技术流程及技术特点，进行了实际操作。

实践证明，通过流程优化及辅助工装的应用，将此阶段的总装操作人员由 5 人减少至 3 人，热管安装、调整时间可在 2 小时之内完成，有效地减轻了操作强度，提升了总装效率，降低了操作磕碰风险，保证了 XX－4 卫星研制总装过程的质量，为后续工作顺利开始打下了良好的基础。

卫星圆同轴热控实施技巧

徐微微　田占敏

航天五院 511 所

摘　要　为保证北斗导航二代二期卫星总装过程的顺利进行，确保圆同轴热控实施有效，针对圆同轴加热片加压问题，我专门设计了圆同轴加热片热控加压工装。工装的设计使用，将保证圆同轴加热片在粘贴过程中对硅胶的控制，使圆同轴加热片加压在后续使用过程中不因加压粘贴不到位影响卫星质量。此工装设计提高了圆同轴热控实施的标准。

关键词　圆同轴热控实施　工装

1　问题简介

圆同轴在北斗二号二期卫星中连接三工器和导航天线，是主载荷的关键部件和单点部位。一期北斗卫星导航分系统的 B1/B2/B3 三工器与天线之间通过 19 路同轴电缆连接，可以满足电性能和热性能的要求；二期卫星由于西安分院创新采用了高集成度的三工器，仅有一路输出至天线。经验证，试验星若继续使用同轴电缆的方案，将无法满足卫星在轨应用要求。

西安分院经调研后，建议调整三工器在星上的布局，并采用圆同轴的波导方案实现三工器与导航天线的连接，热控分系统在热控技术指标下，提出圆同轴的热控方案。该方案最终确定在试验星卫星实施。

二代某卫星在热试验后电测时，对舱内状态进行检查时发现圆同轴加热片局部有发黑现象，为解决此问题班组会同工艺、设计人员进行分析。根据导航分系统的设计，三工器与 B1/B2/B3 阵面天线的射频连接是导航分系统的单点部位。如果圆同轴加热片在轨运行发生异常，无备份设备替换，会造成导航系统失效。

圆同轴在星上的位置与布局见图 1。

2　问题分析

2.1　原加压方案分析

依据某卫星相关工艺文件要求，粘贴前加热片应平整无皱褶、无压痕、层间不脱落；加热片的加热丝条宽度、间距均匀，边缘平齐清晰；聚酰亚胺薄膜绝缘层无破损；焊点扁平光滑、无毛刺、无虚焊；引出线完整无损；用数字万用表测量每片加热片每个回路的阻值并记录，圆同轴加热片 1（BDR－2AM－T/0－110－01）AA’内层加热片和 BB’外层加热片阻值均应为（17.3±0.3）Ω，圆同轴加热片 2（BDR－2AM－T/0－110－02）AA’

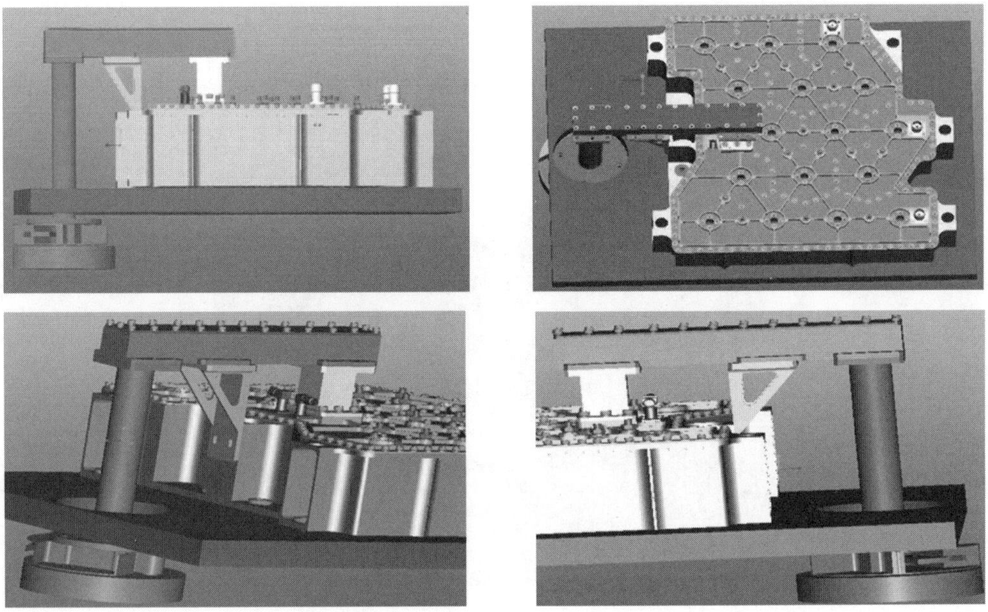

图 1　圆同轴的位置与三工器布局示意（见彩图）

和 BB’回路阻值均应为（15.8±0.2）Ω。

粘贴步骤：

1）用蘸无水乙醇的纱布擦洗圆同轴加热片和圆同轴上对应的安装表面，并晾干；

2）在加热片和圆同轴对应粘贴表面分别均匀刮涂一层 GD414 硅橡胶，要求胶层均匀且薄（厚度约 50～100 μm），无颗粒；

3）按照图纸 BDR－2AM－T/0－110《圆同轴热控图》，在相应位置粘贴加热片，粘贴过程中，从一端起，将加热片先粘贴平整，然后依次向前轻压，边粘贴边赶除气泡，用蘸有无水乙醇的白绸布清理加热片周圈溢出的胶液，要求保留 1～2 mm。

注意事项：

a）加热片引线端位置与图示一致；

b）加热片粘贴时，在法兰的圆周方向上的象限不做要求，以方便实施为准，图中为相对位置；

4）加热片粘贴到位后，在加热片外衬一层聚酰亚胺膜，用寸带捆绑加压，加压过程中不要使加热片滑移错位；

5）室温大于 20℃、相对湿度大于 40%，固化 24 小时后，拆除沙袋、白胶布，卸压清理；如室温小于 20℃，相对湿度小于 40%，固化时间延长至 48 小时，然后撤除寸带卸压，并小心拆下聚酰亚胺膜及白胶布等；

6）检验人员记录硅橡胶实际固化时间；检查加热片与安装面之间贴合是否紧密、平整，无气泡、裂纹、局部缺胶，边角翘起、滑移等缺陷，以目视检查为主，必要时可用 5 倍放大镜进行观察；用数字万用表测量圆同轴加热片每片加热片每个回路的阻值并记录，圆同轴加热片 1（BDR－2AM－T/0－110－01）AA’内层加热片和 BB’外层加热片阻值均应为（17.3±0.3）Ω，圆同轴加热片 2（BDR－2AM－T/0－110－02）AA’和 BB’回路阻值均应为（15.8±0.2）Ω，记录实测值。

原加压方案：圆同轴加热片形状特殊为半环型，操作者在加压时采用用寸带捆绑加压的方式。由于圆同轴柱段的存在，操作较为困难，在未设计专用工装的情况下容易出现加压不均匀引起胶接面胶层不均匀，甚至出现较大气泡的情况，如图 2 所示。

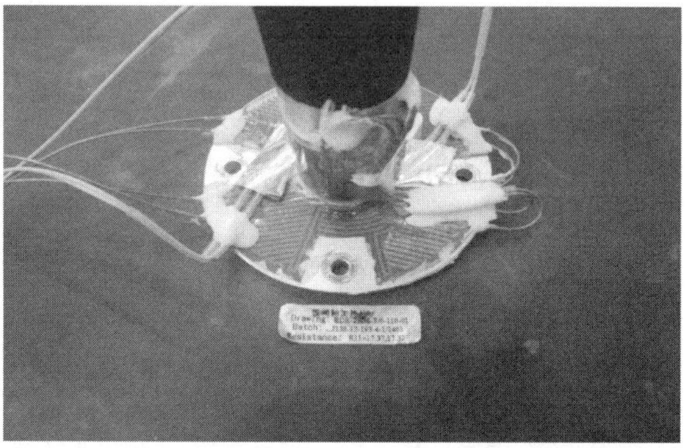

（a）加压不到位导致加热后加热片出现发黑情况

（b）加热片从圆同轴上分解下来的情况

图 2　使用工装前圆同轴加热片情况（见彩图）

2.2　原因分析

经分析，圆同轴端面加热片的局部黑现象是较高温度和覆盖材料（主要为胶层）的复合作用造成的。而解决方案也从以下两方面入手：

1）降低加热片热流密度；

2）去除覆盖物。

其中降低热流密度的方法有以下几种：

1）重新设计加热片，降低加热器的设计功率；

2）测试时建立全覆盖的反馈环境，利用温度自动反馈控制加热器开关，避免长时间加温；

3）通过设计辅助工装、应用热控实施技巧改善圆同轴加热片局部散热环境。

圆同轴的温度指标要求为：

1）贮存温度：－60～110℃；

2）工作温度：－30～100℃，各位置同一时刻的温差小于60℃。

圆同轴与安装在星外的B1/B2/B3天线馈电网络相连，而B1/B2/B3天线馈电网络受外热流的影响，每个轨道周期最大温度波动在－91.0～75.6℃之间，准工作轨道巡航状态下，馈电网络最低温度更是达到－131.9℃，受此影响，圆同轴在轨也会出现较低的温度及较大的温度波动。

为确保圆同轴温度满足指标要求，在圆同轴上设计了主、备各一路加热器，每路加热功率35W，其中圆同轴与星外馈电网络相连的法兰面分配加热功率24W，圆同轴柱段分配加热功率11W，加热片具体粘贴位置见图3（图中阴影部分）。加热器准工作轨道和工作轨道的控温阈值分别设为－30～－10℃以及－5～10℃。

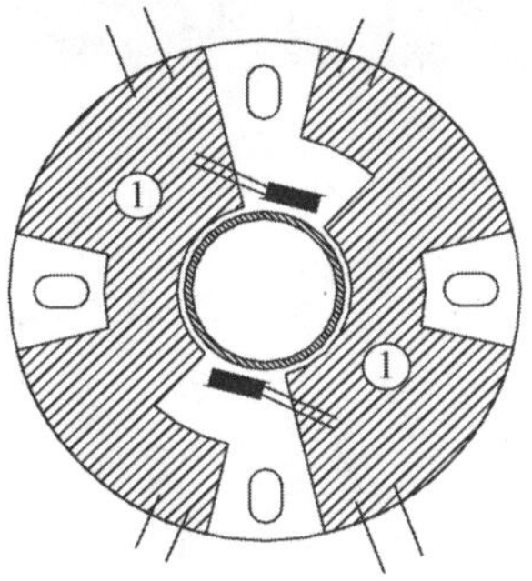

(a) 加热片在圆同轴安装法兰上的粘贴位置

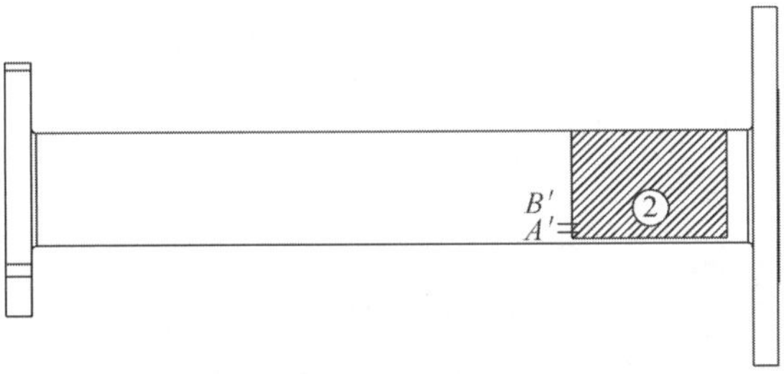

(b) 加热器在圆同轴柱段上的粘贴位置

图3　加热片在圆同轴上的粘贴位置

热分析计算结果表明，如果圆同轴主、备份加热器在轨均出现故障，则准工作轨道巡航状态下圆同轴最低温度达到－111.5℃，工作轨道圆同轴最低温度达到－54.3℃，圆同轴两端最大温差达到71.3℃，均超出了温度指标范围。

3　解决问题的过程

通过对圆同轴加热片的分析，决定为圆同轴加热片设计专用工装进行加压。

首先考虑圆同轴加热片既要避开设备安装钉，又要躲避后续热敏电阻粘贴位置。因此按照加热片的形状剪切一个约3 mm厚、有一定弹性的胶皮垫（如图4所示），再加工一个符合圆同轴形状的厚 5 mm 的半环型铝合金压片（如图 5 所示）。

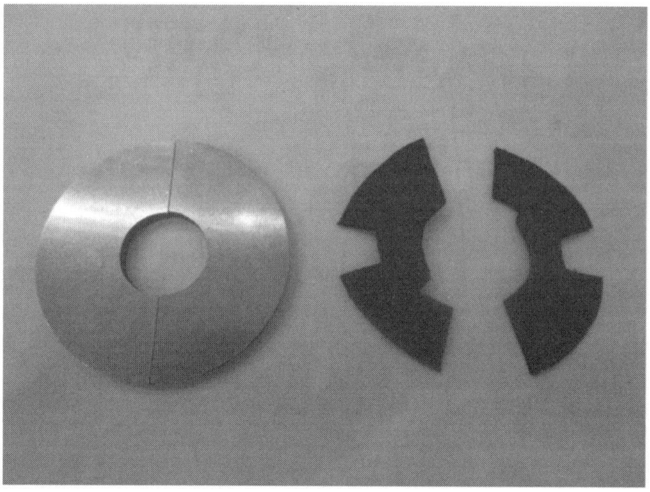

图 4　加压工装

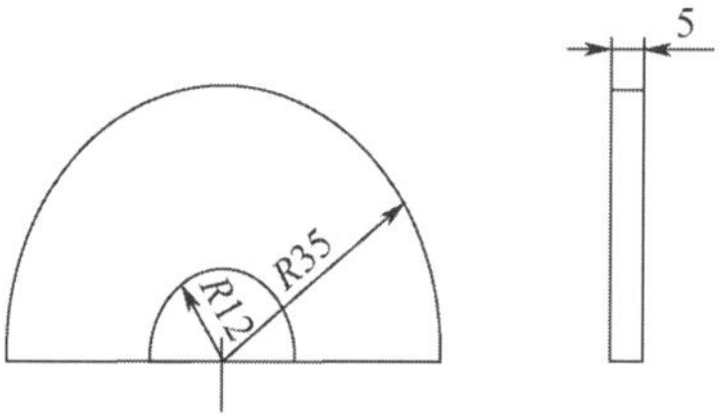

图 5　铝合金压片示意图

加压时将皮垫放置在加热片上，再将铝合金压片放置在皮垫上，最后用配重块对铝合金压片进行加压（如图 6 所示）。

图 6　加压示意图

这种加压方案能够保证加压配重块的压力能够均匀地传递到铝合金压片上，同时由于皮垫有一定的弹性，可以随着底下受压的加热片产生一定的变形，即使出现加热片底面胶层涂抹不均匀或加热片引线引起局部略厚的情况，仍能保证压力均匀地加在整个加热片上。

4 结果及效益分析

改进后的实施效果：采用专用工装加压后的加热片外观平整、硅胶均匀无气泡。并对新的加压方案进行了工艺试验。结果表明，硅橡胶胶层均匀且覆盖充分，无大于 1.5 mm 的气泡，完全符合粘贴要求和使用要求。该方法已经成功应用于导航二代二期 XXX－1S、XXX－2S 及 IXXX 试验星等正样星中。

星箭解锁装置装配操作技巧

郝　攀　梁　寅　尹成爽　李可义　张天春
航天五院511所

摘　要　针对遥感卫星平台星箭解锁装置部装及装星的流程及难点进行分析，结合总装实践的经验，提出了部装及装星等各步骤的操作技巧，形成星箭解锁装置装配操作的规范性方法，对提高星箭解锁装置的安装质量和操作安全性有着重要的意义。

关键词　星箭解锁装置　部装　装星　操作技巧

1　前言

星箭解锁装置是卫星与运载火箭的连接分离装置，在卫星发射及动力飞行阶段保证卫星与火箭可靠连接，动力飞行结束后按预定程序实现卫星与运载火箭的可靠解锁，并给出星箭解锁信号。卫星发射前须按照要求完成星箭解锁装置的装配及测试，保证星箭解锁装置的技术性能。

星箭解锁装置的安装及测试是遥感卫星总装阶段的重要工作，也是区别于其他型号的重要特点。星箭解锁装置零部件众多、安装复杂、特殊要求较多、安全性要求极高。分离包带是星箭解锁装置中的重要部件，星箭解锁装置的安装质量直接关系到卫星与火箭是否能够准确分离。

星箭解锁装置部装前需要完成包带应变片粘贴、包带标定等工作，本文重点针对遥感卫星平台总装过程中星箭解锁装置部装及装星的流程及难点，结合总装实践的经验，总结出相应的操作技巧，对提高星箭解锁装置的安装质量和操作安全性有着重要的意义。

2　星箭解锁装置简介

遥感平台卫星星箭解锁装置由包带组件、左右连杆组件、解锁遥测元件、拉紧螺母、限位弹簧、限位波纹板、爆炸螺栓等组成，包带外观图如图1所示。星箭解锁装置部件配套见表1。

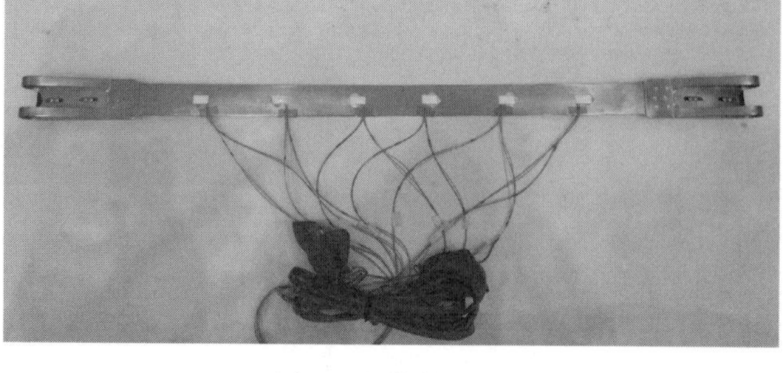

图1　包带外观图

包带材料为 TB-2 钛合金或特种不锈钢，TB—2 钛合金为大部分遥感卫星包带选用材料，随着近年来低轨遥感大平台的发展，不锈钢材质的包带也应用在 XX-16 卫星等新型号中。

表 1　星箭解锁装置部件配套

序号	名称	图号	配套数量
1	夹具	P-BD-2/1-0	21
2	右连接杆	P-BD-2/3-0	3
3	左连接杆	P-BD-2/4-0	3
4	夹块组件	P-BD-2/5-0	21
5	解锁遥测元件	P-BD-2/6-0	3
6	包带	P-BD-2/0-01	3
7	拉紧螺母	P-BD-2/0-02	3
8	扁螺母	P-BD-2/0-03	9
9	拉簧	P-BD-2/0-04	21
10	调节杆	P-BD-2/0-05	21
11	球形螺母	P-BD-2/0-06	21
12	小调节螺母	P-BD-2/0-07	21
13	限位弹簧	P-BD-2/0-08	6
14	夹块 B	P-BD-2/0-09	12
15	紧固螺钉 B	P-BD-2/0-011	24
16	限位波纹板	P-BD-2/0-013	3
17	9t 爆炸螺栓	P-HGP-1/0-0	3

3　星箭解锁装置部装操作流程

星箭解锁装置在装星前，需要在星下进行部装，把单个部件组装为环状，具备整体装星状态，部装的主要工作包括配套检查、清洁零件、安装夹块 A 组件、安装夹块 B 组件、安装右连接杆和左连接杆、部分紧固件点胶、安装爆炸螺栓，流程图如图 2 所示。

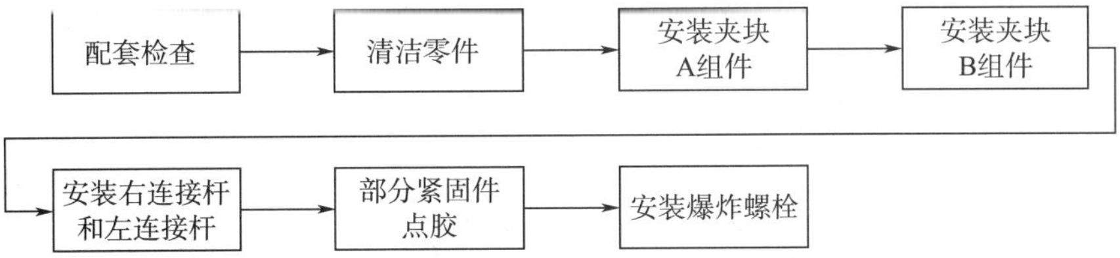

图 2　星箭解锁装置部装流程

4 星箭解锁装置装星操作流程

星箭解锁装置在部装完成后，确认预紧力测试仪、液压加载装置状态具备后，进行星箭解锁装置整体装星工作，主要工作包括卫星与对接段对接、包带整体装星、连接预紧力测试仪、安装液压加载装置、星箭解锁装置加载预紧力、静置 12 小时、安装包带附件。流程如图 3 所示。

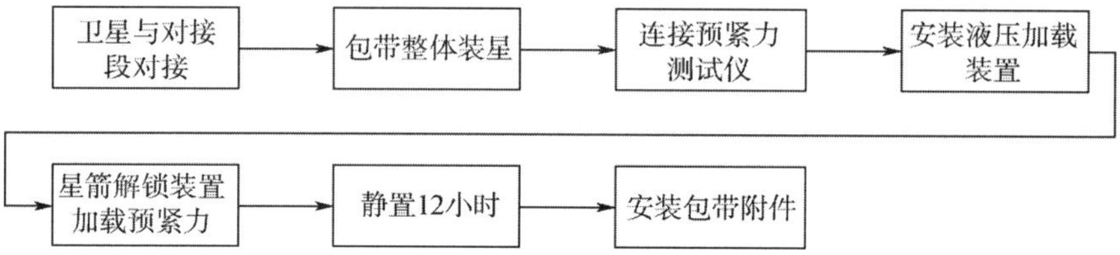

图 3 星箭解锁装置装星流程

5 操作难点

星箭解锁装置装配过程中，涉及包带部装、整体装星、预紧力加载及测试、静置 12 小时及附件安装，各步骤中有不同的操作关键点，质量要求高，包带部装及装星相关操作的难点分析如下。

5.1 部装操作难点

1）在星箭解锁装置安装过程中，可能造成夹块移动，如果不处理好夹块与应变片的位置关系，可能造成夹块与应变片干涉或者损坏应变片，影响包带预紧力数值准确性；

2）包带夹块在经过力学试验后，表面可能有硅橡胶等胶类多余物，清洁时，若使用酒精或丙酮清洁，会造成夹块表层二硫化钼涂层脱落；

3）二硫化钼涂覆要求高，如果涂覆不满足设计要求，可能损伤包带附件或造成活动部件卡滞。

5.2 装星操作难点

1）在安装及拆卸星箭解锁装置的不同阶段，扁螺母有不同的位置要求，如果忽视会造成加载或卸载不正常，影响包带拆装；

2）爆炸螺栓的对中性要求较高，而且加载过程中难以控制；

3）包带预紧力的均匀性和加载同步都直接相关，加载过程中，三个爆炸螺栓加载的同步性难以控制；

4）单根包带的拉簧安装顺序和安装方向直接影响到在轨分离时包带的分离方向；

5）新型星箭解锁装置与遥感常规 1194 星箭解锁装置有重大变化，在加载工装、安装初始距离等方面均有诸多不同，操作过程中容易出现问题。

6 操作技巧

星箭解锁装置部装及装星的流程及难点，结合总装实践的经验，总结出相应的操作技巧，主要操作技巧如下。

6.1 部装操作技巧

（1）夹块安装技巧

将夹块A组件安装在两个应变片中间位置，其余夹块组件位于两个应变片中间稍偏向分离包带头部（如图4、图5所示），偏离距离由包带中央到头部逐渐均匀增大，其目的为防止加载过程中夹块窜动损伤应变片。

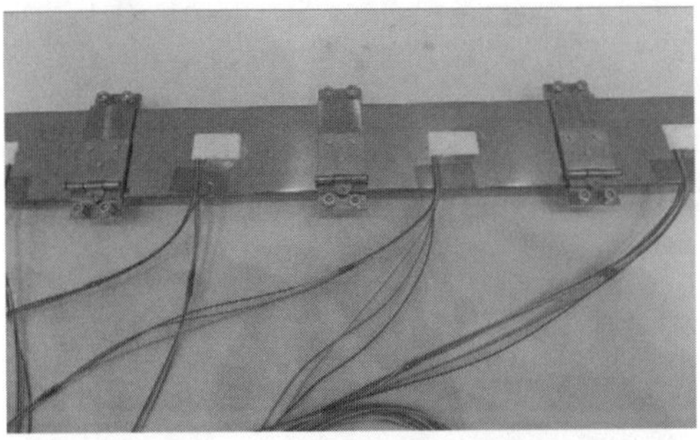

图4 夹块A安装示意图（正面）

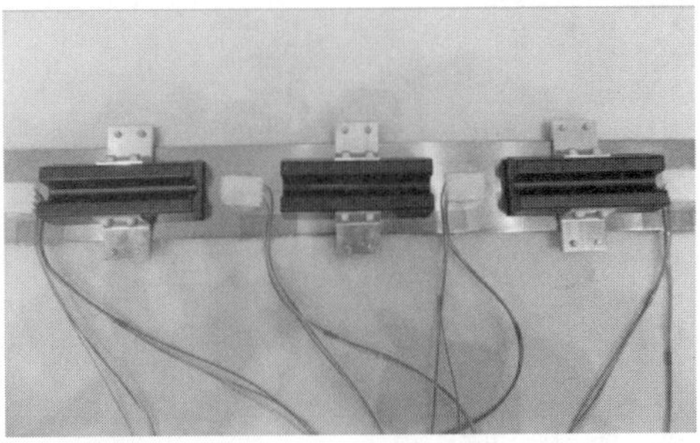

图5 夹块A安装示意图（反面）

适当拧紧M4×8螺钉，以夹块组件不能滑动但可以略微转动为宜，可以保证夹块有一定窜动量，有利于包带预紧力加载。

安装夹块B的螺钉用远离包带头部的2个安装螺钉孔，夹块B的安装位置以未用的螺钉孔螺纹底径与靠近包带头部的腰孔端相切为原则，注意螺钉的安装位置，此处容易出错。夹块B安装位置如图6和图7所示。

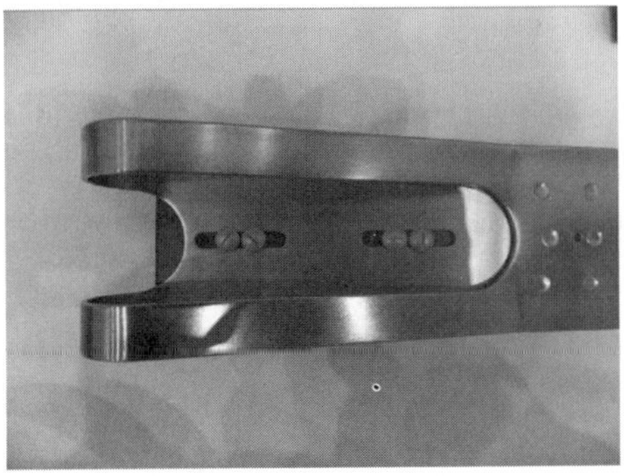

图6 夹块B安装示意图（正面）

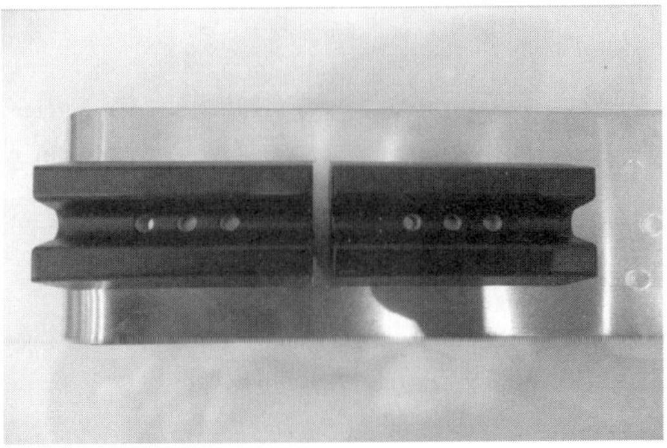

图7 夹块B安装示意图（反面）

（2）包带零部件清洁

用蘸有无水乙醇的无尘拭布清洁除夹块外的各零件，在清洁分离包带的操作中，注意不要用力拉动测试导线，且夹块表面已涂覆有 MoS_2，不得使用有机溶剂进行清洗，否则容易损伤涂层，根据实际操作经验，可用干燥的无尘拭布擦拭，这样既便于清理又不易损伤夹块表面。

（3）二硫化钼涂覆位置

星箭解锁装置附件中需要涂二硫化钼的位置较多，需要涂二硫化钼的位置有：包带的左连接杆、右连接杆的杆芯球面、左连接杆的杆芯底面、夹块 A/B 槽内、夹块 A/B 背面、拉紧螺母端面、对接段与承力筒对接位置。如果涂覆位置不满足要求，会影响预紧力加载效果和安装质量。

6.2 装星操作技巧

（1）扁螺母的位置

包带正面放置，左手安装右连杆，右手安装左连杆，用爆炸螺栓将三个包带连成一体，左右连杆组件间的三个扁螺母要靠近右连杆（如图 8 所示），以便加载过程中不再调整。

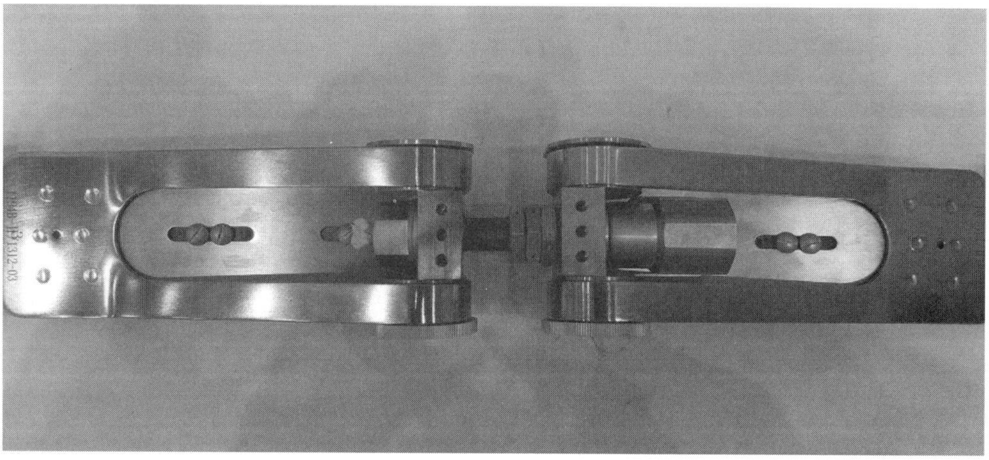

图 8　左右连杆、爆炸螺栓及扁螺母安装位置示意图

（2）爆炸螺栓的对中控制

加载过程中，爆炸螺栓的对中性极为重要，若对中性差，爆炸螺栓螺纹会与左右连杆干涉，损坏螺纹和连杆，比较危险。通过两个措施保证加载过程中爆炸螺栓的对中性；

1）每次加载前从连杆两侧观察爆炸螺栓的位置，若对中性不佳，使用扳手调整连杆和螺栓的相对位置，调整至中心位置；

2）每次加载时，使用扳手固定爆炸螺栓中间位置，防止爆炸螺栓转动造成偏离中心位置。

（3）预紧力加载同步性控制

星箭解锁装置预紧力加载时，确保预紧力均匀性至关重要，同时也是总体的重要要求。无论是通过人工加载还是液压加载，都需要遵守以下原则：

1）人工加载时，三个螺栓位置为不同的操作者，三个操作者应提前演练，确保加载力矩扳手行程和速率一致；

2）液压加载时，在装星前，专项调试加载装置的行程一致性，确保加载油缸行程一致。

（4）拉簧的安装

在星箭解锁装置安装过程中，拉簧是重要的安全保证措施；在轨分离时，拉簧会控制包带的移动方向。在总装时，遵守以下原则；

1）在加载至 30 000 N 以上时，在每个包带两端至少安装 2 个拉簧，起保护作用；

2）安装拉簧时，确保拉簧卡口朝外，防止拉簧脱落；

3）安装拉簧时，对与单根包带来说，拉簧应呈内八字安装形状（如图 9 所示），有利于包带分离。

图 9　拉簧安装方向示意图

（5）新型星箭解锁装置的注意事项

新型星箭解锁装置长度大大超过原有星箭解锁装置，安装过程中，与以往安装方式有诸多不同。

1）包带装星后，左右连杆中心距离调整为 68 mm，而不是原有的 72.5 mm；

2）新型星箭解锁装置无法使用老式加载装置，安全距离变小，需要使用新型加载装置；

3）夹块与应变片位置较近，每次加载时，注意检查应变片与夹块的位置关系；

4）新型星箭解锁装置的遥测解锁元件、限位波纹板的安装状态和位置与原有状态变化较大，且取消限位弹簧。

7　应用效果

星箭解锁装置装配操作技巧是近年来数十颗遥感卫星总装经验的总结，按照此操作方法先后完成了 XX－2、XX－3、XX－11、XX－14、XX－16 等十余个型号的星箭解锁装置安装、静力试验、电爆解锁试验，均取得了圆满成功。包带全部安装完成后如图 10 所示。

图 10　包带安装后效果图

8　结论

本文总结了星箭解锁装置装配操作技巧和注意事项，此操作方法已经过十余颗型号卫星力学环境试验验证，确保了型号星箭解锁装置安装的规范性和可靠性，为后续型号研制提供强有力的保障。

载人飞船异形曲面加热片安装技巧

王　颖　张　健　赵　祺　贾海利　张　舸
航天五院 511 所

摘　要　加热片是载人飞船仪器设备在轨正常运行，航天员生命安全的基础保障。载人飞船异形曲面上粘贴加热片的工况前所未有，由于无法持久施压，易产生气泡导致加热片失效，而成为神舟十一号 AIT 阶段的工作难点。本文介绍了一种新型的异形曲面加热片安装技巧，并自主研制出一套异形曲面加热片加压工装解决了难题。经在多个型号中应用表明该方法可优质高效地完成各种异形曲面的加热片安装。

关键词　加热片　异形曲面　加压

1　引言

神舟十一号飞船突破以往载人飞船 15 天的飞行记录，在轨驻留 31 天，为保证太阳翼电池续航能力，飞船出现连续偏航飞行工况。偏航时返回舱内局部温度偏低，易造成舱内设备和舱壁结露，存在仪器设备短路损坏风险，导致飞船在轨故障，直接威胁航天员生命安全。为避免该问题，总体设计提出返回舱防结露措施，在返回舱内壁安装 500W 的加热片。侧壁安装表面属大型内凹异形曲面，此类表面的加热片安装工况前所未有，以往的星船加热片安装方法无法满足神舟十一号飞船的实施需求。

目前载人飞船使用的聚酰亚胺薄膜型电加热器（以下简称加热片）采用 GD414 硅橡胶粘贴，安装步骤包括：准备工作→涂胶粘贴→加压固化（24 小时）→卸压检查→焊连回路。作为关键环节加压固化是为了让加热片通过 GD414 胶与粘贴表面充分、均匀地接触，加压固化不充分会产生褶皱、翘曲、气泡集中，在轨飞行工况下气泡扩散或破裂，加热片局部损坏甚至过热烧毁。本文对异形曲面上加压粘贴特点进行了分析，通过自主研制辅助加压工装结合粘贴技巧成功突破这项难题。

2　安装难点

神舟十号以前的星船型号从未有过此类加热片粘贴工况，相较以往型号中加热片的粘贴，此次神舟十一号防结露加热片粘贴有以下难点。

2.1　粘贴表面复杂化

载人飞船返回舱结构内侧舱壁面是大型内凹的曲面异形结构，舱内侧壁是由曲率 0.908 的上段球面、7°下段锥面和锥曲过渡面组成的异形曲面。加热片粘贴需要从垂直舱壁面方向，悬空施加压力进行加压固化。以往星船表面较单一，加热片多安装在水平面，主要靠重力作用，通过沙袋配重加压固化。由于飞船舱体处于竖直停放状态，无法直接利用沙袋、松紧绷带等辅助手段施加压力。两种粘贴表面对比图如图 1 所示。因此，在粘贴加热片时，需要寻找一种能够实现垂直于舱壁面方向施压的手段。

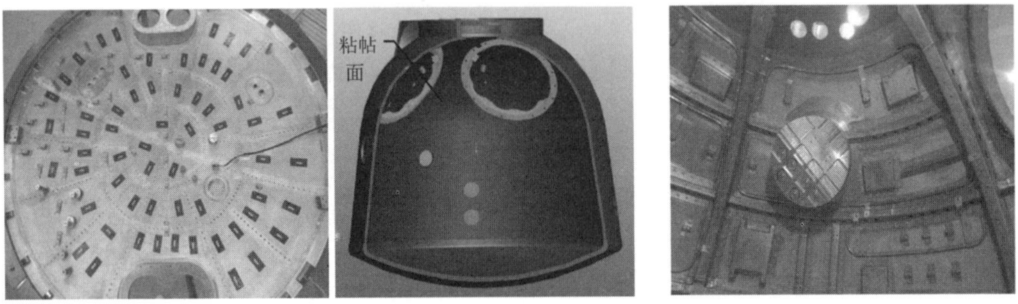

（a）普通安装表面　　（b）返回舱侧剖图　　（c）返回舱侧壁安装表面

图 1　飞船舱壁曲面示意图

2.2　有效安装空间制约化

返回舱内侧壁表面焊接的桁条、隔框、结构盒形件密布，分布极不规则，内壁表面上没有连续的平整区域，高低不同的层次结构如图 1 所示。新增侧壁加热回路 18 个，需要粘贴加热片共 54 片。加热片规格尺寸与安装位置对应关系见表 1。54 个加热片粘贴位置集中在Ⅱ、Ⅲ、Ⅳ象限的局部。加热片外包络大，数量多，粘贴位置不规则，满足粘贴表面平整度要求的连续表面少。同时加压可利用的有效安装空间极小，不仅舱体本身无加压着力点可利用，也制约了加压工装的着力点。由于加热片的有效安装空间受到制约，给加压固化带来了极大的困难，粘贴质量得不到保障。

表 1　加热片规格与安装位置一览表

序号	加热回路名称（代号）	加热片	加热片规格/mm	加热片	加热片规格/mm	加热片	加热片规格/mm	安装位置
1	侧壁加热回路 1（HRf1）	1A	100×80	1B	100×80	1C	100×80	Ⅳ象限
2	侧壁加热回路 2（HRf2）	2A	100×80	2B	100×80	2C	150×96	Ⅳ象限
3	侧壁加热回路 3（HRf3）	3A	150×96	3B	150×96	3C	150×96	Ⅳ象限
4	侧壁加热回路 4（HRf4）	4A	150×96	4B	150×96	4C	150×96	Ⅳ象限
5	侧壁加热回路 5（HRf5）	5A	150×96	5B	150×96	5C	150×96	Ⅳ象限
⋮	⋮	⋮	⋮	⋮	⋮	⋮	⋮	⋮ Ⅲ象限
18	侧壁加热回路 18（HRf18）	18A	150×96	18B	150×96	18C	150×96	Ⅱ象限

2.3　现有技术不具备实施性

现有星船加热片粘贴安装表面主要有三种：水平面、柱面、球面，其加压方式为：

1）水平面：将沙袋均匀平整覆盖于加热片整个表面施压；

2）柱面（电磁阀、管路等）：先用白胶布覆盖加热片表面，再用寸带或松紧带绑扎施压；

3）球面（贮箱、气瓶等）：将适当长短的松紧带沿径向贴合在加热片粘贴面上，利用贮箱、气瓶两端管接头及贮箱固定环作固定点缠绕，并垂直于安装面均匀施力捋平松紧带进行施压。

对比现有技术返回舱异形曲面粘贴加热片不可实施性包括以下几点：

1）返回舱侧壁属垂直向壁面，施压手段必须是侧向均匀施力，无法使用沙袋或捆绑沙袋方式进行施压；

2）返回舱侧壁是大型内凹曲面，如采用寸带或松紧带绑扎，均不能达到有效施力；

3）侧壁加热片安装位置不规则，加热片规格尺寸大，施压着力点面积小，要保证24小时持久均匀地有效施压，现有技术无法满足。

加热片粘贴过程中必须进行持久、均匀的施压，如压力达不到要求，加热片在张力作用下产生翘曲和气泡，导致安装失败，影响 AIT 阶段产品质量。

3 异形曲面加热片安装方法

根据型号工作经验及大量工艺试验的摸索验证，提出了异形曲面加热片安装技巧，通过自主研制异形曲面加热片粘贴加压工装的使用，成功解决这项新课题。

3.1 粘贴底膜

在加压工装吸盘安装吸附位置，提前粘贴一层聚酰亚胺胶膜作为底膜，来增加吸盘吸附的密封性，提高吸附力。这主要是由于吸盘与聚酰亚胺胶膜之间的摩擦系数大于吸盘与舱壁之间的摩擦系数。操作方法：用酒精无尘拭布清洁加热片粘贴区域，在图纸标识位置，粘贴一层 25 μm 厚聚酰亚胺膜单面压敏胶带作为加热片底膜。

3.2 涂胶粘贴

在加热片粘贴面涂抹一层硅橡胶，使用刮胶板将胶层均匀涂抹刮平，保证胶层匀且薄（厚度约 50 μm～100 μm），若胶液中有颗粒需挑出。将加热片放置到标识粘贴位置，用无尘布擦拭加热片表面进行赶胶，操作时用力均匀，防止损伤加热片，从加热片一边向另一边匀速粘贴，边粘贴边赶除加热片与粘贴面间的气泡，胶层均匀。用蘸有无水乙醇的无尘拭布清理加热片周边溢出的胶液。

3.3 状态检查

目视检查加热片是否与粘贴表面贴合紧密、平整，检查胶层应无气泡、无裂纹、局部缺胶、边角无翘起等缺陷。检查加热片粘贴的代号、规格、位置、方向是否符合图纸文件要求。

3.4 加压固化

根据实际工作经验，针对异形曲面上加热面的均匀施压以及持续施力的难题和载人飞船返回舱内表面形状差异大以及操作空间狭小的问题，研制出一套异形曲面加热片粘贴加压工装来辅助施压。

3.4.1 异形曲面加热片加压工装

异形曲面加热片加压工装由四个功能子模块组成，包括：桥型支架模块，吸附模块，滑动调节模块，赋形压紧模块。该工装通过一组吸盘固定于异形曲面，通过柔性赋形块和球头工装实现在异形曲面上的加压。图 2 是工装的结构示意图。

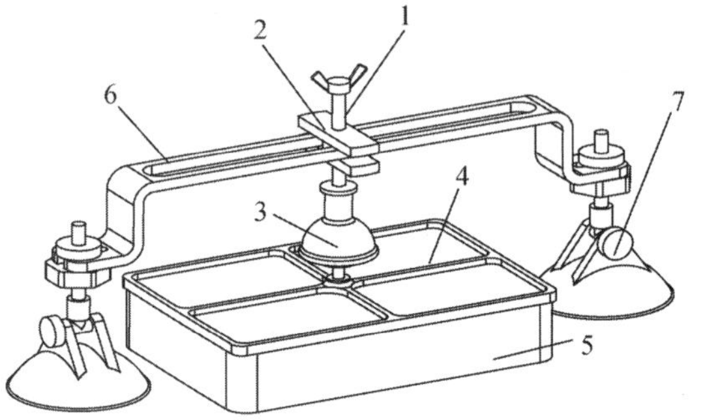

图 2 异形曲面加热片加压工装结构示意图

1—蝶形调节螺钉；2—滑块；3—球头螺钉；4—刚性压板；5—柔性赋形块；6—桥型支架；7—吸盘组件

1）滑动调节模块：由蝶形调节螺钉、滑块、球头螺钉组成，调节蝶形螺钉旋紧螺纹圈数可控制压紧力，随着蝶形调节螺钉行程的变化，压紧力逐渐增大。通过对滑块位置的调节可进行压紧位置对中调节。压紧面的曲率差异和不同使用环境的角度差由球头螺钉调整中和。可调节的角度范围达到±30°。使用时将球头螺钉安装在压板螺纹孔内；

2）赋形压紧模块：由刚性压板和柔性赋形块组成，二者通过胶结成为整体，柔性赋形块在受压状态下可紧密贴合于异形曲面上，并将压力均匀传导于加热片上；

3）吸附模块：包括 2 个吸盘组件，单个吸盘可承载的最大加载力为 40 N，整套工装自重 18 N，需施加力不低于 20 N。桥型支架两端为条状通孔，通过吸盘螺杆和大螺母将桥型支架两端压紧与吸盘连接；

4）桥型支架模块：包括一个桥型支架，整套工装通过桥型支架连接其他三个子模块。桥型支架两端为条形孔，可根据粘贴曲面状态实现调节。

3.4.2 异形曲面加热片加压工装使用方法

1）如图 3 所示，先将吸盘组件的 2 个吸盘吸附于加热片粘贴位置两侧，吸盘贴合到位后按下吸盘抽气柄，使吸盘密封吸附，调松吸盘大螺母将桥型支架两端条状通孔卡在吸盘顶部螺纹杆上，拧紧大螺母使桥型支架紧固在吸盘顶端，把桥型支架两端均固定在吸盘组件上；

图 3 异形曲面加热片加压工装模型图

2）将蝶形螺钉与滑块连接，顺时针拧紧蝶形螺钉，使其旋入滑块中部螺纹孔内；再将球头螺钉底部螺纹连接杆旋入赋形压紧模块中部螺纹孔内，连接到位；

3）将滑块横向放入桥型支架滑道内，对中施压位置后，90°旋转滑块，使滑块卡槽卡在滑道上，再将蝶形螺钉底部螺杆顺时针旋紧，连接至球头顶端螺纹孔内；

4）调节滑块来对中赋形压紧模块与加热片粘贴位置。顺时针旋转蝶形螺钉来控制赋形压紧模块的压紧力。因球头螺钉具有万向轴承作用，可在拧紧过程中根据不同粘贴位置与施力方向的角度变化差异，进行球头的角度调节，以适应不同粘贴面的曲率角度变化要求。

注意事项：连接球头螺钉与赋形压紧模块时，使用工具扳手加力拧紧，防止施压时调节蝶形螺钉过程中赋形模块随动。安装吸盘时抽气手柄需压紧到位，防止漏气掉落。工装安装完毕之后，用一根安全绳将桥型支架与舱体上的隔框连接，起到安全保护作用。

3.4.3 加压工装安装加压

裁剪聚酰亚胺膜，尺寸大于加热片外轮廓 10～20 mm。将聚酰亚胺膜覆盖在加热片外表面，用 3M 固定。在加热片粘贴位置两侧，吸附 2 个吸盘，调节吸盘大螺母，将桥型支架两端固定于吸盘组件上，将滑块模块和赋形压紧模块连接到桥形支架上，旋转蝶形螺钉使赋形压紧模块贴合加热片后，继续顺时针旋转 10 圈以上，带动压紧模块产生大于 20 N 的压紧力。拧紧过程中进行球头的角度调节，以满足粘贴面的曲率和施力角度的需求。在室温高于 20 ℃，相对湿度大于 40％的环境中，进行持续 24 小时加压。操作流程如图 4 所示。

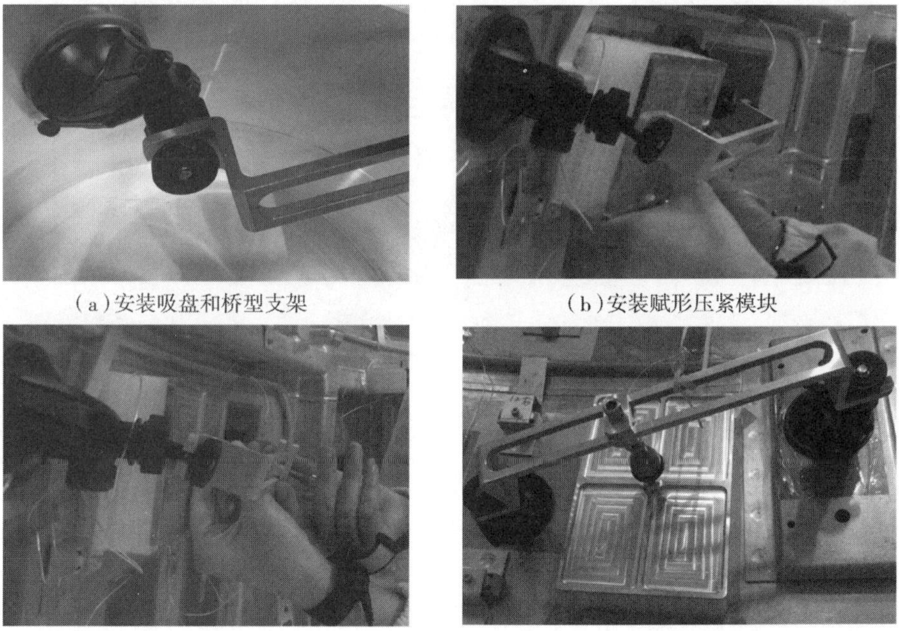

（a）安装吸盘和桥型支架　（b）安装赋形压紧模块

（c）安装滑块　（d）安装完毕

图 4　安装流程图

3.5 卸压检查

进行卸压清理时，先打开吸盘组件抽气柄，取下工装。沿加热片边缘方向，贴合膜表面缓慢揭除聚酰亚胺膜，防止带起加热片。检查加热片贴合平整，边角无翘起褶皱，60 mm × 120 mm 面积内不得有直径大于 1 mm 的气泡，直径约 1 mm 以下可见气泡少于 5 个。

3.6 注意事项

底膜粘贴过程要赶除底膜与粘贴面的气泡，保证加热片与舱壁充分接触有效散热。为降低气泡产生率，可在加热片刮胶完成后，水平静置片刻，使胶液在流动性和重力双重作用下更均匀。

4 应用效果

使用该方法在神舟十一号载人飞船返回舱内进行了 50 余个加热片的安装，所有加热片均满足指标要求，一次粘贴合格率达 100%，粘贴效果相关照片如图 5、图 6 所示。

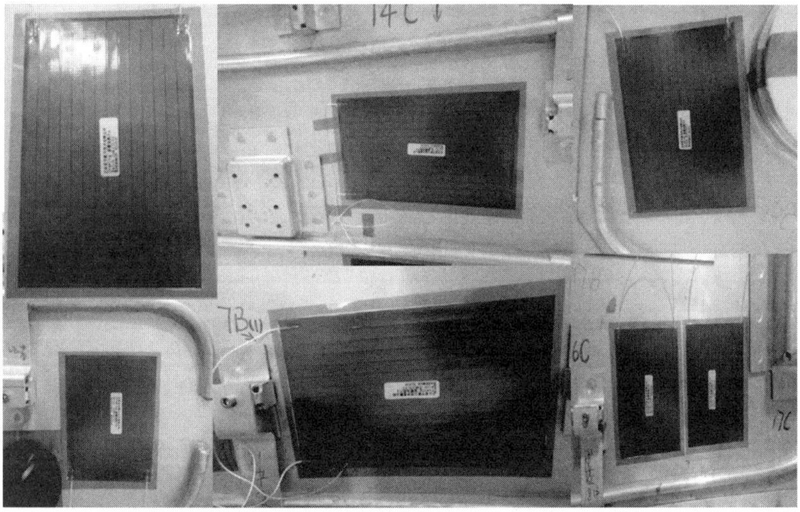

图 5　加热片粘贴效果

该方法的应用效益主要体现在如下几方面：

1）工作效率：该加热片安装方法填补了曲率 0.908 至 7°锥面过渡的异形曲面上，粘贴加热片安装工艺的空白。在普通安装表面上应用时，人力成本由 2 人减至 1 人。该工装着力点面积小，可在加热片粘贴过程中密集使用，打破了传统方式安装过程受沙袋面积限制，紧邻的加热片分 2 批粘贴的限制，应用于普通表面时安装效率提高了 1 倍。

2）可靠性：工装不受重力限制，可应用于任意壳体曲面，可应用于空间实验室等载人航天器的在轨维修任务中，大大提升了在轨维修的可靠性。

3）精度效益：该工装可控性高，施力均匀持久，力值可调。加压过程中贴合紧密，降低了产生气泡量，将普通安装表面一次粘贴合格率由 98%、97%提高至 100%。

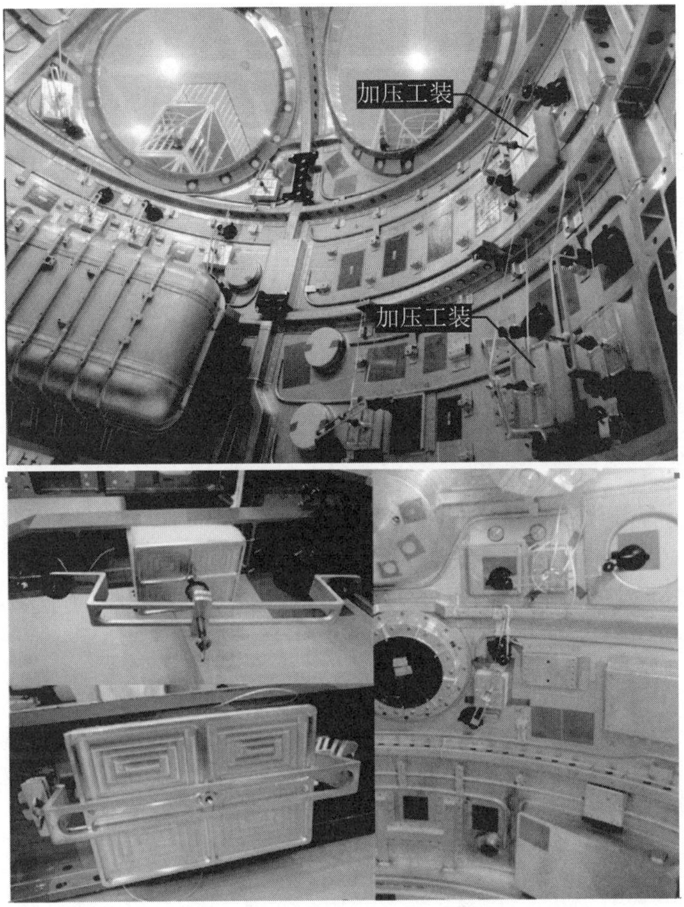

图 6　载人飞船舱内安装图

4）匹配性：形成一套系列化工装可在星船的各种复杂表面上应用，突破了位置、形状的限制，使加热片粘贴加压工作克服了重力的作用。

该方法在其他型号不规则区域的加热片粘贴过程中得到有效应用。图 7 为该安装方法在多用途飞船伞舱和飞船轨道舱顶部舱门上的应用效果。图 8 是该工装在平面上的应用情况。

图 7　多用途飞船大底大梁（左）及伞舱（右）应用效果

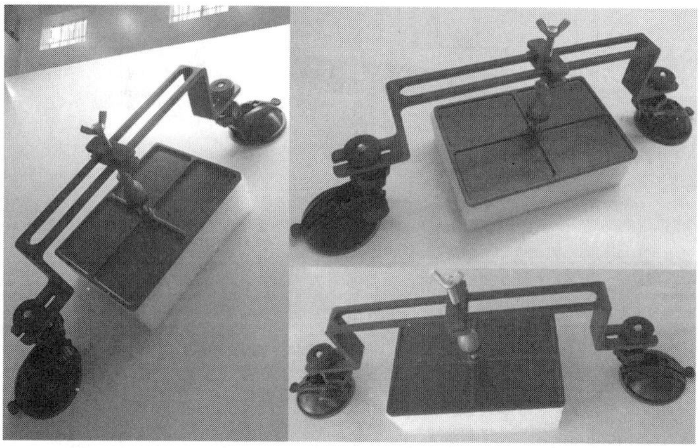

图 8　平面应用情况

为进一步推广本文安装方法在其余型号中的应用，通过系列化的加压工装设计满足各种曲面、各类工况的加热片安装需求，提高本文提出的安装技巧的使用效率，图 9 是该系列化工装的部件图。

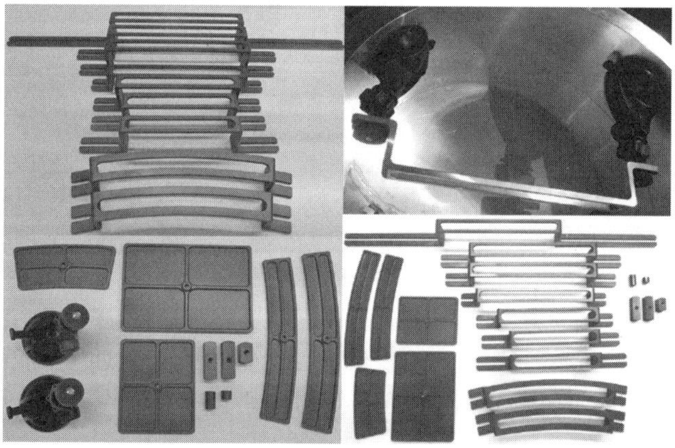

图 9　系列化工装部件

5　总结

该工装解决了大型垂直曲面水平向无法施压的问题，工装拆装简易、使用灵活、可调性高，对于不规则区域、操作受限位置的加热片安装工作有着很好的辅助作用。异形曲面加热片安装技巧不仅应用于载人飞船，在其他各型号星船内凹曲面、弧面、垂直面、倒置面、水平面和不规则区域的加热片粘贴过程中也可有效应用。目前已在载人飞船、多用途飞船成功完成不同安装面的近 2000 片加热片的粘贴，一次合格率达 100%。

参考文献

[1]Q/W336.1—92. 星用电加热器件安装技术条件聚酰亚胺薄膜型与硅橡胶型.

载人航天器气路管路系统密封接头装配技巧

姜　旭

航天五院 511 所

摘　要　本文对载人航天器总装过程气路管路系统密封接头安装特点进行了分析，结合多艘飞船的总装实践经验，提出了接头的装配技巧。

关键词　载人航天器　气路管路接头　技巧

1　载人航天器管路系统介绍

载人航天器管路系统不同于卫星，除推进系统管路外，还有主动温控流体回路、冷凝水收集回路、气路管路系统等多种不同用途的管路系统，本文将对气路管路系统的密封接头装配技巧进行讨论。

载人航天器气路管路系统作为航天器的重要组成部分，为航天员在太空中提供生存保障，在总装期间，密封接头装配的质量将直接影响管路的工作效果，如果装配未达到要求则需要反复安装，将影响正常的工作进度。如气路管路出现多余物残留等问题未被发现，随航天器带入太空将会造成更严重的后果，因此寻找密封管路接头的装配技巧，提高其装配质量和成功率对载人航天器的总装具有重要意义。

气路管路系统又分环控空气路和环控氧气路，导管材质以不锈钢管为主，导管直径为 ϕ 6 mm。管接头连接形式为柱塞式结构，根据不同工作压力需求，柱塞接头主要有如下两种形式：

1）24 MPa 高压气路管路密封接头，如图 1 所示。

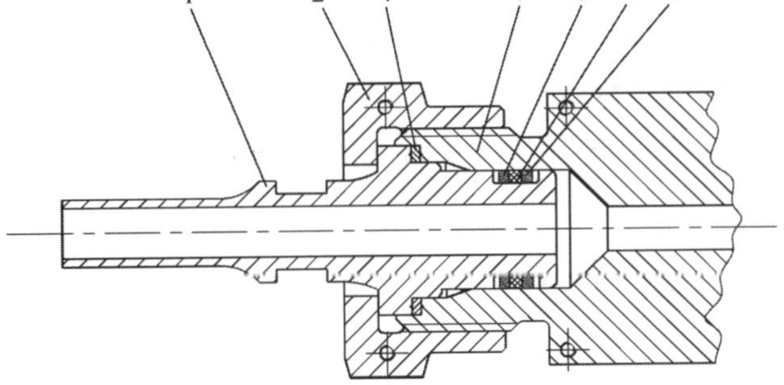

图 1　24 MPa 高压气路管路密封接头

1—柱塞接头；2—外套螺母；3—螺纹接头；4—垫圈；5—挡圈；6—O 型圈

2）中、低压气液路双 O 型圈型管路密封接头，如图 2 所示。

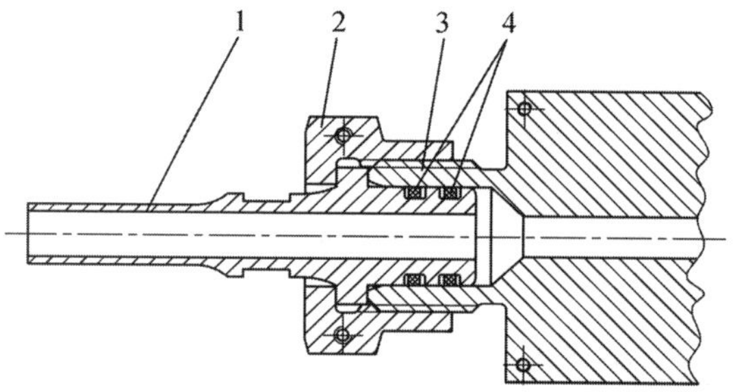

图 2　中、低压气液路双 O 型圈型管路密封接头

1—柱塞接头；2—外套螺母；3—螺纹接头；4—O 型圈

2　载人航天器管路总装难点

1）气路高压管路为不锈钢材质，管接头安装拆卸时，容易发生接头咬死现象。

管路咬死现象有多方面的原因，如材料选型、加工制造、尺寸链的匹配、操作安装不当、拧紧力矩较大等，因此在管路对接安装及拆卸过程中，每个环节微小的疏漏都有可能造成管路的咬死。

2）管路密封要求高，多余物防护至关重要。

在整个载人航天器总装试验阶段，拆卸管路外套螺母或设备螺钉易产生的防松胶残渣、设备拆装溢出的导热硅脂、过量的密封脂等多种多余物，稍有不当，就容易进入气路管路系统，对管路及设备造成严重损害，从而损害航天器生命保障系统的性能，对航天员的生命造成威胁。因此多余物的防治非常关键，即使在有洁净度要求的厂房内装配，管路多余物的防护也不能松懈。

3）24 MPa 高压气路管路铜垫圈拆装困难。

载人航天器的高压气路管路中除使用橡胶密封圈进行圆柱面密封外，还需使用铜垫圈进行端面密封，增加管路系统的密封性能。但是所用的铜垫圈在进行首次装配后会被柱塞接头挤压变形，无法继续使用，进行二次装配前必须拆下铜垫圈。由于垫圈与螺纹接头之间的间隙很小，挤压变形后很难进行拆装。而在实际工作中，会因场地位置的限制，使得安装及拆卸处于难于操作的位置，因此寻找方便快捷的拆卸工具将大大降低装配工作的难度。

3　载人航天器管路总装安装技巧

根据载人航天器气路管路系统总装的特点及难点进行认真分析，在实际操作中不断摸索总装实施方法，具体如下。

（1）预防咬死

本节从安装装配中总结经验，尽可能地在咬死现象发生前发现问题。正式安装前应先进行接头清洁检查，虽然在正式安装前管路组件已经过了层层的检验、检查、清洁，但最后一次的清洁还是至关重要的，目视各装配面无异常后，用无尘试布垫在手指上，在螺纹面上顺螺纹方向擦拭（如图3），感觉有无刮蹭感，如有用镜面砂纸打磨，确定各接触面无问题并清洁干净后再进行安装工作。

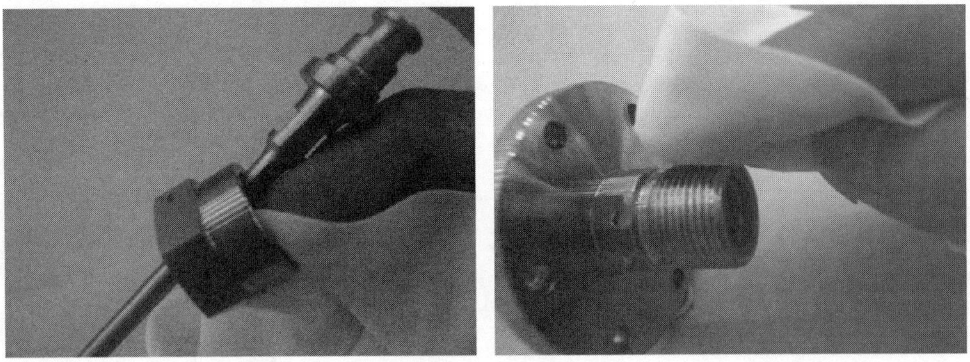

图3　接头清洁

先不安装铜垫圈、挡圈和O型圈，将柱塞接头插入螺纹接头内，确保各配合面无卡涩感，徒手旋紧外套螺母，确保螺纹副旋合过程中无卡涩感，这点很重要，给手的回馈感一定要顺畅并自始至终保持一致。顺利徒手旋紧后分解管接头，检查柱塞接头和螺纹接头的配合面应无划伤。

试装后即可安装封圈和挡圈等，将其分别安装在柱塞接头对应的密封槽内，然后将铜垫圈轻轻套在螺纹接头上，垫圈应放正，注意铜垫圈软而薄，极易受外力变形，在正式安装前一定要仔细检查，确保无变形，并在内、外径的配合上无过紧和卡涩的感觉。用手将导管组件的柱塞接头轴向推入螺纹接头内，若有卡涩立即拆下检查，注意绝不可用外套螺母将柱塞接头强行装入，将外套螺母与设备管口对中，徒手轻轻顺时针旋转外套螺母至拧不动为止，这个过程中要再次检查螺纹旋合是否顺畅。徒手逆时针将外套螺母拧松5～6圈，在让出的螺纹上涂适量MS螺纹防松胶，此时注意要保证柱塞与管接头无相对窜动，徒手轻轻顺时针旋转外套螺母，并确保外套螺母徒手拧紧到位，用测力扳手将外套螺母拧紧测力，注意测力扳手的测力方向与施加力的方向要保持一致，避免弄反造成测力过力，测力时用呆扳手在相应位置处施加反向力矩保护，在操作过程中若有卡涩现象应及时退出，切勿强行拧紧，以免螺纹咬死。

在气路管路的操作中，即使没有很好的操作视野和操作空间，也可以利用手感，只要能用手摸到的螺纹，即使不方便全方位用肉眼观看的螺纹，按照上述方法也可以很安全可靠地旋紧。

（2）护防多余物

在实际操作中，除严格控制密封脂的用量外，还要对管路内部空间的清洁提高重视，管路接口呈断开状态时一定要用2～3层无尘试布包裹（如图4所示），这样既可以保护接头不被意外磕碰划伤，又有效杜绝多余物的进入。柱塞接头、螺纹接头上保护层尽可能地做到在安装前最后一刻时打开，尤其需要注意管路接口朝向上面的部分。在断开管路接口时也同样要做到第一时间把裸露的管口保护。这样才能最大限度地保护管口不会进入多余物和避免对管口的磕碰。

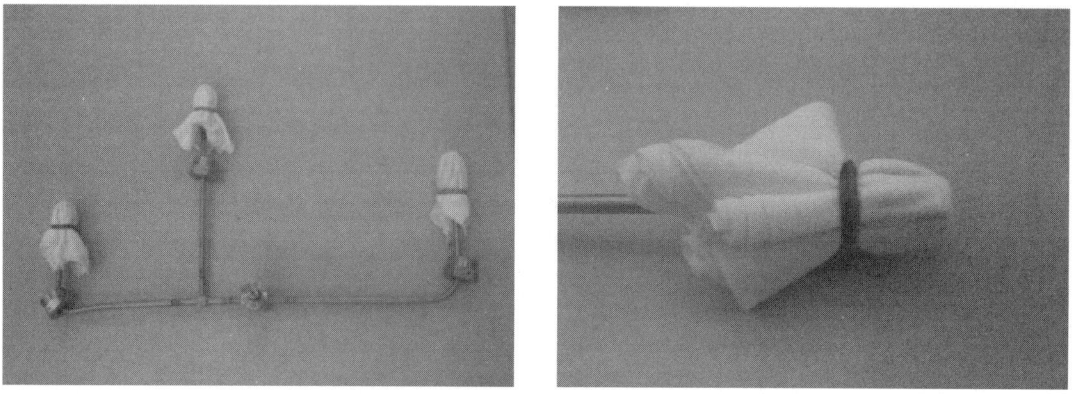

图 4　多余物防护

整个总装过程中管路系统内的多余物的防护都是至关重要的，用上述方法在 XX－1 的整个总装测试期内，没有发生任何的管路污染、接头磕碰的现象。

（3）工具取垫圈

24 MPa 高压管路接头分离后（如图 5 所示），铜垫圈很难取出，使用尖硬工具清理时极容易划伤管接头内孔。经过工作中实践，使用尼龙材料制作铜垫圈拆卸专用工具。其结构如图 6 所示，其外径略小于铜垫圈内径。

图 5　高压管路分离后状态

使用过程中，将工具插入待取出垫圈的柱塞孔内，均匀用力摇晃另一端，直至铜垫圈脱出（如图 7 所示），工具为尼龙制品，在柱塞孔内不管如何运动都不会损坏密封面，这样就可以安全可靠地取出铜垫圈。

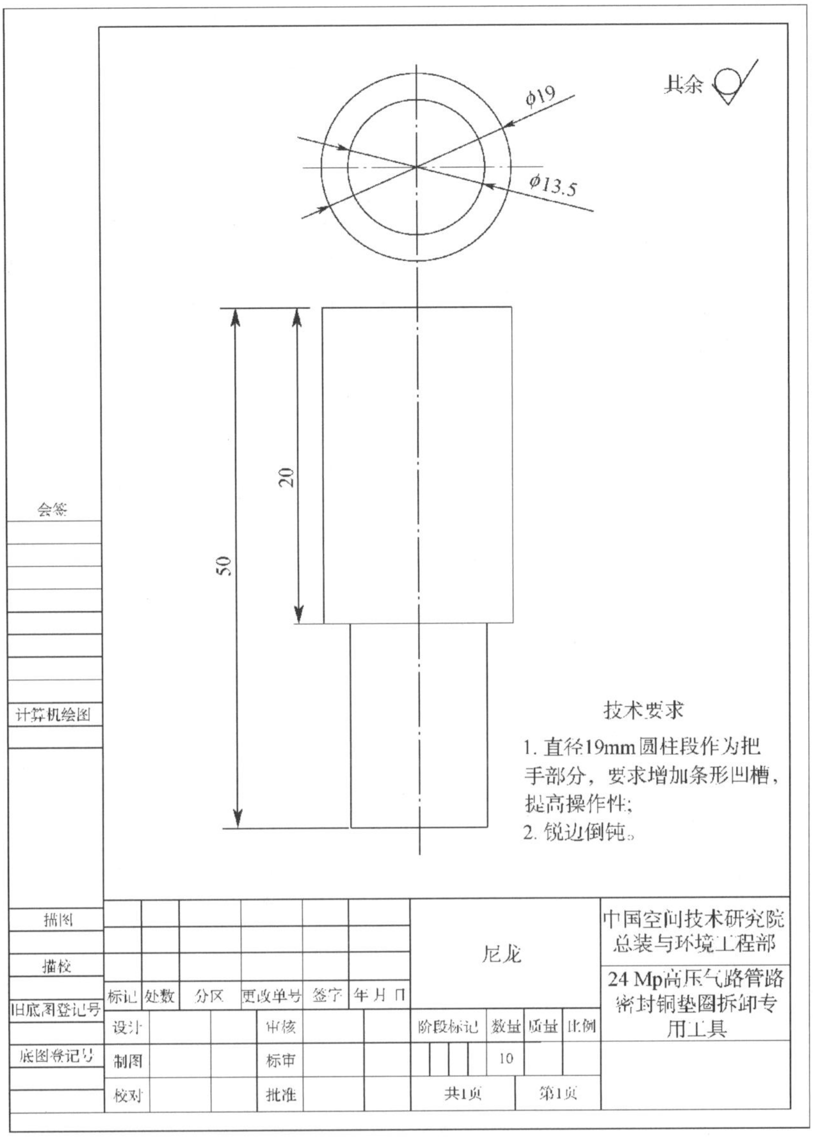

图 6　铜垫圈拆卸专用工装结构图

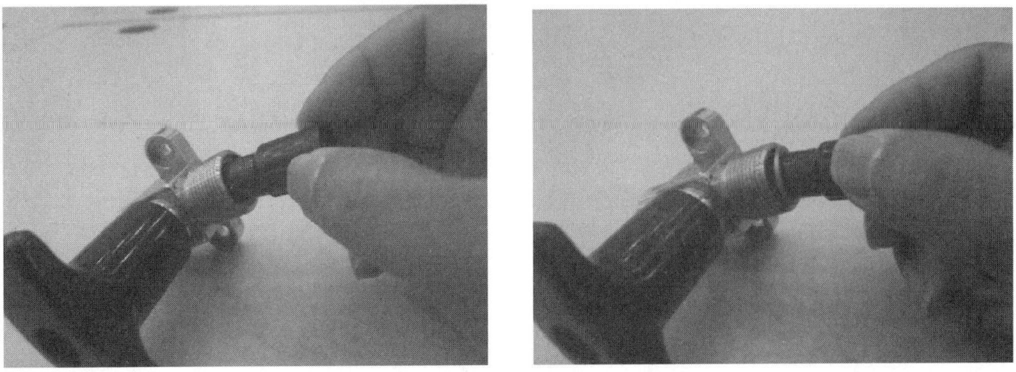

图 7　摇晃工具取出垫圈

在高空或狭小空间内做垫圈拆卸工作，再加上位置或姿势等造成的干扰，用专用工具取铜垫圈既方便又快捷，在 XX－1 的历次的拆斜垫圈的过程中，起到了省时省力的作用。

4　总结

载人航天器管路系统复杂，与热控、通风、电缆等系统又有相互关系，实施过程中稍有不慎，就会牵一发而动全身，给航天器造成不可估量的损失。所以一定要求我们在实施中更加注意细节，用严慎细实的工作态度出色地完成总装工作。

一种新型温补多工器的调试方法

许　飞　姜文杰　任联锋　孙　鹏
航天五院西安分院

摘　要　新型的温补输出多工器具有结构复杂、承载功率大、可靠性高、体积小、质量小等特点，属于传统 Ku 输出多工器的升级替代产品。但因为其复杂的结构特征，调试较为困难。所以本文在分析该温补输出多工器结构特点的基础上，根据该多工器的电性能指标要求，经过多次研究与试验，开发出一种针对该多工器快速、有效的调试方法，提升了调试效率，解决了因操作频繁导致的结构件损伤问题，同时也满足了腔内场强较弱处调谐螺钉的调节与紧固要求，达到了匹配腔内电磁场的作用，对新加入的相位螺钉配合其他调谐螺钉进行有序调节也使得电信号相位得到匹配。

关键词　温补输出多工器　调谐螺钉　调试方法

1　引言

目前我国通信卫星均使用微波信号实现星地的信息交换，卫星上实现这一功能的系统称之为转发器系统。典型星载转发器系统如图 1 所示，它是卫星的核心部分，它将地面站发射的信号进行接收、放大、频率变换和其他处理，再发回地面站。在通信卫星转发器系统中，输出多工器是有效载荷的关键部件，位于高功率放大器之后，对经过高功率放大器放大后的多通道信号重新合并在一起，除去谐波和杂波后，再送往天线馈源系统并下行发射。

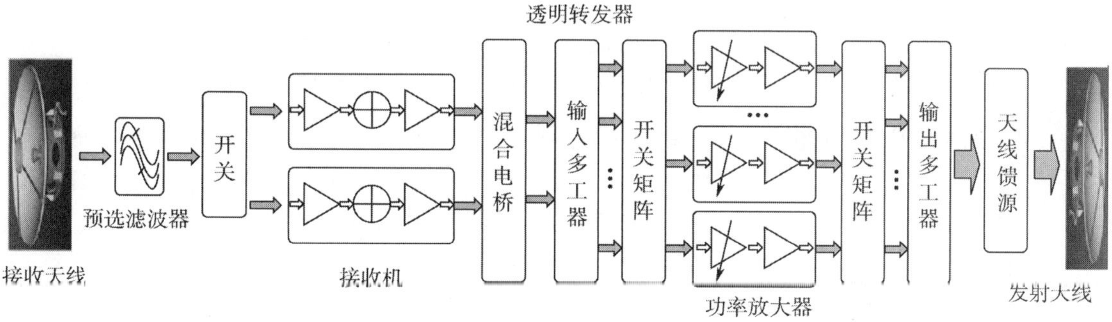

图 1　转发器简明框图

新型的温补输出多工器具有承载功率大、可靠性高、体积小、质量小等特点，属于传统殷钢双模 Ku 输出多工器的升级替代产品。但因为其复杂的结构特征，调试难度较大。如果采用传统的调试方法，调试过程将极为繁琐，并经常出现结构件损伤的问题。由于电特性和结构的特殊性，导致各通道之间只有 12 mm 的间距，分布在场强较弱处的调谐螺钉无法采用传统方法调节和紧固。新加入的相位调节螺钉导致电信号相位匹配较为困难。针对以上调试问题，本文以 Ku 温补输出多工器为例，详细讲述了该类型多工器的调试方法及调试技巧。

2 问题分析

传统输出多工器的调试采用的是换膜片法，其调试时间较长，调试过程较为繁琐。新型的温补输出多工器作为传统殷钢双模 Ku 输出多工器的替代产品，与一般传统输出多工器耦合调试方式不同，如图 2 所示，从更换膜片的调试方法改为螺钉调试，而在螺钉调试的过程中，会出现以下问题。

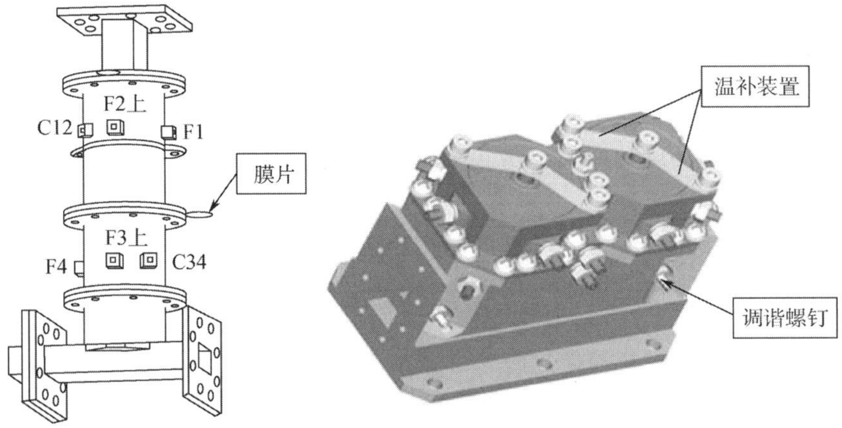

图 2 传统输出多工器（左）与新型温补输出多工器（右）

1）由于温补输出多工器电磁特性的需求，相邻通道之间的间隔只有 12 mm，调试工具无法对处于场强较弱处的调谐螺钉形成有效操作，调试过程耗时耗力，且无法可靠地紧固此调谐螺钉，影响了整个通道中电性能指标的稳定性。

2）由于在温补输出多工器的 T 型腔底部，新引入了相位调谐螺钉，它起到了调节相位、改变波长、增强可调性的作用，但是同时增加了调试工作的难度，如何合理利用相位螺钉，提高各通道之间的相位匹配度，准确地调节信号波长，降低各通道之间的干扰是一项新的挑战。

3）温补输出多工器的调试必须通过调节调谐螺钉来满足电性能指标，而由于小型化、轻量化和温补的需求，温补输出多工器的腔体只能采用铝合金材料，调谐螺钉采用殷钢材料，如采用传统的调试方法，在调试中需要频繁转动调谐螺钉，较软的铝合金材料的螺纹孔会发生形变，造成的结构损伤使得螺钉会卡死在螺纹孔中，返修时需要将螺钉取出后重新攻丝，存在多余物进入腔体和镀层损伤风险，严重的情况会造成腔体报废。

由此可以发现，由于新型的温补输出多工器具有独特的结构，需要对调试方法进行改进与创新，以满足新型温补输出多工器的生产需要。

3 解决方法

通过对上述问题的分析，结合新型温补输出多工器的结构特点，经过多次研究与试验，开发出了一种针对该多工器快速、有效的调试方法和技巧，从而解决了上述问题。具体的解决方法如下。

3.1 利用电磁特性改进调试方法

依次按单通道调试完成后，我们就可以将多个通道按图 4 所示结构组装并进行整体调试，通道间的相位间距按图纸上所标注的尺寸在每个法兰间填加适当厚度的矩形相位膜片。由于温补输出多工器电磁特性的需求，从图 4 可以清楚地看到，相邻通道之间的间隔只有 12 mm，调试工具无法对处于场强较弱处的调谐螺钉形成有效操作。在这种情况下，我们从其特殊结构入手，并对通道内的电磁场分布进行了仿真，如图 3 所示，利用电磁场可逆性原理，创新性地将相邻通道整体转动 180°至连接通道的两侧（图 5），各通道之间间距扩大，具有了操作空间。然后对调谐螺钉调节和紧固后，再恢复各通道的位置至图 4 所示。比较图 4 和图 5 调试方法改进前后的电性能调试曲线图，可以看出运用改进后的方法，通道的相位既不会发生改变，电性能指标也没有任何变化，这样因间距小而无法紧固调谐螺钉的问题得以解决，保证了通道中电性能指标的可靠性，调试效率提高了 50%。

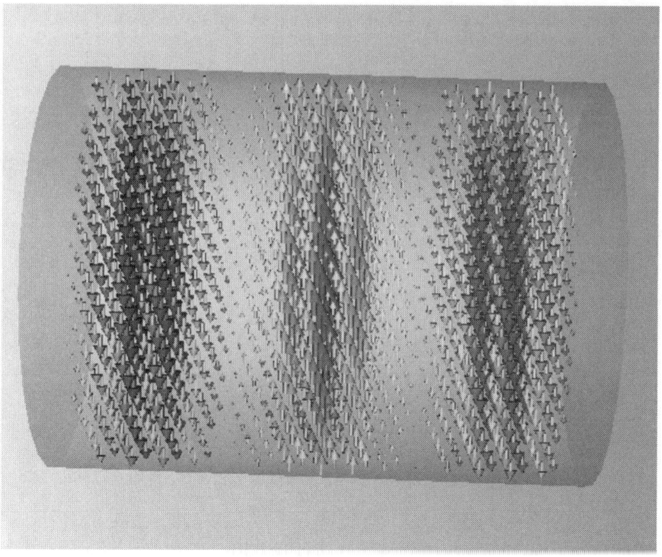

图 3 单通道内电磁场分布示意图（见彩图）

3.2 解决相位匹配问题，确保电性能指标

合理利用相位螺钉，可以提高各通道之间的相位匹配度，降低各通道之间的干扰。通过研究相位螺钉与各个螺钉之间调节顺序对于调试效率的影响，确定了先对整体通道进行统调，待形成各通道的通带曲线后，再按照以下步骤进行相位螺钉的调节。

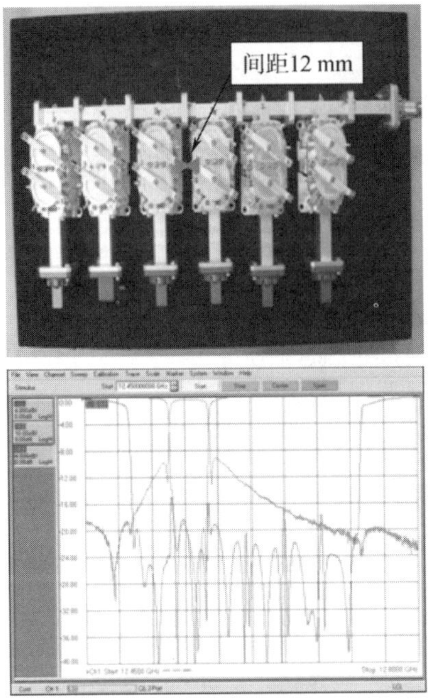

图 4　整体连接示意图与调试曲线图（见彩图）

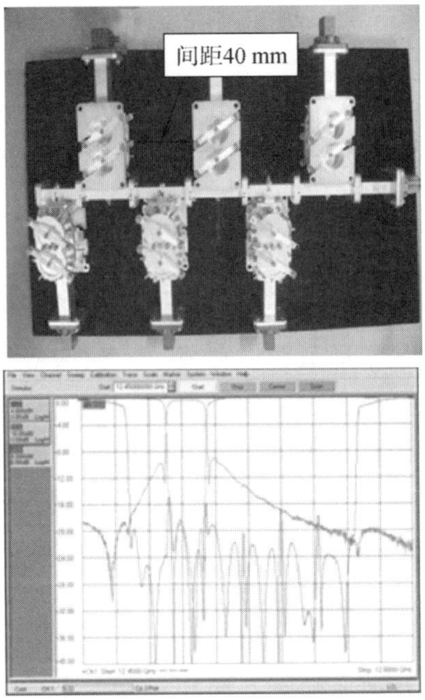

图 5　改进后连接示意图与调试曲线（见彩图）

调节每个通道滤波器第四个模（直接与主波导相耦合）的谐振频率螺钉 M44（见图 6 螺钉编号示意图），使得多工器的驻波特性改善到局部“最佳状态”（各通道驻波同时改善，驻波隔墙降低）。

其次，依次微调每个通道滤波器第三个模的谐振频率螺钉 M33（见图 6 螺钉编号示意图）以及第三、第四个模之间的耦合螺钉 M34（见图 6 螺钉编号示意图），使每个单通道滤波器的性能逐渐满足指标要求。

然后，根据每个通道滤波器的驻波、带宽，调谐耦合螺钉 M23，使得多工器的整体特性达到最佳状态。（通道驻波改善，驻波隔墙降低，带宽大的通道适当缩小，带宽窄的通道适当展宽，带外抑制超差的通道通过调谐交叉耦合螺钉 M14，可改变带外极点的远近，调节抑制度。）

最后，尝试着逐个改变每个 T 型腔底部的相位螺钉，并微调每个通道滤波器第四和三个模的谐振频率螺钉 M33、M44（见图 6 螺钉编号示意图）以及第三、第四个模之间的耦合螺钉 M34（见图 6 螺钉编号示意图），确保每个单通道滤波器能够满足电性能指标要求。

3.3　提高调试效率，减少器件损伤

由于多工器路数多，相邻通道间存在相位匹配问题，传统的方法是将多个通道直接连接起来进行整体调试，这时需要对调谐螺钉进行多次的转动，会造成调试效率低，调试难度大，器件很容易因频繁操作产生损伤，并且返修困难，严重时甚至会造成腔体报废。利用 HFSS、CST 和 mWave 等仿真软件对该多工器进行电磁仿真，结合调试结果，开发出了一种新的“各个击破”的调试方法，即先进行单通道调试，通过调谐耦合螺钉和频率螺

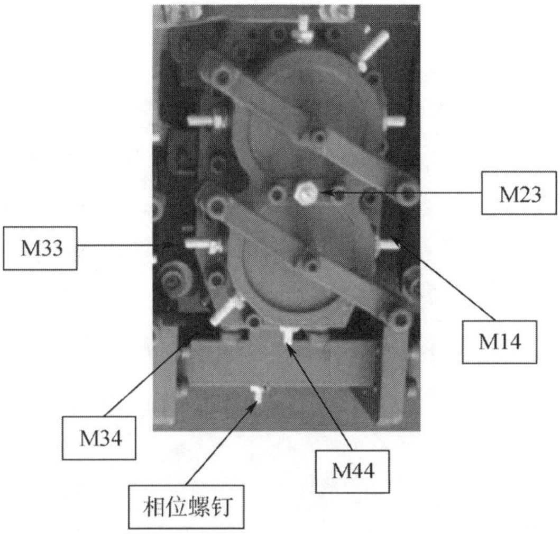

图 6　螺钉编号示意图

钉，使单通道滤波器的通带和反射驻波尽量逼近如图 7 所示的仿真曲线，所有的单通道调试完成后，然后再将多个单通道连接起来进行整体调试，这样不仅降低了反复调试的工作量，而且能够尽快地得到所要求的电性能指标。同时在调试过程中，减少了至少 60%的转动螺钉次数，降低了器件的损伤几率，提高了成品率。

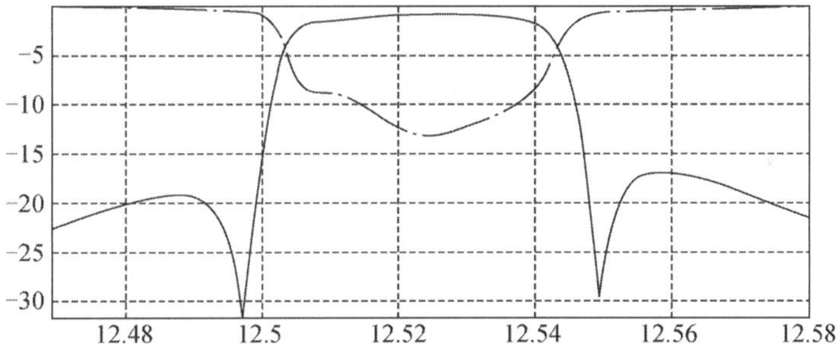

图 7　单通道仿真曲线

4　结果与效益分析

通过采用创新的调试方法，解决了因操作频繁导致的结构件损伤问题，同时也解决了腔内场强较弱处调谐螺钉的调节与紧固要求，达到了匹配腔内电磁场的作用，对新加入的相位螺钉配合其他调谐螺钉进行有序调节也使得电信号相位得到匹配。提升了调试效率，该方法节约了生产中的结构件与材料成本，减少了攻丝中多余物产生的几率；节约了时间成本，提高了调试效率，降低了调试难度，初调所花费的时间从原来的 20 天缩减到现在的五天左右；电性能指标能够快速精确地获得，完全满足指标要求。该调试方法已经成功地应用在多种型号温补输出多工器及其类似结构无源器件的调试中，不仅意味着调试能力的提升，而且生产效率得到了极大地提高，所带来的隐形经济效益更不可估量。

5　总结

Ku频段温补输出多工器技术在高功率、小型化、高性能方面均有着巨大优势，是现有国内成熟产品的理想替代产品，其复杂的结构特征对生产调试也提出了新的要求。本文针对传统调试方法在调试过程中遇到的问题，创新性地提出了相应的改进措施，开发出一种针对该多工器快速、有效的调试方法和技巧，解决了因操作频繁导致的结构件损伤问题，同时也解决了腔内场强较弱处调谐螺钉的调节与紧固要求，达到了匹配腔内电磁场的作用，对新加入的相位螺钉配合其他调谐螺钉进行有序调节也使得电信号相位得到匹配。节约了成本，提高了调试效率，对今后该类产品及相似产品的调试工作起到了指导作用。

大型舱体舱外支架精测技术

张　杰

北京卫星制造厂

摘　要　针对大型航天器舱段尺寸大，舱外支架数量多、安装精度高，调整环节需要即时数据支持等特点，多年实践中，对传统方法作出了改进，提出了基于产品数学模型的自动测量法，实现部分过程自动化，显著提高了测量效率，降低了操作风险。

关键词　舱外支架　自动测量法

1　引言

大型航天器，如核心舱、实验舱等，是载人航天工程中的重要结构载体。随着功能性需求增多，舱外空间布局更为紧凑，除常规的太敏、星敏、动量轮等姿控型组件，以及天线载荷外，部分舱体新增了太阳翼、机械臂等电源或功能机构类组件。舱外支架，是上述组件与舱体实现连接的物理接口。接口的安装精度，直接关系上述组件在轨工作性能指标，关系到整器运行水平。

舱外支架接口测量，传统方法为直接测量法，存在自动化程度低、操作效率低、安全风险高等缺点。在对传统方法改进的基础上，提出了基于产品数学模型的自动测量法，对部分过程实现了自动化，结果评价上实现了即时支持，在提高测量效率、减小操作强度、降低操作风险方面取得了显著成效。

本文以某型号核心舱舱外支架装配测量为例，介绍了该方法的应用过程及经验。

2　技术难点

本产品的测量难度主要体现在以下方面。

（1）产品尺寸大，涉及高位测量，测量操作难度大

舱体尺寸大（大部分超过 5 米），支架分布于舱外壁板表面。测量过程中，产品呈竖直状态置放，测量基准位于最底部的对接段上，考虑支撑平台高度，最高处的支架离地距离超过 6 米。该类项目属于专业领域的大尺寸测量范畴。项目中涉及高位测量，增加实施难度，引入更多操作风险。

（2）测量精度要求高

项目中对支架装配精度提出了极高的要求。例如，部分支架安装孔的单方向位置精度需优于±0.2 mm。测量指标要求，接近大尺寸类空间测量仪器的精度实现极限。

（3）涉及产品调整环节，对测量效率提出极高要求

为达到理想状态，需要对支架予以多次调整，而被测量对象数量多（部分舱体的支架

数量超过一百），为保证整个产品研制进程，需要对测量效率予以保证。测量结果应在调整实施后即时提供，可对后续调整操作予以快速指导。

3　技术方案

该方法原理（见图 1）如下：以产品三维设计模型为基础，分析被测对象与理论基准间位置关系；通过标定方法，将被测对象转移到特征标定物上；实际测量过程中，仪器对特征标定物自动采样，根据标定结果，结合产品模型，分析被测特征（模型中包含的所有特征体，如特征点、线、面等）的位姿信息；如涉及调整环节，以特征理论位姿为准，制定数据快速评价模式，即时提供调整方案。

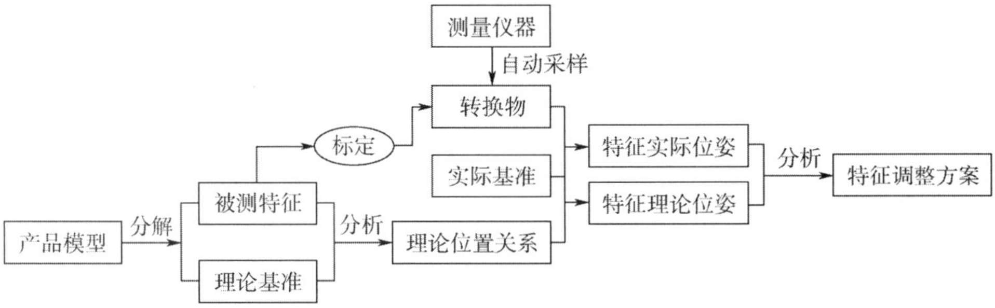

图 1　方法原理图

3.1　数模分析

以产品三维数学模型为基础，对支架组件相对星体基准 Q（或装配基准）的理论位置关系进行解算。一般采取自定义组件特征坐标系的方式，以组件上的特征孔、特征面等作为构建元素，尽量遵循定义方式简单、测量实现简便的原则。

以某支架为例，其理论安装状态如图 2 所示，根据产品结构特征，将工件坐标系 W 定义为：左下方安装孔中心为原点，指向右下方安装孔中心为 $+X$ 轴方向，指向左上方安装孔中心为 $+Y$ 轴方向，依据右手定则确定 $+Z$ 方向。按照上述规则，从设计模型上拾取三个特征点：左上方、左上方、右下方三个安装孔的中心。在图形处理软件中，可以获取上述特征点在整星坐标系下的坐标值。为便于后续数据处理，本例中使用了专用测量软件 Spatial Analyzer，以整星坐标系为准，将上述组件的三维模型（含特征点坐标信息）以通用数据格式（IGS、TXT 等）导入测量软件中。通过坐标转换算法，得到工件坐标系 W 与基准坐标系 Q 间的数学转换关系（如图 3）。

如前所述，工件坐标系定义相对自由，约束相对宽泛。根据方法实施原理，工件坐标系相对基准坐标系的理论关系，可以通过模型拾取、数学计算等手段，极其准确地得到，但后续要对实物真实采样，此处应考虑测量误差原则，从源头上将误差控制在较小范围。

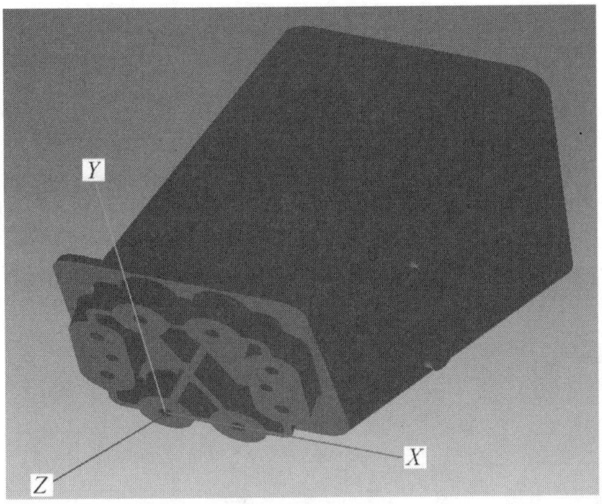

图 2　工件坐标系定义示意图

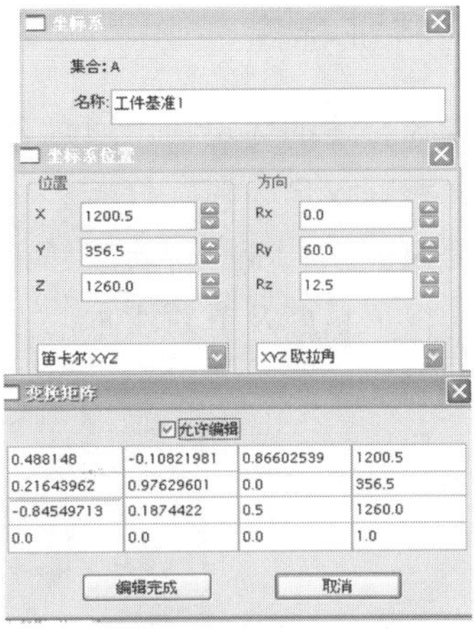

图 3　坐标转换关系示意图

以 XX 零件为例（如图 4），外端面的 8 个 ϕ 5 mm 安装孔理论上位于同一个圆周上，两个 ϕ 3 mm 销孔连线方向与舱体中心轴线同向。按照图纸习惯定义，一般将 8 个孔所在圆的圆心定义为坐标原点，两个 ϕ 3 mm 销孔连线作为一个轴向，端面法向作为一个轴向。使用该方式，数模拾取阶段，需要对 10 个孔心进行处理；后续采样阶段，需要对 10 个孔心进行测量，操作略显繁琐。在保证同等精度的情况下，精简后的方式如下：以其中一个 ϕ 5 mm 安装孔（可任意选择）为坐标原点，与近似过直径方向的另一 ϕ 5 mm 安装孔的连线为其中一轴，端面法向作为另一个轴向，如图 5 所示。使用本方式，仅需对 3 个安装孔进行分析及采样（为提取端面，还需要从数模上拾取 1 个孔心）。上述两种方式，均需要对端面表面采样，确定坐标系其中一轴方向；对坐标原点，实际并无特殊规定，第一种方式，对多个孔心坐标值拟合圆周、计算圆心；第二种方式直接对其中一个孔采样，可以认为两者精度相当；坐标系另一轴的方向，两种方式均通过测量两个孔心、构建连线来获取。两种方式测量孔心的测量精度相同，第二种方式中两孔距离稍大，理论上连线方向测量精度要稍高。

实施过程中，应避免第三种方式，如图 6 所示，选用一个 ϕ 5 mm 安装孔及其附近的 ϕ 3 mm 销孔作为轴线定位对象，上述两孔的距离是第二种方式的 1/6，在孔位测量精度相同的前提下，可以认为其连线方向的测量误差将会是第二种方式的 6 倍。初步分析方向的角度定位偏差将达到 0.05°，因此该方式最不可取。

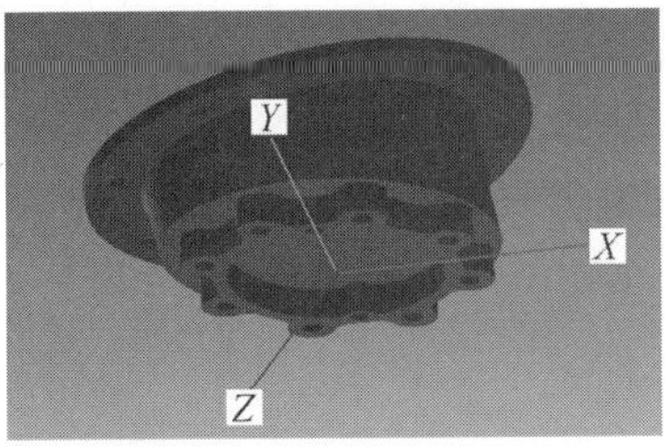

图 4　第一种坐标定义方式

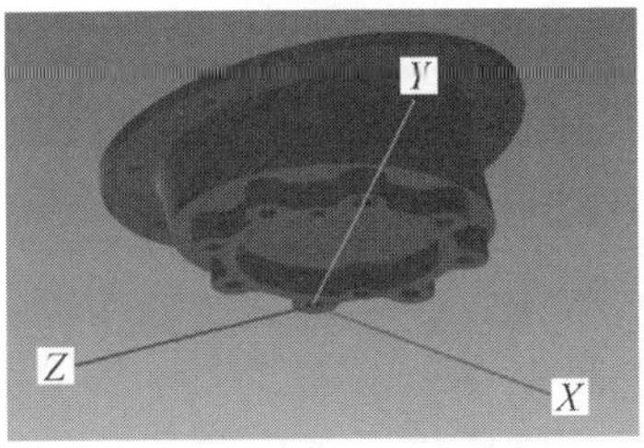

图 5　第二种坐标定义方式

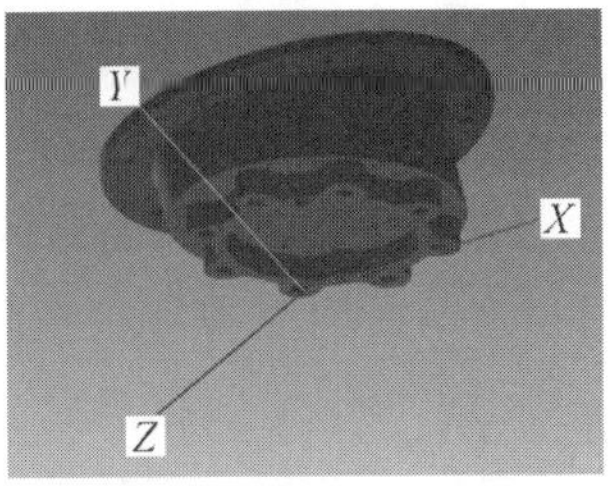

图 6　第三种坐标定义方式

3.2 特征标定

选择合适的标定物，通过合适方式确定标定物相对工件坐标系的位置关系。本例中选用激光跟踪仪作为标定仪器。

为保证下一步的自动采样实现，标定物需带磁性，确保能通过磁力吸附住专用测量球。从保证精度及节约成本两方面考虑，专门设计制作了金属标定物，形式如图 7 所示。

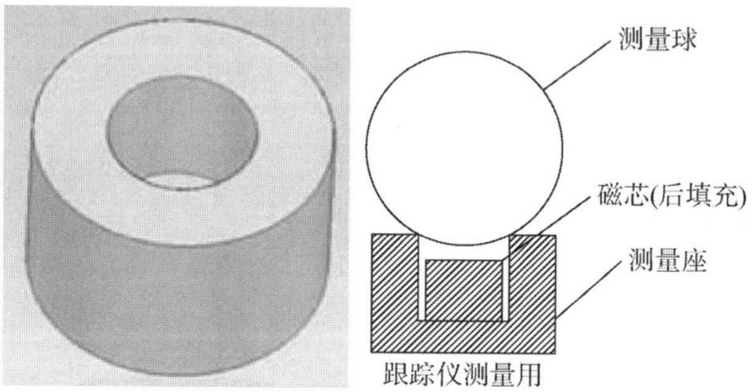

图 7　标定物设计形式

采用铝材，通过在标定物底部粘涂胶水使其与产品牢固连接，中空部位可以填充磁芯，使其具备磁性。

该环节极为重要的步骤是标定点的分布规划，将一定数量的标定物布设到产品上，须满足两个条件：一是保证空间分布的合理性，即能准确、可靠地表征被测对象的特征信息。具体为：标定点在三维空间各个方向的分布，最大尺寸与测量对象最大尺寸相当；避免近似位于某一直线方向或位于某一平面上；二是保证装配测量阶段的可视性，即能确保所有标定点可被采样。

为了实现第二个条件，实施中采用了虚拟测量法，即输入多种测量需求信息，模拟实际测量场景（如图 8 所示），在测量软件中对测量布局进行虚拟分析、规划。具体为：在模拟场景中，以测量精度满足需求、仪器转站次数最少为前提，对仪器最佳布设位置进行预设；确定零件的可被观测区域，根据标定点分布规则，拟定标定点布设位置；在对多个零件分析的基础上，确定仪器的最终布设位置，再确定每个零件的标定点最终布设位置，同时结合现场情况，对测量路径的可行性进行分析，如考虑高位采样中的升降车辆行驶路线、人员调整操作便利性等因素；根据上述分析结果，对规划结果局部改进或最终确认。

在本例中，零件状态下，在每个产品上布设了 4～5 个标定点。通过胶连方式与产品连接。

本例中，对与标定结果相关的采样点，如建立工件坐标系涉及的安装孔孔心、标定座中心等，均应进行多次测量，确保将测量数据重复性控制在较高精度水准上。

获得标定数据后，根据上步中得到的工件坐标系与基准坐标系的转换关系，可以计算得到标定点相对于基准坐标系的坐标值，该值即为标定点的理论值。

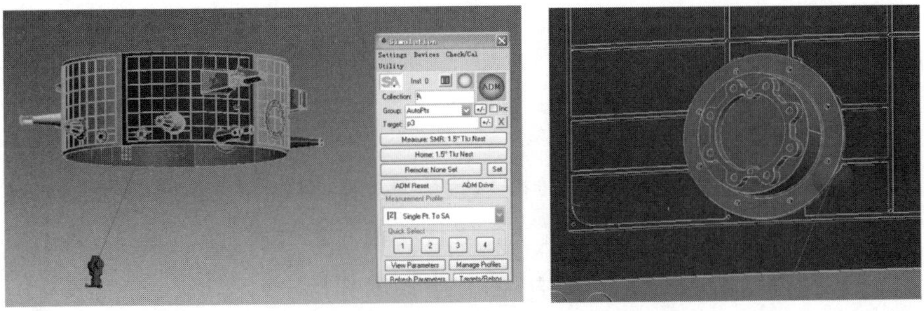

图 8　虚拟测量法过程示意图（见彩图）

3.3　数据采样

在测量现场，将仪器架设到规划位置，对舱体基准构成要素采样，建立舱体装配基准 Q；将标定点理论值导入测量文件，根据实践经验，一般需要多个测量工位方可实现对产品的全方位测量，建议根据工位分布情况将对应的标定数据分组，分批导入测量软件；将若干跟踪仪测量球放置到标定底座，复现标定点实物，置放中注意根据仪器架设位置，逐一、精确调整测量球的反射角度；以标定点理论坐标值作为引导值，引导跟踪仪自动采样，一般以单个支座的标定点组为单元，获得支座所有标定点的采样值。

在上述操作中，应用到了跟踪仪的自动搜索、锁定功能。在测量软件中指定目标点坐标值后，仪器根据理论坐标值指向到理论位置，因产品未完全安装到理想位置，仪器会自动进行搜索，直到精确定位测量球中心。

实际操作中可能会出现仪器在长时间、大范围搜索后，依然无法找到目标的情况，原因在于测量球置放姿态不到位，导致仪器入射光被测量球保护边框遮挡，无法生成反射光。建议在正式采样前，增加试采样环节，对每个标定座上的测量球姿态逐一调整、修正。具体方法为：以标定点理论值为引导，将仪器工作激光指向理论角度，根据入射光角度，手工调整测量球反射角度；认为呈最佳姿态后，启用仪器的 ADM 功能，对目标进一步搜索，再精确调整，直到软件确认可被采样。

从提高测量精度角度出发，组件标定点采样中，以点组为单位，增加测量次数，以避免现场突变情况导致的异常值对数据判定结果产生影响。在实际应用中制定如下规则：1）测量次数不少于 3 次；2）最终连续两次的数据重复测量误差控制在可接受范围内。本例中，将该误差控制在 0.02 mm 以内。

3.4　数据解算

上步得到标定点坐标相对舱体装配基准 Q 的测量值 $\boldsymbol{M}$，$\boldsymbol{M}=(x, y, z, 1)^{\mathrm{T}}$，该值理解为实测值；而通过标定环节，可以得到标定点相对基准 Q 的理论值 $\boldsymbol{F}$，$\boldsymbol{F}=(x, y, z, 1)^{\mathrm{T}}$。为便于数据计算，可以采取逆向处理：通过实测值反映，工件未达到理想状态，假设存在一个虚拟的舱体装配基准 Q'，工件相对于该基准呈理想状态，根据公式：

$$F = \begin{bmatrix} R & T \\ 0 & 1 \end{bmatrix} M$$

式中　R——旋转矩阵；

　　　T——平移向量。

通过坐标拟合转换法，可以得到转换参数计算值，即得到实际基准 Q 与虚拟基准 Q' 转换关系；在忽略零件加工误差的前提下，零件特征元素的实际位置可按照方式——从数模上获得特征元素相对星体基准的理论关系，乘以上述矩阵的逆值得到。

实际测量中，更多关注的是特征点信息，将特征点位置状态作为判断产品是否合适的依据，本例中即如此，直接对各点坐标值予以运算、解读；但在复杂关系测量中，可能涉及对产品复杂曲面或曲线的局部位置、姿态的分析，操作方法如下：三维设计模型中，在星体基准 Q 下，将需要的零件特征信息整体选择、导出，一般选用 IGS 格式；在测量软件的虚拟基准 Q' 下，将特征信息整体导入；对零件特征进行拾取、构造操作，在实际基准 Q 下，对各特征元素的位置信息进行分析、判断。如图 9 所示，红色为该零件理论位置，灰色为其实际位置，右侧数表显示该零件实际位置相对理论位置的数学转换关系式。

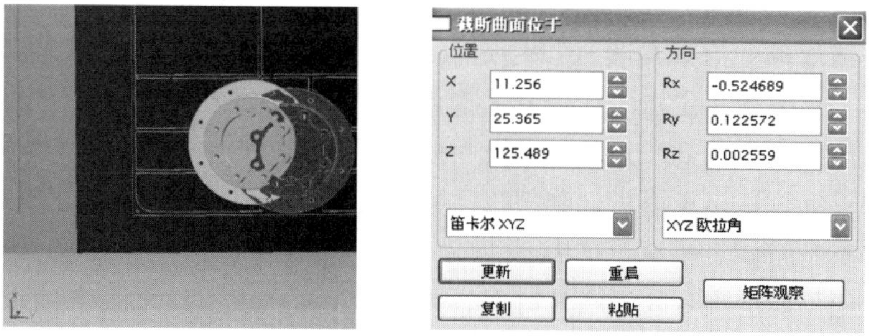

图 9　零件特征分析示意（见彩图）

3.5　调整方案制定

根据上步得到零件位置偏移信息，可以分析出产品整体偏移量及偏移方向，可以制定相应的调整措施，使其趋向理想位置，并按照逐步逼近的思路使其最终达到要求状态。此处介绍一种与自动测量配套、较为适用的调整设计方案。

以本项目为例，从特征标定环节即考虑产品调整环节的数据支持需要。本项目中对组件安装状态下的姿态、位置提出要求，具体为：组件安装后的俯仰、扭摆角度偏差，零件特征中心的三维坐标值，即在上下、左右、前后三个方向上的位移偏差（如图 10 所示）。通过归纳分析，大部分组件的姿态判断基准为坐标平面（如本例中的 XOZ 、YOZ 平面），位置判定基准为舱体装配基准。考虑通过标定点布局、测量实现现场快速判定。在满足测量可达性的前提下，对标定点分布方式进行规划。以前述组件为例，标定点布设、舱体装配基准的坐标系方向定义如图 11 所示。在理论数据引导下，现场通过自动测量方式，得到各标定点坐标值：$P_i(x_i, y_i, z_i)(i=1, 2, 3, 4)$ 及相对理论值的偏差值 $d_i(x_i, y_i, z_i)(i=1, 2, 3, 4)$，如图 12 所示。

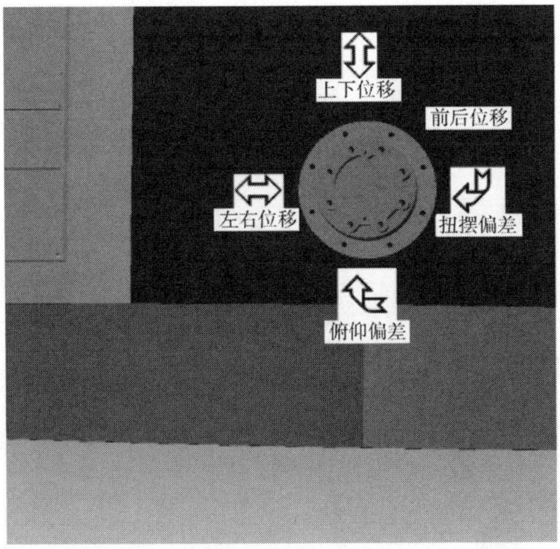

图 10　特征姿态、位置状态需求

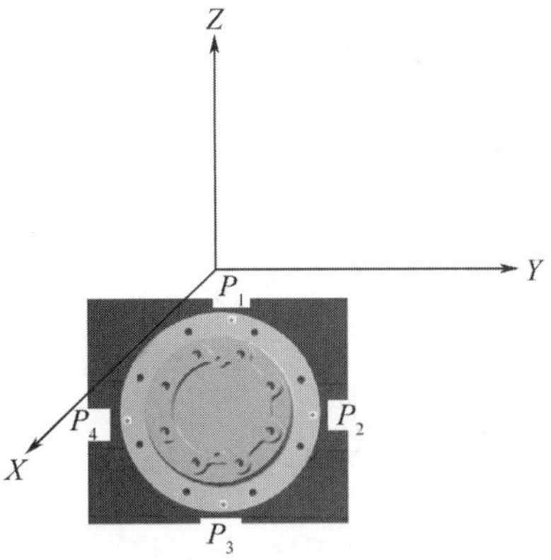

图 11　标定点分布及基准方向定义

对组件的调整，采取先调姿态后调位置的思路。组件呈理想状态时，偏差值 $d_i(x_i, y_i, z_i)(i=1, 2, 3, 4)$ 应全为零。根据标定点分布方式，从 dx_1、dx_3 数值之差可以分析出组件俯仰姿态，从 dx_2、dx_4 数值之差可以分析出组件扭摆姿态；从 4 个点的各轴向偏差值（dx、dy 或 dz），可以分析出组件几何重心在各方向上的位移情况，假设 dy_1、dy_2、dy_3、dy_4 的数值分布在 2.01～2.15 mm 之间，即可以确定组件相对舱体装配基准，存在偏向 $+Y$ 方向的位移，偏移量在 2 mm 左右。

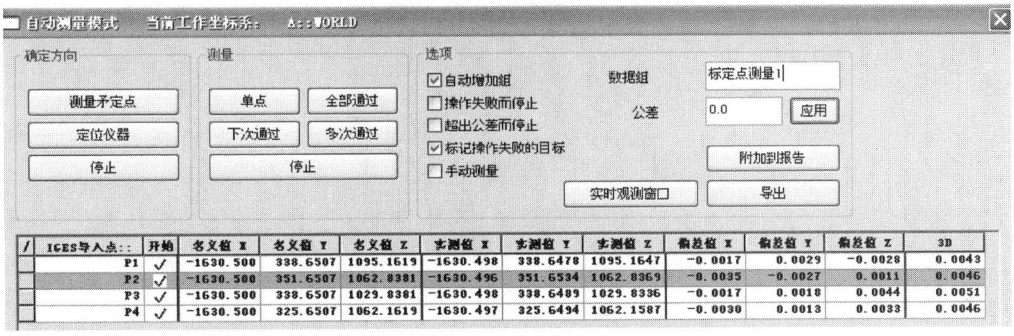

/	IGES导入点::	开始	名义值 X	名义值 Y	名义值 Z	实测值 X	实测值 Y	实测值 Z	偏差值 X	偏差值 Y	偏差值 Z	3D
	P1	✓	-1630.500	338.6507	1095.1619	-1630.498	338.6478	1095.1647	-0.0017	0.0029	-0.0028	0.0043
	P2	✓	-1630.500	351.6507	1062.8381	-1630.496	351.6534	1062.8369	-0.0035	-0.0027	0.0011	0.0046
	P3	✓	-1630.500	338.6507	1029.8381	-1630.498	338.6489	1029.8336	-0.0017	0.0018	0.0044	0.0051
	P4	✓	-1630.500	325.6507	1062.1619	-1630.497	325.6494	1062.1587	-0.0030	0.0013	0.0033	0.0046

图 12　自动测量现场报表

测量人员可以通过现场报表，即时判定组件状态，制定对应调整措施。根据应用经验，位置、姿态调整量不会太大，标定点上的测量球无需重新调整，可以在组件调整操作后直接予以自动采样、分析。

对于姿态判断基准不为装配基准坐标平面的情况，可以沿用前述情况的思路，使标定点分布与实际的判断基准坐标系定义方向基本吻合。现场测量中，以实际评定基准作为评价坐标系（可以通过数学模型，解算评定基准相对装配基准的转换关系，并随之变换实际装配基准坐标系得到），即可快速生成测量报表。

4 实用案例

4.1 试验设备

美国自动精密公司 RADIAN 系列激光跟踪仪，如图 13 所示，测量范围 0～60 米，三维空间点坐标测量精度：10 μm+5 ppm。

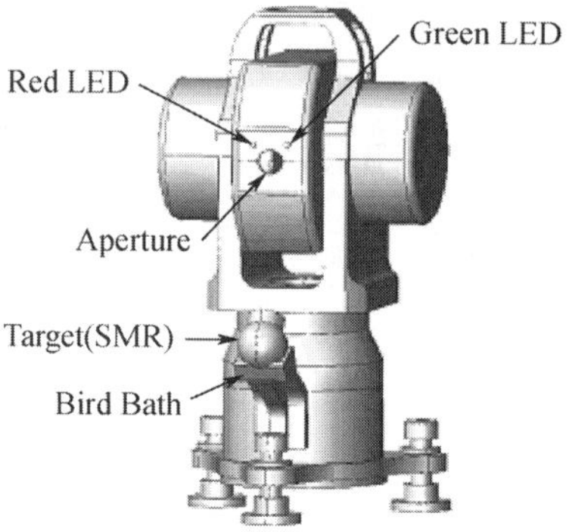

图 13 激光跟踪仪

4.2 试验对象

某型号核心舱太阳翼安装支架，数量共计 48 个，其部分组件分布如图 14 所示。

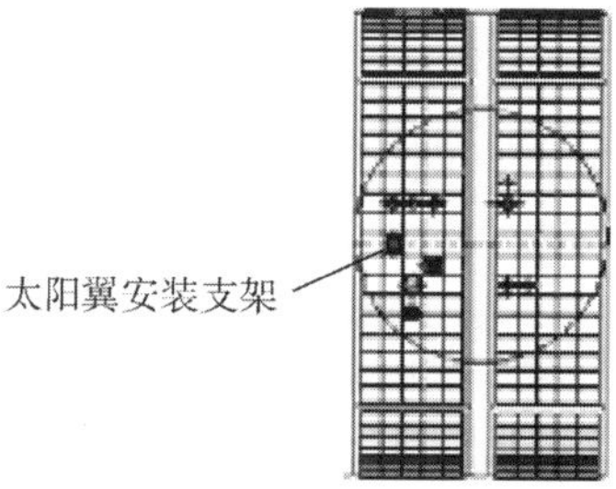

图 14 太阳翼支架分布示意图（部分）

4.3 试验过程

按照技术方案，完成了数模分析、特征标定、数据采样、数据采样等步骤，因姿态判断基准为装配基准坐标平面，调整方案中，直接以装配基准作为评价基准，通过自动测量现场报表，即时得到标定点的相对偏离值，快速制定出姿态、位置调整措施。

4.4 应用效果

对应用效果进行了评价：

1）可实现对高空目标的全方位测量，需采集的样本数量少（每个支架仅需 4～5 个），单人即可实施，劳动强度减小，安全风险减小；

2）测量精度满足需求；

3）单个支架的单次采样时间控制在 1 分钟内，数据评价时间控制在 10 秒钟以内，可对支架调整操作予以快速响应、指导。

5 结束语

大型舱体舱外支架精测技术的研究，综合应用了数模分析、特征标定、工装设计、数据自动测量及快速评价等方法或手段，实现了部分过程自动化，有效提高了测量效率，为今后该类产品研制任务的质量、进度目标提供了技术保证。

参考文献

[1] 邹冀华,刘志存,范玉青．大型飞行器舱段数字化装配方法．制造业自动化,2007,29(1).

[2] 胡敏捷,阎利,张毅．三维激光扫描技术在大型舱容测量中的应用研究．船舶设计通讯,2011,6(1).

[3] 美国自动精密公司产品说明手册.

小直径铝合金导管对接焊缝内通径控制技术

焦振恒　赵佳旺

北京卫星制造厂

摘　要　本文对小直径铝合金导管对接焊缝金属流动进行研究，实现了对小直径铝合金导管对接焊缝金属分布的控制，最终解决小直径铝合金导管全位置自动焊对接焊缝内通径小和不均匀的问题。

关键词　铝合金　对接焊缝　内通径

1　前言

内通径是空间飞行器管路系统的重要指标参数之一，设计文件对不同规格的管路内通径有明确的要求和检验手段，检验时要求相应尺寸的钢球能自由通过，否则直接影响管路系统的设计指标，甚至造成相关系统的失效。

铝合金管路焊接时，由于高温铝合金的表面张力小，焊缝背面存在焊接余高，对于小直径铝导管，焊缝背面金属为过渡不圆滑的波浪状凸起，要满足设计指标要求，技术难度非常大。本文以具有典型代表性的导管组件中 $\phi 6\times 1.0$ 导管与不等径三通的对接焊缝为研究对象。通过分析焊缝形态及分布特征，研究不同因素对焊缝金属流动规律的影响，分析归纳出小直径铝合金导管对接焊缝金属的分布规律，实现了对小直径铝合金导管对接焊缝金属分布的有效控制，最终解决了导管内通径小和不均匀性的问题。

2　存在的问题

小直径铝合金导管全位置自动焊对接焊缝存在内通径小和不均匀的问题，导致流阻畸变，造成液体介质流动突变，而设计方面则需求内通径均匀且满足最小内通径的要求，对于 $\phi 6\times 1.0$ 的导管，对接焊缝内通径要求控制在 $\phi 2.5$ mm 以上，而实际焊缝内通径只能控制在 $\phi 1.8$ mm 以上，流通截面积只占设计需求的 50%以上。

本文对小直径铝合金导管对接焊缝金属流动特性及分布规律进行研究，实现了对小直径铝合金导管对接焊缝金属流动及分布的控制，最终解决了小直径铝合金导管全位置自动焊对接焊缝内通径小和不均匀的问题。

3　理论分析及技术措施

3.1　理论分析

研究焊缝熔池金属在电弧力、重力、液态金属表面张力的综合作用下，小直径铝合金导管全位置自动焊对接焊缝金属流动及分布规律。

在这里我们关注的不是熔池金属在熔融状态下如何流动，而是焊缝金属的整体流动规律，是一种相对于熔池金属在熔融状态下如何流动更宏观的现象。

图 1 为熔池金属在 4 个象限点所受作用力的形式。图中 δ 为熔池液态金属表面张力，其方向与熔池液态金属表面相切；G 为熔池金属所受重力，其方向始终沿着铅垂线向下；F 为熔池金属所受电弧作用力，其方向始终沿着钨极指向圆心。

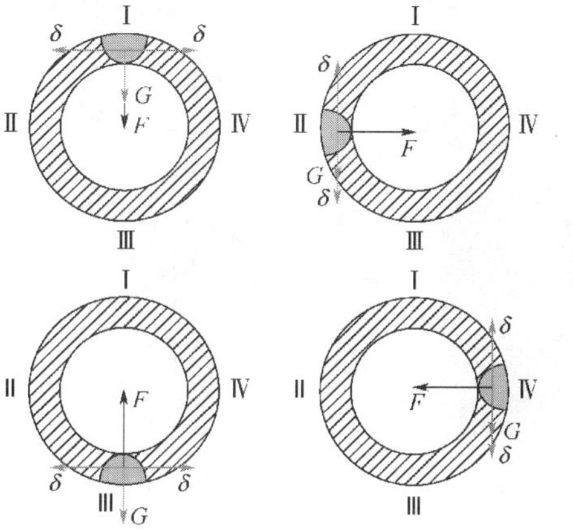

图 1　熔池金属所受作用力的形式

在电弧力、重力、液态金属表面张力这三个力中，我们唯一能控制的是电弧力。在本实验中，通过调节焊接电流的大小来控制电弧力的大小。焊接试验件如图 2 所示，其典型的焊缝背面形貌如图 3 所示，典型导管内通径与焊接电流的关系如图 4 所示。

图 2　不同焊接电流状态下的试验件

通过试验对比分析，可以确定小直径铝合金导管全位置自动焊对接焊缝金属流动过程中，电弧力在焊缝高温熔融区占主导地位，重力和表面张力的影响较弱，从图 4 中可以看出，可以通过精确调整焊接电流控制导管内通径的大小。

与不锈钢和钛合金导管全位置自动焊对接焊缝金属流动特性进行对比分析后发现，不锈钢和钛合金导管全位置自动焊对接焊缝金属流动过程中，表面张力占主导地位，电弧力占次要地位，重力的影响较弱。

通过精确调整焊接电流控制导管内通径的原因，恰恰也是导致小直径铝合金导管内通径无法实施有效控制的原因，从图 4 中可以看出从出现焊漏到 ϕ 2.5 mm 的内通径，焊接电流只相差 6A 左右。实际焊接过程中，在保证熔透率的前提下，将无法保证ϕ2.5 mm内通径的需求。

从图 3 中可以看出，小直径铝合金导管焊缝背面整体金属为较粗糙的波浪式，其形成原因为表面张力在焊缝金属流动过程中不占主导地位，同时由于 5A06 铝合金导热系数高，流动性差，焊缝背面金属呈现周期性滚动式前进，从而形成图 3 所示的典型形貌。

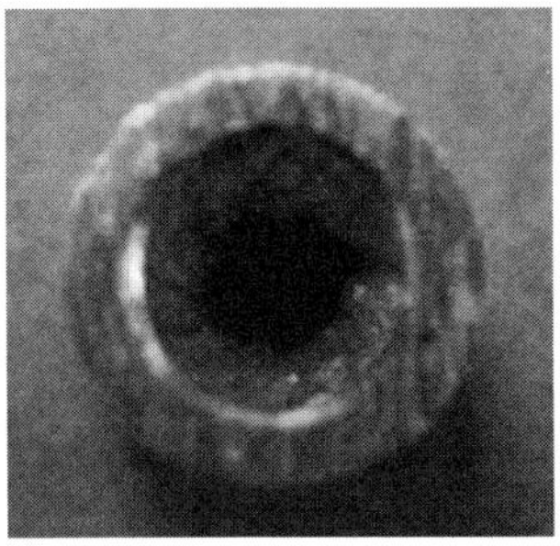

图 3　典型的焊缝背面形貌

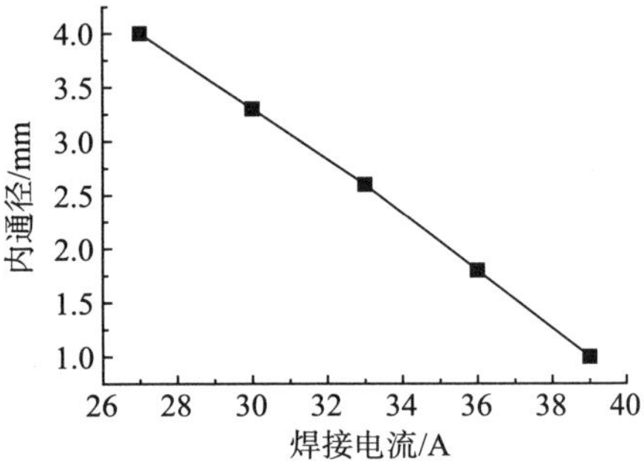

图 4　典型导管内通径与焊接电流关系曲线

3.2　技术措施

3.2.1　焊缝填充金属量对焊缝金属流动及分布的影响规律

采用不同的焊缝填充金属量，重复上面的试验，图 5 为不同的焊缝填充金属量，导管内通径与焊接电流的相互关系，图中 B、C、D 为焊缝填充量逐渐增加。图 6 为焊接刚刚出现焊漏时，不同焊缝填充金属量的对比试验件。

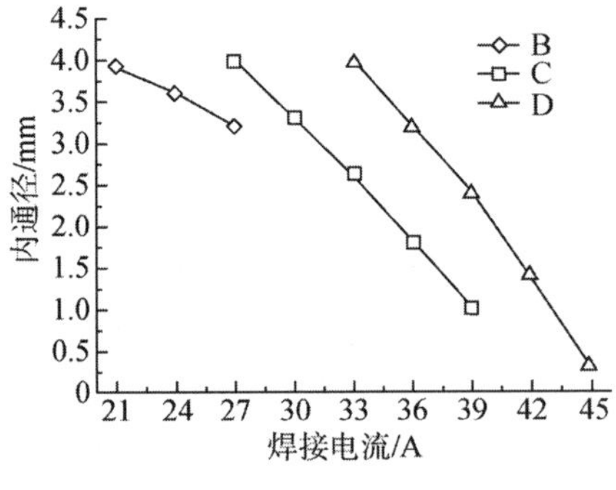

图 5　不同焊缝金属填充量，导管内通径与焊接电流的关系曲线

焊缝金属填充量并不直接影响焊缝金属的整体流动规律，而是通过焊接电弧力间接影响焊缝金属的整体流动，较多的焊缝填充金属量对应需要较大的焊接电流，由此导致较大的电弧力，同时具备较充足的焊缝金属，由此得到较小的导管焊缝内通径。从图 5 中还可以看出，随着焊缝填充金属量的增加，在出现焊漏后，焊缝内通径对焊接电流的敏感性增加。

图 6　刚刚出现焊漏时的不同焊缝填充金属量的对比试验件

3.2.2　焊缝金属导流槽对焊缝金属流动及分布的影响规律

焊缝背面金属并没有形成熔融状态的液态金属，而是处于零屈服状态的固态金属，无法通过毛细现象形成焊缝背面金属导流，准确表述应为焊缝背面金属缺失。图 7 为焊缝背面金属缺失与常规焊件的导管内通径与焊接电流的关系，图中 B 为常规焊接试验件，C、D 为焊缝背面金属缺失焊接试验件，D 焊缝金属缺失量大于 C。图 8 为焊缝背面金属缺失焊接试验件。

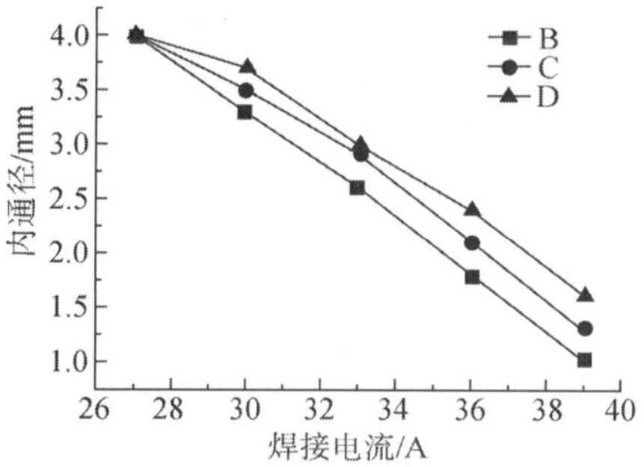

图 7　焊缝背面金属缺失与常规焊件的导管内通径与焊接电流的关系曲线

图 8　焊缝背面金属缺失焊接试验件

从图 7 中可以看出，焊缝背面金属缺失焊接试验件，在相同焊缝金属填充量和焊接电流的情况下，其内通径大于常规焊接试验件，并且随着焊缝背面金属缺失量占焊缝金属填充量比例的增加，整个内通径曲线也随着上移。

3.2.3 焊缝背面托衬对焊缝金属流动及分布的影响规律

焊缝背面托衬对焊缝金属流动的影响机理较为直观，焊缝背面金属会以背面托衬表面为基面，以焊缝中心线为起始点，向焊缝中心线两侧流动。在流动过程中向阻力较小的方向流动趋势明显，通过调节焊缝背面托衬的表面形式，可以在一定范围内控制焊缝背面金属的流动走向。

通过对焊缝金属填充量、焊缝背面金属缺失及焊缝背面托衬形式对焊缝背面金属流动及分布影响规律的分析研究，实现了对焊缝背面金属流动及分布的有效控制。

以上述理论研究成果为指导，通过分析试验数据，精确控制焊缝金属填充量和优化设计焊缝背面托衬的表面形式控制焊缝金属整体流动，实现对小直径铝合金导管对接焊缝金属流动及分布的控制，最终解决导管内通径小和不均匀的问题。

一般铝合金导管是与柱塞接头焊接的，采用实芯焊。实芯焊就是从柱塞接头端放入一个圆柱形芯轴，以此托衬金属，焊接结束后再通过对焊缝的锤击使芯轴与焊缝脱离，然后再把芯轴抽出的一种方法，如图 9 所示。

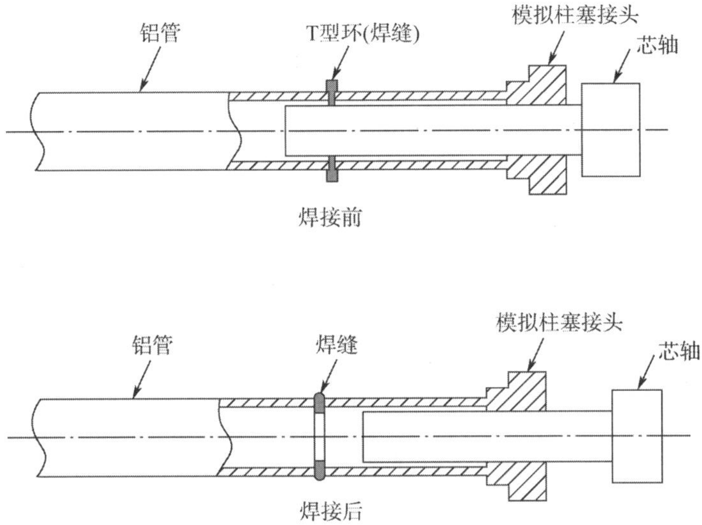

图 9　传统芯轴的焊接过程

这种焊接方法的前提条件是芯轴能够有足够的空间放入，但是当导管与三通的立端焊接时却无法放入芯轴。当然，如果导管不带弯的话是可以选择从导管端放入芯轴的，但是正式产品中导管都是带弯的。为此，我们开发新思路，探索新道路，对原有传统的圆柱形芯轴做出更改，想办法让它能够从三通立端的焊口处放入，并且能够顺利脱离焊缝。通过反复研究我们做出了一种新型的芯轴，如图 12 所示。

导管内通径小和不均匀性控制过程如图 10 所示，焊接试验件如图 11 所示，新型焊缝背面托衬与传统焊缝背面托衬对比照片如图 12 所示，新型焊缝背面托衬与传统焊缝背面托衬内通径控制效果对比如图 13 所示，从图中可以看出，通过精确控制焊缝金属填充量、设定合理的焊缝背面金属缺失比例和优化设计焊缝背面托衬的表面形式，控制焊缝金属整体流动后的焊接试验件焊缝背面金属流动及分布非常均匀。

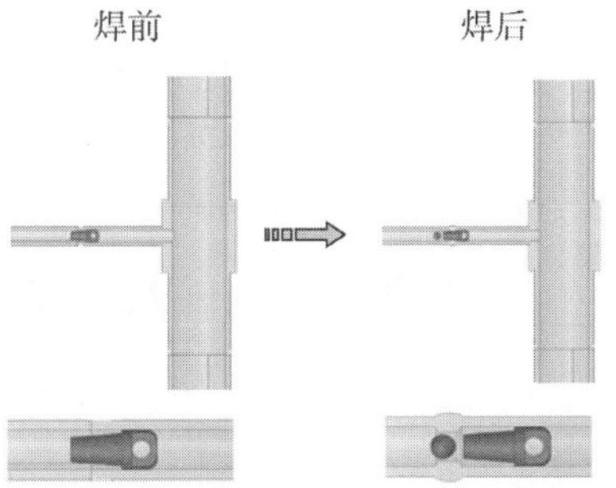

图 10　导管内通径小和不均匀性控制过程

图 11　新型焊缝背面托衬焊接试验件

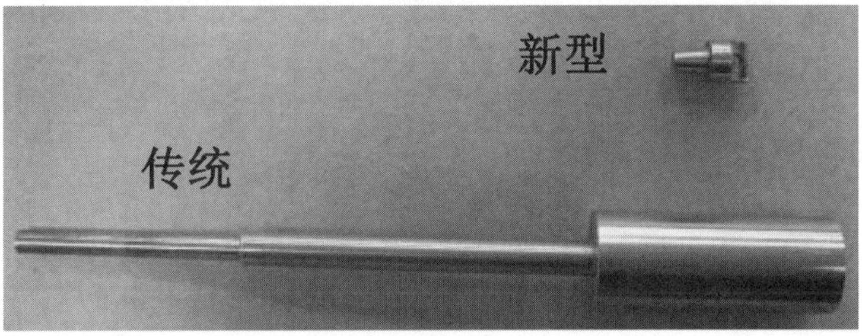

图 12　焊缝背面托衬

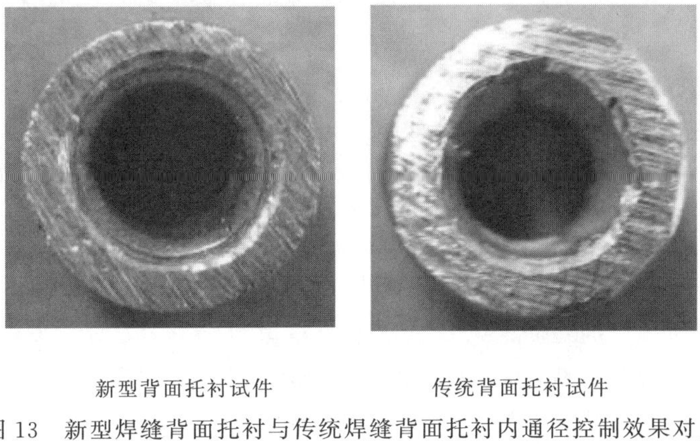

新型背面托衬试件　　　　传统背面托衬试件

图 13　新型焊缝背面托衬与传统焊缝背面托衬内通径控制效果对比

3.3 应用实例

本成果已成功应用于天宫二号实验舱管路所有 $\phi6\times1.0$ 导管对接焊缝内通径控制，解决了天宫实验舱管路内通径无法实施有效控制的难题，使 ϕ 6×1 导管复杂位置焊缝内通径一次焊接合格率达到 100%。典型应用实例如图 14 所示，图中 151－1707/59、151－1707/59A、151－1708/73、151－1708/74 均为 ϕ 6×1 导管对接焊缝。

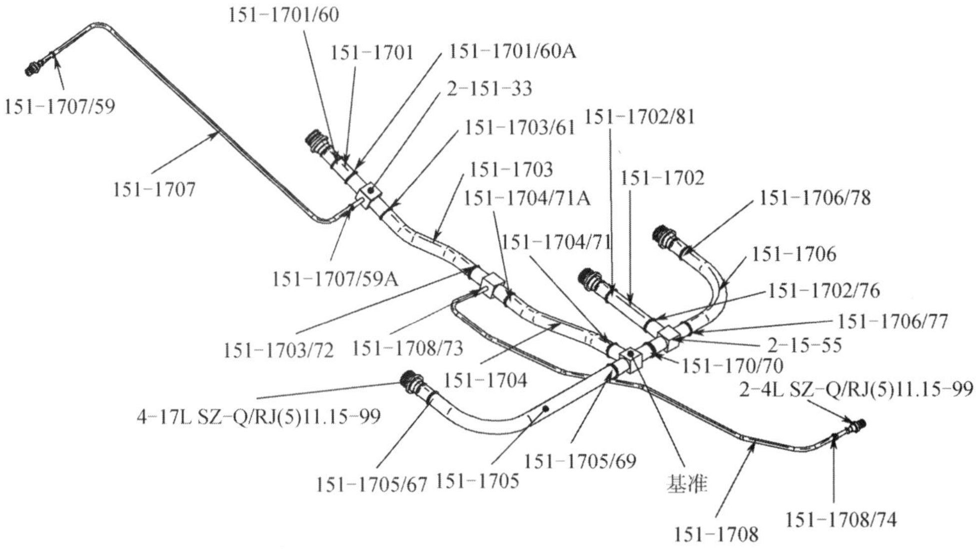

图 14　典型应用实例

3.4 创新点

1）本试验首次对小直径铝合金导管全位置自动焊对接焊缝金属流动及分布规律进行研究；

2）本试验通过精确控制焊缝金属填充量、设定合理的焊缝背面金属缺失比例和优化设计焊缝背面托衬的表面形式控制焊缝金属整体流动，实现了对焊缝背面金属流动及分布的有效控制；

3）本试验突破了传统的柱面焊缝托衬形式的思维限制，实现了天宫实验舱管路所有 ϕ 6×1 导管对接焊缝的内部托衬，解决了托衬不易脱离和复杂位置焊缝无法托衬的问题。

3.5 效益

以图 14 为例，能够看到这个组件中共有 17 条焊缝，其中 59A 和 73 是此次研究的内容。在没有采用背面托衬前，想要凭以往控制焊接电流的老方法来保证内通径为 ϕ2.5 mm 其实是很难的，因为这两条焊缝都是悬空焊接，焊接电流稍微大一点就会导致内通径超标，在操作上很难控制，从而导致一次焊接合格率仅为 30%。由于此位置的特殊性，焊接成形后无法对焊缝背面进行修复。所以不合格的焊缝只能采取截掉重焊的方法，如果重新焊接仍旧不合格，将会导致不等径三通的报废，从而影响到整个组件。也就是说，如果这两条焊缝没有焊好，就可能导致整个组件的报废。这样一来就需要重新进行零件领用、导管取样、清洗和焊接，在多个部门的积极配合下一个流程下来大约是 5 天时间。而采用背面托衬的新方法后，首先从操作上就简单了很多，焊接电流略有浮动对内通径也不会造成什么影响。其次，一次焊接合格率提高到了 100%，避免了反复截掉重焊的工作，节省了不小的时间成本和人工成本。在整个实验舱中像这样的组件有 16 组，占整套管路的 20%以上。

4 结论

本技术对焊缝填充金属量、焊缝背面托衬对焊缝金属流动及分布的影响规律进行研究，实现了小直径铝合金导管对接焊缝金属流动及分布的有效控制，最终解决了小直径铝合金导管全位置自动焊对接焊缝导管内通径小和不均匀的问题。目前已成功应用于天宫二号实验舱管路研制任务中，解决了天宫实验舱管路内通径无法实施有效控制的难题，使 $\phi 6\times 1$ 导管焊缝内通径一次焊接合格率达到 100%。

钻进机构回转部件精密装调方法

谢　岩　王咏莉
北京卫星制造厂

摘　要　钻进机构是钻取采样装置中的重要部件之一，为实现其功能，机构中涉及高精度回转部件、回转轴系，其中回转轴系要回转运动和上下往复运动同时工作，本文主要针对钻进机构中的回转部件与回转轴系的安装方法和测量进行研究，通过不断实践，提出了满足精度要求的装配方案。

关键词　钻进机构　回转部件　回转轴系　装配方法　过程检测

1　概述

钻进机构是钻取采样装置的核心部件之一，用于在月面采样时提供钻具的回转与冲击驱动，并将加载机构产生的进给驱动传递给钻具，驱动其沿支撑结构的导轨向下运动，共同实现对月壤的冲击回转钻进采样功能，如图 1 所示。钻进机构回转部件由回转驱动部件、小回转齿轮、大回转齿轮、回转上座、回转下座等零件组成，工作时回转驱动部件带动小回转齿轮，小回转齿轮带动大回转齿轮，从而带动中心轴系，驱动钻具回转，实现钻土功能，作为关键部件的回转轴系（图 2）由回转花键副轴承、密珠轴承 A、密珠轴承 B、中心主轴组成。

本文主要针对回转部件的安装，阐述一种可行的装配方法。

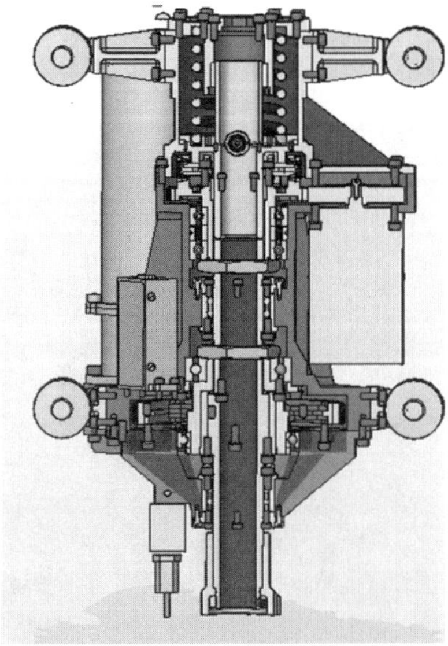

图 1　钻进机构

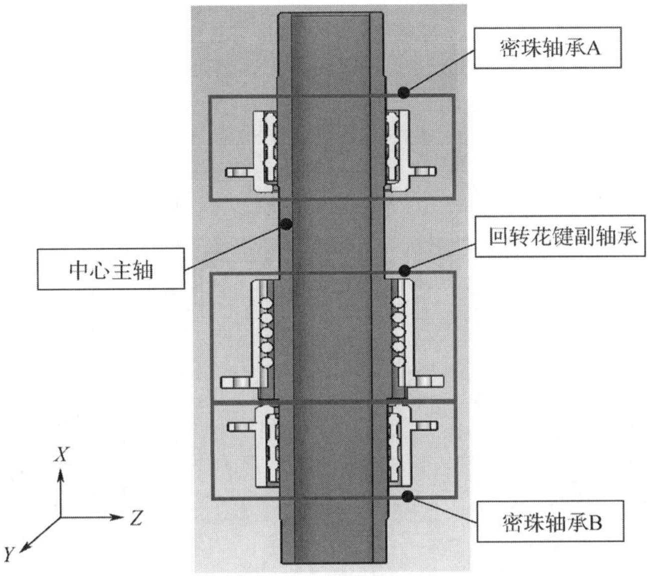

图 2　回转部件

2　装配要求及难点

2.1　回转轴系装配后的主要精度指标

1）中心孔轴系上下同轴度 0.008；

2）中心主轴输出端的径向跳动不大于 0.01 mm；

3）中心主轴的轴向可移动距离为（1.8±0.1）mm。

2.2　装配难点

1）回转上座、回转下座安装轴承孔安装尺寸精度 6 μm，圆柱度 3 μm，由于回转上座、回转下座需要配合使用，轴承压配不当会造成轴承内孔尺寸精度超差和整体偏斜，所以也会影响装配后的同轴度 8 μm 的要求超差。

2）回转轴系同轴度 8 μm、径向跳动要求不大于 0.01 mm，装调过程中安装和检测的空间狭窄，调整的难度大，需要充分考虑检测和调整方式。

3）防尘圈与封盖装配存在难度；防尘圈不同于传统材料，为聚四氟乙烯材料制造的，最小过盈量为 0.1 mm，最大过盈量为 0.2 mm，装配不当易折损和产生变形，影响防尘效果。

3 装配解决方案

3.1 精密轴承的装配

设计轴承专用的压配工装：针对钻进机构中不同型号的轴承，设计了一一对应的轴承压配工装（图 3），将轴承平稳地压入。

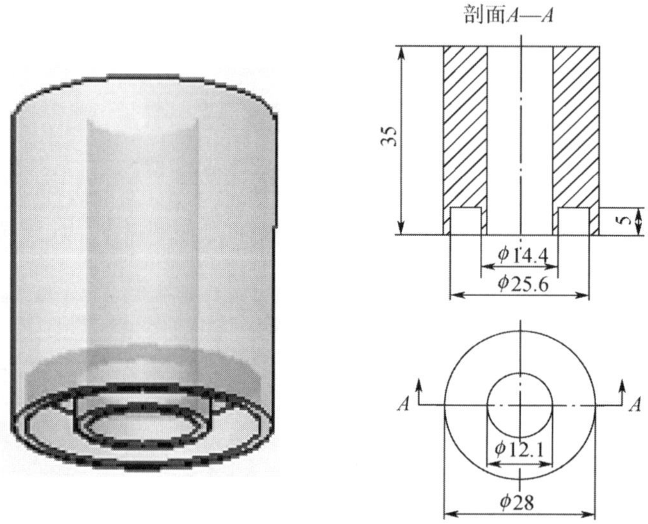

图 3 轴承压配工装示意

（1）装配前的准备

在安装轴承前，首先要去除壳体安装轴承孔的毛刺，使用酒精对整个壳体和安装轴承孔进行清理。

（2）修配法确定轴承与安装孔的配合精度

采用精度为 0.001 mm 的内径千分尺和外径千分尺对安装轴承的内孔 $\phi46_{-0.025}^{-0.009}$ mm 和轴承外圆分别进行测量，依据测量数据对安装孔进行研磨修配，综合考虑各安装面形位公差，计算装配尺寸链，确保装配后满足装配要求。

3.2 回转轴系的装配

回转轴系的中心主轴与三组轴承的内圈进行共体设计，中心主轴具有双向回转及轴向往复窜动双自由度，密珠轴承 A 与密珠轴承 B 共同实现对中心主轴的运动支撑，回转花键副轴承可将外部驱动扭矩传递至中心主轴上，中心主轴上端面承受周期性冲击载荷，并可在该载荷作用下沿轴向往复窜动，且会对限位面产生冲击，中心主轴轴向往复窜动的行程限位分别通过回转花键副轴承外圈及密珠轴承 B 外圈来实现。回转轴系安装流程如图 4 所示。

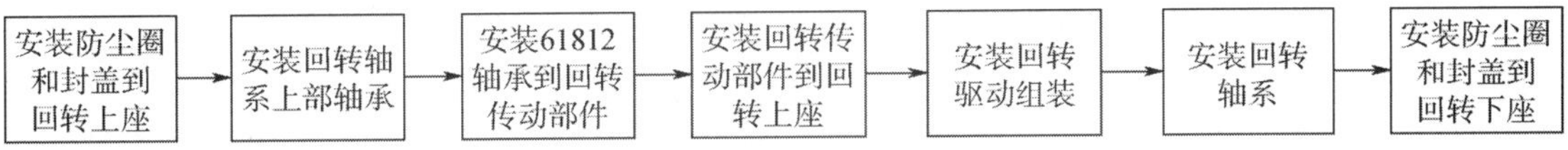

图 4 回转轴系安装流程

安装回转轴系时需将回转轴系分解，逐一安装到回转上下座上，由于回转轴系结构比较复杂，密珠轴承易散落，所以拆分回转轴系时需格外小心。首先利用密珠轴承保持工装（图 5）使其不散落的情况将密珠轴承拆下，利用密珠轴承保持工装和工艺封盖（图 6）将密珠轴承 A、B 分别装入回转上座和回转下座。

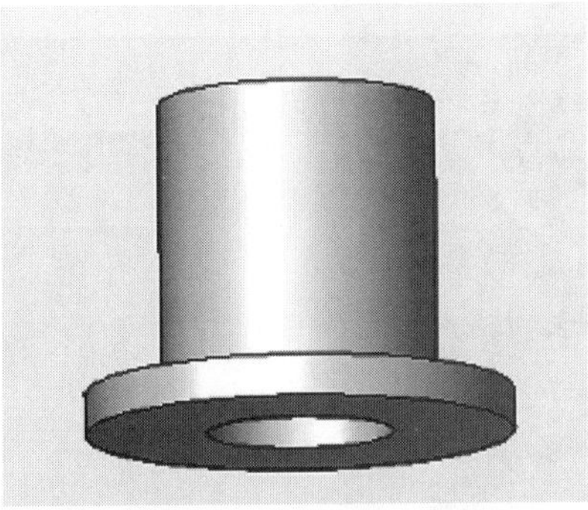

图 5 密珠轴承保持工装

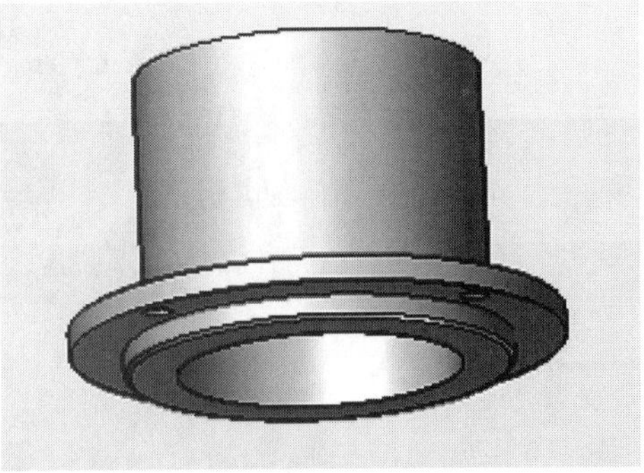

图 6 工艺封盖

密珠轴承微调：利用机床主轴和杠杆千分表对密珠轴承垂直度进行初步检测。具体操作为：自制专用表架将两组千分表固定在机床主轴上，调整千分表测点位置与角度，一组测点置于轴承上端面的中间位置，便于真实测得密珠轴承端面变化趋势。另一组测点置轴承侧靠中间位置用于检测轴承的扭摆变化。缓慢上下移动主轴和旋转主轴，调整合适固定螺钉。

精度检测：安装好的密珠轴承 A、B 利用三坐标复测其安装的位置度、垂直度、平面度、两端密珠轴承内孔的同轴度，根据测量数据判断完全满足安装要求。安装后的密珠轴承如图 7 所示。

图 7 安装好的密珠轴承 A、B

中心主轴的安装：利用自制的定位销进行安装，能够有效解决键槽和键的间隙小以及位置偏差带来的装配困难问题。在安装中心主轴时，在安装到回转部件前，进行回转齿轮和主轴的试装配。根据安装情况修配回转齿轮的键，先将回转齿轮键根部用自制工具做清根处理，然后再安装，键槽和键的修配，通过压痕和测得的数据进行修配。安装中心主轴示意如图 8 所示。

图 8　中心主轴的安装

3.3　防尘圈的安装

防尘圈为聚四氟乙烯材料，常温下材料较硬，装配过盈量较大时，直接压装容易造成零件表面损伤，且会产生多余物，因此在防尘圈装配前，首先采用 70～80 ℃水进行浸泡，使材料变软，然后迅速压装到位，有效避免了防尘圈的损伤和多余物的产生。

4　回转部件的最终检测

（1）中心主轴上下同轴度的检测

通过三坐标检测中心主轴上、下同轴度。

（2）径向跳动的检测

将钻进机构与技改设备连接，采用千分表测量中心主轴的径向跳动。用 2 组杠杆千分表分别放在回转轴系的前端和后端，分别将表置零，启动电机，进行检测。

（3）轴向移动距离的检测

将钻进机构竖直放置，手动中心主轴，采用高度尺检测中心主轴的轴向移动距离。

通过上述装配方法，回转部件各项指标均满足设计要求，具体指标测量结果见表 1。

表 1　精度检测结果

序号	检测项目	结果
1	中心孔轴系上下同轴度	0.005 mm
2	输出轴的径向跳动	0.008 mm
3	输出轴的轴向可移动距离	1.75 mm

5　结束语

通过对回转部件安装的难点分析，制定了合理的装配路线，完成了回转部件内回转轴系和回转上下座的精密装调，各部位数据检测结果满足装配精度要求，该机构功能性测试结果满足设计要求。在装配过程中，通过对零件各装配关系的分析，提出了组合机加保证壳体同轴度的方案，解决了装配难点、装调费时费力、效率低的问题。在回转轴系的装配过程中，根据机构的运动功能设计了专用装配工装，通过工装定位，解决了多个装配时偏差的问题，减少了装配时间，结果达到回转部件设计指标。

关于单向阀球面密封的探讨

张　波

航天六院 801 所

摘　要　针对单向阀球面密封性能在静态及动作后不稳定的问题，采用匹配研磨＋挤压成型的装配方法保证密封结构的可靠性。

关键词　单向阀　球面密封　匹配研磨　挤压成型

1　引言

单向阀是推进分系统中的控制介质流动方向的功能部件，用于防止补加管路内的不同种推进剂及其蒸汽向上游流动。

结合国内外单向阀的典型结构（如图 1 所示），单向阀在设计时采用串联双级冗余密封结构，密封结构采用球面密封方式，以获得更好的密封适应性。单向阀工作时，阀门进口达到一定压力后，克服主弹簧力，开启主阀芯，主阀芯持续轴向运动，顶开副阀芯，系统上游压力下降时，主阀下游压力较高，副阀先关闭，并带动主阀关闭。

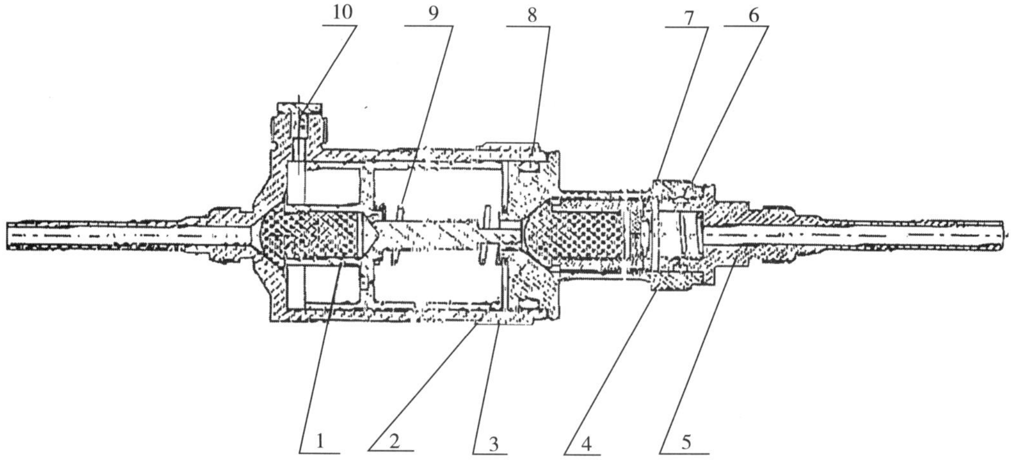

图 1　国内外单向阀典型结构

1—大阀芯组件；2—小阀芯组件；3、4、5—阀体；6、8—O 型圈；7、9—弹簧；10—堵头

2　技术难点

单向阀球面密封的主体结构采用一体式半球形阀芯结构（如图 2 所示），阀芯由密封件、导向套构成，密封件通过模压方法与导向套连接。装配完成后，产品进行密封性测试，检查漏率，并要求在产品性能试验过程中，复测漏率，验证产品稳定性。

在试验过程中发现，在低流量状态下，阀芯没有达到最大行程，阀芯会随着压力的波动产生颤振现象，颤振的阀芯反复动作时会使阀座和阀芯配合面产生摩擦，导致阀门漏率超标。对于单向阀，装配工作不但要保证在初始状态密封的稳定性，同时还要保证产品在测试过程中，密封结构持续可靠。

单向阀的装配难点体现在以下两方面：

1）同时保证主、副阀芯的密封性能，并保证主、副阀芯动作状态下密封的性能；

2）保证单向阀在非定常流动作后的密封性能。

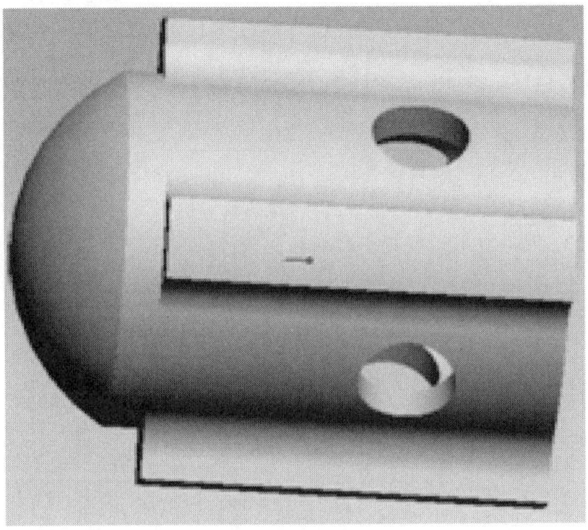

图 2　阀芯结构示意图

3　技术方案

在单向阀装配过程中解决的关键问题是密封问题。单向阀球面密封是通过阀芯非金属球面和阀座金属锥面相互挤压形成的接触面来实现密封，阀芯与阀座的密封是球面线接触。在装配过程中，弹簧受压产生弹簧力，使球面与锥面相互挤压形成密封面达到密封的效果。

根据密封原理，如密封面完全光滑、平行，并有足够的刚度，它们可以依靠紧固件夹持在一起，即可达到密封的目的。但由于密封面存在粗糙度、密封副的组成刚度不同和分散排列，造成密封面载荷在圆周方向上不均匀，根据表面接触的粘着理论，在简单载荷的作用下，真实接触点上的接触应力足以产生塑性变形，形成小平面接触，直到接触面增大到承受全部载荷为止。在单向阀装配的过程中，随着弹簧受挤压，弹簧力逐渐增大，在球表面将逐渐发生从局部到整体的塑性变形。对于接触密封而言，要保证密封的可靠性，应使球面和锥面之间完全贴合。要达到这一效果，就要让较软材料（非金属）表面整体充分发生塑性变形，这样既能让软材料表面的凹凸之处被充分压平，又能通过软材料微观塑性流动填满锥表面的微观空隙。

在低流量状态下以及阀门关闭的瞬间，阀芯与阀座会产生相对摩擦，必须通过相应的装配方法提高阀芯表面硬度，提高抗磨性。

因此，在装配过程中必须采用合理的安装方式使球表面整体发生塑性变形并取得表面强化。

通过对产品结构进行分析并借鉴成熟的装配方法，确定了匹配研磨法、挤压成型法、热成型法等三种方法进行密封副成型。

（1）匹配研磨法

1）30倍显微镜检查密封件表面，不允许有压痕划伤。

2）阀座与阀芯的匹配研磨（如图3所示）。在阀座的锥面上放置少许的研磨砂，然后将阀芯放置阀座内，使其相互接触和贴合，通过给阀芯施加一定力进行转动研磨，直至产生了一圈研磨痕迹。

3）清洗后对研磨完的阀座密封面和阀芯密封面用30倍显微镜进行检查确认（按套保存单配），密封面上研磨痕迹应完整并成圆环状。

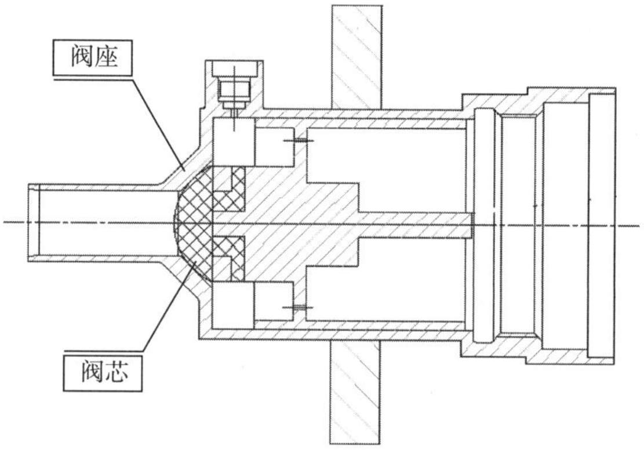

图3 匹配研磨法示意图

（2）挤压成型法

1）30倍显微镜检查密封件表面，不允许有压痕划伤。

2）用工装固定阀芯与阀座，使用油压机进行成型（如图4所示），针对不同的密封材料，对压力应进行调整，为保证产品受压的均匀性，在挤压过程中应调换工装方向。

3）清洗后对挤压后的阀座密封面和阀芯密封面用30倍显微镜进行检查确认（按套保存单配），密封面上挤压痕迹应完整并均匀。

（3）热成型法

1）30倍显微镜检查密封件表面，不允许有压痕划伤。

2）完成单向阀安装，并紧固，将产品放入烘箱中，根据阀芯材料特性，选择合适的热成型温度。

3）清洗后对成型的阀座密封面和阀芯密封面用30倍显微镜进行检查确认（按套保存单配），密封面应完整并均匀。

通过多次试验发现：

匹配研磨法对较大尺寸的球面密封可取得良好的加工效果，但对尺寸较小产品，缺乏操作空间。

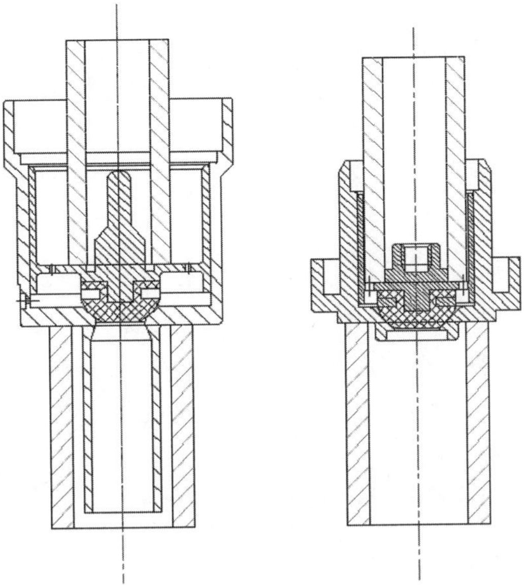
图 4　挤压成型法示意图

挤压成型法对全尺寸的球面密封可取得良好的加工效果，但对较大尺寸产品的加工效果不如匹配研磨法好。

热成型法可改善产品的密封效果，但可靠性不高，部分产品无法通过热成型法达到预订的指标。

结论：匹配研磨法、挤压成型法这两种方法均可在产品密封副表面达到良好的密封效果，并形成硬化层，保证在静态、动态均可实现产品的有效密封，针对不同尺寸的产品及性能指标选择相应的成型方法。

4　结束语

通过对单向阀球面密封的研究，使用匹配研磨法及挤压成型法解决了单向阀静态及动作后的密封问题，在单向阀的生产过程中圆满完成了各项功能测试，达到了设计指标，并具良好的稳定性。目前，单向阀产品已通过货运飞船飞行验证，取得了良好的效果，验证了方法的可靠性。

参考文献

[1]　张剑锋,周志芳．摩擦磨损与抗磨技术．天津:天津翻译出版公司，1993:58－70.

全氟醚 O 型圈加热装配法

陆　舒

航天六院 801 所

摘　要　本文提出的基于对 O 型圈加热的装配方法，解决了电磁气动阀安装过程中的 O 型圈切边损坏问题，确保了三、四机模块的可靠密封，同时保证了装配合格率达到 100%。该装配方法的设想和生产实践，是一次非常有意义的技术革新尝试，将 O 型圈加热装配也是一种从未使用的工艺方法，带来了显著的改进效果，为该型号产品未来的批量化稳定生产奠定了工艺技术基础。

关键词　电磁气动阀　全氟醚 O 型圈　装配合格率

1　引言

快舟工程是总装备部与科技部共同资助的军民融合项目，以快速集成、快速入轨和快速应用为主要特点。为减小运载器的起飞质量，实现有效载荷最大化，采用了具有轻质、高压、快响应、预包装、多功能、高性能、高可靠、低成本等特点的星箭一体化推进系统，融合了卫星、运载火箭以及导弹武器推进系统的相关技术，并进行了大量技术创新和探索。

根据任务需要，总体对推进系统提出了非常高的要求，具体表现在：功能要求高、任务剖面多、轻小型化要求高、性能指标要求高。为满足总体轻质化要求，围绕轻小型化的研制目标，系统采用了 25 N 发动机头部流道、阀门以及安装结构集成化设计，研制出了集成度高、结构紧凑、质量轻的 25 N 三、四机组，模块的 25 N 发动机的电磁气动阀采用了插装式结构，与机组模块集成设计，单阀质量仅 35 g（目前常规卫星用 25 N 发动机采用的最轻的簧片电磁气动阀的质量约 120 g）。

由于 25N 机组模块设计结构紧凑，给阀门与模块对接装配带来困难。因为选用绍尔达 85 的全氟醚 O 型圈，装配过程中经常出现切边现象，使气密合格率较低。为了解决上述问题，本文提出了一种机组模块 O 型圈的装配技术，并经生产实践检验，证明该装配技术大大提高了机组模块 O 型圈装配的效率及合格率。

2　技术难点

2.1　O 型圈装配过程

航天液体发动机通常采用 O 型圈进行密封设计，具有耐高温、结构简单、密封可靠等特点[1]，以四机模块为例，四机模块由 4 台 25 N 推力室、机组模块和 8 台电磁气动阀组成。单个 25 N 发动机组成结构如图 1 所示。

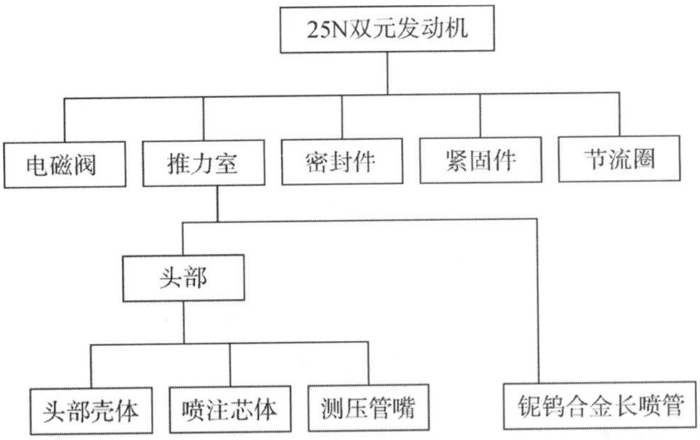

图 1　25 N 发动机结构组成

四机模块化设计方案：即将系统所需的 8 台 25 N 发动机按系统对称的空间布局形式分成两组，每组含有四台 25 N 发动机，其中姿控 25 N 三台，轨控 25 N 一台。再通过集成设计技术将四台不同功能发动机，集成到一个模块之中，完成了集成设计方案的功能实现；并通过设计优化，解决了发动机集成化所带来的性能相容性、工作匹配性以及制造测试工艺可行性等问题，如图 2、图 3 所示。

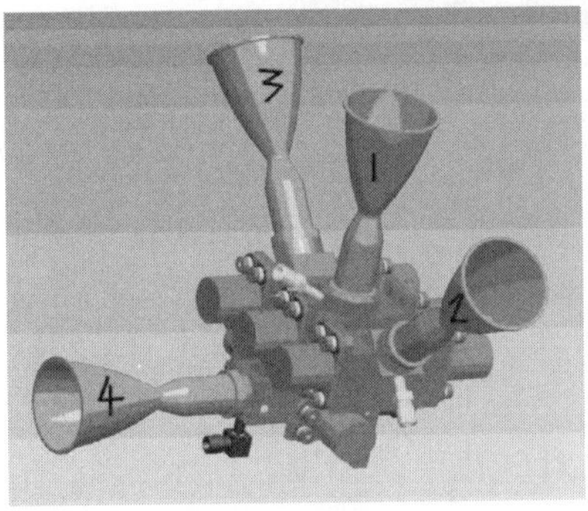

图 2　四机模块模型图（见彩图）

图 3　四机模块实物图（见彩图）

四机模块配套插入式电磁气动阀的结构如图 4 所示。实物如图 5 所示。电磁气动阀的工作原理：工作介质由侧面进入阀门、充填阀门内腔，然后经由阀座出口流出。当线圈通电时，电磁吸力大于液体压力和弹簧力之和，阀门开启。当线圈断电时，依靠弹簧力和液体压力，使阀门关闭。阀门内漏依靠阀芯氟塑料面与金属刀口，是软对硬密封。外漏依靠两道 O 型圈密封，外漏率$\leqslant 1\times 10^{-7}$（3.5 MPa，氦检）Pa・m^3/s。

电磁气动阀 O 型圈在四机模块的装配示意图见图 6，操作步骤如下：

1）检查 O 型圈的外观质量；

2）用乙醇对 O 型圈进行清洗，并风干；

3）在 O 型圈上涂抹少量油膏，起到压配过程中的润滑作用；

4）将 O 型圈装配在阀门提供的密封槽道中，如图 7 所示；

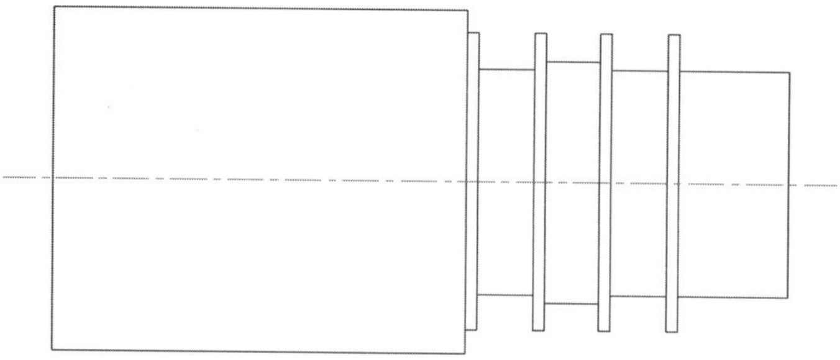

图 4　电磁气动阀结构图

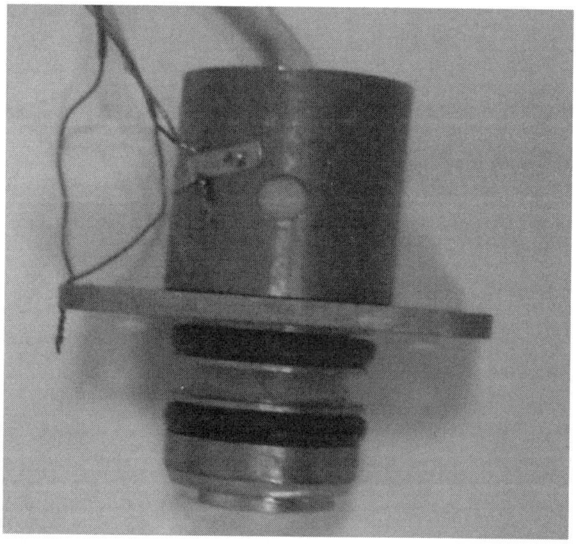

图 5　电磁气动阀及密封 O 型圈（见彩图）

5）将阀门与 O 型圈的组合体压配进入机组模块对应孔中，如图 8 所示；

6）安装连接紧固件；

7）在发动机内腔通入高压气体，进行气密试验，检查密封效果。

2.2　技术难点

在装配过程中，步骤 5 的装配过程经常出现 O 型圈切边导致密封性不良问题，其主要原因为：

1）在装配过程中可能碰到的推力室槽的金属锐边结构，O 型圈在装配过程中用力不均匀可能被直接“切边”，从而导致泄漏；

2）个别分机（如图 9 所示 A 分机）位于四机模块三台姿控分机的中间，其氧化剂路与四机模块轨控分机处于同一侧，布局极为紧凑，装配阀门时的难度较大，同时也不容易观察 O 型圈在挤压过程中的状态，手工操作过程中，有可能造成 O 型圈外壁面局部润滑不足，在进行步骤5）时润滑效果下降，容易造成O型圈的局部损伤，导致泄漏。

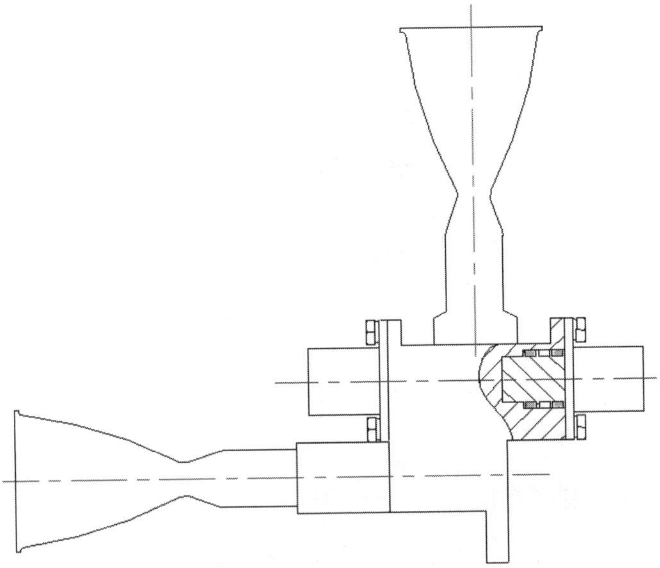

图6　25N四机模块示意图

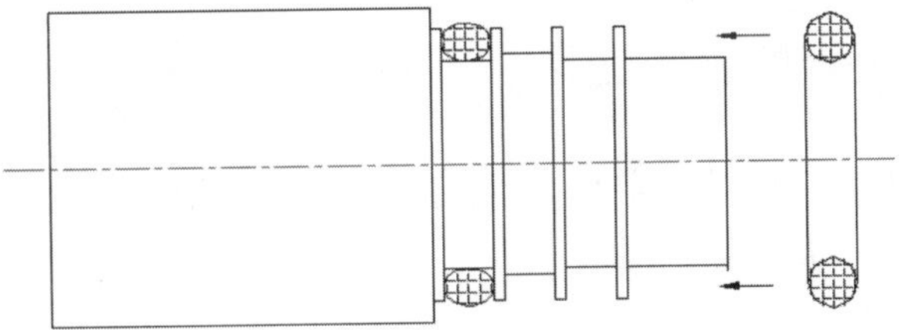

图7　O型圈与阀门的安装

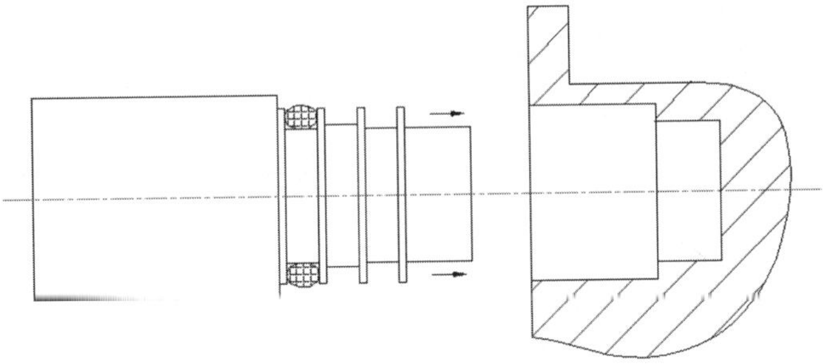

图8　阀门、O型圈组合体与推力室的安装

不足，在进行步骤5）时润滑效果下降，容易造成O型圈的局部损伤，导致泄漏。

3）为抵御恶劣工作环境，故设计时对O型圈的压缩量也进行了调整。由于选用全氟醚O型圈，材质相对较硬，其抗变形能力大是主要原因，装配时用手指无法压入。

图 9　A 分机在四机模块中的位置

3　技术方案

3.1　O 型圈材料性能分析

机组模块装配过程中 O 型圈容易损坏，为解决此问题，因此首先要了解 O 型圈的相关性能。

FFKM－80 全氟醚橡胶材料硬度常温下［（20±5)℃］时硬度（邵尔 A）为 80，该温度下可进行装配，在－20～50℃温度范围内，每提高 5℃，其硬度（邵尔 A）指标下降约 0.5，硬度适度下降有利于装配。

O 型圈橡胶采用 FFKM－80 全氟醚橡胶材料，全氟醚橡胶由于分子链中结合力较弱的碳氢键全部被结合力更强的碳氟取代，使其具有和聚四氟乙烯类似的热稳定性和耐化学性，几乎能承受一切化学介质的腐蚀，是制备推进系统中 N_2O_4 等强氧化剂介质密封用橡胶 O 型圈的理想胶料。

FFKM－80 全氟醚橡胶技术指标要求见表 1。

表 1　全氟醚橡胶技术指标

项目		FFKM－80 技术指标
硬度（邵尔 A）		80±5
扯断强度/ MPa		≥ 15
扯断伸长率/%		≥120
扯断永久变形/%		≤10
脆性温度/℃		≤－15
压缩永久变形/% （70 ℃×24 h，预压 25%）		≤15
热空气老化性能 （250 ℃×24 h）	扯断强度/ MPa	≥14
	扯断伸长率/%	≥120

续表

项目		FFKM－80 技术指标
耐介质性能 （N_2O_4，常温×7 天）	扯断强度/ MPa	≥6
	扯断伸长率/%	≥90
	增重/%	≤12
	硬度，邵尔 A	≥63

3.2 O 型圈材料性能试验

为考核 FFKM－80 全氟醚橡胶 O 型圈经高低温循环试验后的密封性能，为加严考核，取得较多的试验子样数据以及验证多次重复高低温试验后的密封效果，从常温检测合格的管路密封接头中取 5 件双 O 型圈型管路密封接头进行 10 次－40～＋75℃的高低温循环试验（备注：批次抽检产品只需要抽取 2 件，进行 1 次高低温循环试验），试验后恢复至常温进行氦检漏，检漏压力为 2.5 MPa，检测结果满足技术要求，结果见表 2。

通过试验可以看出，FFKM－80 全氟醚橡胶 O 型圈经 10 次－40～＋75℃的高低温循环试验后恢复至常温仍具有良好的密封性能。

表 2　装配 FFKM－80 全氟醚橡胶 O 型圈的管路密封接头高、低温氦检漏率

管路密封接头编号	不同温度氦气漏率［（Pa·m^3）/s］			
	常温	＋75℃	－5℃	－40℃恢复至常温
QF2－1#	7.5×10^{-9}	8.5×10^{-8}	8×10^{-8}	3×10^{-8}
QF2－2#	7×10^{-9}	9.7×10^{-8}	9.5×10^{-8}	3.2×10^{-8}
QF2－4#	8×10^{-9}	9×10^{-8}	9.2×10^{-8}	3.5×10^{-8}
QF2－5#	7×10^{-9}	－40℃～＋75℃10 次热循环		3×10^{-9}
QF2－3#	6.5×10^{-9}			5×10^{-9}
氦气漏率要求	$\leq5\times10^{-7}$			

3.3 O 型圈装配工艺方法优化

从以上的 O 型圈特性中可以看出，O 型圈在一定允许的温度变化范围内，其密封性能可以保证。而从 O 型圈的装配过程来看，O 型圈在常温下硬度比较高，即使 O 型圈表面涂油膏也不能保证 O 型圈能很好地滑入推力器模块空腔内。如果能通过提高装配过程中 O 型圈的温度，使 O 型圈材质变软，对 O 型圈的顺利装配必然带来帮助。

依照以上提出的 O 型圈升高温度，降低装配时硬度的思路，在进行装配步骤 5）工步时将 O 型圈放入烘箱加热至 50℃（备注：此温度下，O 型圈硬度（邵尔 A）下降为 77；超过此温度，O 型圈的软化速度加剧，不利于质量一致性控制；经过多次试验，在 50℃左右，O 型圈能较好地实现装配，因此选定加热温度为 50℃），保温 10 min 后装入电磁气动阀中，再将阀门与 O 型圈的组合体压配进入机组模块对应孔中，如图 8 所示。

进一步对产品进行分析，电磁气动阀自身能耐100℃高温，如果能将装好O型圈的电磁气动阀加热至50℃，利用电磁气动阀的热容量，可有效使O型圈在装配过程中保持适当的温度，从而有利于装配。

4 实用案例

4.1 试验对象

以某发全系统试车产品四机模块为试验对象进行全氟醚O型圈加热装配法试验。

4.2 试验过程

全氟醚O型圈加热装配法试验按以下步骤进行：

1）检查O型圈的外观质量；

2）用乙醇对O型圈进行清洗，并风干；

3）在O型圈上涂抹少量油膏，起到压配过程中的润滑作用；

4）将O型圈装配在阀门提供的密封槽道中，如图7所示；

5）将O型圈连同阀门放入烘箱内加热至50度，保持10 min；

6）阀门与O型圈的组合体很轻松地能用手推入机组模块对应安装孔中；

7）安装连接紧固件。

产品装配过程均一次性装配成功，无返工问题，装配效率大大提高。

4.3 产品质量检测

装配完成后，在发动机内腔通入高压气体，进行气密试验，密封性能良好，产品漏率指标满足技术文件指标要求。试验产品随后参加全系统热试车试验，产品工作正常。

在后续该型号的飞行产品中，均按照装配方法2进行装配，装配产品合格率达到100％，2013年9月，该型号在酒泉卫星发射中心顺利点火升空，圆满完成飞行试验。

4.4 工艺定型

实践证明，采用加热阀门组合体装配方法，装配过程非常顺利，产品装配合格率达到100％。目前，该方法已经正式编入产品工艺文件中。

5 结束语

本文提出的基于对O型圈加热的装配方法，解决了三、四机组模块电磁气动阀安装过程中的O型圈难装及切边损坏问题，确保了三、四机模块的可靠密封，同时保证了装配合格率达到100％。

该装配方法的设想和生产实践，是一次非常有意义的技术革新尝试，将O型圈加热装配也是一种从未使用的工艺方法，带来了显著的改进效果，为该型号产品未来的批量化稳定生产奠定了工艺技术基础。

参考文献

[1] 刘嘉,苏正涛,栗付平.航空橡胶与密封材料.北京:国防工业出版社,2011.11.

[2] 顾志宏,等.FFKM-80 全氟醚橡胶混炼胶.上海橡胶研究所技术条件 Q/GHAG107-2009,2009.11.30:4～6.

钛合金高压气瓶端口与导管焊接通气保护工装

林 忠 唐 磊 刘生建 黄新忠 乔 欢

航天六院801所

摘 要 钛合金高压气瓶与钛合金导管焊接时具有背面通气困难、焊缝质量不稳定等特点。针对上述焊接难点，对焊接前几种气瓶（以下气瓶所指均为钛合金高压气瓶）内气体置换方法进行了比较和分析，并设计了一种适用于气瓶端口与导管焊接的内表面通气保护工装。经试验验证，该发明工装使用简便、高效、经济、保护效果理想，可以应用于卫星推进分系统产品生产中。

关键词 钛合金 高压气瓶 气体置换 通气保护工装

1 引言

气瓶是卫星推进分系统的重要组成部分。其功能为：存储一定的高压惰性气体，在工作时，经过减压阀减压后为推进剂的使用提供动力。气瓶、发动机组件、电爆阀、自锁阀、导管或者通类零件等共同组成卫星推进分系统，整个系统的连接部位都由钛及其合金制成，为了将这些零部组件连接成整体，连接部位大多采用环焊缝焊接，因此焊缝质量对卫星的正常运行和寿命起着重要作用。

由于钛及钛合金在高温下与氧、氮和氢反应速度极快，生成的氧化物熔点高，容易使焊缝产生未焊透缺陷，而且生成的氢化钛脆性大，因此钛合金导管焊接时对氩气保护氛围有特别高的要求，必须在导管的一端通入纯净氩气，从另一端出气，在导管内表面形成稳定气流，从而对焊缝及热影响区进行氩气保护。焊接时气体保护效果直接影响焊缝质量，若对流气体不稳定，则会严重地降低焊缝质量。气瓶与导管焊接时，只存在一个端口进气，无出气端口，无法形成稳定的对流气体保护。因此，本文设计了一种气瓶与导管焊接的通气保护工装，并用该工装进行了试验件焊接和测试，很好地保证了焊缝质量。

2 气瓶端口焊缝各通气方法比较

气瓶只有一个端口，所以与导管焊接前需要对气瓶内气体进行置换。气瓶内气体置换的常用方法及特点如下。

（1）真空置换

抽真空是较经济和简单有效的置换方法，通过专用设备对气瓶容腔进行抽真空，然后置入氩气，几次后能获得较高纯度的气体氛围。但该方法对整个安装接头的密封性要求和管路系统承压要求很高，而且整个过程耗费时间较长，故在气瓶焊接过程中较少使用。

（2）气体保护箱置换

气体保护箱置换方法的原理类似真空置换方法，先将待焊件放置保护箱内，通过专用设备对气体保护箱抽低真空，然后从箱底缓慢冲入高纯度氩气，直至保护箱内气体氧分子浓度小于 100 ppm，方可进行工件焊接。受气体保护箱空间限制，一般小体积气瓶焊接可以使用，但 30L 以上大体积气瓶存在一定局限性。

（3）加压置换

加压置换方法原理是通过多次压力充放气的方法对内腔气体进行置换，并在排气口设氧分压测试点，使氧分子浓度小于 100 ppm，假设 P_1 为置换充气终止时容器内气体压力(每次置换充气终止压力相同)，N 为置换次数。则应用该种方法，气瓶内达到氩气纯度为 99.95%的置换次数为

$$N=[\log_{\left(\frac{0.1}{P_1}\right)}(1\times10^{-6})]+1 \tag{1}$$

根据式（1），对于容积为 70 L 的气瓶，得到氩气纯度为 99.95%，即测量气体中氧分子浓度小于 100 ppm，需 1 MPa 充气压力置换 5 次，需 0.5 MPa 充气压力置换高于 10 次。该方法能保证容腔内反面气体纯度，但缺点是用时过长，充放气过程需 7 小时以上，而且要求操作人员数量较多，对操作人员的精力集中度要求较高，总的来说该方法较繁琐。

（4）小直径导管插入置换

小直径导管插入置换方法的原理是在气瓶端口处，插入细小导管，然后通入氩气置换，该方法操作简便，缺点是时间过长，对 70L 气瓶置换需 10 小时以上，若一发产品配备多个气瓶时，时间将更长，对操作人员的细心谨慎程度要求较高。若置换气体时间不够，极易造成焊缝内表面氧化，大大降低焊缝质量，且无法补焊。

3 解决方法

通过对上述几种通气置换方法对比分析，常用的几种方法普遍存在设备复杂、操作繁琐、时间过长等缺点，本文综合上述方法的优缺点，设计发明了一套导管内表面通气工装，主要用于直径 6 mm 壁厚 1 mm 的气瓶导管端口焊接，如图 1 所示，该工装主要由通气工装本体、通气工装后盖、导流块和小直径导管组成，材料均为 1Cr18Ni9Ti，在气瓶端口 4 mm 的内壁分成 2 层结构，外层为直径 3.85 mm 开置 0.5 mm 深度的导入气体凹槽，内层为外径 1.6 mm、内径 1 mm 的小直径导管，用于导出气体。小直径导管在进气端前加上导流块，用于流入气体的分压平衡和小直径导管的定位。新设计的通气工装具有操作简单、通气时间短、焊缝保护效果好等优点，在保证焊缝质量的同时，大大缩短了气瓶端口和导管焊接的时间。

4 实用案例

4.1 试验装备

气瓶端口与导管焊接试验采用美国微热公司生产的全位置管焊机进行，该设备可实现

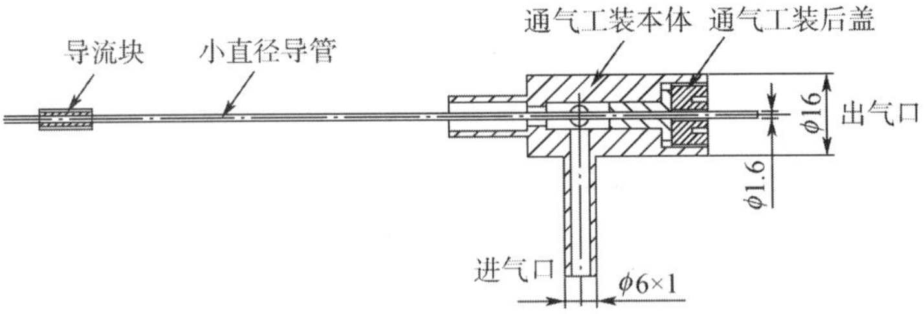

图 1　通气保护工装示意图

$\phi3\sim\phi20$ 管径、壁厚 0.5～2 mm 不锈钢、钛合金环焊缝焊接。焊接过程采用的通气工装实物如图 2 所示。

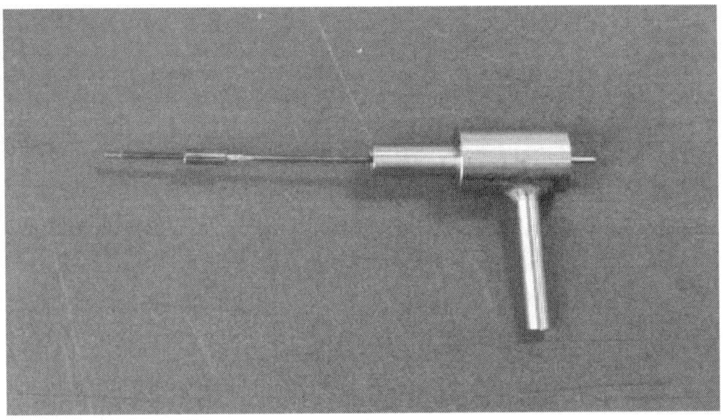

图 2　通气保护工装

4.2　试验对象

某型号 0.4 L 气瓶和导管，端口规格为 $\phi6\times1$ mm，工件材料 TC4＋TA1，焊接件实物如图 3 所示。

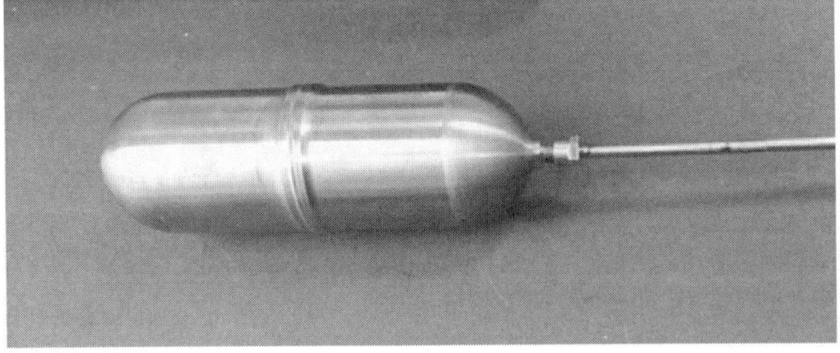

图 3　0.4 L 气瓶与导管实物图

4.3　试验过程

1）焊前清洗。待焊件进行焊前清洗，按钛及钛合金零件酸洗通用工艺规程，对待焊面进行除油、酸洗、干燥等操作，并在 24 h 内完成焊接。

2）装配。待焊件使用专用定位工装进行焊接定位，定位完后，将待焊件放置在相应管焊钳内锁紧，并插入通气保护工装，预通气 1 min，通气保护工装使用示意图如图 4 所示。

3）焊接。待焊件在全位置管焊机的程序控制下进行自动氩弧焊接。

按照上述过程连续焊接 5 件试验件。

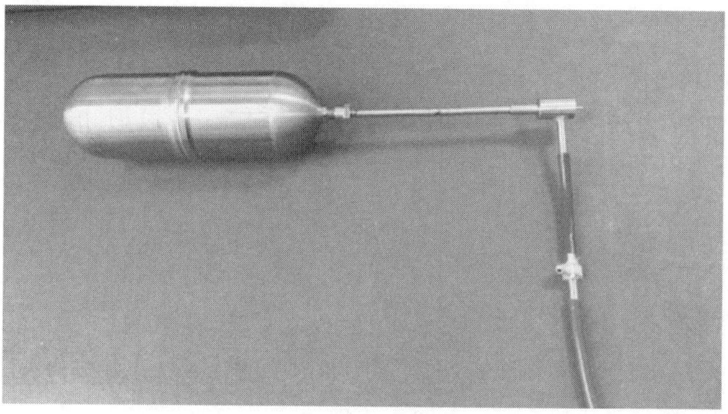

图 4 通气保护工装使用方法示意图

4.4 产品质量检测

按 QJ2865—97 导管焊接技术条件的 I 级要求对焊后 5 件气瓶端口焊缝的性能进行检测，检测结果见表 1，其中一件焊缝剖切情况如图 5 所示。

表 1 综合测试结果

试样序号	内部质量	外表面质量	内表面质量
1#	焊透、无气孔	银白色，表面凹陷 0.08 mm	银白色
2#	焊透、无气孔	银白色，表面凹陷 0.09 mm	银白色
3#	焊透、无气孔	银白色，表面凹陷 0.11 mm	银白色
4#	焊透、无气孔	银白色，表面凹陷 0.10 mm	银白色
5#	焊透、无气孔	银白色，表面凹陷 0.07 mm	银白色

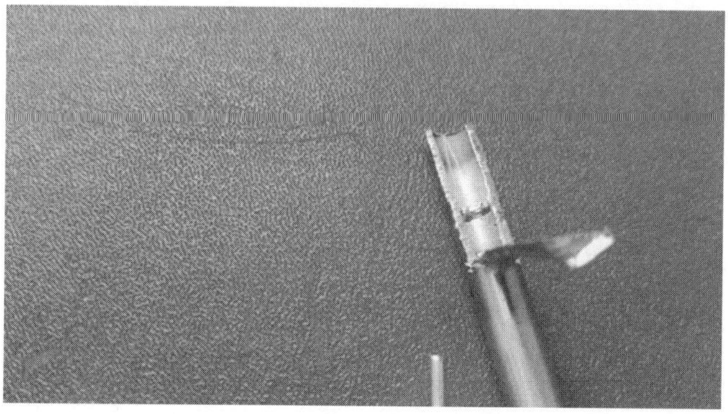

图 5 内表面焊缝剖切情况

经过验证，采用该优化工装能够为钛合金高压气瓶端口与导管焊接时提供快速、简便、稳定的内表面氩气气体保护，焊缝质量良好，无缺陷。

5 结束语

气瓶端口与导管焊接通气保护工装的应用，满足了导管焊接对气体保护的要求，简化了焊接过程，缩短焊接时间，有效降低了生产成本，提高了生产效率。

（注：钛合金高压气瓶造价昂贵，为保证万无一失，不因由于焊接质量问题造成气瓶报废，所以必须在气瓶端口处焊接一段带工艺孔的直管，本文所指焊缝即为气瓶端口与带工艺孔直管的焊接焊缝。）

参考文献

[1] 周振丰,张文钺．焊接冶金与金属焊接性．北京:机械工业出版社．1992.

[2] 瞿晓华,谢晶,徐世琮,计算流体力学在制冷工程中的应用．

[3] 王红雨,液氢加注系统的气体置换方法探讨．低温与特气．2007.25(3):20－22.

[4] 何明飞,氢气置换用量及用时计算,低温工程．2010.8－15(6).47－48.

压气机补偿元件钢丝约束装配法

赵春华
航天六院 801 所

摘　要　针对压气机补偿元件结构紧凑，操作空间不足，减磨环一次装配合格率低下的问题，采用减磨环钢丝约束安装法，实现了补偿元件的精密装配，提高了装配可靠性。

关键词　压气机　补偿元件　减磨环　钢丝约束

1　引言

压气机是 921 工程三期的关键单机，使用“推进剂补加和增压气体回用技术”，保证在空间微重力环境条件下，当货运飞船为空间站推进系统补加推进剂时，分别将空间站推进系统氧化剂和燃料贮箱内气腔的挤压气体抽出并压缩回高压气瓶内，实现高压气体的循环使用，维持空间站长期在轨运行。

压气机的工作原理与普通隔膜式压气机相似，工作时，电机驱动曲轴旋转，而曲轴通过曲柄滑块机构将转动转变为两级活塞的往复运动，使得液压油系统压力升高，当液压油压力与膜片弹性力之和达到压缩气体压力时，膜片向腔体的顶部移动压缩气体，实现增压。

为满足空间微重力环境使用，压气机采用全油填充＋补偿元件的液压油管理方式，不但避免了油气混合问题，还解决了重要的空间润滑问题。在实际工作时，压气机电机组件将电能转化为机械能，通过液压油进行传递，不但要对液压油进行管理、分配，同时还要对因压力脉动、环境温度、电机产生热量等因素引起的液压油体积变化进行补偿，避免因液压油的体积变化导致膜片破裂，产品失效，因此，液压油管理技术成为一项决定压气机成败的关键技术。

补偿元件是液压油管理技术中重要的功能元件，是用于对液压油因温度、压力脉动造成的体积变化进行压力补偿关键装置，其主要作用是在一二级活塞运动过程中提供相应的周期体积补偿及对温度变化带来的体积变化进行补偿。压气机采用膜盒作为补偿元件，利用膜盒体积变化补偿液压油的体积变化，同时为保证膜盒变化的可控，设计了补偿端盖和减磨环，通过物理限位及控制气体压力平衡的手段，对膜盒的变形方向和变形量进行控制。

2　技术难点

压气机补偿元件由膜盒组件、补偿端盖、减磨环组成。各零件间尺寸紧凑，装配难度大，其装配难点体现在以下两方面：

1）减磨环预成型难度高。减磨环是一片 47 mm×5.5 mm×2.6 mm 氟塑料条状零件，卷曲后容纳于导柱沟槽内，减磨环材料硬度较高，难以预成型，将减磨环安装在补偿端盖上套入膜盒组件时极易造成减磨环破损。

2）结构紧凑，安装不便。在不安装减磨环的情况下，补偿端盖与膜盒组件的间隙仅为 0.25 mm，在安装减磨环后由于尺寸小，且结构为下凹支座，无安装固定位置，安装减磨环后很难将膜盒套入。

3 技术方案

压气机补偿元件是由膜盒组件、补偿端盖、减磨环组合而成（如图 1 所示）。膜盒组件采用不锈钢材质，用于补偿液压油体积变化。补偿端盖采用铝合金材质，端盖中间设计有一根与膜盒组件下端盖导套孔配合的 ϕ15 mm 导柱，起到往复运动的导向作用；为确保补偿运动顺畅不卡滞，在导柱上设计了一条宽 5.6 mm、深 2.5 mm 的沟槽，用于在运动副之间安装减磨环。减磨环为一条条状氟塑料带，卷曲后容纳于导柱沟槽内。

在装配过程中，分别将减磨环、膜盒装于补偿端盖后，连接压气机机身，构成功能组件。由于减磨环安装困难，需通过优选装配方案，保证装配的可靠性，避免因安装成型不当，造成产品功能失效。

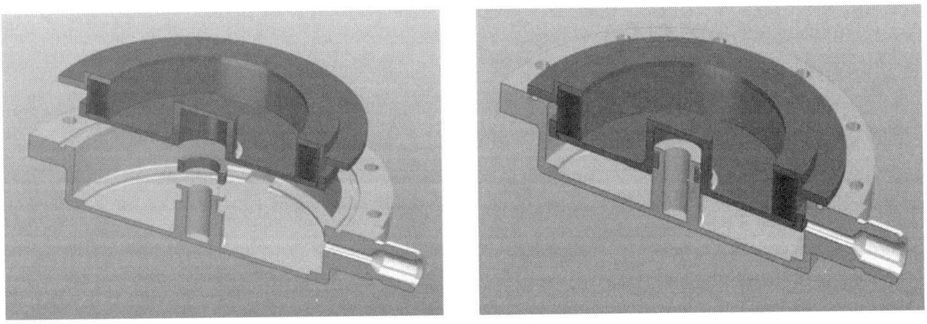

图 1　压气机补偿组件

为保证安装的可靠性，通过多种方法进行对比试验，从中优选一种方法作为最终装配方案。

（1）胶接安装法

使用辅料：502 胶。

使用方法：将减磨环一面用砂皮打磨粗糙，并用无水乙醇清洗干净，用 502 胶涂抹在减磨环表面，将减磨环胶接在补偿端盖沟槽内。

结果：经多次尝试发现，要将一条 47 mm×5.5 mm×2.6 mm 的氟塑料片靠 502 完全贴合在补偿端盖沟槽中，且满足装配要求，实现困难较大，主要存在几方面问题：

1）胶接后，减磨环与沟槽底部贴合效果不佳，且完成粘接后的减磨环外径增大，无法装入膜盒组件相配合的孔中。

2）减磨环硬度较高，胶接后在搭接头部分无法精密成型，有部分搭接部分突出，无法装入膜盒组件相配合的孔中。

3）502 胶粘剂的用量无法控制，少了粘不住，多了填满空隙形成多余物，而且将减磨环固定于沟槽中使其失去应有的弹性，缺乏阻尼力。

（2）钢丝约束装配法

使用辅料：不锈钢丝。

使用方法：

1）制作一根直径与补偿端盖导柱沟槽一致的芯棒，将片状减磨环圈在上面使其初步成形，尽量让其搭接部分与芯棒贴合。

2）将一根长约 400 mm 的 ϕ 0.5 mm 的奥氏体不锈钢丝表面用细砂皮打磨光亮，确保无脱落的表层多余物，再用无水乙醇擦洗干净。

3）将 ϕ 0.5 mm 的不锈钢丝从外穿过补偿端盖平衡进气接管嘴上 ϕ 4 的孔中，在补偿端盖导柱上装入预成型的减磨环，用 ϕ 0.5 mm 的不锈钢丝在减磨环 5.5 mm 宽度中间绕一圈，再把不锈钢丝从进气接管嘴上 ϕ 4 的孔中穿出。钢丝约束装配如图 2 所示。

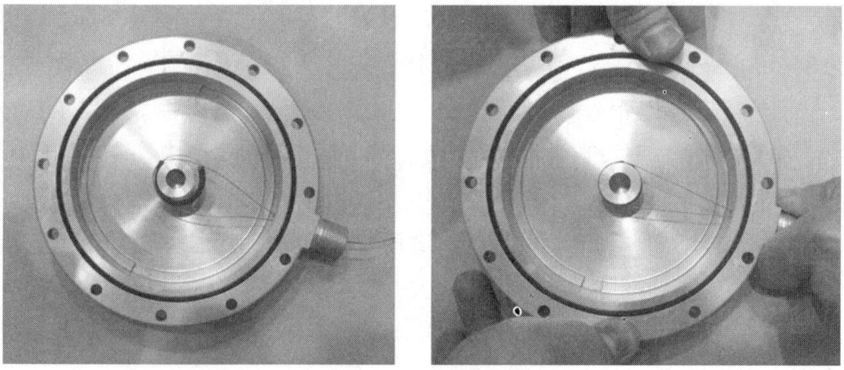

图 2　钢丝约束装配

4）然后用钢丝钳将不锈钢丝二头夹紧后往外抽动不锈钢丝，使减磨环在不锈钢丝束缚力作用下，紧紧贴合在补偿端盖导柱的容纳槽中，然后将膜盒组件轻轻压入（如图 3 所示），测量膜盒组件与补偿端盖配合面之间的间隙，计算得出膜盒组件上的导向孔已经将减磨环覆盖 1/3～1/2 时，松开钢丝钳，将不锈钢丝二个引出端的一个夹住往外抽去不锈钢丝，然后轻推膜盒组件至补偿端盖配合面。

5）检查减磨环是否进入正确位置，按压补偿端盖导套顶部，能明显感觉到有阻尼作用。

6）为防止减磨环在安装过程中不完全进入导柱的容纳槽中，首先，用测量间隙的方法确认膜盒组件上的导向孔已经将减磨环覆盖 1/3～1/2，其次，抽去不锈钢丝约束后，能轻松地将膜盒组件推入至补偿端盖配合面。

结果：经过多次试验发现，钢丝约束装配法方法可靠，一次成功率高。

通过两种装配方法的对比，选用钢丝约束装配法进行补偿元件的装配，可对减磨环成型、安装提供有效保证。

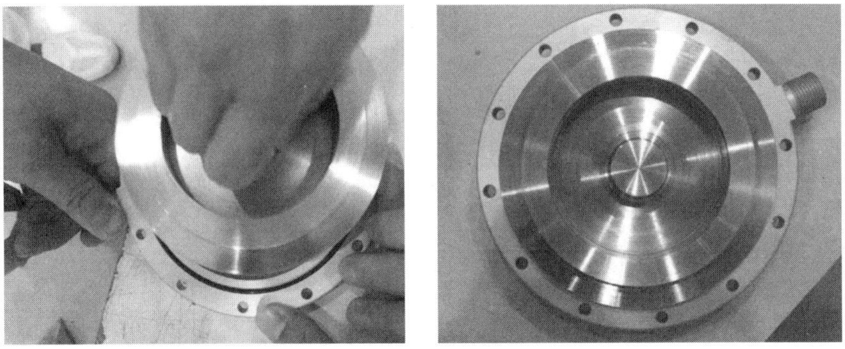

图 3　装入膜盒

4　结束语

为证明用钢丝约束安装法的可靠性，在试装成功后，进行了多次装配、拆解均无发现异常。用该方法装配的 3 套压气机补偿组件，用于工程样机（如图 4 所示）后期的可靠性试验，在经历了 30 000 000 次运动寿命的考验后完好无损，减磨环除正常磨损外均正常地工作。经长寿命考核后，以钢丝约束巧妙安装减磨环装配方法得以验证，随后写入技术文件中。在之后用于补加验证的 TG－2 压气机正样产品装配过程中，补偿组件均采用该工艺方法来装配。这套独特的钢丝约束安装方法，确保了补偿元件的准确装配，解决了研制过程中的瓶颈问题，为实现空间站推进系统增压气体回收利用技术打下了坚实的基础。

图 4　工程样机

高精度快响应电磁气动阀装配技术

祝向东

航天六院 7103 厂

摘　要　针对高精度快响应电磁气动阀装配过程中的永磁铁粘结与固定、气密性能试验以及气动阀阀芯的装配等难题，通过工装和装配技术的研究，确保了电磁气动阀的各项性能指标和试验要求，并为类似电磁气动阀的装配提供了可借鉴技术。

关键词　电磁气动阀　装配技术改进

1　引言

电磁气动阀是一种广泛应用于液体火箭发动机的阀门，通过电信号控制其开启和关闭控制指令对系统流体通路进行精确控制。

电磁气动阀主要由阀体、线圈、罩壳组件、滤网组件、阀芯、阀座、弹簧、插座等组成，阀体、线圈和罩壳组件经浸漆灌胶后成为线圈组件，如图 1 所示。电磁阀插座与外界信号线相接，当接通电源时，电流经过环形线圈产生稳定的磁场，阀芯在磁场中受到磁场力作用克服弹簧力，阀芯打开形成通路；当关闭电源时，线圈中的电流消失，磁场力随即消失，在弹簧力的作用下阀芯关闭形成断路。

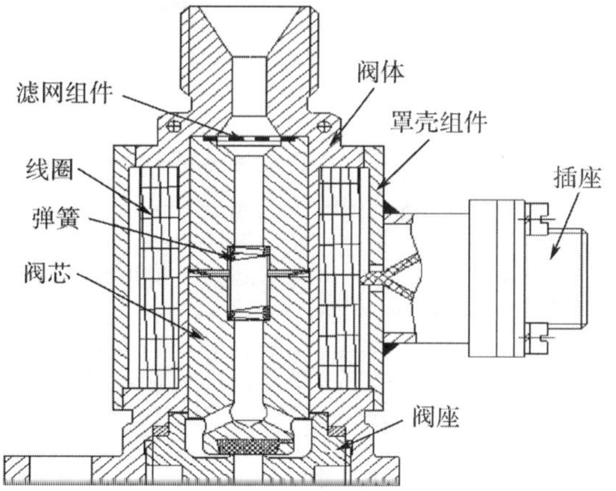

图 1　电磁阀结构示意图

×××-1 电磁气动阀是比较典型的电磁阀结构，如图 2 所示。通过对外接口插座接通三相电流，分别给两个线圈通电，产生磁场分别控制阀芯朝两端运动，达到阀门的开关作用。右侧活门座形成通腔后利用内部小孔产生的气压差控制右侧腔内气动阀阀芯的动作，以实现与右侧腔连接的其他阀门的动作功能。

由于某型号姿轨控发动机轻质化和快响应的要求，对该电磁气动阀提出了更精密的结构和更快的响应速度的技术要求，其使用气体压力为 35 MPa，这就对整个阀门零件的加工和装配提出了非常高的要求。

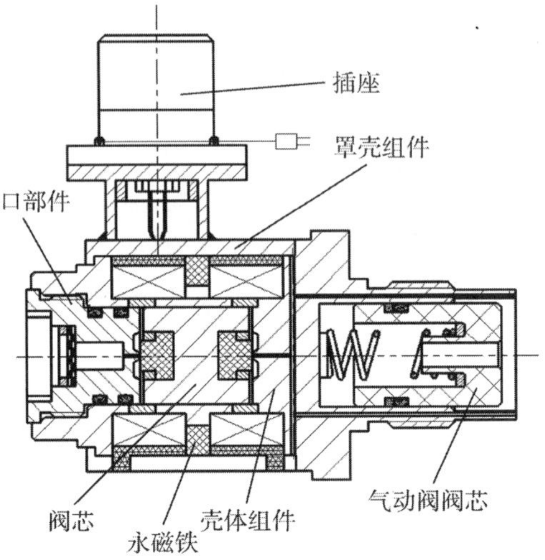

图 2　×××-1 电磁气动阀结构示意图

2　技术难点

电磁气动阀装配通常具有周期长、装配试验过程复杂、工艺装配需求多、试验条件严格等特点。由于×××-1 电磁气动阀对工作环境和使用性能的要求高，其结构复杂，装配时需要满足零件的各项性能指标和试验要求，电磁气动阀的主要装配流程如图 3 所示，主要的装配难点如下。

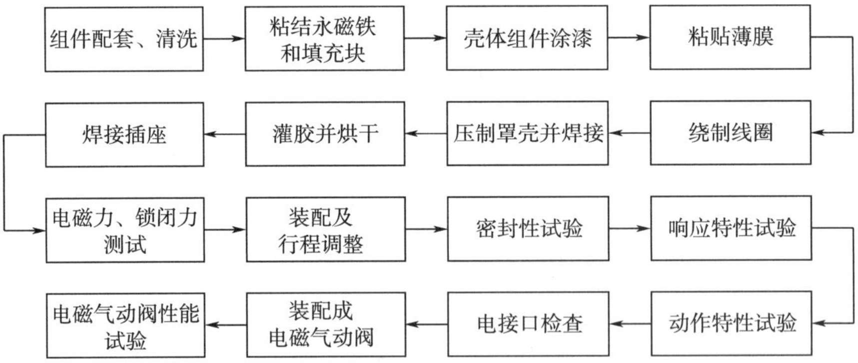

图 3　电磁气动阀装配试验流程

1）粘结永磁铁和填充块困难。为了实现阀门自锁性能，该电磁气动阀采用了在线圈中间粘结永磁铁的方式。在线圈不通电的情况下，永磁铁提供的锁闭力也可以使阀芯自锁，如图 4 所示。

壳体组件的材料为 Cr17NiTi，很难与永磁铁粘结定位。图纸要求将壳体组件与永磁

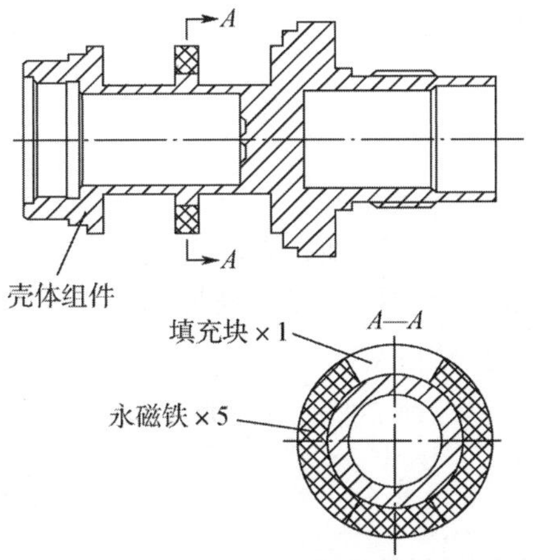

图 4　永磁铁和填充块粘贴示意图

铁用 502 胶水粘贴，为保证装配可靠性，涂上 502 胶水后要保持 24 小时来保证粘结牢固。此外，五块永磁铁在依次粘结过程中磁极相互排斥，造成装配定位困难。

2）密封性很难满足。在密封性能试验中，要求电磁阀处于关闭状态，即阀芯处于右侧位置。入口通 35 MPa 氦气，在出口部件处用吸枪法检查自锁阀漏率，要求漏率$\leqslant 5\times 10^{-5}$ Pa·m^3/s。这对阀门的密封性能提出了非常高的要求，阀芯密封面和活门座端面光洁度检查非常关键，若表面光洁度不好，则很难满足密封要求。

3）气动阀阀芯装配困难。右端腔内的气动阀阀芯在装配时由于槽内的 O 型圈压缩量太大，很难装配到壳体组件的内腔中。如图 5 所示，考察 O 型圈的压缩率 W

$$W=(d_O-h)/d_O\times 100\%$$

式中　d_O——O 型圈在自由状态下的截面直径（mm）；

h——O 型圈槽底与被密封表面的距离，即 O 型圈压缩后的截面高度。

可以计算出该 O 型圈的压缩率 $W=22.2\%$。往复运动密封一般取 $W=10\%\sim15\%$，该阀门承压高，采用了较大的 O 型圈压缩量，这就给 O 型圈装配带来了难度。

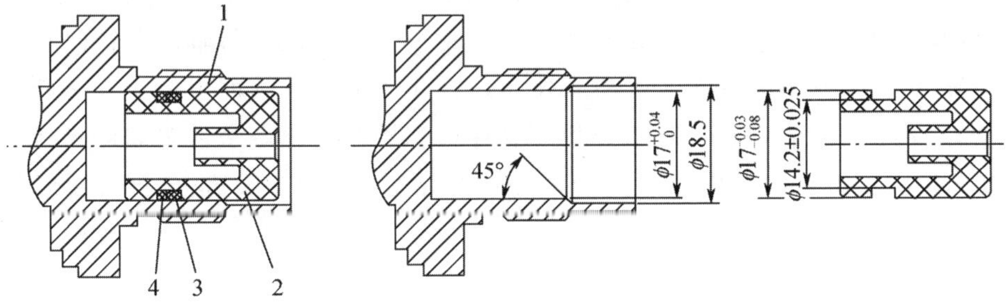

图 5　气动阀阀芯装配示意图

1—壳体组件；2—气动阀阀芯；3—橡胶 O 型圈；4—垫片

3 技术方案

3.1 永磁铁粘结技术

永磁铁和填充块的粘结可靠性直接关系到整个×××-1 电磁气动阀装配的成功与否。若永磁铁粘结不牢靠，很可能在后续压罩壳时被推倒，此时永磁铁两侧已经绕制了线圈，无法重新粘结，直接造成整台产品报废。

要确保永磁铁的顺利粘结，必须克服磁极之间的排斥力和永磁铁自身的重力。为此设计了如图 6 所示的粘结工装。

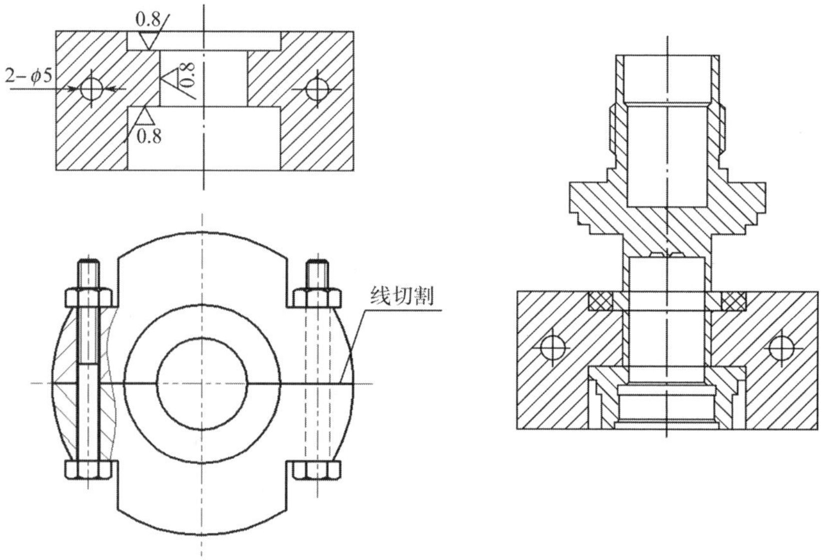

图 6　永磁铁粘结工装设计

如图 6 所示，根据产品结构和装配需求设计了粘结工装，该工装先车加工成型并钻孔，随后用线切割沿着径向切开。使用时将两瓣工装卡入壳体组件的槽中，随后用 M5×0.5-6H 的螺栓螺母固定。工装上的槽可以对永磁铁和填充块进行轴向和径向限位作用。

根据实际装配结果，利用该工装进行定位，在壳体组件外圆面上涂上 502 胶水，随后在槽中依次装入五块永磁铁和一块填充块，这样很容易克服两块磁铁之间的排斥力。在胶水凝固 24 h 后取下工装，发现永磁铁和填充块粘结紧密、牢固，完全符合图纸要求。设计要求永磁铁提供的自锁力≥46 N，根据试验结果，利用本工装装配成的永磁铁自锁力大于要求值。

3.2 密封性能研究

×××-1 电磁气动阀的气密性能试验要求非常严格，因此对阀芯密封面和活门座密封面的表面光洁度提出了非常高的要求。在第一批次装配时电磁气动阀的密封性能不合格，对阀芯和活门座密封面分别进行了多次抛光和研磨返修，再次测试时发现仍然不合格。

在 30 倍显微镜下观察阀芯的密封面，发现中心有椭圆形的凹坑，凹坑中间有岛状凸起。阀芯密封面材料为氟塑料，其材料特性较软，阀芯往复动作后很容易被活门座顶出凹坑，如图 7 所示。

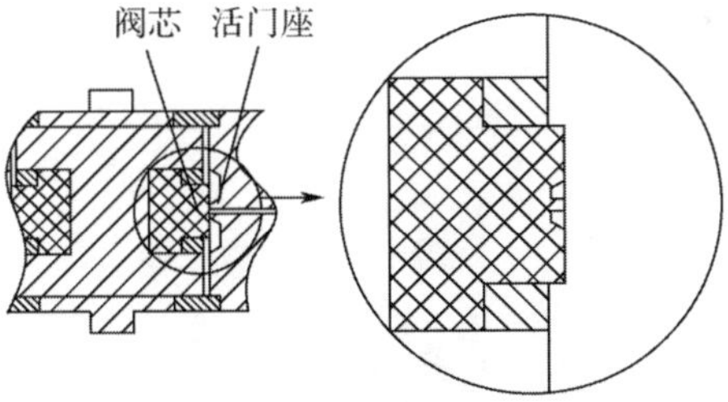

图 7　阀芯密封面凹坑示意图

由于阀芯往复动作时，每次活门座在阀芯表面留下的凹坑位置和深度都不一样，这样叠加之后，使凹坑成了椭圆形且底面不平整，如图 8 所示，这样的阀芯表面很容易造成泄漏。抛光或研磨阀芯表面和活门座表面都无法改善这种凹坑，因此这种返修方式不能改善阀门的密封性能。只能从根本上避免这种重复叠加凹坑的出现，才能彻底解决阀门的泄漏现象。

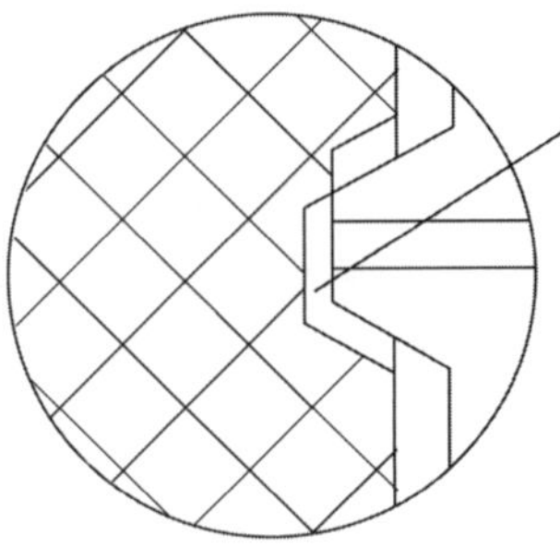

图 8　椭圆形凹坑造成泄漏

通过分析梳理阀门的加工过程，发现活门座的棱边没有圆滑过渡，每次和阀芯接触时，活门座都不会沿着上次的痕迹运动，这就造成了凹坑的叠加，若对活门座棱边进行倒圆，每次动作时圆角会控制活门座沿已有痕迹运动。

在装配时对活门座棱边进行倒圆返修。研磨方法如图 9 所示：研磨棒前端绑上麂皮沾研磨膏，利用端面抛光活门座表面。受研磨棒的挤压作用，麂皮会沿锥面包裹住活门座，在研磨膏的作用下麂皮会将活门座台棱边倒圆成 $R0.1_{max}$。在 30 倍显微镜下观察，此时的活门座棱边圆滑过渡，且活门座端面纹理清晰，呈同心圆状，相比于之前的乱纹，这样的活门座有利于密封。

再重新选配新阀芯进行装配并动作数次，分解阀芯在显微镜下观察，发现这次的密封面凹坑形状规则，底面平整，如图 10 所示。随后进行密封性试验，密封性能合格。

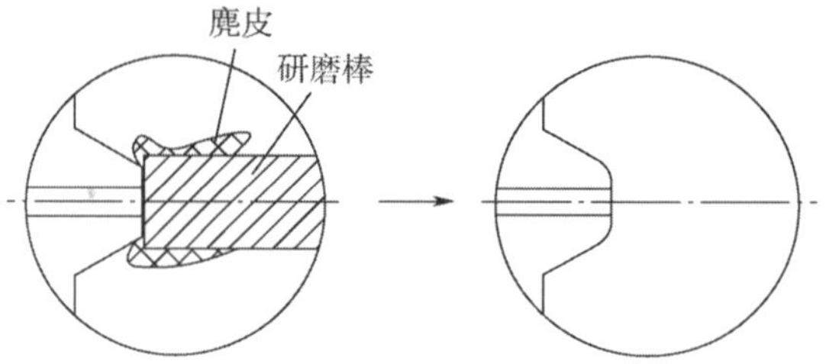

图 9　活门座端面研磨返修

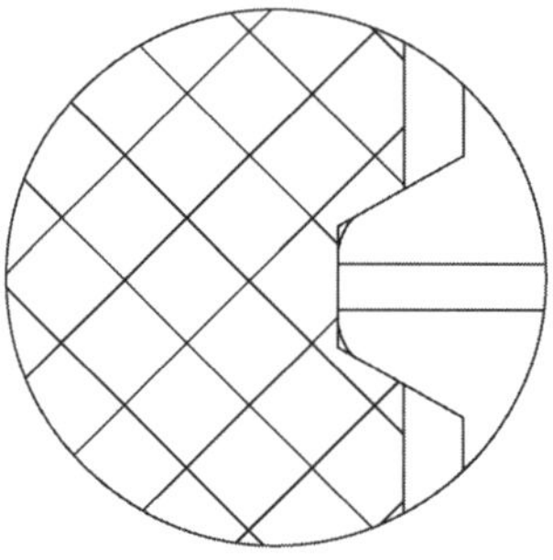

图 10　活门座棱边倒圆后的凹坑

3.3　气动阀装配技术

气动阀阀芯上的 O 型圈由于压缩量大，很难装入到壳体组件的内孔中。在装配轴上的 O 型圈时，一般利用导入器使 O 型圈缓慢均匀地拉伸，最后达到要求尺寸，如图 11 所示。这样可以避免 O 型圈非均匀拉伸造成的密封性能差的问题。

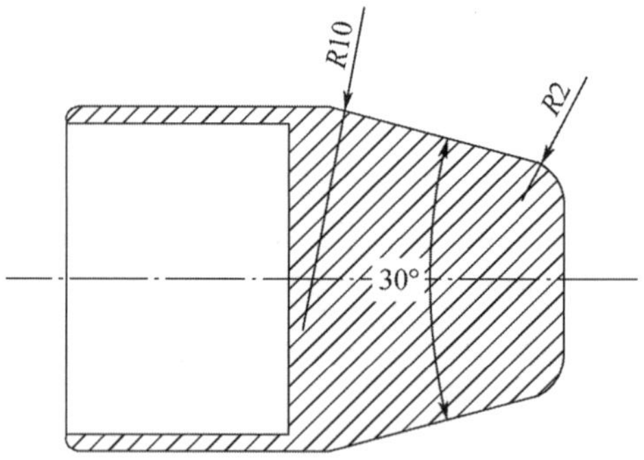

图 11　O 型圈导入器

类似地，利用 O 型圈导入器的原理来解决气动阀阀芯的装配难题。本产品中，O 型圈从自由尺寸安装到气动阀阀芯的槽中其内径已经扩大了 1 mm，又要压缩装进 $\phi\ 17_{0}^{+0.04}$ 的孔内，很难在 45°台阶处这样短的距离内实现压缩。因此解决该问题的思路是利用工装使 O 型圈在较长距离内逐步均匀压缩到要求尺寸。

基于以上分析，设计出如图 12 所示的工装收口器。

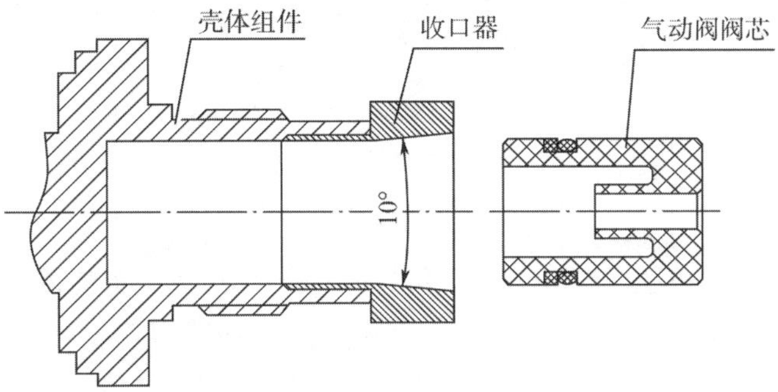

图 12　工装收口器的设计

收口器利用壳体组件的端面和内孔的 45°台阶实现定位，10°的锥面可以保证 O 型圈在装入的过程中缓慢均匀收缩，最后压缩到要求的尺寸。

利用该工装进行装配，发现很轻易就能将气动阀阀芯压入壳体组件内孔中，装配结果完全符合图纸要求。该工装不仅避免了压力机压装带来的 O 型圈和气动阀阀芯底部的损伤，也节省了压制工装，缩短了装配周期。

4　试验结果

利用设计的工装和返修方法进行装配及试验，实现了产品的顺利装配，试验结果全部合格。目前生产的三个批次的电磁气动阀粘贴填充块、密封性能试验及气动阀阀芯装配的试验结果见表 1。

表 1　×××-1 电磁气动阀试验结果

试验 / 批次	产品数量	填充块粘贴符合图纸要求	自锁力大于 46 N	氦检漏率 ≤ 5×10^{-5} Pa·m³/s	气动阀阀芯装配符合图纸要求	气动阀阀芯气密性合格
HGCE01 批	22	是	78～82 N	6.7×10^{-9} Pa·m³/s	是	是
HGCF01 批	16	是	67～79 N	8.2×10^{-10} Pa·m³/s	是	是
HGCF02 批	21	是	73～81 N	7.0×10^{-9} Pa·m³/s	是	是

由试验结果可见，利用本文提出的工装和装配方法可以确保×××-1 电磁气动阀装配的顺利进行，产品质量完全符合设计要求。

5　结束语

永磁铁粘结工装、气动阀阀芯装配工装收口器的设计，实现了×××-1 电磁气动阀的顺利装配，对密封性能的研究，成功解决了阀门密封性试验不合格的问题。×××-1 电磁气动阀的装配技术研究，确保了产品交付，缩短了生产周期，也为以后航天阀门装配中类似问题的解决提供了可借鉴思路。

发动机复杂结构导管高效精密修配及安装技术

杨　华

航天六院 7103 厂

摘　要　针对发动机环管结构复杂、尺寸精度要求高等特点，根据多年实践经验，设计制作了环管装配工装，并改进了导管装配流程，显著提高了环管装配效率和装配质量。

关键词　导管　装配

1　引言

随着空间发动机不断发展，发动机系统越来越复杂，结构越来越紧凑，装配操作空间却越来越小，装配精度要求也越来越高。

环管组件作为发动机一个组件，连接着发动机上各部组件，输送正常工作所需的推进剂。环管组件管路形状结构复杂，位置精度要求高，导管与周围零组件间隙不能满足要求，会产生干涉甚至无法装配，因此环管组件的装配生产尤为重要。

本文以某型号环管组件为例，介绍了环管装配工装设计、导管装配流程优化等方面的经验。

2　技术难点

某型号发动机输送推进剂的主管路安装在舱体环板上，分为内侧和外侧 2 件环管，每件长 4.5 m，各有 15 个弯。每根环管由六个通和六根 $\phi12\times1$ 的钛合金导管焊接而成，共 24 条焊缝。六根导管尺寸不一，形状各异；六个通分别为一个五通、一个四通、两个接嘴朝上的三通，两个接嘴朝下的三通。导管及三通、四通、五通均用卡箍悬空安装在发动机舱体上端面 30 mm 的平面内，如图 1 所示。

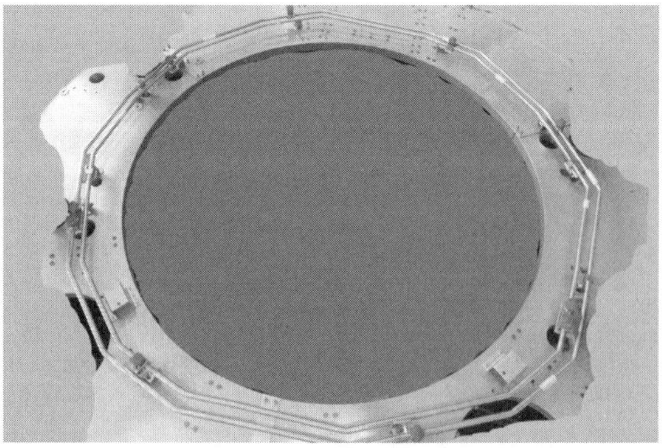

图 1　环管位置示意图

因结构复杂、尺寸精度高，环管锉修、定位、装配过程存在以下几个难点。

（1）环管组件空间位置尺寸多，定位精度要求高

环管的通与推力装置通过导管连接，导管穿过舱体端面上的孔的中心位置，且与孔周围间隙不小于 5 mm，而导管安装于环管的通上，因此要求环管的通必须位于舱体端面上孔的中心位置；通的接嘴轴线与舱体上端面保持垂直，如果产生偏斜或不对中，导管的外套螺母将与孔壁干涉，无法安装；环管的通与推力装置连接的接管嘴须向舱体中心偏斜 10°，避开干涉部位。

（2）通的空间位置不固定，锉修难度大

三通、四通、五通在舱体上的位置通过卡箍固定，位置精度低，多次拆装位置容易变化，无法实现导管准确取样。焊接时要将导管从舱体上拆除下来，逐段焊接，再次装上舱体时，通的位置容易变化，环管组件的一致性差，锉修、装配质量难以保证，如图 2 所示。

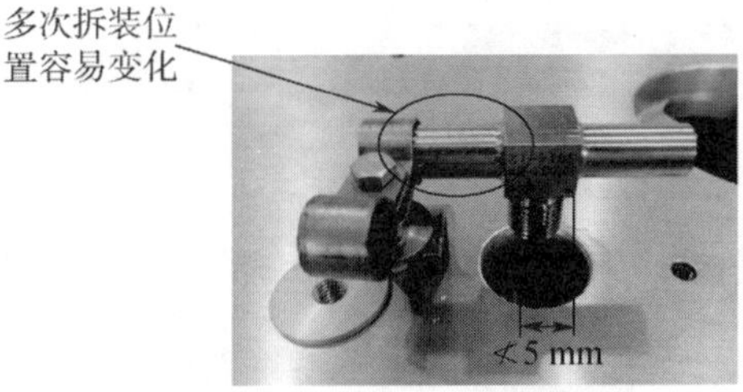

图 2　卡箍固定示意图

（3）加工周期长、生产效率低

两根环管共计 12 根导管不是一次焊接成型，而是分多次定位、修配、焊接安装而成。先用卡箍固定住通的一段，再用 U 型支座固定在舱体上，进行第一段导管的取样、修配；定位后再卸下通与导管，进行焊接安装；依次取样、修配、焊接完成后续导管的生产。每根环管需要进行 6 次装卸、焊接，导致环管生产周期长达 10 天，这制约了发动机整个装配进度。

（4）安装操作难度大

两根环管通过 12 套卡箍组件安装在舱体上，每套卡箍安装部位由两个钛合金卡箍、一个垫块、一个 U 型支座、一套螺栓螺母等八个零件组成。由于零件多，安装位置小，钛合金卡箍弹性大，打开后再次复位难度很大，造成螺栓穿插困难，安装时需要两人配合夹紧，操作难度特别大，费时费力。

3　技术方案

3.1　环管定位、装配工装设计

根据研制生产经验并结合环管装配生产要求，设计一套专用工装，用于环管定位和装配，解决环管组件装配过程中的间隙要求、垂直度要求、角度要求及平行度要求。

根据通的安装位置要求和尺寸结构，分别设计了四种支座用于环管上五通、四通、三通的固定，如图 3～图 6 所示。

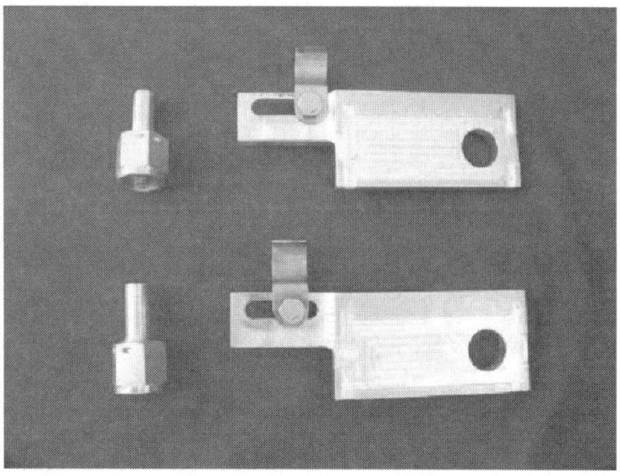

图 3　五通安装工装

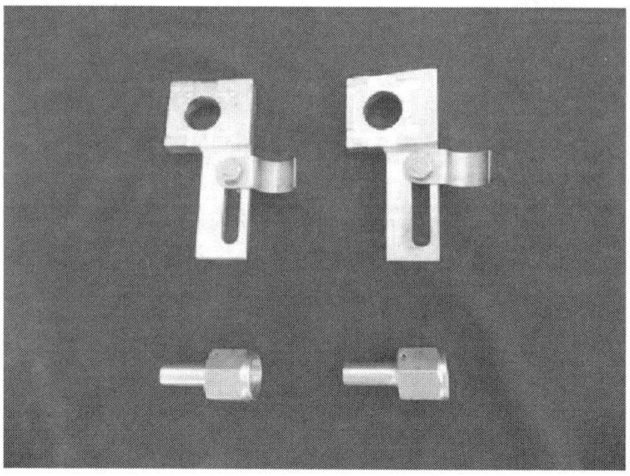

图 4　四通安装工装

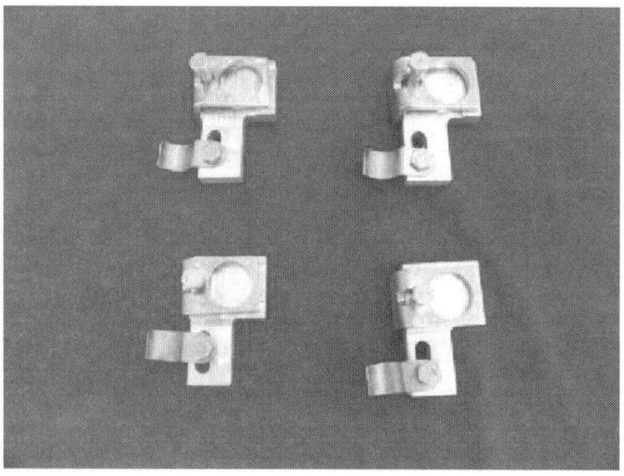

图 5　三通安装工装（接嘴向上）

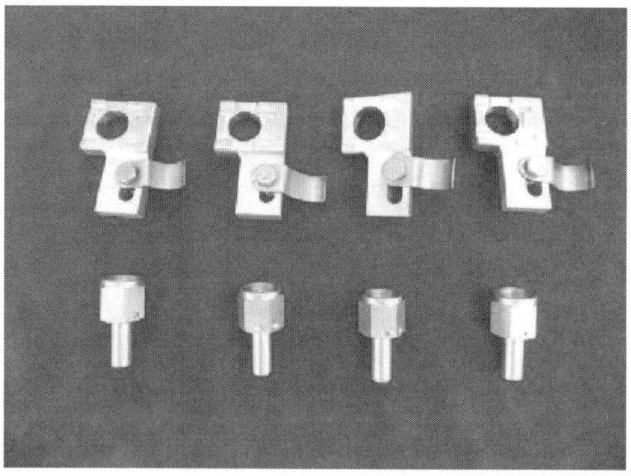

图 6　三通安装工装（接嘴向下）

工装安装使用情况如图 7 所示。按各个通的尺寸加工专用安装板，在安装板上加工出平面凹槽，通过外套螺母将通固定在安装板的平面凹槽内，外套螺母导向段穿过舱体上端面的孔，可以观察和测量外套螺母与孔的间隙，满足 5 mm 间隙的要求。安装板通过螺栓与支座连接，支座固定在舱体上，使通准确定位，每次拆卸通和导管只需拧下固定通的外套螺母，固定通的支座和安装板底座始终不变。有偏斜角度要求的通，将安装板铣削出 10°的斜面，安装后即可保证角度要求。在安装板上安装导向箍片，通过箍片定位相互平行的导管，可以保证导管取样、锉修过程中，内外环管的平行度及相对位置，保证内外环管之间的卡箍顺利装配。

为了解决狭小空间下带有弹性件的多个零件的安装夹紧问题，设计了专用卡箍夹钳。通过专用夹钳上下两个 U 型卡嘴将内外环管上的两个箍片同时夹紧，螺栓穿过两个箍片，一个 U 型支座及夹块，并定位内外环管的空间位置，最后拧紧螺母。通过单手操作卡钳，另一只手拧紧外套螺母，可实现单人操作，改变了以往通过两人配合才能完成的操作，解决了狭小空间下带有弹性件的多个零件的安装夹紧问题，减少了操作人员，提高了装配效率，改善了装配质量，如图 8 所示。

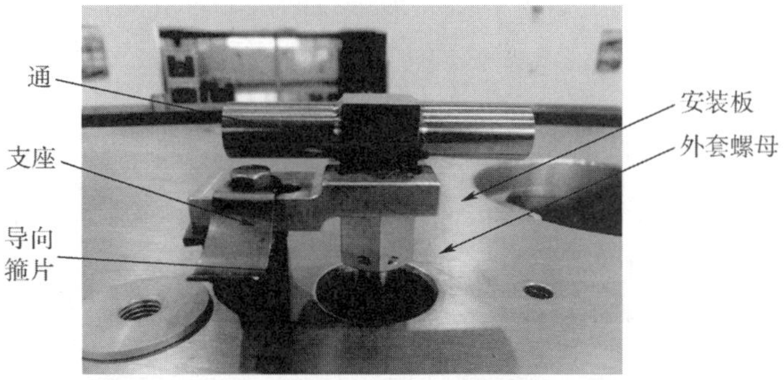

图 7　工装示意图

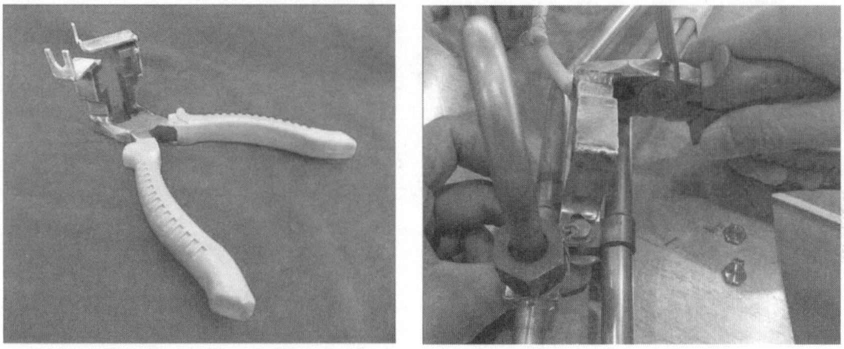

图 8　卡箍夹钳工装示意图

3.2　优化环管装配流程

由于环管结构较为复杂，传统生产过程是对管路逐段进行定位、修配、焊接，每根环管共需进行 6 次定位、焊接，每次均需拆装环管，重新找正位置，导致环管生产周期长达 10 天。流程图如图 9 所示。

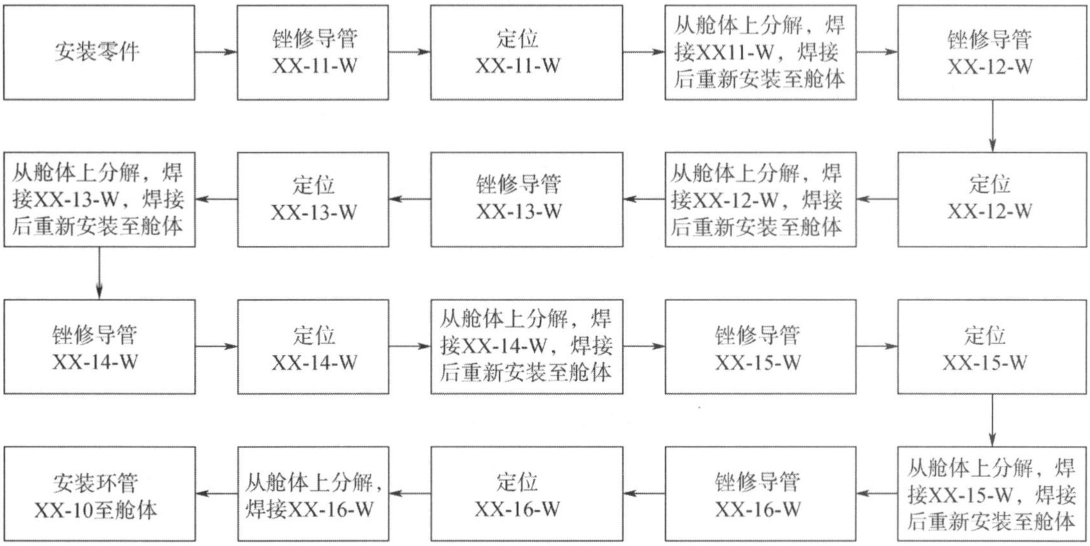

图 9　环管传统生产流程图

采用专用工装，每根环管定位、焊接只需进行两次即可完成，将环管的生产周期由原来的 10 天缩短为 4 天，改进后流程图见图 10。

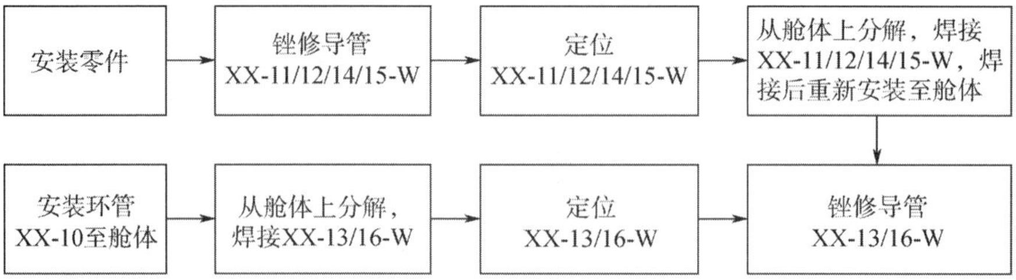

图 10　改进后环管生产流程图

对于同一批次的发动机环管，可以按管路样件批量弯制导管，在发动机舱体上实现环管批量生产，大大缩短了发动机的装配周期，提高了环管的装配一致性，保证了产品质量。

4　实用案例

4.1　定位、装配过程

1）安装零件。将工装按对应位置安装至舱体上，按工艺规程要求位置，将通分别安装在工装对应的凹槽内。安装带导向段的外套螺母，调整并测量外套螺母与孔的间隙，使其满足 5 mm 间隙的要求。

2）锉修导管。安装导向箍片，锉修导管，调整内外环管的平行度不大于 1 mm，保证内外环管间距在（18±0.5）mm 内。

3）定位焊接。管路锉修后，按要求定位管与通，将定位后导管从工装上分解进行第一次焊接。焊接完成后，将环管重新安装至工装上，检查间隙、平行度等要求应符合要求，进行第二次焊接。

4）装配导管。分解工装，使用卡箍夹钳将环管安装至舱体上。

工装安装使用情况如图 11 所示。

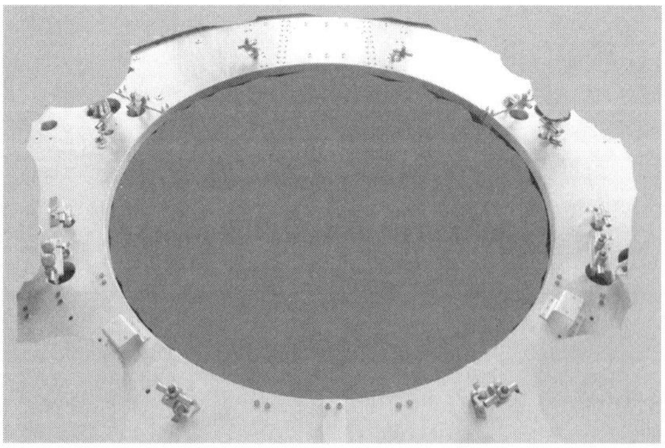

图 11　工装安装示意图

4.2 装配质量

按以下要求对装配后的环管进行检测：

1）环管的通上导管与孔周围间隙不小于 5 mm；

2）两件环管平行度不大于 1 mm；

3）两件环管间距为（18±0.5）mm。

经检查，均能满足要求。环管安装后示意图见图 12。

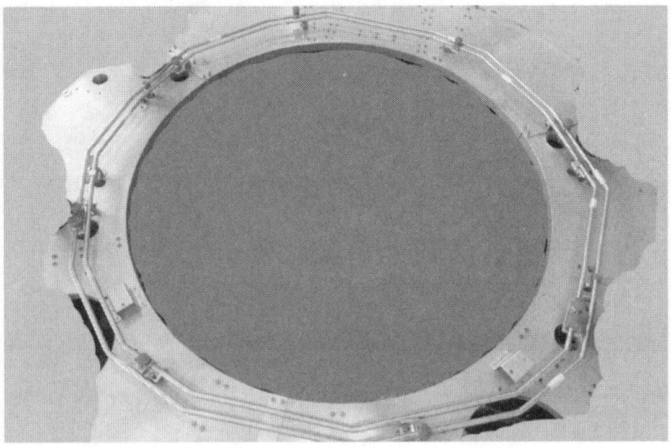

图 12 环管装配示意图

5 结束语

根据工作经验设计成套的专用系列工装，对三通、四通、五通位置准确定位，应用于环管生产，取得显著效果。第一，保证了环管组件装配的空间位置要求，提高了装配定位准确度；第二，优化了环管组件装配流程，缩短了环管生产周期，一组环管的装配周期由 10 天缩短为 4 天，同时实现了环管的批产，提高了发动机的装配一致性。该修配及安装方法已成功应用于某型号发动机，批量生产数十件产品，合格率达 100%。该方法和经验还推广应用至其他类似复杂结构环管生产的修配和安装。

某型发动机装配扩张密封片矫形技术

马普英
航天六院 7103 厂

摘　要　针对可调收扩喷管扩张密封片在生产制造过程中产生变形这一问题，对产生变形的原因进行分析，并通过对矫形方案的论证与选择，确定了矫形方案，最后加工出满足设计要求的产品。该工艺方案解决了扩张密封片焊接、吹砂及喷涂后的变形问题。

关键词　扩张密封片　锤击矫形　延展法

1　引言

可调收扩喷管是某型号发动机的关键组件，其主要作用是通过改变喉部尺寸达到发动机变推力的要求，而其喉部尺寸的变化则是通过调节片和密封片在作动筒及拉杆的作用下共同动作实现的，其连接形式如图 1 所示。其中，扩张密封片作为可调收扩喷管的关键零部件，其尺寸精度直接影响可调收扩喷管的密封性和灵活性。扩张密封片为高温合金材料的薄壁钣金件通过点焊连接而成，属于薄壁复杂型面结构。

为了提高扩张密封片工作时的抗高温烧蚀能力，需要在扩张密封片内型面吹砂后喷涂热障涂层。焊接、吹砂及喷涂过程中均会造成扩张密封片型面发生变化，给可调收扩喷管的后续装配带来较大困难，而且对装配后的灵活性和密封性造成不利影响。如何对上述变形进行矫正，是提高扩张密封片产品质量的关键。

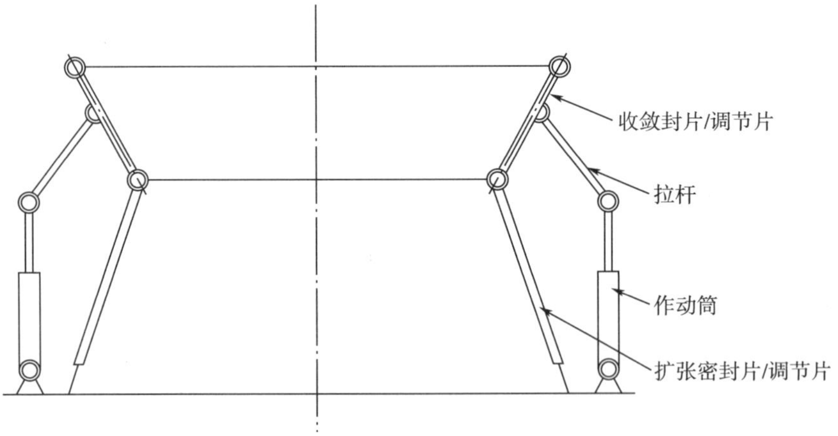

图 1　可调收扩喷管结构示意图

2 技术难点

扩张密封片由耳座、底板、加强筋、密封片和封严片等四种高温合金钣金零件组成，其结构为：在底板上端通过点焊形式连接耳座，底板与密封片通过 36 个熔核直径为 4～5 mm、Ⅱ级点焊点连接，底板下端与封严片通过 36 个熔核直径为 2～3 mm、Ⅱ级点焊点连接，点焊完成后，在底板外型面处采用手工氩弧焊断续焊的形式连接加强筋，使结构刚性增大，控制变形。扩张密封片具体结构如图 2 所示。

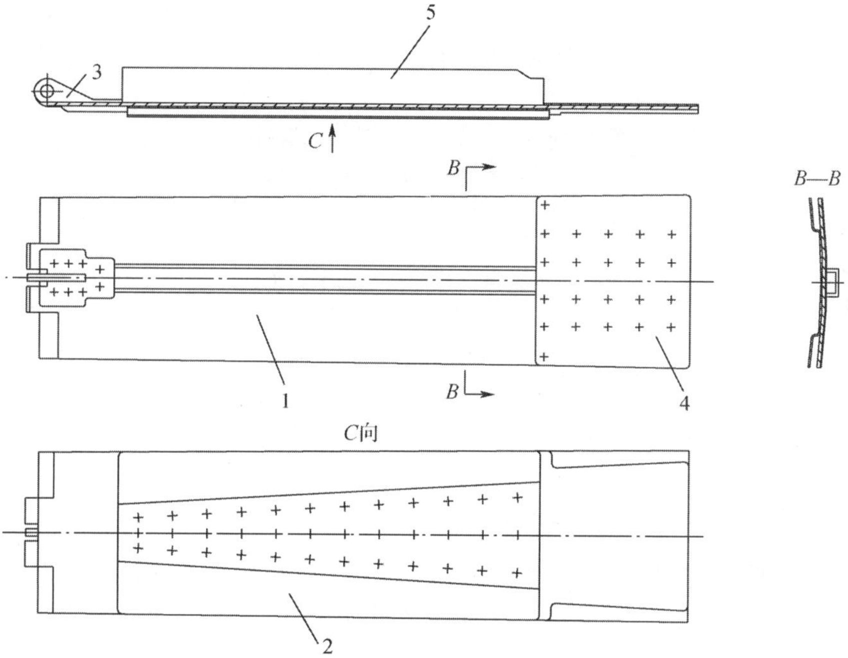

图 2 扩张密封片结构示意图

1—底板；2—密封片；3—耳座；4—封严片；5—加强筋

点焊工艺是在一定电极压力作用下，利用电流通过接头的接触面及邻近区域产生的电阻热进行焊接的工艺方法，为了防止在工件接触表面发生飞溅，同时为满足焊点处金属表面紧密贴合，焊接过程中要持续加压。高温合金具有比低碳钢和不锈钢更大的电阻率、更小的热导率和更高的高温强度，在点焊过程中，需采用较大的电极压力，较小的焊接电流进行焊接。因此，为了保证产品质量，扩张密封片在点焊时，电极压力高达3.4 kN。杨洪刚等人的研究表明，工件的变形量随着点焊压力的增大而增大。同时由于工件的焊点密集，且零件厚度不均匀（底板厚度为 1 mm，密封片厚度为 0.8 mm，封严片厚度为 0.3 mm），因此工件在压力、电阻热、内应力等一系列因素下会发生严重的变形。经测量，点焊后的工件中心线直线度达到 8 mm，*A*、*B* 和 *C* 截面的面轮廓度超过1 mm（检测示意图见图 3），远远超出设计技术条件要求，见表 1。变形后的扩张密封片示意图如图 4 所示。

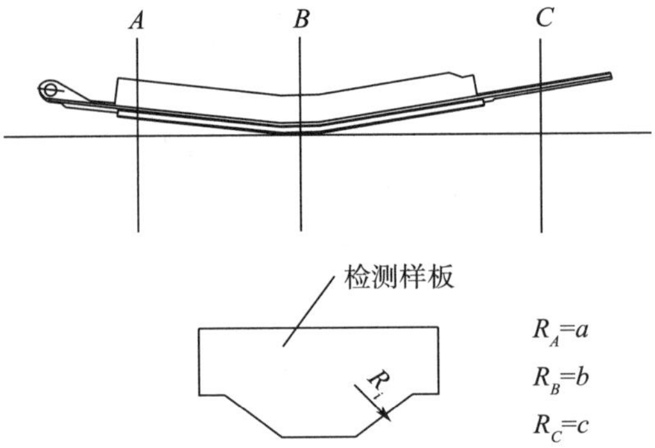

图 3　轮廓度检测示意图

图 4　扩张密封片点焊后变形示意图

表 1　扩张密封片变形量测量结果

项目	技术条件要求/ mm	点焊后变形量/ mm	吹砂后变形量/ mm	喷涂后变形量/ mm
中心线直线度	≤0.2	8	2	1.5
R_A 轮廓度	≤0.2	1.1	0.4	0.3
R_B 轮廓度	≤0.2	1.3	0.5	0.4
R_C 轮廓度	≤0.2	1.1	0.5	0.4

在组装成可调收扩喷管之前，需在扩张密封片内型面喷涂热障涂层，以提高扩张密封片的抗高温性能。喷涂前为了提高涂层在基体表面的附着力，需对产品进行吹砂。吹砂过程中，大量高速砂粒撞击零件待喷涂表面，形成很强冲击力，使零件表面层材料变形，形成粗糙的表面形貌，这种冲击作用后，会在零件的基体里形成残余应力，表现为压应力。由于扩张密封片刚性较差，不足以抵抗压力作用，吹砂后会产生较大的变形。经测量，吹砂后的工件中心线直线度达到 1.5 mm 左右，A、B 和 C 截面的面轮廓度超过 0.4 mm。陈亚莉等人研究表明，吹砂过程中，零件的变形量与吹砂风压有关，风压越大，零件变形量越大。所以小风压吹砂产生的变形内应力较小，对扩张密封片轮廓度的影响较小。由于吹砂的强度与吹砂表面的粗糙程度有着直接的关联，风压减小会导致零件表面粗糙度值的降低，影响涂层和基体的结合力，所以减小风压是以牺牲涂层结合力为条件的，不建议采用。喷涂过程中，工件温度较高，由于扩张密封片刚度较小，扩张密封片在喷涂及冷却过程中发生变形。经测量，喷涂后的工件中心线直线度达到 1 mm 左右，A、B 和 C 截面的面轮廓度超过 0.3 mm。喷涂后的扩张密封片与其他零件组装成可调收扩喷管，其变形对可调收扩喷管的灵活性和密封性产生不利影响，因此，必须进行矫形。

由于发动机处于研制阶段，控制变形的方法受到设计结构的限制，不具备依靠工装保证产品尺寸的条件，而工件变形不可避免，只能通过矫形保证工件尺寸要求。

扩张密封片的矫形难点主要体现在以下方面：

1）材料强度高。扩张密封片零件材料为镍基高温合金，屈服强度高，高温合金材料在矫形过程中易产生“冷作加工硬化”的现象，矫形较为困难。

2）点焊点易开裂。扩张密封片点焊后会出现焊点硬、脆等现象，由于点焊后变形量大，矫形方法不当会导致焊点处开裂，从而使得工件报废。

3）热障涂层易脱落。热障涂层在矫形受力时易与基体分离甚至脱落，热障涂层脱落将直接影响发动机的抗高温烧蚀性能。

3 技术方案

3.1 方案论证

在实际生产过程中，对变形的工件常采用机械矫正和火焰矫正两种方案。火焰矫正是利用火焰将工件加热到700℃左右，使材料的屈服强度大幅下降后进行矫正的工艺，对于高温合金来说，即使在700℃的高温下仍具有较高屈服强度，矫形困难，因此，目前主要采用机械矫正的方法。

机械矫正常用的方案有三种，分别为：扭转法、弯曲法、延展法。由于扩张密封片上的焊点密集，且高温合金点焊后会出现焊点硬、脆等现象，在矫正过程中，若采用扭转法和弯曲法，工具对工件的扭转和弯曲易造成点焊点撕裂，因此，前两种方法不适用于扩张密封片的矫正。延展法则是根据工件变形量大小，利用锤头的冲击来延展焊缝及其旁侧压缩塑性变形区的金属，达到减小或消除焊接变形的目的，其适用于此类工件的矫正。延展法矫形的示意图如图5所示。

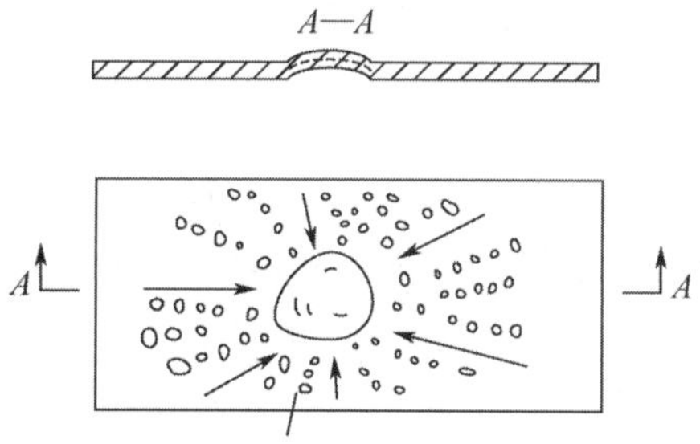

图5　薄板凹凸变形的延展法矫形示意图

3.2 矫形方法

3.2.1 焊接变形的矫正

由于扩张密封片上的点焊点密集，且高温合金材料在矫形过程中易产生“冷作加工硬化”的现象，都容易导致焊点处开裂，从而使得工件报废。因此，在矫形过程中，必须保证工件的背面（即工件的外型面）与矫形用的垫铁贴实，使矫正力充分作用在焊点上，否则会使工件由于发生弯曲而导致工件母材在弯曲和扭转力的作用下拉裂和撕裂点焊点。

矫形的具体步骤为：

1）准备以下工具：1～1.5 磅的铁榔头，垫铁，塞尺，直尺以及自制检测样板。

2）将扩张密封片放在垫铁上，保证其外型面完全与矫正垫铁贴实。

3）采用 1～1.5 磅的铁榔头沿扩张密封片的中心线进行矫正，锤击顺序见图 6。由于工件中心处变形量大，而两端变形量相对较小，因此，在矫形过程中，锤击力度为由工件中心处向工件边缘处逐渐减轻，焊点处的锤击力适当重一些，焊点周围的力度适当轻一些；变形较大区域（中心处）每次锤击保证工件变形量不大于 0.3 mm，变形较小区域（两端）每次锤击保证工件变形量不大于 0.1 mm。锤击的点数遵循焊点处锤击点数密集、焊点周围锤击点数稀疏的原则。

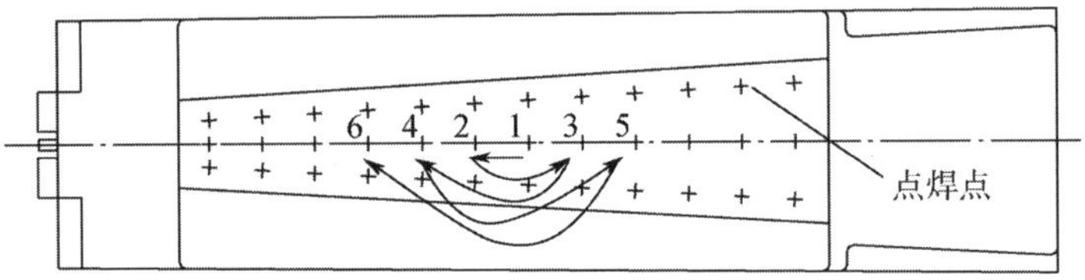

图 6　扩张密封片焊接变形矫正锤击顺序示意图

4）锤头从扩张密封片的中心沿周向向扩张密封片的两端逐渐锤击，在矫形过程中，锤击力度同样遵循中心力度大，边缘力度小，焊点处力度大，焊点周围的力度小的原则，中心处每次锤击保证工件变形量不大于 0.2 mm，边缘每次锤击保证工件变形量不大于 0.1 mm；锤击的点数也遵循焊点处锤击点数密集、焊点周围点数稀疏的原则。

5）根据工件变形情况，利用上述步骤矫形 4～5 次，后续每次矫形力道较上一次逐步减小，矫形后采用直尺和塞尺检测扩张密封片中心线直线度及面轮廓度，直到中心线的直线度及面轮廓度≤0.2，矫形过程不可操之过急。

3.2.2　吹砂变形和喷涂变形的矫正

在工件吹砂和喷涂后又使工件再次发生变形，对此时变形的矫正还是根据上述步骤进行，只是喷涂后为防止损伤热障涂层，矫正时锤击的力道要小，保证每次锤击的变形量不大于 0.1 mm。

4　实用案例

对某次试车的发动机扩张密封片采用上述方法进行矫形，表 2 为矫正前、后扩张密封片中心线直线度及 A、B 和 C 截面轮廓度的测量结果，可见，通过“延展法”矫形后的扩张密封片完全满足设计规范的要求。同时，试车结果表明，试车后的扩张密封片涂层依然完好，矫形并未对点焊点及涂层造成不利影响。

表 2　某次发动机试车扩张密封片矫正测量结果

项目	技术条件要求/ mm	点焊		吹砂		喷涂	
		矫形前/ mm	矫形后/ mm	矫形前/ mm	矫形后/ mm	矫形前/ mm	矫形后/ mm
中心线直线度	≤0.2	8.0	0.2	2.0	0.18	1.5	0.16

续表

项目	技术条件要求/mm	点焊		吹砂		喷涂	
		矫形前/mm	矫形后/mm	矫形前/mm	矫形后/mm	矫形前/mm	矫形后/mm
R_A 轮廓度	≤0.2	1.1	0.16	0.4	0.20	0.3	0.14
R_B 轮廓度	≤0.2	1.3	0.14	0.5	0.16	0.4	0.14
R_C 轮廓度	≤0.2	1.1	0.18	0.5	0.16	0.4	0.16

5 结束语

1）扩张密封片生产过程中，电阻点焊、吹砂以及喷涂均会造成扩张密封片变形，电阻点焊是造成变形的主要原因。

2）采用延展法矫正结果证明，该矫形方案切实可行，能满足技术规范要求。采用延展法矫正工艺操作方便、施工期短、工作量少、人员少、效果好、成本低，所产生的经济效益和社会效益十分明显。

3）通过发动机地面试车的考验，“延展法”在可调喷管扩张密封片的矫正中得到工艺及设计的认可，并为后续产品的研制提供了经验。

4）鉴于点焊是造成变形的最主要原因，建议在后续生产中采用激光焊等方法代替点焊的工艺方法，减小工件焊接变形。

参考文献

[1] 朱正行，严向明，王敏．电阻焊技术．北京：机械工业出版社，2000.

[2] 杨洪刚，张延松，陈关龙．管板单面电阻点焊变形及接头力学性能分析．中国机械工程，2007，18(20)：2490-2492.

[3] 陈亚莉，李莹，孙玉民．转子外环块的变形控制研究．中国新技术新产品，2013，7：9-13.

[4] 王红兵，黄正东．钢结构焊接变形的成因及矫正方法．建筑，2010(08)：52-54.

涡轮泵端面密封装配技术研究

于　捷

航天六院 7103 厂

摘　要　针对发动机涡轮泵端面密封结构复杂、装配精度高的特点，在多年实践中总结出了影响端面密封性能的工艺因素、制定了工艺优化控制措施，对薄弱环节进行细化控制和加严完善，解决了涡轮泵生产过程中端面密封泄漏量经常超差的工艺技术难题，显著提高了端面密封的装配质量。

关键词　涡轮泵　端面密封　泄漏量

1　引言

涡轮泵是液体火箭发动机的“心脏”，它的作用是将氧化剂和燃料以一定的压力和流量稳定地输送到主、副系统，保证发动机正常工作，高可靠密封是涡轮泵重要特性之一。以长征系列火箭发动机为例，涡轮泵采用同轴式结构，即两个泵共用一个涡轮，该结构可靠性核心技术之一是保证两种推进剂有效隔离，因此在氧化剂泵与燃料泵之间设置端面密封装置，其结构如图 1 所示。

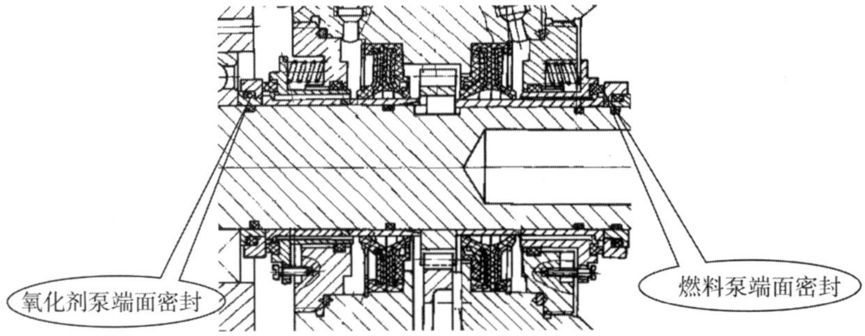

图 1　涡轮泵端面密封结构

端面密封是一种依靠介质压力与弹性元件使动、静环端面密封副轴向预紧而达到密封的装置，它由至少一对垂直于旋转轴线的端面在流体压力和补偿机构的弹力的作用以及辅助密封的配合下，保持贴合并相对滑动而构成的防止流体泄漏的装置。

端面密封的密封性能直接影响着航天发动机、飞行器的可靠性及工作寿命，一旦端面密封失效，将会引起介质泄漏，严重时将导致氧化剂和燃料相互串腔引起爆炸，造成灾难性后果，如某型号可靠性试车过程中发生爆炸，导致试车失败，就与端面密封失效有关。

目前涡轮泵端面密封装配环节中存在气密检查泄漏量经常超差和气检结果不稳定的问题，由于涡轮泵结构复杂，影响端面密封性能的因素很多，导致生产过程反复，主要表现在以下方面：

1）端面密封在专用夹具上气检合格，装配到涡轮泵上后气检经常超差。

如：某型号涡轮泵端面密封在专用夹具气检合格，装配到涡轮泵上气检不合格，导致涡轮泵反复分解重装最多达十一次，甚至出现由于端面密封一直装配不合格，反复分解重装导致泵壳体报废的情况。

2）涡轮泵装配后端面密封气检合格，短时间放置后重新气密出现超差现象。

如：某台涡轮泵装配时氧化剂泵气密性检查泄漏量为20泡/min，第二天再次进行气密性检查时泄漏量大于100泡/min。

3）端面密封在厂内装配气检合格，交付厂外检查出现大幅超差。

如：某型号发动机在厂内装配气密检查氧化剂泵端面密封泄漏量为6泡/min，在向总体单位交付前，发现端面密封气密泄漏量达上千泡/min，导致发动机更换。

以上情况严重地影响了发动机的性能及可靠性，制约了生产进度，有必要对其进行深入研究，采取相应的工艺优化控制措施，提高涡轮泵端面密封装配质量。

本文以某型号涡轮泵端面密封装配为例，介绍了在端面密封装配工艺方法、工艺参数选取和工装设计等方面的经验。

2　技术难点

1）控制密封副的变形。静环组件与动环密封副精密加工后存在的残余应力会使零件的表面出现微小变形，增加密封间隙，导致泄漏量超差，因此，密封副的变形量控制技术是保证端面密封装配质量的关键。

2）影响端面密封性能的因素多。由于影响端面密封性能的因素很多，如不同弹簧刚度、环境温度、组件过盈量、轴系不平度、预紧力的大小等，目前还没有准确地掌握影响的机理和影响程度，导致装配过程反复，需对其进行研究。

3）端面密封装配参数的确定。由于测试技术及机理研究水平限制，端面密封结构不同，密封的装配参数目前不能靠理论计算或查阅资料确定，需根据具体情况进行理论分析与工艺试验结果确定。

3　技术方案

端面密封装配结构复杂，主要由端面密封副、弹性元件、辅助密封、传动件、紧固件、防转件六个部分组成，其主要零件加工、装配、检测工艺流程如图2所示。

3.1　控制密封副的表面质量

端面密封间隙的大小决定了密封效果。密封间隙变大，表明两端面逐渐脱开，泄漏增大。密封间隙与产品密封端面的粗糙度、平面度、洁净度有关，为了提高端面密封的装配质量，需在以下方面进行工艺控制。

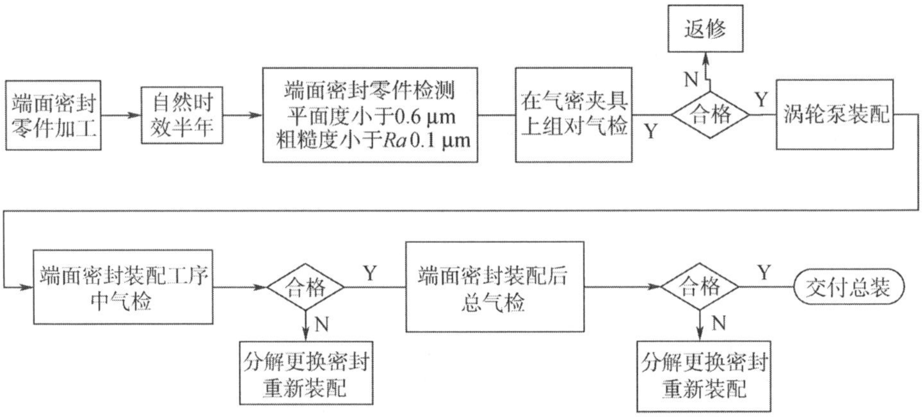

图 2　端面密封零件加工、装配、检测工艺流程

（1）严格控制密封副的加工质量

在动环、静环组件密封面实际加工过程中，由于零件装夹力、机器的振动或研磨过程非轴对称载荷的作用，往往在零件密封面形成不同的表面粗糙度，使密封产生不同的泄漏率，需严格控制密封副的平面度与粗糙度。动环、静环组件密封副的材料一般为高强不锈钢和石墨，两种零件密封副加工后平面度要求≤0.5 μm、粗糙度要求 Ra ≤0.05 μm。

（2）对动环、静环组件的加工应力进行控制

静环组件是由静环座和石墨环加热过盈组合的复合结构，组合后进行精密研磨，加工后存在的残余应力会使零件的表面出现微小变形，降低产品质量，需采取工艺控制措施减小应力、抑制变形，图 3 为某型号发动机涡轮泵端面密封装配后放置一段时间后静环组件密封副发生的变形情况，密封副变形量达 24 μm，变形状态为马鞍形。

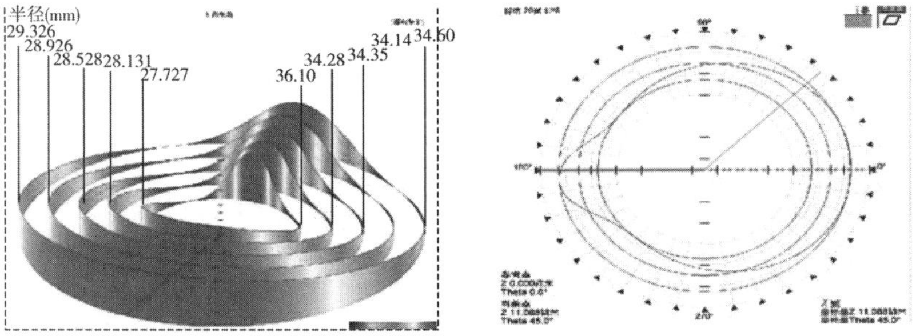

图 3　静环组件密封副变形状态

为了减小密封副的变形，在动环和静环组件装配前需进行自然时效，自然时效时间≥6 个月，自然时效后增加密封副的精密研磨工序。

对于静环组件除了进行自然时效外，还需严格控制静环座和石墨环的组合过盈量，可通过仿真计算与工艺试验确定合理的过盈量，仿真计算与工艺试验应考虑过盈量与密封副变形量及环境温度的变化关系。

（3）对密封副表面的洁净度进行控制

动环、静环密封副表面若有杂质，密封面贴合不上，端面密封泄漏率很大，一般在动环与静环组件组合装配前用棉花粘少许酒精进行清洗擦干，并用强光手电照明检查密封副表面，不允许存在任何杂质。

3.2 控制端面密封紧固件装配质量

端面密封的紧固件起到静、动环的定位、紧固的作用。要求轴向定位正确，保证一定的弹簧压缩量，使密封副的密封面处于正确的位置并保持良好的贴合。以轴系压紧端面密封的螺母为例，它是涡轮泵中最为关键的螺纹连接之一，其作用是将轴系零件包括端面密封等零件压紧到位并可靠连接，它是否可靠拧紧，直接关系到端面密封气密性、轴系零件跳动量等涡轮泵关键性能参数。预紧力过小会导致密封副间隙增大密封泄漏量超差，预紧力过大或施力不均匀，会导致端面密封零件变形，同样使密封泄漏量超差。传统的装配方法一直采用冲击法装配，不能有效控制预紧力，是影响端面密封泄漏量的关键因素之一。

通过改进装配工装，进行端面密封紧固件装配工艺试验确定合理的工艺参数，实现装配量化控制，提高装配质量。

根据零件结构特点，设计生产专用施加力矩工装，结构如图 4 所示，包括三个部分：固定涡轮转子的扳手、固定紧固件的转接头和力矩扳手，用固定涡轮转子的扳手将涡轮转子固定，力矩扳手通过转接头拧紧螺母。

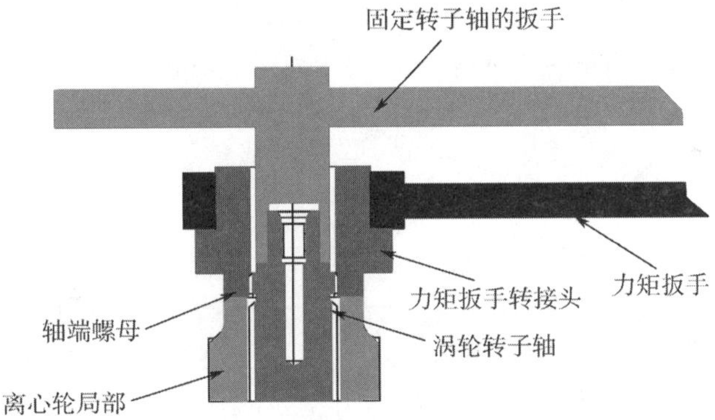

图 4　专用施加力矩工装结构

3.3 控制端面密封弹性元件的装配精度

端面密封工作时通过均布的弹簧和介质静压力的作用，使静环与动环密封副紧密贴合来实现密封，弹簧主要起预紧、补偿和缓冲的作用。端面密封弹性元件如图 5 所示。要求始终保持足够的弹性来克服辅助密封和传动件的摩擦和动环等的惯性，保证端面密封副良好的贴合和动环的追随性，弹簧刚度的一致性越好，密封端面压力分布一致性越好。弹簧比压过大，将造成密封副摩擦面发热，磨损加剧和功率消耗增加；比压过小，易于泄漏、密封破坏，因此要精准地控制弹性元件装配精度。

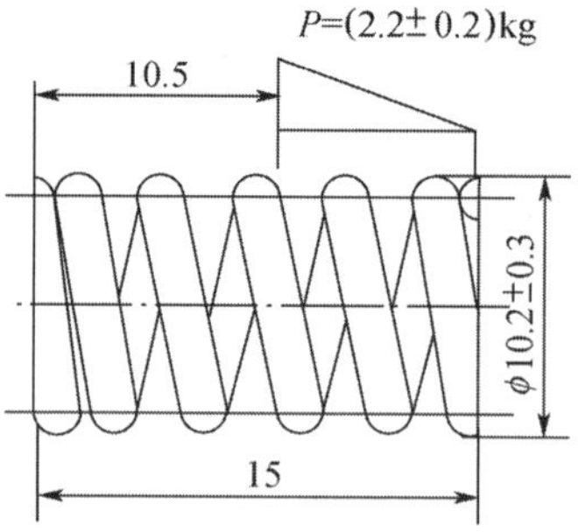

图 5　端面密封弹性元件

弹簧力的不均匀会影响到动环和石墨环的贴合程度，对气密性造成影响，为了保证弹簧力的均匀性，在装配前应对弹性元件进行严格的挑选，在同一套端面密封中，弹簧压缩到给定高度后，控制弹簧弹力值散差≤弹力值（理论值）×（±1%）。

3.4　控制涡轮泵端面密封装配定位精度

（1）控制轴系零件的累积不平度

端面密封工作中的旋转零件一般装配在旋转轴系上，如动环、轴套等零件，以某型号发动机涡轮泵为例，见图 6，从涡轮转子定位轴台至端面密封，轴上共有 7 个零件，轴系零件不平度公差累积理论上最大可达 0.14 mm，通过工艺试验证明，不平度过大，会导致端面密封的装配位置产生偏差，影响密封副的贴合性导致密封泄漏，装配中采取控制措施：密封装配前对称四点测量轴系不平度，要求≤0.04 mm。

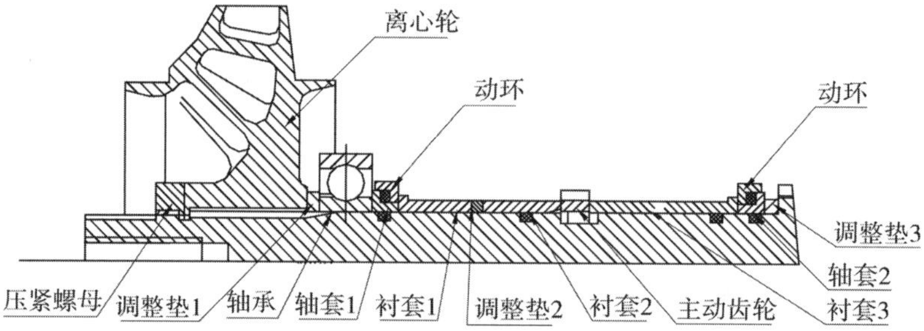

图 6　轴系零件示意图

（2）控制密封壳体装配后的不平度

端面密封工作中相对静止的零件如静环组件、弹簧壳体等零件一般装配在泵壳体上，密封壳体与泵壳体之间采用螺纹连接的方式进行装配，由于螺纹规格大，拧紧力矩大，装配中靠四个工人用加长杆拧紧，经常发生偏斜导致密封泄漏。

通过设计制造装配工装（见图 7），使用倍增器均匀施加力矩，实现密封壳体螺纹大力矩拧紧量化控制，可提高密封壳体的装配效率和装配质量，装配后增加四点对称测量密封壳体深度尺寸，将密封壳体端面不平度控制在 0.04 mm 以内，确保装配在密封壳体内的弹簧压缩量均匀。

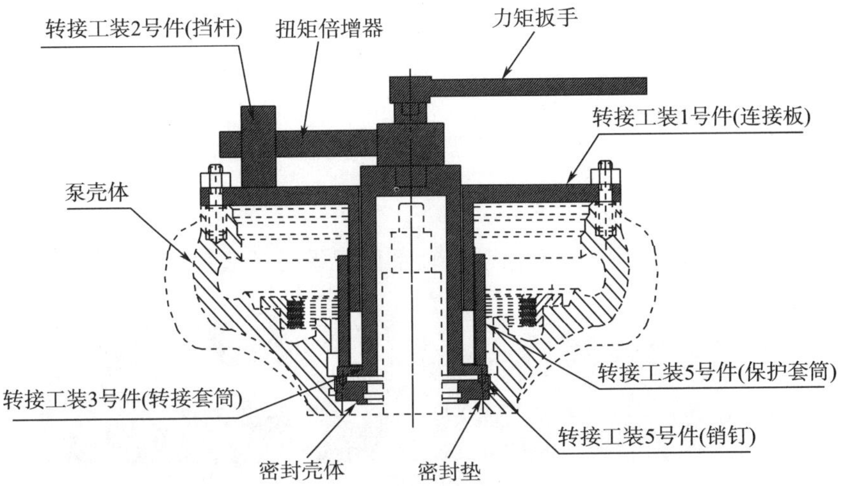

图 7　拧紧工装结构

3.5　设计端面密封试验方案，确定影响气密性能的工艺参数

端面密封和其他产品一样，虽然可以进行设计计算，但其中某些参数由于测试技术及机理研究水平限制，目前还不能全面反映出真实密封状态。因此，从某种意义上讲，端面密封是一门试验性较强的技术，为确保产品质量的稳定性，在涡轮泵装配中根据产品的具体情况，可进行以下工艺试验。

1）轴系紧固件预紧力的大小与放置时间对气检结果的影响试验；

2）端面密封弹性元件不同弹簧力组合对气检结果的影响试验；

3）密封副表面不同的粗糙度与平面度对气检结果的影响试验；

4）涡轮泵轴系零件的不平度对端面密封气检结果的影响试验；

5）静环组件的组合过盈量大小与密封副变形量及环境温度的变化关系试验；

6）装配前对端面密封静环组件与动环组对后在试验夹具上进行气密性检测试验。

3.6　优化端面密封的检测方法

（1）密封副平面度的检测

改进前，密封副平面度采用平晶干涉法检测，该方法属于接触式测量，检测过程中极易划伤密封端面，检测结果无法量化；改进后，采用激光干涉法检测密封副的平面度，该方法属于非接触式测量，能有效保护密封面，并且能快速获得量化数据，提高了平面度检测精度。

（2）改进端面密封试验夹具

动环与静环组件在气密夹具上配对气检合格后才能参加涡轮泵装配，原有端面密封气密夹具为单轴承结构，夹具与正式泵上气检结果不一致，为解决该问题，重新设计制造气密夹具，夹具轴系改为稳定的双轴承支承，确保气密夹具与涡轮泵的气密结果一致。

4　实用案例

4.1　试验设备

4.1.1　装配工装

密封壳体的装配工装见图 8，端面密封轴系压紧螺母的装配工装见图 9。

(a) 转接工装　(b) 倍增器　(c) 力矩扳手

图 8　密封壳体的装配工装

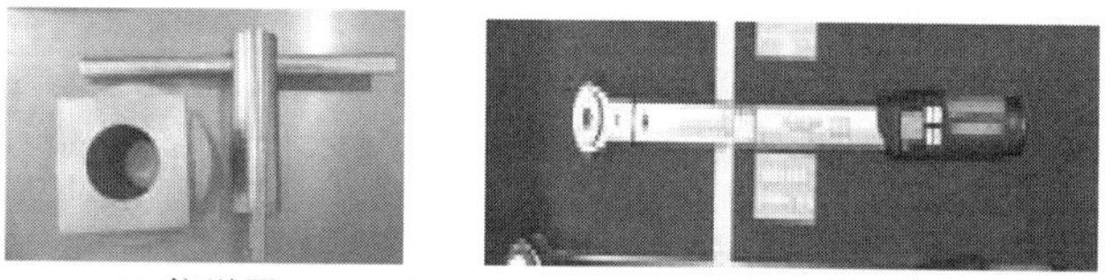

(a) 倍增器　(b) 力矩扳手

图 9　端面密封轴系压紧螺母的装配工装

4.1.2　测量设备

端面密封装配中的测量设备如下：

1）采用激光干涉仪检测密封副平面度；

2）采用粗糙度测量仪检测密封副表面粗糙度；

3）采用大跨深度尺检测轴系不平度；

4）采用气密试验台与气密夹具检测端面密封的气密性。

4.2　试验对象

某型号涡轮泵端面密封的装配结构如图 10 所示，要求端面密封装配后在泵腔内充 0.6 MPa（表压）压力下，泄漏量≤40 泡/分。

4.3　试验结果

1）通过轴端螺母、密封壳体拧紧力矩大小对密封性能影响试验，确定轴系拧紧力矩为 180～190 N·m，密封壳体拧紧力矩为 1 000 N·m。

2）通过密封组件不同弹簧力组合对密封性能影响试验，确定每套端面密封弹簧弹力差值应控制在 0.5 N 以内。

3）通过表面粗糙度对密封性能影响试验，确定密封副表面粗糙度控制在 Ra ≤

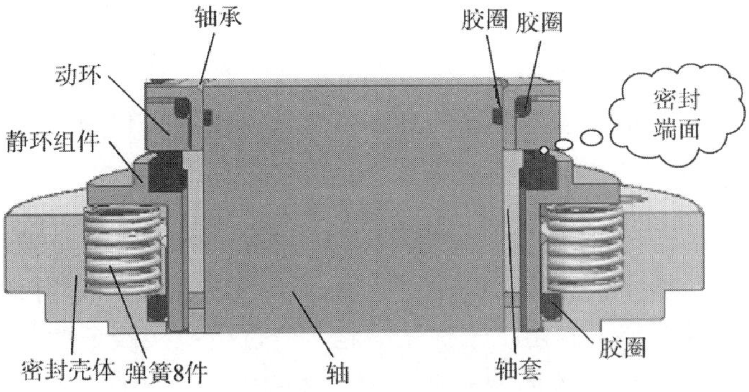

图 10　端面密封装配结构

0.05 μm。

4）通过涡轮泵轴系零件的不平度对端面密封漏量影响试验，确定轴系不平度≤0.04 mm。

5）通过静环组件组合过盈量与装配过程环境温度变化对端面密封漏量影响试验，确定静环座与石墨环的过盈量控制在 0.19～0.21 mm 内。

6）装配前对端面密封静环组件与动环组对后在试验夹具上进行气密性检测试验，要求泄漏量控制在≤10 泡/分。

4.4　装配过程

1）装配前密封副的平面度检测。采用激光干涉法非接触测量动环、静环组件密封副平面度，获得平面度量化数据，满足≤0.5 μm 要求。

2）装配前对动环与静环组件进行气密检测。动环与静环组件组对后装配在气密夹具上进行气密检测，气密夹具内充气 0.6 MPa，将动环与静环组件相对转动 360°，检测端面密封的泄漏气泡数最多的部位，要求泄漏量≤10 泡/分。

3）装配密封壳体。采用转接工装、倍增器、力矩扳手将密封壳体装配到泵壳体上，均匀施加 1 000 N·m 的拧紧力矩，采用 12.5 倍的倍增器，实际力矩扳手拧紧到 80 N·m便达到要求，对称四点测量密封壳体的不平度≤0.04 mm。

4）装配 8 件弹簧。挑选 8 件弹簧，将弹力差值控制在 0.5 N 以内，记录弹力值后，将 8 件弹簧与静环组件装入密封壳体并用螺钉拧紧。

5）装配动环。将动环装入转动轴系前，对称四点测量轴系不平度≤0.04 mm，再将动环、密封圈与轴套组装在一起，胶圈装配前涂润滑脂，装配过程注意防止切伤胶圈。用脱脂棉蘸酒精将动环与静环组件的密封副擦干净，用强光手电照明检查密封面上无杂质后将动环装入转动轴系与静环组件密封副贴合。

6）轴系压紧螺母的装配。采用转子止动工装、螺母转接扳手与力矩扳手将压紧螺母装入轴系，均匀施加拧紧力矩 180～190 N·m，螺母拧紧后检测轴系跳动量≤0.05 mm。

4.5 产品质量检测

涡轮泵端面密封装配后，对泵腔内缓慢充气 0.6 MPa，采用 ϕ 6 胶皮管收集端面密封泄漏气体，将胶皮管放入水中检测泄漏气泡数，要求泄漏量≤40 泡/分。

5 结束语

通过发动机涡轮泵端面密封装配技术研究，总结了影响端面密封性能的各影响因素及生产装配过程中的薄弱环节，制定工艺优化措施，经过生产实践证明分析结果正确，工艺措施有效，可显著提高涡轮泵端面密封的生产装配质量，端面密封一次合格率由原来的40%提高到 98%，为该类产品的装配提供了技术保证。

参考文献

[1] E 迈尔．机械密封．北京:化学工业出版社．1981.

[2] 王汝美．实用机械密封技术问答．北京:中国石化出版社．2004.

[3] 顾永泉．机械密封实用技术．北京:机械工业出版社．2001.

[4] 孙见君,魏龙,顾伯勤．机械密封的发展历程与研究动向．润滑与密封．2004

[5] 曾攀．有限元分析及应用．北京:清华大学出版社．2004.

[6] 张金凤,袁寿其,曹武陵．机械端面密封技术研究现状及发展趋势．流体机械．2004.

某型号圆跳动量测量及调整方法探索

吴洪森　辛　玻
航天七院

摘　要　弹头圆跳动量是某型号设计中极其重要的参数，关系到某型号的运行轨迹是否能符合设计要求，在多年实践中总结出了某型号头部圆跳动量测量及调整方法，目前广泛用于某型号圆跳动量测量和调整。

关键词　头部圆跳动量　测量　调整

1　引言

某型号头部圆跳动量是指某型号绕整体轴线旋转一周，测量仪表上的最大读数与最小读数之差，常用的测量方法有三坐标测量法、百分表测量法及综合仪器设备测量法等，是某型号测试中的重要参数，直接关系某型号的装配质量。头部圆跳动量与全跳动量不同，在测量方法上也不同。

目前，某型号直径的涵盖范围越来越广泛，但某型号的基本构造仍然由基本的发动机、工作部、尾段组成，其对接形式仍然是直接螺纹连接和轴向螺栓连接。由于部件加工存在偏差，并在对接过程中累积和叠加，因此某型号头部圆跳动量实际是某型号各部件圆跳动量累积的结果，是各部件对接质量的最终体现。

2　技术难点

某型号大多由多部件对接而成，头部圆跳动量由各部件自身圆跳动量及各部件对接质量共同决定。

2.1　测量基准选择

某型号多由多部件对接而成，各部件均存在各自的圆跳动量，因此测量基准选择不同，同一发某型号的头部圆跳动量测量结果也不同。随着某型号种类和构造的丰富，不同的某型号其构造基准不同，有的以发动机为构造基准，有的以工作部为构造基准，因此，某型号头部圆跳动量测量很难有一个统一的测量基准。

2.2　测量点位的选择

头部圆跳动量测量应尽量测量头部的点，某型号头部均为圆锥状，头部的点无法准确定位，因此头部圆跳动量测量无法实现真正意义上的头部点的测量。

2.3 圆跳动量调整

不同某型号的部件连接形式不同，小直径的多采用螺纹直接连接，大直径的多采用轴向连接螺栓及径向螺钉的形式连接。对接方式不同，选取的调整方法就不同，圆跳动量调整的工艺参数必须通过大量的工艺试验确定最佳的工艺参数。

3 测量方案

3.1 圆跳动量测量方法

圆跳动量测量是在模拟某型号水平绕整体轴线自由转动的前提下进行的。目前普遍采用的传统测量方法是采用百分表测量，具体测量方法如下：在测量平台上放置滚动支撑托架，产品置于支撑托架上，产品前端用挡板和螺栓定位，在头部合适位置安装测量工装和百分表，手动均匀旋转产品一周，百分表显示出的最大值与最小值之差即为圆跳动量。

目前，头部圆跳动量测量的基准多选择发动机作为测量基准，主要有以下两方面的原因：

1）近几年，由于某型号发动机壳体制造技术的进步，壳体直线度越来越高，相比较选择其他部位作为测量基准，选择发动机作为测量基准可大大降低测量误差；

2）发动机是某型号的主体构成部分，选择发动机作为测量基准更能真实反映某型号的头部圆跳动量。

3.2 测量工装设计

用于测量头部圆跳动量的工装称为圆跳动测量头或同轴度测量头，该测量头必须具备两方面的功能，一是测量，一是防止某型号在测量托架上旋转的过程中前后窜动，影响测量结果。

在某型号头部圆跳动量测量过程中，对某型号运动轨迹进行分析，该过程中，某型号一方面围绕整体轴线作360°的旋转运动，一方面存在前后窜动的运动轨迹，因此，同轴度测量工装必须在满足某型号360°旋转的同时阻止某型号的前后窜动，缩小测量误差。结合测量实际，同轴度测量工装主要包含两部分：同轴度测量头和转动支架/挡板装置，如图2所示。

测量时，首先将同轴度测量头安装于头部，通过同轴度测量头的螺纹与头部连接到位，然后通过连接装置将同轴度测量头与挡板装置连接到位（同轴度测量头可绕整体轴线作360°自由旋转且不会前后窜动），最后转动某型号，通过百分表即可测量头部圆跳动量。

4 圆跳动量调整方案

大多数某型号均由多部件对接而成，因此头部圆跳动量是某型号各部件圆跳动量累积的结果，通过对生产实际测量数据的分析，影响头部圆跳动量的因素主要有两方面：各部

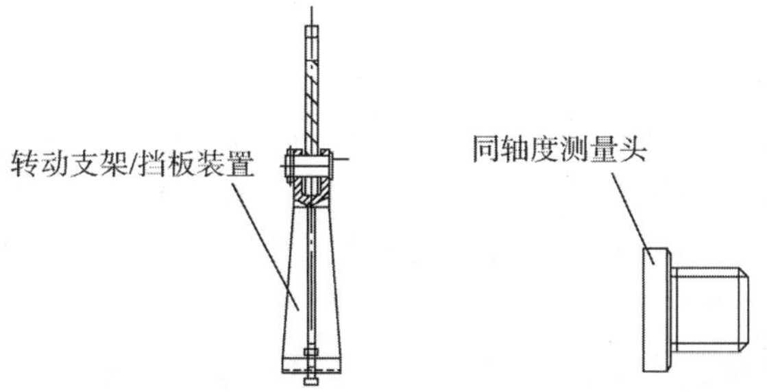

图 2　转动支架/挡板装置及同轴度测量头

件自身的圆跳动量和部件对接质量。两个因素中各部件自身的圆跳动量属于不可调整因素，部件对接质量属于可调整因素，因此，头部圆跳动量的调整主要针对部件对接质量。

目前，大多数某型号的部件对接主要有两种形式，一种是部件之间直接通过螺纹对接，该对接形式主要用于小直径的某型号对接；另一种是部件之间通过轴向连接螺栓和径向连接螺钉对接到位，该对接形式主要用于大直径的某型号对接。针对以上部件对接形式，经过长期实际摸索，某型号圆跳动量的调整主要有如下四种方法。

4.1　自重调整法

该调整法主要用于较大直径某型号的圆跳动量调整。直径较大某型号其头部质量大，且前后对接采用轴向连接螺栓和径向螺钉连接，因此可通过产品自重来改变部件对接质量。具体操作方法：首先，用百分表测出产品圆跳动量的最大、最小点并标示出相应位置；然后将产品最大点位置旋转至上方，松开所有连接的轴向螺栓、径向螺钉；第三步安装下半部分轴向螺栓和径向螺钉；第四步安装上半部分轴向和径向螺钉。按照此种方法，利用头部自重即可将圆跳动量调整至设计要求值内。

4.2　垫铜皮或钢带调整法

该调整法可适用范围比自重调整法广，可覆盖所有的某型号的头部圆跳动量调整。具体操作方法：首先，用百分表测出产品圆跳动的最大点并标示出相应位置；然后松开两部件的连接；第三步在最大点处垫厚度为 δ 的铜皮或钢带，其中 δ 的计算为

$$\delta = \frac{S_{\max} - S_{\min}}{L} \cdot R$$

式中　L ——百分表测量点所在舱段总长；

　　R ——百分表测量点所在舱段对接处外圆半径。

第四步重新将部件对接到位；第五步重新进行圆跳动量测量，若不合格，重复该调整方法直至测量结果合格。

在实际生产中，因钢带比铜皮硬，在相同的挤压力下，钢带变形量比铜皮小，因此钢带在圆跳动量调整方面效果比铜皮要明显好得多。

4.3 锉修调整法

当直径较小，且对接面为薄壁结构时，可采用锉修法进行某型号圆跳动量调整。具体操作方法：首先，用百分表测出产品圆跳动量的最小点并标示出相应位置；然后松开两部件的连接；第三步锉修最小点标识位置；第四步重新将部件对接到位；第五步重新进行测量，若不合格则重复该调整方法。

锉修法调整圆跳动量时，不仅仅需锉修已标识的点位，还需保证部件对接后的对接间隙等参数满足要求，因此锉修时必须在已标识的锉修点位左右各60°范围内进行平滑过渡。在某批产品实际生产中，对需要进行锉修调整圆跳动量某型号进行了数据摸底，数据统计见表1。

表1 某型号圆跳动量调整数据统计表

序号	原圆跳动量	锉修量	锉修后圆跳动量	理论计算	差值
1	0.95	0.32	0.45	0.63	0.18
2	0.8	0.22	0.5	0.58	0.08
3	0.8	0.28	0.56	0.52	−0.04
4	1.9	0.44	1	1.46	0.46
5	1	0.28	0.75	0.72	−0.03
6	0.75	0.23	0.4	0.52	0.12
7	1.3	0.25	1.05	1.05	0
8	1.05	0.22	0.8	0.83	0.03
9	0.8	0.36	0.45	0.44	−0.01

对数据进行统计分析，建立直观的条形图，如图3所示。

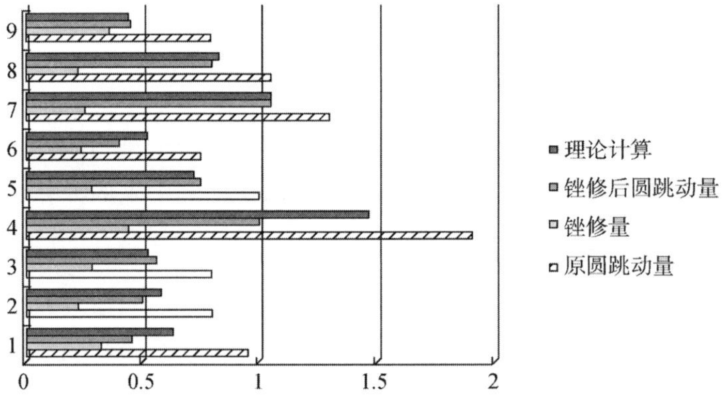

图3 锉修法调整圆跳动量数据统计分析条形图

锉修法调整圆跳动量的理论计算为调整量＝原跳动量－锉修量，考虑实际生产中，弹体部件的螺纹加工误差、部件自身圆跳动量及对接旋转力矩等因素，允许理论计算与实际检测数据误差范围小于20％。从条形图中可看出，大多某型号的锉修量与调整量基本比例为1，基本符合调整量=原跳动量-锉修量的理论计算。在实际操作中，锉修的基本原则是：轻下锉刀重收尾，锉修部位近半圆。目前该调整方法已在某型号圆跳动量调整中得到广泛使用。

4.4 更换部件法

该调整方法是建立在各部件圆跳动量可测且各部件通过轴向连接螺母连接的基础上的。具体操作方法：首先，用百分表测出产品圆跳动的最大点和最小点并标示出相应位置；然后松开两部件的连接；第三步更换部件，更换的部件必须是圆跳动的最小点和最大点与已测得的部件的圆跳动量的最大点和最小点位置相反；第四步重新将部件对接到位；第五步重新进行测量，若不合格则重复该调整方法。

4.5 调整方法的综合使用

在实际生产中，以上四种调整方法可根据实际情况结合使用，如自重法调整再配以垫铜片的方法，或锉修法调整再配以垫铜皮的方法，更换部件调整再配以自重的方法等，能更快速、灵活地调整产品圆跳动量至要求值。

5 结束语

通过对某型号头部圆跳动量的测量及调整方法的探索，设计了测量工装，总结归纳出适合不同直径某型号圆跳动量调整的方法，确保了测量方法的准确性和调整方法的高效性，可满足某型号大批量生产和确保装配质量的要求。

参考文献

[1] 李东如．圆跳动误差测量分析．廊坊师范学院学报(自然科学版)，1674-3229(2011)04-0059-02.

[2] 彭利华．圆度、圆柱度、圆跳动及全跳动四者异同辨析．机械科学与技术，1672-5727(2014)07-0116-03.

[3] 陈红毅，绳飘．圆跳动误差测量分析．中国机械工程，1002-6886(2015)05-0077-02.

头罩对接工艺优化方案研究

杨学庆
航天七院

摘　要　近年来随着工厂产品装测任务的不断加大，完成的产品数量越来越多，在实际的装配过程中，按照原有的工艺文件要求操作，会给产品实物带来一定的潜在质量隐患。本文以某产品头罩对接工作中出现的质量问题为基础，从产品构成、对接方式、对接流程及问题机理进行系统分析，研究制定了工艺优化方案，并经过了实际验证，考核了优化后工艺方案的可行性、合理性，能够满足设计要求，符合技术状态，更好地保障了产品的质量安全，同时也为其他生产和在研产品的部段对接控制工作提供了有效可行的参考。

关键词　头罩对接　工艺方案

部段对接是组成产品的关键步骤，对接过程的顺畅与否是反映产品是否存在潜在质量隐患的显性现象，同时也是保证部段后续能否顺利分解的关键。过去，某单位在进行某产品年检时，出现过头罩不能正常分解的问题，后将对接螺栓分解进行检查，发现对接螺栓有严重挤压的现象，同时对接孔内存在大量铝屑。随后在该问题的举一反三中也发现部分产品头罩分解时存在一定困难，对接孔内也存在铝屑的现象。

为了保证后续产品质量，确保优质交付，我们从产品设计、对接工艺流程、检验方法等方面进行深入分析讨论，重点从对接工艺方法、检验方法上进行研究，制定了工艺优化方案，用于指导某产品头罩的对接工作，并将其运用到某抽检产品的实际操作中，不仅得到了设计人员的充分肯定，同时确保了抽检产品获得圆满成功，从而也验证了优化后工艺方案的可行性，杜绝了此类问题的再次发生，既满足了产品设计要求，又更好地保证了产品质量，同时也对产品其他部段对接工作起到指导作用。

1　产品概述

在这里，先简单介绍下某产品头罩的组成和功能，便于了解一下头罩在整个产品中的重要性。

1.1　头罩的组成

该产品头罩是一个球—锥—柱—锥形的轻质薄壁壳体结构，头罩由 4 个部段组成。

1.2　头罩的功能简介

头罩的主要功能是承受产品运动时的气动力和气动加热作用，保证产品在运动状态的气动外形，减轻产品子级所受外载荷的影响，保护子级仪器电缆、火药、管路系统等的安全性和可靠性。

2　对接方式及对接流程

2.1　头罩的对接方式

头罩与产品子级采用 36 颗对接螺栓连接，36 颗对接螺栓平均分布在四个象限，每个象限间有 9 颗对接螺栓（如图 1 所示）。头罩与产品子级对接时，对接螺栓按照四个象限同时朝同一方向对称拧紧。

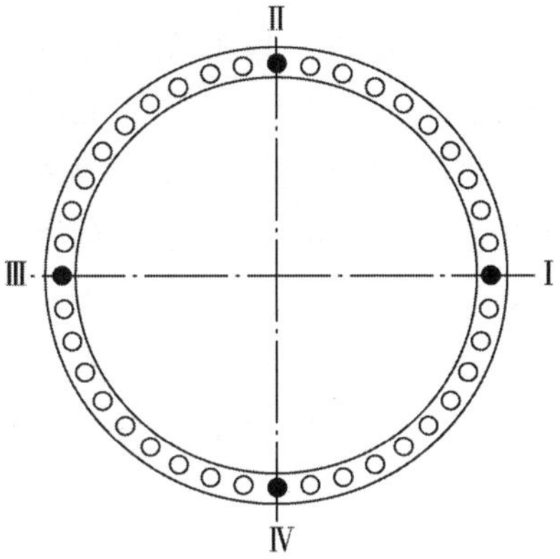

图 1　头罩对接螺栓分布图

2.2　头罩的对接流程

在整个装配过程中，按照正常的工艺流程，头罩共需要进行四次对接工作。在头罩最后一次对接时使用正式对接螺栓，其余对接操作时使用工艺对接螺栓。四次对接分别为：

第一次，头罩部段与产品子级试对接，待头罩前段组合套入产品子级与部段对接好确认对接位置后，脱开对接面的连接。

第二次，头罩前段组合在垂直状态下与部段用连接件对接好成为整头罩，与产品子级试对接，确认无对接问题后脱开。

第三次，头罩内安装完仪器电缆、火药等组件后，与产品子级进行对接。产品运动状态称重测质心后脱丌。

第四次，头罩内外部总检查完成后，头罩对接。

3　产生问题的原因分析

3.1　设计要求

由于头罩是由 4 个部段组成的，每两个部段连接时两部段间的对接孔之间会存在一定的偏移量，产生公差累积，因此形成整头罩后，头罩对接孔与产品子级对接孔之间也会存在一定的偏移量，且头罩长度较长，难于保证装配精度，在整个对接过程中，很难做到一次对接到位，需要通过反复调整，协调装配精度后才能顺利对接。

此外，在整个对接过程中，按照设计要求，头罩需要进行数次的对接与脱开工作，加上头罩壳体结构轻质化的特点，因此，对接螺栓偏移量形成的扭力使头罩发生一定变形，造成下一次头罩对接的困难。

要求对接后的头罩滑槽与定位滑块居中，滑动过程要求顺畅，无任何阻碍。

3.2 装配难点

在头罩对接过程中，工艺文件要求先用4个定位销在四个象限处定位，然后将全部对接螺栓拧上（不拧紧），最后将全部对接螺栓按照四个象限同时朝同一方向对称拧紧。这样可能造成累积的公差和应力大部分集中在某一点上，使得该点对接螺栓不能正常安装到位，从而可能造成该点对接螺栓安装时受到过大应力导致挤压变形。

同时，头罩正式对接螺栓设计文件中明确了使用次数要求。因此，按照设计文件要求，工艺文件中特注明：在头罩最后一次对接交付出厂时使用正式对接螺栓，其余对接操作时使用工艺对接螺栓。由于正式对接螺栓第一次使用，会与对接孔接触面摩擦产生铝屑，并存留在对接孔中。产品交付后，头罩分解时若操作经验不足，就会导致头罩对接螺栓拆卸困难的情况。

3.3 检验难点

此外，头罩对接螺栓拧紧程度完全靠操作者手感拧紧，没有量化指标。按照工艺文件要求，一岗操作人员在对接螺栓拧紧后，由互检、检验人员分别对连接状态进行检查。而在检查中，互检、检验人员往往使用套筒扳手作为检验工具，套筒扳手的优点在于力臂长，力矩大，但正因如此，在检验过程中将会使本已拧紧的螺栓进一步加力，使连接预紧力过大，从而导致对接螺栓再次分解拆卸困难。

4 头罩对接工艺优化方案

针对头罩对接过程产生问题的原因进行深度讨论分析，制定了针对性控制措施，优化了工艺方案，具体如下。

4.1 工艺方法优化

4.1.1 使用头罩对接工艺螺栓检验对接孔对正情况

头罩对接时，将头罩定位销在四个象限处定位后，使用将头罩对接螺栓改制的头罩对接工艺螺栓检验各对接孔对正情况；工艺对接螺栓不能正常安装的对接孔，使用撬棍进行对正，并先装入该处对接螺栓。检验合格后，将剩余的对接螺栓全部装上。

4.1.2 对接方式优化

头罩对接螺栓全部安装后，由 4 名操作人员同时分别从四个象限处先顺时针向各象限间 45°对称拧紧 4 颗螺栓，再更换方向，逆时针向各象限间 45°对称拧紧 5 颗螺栓，以分散公差累积和应力集中（如图 2 所示）。

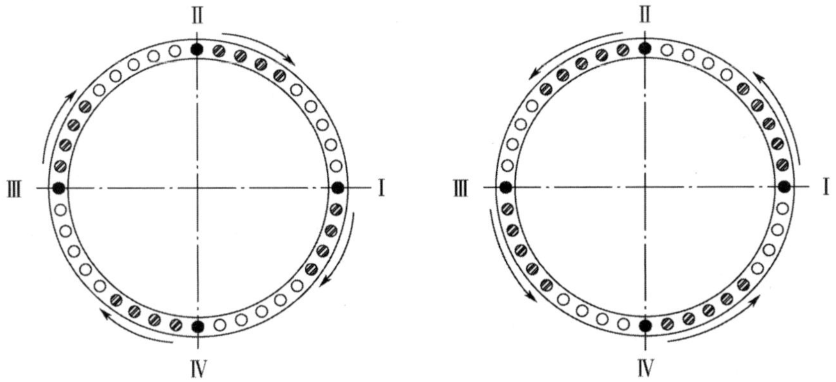

图 2 头罩对接螺栓拧紧示意图

4.1.3 头罩对接后清理

每次头罩分解后，用白绸布沾无水乙醇清除对接孔内铝屑，做好多余物防护，防止铝屑掉在舱段内；同时，用无水乙醇清洗对接螺栓。

头罩正式对接螺栓在头罩内安装完仪器电缆、火药等组件与产品子级进行对接时使用（即第三次对接），不能在头罩最后一次对接时使用，这样能使正式对接螺栓与对接孔接触面磨合，防止后续正式对接螺栓使用时产生大量铝屑存留在对接孔中。

4.2 规范操作、检测方法

向设计提出增加头罩对接螺栓拧紧力矩量化要求并被采纳。同时，头罩对接安装对接螺栓时，要求操作者将对接螺栓先用手拧到安装位置，直到手拧不动为止；再使用呆扳手将对接螺栓进行预拧紧；最后使用力矩扳手按照设计要求值拧紧对接螺栓。整个对接螺栓拧紧过程均采用对称拧紧方式，拧紧过程互检、检验全程跟踪，根据力矩扳手卸力声响判断对接螺栓拧紧到位情况，不能再次使用工具对对接螺栓进行拧紧检验操作；同时，对接螺栓拧紧后，互检、检验检查螺栓、垫圈与产品壳体应紧密贴合。

5 验证

通过使用优化后的工艺方案，某产品后续生产中头罩对接工作未再次出现螺栓咬死、损伤及难分解的情况，杜绝了此类问题的再次发生，验证了优化工艺方案的合理性、可行性。优化后的工艺方法，尽可能地减小了头罩变形。

6 结束语

基于理论分析，根据产品概况，查找原因，制定对策，落实措施，通过装配中的实践操作，使对接工作的各项技术指标满足设计要求，达到了头罩对接优化的效果，更好地保证了产品质量，对生产产品交付发挥了积极作用，效果得到了各方的一致好评。同时对设计提出的建议已经纳入设计文件中，对优化后的工艺方案工艺人员已经固化到了工艺文件中，做到了有效指导装配生产现场操作，避免此类问题的再次发生。

360°环接屏蔽处理工艺技术研究与实践

黄晓林　刘　昊　刘　宁　钟玉凤　张　昭　杨晓燕　杨然银
航天七院105厂

摘　要　本文针对屏蔽式尾罩360°环接屏蔽处理过程中出现的多余物以及线束扭转问题，通过对产品结构分析、优化加工流程、细化加工方法和试验验证等工作实现多余物有效控制和线束零扭转，保证产品质量，提高生产效益。

关键词　电缆网　屏蔽处理　多余物　线束扭转

1　引言

随着电子装备在军事领域中广泛地应用，装备配套电缆网抵抗电力电磁干扰的能力已经成为衡量其战术水平的重要技术指标。电缆网加工时对其进行合理可靠的屏蔽处理是防控电力线及磁力线影响、在指定空间内防止外部静电感应或电磁感应影响的重要加工环节。

屏蔽处理是通过利用铜或铝等低阻材料或磁性材料将需要隔离的部分全部包起来，并良好地接地，将电力线或磁力线的影响限制在某一个范围内，或者是某个指定的空间内防止外部静电感应或电磁感应的影响。

由于信息化是当今国际军事发展的主题，军事产品的信息化要求也相对更加严格，各种军事产品对于产品的抗干扰能力也提出了更高的要求。伴随产品的发展和元器件设计的改进，传统的防波套连接方法已不能满足产品性能要求。360°环接屏蔽处理方法的出现，对于产品的屏蔽处理效果起到了优化的作用，屏蔽效果好于传统的屏蔽处理方法，极大地提升了产品抗电力电磁干扰的能力。

2　360°环接屏蔽处理加工原理简介

360°环接屏蔽处理方法主要适用于附有屏蔽式尾罩的圆形电连接器上，该种电连接器相对于传统电连接器结构更为复杂，组件繁多，加工中需要注意的细节较多。

2.1　特点

目前工厂常使用的需要进行360°环接屏蔽处理的电连接器类型主要包括J599型圆形电连接器、YMC型圆形电连接器，圆形电连接器结构如图1所示（其中有部分连接器无密封垫圈，屏蔽环分为单环、双环、无环三种）。

屏蔽式尾罩的屏蔽环是发挥其屏蔽性能的主要环节，在加工过程中与屏蔽环相连接的屏蔽层可直接使用线束中自带的屏蔽材料，或者单独采取另一节活动的屏蔽材料。

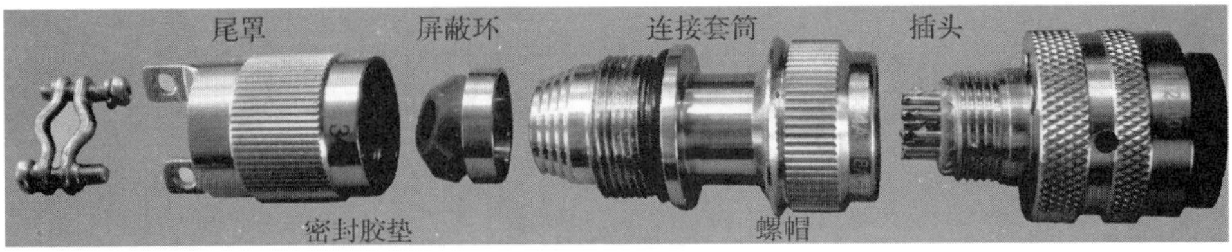

图 1　圆形电连接器结构示意图

2.2　加工原理

360°环接屏蔽处理现有加工方法主要分为 3 个步骤，其环接装配流程如图 2 所示。

装屏蔽环外翻绑扎 → 装配连接套筒 → 装配尾罩

图 2　屏蔽式尾罩 360°环接装配流程

2.3　改进前装配流程

工厂原加工装配流程如图 3 所示。

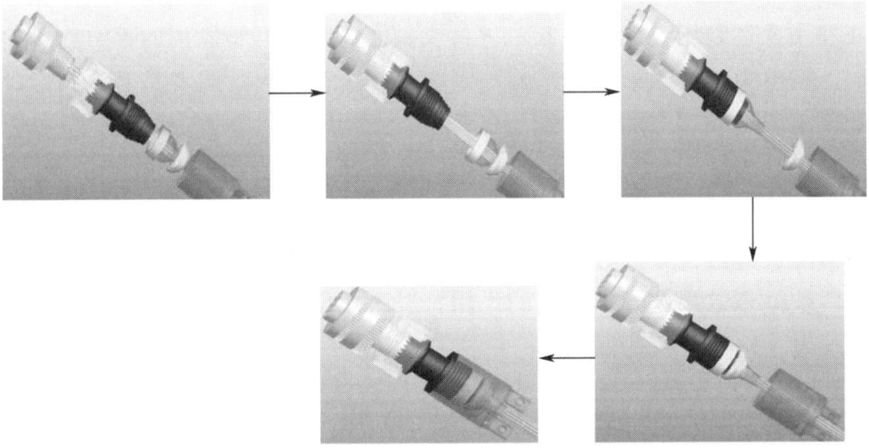

图 3　改进前装配流程（见彩图）

3　存在的问题

360°环接屏蔽处理加工时，存在五个主要环节会导致质量问题的发生。产生问题的原因如图 4 所示。

经过分析，产生的主要问题有以下两点。

3.1　多余物

在电缆中的屏蔽式尾罩 360°环接加工时，易产生防波套和铜网金属丝多余物的环节有裁剪和装配，裁剪防波套和铜网时，金属丝容易掉落在电连接器尾罩内，装配前检查不到

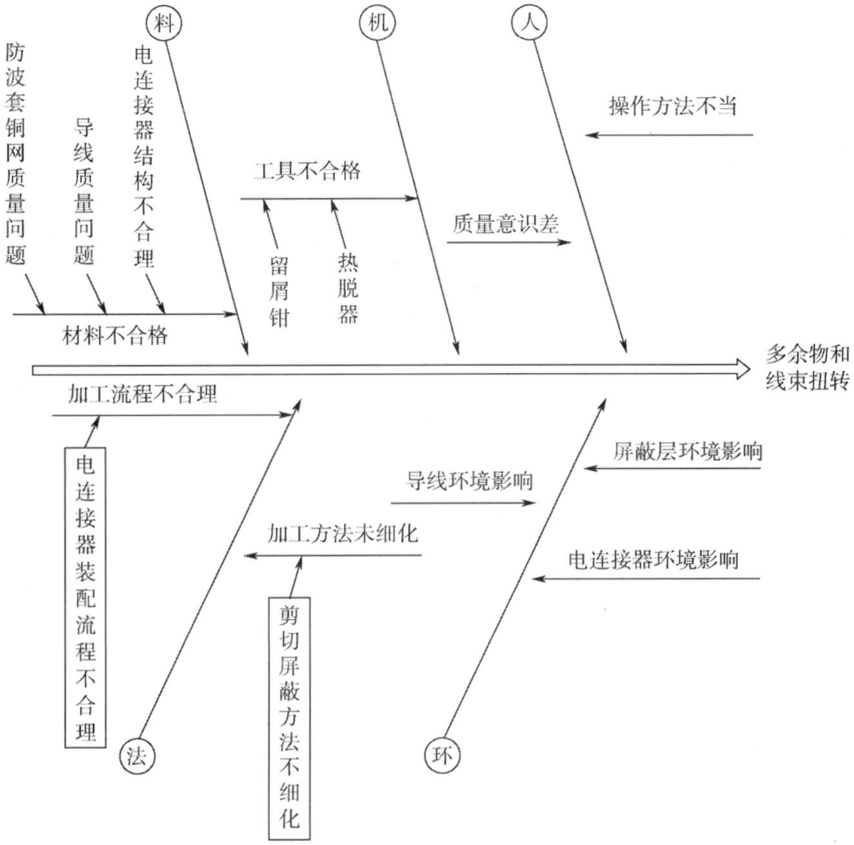

图 4　产生多余物和导致线束扭转的原因

位，造成电气性能错误。

3.2　线束扭转

装配尾罩时，屏蔽环轻微歪斜，且绑扎较紧，各自成为一体的尾罩、防波套、屏蔽环、橡胶圈、连接套筒外线束与插头、连接套筒、连接套筒内线束相对转动，即两段线束相对扭转，同时，封堵口和屏蔽绑扎位置间的距离较短，扭转力量无处释放，导致导线断线，造成电气性能错误。

4　解决方案

4.1　原因分析

通过对出现问题的产品进行逆向拆卸和分解，分析得出造成多余物以及线束扭转两个问题的主要原因分别为：屏蔽端头处理方法不当和电连接器装配流程不当。

4.1.1　屏蔽端头处理方法

在产品加工中，剪切屏蔽时，长短不一的屏蔽丝散落位置不定，易造成金属多余物。

未对剪切屏蔽方法和防控多余物的细化措施进行相应的规定，操作者仅靠自己的经验加工，是造成产生金属多余物的主要因素。

4.1.2 电连接器装配流程

按照现有的360°屏蔽处理加工方法，先装配连接套筒，再进行屏蔽处理，易造成金属多余物进入连接套筒内，且无法检查和清除掉；在拧紧电连接器尾罩时，各自成为一体的尾罩、防波套、屏蔽环、橡胶圈、连接套筒外线束与插头、连接套筒、连接套筒内线束相对转动，即两段线束相对扭转，扭转力量无处释放，是造成线束扭转的主要因素。

4.2 方案制定

针对产生多余物和线束扭转问题的两个原因，制定了表1所示的解决方案，并对其可行性进行了分析。

表1 解决方案

原因	解决方案	可行性分析
电连接器装配流程	调整电连接器装配顺序，将先装配连接器套筒、再安装尾罩的方式，更改为先将连接套筒与尾罩安装到位，再装配到电连接器上，避免线束发生扭转	优点：安装顺序的改变，可有效防止线束扭转，避免出现断线问题； 缺点：操作过程需双人合作
	通过彻底改变电连接器装配方式，更改装配结构从而改进加工工艺方法，提高360°环接的可靠性	优点：加工工艺的改变，可彻底避免原工艺方法在转配过程中造成的问题； 缺点：需要探索新的加工工艺，相对难度较大
屏蔽端头处理方法	规范屏蔽端头处理操作细节，在屏蔽处理过程中做到有效防控多余物，设立屏蔽处理区域，将多余物进行隔离，通过X光检查，做到完全杜绝多余物	优点：可有效防控多余物的产生，避免出现多余物无法发现的问题； 缺点：在测量屏蔽处理尺寸时需反复确认

5 试验验证

5.1 试验项目

根据所得解决方案，制定了如表2所示的试验项目。

表2 试验项目

项目	加工流程	电连接器种类	屏蔽方式
试验一	安装插头→屏蔽处理→安装尾罩	圆形电连接器	屏蔽一体
试验二	安装插头→屏蔽处理→安装尾罩	圆形电连接器	屏蔽一体
试验三	屏蔽处理→安装尾罩→安装插头	圆形电连接器	屏蔽一体
试验四	安装插头→屏蔽处理→安装尾罩	圆形电连接器	屏蔽分解
试验五	安装插头→屏蔽处理→安装尾罩	圆形电连接器	屏蔽分解
试验六	屏蔽处理→安装尾罩→安装插头	圆形电连接器	屏蔽分解

通过试验，对于屏蔽一体和屏蔽分解两种屏蔽处理方式，较为合适的加工流程为先屏蔽处理，然后安装尾罩，最后安装插头。具体的试验步骤见5.1.1、5.1.2。

5.1.1 试验三

1）将屏蔽端头打散、环接后使用锦丝线进行绑扎（要求绑扎以防波套可以在线束上滑动为准，绑扎不能太紧（见图5），并修剪过长的防波套，修剪后注意清理线束、尾罩及连接套筒内多余物。

2）将密封垫圈紧密靠近屏蔽环后（见图6），密封垫圈和屏蔽环往尾罩内安放到位（尾罩内螺纹全部露出），见图7。

3）推上尾罩挂入螺纹，安装时一人操作，另一人帮扶住线束尾部，固定屏蔽不转动，拧紧连接套筒（见图8）。

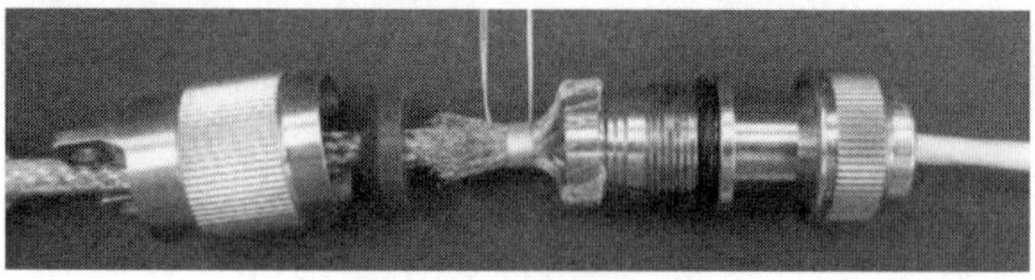

图5 屏蔽端头

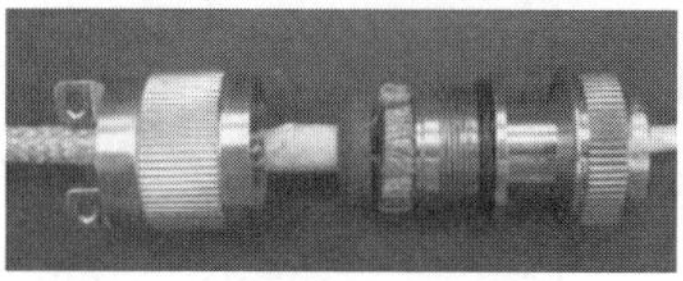

图6 密封垫圈装入

图7 安装到位示意图

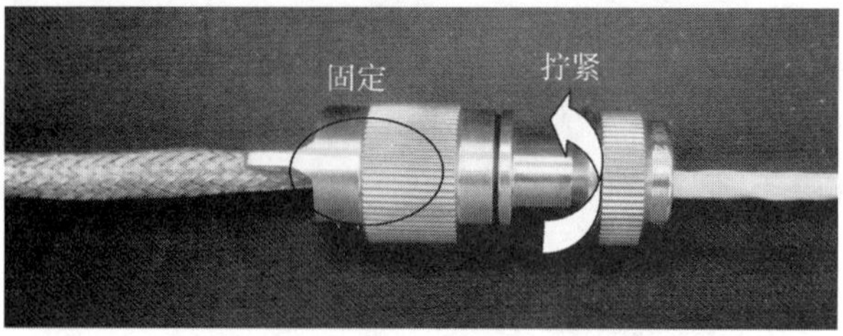

图8 安装操作示意图

4）将安装完成的尾罩往线束方向退，并对线束打回弯，使用线束中的聚四氟乙烯薄膜将连接套筒及打弯处的线束进行包裹，绑扎缠线时不能过紧（见图9）。

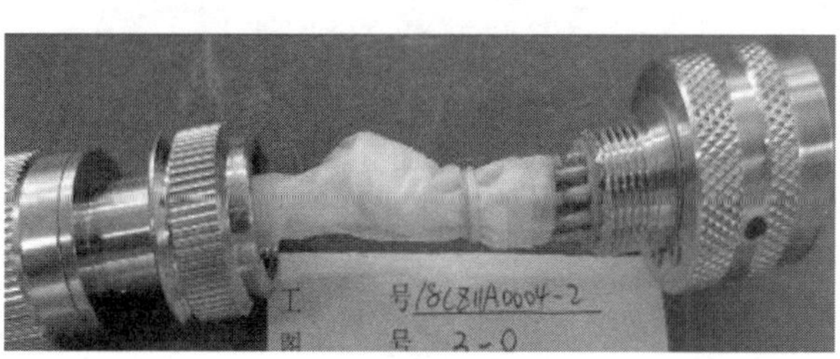

图9 绑扎缠线

5）检查确定套筒无多余物后安装插头与连接套筒部位，固定屏蔽不转动，连接套筒纵向推进，使用软口钳拧紧连接套筒螺帽，严禁转动连接套筒和工装（见图10）。

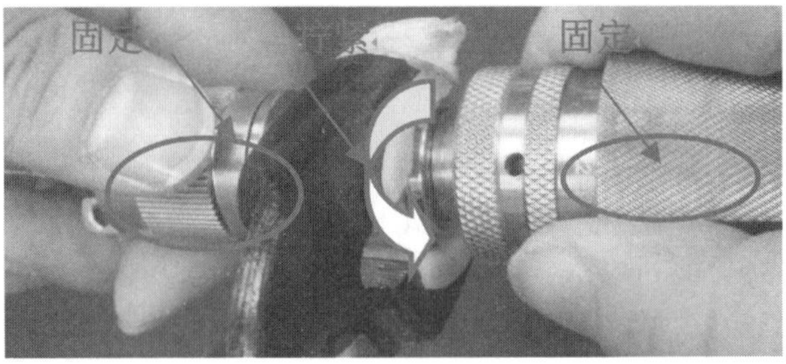

图 10　拧紧连接套筒螺帽

小结：此方法为专门针对 XX 型号电缆中双螺纹的屏蔽式尾罩，该方法虽在定屏蔽处理位置较为繁琐，但在多余物防控方面无盲点，且线束不存在发生绞扭的情况。

5.1.2　试验六

1）线束外进行 360°环接，安装尾罩后将其穿进线束中（防波套端头使用胶带粘贴），处理方法如图 11 所示。

2）插头安装连接套筒后对线束中的屏蔽进行端头处理，并与铜网相连接，处理方法如图 11 所示。

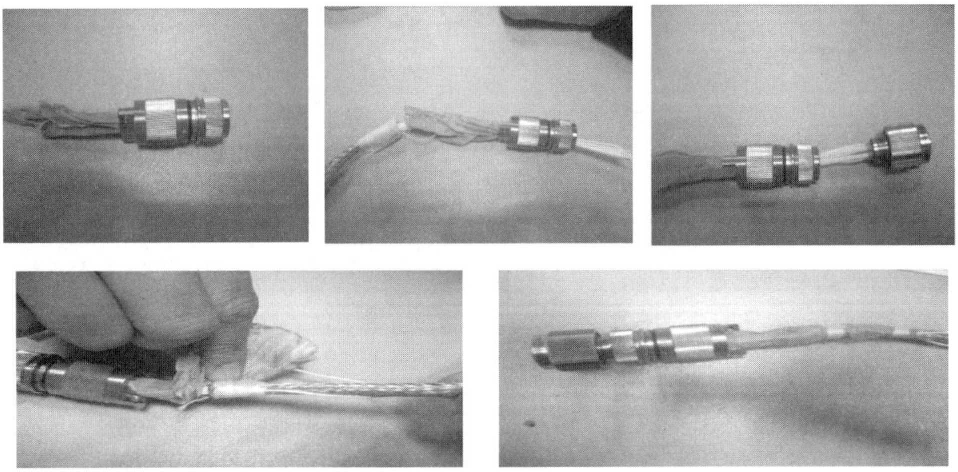

图 11　线束处理方法

小结：在线束外处理环节，完全杜绝了产生金属多余物的可能，且比较方便操作。在安装尾罩时，铜网单独转动，线束不受任何影响。

5.1.3　试验结果

（1）屏蔽处理→安装尾罩→安装插头（屏蔽一体）

屏蔽处理时将防波套或铜网远离焊杯和连接套筒，避免剪切金属丝时多余物进入插头和连接套筒内部，有效控制多余物；先安装尾罩再安装插头，安装尾罩时将处理好的屏蔽环、橡胶垫、连接套筒及尾罩装为一体，安装插头时固定插头和尾罩，只拧紧连接螺帽，插头、尾罩和线束处于相对静止状态，无线束无扭转现象。

(2) 屏蔽处理→安装尾罩→安装插头（屏蔽分节）

采用铜网进行分节式360°环接屏蔽处理，使用翻折裁剪好的铜网套入屏蔽环后装入尾罩，对铜网无损伤，有效控制多余物；除具有试验三的优点之外，由于铜网和线束上的屏蔽层不是一体，即使铜网旋转，线束也无扭转现象。

5.1.4 改进后装配流程

经过试验获得改进的加工装配流程如图12所示。

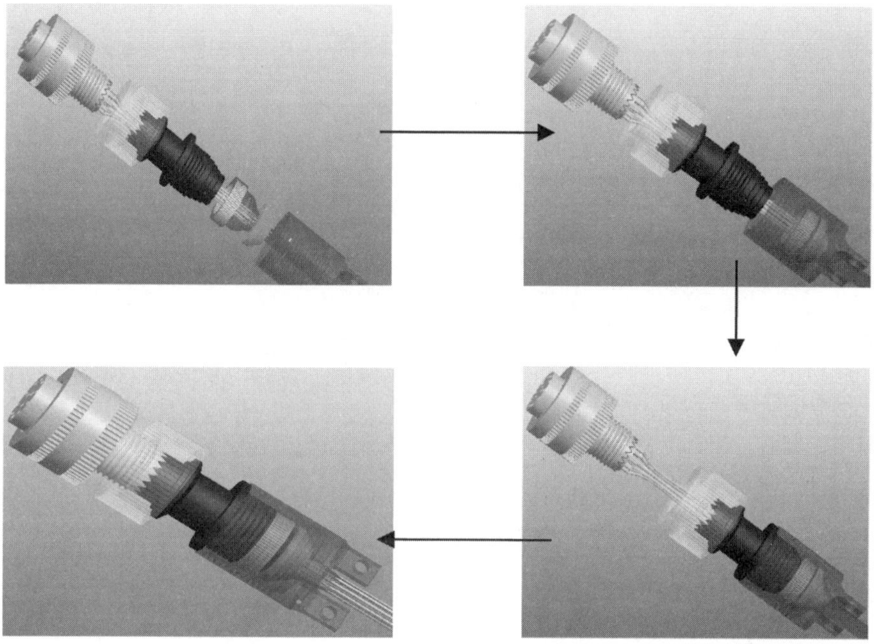

图12 改进后装配流程（见彩图）

5.1.5 结论验证

使用经过试验的360°环接屏蔽处理方法，用于处理某产品中屏蔽式尾罩的电连接器的屏蔽处理工序，所有产品通过导通电阻、绝缘电阻、抗电强度测试检查是否存在多余物，并通过X光检测。通过统计，按照新方案进行360°环接处理的电连接器均合格，无多余物及线束扭转，达到了预定的目标。

6 结论

通过对存在问题的产品进行分析，找出了360°环接屏蔽处理中出现多余物以及线束扭转问题的原因。原因主要为：电连接器装配流程不当和屏蔽端头处理方法不当。针对两个主要原因，制定解决方案，并通过试验进行验证，得出了最优良的360°环接屏蔽处理方法。在进行屏蔽端头处理时使用留屑钳，并注意清理多余物，装配加工时按照先屏蔽处理、然后安装尾罩、再装配插头的步骤进行，可以有效地防控多余物，并避免发生线束扭转。

对屏蔽式尾罩360°环接屏蔽处理方法进行试验验证后，所得360°环接屏蔽处理技术满足产品设计要求，提高了检测的可靠性，提高了产品的装调效率和合格率，产品合格率达到100％，降低了产品报废损失，保证产品生产交付进度，为我厂多个型号赢得了批产订单，产值得到了提高，其带来的社会效益也是无法估量的，在生产中得到的经验也为今后的工作奠定了基础。

喷嘴安装高度对发动机点火效果的影响

肖继军

航天七院 304 厂

摘　要　点火技术是涡喷发动机的关键技术之一。本文以某微型涡喷发动机为原型，探究了喷嘴安装高度对发动机点火效果的影响，得出合适的喷嘴安装高度，使得发动机点火效果得到有效改善。

关键词　雾化喷嘴　安装高度　点火　微型涡喷发动机

1　引言

微型涡喷发动机具有尺寸小、质量小、推重比大等特点，已成为国内外微小型飞行器动力研究的热点。点火作为发动机工作的重要过渡过程，直接影响着发动机工作的成败，因此倍受关注。

根据使用领域的不同，微型涡喷发动机的点火方式主要有丙烷气点火、燃油点火和烟火点火三种点火方式。如图 1 所示，某微型涡喷发动机采用燃油点火方式点火。点火系统主要由雾化喷嘴、陶瓷点火器等部分组成。该点火方式具有点火系统结构简单、点火较为迅速、使用相对安全等特点。然而在发动机研制过程中，部分发动机出现了点火不稳定，甚至个别出现无法成功点火的现象。

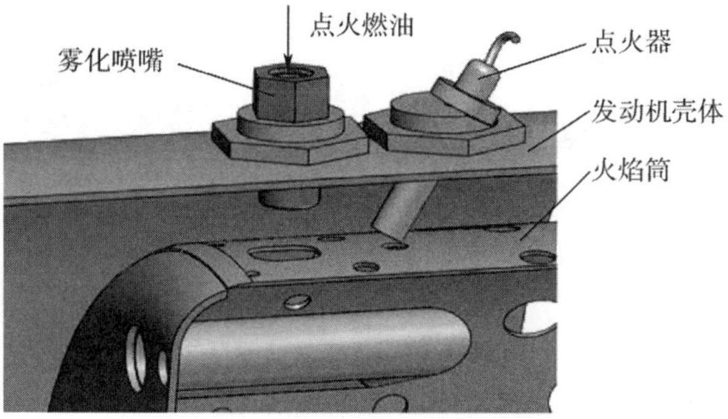

图 1　发动机点火系统示意

2　问题分析

2.1　点火原理及过程

某微型涡喷发动机采用的燃油点火方式属于间接点火。雾化喷嘴和陶瓷点火器以前后轴向方式排列安装。当发动机接收到点火指令后，点火器开始预热，数秒后油泵将点火燃油泵入喷嘴（如图 2 所示）。燃油进入喷嘴后经过漩涡器的切向旋流孔作用，在喷嘴内高速旋转，最后通过喷口板上的小孔喷出，在离心力的作用下形成薄薄的锥形油膜，使燃烧室内形成油气混合气。当点火器预热充分时，与陶瓷点火器接触的油气混合气最先点燃，形成核心火团；核心火团火焰迅速传播扩散至主燃区，引燃主燃油。

从点火原理和过程可以看出，影响发动机点火过程有以下三个因素：

1）燃油雾化效果。喷嘴应具有良好的燃油雾化能力，使得油滴直径尽可能小，以便更好地蒸发燃烧。

2）点火器预热情况。陶瓷点火器应充分预热（如图 3 所示），以满足点火能量需求。

3）雾化喷嘴与点火器的位置关系。应保证雾化喷嘴喷出的雾化油与陶瓷点火器充分接触，使得油滴能够充分吸收点火器产生的热量蒸发燃烧。

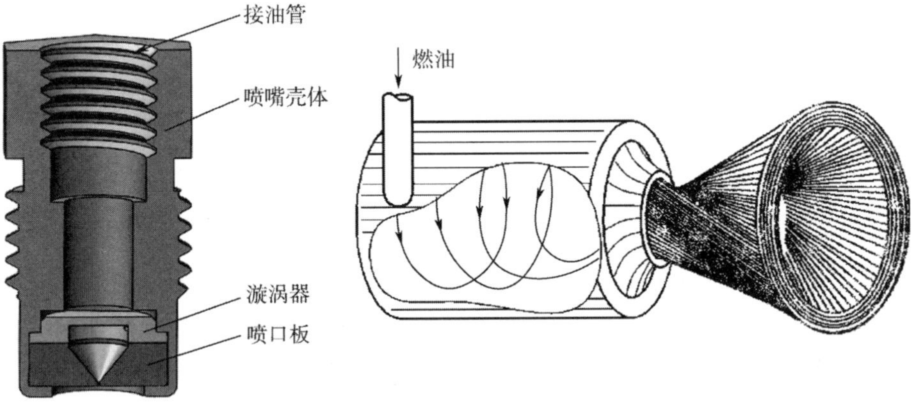

图 2　雾化喷嘴结构及原理示意图

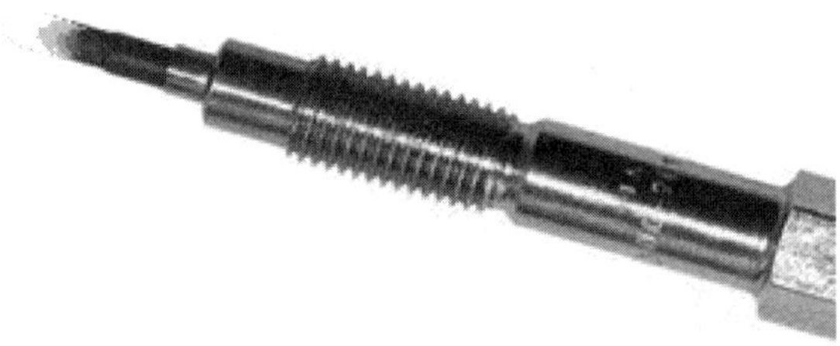

图 3　发热的陶瓷点火器

2.2　问题定位

针对以上得出的三个影响发动机点火过程的因素，进行逐一分析。由于喷嘴和点火器的设计与选型经过充分的计算和试验论证，因此喷嘴雾化效果和点火器预热情况是能够得到保障的。对此，进行喷嘴雾化锥角测量和点火器测温试验进行验证。试验测得出现点火问题的喷嘴雾化角 60°（0.19 MPa）；点火器预热 4s 表面温度 854 ℃，最高 1 046 ℃，均满足设计要求。因此，燃油雾化效果和点火器的因素可以排除。

由于喷嘴与进油管通过螺纹连接，拧紧时容易因不断旋转使得管路挠曲，喷嘴安装高度不一致。因而雾化喷嘴与点火器的位置匹配因素导致发动机点火性能不稳定的可能不能排除。通过图 1 可见，喷嘴、点火器均通过安装座安装在发动机壳体上，轴向、周向位置相对固定，唯有径向（高度）相对位置不一致；且安装时也反映出此问题。因此，问题初步定位在喷嘴安装高度上。

2.3 原因分析

图 4 为喷嘴安装高度对点火过程的影响示意。如图所示，通过在喷嘴与安装座之间放置垫片使喷嘴安装高度增加，喷嘴形成的雾化锥将随之上移，雾化油的散布面积增大，进而使其与点火器的接触区域增大，这将有利于点火。若喷嘴雾化锥角偏小或喷嘴安装位置过低时，可能出现雾化锥与点火器的接触区域过小甚至未接触的现象，因而导致了点火不稳定的现象。

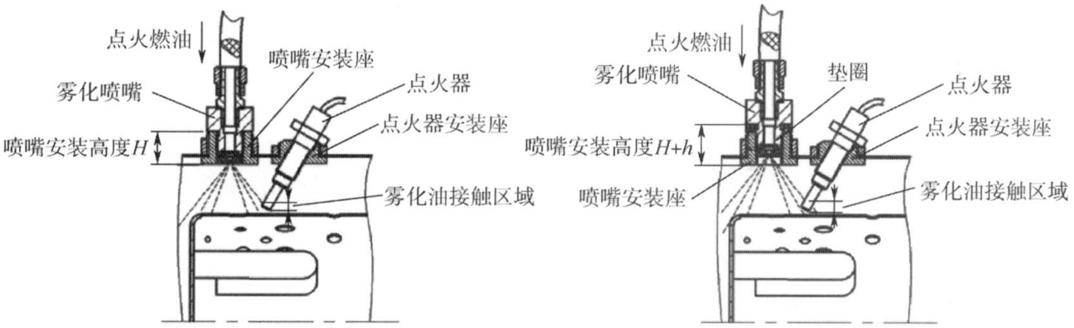

图 4　喷嘴安装高度对点火过程影响示意

3　解决办法

为了对以上分析进行验证，同时为了解决点火不稳定的问题，拟在喷嘴安装座上放置垫片进行喷嘴安装高度调整，通过试验和计算得出最佳喷嘴安装高度。点火试验选取两组雾化锥角不同的喷嘴进行，以增强论据。

点火试验前，先对在喷嘴试验台上喷嘴的雾化锥角进行测量。测量方法大致如下：

1）按图 5 示意安装连接好测试设备及产品。喷嘴安装在喷嘴试验台上。

2）控制台控制电磁阀开启，调节油泵转速，使压力表显示至试验压力。

3）压力表压力稳定后（时间不少于 1 min），通过试验台上的测量器读出锥角大小。

表 1 为喷嘴Ⅰ和喷嘴Ⅱ在相同燃油压力下雾化锥角的测量结果。从表中数据可见，相同燃油压力下，喷嘴Ⅰ的雾化锥角比喷嘴Ⅱ的雾化锥角大。根据上述分析，雾化锥角越大则燃油散布面积越大，油滴直径更小，雾化效果更好。

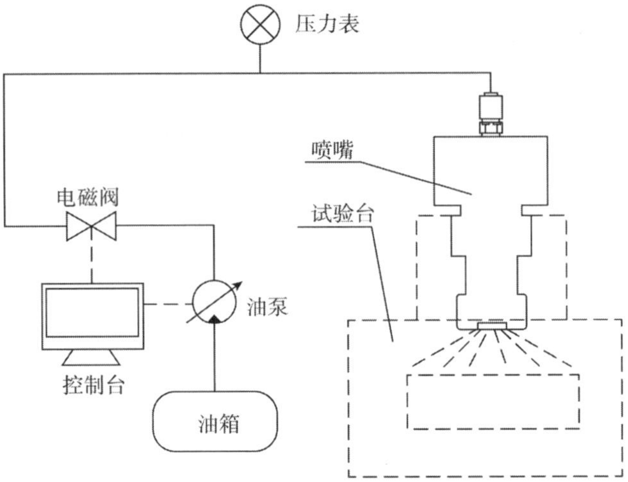

图 5　喷嘴雾化锥角测量示意

表 1　喷嘴雾化锥角测量结果

编号	燃油压力/MPa	雾化锥角/(°)
Ⅰ	0.18	59
Ⅱ		50
Ⅰ	0.30	55
Ⅱ		53

点火试验以喷嘴安装高度进行分组，试验时通过在高度为 H 的喷嘴安装座上放置若干个厚度为 0.5 mm 的垫片调整喷嘴安装高度。每组高度进行三次点火，试验以发动机出火时间作为判据。出火时间从发出点火指令开始计时，至发动机喷口出现尾焰停止，以人工秒表计时获取。若某次点火不成功时，该次计入试验次数，但不计入点火时间。平均出火时间为出火时间的算数平均值。试验分组如表 2 所示，试验结果和试验情形如表 3 和图 6 所示。由试验结果可见，将喷嘴安装高度调整至一定范围内，可解决发动机点火不稳定问题；同时发动机出火时间随着喷嘴安装高度变化。

表 2　点火试验分组

序号	喷嘴安装高度/mm	备注
1	H	
2	$H+0.5$	
3	$H+1.0$	
4	$H+1.5$	
5	$H+2.0$	
6	$H+2.5$	
7	$H+3.0$	

表 3　点火试验结果

序号	喷嘴安装高度 $H+h$/mm	平均出火时间 t/s	
		喷嘴Ⅰ	喷嘴Ⅱ
1	H	9.8（一次点火不成功）	点火不成功
2	$H+0.5$	8.4	9.6（两次点火不成功）
3	$H+1.0$	7.6	8.3
4	$H+1.5$	6.9	7.8
5	$H+2.0$	7.2	7.5
6	$H+2.5$	7.8	7.6
7	$H+3.0$	8.2	8.1

图 6　发动机点火试验情形

从试验数据可以看出，随着喷嘴安装高度从 H 增加到 $H+3.0$mm，发动机出火时间呈现出先减小后增大的趋势；而且在喷嘴安装高度为 H 时，喷嘴Ⅰ和喷嘴Ⅱ均出现了点火不成功的现象。针对这一试验现象，可推论如下：喷嘴安装高度为 H 时，喷嘴所形成的雾化锥角未能有效地覆盖点火器，而且发动机内部气流也会造成雾化锥角飘散，因此此安装高度易造成点火时而成功时而不成功的现象。随着喷嘴安装高度逐渐增加，点火器逐渐进入喷嘴雾化锥角有效覆盖范围内，因而点火较为稳定且时间逐渐缩短。当达到一个恰当的高度后，随着安装高度的增加，喷嘴锥角对点火器的覆盖位置逐渐上移，但由于喷嘴锥角是一个空心锥，且点火器有效作用部位为中下部，因此点火时间又呈现出增加的趋势。

为了获得最佳的喷嘴安装高度，对表 3 中的数据进行二次拟合。喷嘴Ⅰ和喷嘴Ⅱ的拟合曲线如图 7（a）和（b）所示。喷嘴Ⅰ的拟合方程为 $t=0.86h^2-3.03h+9.74$，均方根误差 0.155%，最大相对误差 3.47%。喷嘴Ⅱ的拟合方程为 $t=0.497h^2-2.06h+9.75$，均方根误差 0.084%，最大相对误差 1.45%。其中 h 为垫片厚度，H 为喷嘴座高度，t 为发火时间。

对拟合方程进行反向求解，得出喷嘴Ⅰ最佳喷嘴安装高度为 $H+1.76$ mm，出火时间 7.07 s；喷嘴Ⅰ最佳喷嘴安装高度为 $H+2.07$ mm，出火时间 7.62 s。

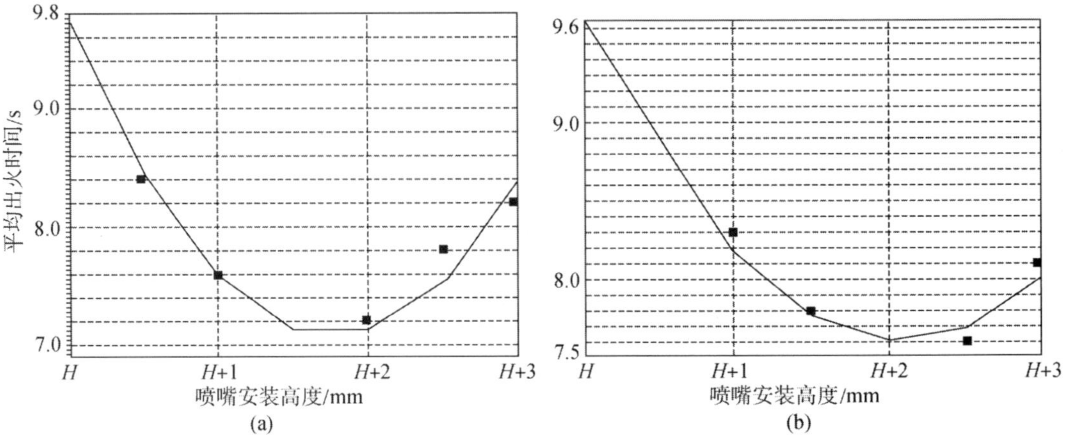

图 7　喷嘴Ⅰ和喷嘴Ⅱ安装高度—出火时间拟合曲线

4　效果确认

为了确认效果，根据以上喷嘴最佳安装高度，分别为喷嘴Ⅰ和喷嘴Ⅱ制作高度为 $H+1.76$ mm 和 $H+2.07$ mm 和垫片。按照以下方法进行喷嘴的安装：

1）将漩涡器使用镊子放入喷嘴壳体中；

2）将喷口板放入喷嘴壳体中，此时应注意喷口板的方向，应确认锥孔大端一面与漩涡器贴合，小孔端朝外；

3）采用旋压工艺，将喷嘴壳体端面弯折。

漩涡器、喷口板安装过程以及旋压过程应注意多余物防控。

喷嘴安装完毕进行点火试验。试验结果如表 4 所示。

表 4　效果确认试验结果

	喷嘴Ⅰ	喷嘴Ⅱ
理论计算出火时间/s	7.07	7.62
实测出火时间/s	7.1	7.5

试验结果与理论计算结果存在差异，其数据差异主要有以下原因：

1）实测出火时间是通过人工秒表计时获得，人体具有一定的反应时间。

2）数据采用了最小二乘法进行二次拟合。首先，采用二次拟合只是为了便于工作开展，喷嘴安装高度与发动机出火时间是否具有固定的定量关系有待探究；其次，数据拟合具有一定的误差。

然而虽然实测结果与理论计算存在差异，但其符合整体趋势。

5　结论

雾化喷嘴的安装高度对发动机点火过程具有重要影响。

1）当喷嘴安装高度过大或过小时难以保证点火成功。此时可通过在喷嘴与喷嘴之间添加垫片的方式进行喷嘴高度调整，以保证点火成功。

2）存在一个理论喷嘴最佳安装高度使得发动机出火时间最快。当安装高度大于或小于此高度都会使得发动机出火时间增长。

参考文献

[1] 航空发动机设计手册编委会．航空发动机设计手册．北京：航空工业出版社，1999.

[2] 林宇震，许全宏，刘高恩．燃气轮机燃烧室．北京：国防工业出版社，2008.

XX 安全执行机构动态解锁测试方法的改进

李小兵　侯　波

航天七院 692 厂

摘　要　本文主要通过对 XX 安全执行机构动态解锁测试方法的改进，保证了每发产品均能进行三级动态解锁测试筛选，确保了产品装配质量，同时，有效地解决了使用火药拔销器只能进行一次动态解锁测试的弊端，降低了动态解锁测试成本。

关键词　安全执行机构　动态解锁测试　降低成本

1　引言

XX 安全执行机构为某型号的重点产品，其主要功能包括：

1）确保战斗部在地面操作、贮存、运输和发射中以及发射后正常飞行状态下安全距离内的安全；

2）XX 发射后依次解除三级保险，接通起爆线路，确保接收到起爆信号后可靠起爆。其内部结构如图 1 所示。

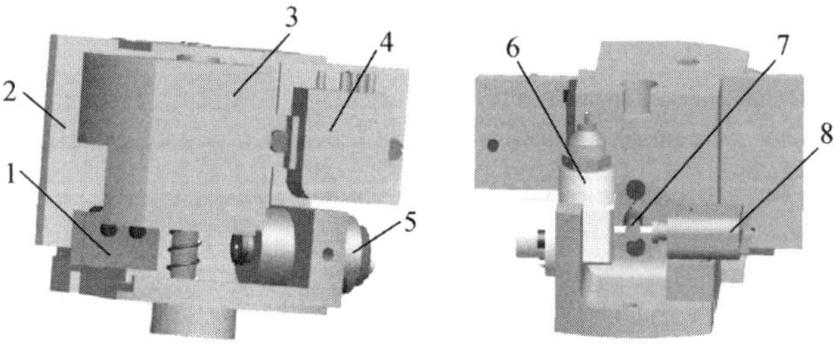

图 1　安全执行机构结构示意图

1—微动开关；2—支架；3—惯性块；4—延时继电器；5—电磁机构；6—拔销器；7—隔离回转体；8—微型开关

XX 安全执行机构的三级保险使用火工品拔销器锁定隔离回转体使产品处于隔爆状态，并控制微型开关，使电雷管处于短路状态。只有拔销器工作后安全执行机构才能完成三级保险解除。

产品研制时，采用火药拔销器进行生产过程中的三级动态解锁筛选试验，经过多次调试试验后，产品壳体出现烧蚀现象，影响产品外观；同时因火药拔销器为一次性工作的火工元件，不能重复使用，完成三级动态解锁筛选调试需要多发火药拔销器，调试周期长、成本高。鉴于此问题，产品进入批产后，一直采用零组件选配、多次静态手工设靶、拉动测试的方法来代替产品的三级动态解锁筛选试验。

由于静态手工设靶、拉动测试方法与产品实际工作状态存在一定差异，不能完全模拟动态解锁状态，为保证产品质量，在装配过程中有必要对每发产品模拟实际工作状态进行动态三级保险测试。因此，改进产品动态三级保险测试方法是势在必行。

2　技术难点

为实现 XX 安全执行机构动态三级保险解锁拔销器的正常工作，而需要设计动态解锁工装代替现有手工设靶、拉动拔销器工装来测试三级保险的解锁动作。动态解锁工装设计的技术难点主要有以下方面：

1）足够的输出力，以克服微型开关和扭簧作用在隔离回转体上的阻力。若测试部件的输出力较小，回缩杆回缩不正常，解锁失败。

2）工装体积小。根据产品结构可知，拔销器用 3 个螺钉安装在支架上，如图 2 所示，其安装空间较小，从而造成解锁工装的设计尺寸相应较小。

经过计算，解锁工装外形尺寸必须满足以下要求：

a）安装位置处外径应小于 27.5 mm；

b）宽度应小于 23 mm；

c）长度应小于 36.5 mm，并且在安装面伸出的尺寸应小于 6.5 mm；

d）高度尺寸可以适当调整，对解锁工装安装无影响。

3）重复使用。安全机构产品需要进行多次动态三级保险测试，因此替代解锁工装需满足重复性要求。

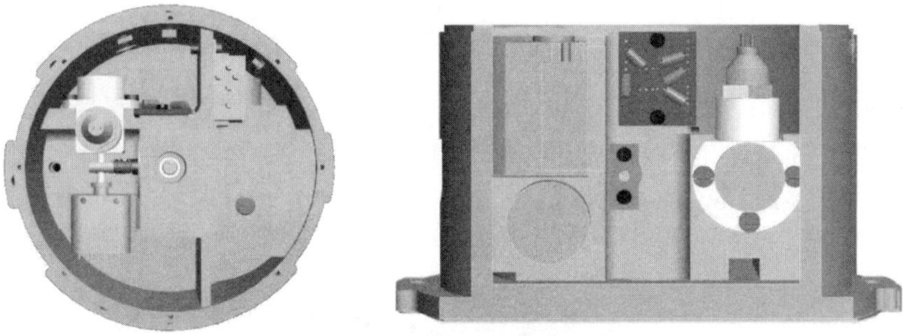

图 2　拔销器安装示意图

3　技术方案

3.1　方案可行性设计

为确保产品能够经过多次动态三级保险测试筛选，需用解锁工装代替拔销器，且解锁工装安装方式需与拔销器安装方式一致。预先确定了两种替代方式：1）电磁机构替代拔销器；2）电磁-机械装置替代拔销器。

3.1.1　电磁机构替代解锁测试

该方案考虑用电磁机构替代拔销器，设计电磁机构的参数。

（1）电磁机构设计思路

根据解锁工装安装空间尺寸，可以将电磁机构的外形尺寸按图 3 进行设计。该方案的工作过程为：在初始状态，弹簧处于压缩状态，芯杆将隔离回转体锁定并将微型开关的按钮压缩到位；工作状态，给电磁机构通入电流，电磁机构产生的电磁力使芯杆回缩，解除对隔离回转体微型开关的锁定。

从工作过程可知，该方案使用电磁机构提供动力，可以实现安全执行机构的动态三级解锁，达到重复多次测试的目的。

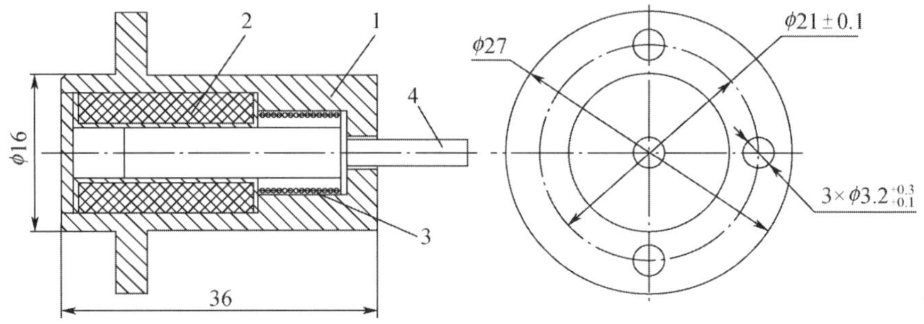

图 3　电磁结构结构

1—壳体；2—线圈；3—弹簧；4—芯杆

（2）计算电磁机构拔销需克服的阻力 $F_{阻}$

$F_{阻}$ 由三部分组成：

1）克服微型开关弹簧产生的阻力；

2）扭簧扭矩作用在隔离回转体上的阻力；

3）芯杆回缩时压缩弹簧产生的阻力。

克服微型开关弹簧产生的阻力：微型开关如图 4 所示，在初始状态时微型开关的按钮处于压缩状态。由微型开关技术协议可知，微型开关产生的阻力为（8±1）N。

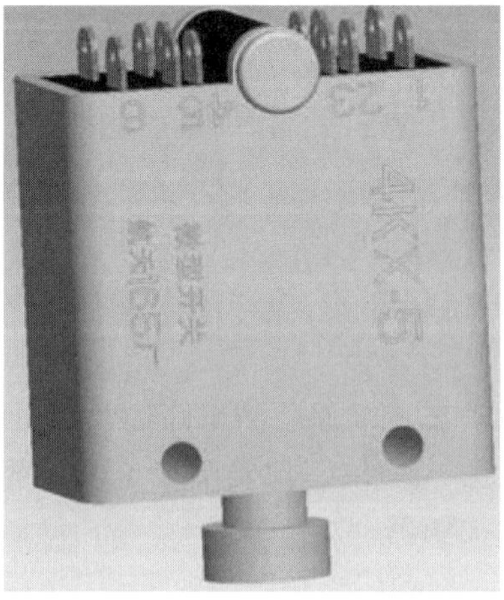

图 4　微型开关示意图

扭簧扭矩作用在隔离回转体上的阻力：扭簧的结构如图 5 所示，在初始状态扭簧的扭转角度 $\alpha=450°$，$k=0.0487$ N·m（°），扭力臂 $L=7.0$ mm，钢与钢的摩擦系数 μ 取 0.3。通过计算扭簧扭矩作用在隔离回转体上的阻力约为 0.93 N。

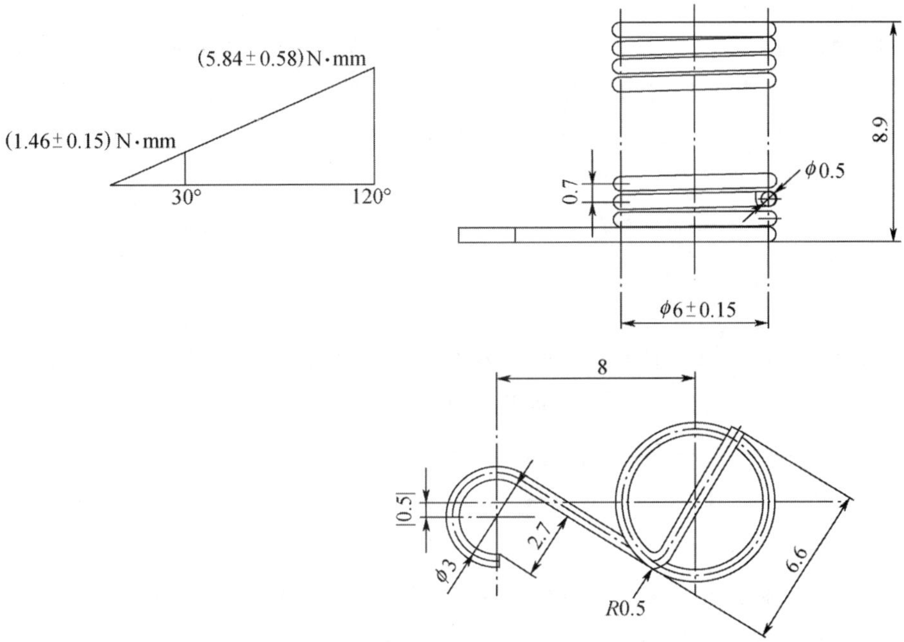

图 5　扭簧结构图

芯杆回缩时压缩弹簧产生的阻力：弹簧借用 XX 弹簧，该弹簧结构如图 6 所示。芯杆压缩弹簧的尺寸为 6 mm，弹簧刚度 $k=0.67$ N/mm。通过计算压缩弹簧作用在芯杆上的阻力约为 4.02 N。

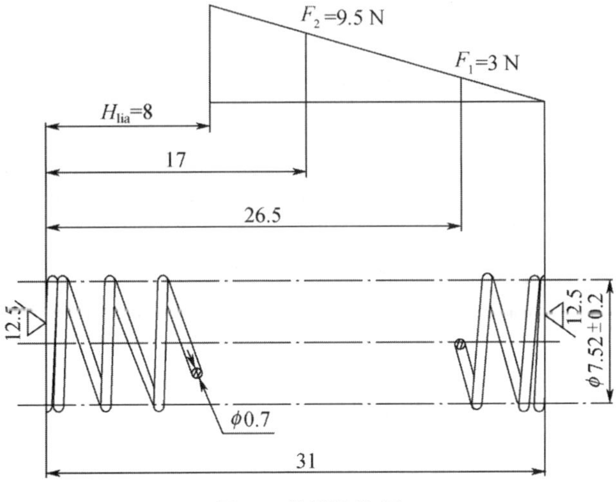

图 6　弹簧结构图

因此

$$F_{阻}=9+0.93+4.02=13.95\ \text{N}$$

从上述计算可知，电磁机构至少需要提供 13.95 N 的力，才能满足使用要求。

（3）电磁机构的电磁力 F

电磁机构由于受产品外壳尺寸和安装位置限制，外壳直径 $d\leqslant 27$ mm，长度≤36 mm，借鉴 XX 电磁机构的成熟技术，电磁机构的芯杆尺寸取 $d=8$ mm，线圈绕线圈数为 $N=580$，电流为 $I=2.57$ A，空气气隙的长度 $L=6$ mm。

按照直流电磁铁的吸合力公式

$$\begin{aligned}F&=10^7/8\pi B^2 S=10^7/8\pi(4\pi\times10^{-7}\times I\times N/L)^2 S\\&=10^7/8\pi\times(4\pi\times10^{-7}\times2.5\times650/0.006)2\times\pi\times0.008^2/4\\&=2.3\ \text{N}\end{aligned}$$

通过对比以上计算值可知，电磁机构拔销需克服的阻力 $F_{阻}$ 远大于电磁机构的电磁力 F，因此该方案不能满足测试功能性要求。

3.1.2 电磁一机械装置替代解锁测试

（1）电磁一机械装置设计思路

由 3.1.1 节可知，由于尺寸限制，直接利用电磁机构提供动力不能满足输出力的要求。因此考虑使用机械机构，由弹簧提供动力，电磁机构用来锁定机械结构。电磁-机械装置的示意图如图 7 所示。

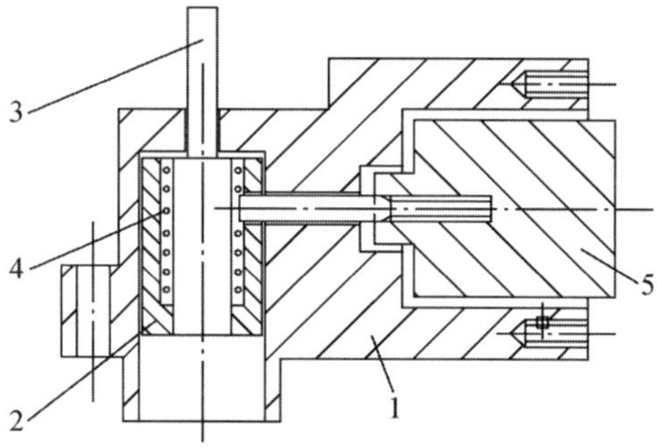

图 7 电磁一机械装置结构示意图

1—壳体；2—弹簧座；3—销杆；4—弹簧；5—电磁机构

电磁-机械装置的工作过程为：在初始状态，弹簧处于压缩状态，芯杆锁定隔离回转体并将微型开关的按钮压缩到位，电磁机构上的锁定杆将弹簧座锁定；工作状态，给电磁机构通入电流，电磁机构产生的电磁力将锁定杆从弹簧座内拔出，芯杆和弹簧座在弹簧弹力的作用下弹出，解除对隔离回转体微型开关的锁定。

该装置的设计思路主要有以下两个优点：

1）用弹簧提供动力，占用的尺寸空间将缩减；

2）电磁机构在工作过程中起锁定作用，所需提供的电磁力将大大减小，占用的尺寸空间也会缩减。

（2）计算电磁一机械装置需克服的阻力 $F_{阻}$

$F_{阻}$由两部分组成：微型开关弹簧压缩电磁机构芯杆产生的摩擦力和弹簧座内的弹簧压缩电磁机构芯杆产生的摩擦力。（钢与钢的摩擦系数 μ 取 0.3。）

1）微型开关弹簧压缩电磁机构芯杆产生的摩擦力：从 3.1.1 节可知，微型开关弹簧弹力为（8±1）N，计算微型开关弹簧压缩电磁机构芯杆产生的摩擦力应为 0.3×（8±1）N=（2.1～2.7）N。

2）弹簧座内的弹簧压缩电磁机构芯杆产生的摩擦力：经查，弹簧的弹力约为 7.5 N，计算弹簧压缩电磁机构芯杆产生的摩擦力应为 0.3×7.5=2.25 N。

因此，$F_{阻}$=（2.1～2.7）+2.25=（4.35～4.95）N。从上述计算可知，电磁机构至少需要提供 4.95 N 的力，才能满足使用要求。

（3）电磁-机械装置的电磁力 F

在满足要求的前提下，电磁机构首先考虑借用 XX 安全执行机构使用的电磁机构，弹簧首先考虑借用该安全执行机构使用的保险弹簧。XX 安全执行机构使用的电磁机构结构如图 8 所示。

按照直流电磁铁的吸合力公式

$$\begin{aligned}F &= 10^7/8\pi B^2 S = 10^7/8\pi\ (4\pi\times10^{-7}\times I\times N/L)^2 S \\ &= 10^7/8\pi\times\ (4\pi\times10^{-7}\times3\times490/0.002)^2\times\pi\times0.008^2/4 \\ &= 17\ \text{N}\end{aligned}$$

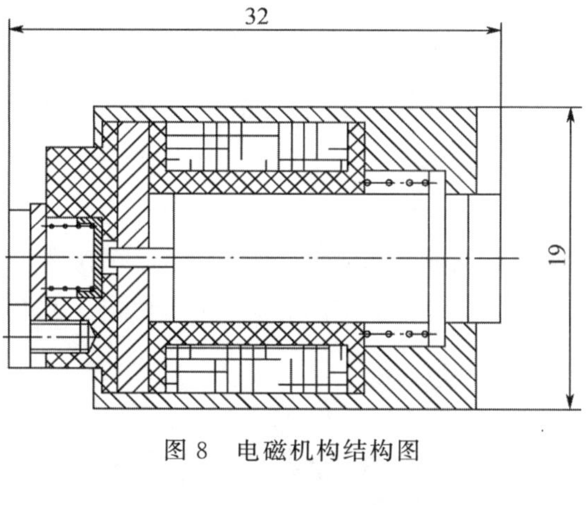

图 8　电磁机构结构图

上述计算未考虑漏过铁芯的磁通量，实际吸合力小于 17 N。在实际生产中，该电磁机构的吸合力范围为 3.8～7.1 N。因此，需通过吊砝码的方式筛选出吸合力大于阻力的电磁机构，使其满足 $F > F_{阻}$的要求，因此该方案可行。

3.2　解锁工装的设计

测试解锁工装（电磁-机械装置）壳体的结构尺寸如图 9 所示，其尺寸既满足了产品内安装位置的外形尺寸，又保证有足够的内部空间安装电磁机构和弹簧。

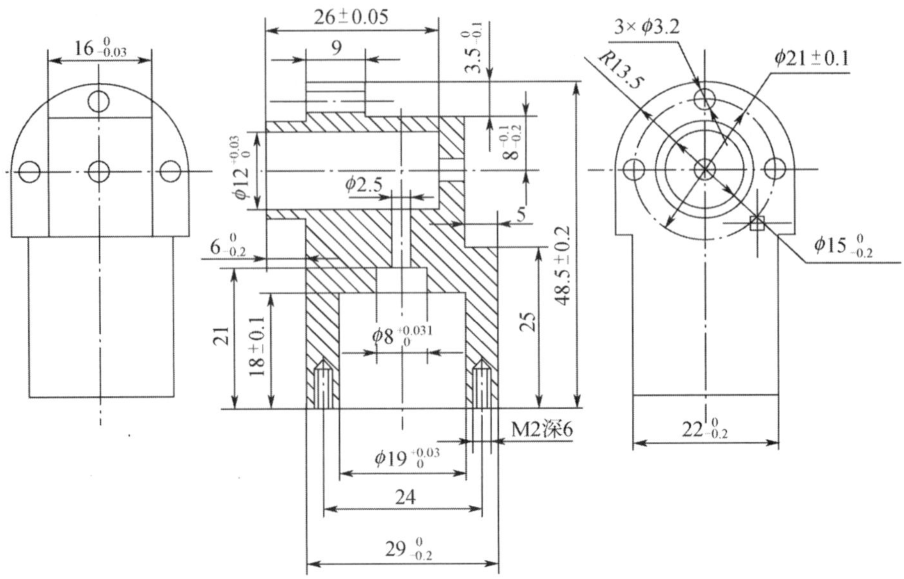

图 9　电磁-机械装置工装设计

3.3　工装使用寿命

影响以上解锁工装（电磁-机械装置）使用寿命的主要因素为：弹簧和电磁机构。其中弹簧借用 XX 安全执行机构使用的保险弹簧，该弹簧为I类，受变载荷作用次数大于 10 万次；电磁机构的使用次数与其通电频率和通电时间密切相关，在保证工作持续率 HB%＜1%时，其电磁机构的使用次数大于 500 次，满足解锁工装需重复使用的要求。

4　试验验证

为了验证解锁工装（电磁-机械装置）的正确性、有效性和可操作性，按装配工艺要求装配了 5 发工艺试验产品，其中拔销器用解锁工装（电磁一机械装置）代替，装配后的机构组件如图 10 所示。

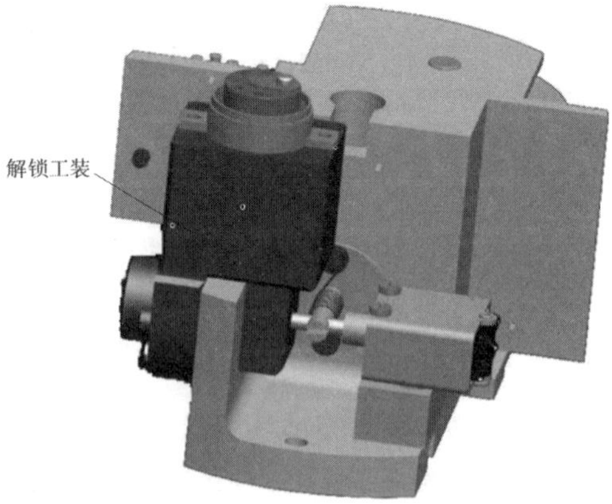

图 10　解锁工装装配示意图

将装配好的5发工艺试验产品送试验站进行三级动态解锁测试，5发产品各测试3次均可靠解锁，测试曲线如图11所示。其中A1通道监测离心机转速，A2通道监测三级解锁测试的遥测信号，A3通道和A4通道监测延时继电器的延期时间。

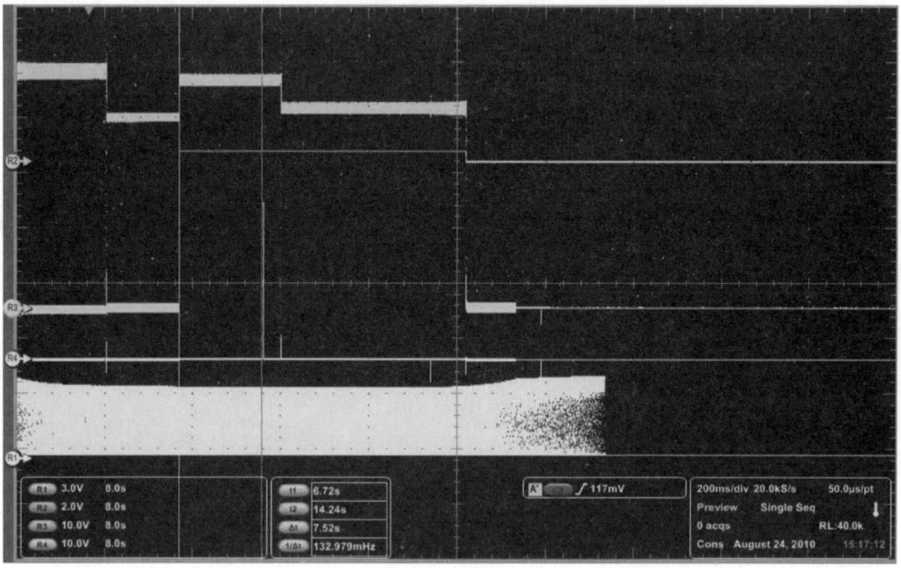

图11　解锁测试曲线（见彩图）

从以上测试曲线可知，采用电磁-机械装置进行动态三级解锁测试，测试到了所有应测数据，测试数据正常，测试结果满足设计要求。通过多批交付XX安全执行机构的验证，使用改进后的解锁工装进行的动态三级保险解锁数据，完全满足设计总体的要求。

5　结束语

通过设计一种低成本并可以重复使用的解锁工装（电磁-机械装置），改良了XX安全执行机构三级动态解锁测试方法，保证了微型开关转换可靠、隔离回转体可靠转动到位和三级遥测信号正常，有效地解决了使用火药拔销器只能进行一次动态解锁测试的弊端，提高了测试质量、降低了测试成本及生产周期。

参考文献

[1]　徐灏．机械设计手册．北京:机械工业出版社．

[2]　韩洪涛．XX动态解锁测试工艺攻关.

关于固体小火箭装配方法的改进

刘 波 侯 波

航天七院 692 厂

摘 要 本文通过对工厂固体小火箭类装配方法的原工艺方法进行分析，提出了一种新的工艺方法，同时对新方法进行工艺试验验证、控制了产品的质量，杜绝了装配过程的返修，提高了生产效率同时缩短了装配周期。对在新工艺方法中用到的新设计的工艺装备也作了简要的说明。

关键词 力矩 试装 压缩量

1 概述

固体小火箭类产品（如图 1 所示）是我厂典型的火工品系列之一，其产品种类多，广泛用于各个型号。

近些年来，随着高密度发射等多个型号的批量生产，固体小火箭类产品（图 1）的生产已由原有的小批量生产向多品种研制和大批量生产转变，其对控制产品的质量、提高产品的生产效率、缩短产品的生产周期具有重要的现实意义。

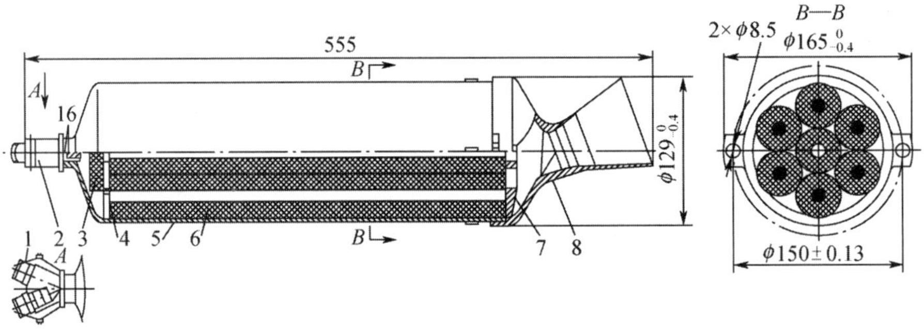

图 1 XX 固体小火箭结构示意图

1—点火器；2—连接管座；3—点火药盒；4—压紧弹簧；5—壳体组件；6—药柱；7— 挡药板；8—喷管组件

2 问题的提出

固体小火箭类产品的装配方法为：零件清擦完后，先在壳体内装药盒、装弹簧件、装火药、装挡药板，再装喷管，最后将喷管与壳体拧紧。由于喷管与壳体装配到位无量化细化要求，部分火箭出现气密检查合格率较低的现象，需要更换零件、返工重新装配，直至气密检查合格，导致装配一次交检合格率低。

由于每年固体小火箭类产品的产量超过一万发，对大小固体小火箭类产品的工艺方法进行改进，控制产品的质量，提高产品的生产效率，缩短产品的生产周期势在必行。现以典型的固体小火箭类产品 XX 为例说明新的工艺方法和取得的效果。

3 原装配工艺路线

原工艺流程如图 2 所示。

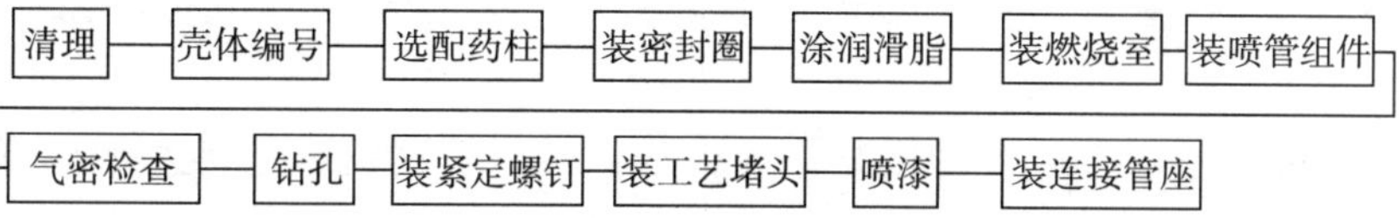

图 2　原工艺路线图

（1）清理

要求检查零组件外观，各螺纹处不得有杂质污物。

（2）壳体编号

将固体小火箭壳体组件编号。

（3）选配药柱

选用检验合格的药柱，将长度差不大于 0.2 mm 的 7 根药柱配成一组，实测 7 根药柱的长度和质量并与装配的产品编号作对应记录。

（4）装密封圈

将一件密封圈装入喷管组件密封槽内。

（5）涂润滑脂

在密封圈表面及壳体外螺纹、喷管组件内螺纹涂润滑脂。

（6）装燃烧室

依次将点火药盒、弹簧件、药柱和挡药板装入壳体中。

（7）装喷管组件

使用专用工装将喷管组件拧紧到位。

（8）气密检查

从螺纹孔处通入压缩气体，用中性溶液检查喷管螺纹连接处以及喷管堵盖粘接处的气密性，要求 1 min 不漏气。

（9）钻孔

在钻床上钻螺纹孔。

（10）装工艺堵头

将喷漆用的工艺堵头拧上送喷漆班喷漆。

（11）喷漆

在产品壳体上喷涂相关标识。

（12）装连接管座

将连接管座施加力矩拧在壳体上。

4 改进后加工工艺流程

4.1 改进措施

为保证每发固体小火箭的壳体组件均能够在施加拧紧力矩后，正常拧入到喷管组件的密封槽中，保证喷管螺纹抗拉脱能力。根据分析，从装配过程中对产品质量进行如下控制。

1）反推火箭装配前，先进行试装，并进行标识。实测喷管组件左端面到退刀槽底端面的距离 L。在距壳体组件右端面（$L+1$）mm 的地方沿壳体径向进行标记，把密封垫装入喷管组件后，进行多媒体记录。用手把壳体组件拧入到喷管组件中，若装配好后，喷管组件左端面超过了壳体组件上的标识，则代表壳体组件和喷管组件已经装配到位。壳体组件和喷管组件装配到位后，沿轴向在壳体组件和喷管组件上画一条标记线。喷管组件测量尺寸示意图如图 3 所示，壳体组件测试及标识示意图如图 4 所示，壳体组件和喷管组件试装到位的径向及轴向标识示意图如图 5 所示。

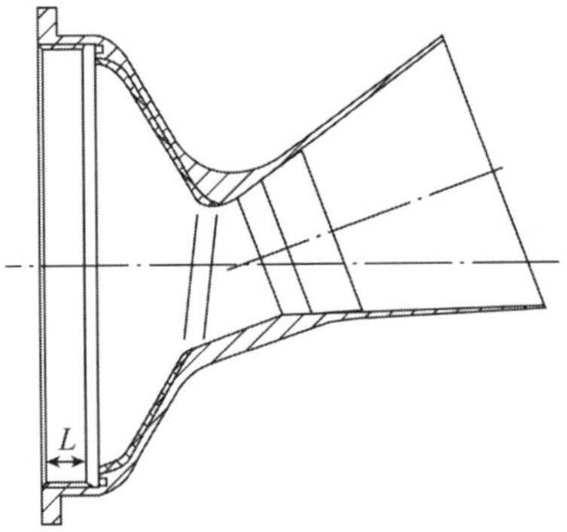

图 3　喷管组件测量尺寸示意图

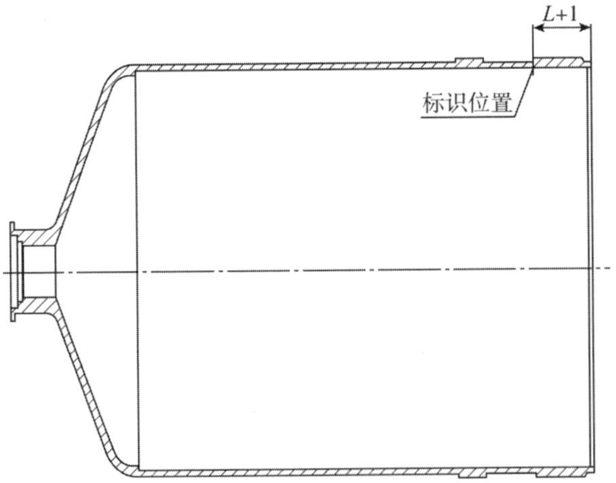

图 4　壳体组件测试及标识示意图

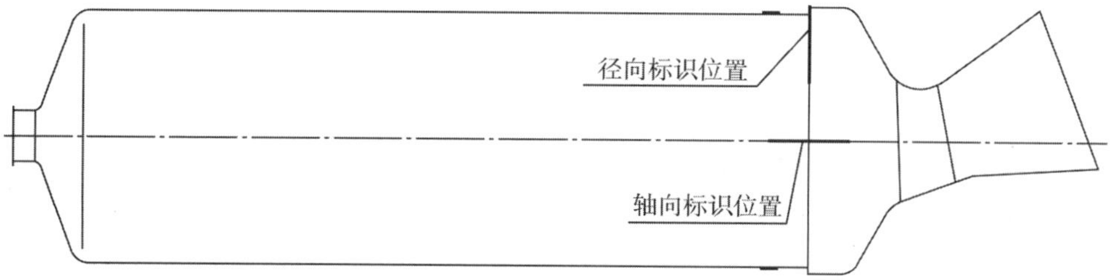

图 5　壳体组件和喷管组件试装到位示意图

2）反推火箭装配时，依次放入药盒组件、弹簧件、药柱及挡药板，注意药柱放置的方向性，确保各零、组件与壳体组件无卡滞现象；

3）通过标识，确保壳体组件拧入喷管组件密封槽后，方可用工装施加力矩，施加力矩应平稳匀速进行，保持加载工装的平稳。反推火箭装配好后，喷管组件左端面应基本接近壳体组件上的径向标识，同时，喷管组件轴向标识与壳体的轴向标识在圆周向相差应大于规定值，则表明壳体组件和喷管组件装配到位，示意图如图 6 所示。

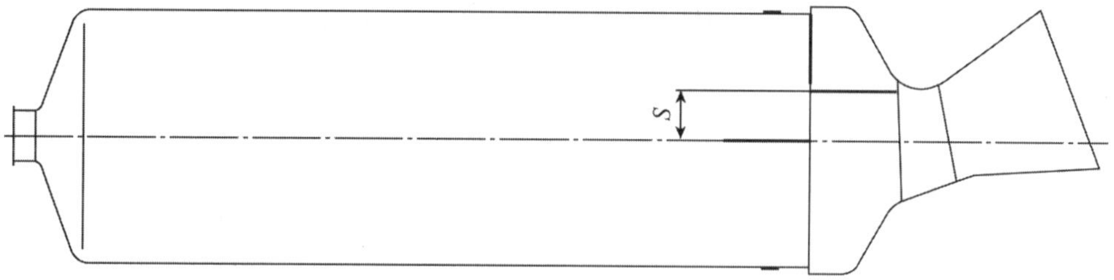

图 6　壳体组件和喷管组件装配到位示意图

4）成品气密检查完成后，需对壳体和喷管的安装到位情况进行射线无损检测。重点检查壳体组件密封端面距离喷管组件密封槽底面的距离应不大于规定值。

4.2　改进后流程

改进后的工艺路线增加测量、试装、照相、力矩以及射线检测等措施来保证产品装配质量，具体装配工艺流程如图 7 所示。

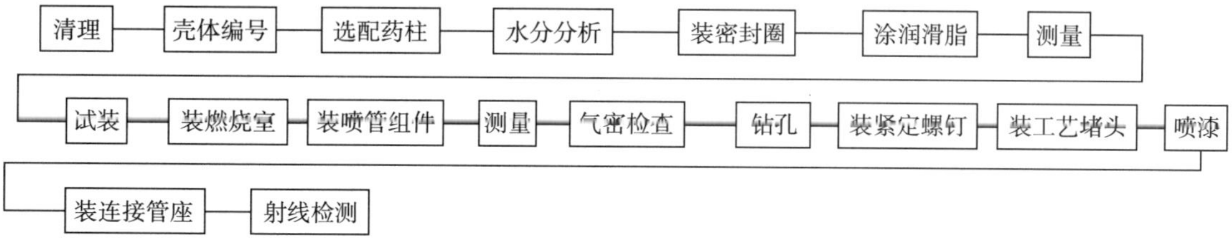

图 7　改进后的工艺流程图

（1）清理

要求检查零组件外观，各螺纹处不得有杂质污物。

（2）壳体编号

将固体小火箭壳体组件编号。

（3）选配药柱

选用检验合格的药柱，将长度差不大于 0.2 mm 的 7 根药柱配成一组，实测 7 根药柱的长度和质量并与装配的产品编号作对应记录。

（4）水分分析

抽取 3 发药盒组件，送理化室分析黑火药水分含量应小于 1%，水分分析合格后 7 天以内必须进行燃烧室装配，否则重新抽取 3 发药盒进行水分分析。

（5）装密封圈

将一件密封圈装入喷管组件密封槽内。

（6）涂润滑脂

在密封圈表面及壳体外螺纹、喷管组件内螺纹涂润滑脂。

（7）测量

如图 8 用卡尺测量喷管端面到密封槽的距离 L_1，任测 3 点求平均值，并对应喷管组件编号记录。在壳体组件外圆柱面距右端面约 30 mm 处用纸胶带粘贴后作标记线，用卡尺测量壳体组件端面距此标记线距离 L_2 的具体值，并对应壳体组件编号记录。

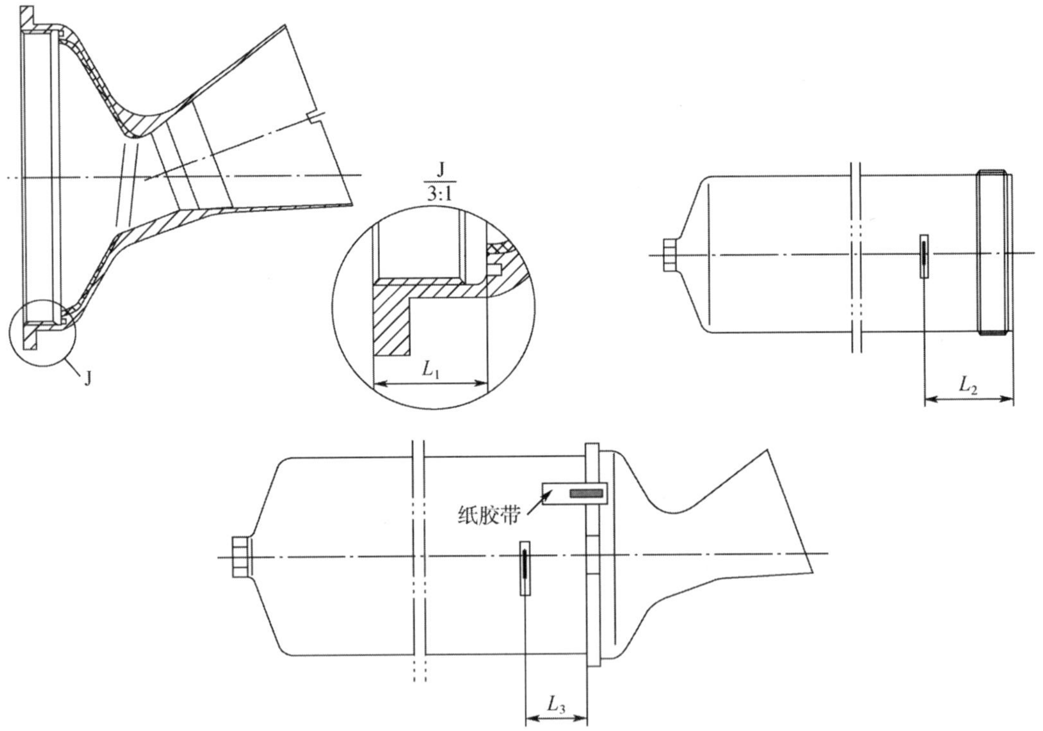

图 8　卡尺测量

（8）试装

试装：壳体组件和喷管组件进行试装。用手将喷管组件拧入壳体组件，直到用手拧不动为止，测量喷管端面距标记线的距离为 L_3，对应壳体组件编号记录实际值，如图 9 所示。计算 $L_2-L_3-L_1$ 应小于 0.8 mm，然后在喷管组件与壳体组件接缝处粘贴两段纸胶带，在纸胶带表面用红色油性记号笔极细端做标记线，两段线应在一条直线上，再用手把喷管组件取下对应放置。

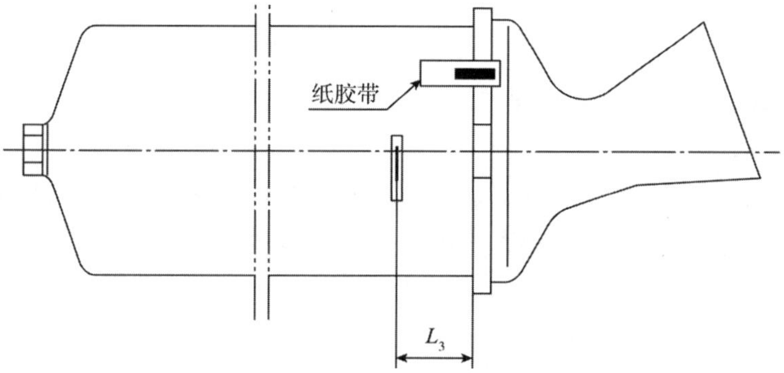

图 9　试装

（9）装燃烧室

依次将点火药盒、弹簧件、药柱和挡药板装入壳体中。

（10）装喷管组件

将喷管组件用夹具夹持在虎钳上，用力矩扳手加小于 120 N·m 的力矩预拧紧，按图 9 复测 L_3，计算 $L_2-L_3-L_1$ 应小于 0.8 mm。然后再加（210±20）N·m 的力矩将壳体拧紧到位，应缓慢平稳加力，不得使用冲击力。

（11）测量

用皮尺或卷尺贴着壳体外壁，测量两标记线间的壳体组件弧长（S）应大于26.1 mm，用卡尺测量标记线与喷管组件端面的距离 L_4，L_4 应小于 L_3，如图 10 所示。计算垫圈压缩量：$d=S/261.7$ mm 。

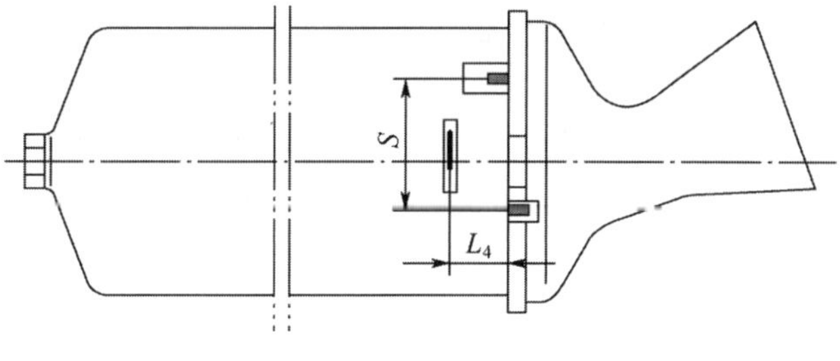

图 10　测量

（12）气密检查

从螺纹孔处通入压缩气体，用中性溶液检查喷管螺纹连接处以及喷管堵盖粘接处的气密性，要求 1 min 不漏气。气密次数不得超过 3 次，否则应更换药盒组件，记录每发产品的气密检查次数。

（13）钻孔

在钻床上钻螺纹孔。

（14）装工艺堵头

将喷漆用的工艺堵头拧上送喷漆班喷漆。

（15）喷漆

在产品壳体上喷涂相关标识。

（16）装连接管座

将连接管座施加力矩拧在壳体上。

（17）射线检测

按Q/Hg722标准增加射线检查，检查喷管与壳体拧紧到位（重点检查壳体的密封面与密封槽内的密封圈紧贴，无间隙），点火药盒未漏装药，各零组件装配方向正确。

5 验证情况和效果评价

按照改进后工艺方案装配10发工艺试验件，质量较好，经检验员全检各气密处100%合格，并保证了产品的质量和一致性，且由射线检测全部合格。

由于采用了“测量＋试装＋测量”的方法，确定了垫圈压缩量，保证喷管拧紧到位，确保装配质量。降低了气密不合格而进行的返工次数，间接提高了生产效率。

6 推广应用情况

改进后的装配工艺方法正确可行，合理高效。固体小火箭装配后采用气密全检密封性98%以上全部合格。利用新工艺方法装配的产品的批生产情况见表1。

表1 固体小火箭类产品使用改进后方法后的装配情况

序号	产品代号	批次号	气密合格率	返工次数	备注
1	XX-7	1302批	99%	1	
2	XX-1C	1201批	99%	1	
3	XX-5	1201批	100%	0	
4	XX-7C	1201批	99%	1	
5	XX-2	1302批	100%	0	
6	XX-10	1301批	100%	0	
7	XX-1A	1301批	100%	0	

7 结论

固体小火箭类产品工艺改进方法正确可行，产品质量更为稳定可靠，并提高了装配效率，缩短了装配周期。

减压器保险活门解决气密性、稳定性的装配方法

吴　勇

航天七院7102厂

摘　要　本文介绍气浮平台系统中减压器保险活门的工作原理，构造结构及其工作性能，常见典型故障及其排故方法。分析研究其故障形成的原因，故障形成的理论性能参数。从相关故障原理着手，科学、合理、准确地定位故障，排除故障，从而为气浮平台系统提供可靠而稳定的气源保证。

关键词　保险活门　密封比压　应力松弛　气流扰动

1　保险活门简介

减压器保险活门是减压器的重要组成部分，它和减压器主体一同构成一个完整的减压器活门并装配在气浮平台上。它是保障减压器出口压力正常有效的最后一道屏障，从而为气浮平台提供稳定气源的可靠保障，它性能的好坏直接关系到产品的精度。

1.1　保险活门的结构

保险活门由上壳体、活阀、弹簧、钢球、弹簧座、锁紧螺母、下壳体组成，如图1所示。

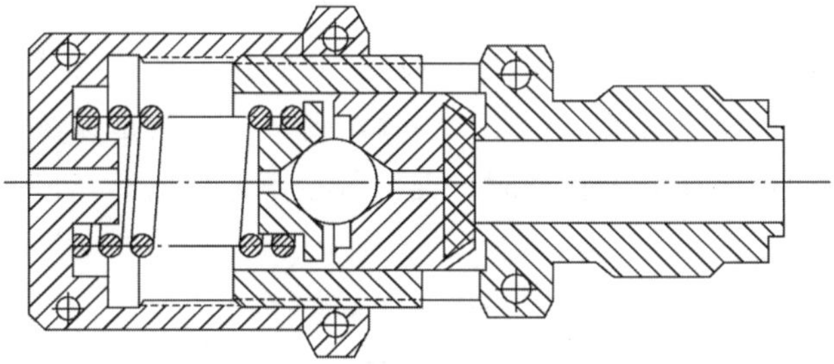

图1　保险活门结构图

1.2　保险活门的结构原理

减压器保险活门是压力系统广泛使用的弹簧式保险活门，工作状态时，它通过弹簧提供密封力，保证设备正常运行。当压力升高时，气体（介质）压力克服弹簧力使阀门开启，系统压力下降，当压力下降到一定值时，阀门在弹簧力的作用下回座使阀门密封。

保险活门是一种典型的反向活门，其密封比压（密封应力与密封介质的压差的比值）

比常规顺向活门小。顺向活门是弹簧力 F_2 和气体作用于活阀上的压力 F_1 之和共同来使活门关闭密封，此种受力状态有利于活门密封性；而反向活门关闭密封时，是弹簧力 F_2 减去气体作用于活阀上的压力 F_1 之差使活阀关闭密封，此种受力状态不利于活门密封性。两种受力状态如图 2 所示。

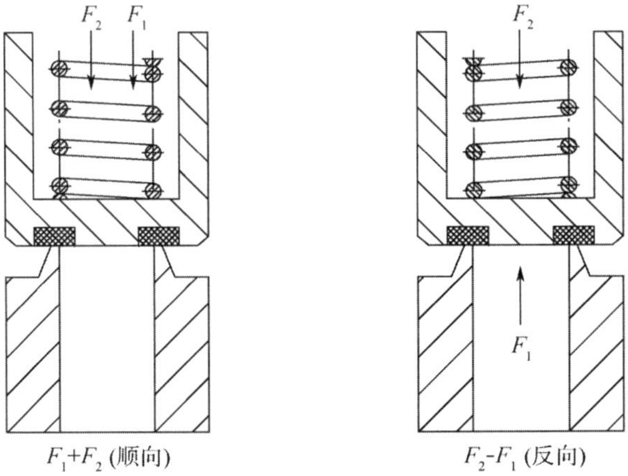

图 2　顺向、反向活门受力示意图

2　保险活门工作原理及典型故障

2.1　减压器保险活门的工作原理

减压器保险活门实质上是一个高精度，敏感性极强的活门（±0.02 MPa）。它的主要功能就是及时而精确有效地反馈减压器主体低压腔内压力。当减压器主体低压腔内气体压力处于正常值（≤1.4 MPa）时，保险活门处于密封状态。当减压器主体低压腔内气体压力处于异常（>1.4 MPa）时，保险活门应迅速打开并排掉多余气体压力。一旦减压器低压腔内压力重新建立在正常值（≤1.4 MPa）时，则又要求其迅速关闭以保障低压腔内压力恢复正常，同时还需要保证关闭状态时，其漏气量不超标（≤18L/h）。其内部压力如图 3 所示。

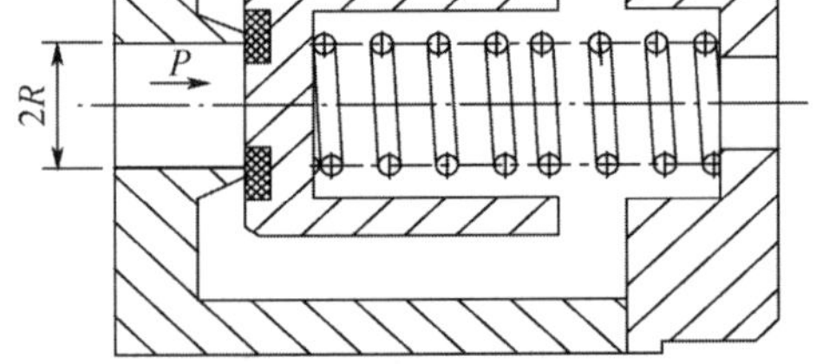

图 3　保险活门内部压力图

假设 F_1 为气体作用于活阀受压面所产生的力，F_2 为弹簧力（调节螺盖使弹簧压缩的力），那么

$$F_1 = P \cdot S = P \cdot \pi R^2$$

$$F_2 = K \cdot \Delta L$$

当 $F_1 \geqslant F_2$ 时，活门打开；当 $F_1 < F_2$ 时，活门关闭。

其中：P 为气体压强，S 为受压面积，K 为弹簧刚度系数，ΔL 为弹簧受压行程。

2.2 气密性、稳定性的技术难点

减压器保险活门虽然结构简单，但其故障原因却相当复杂。典型故障主要表现在两个方面：

1）保险活门的气密性，当在（1.4±0.02）MPa 打开时，1.2 MPa 时的密封气密性往往超标（≤18 L/h），其打开值可以通过拧动上壳体来调节实现，这里主要分析漏气密封难实现的故障（打开和气密性是以一对矛盾体存在的，这就是难度所在）。所以保证保险活门在（1.40±0.02）MPa 打开时，确保 1.20 MPa 时气密性和打开值就是调节、排除其故障的主要方向。

2）保险活门性能的稳定性，主要是指活门打开值应稳定在（1.4±0.02）MPa，且不会随着时间变化而出现超出（1.4±0.02）MPa 以外的变化量波动。

3 减压器保险活门质量改善的装配方法

3.1 保险活门零件质量

良好的保险活门零件质量是保证装配调试出优质保险活门的先决条件，其中活门座表面质量和活阀表面多余物控制往往起着决定性作用。

3.1.1 保险活门活门座尺寸控制

活门座使用成型刀车制成形，该成型刀柄部材料为钢 45，硬度 HRC35～40，切削部分材料为 W18Cr4V，硬度 HRC63～66。活门座结构如图 4 所示。

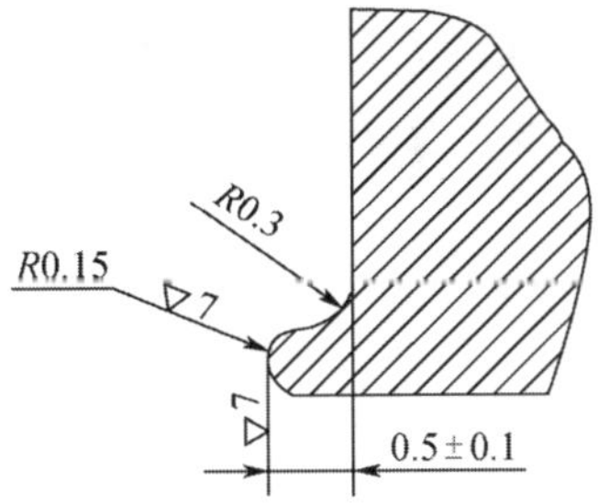

图 4 活门座结构

活门座的成型加工虽然有工艺要求，但在公差范围内的尺寸大小变化却决定着保险活门密封性好坏的不同，从活门座密封原理分析，活门座 R 角（图示 $R0.15$）半径偏小，密

封设计余量较大，对密封缺陷的包容能力较强，在气流扰动下也能保证密封性能满足设计要求；活门座 R 角半径变大以至接近设计上限时，密封设计余量较小，对密封缺陷的包容能力降低，这种情况下即使活门试验合格通过，但在产品最终装配使用时，由于气流扰动作用，却形成微泄漏通道，最终造成低于气检压力下减压器保险活门漏气。因此，活门座加工时，工艺文件应要求活门座尺寸 R 在设计公差范围内偏下差。

3.1.2 保险活门多余物控制（清洁度控制）

由于保险活门的工作介质是气体，气体的黏度比液体的黏度小几十倍，其渗透能力比液体要强得多，更容易产生泄漏。而保险活门采用金属＋非金属关闭密封副，所以其密封面若有多余物，则极容易造成漏气现象，所以要杜绝多余物存在保除活门中。

保险活门的清洁度对活门密封性起到至关重要的作用。保险活门的密封副是金属与非金属的密封关系，当壳体活门座或活阀非金属面上有多余物（即活门零件以外的其他物质）时，会形成一定的泄漏通道，就会对活门的密封性能造成直接影响，影响活门的密封质量。所以在装配调试保险活门时，保证活门内的清洁干净，控制多余物则显得尤为重要。多余物主要情况有两种：第一种情况是活阀非金属切削时产生的丝状非金属物质，当这种丝状物质刚好落在活门座密封面上时，保险活门密封性能降低，在 1.2 MPa 气密试验时气密性超标。第二种情况是有其他金属颗粒附着在非金属密封面上，当活阀与活门座闭合时，活阀密封面的金属颗粒与活门座接触。由于金属颗粒与活门座材料硬度接近，次密封副密封性能较低，导致保险活门的活门密封性大大降低，性能灵活性显著降低。因此，保持保险活门内部清洁度至关重要。

3.2 保险活门性能

保险活门性能不稳定是影响其质量好坏的关键指标，其主要表现形式有以下两种。

3.2.1 初调不稳

当保险活门初步调节时，第一次试验 $P_{打开} = (1.4 \pm 0.02)$ MPa 时，$P_{气密} = 1.2$ MPa 时气密（≤18 L/h）往往超标。共进行 3 次，每次打开值出现不一致，并常常伴波动漂动现象。此种故障原因是气流排出不畅，内部结构出现气流扰动迫使活阀回位不到位所致。根据伯努利原理，如果速度小，压强就大，如果速度大则压强就小。即当活门打开时，气体排出速度越大，活阀受到气流的扰动影响越小，反之，气体排出速度越小，活阀受到气流的扰动影响就越大。

原理表达式

$$1/2\rho V^2 + \rho g h + P = \text{Constant}$$

式中 V ——流体在该点的流速；

g ——重力加速度；

h ——流体处于的高度（从参考点计）；

ρ ——流体密度；

Constant——常数。

保险活门活阀受力如图 5 所示，当氟塑料滚压收口偏向于台阶平面形状时更容易阻障气体顺畅排出，气体所受的压强就越大，即活阀的压强越大（如图 5 左）。当氟塑料滚压收口偏向带倒角形状时，更容易将气体顺利排出，活阀所受压强就小（如图 5 右），受气流扰动影响就小。此种故障可通过增大氟塑料滚压收口角度来排除故障。

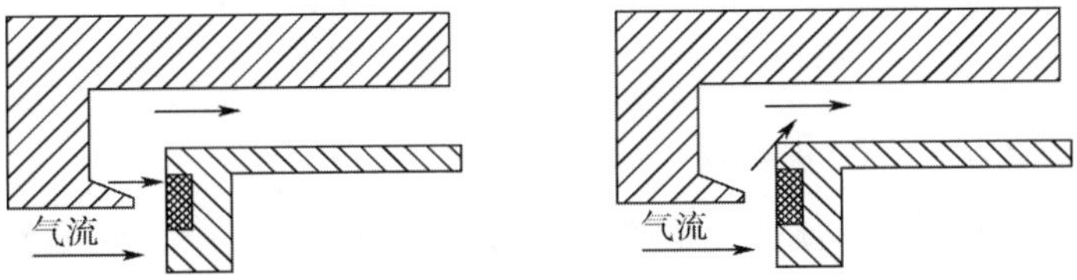

图 5　活阀两种受力状态示意图

3.2.2　打开值衰减现象

当保险活门初调时，其打开值 $P_{打开}$ =（1.4±0.02）MPa，当过一段时间再次复试时，其 $P_{打开} < P_{初调}$，呈随时间逐步减小，当衰减<1.38 MPa 时，则达到不合格状态，产品交验不合格。根据长期调试的数据分析，此种情况是弹簧的内部应力衰减所致。试验结果绘得典型的弹簧应力松弛（动力学）曲线，如图 6 所示。

该曲线能很好地描绘弹簧应力松弛过程，它明显地分为两个阶段，第 1 阶段从开始持续时间较短，应力随时间延长而急剧下降，如图 6 中 ab 线段，第 2 阶段持续时间很长，应力随时间延长缓慢降低并趋于一恒定值，如图 6 中 bc 线段。从图 6 可知，弹簧材料的抗应力松弛能力由如下特性指标表征：

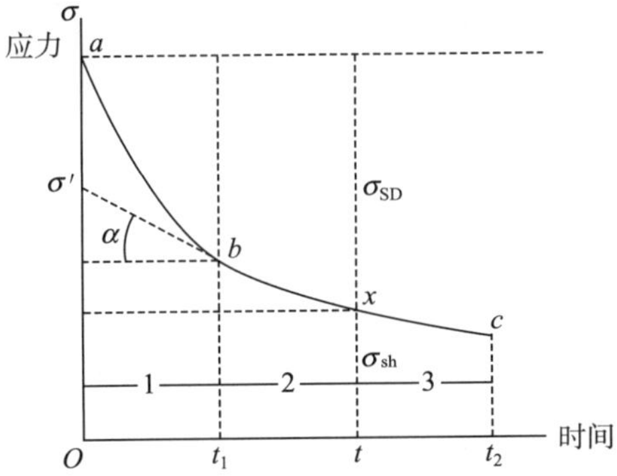

图 6　弹簧应力松弛曲线图

1）剩余应力 σ_{sh}：在初始应力作用下经过规定时间 t 后，材料（弹簧）剩余应力的大小，亦可用剩余应力与初始应力之比来表示。它表明了弹簧材料抗应力松弛性能的好坏，σ_{sh} 或（σ_{sh}/σ_V）% 值越大，材料的抗松弛稳定性越好。

2）松弛率 V_a：单位时间的应力下降值，即给定时间的应力松弛曲线的斜率（$V_a = d_\sigma/d_t$）。显然，松弛第 1 阶段曲线的斜率比第 2 阶段大得多，即 $V_{a_1} > V_{a_2} > V_{a_3}$ 趋于一恒定值。V_a 越小，表示材料抗应力松弛性能越好。

综上所述，在实际中我们会避免采用第 1 阶段，而尽可能采用弹簧第 2、3 阶段。结合到实际中可采用 2 种方法排除或减小弹簧应力松弛对活门性能的影响：

1）对弹簧采取预压方式来消除第 1 阶段应力松弛，而保留 2、3 段相对稳定的应力松弛。

2）采用补偿法来减小影响，即在活门初调时，就将活门打开值调偏高，待到弹簧过了第 1 阶段后则打开值刚好处于（1.4±0.02）MPa 范围内合格。

4 结束语

减压器保险活门是气浮平台供气系统中最为重要的保障之一，它的性能好坏是否合格直接关系到整个系统能否正常运行。该活门在实际装调中难度极大，本人从事该活门多个批次的装调工作，在不同故障中逐步摸索总结出了一整套调试和排故方法。该方法得到了实践的验证，是行之有效的，可靠的。该方法理论科学，操作简单可行，具备了很强的实用性，并在此类产品中得到推广。

参考文献

[1] 邓光凯．机械制造技术，四川航天技术研究院人力资源部，2012.7.

[2] 张贵田．变压补燃液氧煤油发动机．北京：国防工业出版社，2002.

[3] 卞宗林．妥善解决突出问题促进弹簧行业快速发展．弹簧工程．1996(1).

[4] 斯库森(美)．阀门手册．孙家儿，译．北京：中国石化出版社，2005.

提高伺服机构反馈电位计零位精度

沈　渝

航天七院 7111 厂

摘　要　本文对伺服机构影响反馈电位计零位精度的因素进行分析，设计了反馈电位计微动调零工装，解决了伺服机构机械零位、电气零位调整困难的现象，确保伺服机构的调零质量，提高工作效率，降低了生产成本。经过多个批次的试验验证，调零效果良好，确保了产品的高质量交付。

关键词　反馈电位计　零位精度　微动调零工装

1　概述

伺服机构是控制系统的执行机构，箭上计算机将综合放大后的控制信号送至伺服阀的控制绕组，使伺服作动器的活塞在控制信号的作用下，发生轴向位移（伸或缩）。再通过箭上曲柄连杆机构转换成发动机的或游动发动机的摆动，从而达到控制箭体按预定轨道准确而稳定地飞行的目的。它的控制精度关系到整个火箭飞行中的安全和命中精度。

反馈电位计零位：空载状态下用工装将产品限定在机械零位，使得活塞杆无法移动。然后给产品上的反馈电位计加电，用专用测试设备或测量精度优于 0.5%的数字电压表测量反馈电位计的输出值。

我厂生产的各型号伺服机构，在批生产过程中，都要按技术条件进行反馈电位计零位电压调整，而调整的精度及重合度的质量将直接影响火箭的飞行精度及发射成功的稳定性、可靠性。由于伺服机构反馈电位计调零时，作动器活塞杆无工装固定，无法保证机械及电气零位的相对稳定，在电气零位调整阶段，由于联动机构二次振动，作动器在活塞杆助力的作用下，将发生细微的变动，而反馈电位计零位电压输出都以毫伏计算，故造成相应误差。如何确保伺服机构的控制精度关键取决于反馈信号的控制范围及零位基准，因此确保反馈电位计零位精度是伺服机构控制精度的核心。

2　调零的难点分析

2.1　反馈电位计工作原理

反馈电位计是一种可调的电子元件，它是由一个电阻体和一个转动或滑动系统组成的。它是利用电位计上的电刷和电阻体之间相对移动，将被测物理量转化成相应电阻值变化的元件。反馈电位计电气原理图如图 1 所示。

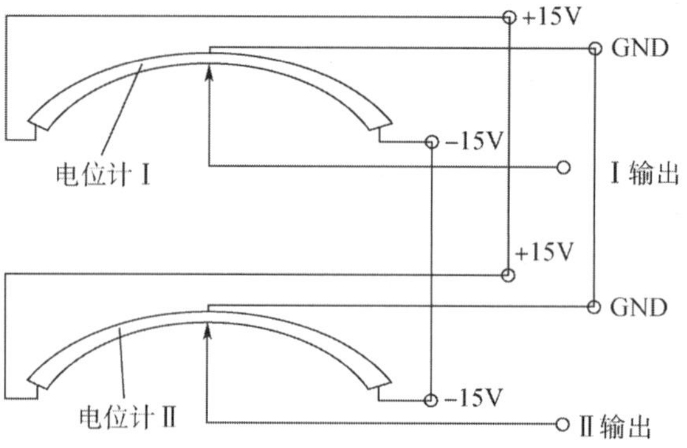

图 1　反馈电位计电气原理图

2.2　调零方法

伺服机构反馈电位计调零方法如下。

1）将产品（如图 2 所示）上旁通阀手动扳动至“旁通”位置，用手推动活塞杆使其基本处于全行程的中位。

2）用机械零位调零卡钳测量活塞杆距壳体两端头限动位置的距离（如图 3 所示），再用游标卡尺测量机械零位调零卡钳的宽度，应满足 $|\delta_1-\delta_2|\leqslant 0.1$ mm（如图 4 所示）。

图 2　伺服机构实物图

图 3　活塞杆与壳体端头距离示意图

3）松动拨杆上内六角螺钉 M4×12，调整反馈电位计小轴（如图 5 所示），用计算机测试仪给反馈电位计加“正”“负”15 V 的电压，然后用精度优于 0.5%的数字电压表测量反馈电位应满足 $|U_0|\leqslant 52.5$ mV 的技术要求。

4）将产品旁通阀达到“工作”位置，对拨杆上的内六角螺钉 M4×12 用力矩起子紧固，拧紧力矩为（2±0.1）N·m。

5）用计算机测量反馈电位计零位电压（并联、反馈 1、反馈 2）及最大角，应满足 $|U_0|\leqslant 52.5$ mV，|最大角|≥60°技术要求。

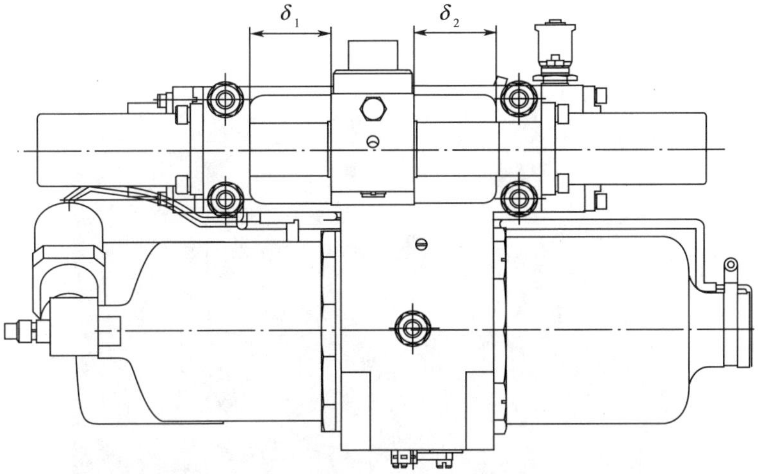

图 4　伺服机构平面示意图

图 5　反馈电位计外观图

2.3　调零的难点分析

伺服机构反馈电位计调零难点，主要原因有两点。

（1）机械零位调整困难

机械零位调整时，活塞杆每次只能用手搬动居中，微调困难，活塞杆距壳体两端头限动位置的距离需要花很长时间才能满足技术要求，机械零位稳定性差。

（2）电气零位调整困难

电气零位调整时，松动拨杆上内六角螺钉 M4×12，调整反馈电位计小轴使之反馈电位计零位 $|U_0| \leqslant 52.5$ mV 满足技术要求，然后对拨杆上的内六角螺钉紧固。在紧固过程中，由于活塞杆无法固定，拨叉受到一定的力，带动拨杆、最终带动活塞杆产生一定的位移。经计算活塞杆移动 1 mm，反馈电位计零位将会产生 417mV 误差，导致产品反馈电

位计零位电压超差，需重新调零。拨杆上的内六角螺钉在反复的拆卸过程中，内六角螺钉极容易滑扣，严重者导致螺钉断裂（如图 6 所示），出现安全隐患。

图 6　内六角螺钉断裂示意图

3　解决方案

针对二级伺服机构反馈电位计机械零位、电气零位调零的困难，重新设计伺服机构微动调零工装 SFGZ－1（如图 7 所示），对反馈电位计调零方法进行了优化。

图 7　伺服机构微动调零工装

3.1　工作原理

伺服机构微动调零工装利用夹具与顶杆相互作用及配合，达到固定伺服机构的活塞杆来微动调节反馈电位计的机械零位、电气零位，其精度可达到 0.01 mm。

3.2 工装特点

1）微动调零工装是利用机械对称调节原理，用专用卡具及螺杆相互配合进行精度调节，根据技术条件及工艺要求，把伺服机构活塞杆的机械零位及电气零位调整到理想的精度范围。

2）微动调零工装采用铝合金材料制成，在确保工装强度及使用条件（调节精度高、操作灵活、质量小）的情况下，还可充分保护产品的外观质量。

3）采用微动调零工装，可保护产品达到以下要求。

a）电气及机械零位完全重合；

b）可将产品活塞杆机械零位按要求进行固定；

c）调零后的新产品机械及电气零位稳定性好。

3.3 使用方法

3.3.1 机械零位调整

1）将产品手动旁通阀扳动至“旁通”位置，推动活塞杆使其基本处于全行程的中位。将夹具安装在活塞杆上，将顶杆旋入左右夹具的螺纹孔内（如图 8 所示）。

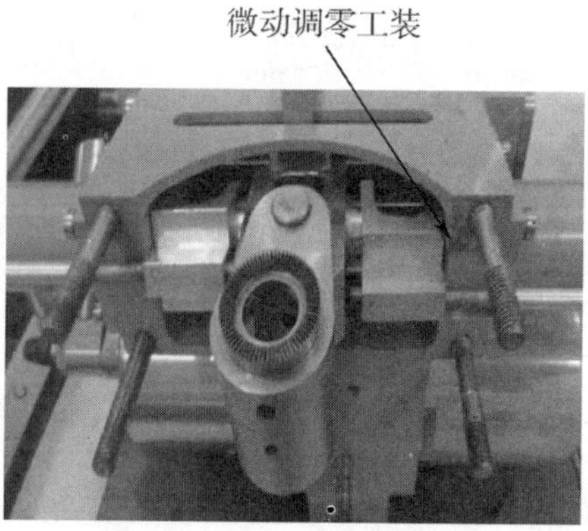

图 8　伺服机构调零示意图

2）左右顶杆相互配合，调整顶杆，用游标卡尺测量活塞杆距壳体两端头极限位置应满足 $|\delta_1-\delta_2|\leqslant 0.1$ mm 。

3）将左右顶杆拧紧，活塞杆固定后，将旁通阀达到“工作”位置。

3.3.2 电气零位调整

1）调整好反馈电位计的轴线尺寸，然后松动反馈电位计拨杆紧固螺钉调整反馈电位计小轴，用数字电压表监控使得反馈电位计零位电压满足≤52.5 mV。

2）对拨杆上的内六角螺钉 M4×12 用力矩起子紧固，拧紧力矩为（2±0.1）N·m。

3）用计算机测量反馈电位计零位电压（并联、反馈 1、反馈 2）及最大角，应满足 $|U_0|\leqslant$52.5 mV，|最大角|≥60°技术要求。

3.3.3 注意事项

1）反馈电位计调零时，若不满足 $|U_0| \leqslant 52.5$ mV 要求，则松动反馈电位计拨杆紧固螺钉调整反馈电位计小轴，最终满足技术要求。反复松紧螺钉次数最多不超过二次，若增加松紧次数，必须更换弹簧垫圈，拨杆锁紧后，测量反馈电位计的零位电压，应满足技术要求。

2）调零工装在固定活塞杆时，必须轻拿轻放，保证活塞杆外观不被划伤。

4 效果

4.1 试验验证

装配了 6 台伺服机构，用改进前、改进后的工艺方法对产品分别进行调零，调零后进行零位特性、位置特性 A 组试验项目测试，测试数据详见表 1。

表 1 调零对比一览表

项目及要求 / 产品编号	工艺方法	调零时间	电气零位	机械零位	最大角（左）	最大角（右）	位置回环不对称度
			≤±52.5 mV	≤0.1 mm	≥60°	≥60°	≤4%
Dgxxxx001	改进前	30 min	−52 mV	0.2 mm	62.12°	60.80°	3.25%
	改进后	5 min	3 mV	0.01 mm	61.32°	61.68V	1.59%
Dgxxxx002	改进前	28 min	48 mV	0.4 mm	60.4°	62.49°	3.49%
	改进后	4 min	−2 mV	0.015 mm	61.12°	61.80°	1.25%
Dgxxxx003	改进前	32 min	18 mV	0.34 mm	60.40°	62.21°	3.69%
	改进后	4.5 min	1.5 mV	0.02 mm	61.92°	60.89°	1.19%
Dgxxxx004	改进前	29 min	36 mV	0.36 mm	60.63°	62.35°	3.12%
	改进后	3 min	−1.5 mV	0.01 mm	61.63°	61.75°	2.1%
Dgxxxx005	改进前	35 min	40 mV	0.26 mm	61.13°	62.12°	62.89%
	改进后	4 min	2 mV	0.01 mm	61.43°	61.29°	0.96%
Dgxxxx006	改进前	32 min	−39 mV	0.37 mm	61.64°	63.11°	64.12%
	改进后	4 min	−4 mV	0.01 mm	61.43°	61.29°	62.53%

运用微动调零工装后，试验参数均满足技术要求，调零时间缩短了八分之一，机械零位均小于等于 0.1 mm、电气零位控制在了±5 mV 内，最大角、位置回环不对称度数据均得到了改善。

4.2 小批量验证

在 2013 年 12 月投入的三个型号的伺服机构，生产中共进行了 160 多台次整机装调，并多次进行新旧整机调整调零对比，经过几个批次试验和摸索试验，其精度及数据完成符合技术要求。电气及机械零位的调零速度从原来的几十分钟下降为现在的十分钟以内，每台节约时间 25 分钟左右，生产效率提高了 8 倍以上，其精度从原来的几十毫伏提高到现在的几毫伏。确保了产品在实箭试验飞行中的稳定性和可靠性。

5 结束语

通过对伺服机构影响反馈电位计零位精度的因素进行分析，确定了改进措施，解决了伺服机构机械零位、电气零位调整困难的现象，确保伺服机构的调零质量，提高工作效率，降低了生产成本。经过多个批次的试验验证，调零效果良好，确保了产品的高质量交付。

参考文献

[1] 吴人俊．电液伺服机构制造技术．北京:宇航出版社,1992.
[2] 曾正明．机械工程材料手册．北京:机械工业出版社,2003.

直流电动机换向器绝缘及换向不良问题解决方案

邵　军　汪　强

航天七院 7111 厂

摘　要　针对直流电动机功率大、质量小、转速高、温升高等特点，为了保证换向器绝缘问题及换向在电动机装配过程中对电机性能及其可靠性影响小，在多年实践中总结出了换向器装配技巧，有效提高了换向器绝缘及换向可靠性。

关键词　电动机　换向器绝缘下降换向不良

1　换向器装配过程的绝缘下降问题解决

1.1　概述

换向器是直流电机最重要、最复杂的部件之一。它的作用是将电枢绕组中感应的交变电动势经电刷变为直流电动势，或把外面通往电刷的直流电流转换成为电枢绕组中所需要的交变电流。在电机运行中，不允许换向器有微小的松动和变形，要求换向器的工作表面光滑平整，具有较高的耐磨性、耐电弧性、耐热性以及可靠的绝缘性能。换向器要求具有足够的强度、刚度以保证片间压力，在电机启动、制动或超速运转情况下，其形状应保持稳定。换向器质量的优劣，对电机的运行有很大的影响。

1.2　技术难点

换向器是电机中结构复杂制造困难的部件之一，在很大程度上决定着电机制造的质量、电机寿命以及电机的运行情况。换向器的工作部分是由换向片和云母片相间排列组成，要求换向器开关规则，并且在运行条件下承受电压、热及压力的综合作用也不发生变形。所以，在制作时要对换向片和云母片进行多次冷压、热压处理，以保证其性能稳定。

1.3　换向器绝缘质量的装配控制手段

换向器的绝缘性能要可靠，片间绝缘和对地绝缘应能承受规定的耐压试验，在长期运行中绝缘性能应保证稳定良好。

1.3.1　避免换向器冷压、热压时产生的冲击力使压紧力超出工艺要求范围

换向器冷压之后还要进行加热烘压，烘压的目的是把片间云母板中多余的胶粘剂挤出，并使云母板中的胶粘剂固化。冷却后，由于铜的膨胀系数较大，铜制换向片收缩较多，降低了换向片的片间压力，所以换向器在烘压后必须在冷态下再压一次。在冷热压工艺过程中，根据工艺要求在指定的压力下拧紧螺母，拧紧螺母的过程中，需均匀转动压紧

工具扳手，否则换向片会受到很大的瞬时的冲击力，导致绝缘云母片受到破坏，从而造成换向片的严重变形，导致换向片的尖角部分和套筒之间有接触，使换向器绝缘电阻达不到技术条件要求。

1.3.2 压紧螺母的压力作用在换向器的中心位置

如果在冷压过程中，工装不能准确地自动定位，压块偏离工装中心，就会使换向器的螺母的受力不均匀，导致一边受力过大出现附加力矩，从而造成换向片的严重变形，导致换向片的尖角部分和套筒之间有接触，使绝缘电阻达不到大于 100 MΩ 的要求。

另外，还有可能造成换向器套筒螺纹变形，从而导致螺母扳紧时不到位、换向片松动、超速实验时的片间滑移量超出 0.005 mm 的要求。

因此，必须保证压紧螺母的压力作用在换向器的中心位置。

1.3.3 选用表面粗糙度较小的平整垫块

换向器底面需要转动的力与接触的垫块粗糙度成正比，换向器底面与垫板之间的摩擦力由 $F_{摩}=F_{切}\cdot\zeta$ 决定，螺母压紧压圈时的预紧切向力 $F_{切}$ 过大，预紧力会使换向器承受的压力变大，从而变形严重。

1.4 效果

针对电动机试验过程中绝缘下降的问题，通过对换向器加工过程中的拧紧压力控制和平整垫块的合理选用，保证了换向器绝缘性能的稳定性，从而抑制了电动机在试验过程中绝缘下降的趋势。

2 换向器换向不良问题解决

2.1 技术难点

直流电动机主要由定子、电枢、换向机构、安装座（端盖）等组成。工作时借助于换向器和电刷配合工作，电枢从电刷间获得直流电压和电流。电枢绕组中的电势和电流是交变的，当旋转的电枢绕组元件从一条支路经过电刷底下而进入另一条支路时，该元件中的电流从一方向变换为另一方向，这种电流的变换就称为换向。换向电流的变化与换向片和电刷间的接触电阻的变化有很大的关系，换向不良，将使电刷下产生火花，当火花超过一定程度时，就会造成电动机局部温升过高甚而烧坏电刷和换向器，使电动机不能正常运行。

2.2 对于换向不良的主要控制措施

直流电动机电刷下的火花是换向不良的常见现象，直流电动机运行时与换向器接触的电刷下产生的火花将烧灼换向器和电刷，使其表面粗糙并留下不光滑的灼痕，而不光滑的换向器表面与粗糙的电刷接触又使火花程度加强。如此循环积累下去，将会降低电动机的使用寿命，最终导致电动机无法运行。产生火花的原因是多方面的，解决电刷接触不良及压力不均是解决换向问题的关键。

2.2.1 提高电枢换向器片间圆滑过渡

换向器的工作部分是由换向片和云母片相间排列组成的，不允许云母片高出换向片。换向片棱边锐边过于尖锐，会增加电刷的磨损速度，造成片间碳粉堆积，引起电流变化。因此，在电枢装配前，必须保证电枢上换向器的每一片换向片棱边光滑无毛刺。

2.2.2 改进电刷与换向器磨合方式，提高磨合后换向器表面质量和接触面积

换向器与电刷接触面积的增加可以有效改善电动机换向条件，电刷与换向器接触的圆弧表面在机加完成后，还需装配在电机上进行低电压磨合，以保证电刷与换向器接触良好，提高磨合质量。

2.2.3 改进电刷弹簧压力测试方法

提高作用在电刷上的弹簧压力测试精度，将四个电刷与换向器接触压力均匀性控制。采用数显式测力计代替原有的弹簧秤测量弹簧压力，满足工艺文件中弹簧压力为 660_{0}^{+50} gf 的要求。使用新的测力计复测刷架压力见表 1。

表 1 压力测试数据对比表

序号	测试项目	测试数据/gf	
1	工艺要求压力值	660_{0}^{+50}	
2	弹簧秤测试刷架压力值	480～600	
3	测力计测试刷架压力值	660_{0}^{+50}	
4	同一刷架四个电刷压力值变化量	弹簧秤	＞100
		测力计	10

由表 1 可知，电刷压力测试值精度的提高，使同一台电机四个电刷作用于换向器的压力均匀性得到了保证，对电动机换向性能的改善起到了辅助作用。

2.3 效果

通过装调过程中的质量控制，电动机试验过程中因换向不良引起的温升过高、火花过大、刷架松动、弹簧失效、电流变化超差等现象得到了一定的改善，提高了电动机的使用效率和使用寿命。

参考文献

[1] 胡志强．电机制造工艺学．北京:机械工业出版社,2011

某型号导弹引信装配工装改进

李　文

航天八院 800 所

摘　要　某型号导弹引信舱体由于结构限制，尺寸狭小、壁厚较薄，同时舱体表面又均布着 6 路光学玻璃收发窗口，可装配性较差，之前设计的引信装配工装由于尺寸较大、结构不合理，存在挤压舱体及刮蹭玻璃窗口的可能，装配安全性较差。通过改进引信装配工装的结构，减小工装的宽度以避开引信的 6 路窗口，同时采用在引信上增加工艺孔及工装上增加定位销的方法提高改进工装在使用过程中的扳紧力。同时，通过试验验证得出改进工装对舱体两端螺纹及玻璃窗口安装孔的影响较小。

关键词　引信　装配　工装改进　工艺试验

1　引言

某型号导弹引信舱体由于弹体结构以及内部结构件的限制，其外形尺寸较小，尺寸为：ϕ 127×112；舱体的壁厚较薄，最薄处厚度仅为 2.5 mm。同时，舱体的表面均匀地分布着六路收发窗口，分别负责发射及接收光学信号，窗口表面材料为 K10 光学玻璃，光学玻璃通过粘胶的方式粘贴在引信壳体上，其结构如图 1、图 2 所示。由于上述因素的存在导致引信的可装配性较差，没有合适的工具保证装配的安全性及装配的可达性。

图 1　舱体三维模拟图

图 2　舱体实图

2 现状分析

由于舱体上没有可供装配的工艺结构，因此，只有靠工具与舱体表面的摩擦力来实现引信舱体的紧固，根据这一想法，设计了引信装配的专用工装，其结构由四部分组成，分别为：抱箍（宽 40 mm）、手柄、橡胶垫及标准件。引信装配时将抱箍抱住舱体，考虑到窗口的脆弱性，抱箍与舱体接触的位置让开引信窗口，螺钉及螺母使抱箍抱紧舱体，其结构图如图 3、图 4 所示。

图 3 装配工装三维示意图

图 4 装配工装使用实图

经过几个批次的使用发现该工装存在一定的缺陷，特别是在进行的某次验证飞行试验试验导弹进筒前，发现引信其中的一个接收玻璃窗口边缘存在裂纹，分析原因可能是引信在周转或装配过程中受外力撞击或磕碰引起，但是不排除引信玻璃窗口受压引起玻璃窗口破裂，由于现有的引信装配工装会对接收窗口的周围施加一定的压力，同时由于舱体较薄，工装在使用过程中会使舱体变形，存在影响玻璃窗口的因素。同时，由于引信装配工装的结构较宽，虽然让开了引信窗口，但是一旦螺钉螺母紧固不到位就可能存在刮蹭玻璃窗口的危险，因此现有的工装无法保证引信装配的安全性。

3 工装改进

为了提高现有引信工装在装配过程中的安全性，经过与引信舱体的设计师及实际使用人员的讨论与研究，从舱体设计及工装改进两方面实现引信的安全有效装配。

由于引信的大体结构无法改变，因此引信装配工装的设计沿用之前的工装类型，仍然采用工装与舱体之间靠摩擦力的方式紧固引信舱，同时将引信装配工装的宽度由原来的 40 mm减小至 12 mm，这样装配工装可往下端移至无引信窗口的地方，可以让开并禁令远离引信窗口，不仅避免了工装在使用过程中刮伤玻璃窗口，而且减小了工装对引信舱体的影响。

但是，由于工装与舱体的接触面积减小，工装能提供的摩擦力也随之减小，工装不能提供足够的摩擦力来保证引信舱体拧紧。因此，考虑在引信的相应位置加强筋180°方向上打两个ϕ 3×3的沉头工艺孔，舱体表面增加该沉头孔经设计验证并不会对舱体强度产生较大影响；同时，工装上增加相应的销子作为定位及紧固的辅助机构，增加工装与舱体的结合力，来保证引信在紧固过程中具有足够的拧紧力，并且可以防止工装发生滑动。改进的工装结构如图5、图6所示。

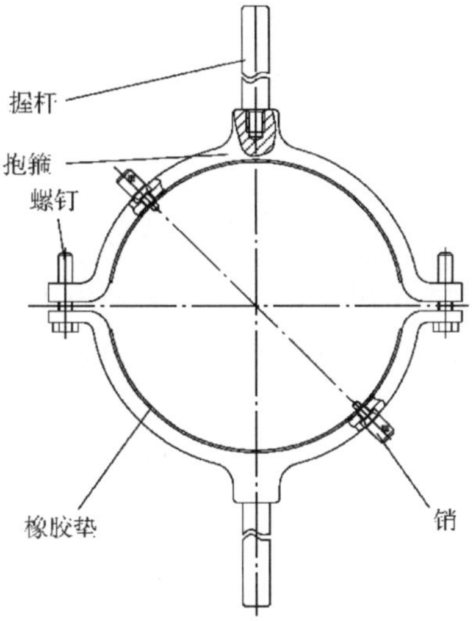

图5　改进工装结构图（宽12 mm）

图6　改进工装使用实图

4　工艺试验

由于工装宽度从40 mm减少到12 mm，为了保证改进的引信工装确实可用，对改进的工装利用经典公式进行压力和强度的计算，验证在拧紧过程中舱体壁承受的压力及工装上定位螺钉受到的剪切力能否满足实际要求。

压力与压强之间的关系式

$$P=\frac{F}{S}=\frac{F}{\pi RL} \tag{1}$$

式中　F ——舱体所受压力；

R ——舱体半径；

L ——引信工装的宽度。

螺纹拧紧力矩与预紧力关系式

$$T=k_{t}Fd \tag{2}$$

式中　k_t ——拧紧力矩因数，经查相关手册，可近似取$k_t=0.2$；

d ——螺纹的公称直径。

由式（1）和（2），取螺钉的拧紧力矩为$T=2$ N·m，计算得出$P=0.69$ MPa。通过多个值的计算得出表1数值。

表 1　舱体受到压强统计表

力矩值（N·m）	1	2	2.5	3
P（MPa）	0.345	0.69	0.8625	1.035

螺钉及舱体壁孔受到的剪切应力为

$$\sigma = \frac{F_1}{S} \tag{3}$$

螺钉及舱体壁孔受到的剪切力为

$$F_1 = \frac{T_1}{R} \tag{4}$$

销钉与舱体壁孔的接触面积

$$S = l\pi\phi/2 \tag{5}$$

由式（3）、（4）和（5），在施加 100 N·m 力矩情况下，求得剪应力为 115 MPa，舱体材料为 LY12CZ，经过查询实用金属材料手册知，该材料的许用应力为 334 MPa，满足强度要求。

单纯的经验公式计算并不能准确地反映出实际情况，因此对改进的引信工装进行了工艺试验，通过试验确定工装螺钉的最佳拧紧力矩，并检测该力矩下改进工装对舱体窗口处的影响。

4.1　定力矩试验

由于工装结构采用两个抱箍的结构通过螺钉螺母拧紧，同时由于舱体为薄壁件，因此工装在使用过程中会使舱体发生变形，螺钉螺母拧得越紧舱体变形得越厉害，因此通过定力矩试验旋转合适的螺钉拧紧力矩，保证工装既能实现引信的可靠装配，又能将工装对引信的影响降至最小。

本实验通过采用两个试验件，来研究工装螺钉拧紧力矩对舱体变形的影响，选取的两个试验件分别为引信空舱体及引信模拟舱，引信空舱体为未加装任何元器件，引信模拟舱在引信空舱体中装有模拟的元器件。通过测量引信舱体两端与其他舱段连接的螺纹上三个点的螺纹的大小，来判断螺钉拧紧力矩对舱体的影响。引信空舱体的试验结果如表 2 所示，引信模拟舱的试验结果如表 3 所示。

表 2　引信空舱体加载试验结果

加载	公称值	实测		
		1	2	3
空载	M122	121.86	121.78	121.74
	M126	125.80	125.82	125.86
2N·m	M122	121.34	122.0	122.26
	M126	125.88	125.90	125.68

续表

加载	公称值	实测		
		1	2	3
2.5N·m	M122	121.34	122.06	122.34
	M126	125.90	125.92	125.68
3N·m	M122	121.26	122.18	122.40
	M126	125.92	125.96	125.66
空载	M122	121.88	121.80	121.74
	M126	125.80	125.84	125.90

表 3 引信模拟舱加载试验结果

加载	公称值	实测		
		1	2	3
空载	M122	121.74	121.88	121.96
	M126	125.84	125.80	125.80
2N·m	M122	121.70	121.84	122.0
	M126	125.84	125.82	125.78
2.5N·m	M122	121.68	121.80	122.02
	M126	125.80	125.82	125.80
3N·m	M122	121.70	121.86	122.0
	M126	125.84	125.80	125.80
4N·m	M122	121.70	121.84	122.0
	M126	125.84	125.82	125.80
5N·m	M122	121.68	121.84	122.22
	M126	125.84	125.80	125.80
空载	M122	121.68	121.88	122.0
	M126	125.82	125.80	125.78

通过对比表 2 与表 3 可以看出，工装的螺钉增加拧紧力矩，引信空舱体的变形也随之加大。引信空舱体受工装的拧紧力矩的影响较大。而工装的螺钉增加、拧紧力矩的增加对引信模拟舱的变形并没有显著影响。分析其中的原因，由于模拟舱体中增加了端盖及模拟配件，舱体的结构强度增加，舱体的抗变形能力增强，同时，工装与舱体之间的橡胶垫吸收了大部分变形，因此螺钉力矩的加载对模拟舱体的影响较小。由于模拟引信与正式引信相似，因此可以得出工装螺钉力矩在 0～5 N·m 的范围内影响较小。

由于 0～5 N·m 的范围太广，因此对改进工装进行了补充试验以获得最佳的螺钉拧紧力矩，试验通过对工装螺钉逐级增加拧紧力矩，并通过试拧的方式，确定在该力矩不使用工装定位销的情况下，工装在使用过程中是否会发生滑动，经试验对工装螺钉施加 2 N·m的力矩就可以保证使用过程中不会发生滑动，因此最终选择2 N·m作为工装螺钉的最佳拧紧力矩。

4.2 工装对窗口的影响试验

由于引信舱体上还有 6 个比较薄弱的部位——玻璃窗口安装孔，为了得到改进工装对舱体的安装孔是否会产生比较大的影响，对舱体进行了测应力-应变试验。试验件采用引信空壳体，对两个窗口的两边进行应力-应变采集，应变片安装位置见图 7。

首先测试了引信装配工装的螺钉施加 2 N·m 的情况下舱体玻璃窗口安装孔的应力-应变情况，具体数据见表 4。之后进行了引信装配过程中工装对舱体玻璃窗口安装孔影响的应力-应变情况（见图 8），具体数据见表 5。

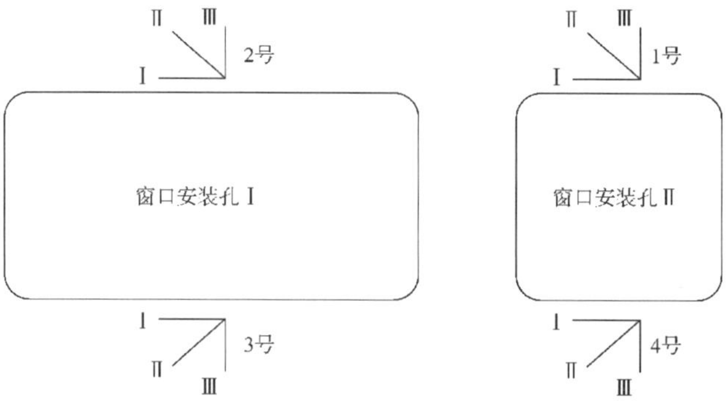

图 7　应变片安装位置

图 8　改进工装使用应力-应变检测

表 4　工装螺钉 2 N·m 时的最大应变一应力数据（花片）

测试点	ε_{I}（$\mu\varepsilon$）	ε_{II}（$\mu\varepsilon$）	ε_{III}（$\mu\varepsilon$）	σ_1（MPa）	σ_2（MPa）	θ（主应力方向）
1#	0	−31	−64	−1.68	−5.1	0.89
2#	−6	−15	−16	−0.82	−1.51	−19.33
3#	8	−15	−17	0.39	−1.35	−20.02
4#	6	−3	1	0.74	0	−34.48

表 5　工装使用过程中的最大应变一应力数据（花片）

测试点	ε_{I}（$\mu\varepsilon$）	ε_{II}（$\mu\varepsilon$）	ε_{III}（$\mu\varepsilon$）	σ_1（MPa）	σ_2（MPa）	θ（主应力方向）
1#	46	15	−21	3.12	−0.47	2.13
2#	35	32	21	3.4	2.54	14.87
3#	40	10	25	4.71	2.18	−35.78
4#	44	25	39	5.29	3.51	−40.69

由表 4 及表 5 可以看出两种状态对于引信空舱体的最大应力在 5.1 MPa 及 5.29 MPa，对引信窗口安装孔的影响均较小。

5　结论

通过对引信舱体结构的研究，优化引信装配工装的结构，使改进后的引信装配工装避开了引信的 6 组收发窗口，降低了工装对玻璃窗口的影响，减小因舱体变形及工装打滑使玻璃窗口发生损坏的可能；定位销的运用增加了对紧固工装的紧固措施，防止因工装接触面积减小使工装与引信舱体之间的摩擦力不够现象。同时，通过工艺试验确定了引信装配工装的螺钉的最佳拧紧力矩，得到了改进工装不会对舱体薄弱部位产生影响的结论。改进后的引信装配工装能大大地提升引信舱体的可装配性。

参考文献

[1]　赵明生，单平，等．机械工程师手册．北京：机械工业出版社，2000.

[2]　祝燮权，等．实用金属材料手册．北京：上海科学技术出版社，2000.

舱体装配简易装置设计

刘　锴　时佳卓　潘晓青
航天八院800所

摘　要　针对某型号舱体在现有装配装置上舱体转动困难、表层涂层易损、耗时耗力等问题，本文提出新的舱体装配装置设计方案。通过前后抱箍固定舱体，使舱体表层与支撑装置隔离，避免涂层损伤；同时，支架增加滚轮装置，改进面接触方式向线接触方式转变，减小转动过程中的摩擦力，方便了装配过程中的转动；考虑到安全性，滚轮采用内沉式安装，形成卡槽，避免抱箍与弹体前后窜动。根据实际使用有效解决现有问题，提高生产效率和产品质量。

关键词　装配　非接触式转动　表层防护

1　生产现状及问题

某型号舱体因避让天线、插头等部件或位置，其可支撑部分相当局限，如图1所示是该型号前舱和后舱对接后整体结构图，标色部分为不可支撑部位。后续装配将相关电缆、设备装于后舱中，装配时需要转动舱体调节装配位置。目前采用的装配托架如图2所示，有三个半圆弧面接触，采用木质材料，接触面有羊毛毡。舱体接触部分采用金属材料的时候尚能有效转动，但随着舱体表层涂覆隔热涂料后，转动摩擦力加大，转动困难，而且涂层易损。

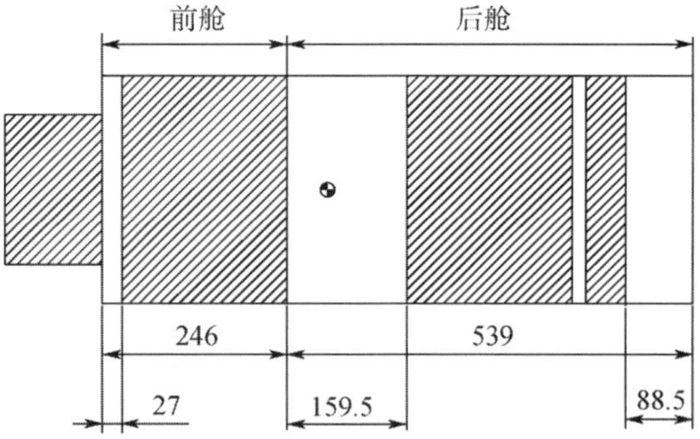

图1　舱体结构图

根据实际情况目前存在问题如下：

1）舱体装配需多次转动舱体，现有工装需双人合作才能转动舱体；

2）现有工装因面接触式支撑摩擦力大导致舱体表面涂层破损；

3）转动舱体需要两人边抬边转，耗时耗力。

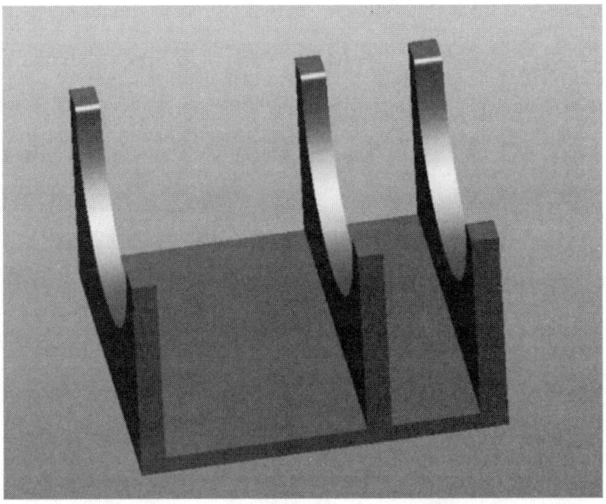

图 2　目前装配托架示意图

2　解决方案

针对现有工装难以满足舱体表面增加涂层后使用状态，本文从支撑位置选择、表面涂层防护、舱体转动以及舱体止动等方面进行新状态下的装配装置设计。

2.1　支撑位置选择

为保证舱体装配过程中的安全性，新的装配装置的支撑位置要考虑到舱体装配过程中重心位置的变化；同时，考虑到避开设计要求的不可支撑部位。因此，本文设置前后两个支撑位置，即图 3 所示位置。根据实际舱体装配情况，未装内部设备时，其重心在前舱中间位置，等后舱装完内部设备后，其重心转移到如图 3 所示圆点部位。因此，本文设置前后两个支撑位置，即图 3 所示位置。保证重心在两个支撑面中间。

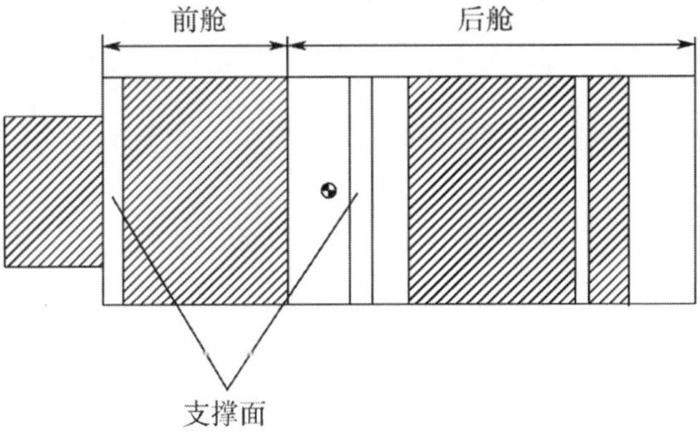

图 3　支撑面位置设置图

2.2　表层涂层防护设计

为避免舱体表面与支架直接接触，本文将新的舱体装配装置抱箍先与舱体固定，再通过抱箍与支架接触。新的舱体装配装置抱箍应方便安装，同时能够有效固定舱体，不能损坏舱体表层涂层或转动时抱箍与舱体形成相对转动。为此，新的舱体装配装置抱箍成上半抱箍和下半抱箍，安装时采用螺钉连接；在抱箍内侧对称粘附聚氨酯垫片，在螺钉拧紧过程中使聚氨酯垫片压紧舱体，因聚氨酯垫片的硬度与涂层相近，能有效保护涂层。

2.3 舱体滚动设计

原有的面接触式转动使得摩擦力太大，难以有效转动，需要两人边抬边转才能实现。考虑到这方面，本文将采用滚轮带动抱箍和舱体转动，接触面积大大减小，而且滚轮自身能够转动，只需操作者稍微施加一定力度就可以转动。

3 方案实施及效果

3.1 舱体抱箍设计

根据上文中的解决方案，进行舱体表面防护层保护结构的设计，该结构主要包括上下抱箍、内圈垫片以及拧紧标准件。整体结构如图 4 所示。通过内圈垫片（聚氨酯）与弹体表层接触，通过螺钉拧紧上下半抱箍。

图 4　抱箍三维图

3.2 舱段托架设计

舱段装配装置的设计，该装置主要包括底板和支架。整体结构如图 5 所示。

（1）底板

底板主要用于整个装置的支撑、摆放以及与支架的连接固定。考虑到装置的重量，底板采用铝合金材料，减少部分非承力部位的材料，整体结构为“工”字形；同时，考虑到装置搬运的方便性，在底板两侧设计抬手凹槽，既节省重量，又方便搬运。如图 6 所示为底板设计的三维图。

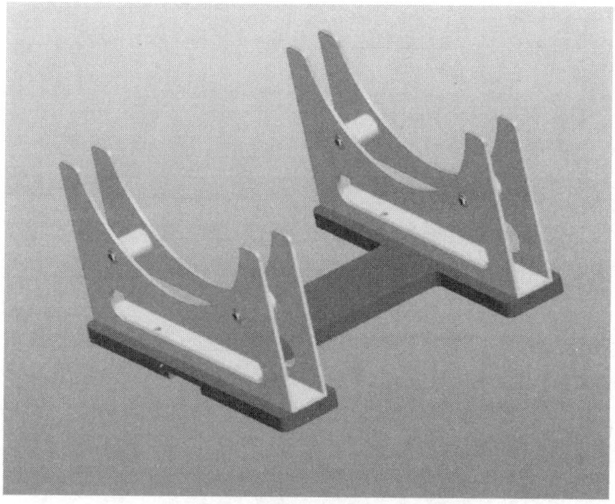

图 5　装配装置三维图

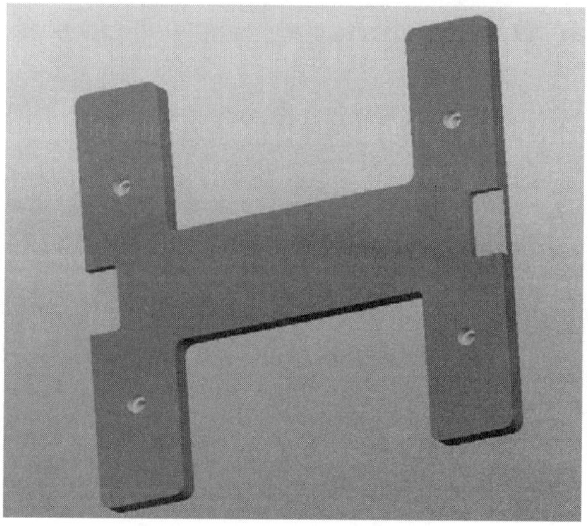

图 6　底板三维图

（2）支架

支架用于支撑整个舱段和装配过程中的滚动。支架主要包括不锈钢材质的支架骨架和滚轮，滚轮表面采用尼龙或聚氨酯等非金属材质，避免滚动过程中抱箍与滚轮碰撞产生的损坏和杂音。图 7 所示是支架三维图。支架与底板采用螺钉、弹垫、螺母相互连接。

3.3　抱箍、托架与舱段整体装配效果和使用效果

抱箍与舱段通过内圈垫片和螺钉锁紧固定，如图 8 所示是抱箍与舱段固定示意图。舱段通过抱箍与托架上的四个滚轮接触，抱箍两边陷入支架槽内，防止纵向窜动。装配时舱体可以通过滚轮转动。如图 9 所示是舱体放置在托架上示意图。

实际使用过程中使用步骤和要求如下：

1）把托架放置于装配台面上，尽量放置在台面中间；

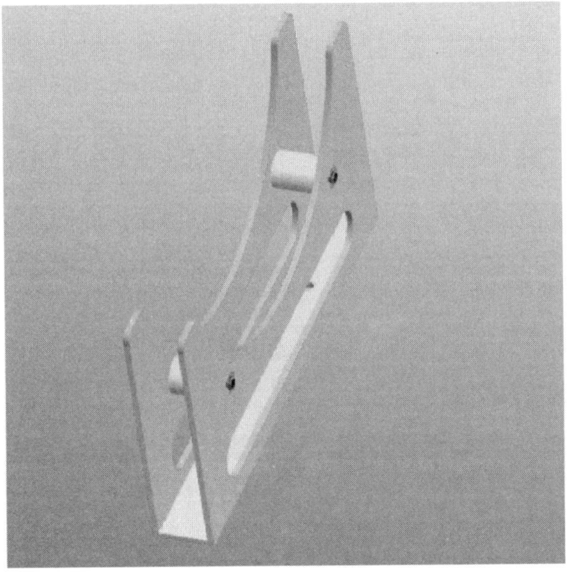

图 7　支架三维图

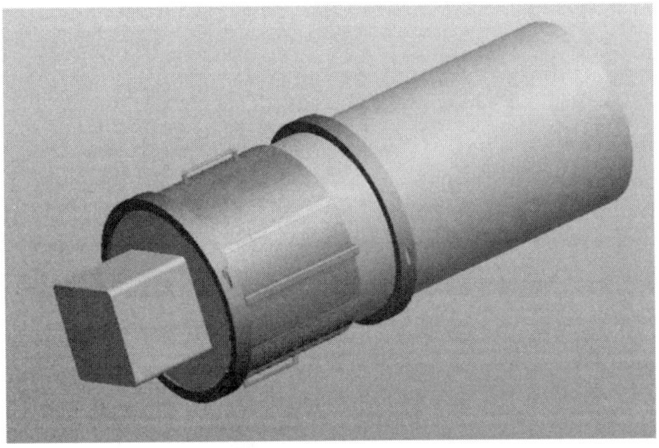

图 8　抱箍与舱体固定示意图

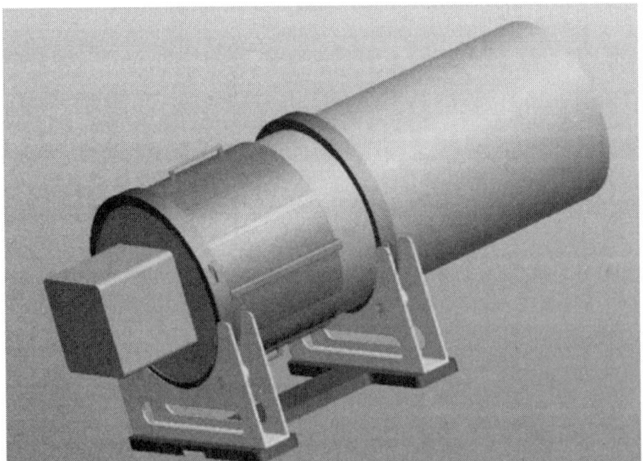

图 9　抱箍、托架、舱体装配示意图

2）把两个抱箍的下半抱箍放置在两个支架卡槽内，保证舱段能够放入其中；

3）把舱段放入两个下半抱箍中，注意前端抱箍必须与舱体前端唯一可支撑位置对应；

4）把两个抱箍的上半抱箍与下半抱箍锁紧；

5）转动舱体，观察整体状态。

如图 10 所示是抱箍、托架实物图，在实际使用过程中发现整个装置使用方便，单人即可方便转动舱体。舱体在装置上稳定性较好，无晃动、窜动、倾覆等趋势和现象。

图 10　抱箍、托架实物示意图

4　结论

通过新的舱体装配装置的设计、制造和使用，整体结构合理、搬运方便、舱体放置稳定可靠。操作人员转动省时省力，大大节省人力和时间。在实际使用中，该装置在抱箍止动部件等仍有改进空间。

提高某型号导弹舱外电缆对接效率与可靠性

魏　超

航天八院800所

摘　要　本文针对某型号舱外电缆对接过程一次性对接成功率低，操作反复，效率低下等问题，深入开展了改进装配工艺方法的探索和研究，通过巧妙设计插头对接工装进行定位装配舱段插座，优化舱外电缆装配流程，使得某型号舱外电缆一次性对接成功率显著提高。模拟装配插头工装的设计与运用使得电缆对接成功率由47%提高到97.5%。提高了舱外电缆对接可靠性，解决了现场电缆装配反复调整安装，效率低下等问题，保证了型号生产的进度。

关键词　导弹总装　装配可靠性　工装设计　工艺改进

1　引言

战术型号可靠性理论的迅速发展使得武器装备的安装生产方式发生了重大变革。武器装备系统总装中采用的可靠性低、效率低等传统工艺逐步被以可靠性为中心的高效装配方式所代替。如某型号导弹舱体结构受设计任务需求等因素的限制，电缆窗口预留空间狭小，舱外电缆装配一次性装配成功率低，每一装配过程常出现反复调整，反复安装等以达到可靠装配的要求，此种装配方式对小批量生产为主要的生产模式可能是有效的，但是在现代武器装备大量需求，生产批量逐步加大的背景下，此种低效模式会大大减慢生产进度，影响任务目标的完成。为解决这个问题，本文积极探索装配工艺方法，开展深入研究，巧妙设计和运用模拟插头工装进行预装配舱体插座的方式，优化了装配工艺过程，取得了良好效果。

2　现状分析

某型号导弹舱体结构受设计任务需求等因素的限制，电缆窗口预留空间狭小，舱外电缆装配过程常出现反复调整、反复安装才能达到可靠装配的要求。目前这种装配方法主要存在以下几项难点。

（1）安装微量错位，装配困难

某型号导弹战斗部舱体由于弹体结构以及防尘防雨等结构设计的限制，其舱外电缆窗口预留游动量较小，在其W1电缆安装中，一体插座（XS1、XS2）用六颗螺钉安装于战斗部舱体上，插座安装时无法避免地会产生单边间隙，出现无法观测的微量错位。

（2）舱外电缆窗口预留游动量较小，需要反复装拆保证安装要求

由于与之对接的舱外电缆W3插头XP1、XP3与舱体插座窗口间隙很小，经常会出现

无法正确对位插入问题，而此时由于各项测试已经完成无法对插座进行拆卸调整，需拆卸XP1、XP3插头尾部螺钉进行调整，易造成电缆损坏，留下安全隐患，也极大影响了安装效率。

图1为W3电缆示意图，图2为上文所述插座，其由六个螺钉紧固在战斗部舱体上，舱段连接完成后进行舱外电缆敷设，将图3所示插头XP1、XP3安装于其上，由于插头分叉可动且与战斗舱配合间隙极小（如图4所示），受到插座安装中无法避免的位置错动的影响（如图5所示），极易造成插头插针与针孔对不上的问题出现。因此需要设计模拟对接装置，简单易地行地解决问题。

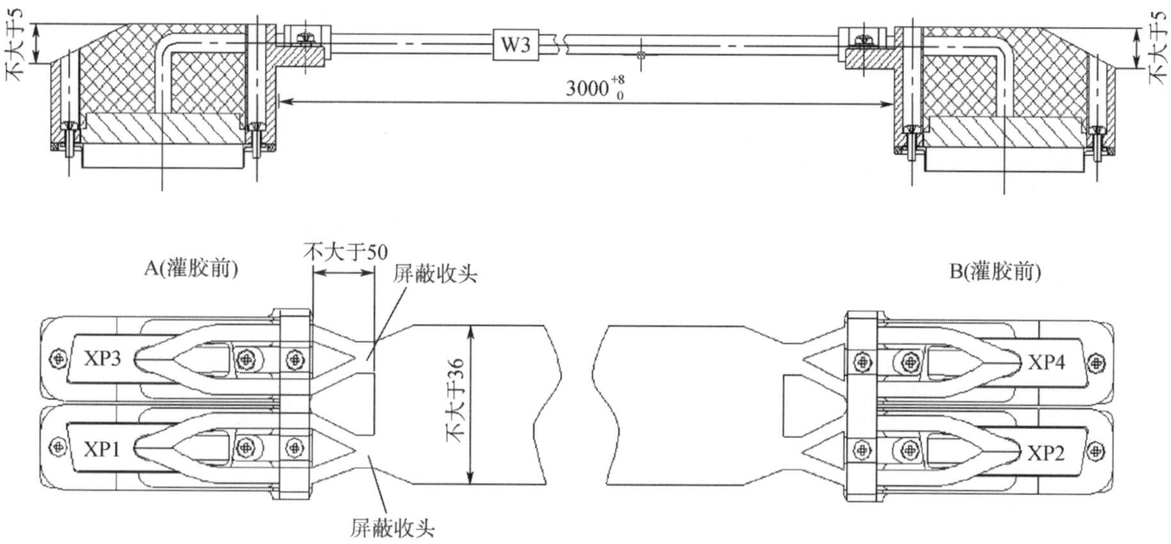

图1　W3舱外电缆示意图

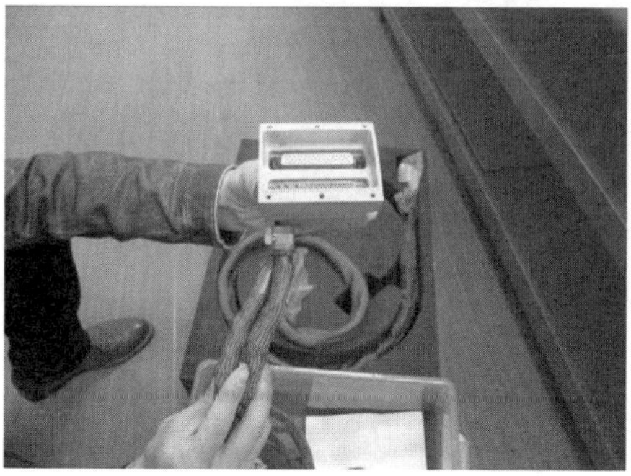

图2　W1电缆XS1 XS3插座

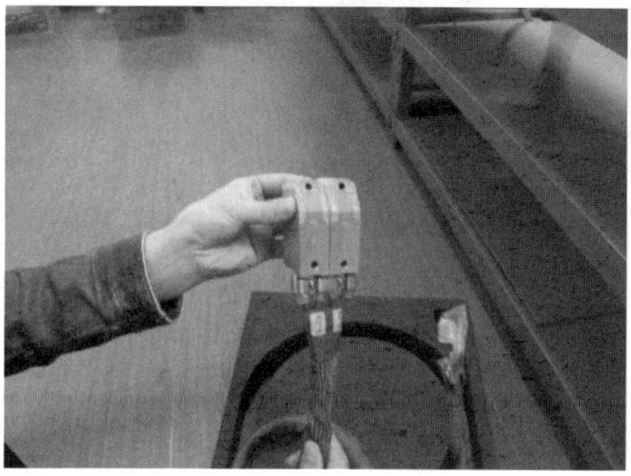

图3　与XS1、XS3插座配合的XP1、XP3插头

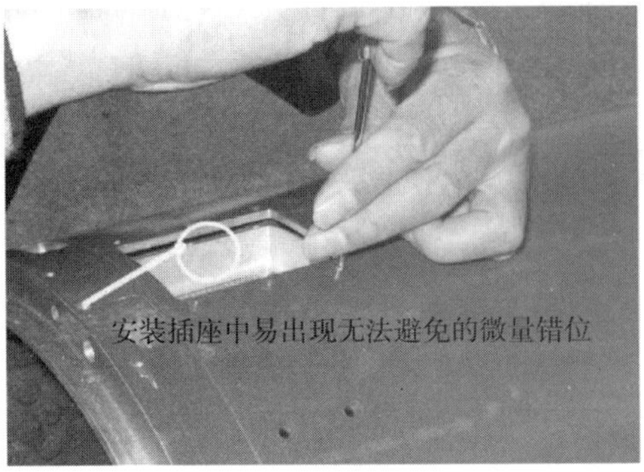

图 4　插座安装会产生无法观测的微量错位图

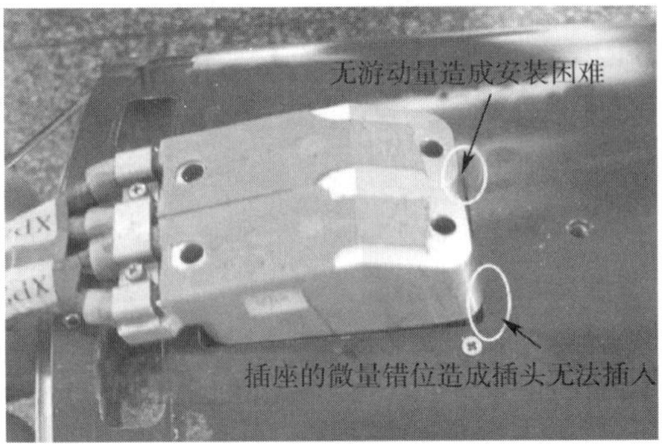

图 5　极小的配合间隙造成插针/孔无法对准

3　工艺工装改进设计

针对上述问题，凭借多年的装配工作经验，对该问题进行研究和方案探讨，设计制作了电缆插头 XP1、XP3 模拟对接插头如图 6 所示，其外形尺寸与 XP1、XP3 插头外形尺寸一致。在安装 XS1、XS3 插座于战斗部舱上时（如图 7 所示），利用所设计的模拟对接插头与其配合后再紧固舱体六个螺钉，取下模拟对接插头后可保证后续正式产品中的 W3 电缆能够可靠插入。如此简单易行的方法解决了 W3 电缆插头无法正确对位安装造成的影响。此外，W3 电缆插头为我所生产，利用现有条件可极为方便地做出该模拟插头装置，在装配工作中收到理想效果。

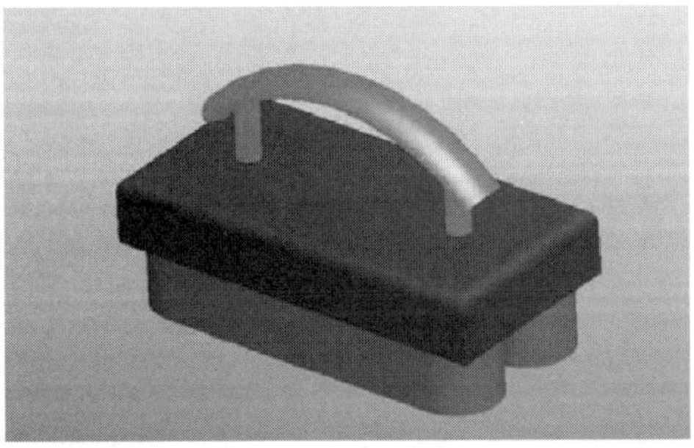

图 6　模拟插头 XP1、XP3 的插座定位工装

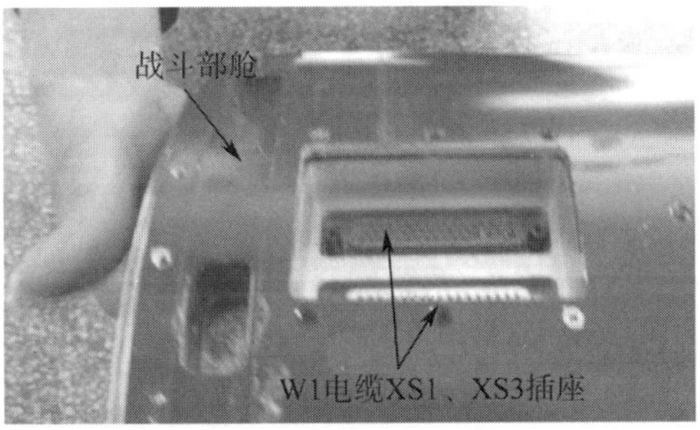

图 7　插座安装示意图

4　改进的装配方法的应用与实验

由于所设计制造的模拟插头工装采用了与真实插头相同的结构和设计参数并带有快速插拔把手，因此工装在使用过程中会真实模拟电缆插头状态，并且随着舱体螺钉的拧紧，可将插座固定于相吻合装配位置，在舱体窗口微小游动量的限制内，精确固定了插座位置，使得在真实电缆对接过程中保证了插头的准确插入，因此通过仿真模拟插头工装的设计应用，保证既能实现舱外电缆的可靠装配，又能将插头错位几率降至最小。

应用效果实验：通过对应用仿真插头工装前后的装配实验统计，来研究工装对插座位置精确定位的作用，试验选取的战斗部舱体为同一模拟战斗部舱，为保证应用效果的真实性，应用仿真模拟插头的前后装配过程均按日常工作状态和操作规范进行。试验过程共进行四次，每次进行10次随机装卸，统计一次性成功装配数据，具体操作流程如图8所示，试验统计结果如表1所示。由于没有定位工装，舱体插座安装位置为随机装配，因此会造成插座固定位置的不确定性，加之舱体窗口预留游动量的微小，造成一次性装配成功概率较低，仅为47%。在应用仿真模拟插头进行预安装并进行舱体插座安装定位后，在插座紧固过程中即保证了可靠装配位置，使得舱体插座定位安装后（如图9所示），真实电缆敷设过程一次性对接成功概率提高到97.5%。

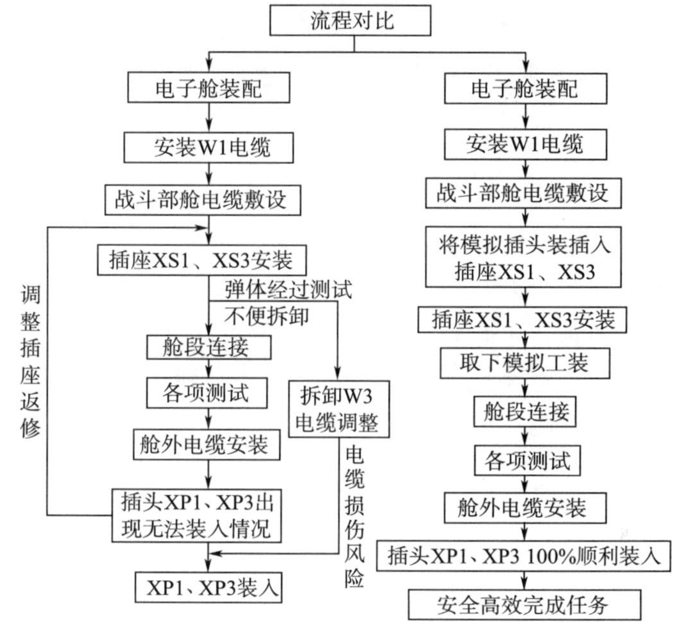

图8　方案实施前后效果对比

表1　工艺改进前后舱外电缆敷设一次性对接试验

试验进行次数	装配工艺改进前		装配工艺改进后	
	电缆对接次数	一次性装配成功次数	电缆对接次数	一次性成功次数
第一次	10	5	10	10
第二次	10	6	10	9
第三次	10	4	10	10
第四次	10	4	10	10
统计	40	22	40	37
成功率	47%		97.5%	

图 9　通过模拟工装定位后安装的插座保证了插头 97%可以准确插入

5　结论

本文针对某型号舱外电缆对接过程一次性对接成功率低，操作反复，效率低下等问题，深入展开了工艺方法探索和研究，通过巧妙设计插头对接工装进行定位装配舱段插座，优化舱外电缆装配流程，使得某型号舱外电缆一次性对接成功率显著提高。模拟装配插头工装的设计与运用使得电缆对接成功率由 47%提高到 97%。提高了舱外电缆对接可靠性，解决了现场装配等问题。

参考文献

[1]　周正伐．航天可靠性工程．北京:中国宇航出版社,2007.

[2]　机械设计手册联合编写组．机械设计手册．北京:化学工业出版社,1987.

支撑舱装配铆接操作方法研究

陈解松　梁　莹

航天八院800所

摘　要　针对新研型号支撑舱的结构形式，以及研制周期短、形位尺寸要求高等现状，利用T型桁条外置对称分布特点，提出采用桁条对称、中间框分层装配工艺方法，解决了型架无支臂导致舱体形位尺寸控制难的问题。采用此方法装配的支撑舱产品尺寸均满足设计要求。

关键词　支撑舱　型架　形位尺寸　对称装配

1　概述

某型号支撑舱采用常规框、桁条、蒙皮构成的截锥半硬壳内置式铆接结构，总高度为1 405 mm，上端框 ϕ1 834 mm，下端框 ϕ3 166 mm。舱体结构主要采用小截面的L型桁条用于维形和传递剪切载荷。为提高支撑舱环向刚度，沿舱体轴向方向共设置了2个Z型中间框。桁条与端框、蒙皮、中间框通过螺钉和铆钉连接，形成支撑舱的主承力结构，如图1所示。

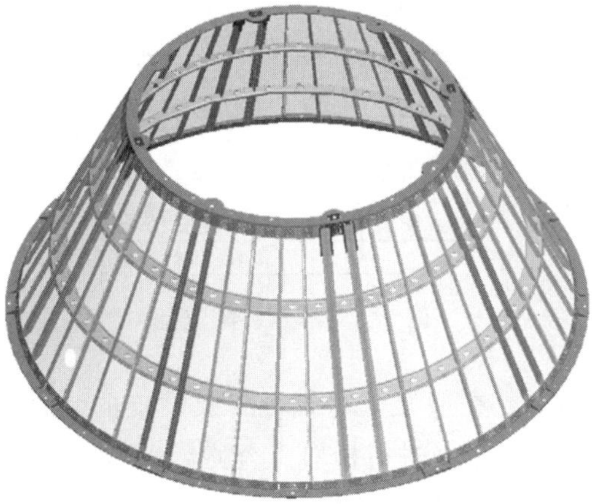

图1　支撑舱三维结构模型

支撑舱的装配尺寸精度和形位公差要求比现役运载型号铆接舱段严格，其中框端面的平面度不大于0.5 mm，框外缘的圆度不大于1 mm，前后对接面对壳体纵轴垂直度公差为0.5 mm，舱体前后端面平行度公差为1 mm。支撑舱是由几十个零部件和几百个标准件组成的半硬壳式舱体，其中的零件大多是钣金件，存在刚性差、易变形等问题，在铆接装配过程中如何保证舱体的形位尺寸是支撑舱铆接装配过程中的一个难题。支撑舱与箱间段形位尺寸对比见表 1。

表 1　支撑舱与箱间段形位尺寸对比（mm）

序号	指标项目	支撑舱	箱间段
1	舱体结构高度	1 405±1	1 380±2
2	前端面圆度	≤2	≤3
3	后端面圆度	≤1	≤3
4	舱段前后对接面平行度	≤1.0	≤4
5	中心轴线对后端面垂直度	≤0.5	≤2
6	前端面平面度	≤0.35	≤1.5
7	后端面平面度	≤0.50	≤1.5

2　存在问题与难点

支撑舱铆接装配流程与现役型号舱段，如图 2 所示。在完成零件、标准件的配套后进行检验，检验零件是否符合图纸要求。然后根据图样对桁条、垫板等进行划线制孔，并进行多余物清理，所有的零件应称重并作记录。

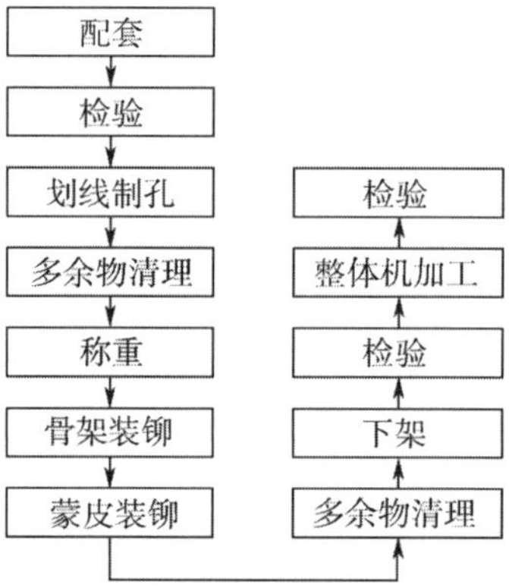

图 2　支撑舱装配流程

在完成架下零组件操作后，在型架上完成骨架及蒙皮的装铆，型架示意图如图 3 所示。清理多余物后将舱体下架，由检验员进行检验。合格后送整体机加工，并进行最终的检验。

根据新研型号产品研制呈现研制周期短、数量少等特点，缩短工艺装备的研制周期能够为产品研制节省大量有益时间。在装配型架设计论证阶段，借鉴现役运载舱段型架的结构特点，针对支撑舱空间尺寸小的现状，提出了采用独立上下盘、无支臂的结构形式。但同时出现新的难题：传统铆接型架中的支臂用于中间框的定位和固定，一方面支臂保证了中间框的高度，另一方面，支臂外圆与中间框内圆相贴合，保证中间框装配过程中的圆度；支撑舱装配过程所用的型架上缺少中间框的定位固定装配支臂，中间框的高度尺寸以及圆度精度的保证需要靠人工操作来保证，而中间框为钣金件，刚性差，在装配过程中容易变形。如何保证中间框及舱体的形位尺寸是本文研究的重点。

图 3　支撑舱型架

3　装配解决方案

要保证支撑舱的形位公差，重点在于解决中间框的装配问题。经过多方探讨与研究，得出以下装配方案。

1）首先在型架上安装好上下端框，用对接螺栓固定。

2）利用上下端框刚性好的特点先按照装配图样根据前、后端框上的桁条定位线，分别均布定位 8 根 T 型桁条，用弓形夹将其与前、后端框定位及固定。

3）按 T 型桁条上中间框的位置，在桁条上划中间框上端面定位线，抬高二框，将此框上表面与桁条上定位线齐平 [保证距下端框底面为（950±1）mm]，在各 T 型桁条处用弓形夹将二框固定，按同样的方法将三框定位并固定 [保证距下端框底面（455±1）mm]。在固定中间框的同时，用直尺测量中间框，保证中间框和上下端框在同一直线上。如图 4 所示。

图 4　支撑舱装配

由于支撑舱为桁条外置型舱体，蒙皮位于桁条和中间框之间，因而在蒙皮装配时需将上述固定的桁条拆除。在装配蒙皮时，将蒙皮两侧定位用的桁条依次取下，放入蒙皮后，重新固定2根定位桁条，并用标高尺检验2层中间框的局部高度，采用同样的方法将桁条取下、安装蒙皮并重新定位固定桁条直至蒙皮安装完成。在蒙皮安装时，为更好地保证中间框的圆度，采用对称安装的形式安装蒙皮，即在一侧安装蒙皮后接着安装对面的蒙皮，其他蒙皮类似。在装配最后两块蒙皮前，应检验2层中间框的高度尺寸，满足高度要求后，方可将中间框与其他蒙皮、桁条采用工艺铆钉进行定位和固定。

采用上述方法，一方面可同时保证支撑舱中间框高度尺寸以及圆度精度，另一方面，该方法具有较好的操作性，质量能够得到较好的保证。装配后的支撑舱如图5所示。

图5　支撑舱结构示意图

4　施实效果

采用本文所述装配方法，工艺过程简单，操作性强，解决了型架内部空间局限性问题，同时简化了工装的设计及制造，大大降低了研制成本。

目前已应用于支撑舱的装配，利用该方法已完成3套支撑舱结构件，所得产品形位公差均符合设计要求（表2）。

表2　支撑舱形位尺寸（mm）

序号	检测项目	技术要求	XX件1	XX件2	XX件3
1	舱体结构高度	1405±1	1405.4 —1405.7	1405.1 —1405.5	1405.1 —1405.5
2	前端面圆度	≤2	1.1	1.4	1.4
3	后端面圆度	≤1	—	0.9	0.9
4	舱段前后对接面平行度	≤1.0	0.3	0.5	0.5
5	中心轴线对后端面垂直度	≤0.5	0.4	0.5	0.5
6	前端面平面度	≤0.35	0.19	0.3	0.3
7	后端面平面度	≤0.50	0.45	0.4	0.4

支撑舱属于新研制型号，其任务特点、结构形式及材料使用等均不同于现役铆接舱段，涉及到技术难度普遍较大。通过论证与攻关，支撑舱装配仅一周便可完成架上装配，交付后续加工和部套对接，有效保证了型号研制节点和质量。

参考文献

[1] 尚育如．弹头弹体制造与火箭总装技术．北京:宇航出版社,1989.

提高 XX-10 蜗轮组合装配精度

朱云飞

航天八院 800 所

摘　要　按照 XX-10 舵轴蜗轮组合装配时的尺寸误差、形位误差要求，分析目前零件装配过程中的问题与难点，采用改进工装的措施，有效提高了舵轴蜗轮组合的装配精度和效率，同时降低了操作难度，取得了较好的效果。

关键词　蜗轮组合　装配精度

1　前言

在加工过程中，蜗轮组合的各个零件的精度和整体装配精度都是影响加工质量和加工进度的难点，为此，我们进行了工艺攻关工作。在工艺攻关过程中通过加工方案论证和试样加工分析等措施，制订出了合理的工艺方案，同时设计制造了专用夹具工装、检验工装，并在实践中经多次摸索，终于制造出满足设计要求的零件。

2　组件加工分析

2.1　零件的结构特点

该组件是 XX-10 型号的关键部件，由舵轴联轴、舵轴圆锥销、蜗轮、舵轴组成。蜗轮和舵轴是通过舵轴联轴和舵轴圆锥销连接而成的，舵轴末端连接的是空气舵面，舵面决定着导弹的飞行方向，影响着导弹的打击精度，是现代精确制导武器中不可缺少的重要部件。因此对于该组件的精度要求非常高，主要是对称度、平行度及舵轴端面至蜗轮的尺寸，装配难度十分突出。

2.2　技术要求

在整个蜗轮组合中舵轴和舵轴之间采用过渡配合，舵轴、舵轴联轴和蜗轮之间采用间隙配合并用一销轴连接，本装配主要目的是为了加工一销孔来连接这 3 个零件，形成一组件。在整个蜗轮组合装配中有 4 个重要尺寸需要同时保证，要保证舵轴和舵轴联轴之间的两面之间的距离 $66_{0}^{+0.05}$，舵轴和蜗轮轮齿上一个面的距离为 17±0.03，以及其两个槽的对称度 0.03 和平行度 0.03。

2.3　工艺难点

根据其技术要求发现该组件同时保证这 4 个重要尺寸是相对比较困难的，针对这种有配套要求的产品选择配打的方式来加工。

在该组件的装配中，长度尺寸 $66_{0}^{+0.05}$ 还是比较容易保证的，但同时要保证两个槽的对称度 0.03 和平行度 0.03 就极其困难了。从舵轴联轴和舵轴的零件图上发现其上开的一凹槽对称度也为 0.03，特别是某个零件的槽的对称度为上差时，那么该组件要保证对称度 0.03 和平行度 0.03 就几乎是不可能的。

3 试制工艺方案

在舵轴蜗轮组合的装配工艺中，必须对影响蜗轮组合技术指标的关键装配工序设计控制方法，制定合理的工艺流程，编制装配工序内容，绘制数据记录表格，确保蜗轮组合的装配质量。

从简单实用、提高装配效率、保证装配质量、减小人为因素的影响等角度出发设计各类工装、夹具、量具和专用设备，保证蜗轮组合装配完成后的各项技术指标达到设计要求。

主要方案思想：

原有的工艺方案中使用螺栓和左、右套筒使舵轴蜗轮在轴向上进行定位，从而来保证尺寸 $66_{0}^{+0.05}$，使用右套筒工装来保证 17±0.03。舵轴蜗轮的平行度和对称度由两个相应的凸台来保证，并用两个螺栓顶紧舵轴、舵轴联轴和凸台的配合间隙，从而保证两个槽的对称度 0.03 和平行度 0.03。

主要工艺步骤：

1）将舵轴联轴装入左套筒，并让其接触紧密，形成组件 1；

2）将组件 1 和蜗轮装配到一起，注意蜗轮安装的方向和蜗轮上齿轮放置的角度，形成组件 2；

3）将组件 2 和舵轴连接起来形成组件 3；

4）将组件 3 装入到定位座上，让舵轴和舵轴联轴上的两个槽和定位座的凸台配合；

5）拧紧轴向上的拧紧螺栓，使组件上 3 上各个零件轴向上配合无间隙；

6）拧紧径向上的 2 个拧紧螺栓，使舵轴和定位座凸台侧面、舵轴联轴和定位座凸台侧面配合无间隙，使舵轴和舵轴联轴在径向上有统一的基准；

7）拧紧压板，使舵轴、舵轴联轴和定位座紧密接触，确保在打孔时不会出现移位现象；

8）按产品图对调整好的组件在相应位置上进行打孔加工，从而完成一套蜗轮组合的装配工作。

按照这个方案装配，其合格率仅为 40％左右，大多数零件超差返修，而且不同操作者生产，产品合格率也会有较大波动，该装配方案对操作者技术要求较高，安装调整时间较长。用这个方案装配后，进行了产品质量检测，检测主要指标依据为产品图所标长度尺寸和形位公差，检测数据如表 1 所示。

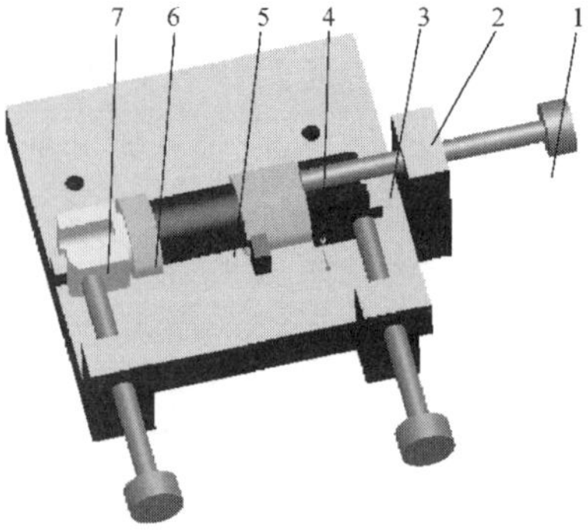

图 1　工装示意图

1—拧紧螺栓；2—定位座；3—舵轴；4—右套筒；5—蜗轮；6—左套筒；7—舵轴联轴

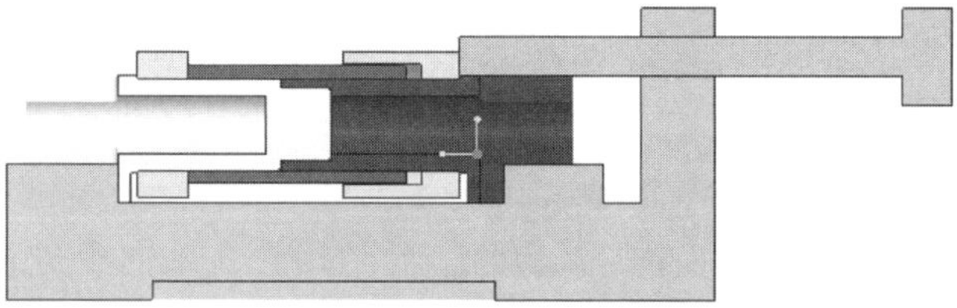

图 2　工装半剖示意图

表 1　试制工装制造的产品检测数据

零件号	$66_{0}^{+0.05}$	对称度 0.03	平行度 0.03	17±0.03
1	66.03	0.10	0.10	17.08
2	66.02	0.02	0.04	17.10
3	66.04	0.08	0.10	17.06
4	66.05	0.02	0.03	17.02
5	66.03	0.03	0.03	17.03

从上述检测结果来看，长度尺寸 $66_{0}^{+0.05}$ 基本都能满足，但长度尺寸 17±0.03、对称度 0.03 和平行度 0.03 这三项技术指标不能得到有效的保证。

4　原因分析

1）在加工的时候发现工装上用螺杆顶紧的地方有一较明显的压印，这表明工装使用的材料较软，在较大的压力情况下易发生塑性变形，影响着工件的定位，这将同时影响长度尺寸和形位公差。

2）定位座两凸台定位面误差。将原有工装在三坐标机上检测，测得两凸台的表面平行度为 0.003，对称度为 0.002，这对于加工的蜗轮组合对称度和平行度误差来说是很小的，因此笔者认为，这属于非主要影响因素，不需要在后续工装改进中进行修改。

3）组件中的部分舵轴联轴、舵轴的对称度和平行度是否超差？针对这个可能引起的原因，专门查了该批次的舵轴和舵轴联轴的检验记录，并再次将该批次零件重新提交检验员要求再次检验，检验结果发现该批次零件的对称度都控制在 0.02 以内，符合产品技术要求，因此该因素不是引起装配超差的主要因素。

4）工装和组件安装引起的定位误差。在原有的定位座上宽 $8^{0}_{-0.02}$ 的凸台和蜗轮组合的接触面高为 8 mm，接触面积太小，如有凸台和舵轴及舵轴联轴的凹槽装配一小小偏差就会引起较大的形位误差，装配的好坏对组件的对称度和平行度影响极大。在径向上的拧紧螺栓拧紧时还会出现一力矩，使得舵轴和舵轴联轴同时向对面弯曲，但弯曲程度由两个螺栓拧紧的力决定，手工拧螺栓主要凭借手感，很难保证两个螺栓压紧力的一致性。

5 针对性改进措施

1）针对原有工装材料较软的特性改进了工装的材料，使用相对较硬的 T10 材料作为工装的材料，使得在相同的拧紧力的状态下基本无变形。

2）针对原有工装和舵轴及舵轴联轴贴合面过小，改进定位座上的两个宽 $8^{0}_{-0.02}$ 凸台的高度，将高度增加到 26 mm，使得凸台和舵轴及舵轴联轴整个面贴合，最大程度地减小人工装配对工件形位精度的影响，保证产品质量的一致性。

优化后工装示意图和实物图如图 3、图 4 所示。

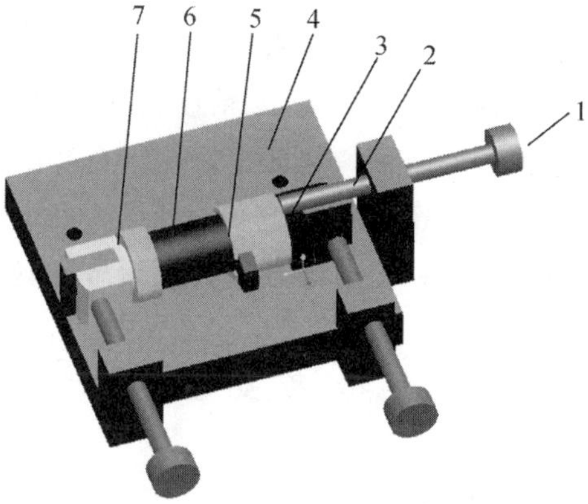

图 3 优化后工装示意图

1—拧紧螺栓；2—舵轴；3—右套筒；4—定位座；5—蜗轮；6—左套筒；7—舵轴联轴

图 4 优化后的工装实物图

装配主要流程还是按原来方案进行：将蜗轮组合和左、右套筒连接后整体嵌入到定位底座上，然后拧紧右端长度方向的拧紧螺栓，来保证长度方向的定位；拧紧后同步拧紧前端径向方向的螺栓，从而保证蜗轮组合的形位误差。

使用优化后的工装进行第二批产品的制造，并记录加工完成后产品的检测数据，检测数据如表 2 所示。

表 2　使用优化后的工装制造的产品检测数据

零件号	$66_{0}^{+0.05}$	对称度 0.03	平行度 0.03	17±0.03
1	66.03	0.02	0.02	17.01
2	66.02	0.01	0.015	17.01
3	66.02	0.02	0.02	17.015
4	66.01	0.015	0.01	17.01
5	66.02	0.02	0.02	17.01

可以发现用优化后的工装来装配蜗轮组合的长度尺寸、形位要求都满足技术要求，在装配时操作方便、简单，不需要有很强的技术性，且装配质量稳定。

6　结论

在舵轴蜗轮组合的装配过程中，通过对蜗轮组合的结构特点、技术要求和装配过程进行认真的分析，得出装配定位误差是造成装配精度低下的主要原因，采用增大定位接触面、更改材料减小工装受力变形等措施，保证了蜗轮组合装配完成后满足各项技术指标要求，劳动量下降 60%，工作效率得到极大提高，从工艺角度上挖掘了潜在经济效益。在装配过程中，分析问题、解决问题和总结出的方法、经验可为其他组件的装配提供借鉴。

参 考 文 献

[1]　孟宪源．现代机构手册．北京：机械工业出版社，1994.

[2]　吴宗泽．机械设计实用手册．北京：化学工业出版社，1999.

[3]　张鹏．固体火箭发动机用卡环装配工艺研究，航天制造技术，2012(2)：9－12.

[4]　任春红．涡轮转子的加工与装配，航天制造技术，2005(4)：36－38.

电子舱装配整形及装夹技术改进

陈烨敏

航天八院 802 所

摘　要　电子舱是导引头中的关键结构件，其特点是壁薄、易变形，且尺寸要求高。为了保证电子舱精车前的装配精度，对原有的工装进行了改进。通过在隔板的两侧增加加强板，来保证隔板的刚性，通过在电子舱内部增加调节螺栓来保证装夹尺寸以及整个舱体的强度。改进后的工装可以保证精车前的装配精度，保证产品质量。

关键字　电子舱　整形　装夹　薄壁

1　引言

导引头是实现导弹探测、跟踪目标物体的重要部分。头/尾部接收机舱作为导引头的关键部件，它为导弹系统的精确制导提供了重要保证。因此，头/尾部接收机舱的内部零件生产的加工质量和精度至关重要，它们是保证电子舱的安全性和可靠性的前提条件。其中电子舱（240°）和电子舱（120°）就是组成头/尾部接收机舱的重要零件，它们的作用是为舱内的各种电子设备提供一个安全、密封的空间。另外，由于电子舱工作在高速飞行的弹体内，对结构的机械性能和尺寸精度有严格的要求，如果电子舱内部尺寸稍有偏差，就直接造成内部线路的故障，对导引头各部分的功能完整性造成严重的影响。所以电子舱是导弹的核心部件，其性能好坏直接决定导弹武器的技术指标。

2　工艺要求

电子舱由两个部分组成，包括电子舱（240°）（图 1）和电子舱（120°）（图 2），材料均为铝合金 LY12，属于薄壁焊接件。以电子舱（240°）为例，该组件主要由蒙皮、隔框、桁条等钣金件组成，板厚为 2.2 mm，外圆弧半径为 R 100.2 mm。

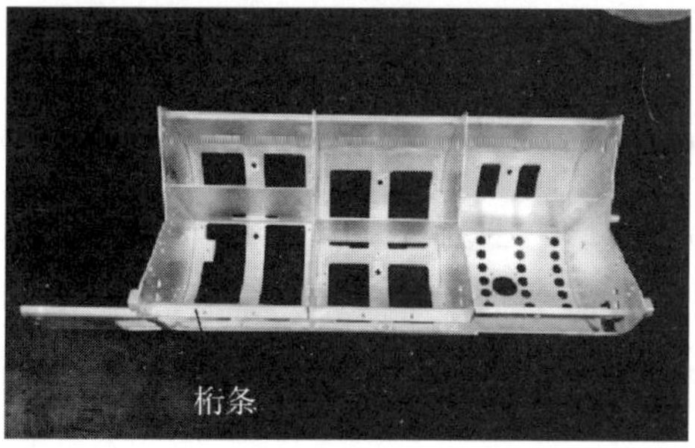

图 1　电子舱（240°）

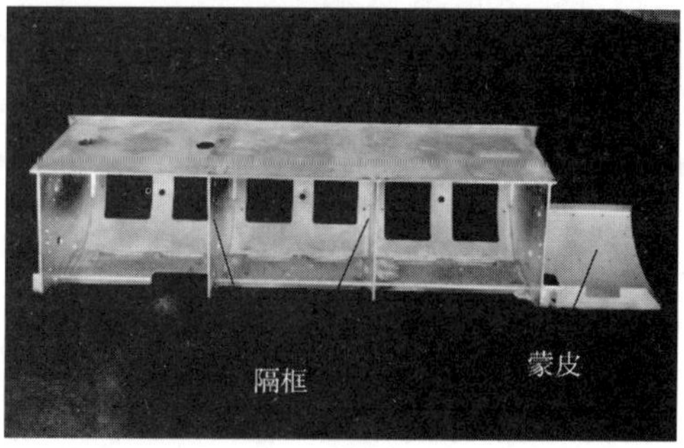

图 2　电子舱（120°）

在加工流程中，这两个电子舱已分别焊接到位。将由钳工进行精车前的整形和装配。装配之后完成两舱外圆部分的精车，精车后的外圆弧为 R 99.8 mm。在这一过程中，钳工的整形和装配是一个难点。

对于焊接后的整形，工艺的要求是保证蒙皮的外圆弧尺寸为 $R\ 100.2^{0}_{-0.2}$ mm，同时保证蒙皮沿轴向的直线度为 0.2 mm 以内。通过整形，还需保证蒙皮与隔框垂直度在0.2 mm以内，隔框的平面度在 0.2 mm 以内，隔框之间的尺寸在 130±0.2 mm，不得超差。

整形完成后，需将两个电子舱装配在车夹具上，工艺要求是保证装配后的电子舱外圆度为 0.25 mm 以内，外圆直径保证 ϕ 200.4±0.2 mm，复测沿轴向的直线度在 0.2 mm 以内。

3　技术难点

3.1　整形要求高

电子舱由多个零件构成，且均为薄壁件，在整形的过程中需格外细心。如果用力方向和大小不协调，则容易导致电子舱的变形，零件之间的变形容易互相影响，增加了整形难度。这其中，外圆弧的整形是一个难点。由于圆弧半径公差仅为 0.2 mm，且直线度要求 0.2 mm，所以，以往的生产中所使用的木槌整形效率较低，且用力稍有不均就容易导致直线度超差。

3.2　装夹的刚性差

电子舱两侧端面为平面，现有的装夹方法是将两个圆柱形工艺块安装在电子舱的两端，用螺钉拧紧。两侧工艺块具有顶针孔，可直接上车床精车。

通过多次的加工摸索后发现，现有装夹方式无法保证组件所需的刚性和足够的强度，在后续机加工时容易产生变形，导致尺寸超差。

4　技术改进

4.1　整形技术的改进

经过分析，我们发现，导致整形后圆弧圆度及轴向直线度超差的原因是整形时零件的受力不均。通过设计专用的整形工装和工具，可以改变这一现状。如果将电子舱放在同样的圆弧面中整形，则可以保证外圆弧与工装贴合得足够好，使圆度符合公差要求。为此，设计了专用的整形工装，工装包括底板和冲头。

工装示意图如图 3 所示。底板采用 45＃钢制作，含有一处 $R\ 100.2^{0}_{-0.1}$ mm 圆弧，整形时可以保证外圆弧尺寸在公差以内，由于直线度要求 0.2 mm 以内，所以底板直线度要求收紧为 0.1 mm 以内。冲头是整形的关键，这里选用铝合金为材料。因为零件材料均为铝合金，如果使用钢或者铜，则硬度较高，容易损伤零件内表面，造成划伤。冲头的外形如图 3 所示，圆弧部分与电子舱的内圆面贴合，圆弧 R 99.8 mm，手柄偏向圆弧的一边。手柄的作用是在整形时方便拿捏，并且当手柄偏向一边时，整形力更均匀。如手柄在正中，则整形力过于集中于一点，容易造成弧面扭曲。

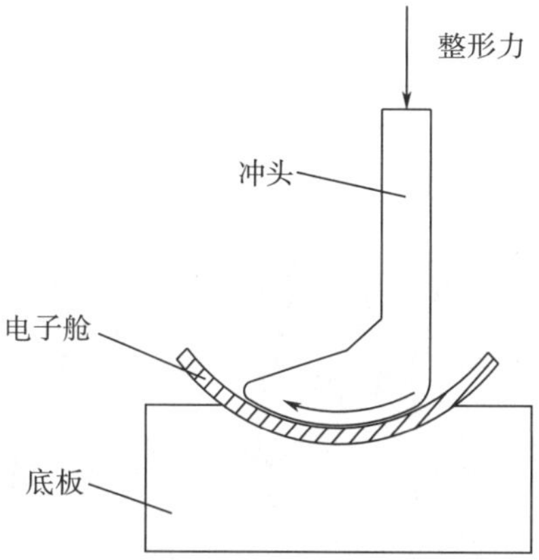

图 3　整形工装示意图

4.2　装夹技术的改进

以往的装夹方式可以保证两头的刚性，但是电子舱中间部位没有任何紧固措施，导致刚性较差。所以工装的改进应从电子舱内部着手。通过分析，我们可以发现在电子舱（240°）以及电子舱（120°）均存在四处隔框，且安装方向一致。如果隔框的刚性和强度得到保证，则可以确保电子舱整件的装夹精度符合工艺要求。

工装的设计思路如下，在原先的装夹基础上，在隔框两侧新增加强板（如图 4），同时利用隔框上现有的安装孔设计一种调节螺栓（如图 4），将隔框紧固。加强板使用铝合金制作，目的是将隔框夹紧，提高其强度。调节螺栓长度依据电子舱内部尺寸设计，保证装拆的方便和实用性。调节螺栓共分为 5 组，确保夹紧力均匀分布在隔框上，防止因受力不均而变形。该套工装的具体使用方法如下。

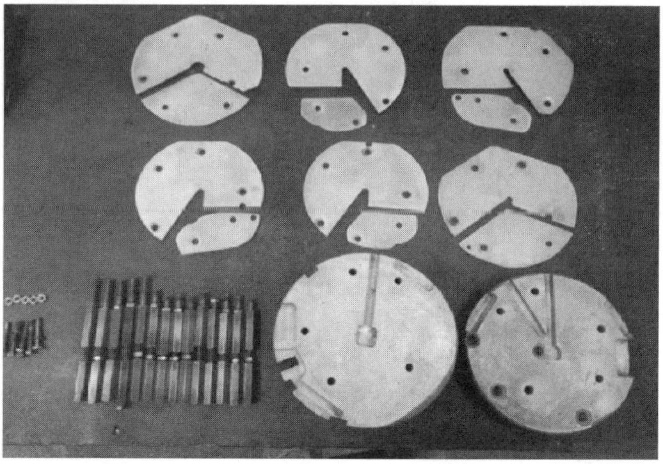

图 4　工装实物图

安装时，第一步是将电子舱（240°）平放在工装板上；第二步，在隔框两侧安放加强板，然后安装三组调节螺栓，螺栓暂不完全拧紧，同时将两头的工艺块预先安装在组件上；第三步，将电子舱（120°）按照设计图安装在电子舱（240°）上，保证二者的隔框对齐；第四步，将另外两组调节螺栓安装在电子舱内；第五步，调节每一处螺栓，保证隔框间距为 130±0.2 mm，确保外圆以及直线度均正确，然后再将每一处螺栓拧紧。拧紧后再次确认外圆与圆度尺寸，防止夹紧力过大而产生扭曲。安装好的电子舱实物图如图 5 所示。

图 5　安装后的电子舱

5　改进后的效果

使用新的整形工装进行整形，可以保证每一个产品的外圆度合格，且整形时间由平均 30 min 缩短为平均 15 min。采用加强板和调节螺栓辅助整形之后，电子舱的隔框间距均在公差范围内，精车前后的变化在 0.02 以内，证明这种方法有效地解决了装夹变形的问题。

6　结论

本文针对电子舱在整形和装夹中存在的问题进行了分析，并且提出了切实可行的改进措施。经实际操作验证，改进后的整形和装夹方法均可以满足工艺要求，且质量和效率均得到提高。

参 考 文 献

[1]　张泽平，高石城，席青．弹上电子舱机械制造工艺．中国电子学会生产技术学会机械加工专业委员会第五届学术年会论文集（下），2002.

精密伺服机构机械装配技术研究

邢玉辉
航天八院 802 所

摘　要　针对伺服机构在结构上易产生变形，低速平稳性要求高，伺服电机启动电压要求严格等装配技术难点，采取了控制装配间隙、整机磨合等技术措施，提高了装配效率，保证了装配质量，同时满足了伺服机构的各项技术指标。

关键词　伺服机构　装配间隙控制　整机磨合

1　引言

伺服机构作为导引头的核心部件，对制导精度起着决定性的影响。伺服机构主要由机械结构和控制系统组成，控制系统为伺服机构输入各种控制信号，使机械结构产生各种机械运动。伺服机构多采用内外旋转框架的结构形式，为两自由度随动系统，天线系统通过支架安装在内框架上，如图 1～图 4 所示。由于导引头对空间和质量的限制，伺服机构多采用薄壁轻质结构件，造成伺服机构在装配过程中易发生结构变形，影响装配的精度，装配难度较大。

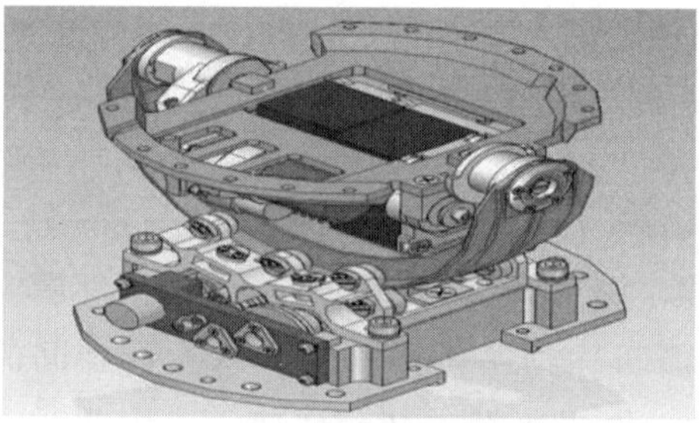

图 1　XX-16C 齿弧型伺服机构（见彩图）

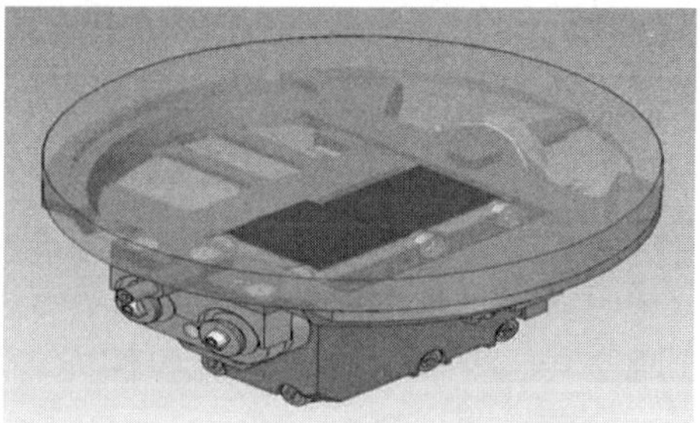

图 2　齿弧内通道组件（见彩图）

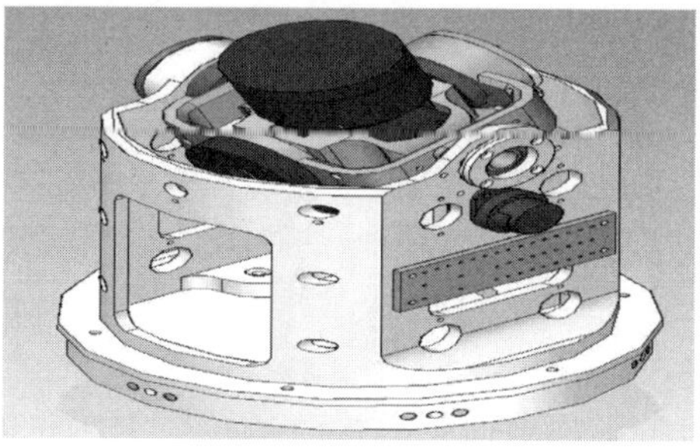

图 3　XX-1 激光导引头外框架式伺服机构（见彩图）

图 4　小型化内框架式伺服机构（见彩图）

2 伺服机构结构与技术要求

2.1 结构

伺服系统接收控制指令，由伺服电机驱动内、外框架做两自由度的旋转，带动安装在内框上的支架转动到相应的角度位置，完成方位和俯仰运动，从而使安装在支架上的复合探测系统按指令对目标进行搜索、跟踪。伺服机构主要由底座、外框架、内框架、电机组件、传动齿轮、陀螺、轴承和销钉等部分组成，这些零部件的加工精度高（达 μm 级精度），且多为铝制薄壁件，加工、装配过程中易变形，装配难度较大。

2.2 关键技术要求

伺服机构的主要技术要求包括：

1）轴承外圈与轴承孔、轴承内圈与轴的安装间隙在 0.002～0.008 mm 之间；

2）外框架组件装配后，两端安装轴的同轴度要求≤ ϕ 0.008 mm；

3）内、外框架上的伺服电机，在常温（25±3)℃时的启动电压≤2.5 V，低温（－40±3)℃以及高温（＋60±3)℃时启动电压不超过常温下的 20%。

3 装配技术难点

3.1 结构件变形

伺服机构底座、扇形齿轮、旋转框架等零件均为薄壁零件，如内框架扇形齿轮，壁厚 5.5 mm，承受内框架上安装支架、陀螺、复合探测系统等的重力和阶梯轴支撑力、齿轮压力等数个方向的作用力。因装配产生的作用力是齿轮压力和阶梯轴支撑力，这两个力偏大会导致齿轮运转平稳性下降，启动电压超差，偏小则阶梯轴会在内环产生轴向间隙，齿轮出现空转，严重影响伺服机构性能。底座是伺服机构的基础零件，因减重和空间的要求，其壁厚最薄处仅为 3 mm，而外框架、阶梯轴、电机等都安装到底座上，因此对安装位置和精度要求极高。如果装配时应力过大，会使外框架和扇形齿轮发生变形，严重时出现外框架运行噪声过大，系统死区加大等问题。而旋转框架平面是确定系统机械零位的重要平面，如果在装配和加工零位销钉孔过程中旋转框架变形，会造成系统零位超差。伺服机构中的这些薄壁、易变形零件给伺服机构精密装配带来很大难度，因此控制变形是伺服机构精密装配中不可忽视的重要问题。

3.2 装配间隙控制要求

轴承和轴、孔的配合以及齿轮间的啮合间隙直接影响到伺服机构的运转稳定性和伺服电机的启动电压。考虑到伺服机构工作和存贮温度变化较大，采用了间隙配合的形式。但是配合间隙的选择要考虑到可装配性和是否满足性能要求，需要根据实际情况进行公差分析和选配。此外，必须要对整机进行调整和跑合，以满足伺服电机启动电压的要求，获得伺服机构运动的稳定性。

3.3 整机的磨合

伺服系统必须通过一段时间的磨合才能达到性能稳定的要求，如果机械部分磨合不好，交付的产品使用一段时间以后，随着结构应力释放，会导致结构摩擦力等发生变化，从而引起伺服系统参数的变化，严重时会导致系统指标超差。因此伺服机构装配完成以后，需要通过磨合试验，使结构性能尽快稳定。针对伺服电机启动电压要求，确定整机磨合试验方案，确保能够持续、稳定地达到电机的启动电压要求。

4 伺服机构的装配措施

4.1 外框架组件的装配

外框架组件主要由外框扇形齿轮、外框端轴、外框架三个零件组成，端轴和扇形齿轮都是通过四个定位销钉和四个安装螺钉分别与外框架两端连接的。底座上两端轴承安装孔的同轴度为 ϕ 0.012 mm，外框端轴和扇形齿轮轴之间的同轴度要求≤ ϕ 0.008 mm，并要求组件不变形。

由于外框架形状特殊，只能依靠装配保证精度。首先将端轴和扇形齿轮上连接外框架的沉孔先加工成直孔，使用柱头螺钉进行初装配，配合定位打孔工装，利用外框扇形齿轮和外框端轴的加工顶尖锥面进行找正，打表测量并调整同轴度。然后用锁紧件锁紧进行销钉孔加工。销钉孔加工完成后拆下端轴和扇形齿轮，将螺钉安装孔加工成沉孔。最后在销钉定位的基础上，用沉头螺钉完成外框架的装配连接。

4.2 伺服系统磨合

通过伺服系统磨合试验，使结构性能满足伺服系统的要求，保证产品的一致性。磨合试验的内容是：给伺服系统预置磨合程序，加电使其内、外框架在规定的角度范围内来回运动，每磨合 30 min 对伺服系统进行一次测试，测试不同角度上电机的启动电压值。伺服机构的内、外框架分别进行磨合，磨合方法一致。

以内框架为例，通过专用的伺服系统磨合控制器给内框架电机加电。专用伺服系统磨合控制器采用集成功率放大器，双电源供电，同时采用电流环反馈，确保电机响应的快速性。在电路输入端加入正弦信号，使电机带动内框架来回运动，通过改变正弦信号的幅度和频率可以改变内框架运动的角度范围和运动速度。

磨合 30 min 后，断电进行启动电压测试，测试内框架在不同角度时电机的启动电压值，并记录测试结果，如表 1 所示。

表 1　伺服机构启动电压

磨合顺序	俯仰通道		偏航通道	
	均值/V	方差/V	均值/V	方差/V
0	2.13	0.33	1.91	0.39
1	1.85	0.31	1.86	0.32
2	1.63	0.28	1.72	0.30
3	1.62	0.26	1.68	0.29
4	1.63	0.25	1.67	0.29
5	1.62	0.25	1.68	0.28
6	1.62	0.24	1.67	0.28
7	1.62	0.25	1.67	0.29
8	1.62	0.23	1.67	0.27
9	1.61	0.23	1.66	0.28
10	1.62	0.23	1.67	0.28

对伺服系统内框架和外框架各进行 10 个循环的磨合试验，每次试验后对各个角度的启动电压进行测试，并对每个循环后的内、外框架启动电压的均值和偏差值进行计算。

通过对磨合试验数据的初步分析，如图 5 所示，可以得出如下结论：伺服系统在进行 2～3 个循环的磨合试验后，伺服系统内、外框架的启动电压的均值和偏差基本趋于平稳，满足伺服系统设计要求，达到磨合效果。

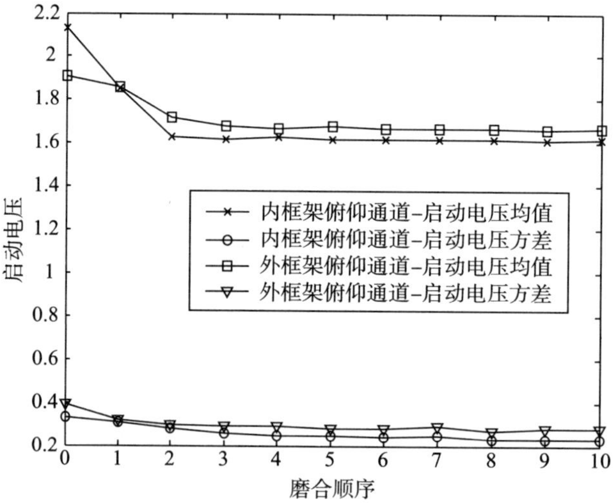

图 5　伺服机构电机启动电压统计图

4.3　装配间隙控制

伺服机构中轴承和孔以及轴采用间隙配合，技术要求的间隙是 0.002～0.008 mm，但在实际装配中，轴承孔和轴承之间配合间隙的选择根据实际情况不同存在差异。

在伺服机构装配过程中，为了保证内、外框架上扇形齿轮和内、外框架两端轴的装配位置精度和齿轮啮合精度，对轴和轴承内孔的配合做了试验，总结出配合间隙在 0.001～0.003 mm 之间最为合适。这样保证了组件之间位置精准和运动的平稳性。对于向心轴承的外径和轴承孔之间的配合间隙，通过试验确定为 0.002～0.004 mm 之间最为合适。选择该间隙主要是充分考虑到轴承在使用过程中，零件的变形和产品振动试验过程中的摩擦。

对于向心推力轴承，由于内外环可拆卸，在产品中是成对使用，将其装配间隙确定为 0.004～0.006 mm。

通过对装配间隙的控制，保证了轴承的装配精度，使扇形齿轮轴和端轴的跳动误差得到降低，伺服机构的运转柔和、顺畅。

5 结束语

在伺服机构的装配过程中，对伺服机构的结构特点和技术要求进行了认真的分析，针对装配难点，采取了一些工艺措施，设计了各类工装、夹具、量具和专用设备，保证了伺服机构装配完成后满足各项技术指标要求。在装配过程中，总结出的方法和经验可为其他伺服机构的装配提供借鉴。

改进控制舱舵系统调试的工艺方法

丁积宵
航天八院 803 所

摘　要　舵系统零位和最大机械舵偏角是舵系统两个关键技术指标。本文通过对某型号控制舱原有电动舵系统的零位调试和最大舵偏角测量方法的分析，提出了技术改进的方法，并经过批产的验证，提高了舵系统的生产效率、生产合格率，并降低了劳动强度。

关键词　舵系统　零位　最大机械舵偏角　测量

1　引言

舵系统是在导弹飞行过程中，负责控制导弹飞行姿态，是导弹的伺服机构。舵系统零位和最大机械舵偏角是舵系统其他技术指标的基础，技术指标的准确与否，直接关系到产品的技术性能，影响控制舱乃至导弹的控制精度。导弹能否顺利通过靶试与上述指标的准确与否密切相关。

2　舵系统的组成及工作原理

舵系统主要由螺套本体、舵轴蜗轮组合、电机、电位计、蜗杆、齿轮组合等组成。其工作原理主要是电动舵系统接受来自导引头输出的舵位置指令信号，该信号与舵系统电位计输出信号经控制器后进入功率放大器驱动直流伺服电机，电机通过减速机构带动舵面偏转到舵指令要求的位置，从而达到舵面跟随控制信号运动。

3　舵系统调试测量的主要内容及存在问题

3.1　舵系统调试和测试的主要内容

3.1.1　零位调试

零位调试主要分两个步骤：机械零位调整和电气零位调试。机械零位是指舵面与导弹的 XOZ 平面的重合度，机械零位是电动舵系统调零的基础。在机械零位调整到准确的情况下调节反馈电位计，最终调节电气零位，使机械零位与电气零位重合，零位调试结束。

（1）机械零位调试

机械零位要以螺套本体上表面为基准，使用角规，当舵轴和舵轴联轴的侧面垂直于本体上表面时，就判定机械处于零位，如图 1 所示。

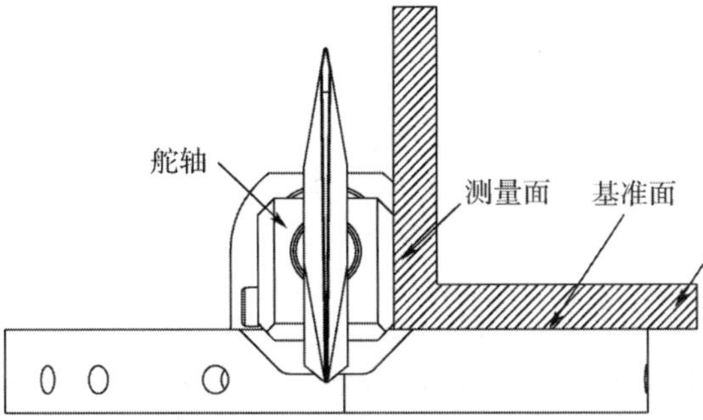

图 1　测量示意图

（2）电气零位调试

以机械零位调试结果为基线，首先调节反馈电位计的电阻，使电位计输出端 1、3 和 2、3 之间的电阻值尽量相等，以保证系统基本调零；在此基础上通过测试设备，给舵系统加±15 V 电源，并测试电位计反馈电压，微调反馈电位计，使其示数满足－0.06～＋0.06 V 的调试范围，尽量接近 0 V，然后将电位计固定。此时判定电气零位与机械零位重合，电动舵系统零位调整结束。

3.1.2　最大机械舵偏角测量

在安装电机之前进行最大机械舵偏角测量，现行方法是以机械零位为基准，手动将舵面扳到最大机械偏角的位置，然后利用高度表进行舵偏角测量，记录两个方向的机械舵偏角值，如图 2 所示。

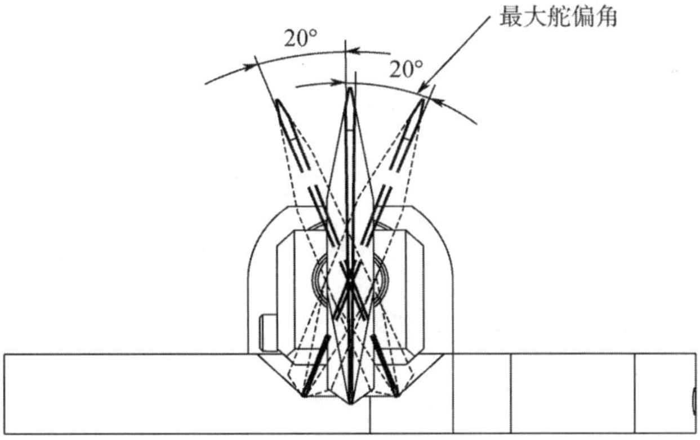

图 2　最大舵偏角

3.2　存在的问题

3.2.1　可操作性差，零件基准面误差较大

当舵轴蜗轮组合、传动机构与螺套本体安装完成后是最适合机械零位调试的。但由于电机及电位计组合安装后，需检查蜗轮与蜗杆、齿轮与扇形齿片的传动情况，无法将机械零位固定，因此我们只能在电动舵机安装好结构部分的状态下，完成机械零位的调试。这

时螺套本体上表面可用的基准空间限制了角规的使用，定位精度无法保证，严重影响调整后的精度。

由于现阶段生产车间没有配置标准平面台，只能采用螺套本体上表面为基准进行机械零位的调试，而螺套本体上表面本身无平面度要求，加上表面可能会存在缺陷情况，因此容易产生机械零位的误差。

3.2.2 最大舵偏角测量效率低下

最大机械舵偏角测量主要由计量室专业人员负责。随着产品进入批产阶段，产品数量大大增加，同时 1 套产品需进行多次验收，每次测量至少 3 次，所以测量项目应与产品生产一起进行、由装调车间负责完成。

4 改进方法

结合产品研制，通过分析以及对零位调试及最大机械舵偏角测量的工艺方法、工艺过程等的研究，设计并确定合理的测试（量）方法，以提高产品测试（量）的可靠性、操作简易性以及测试（量）的准确性。针对零位调试和最大机械舵偏角测量拟采取如下措施。

4.1 机械零位改进内容

通过设计一套专用工艺装备，借助标准平台来提高机械零位调试的准确性。首先，在标准平台上，将工装慢慢推进产品，使工装的垂直面与舵轴或舵轴联轴的侧面贴合，此时处于机械零位，并在此基础上调试电气零位，工装如图 3 所示。其次，进行电位计调零。电位计先单独调零，用三用表测试 1、3 点阻值，应为 4.7 K 左右，记录下具体阻值，然后用三用表点在 1、2 点上调整电位计，同时观察三用表，调到阻值为总值的一半即 2.35 K 左右。此时将电位计装于电位计支架，电位计要求可以旋动，不固定，方便后续调试。最后，进行电动舵系统调零。通过测试盒，给舵系统加入±15 V 电源，使用三用表观察舵面反馈电压值，调整电位计，将舵面反馈电压值调整到使其示数满足－0. 06～＋0. 06 V 的调试范围，尽量接近 0 V，达到技术要求后固定电位计。

4.2 最大机械舵偏角测量改进内容

最大机械舵偏角测量可以通过以下两种方法改进。

4.2.1 方案一

利用标准平台和数字高度表测量舵面在机械零位时的高度以及将舵面搬到最大位置时该点的高度，利用高度差通过三角函数确定最大机械舵偏角，如图 4 所示。

计算方法：

$$\tan\alpha = \text{杠杆千分表差值}/\text{测高仪差值}$$

$$\alpha = \arctan(\text{杠杆千分表差值}/\text{测高仪差值})$$

α 要求满足$\pm|20^\circ \pm 1^\circ|$。

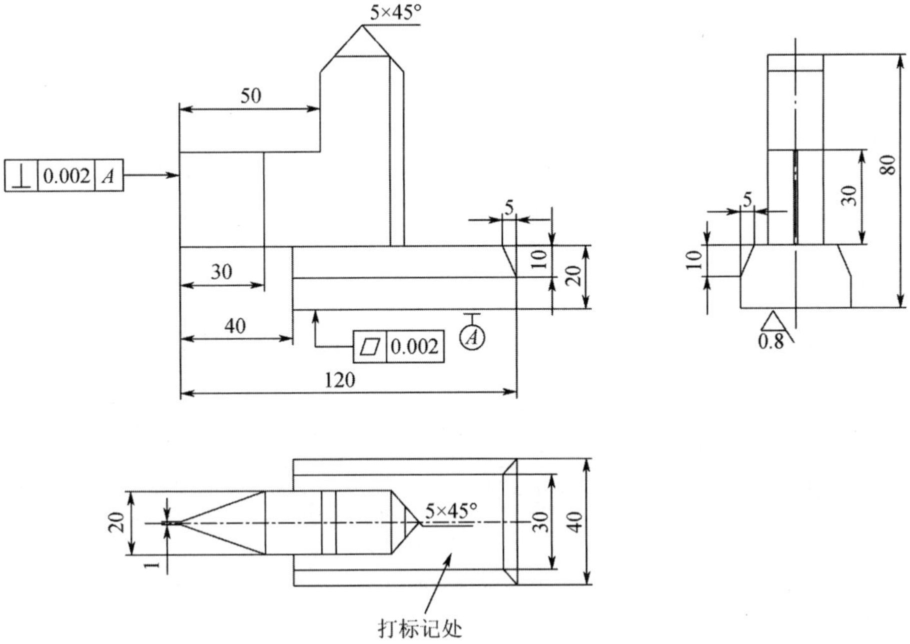

图 3　机械零位测量工装

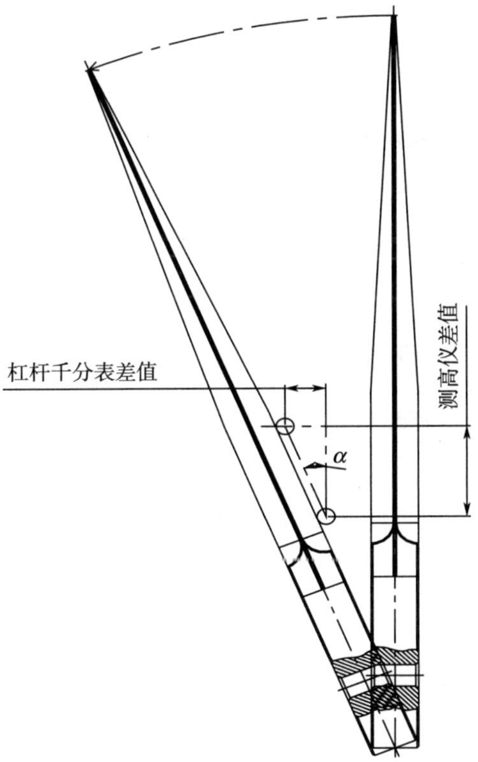

图 4　方案一原理图

4.2.2 方案二

设计专门的工艺装备，通过分度盘指针直接读出舵偏角度，该工装如图 5 所示。

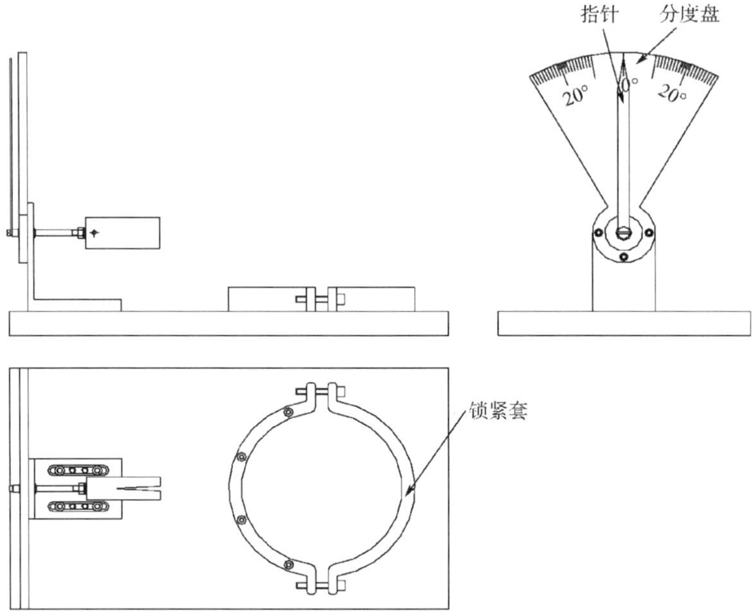

图 5 舵偏角机械测量工装

该方案是在舵面与分度盘之间设计连接杆及夹具，通过舵面旋转带动分度盘上的指针偏转，以此达到测量舵偏角度的目的。考虑重点放在工装与舵面连接以及工装与分度盘连接可靠性上，避免应装夹问题影响测量精度。此种方法一劳永逸，操作简单，降低了对操作者的技能要求又能适应今后大批量生产的需要。

5 对原有方法改进后的效果

5.1 调试机械零位的改进效果

经过上述改进，抽取 10 套产品使用老方法调试后又使用新方法调试，测试数据如表 1 所示。

表 1 两种方法测试结果比对

序号	老方法调试结果	新方法调试结果
1	0.12	−0.04
2	−0.10	0.03
3	0.13	0.03
4	0.15	−0.05
5	−0.13	0.04

续表

序号	老方法调试结果	新方法调试结果
6	0.11	−0.02
7	−0.12	0.03
8	0.13	0.03
9	0.12	−0.05
10	0.11	0.04

从表中两次数据对比可以看出，使用新方法后的调试结果精度比原来调试方法有了很大提高，目前已通过多个批次飞行试验，证明这种调试方法可以满足使用要求。

5.2 测量最大舵偏角方法的改进效果

方案二与方案一比较，由于工艺方法更合理、更直观，测量时间更短，更能适应产品批生产需要。以 10 套产品的测试时间为例，表 2 为原测量方法和方案一、方案二的测量方法所用时间对比。

表 2 原测量方法和方案一、方案二的测量方法所用时间对比

原方法	方案一	方案二
需计量室配合，时间不定	50 min	15 min

由表 2 可以看出，使用方案二后产品最大机械舵偏角的测试时间与原方法和方案一有了极大提高，可以最大程度地降低操作人员的工作量和劳动强度，更加适合批生产的要求。

6 结论

通过对现有零位调试和最大舵偏角测量方法的研究，设计了能够完善现有调试及测试方法的工装，通过数据对比和分析，证明机械调零新工装完全能够满足使用要求，可提高测试精度一个数量级；改进后的最大舵偏角测量方法可以在保证产品性能的前提下提高生产效率 70%，降低劳动强度，为后续批产的顺利进行奠定了坚实的基础。

参考文献

[1] 彭志源，主编.最新机械工程师应用技术与机械构造设计参数及计算方法应用手册，2002.02.
[2] 余俊，主编.中国机械设计大典，2005.01.
[3] 王先逵，主编.机械装配工艺，2008.06.

提高速率陀螺仪挡钉限位稳定性的探讨

许文君

航天八院803所

摘　要　本文通过对某型号速率陀螺仪引起挡钉限位超差的原因分析，采取对轴承监测、初调挡钉精度、增加复测检查等措施，从而保证陀螺精度及稳定性，提高合格率。

关键字　止挡　轴承　同心

1　概述

1.1　速率陀螺仪的工作原理及主要组成部分

速率陀螺仪是根据陀螺进动原理设计的单自由度扭杆式半液浮速率陀螺仪。陀螺电机被密封安装在陀螺房内。陀螺仪的输入轴垂直于自转轴的输出轴。当基座绕输入轴的输入角速度 ω 将产生陀螺力矩 $H\times\omega$，该力矩驱动陀螺房（框架）绕输出轴进动，直到它与扭杆产生的弹性约束反力矩平衡为止。框架的进动角速度通过一个同步器转换成与输入角成正比的交流电压信号输出。输出信号与激磁电源的相位差表示输入角速度的旋转方向。主要组成部分：陀螺电机、扭杆、陀螺房（框架）及其支承、微动同步式转感器、阻尼机构、壳体、波纹管等组成。

1.2　挡钉限位的功用及方法

1.2.1　挡钉限位的功用

挡钉作为速率陀螺仪的限位装置，它的作用是限定框架组件转动的范围，防止陀螺仪在无意中施加的超载速率场合下扭杆变形、导电游丝损坏，一般限位在最大速率的120%以下。浮子组件小轴端支承结构图如图1所示。

图1　浮子组件小轴端支承结构

1.2.2 挡钉限位的方法

挡钉限位的方法为：将陀螺组件装于支座中固定，IA 垂直向上放在速率转台上，给陀螺通电，分别调节转台转速为±150（°）/s、±155（°）/s、±160（°）/s、±165（°）/s，记录正反转时陀螺组件的输出交流电压，用挡钉及锁紧螺母限制浮子的转角，使挡钉位置限定在±160～165（°）/s 范围内，最后用锁紧螺母固紧。

2 问题的引出

挡钉限位是速率陀螺仪交付的重要指标之一。某型号速率陀螺仪交付时发现极限止挡的数据超差［技术要求：150～170（°）/s］。安装对称位置的挡钉所显示的超差数据都小于上偏差 150（°）/s 或大于下偏差170（°）/s，均不符合其技术要求。初调挡钉时的记录数据都在技术要求的范围之内，但是经过低温－40℃、高温＋60℃的循环时效，动态冲击、振动、离心试验后，在交付总检时发现极限止挡的数据已超差。

随机抽取 5 个陀螺仪挡钉限位参数如下（见表 1）。

表 1 5 个陀螺仪挡钉限位参数

编号	初调挡钉限位/［（°）/s］	交付挡钉限位/［（°）/s］
W12－223	＋160～160	＋171～172
W12－397	＋161～160	＋147～146
W12－476	＋160～161	＋173～172
W12－201	＋161～160	＋145～142
W12－581	＋160～160	＋172～172

针对陀螺仪挡钉限位超差的现象，对其进行原因分析。

3 原因分析

3.1 速率转台转速的偏差

将陀螺仪放置速率转台上进行测试时，所测量挡钉限位的范围为 150～170（°）/s，由于转台在转速测试中，与导电环产生摩擦，使转台在转动中形成了精度误差，从而使挡钉测试数据随每（°）/s 的角度而形成累积偏差，影响了挡钉限位角度的精确性。

3.2 初调挡钉限位角度的偏差

输入极限止挡数据超差的原因是挡钉位置发生变化，挡钉位置变化的原因是多方面的。

3.2.1 锁紧螺母松动

挡钉的锁紧螺母有松动及螺纹有异常，会直接影响挡钉限位的角度所引起的偏差。

3.2.2 初调挡钉角度偏离问题

在调试挡钉位置时，初调位置偏上限或偏下限，即技术条件的极限指标，在通过充油和各种高低温环境试验后，有可能会产生挡钉位置的微量偏离。

3.2.3 挡钉孔清角毛刺和挡钉变形问题

挡钉孔的清角处有异常现象（毛刺）或挡钉的槽口倒角过大，会引起挡钉限位的角度所引起的偏差。

3.3 陀螺仪干扰力矩的变化引起的偏差

3.3.1 陀螺组件配合误差造成扭力矩的偏差

扭杆一端与浮子组件连接，另一端与端盖连接，主要靠 1∶50 的锥度来收紧配合件端盖孔，由于工装精度问题造成扭杆、小轴、轴承之间的同心度误差偏大，会产生额外的不平衡干扰力矩，即引起了挡钉限位超差。

3.3.2 轴承与小轴配合产生的摩擦力引起的偏差

轴承的内外径与陀螺组件都为间隙配合，在轴承有挡板松动的情况下，于过载试验 X、Y、Z 三轴翻动中，挡板（防尘板）与小轴会有碰擦，轴承失去了减少摩擦力的作用，陀螺组件也发生了质心偏移，即引起了挡钉限位超差的主要因数。

4 采取的改进措施

4.1 提高陀螺仪同心度

将原吊紧工装的悬臂梁压块式矩形导轨改变成可调式燕尾导轨。通过在悬臂梁上的四个螺钉调整两个斜铜块实现可调功能，确保滑动间隙控制在 0.01～0.05 mm 之间，导轨面与工作台面垂直度控制在 0.005～0.01 mm 之间，排除悬臂梁位移时的精度误差。使用的新的吊紧工装保证了扭杆、小轴、轴承的三轴同心，提高了其初调零位精度的技术要求。

改进后吊紧工装如图 2 所示。

图 2　改进后吊紧工装

4.2 增加检测轴承的手段

4.2.1 复测轴承的原始数据

由于轴承与固定阻尼件内孔的配合精度较高，所以在轴承的选配前先将原厂提供的轴承数据进行核对，如发现数据有误，可及时进行尺寸调配。避免在轴承使用中发现尺寸有误而对产品精度产生影响。

4.2.2 对轴承的外观检查

在验收检查时，把轴承放入专用工装中，观察其滚珠是否均匀分布在挡板（防尘板）周围，轻轻推动挡板（防尘板）是否松动，如有不合格品应及时更换，重新检查，这样就进行了提前筛选，防止了因轴承的挡板松动而引起的挡钉限位的超差。

轴承外观图如见图 3 所示。

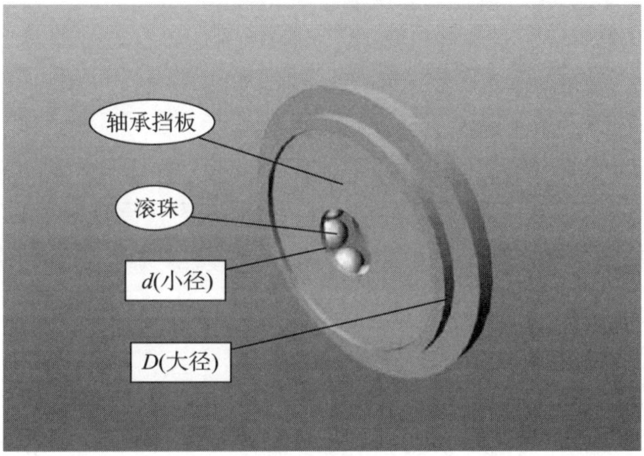

图 3　轴承外观图

4.3 加强轴承在装配前的参数复测

在装配前，从每批次的轴承中随机抽取 3～4 个轴承，进行外径 $D\phi 4$、内径 $d\phi 1.2$ 的复测。使用装载轴承外径 $D\phi 4$ 的工装对测量其同心度外径的偏差；使用 u 级心棒测量内径 $d\phi 1.2$ 同心度的偏差。如有轴承参数超差，及时更换，重新测量，防止了因轴承本身精度偏差而引起的挡钉限位的超差。

4.4 提高初调挡钉的精度

针对挡钉止挡参数的超差，加强了技术指标内控要求，使初调精度保证在±160～±164（°）/s 之间，还使用了专用的锁紧螺母工装，控制预紧力均匀，锁紧螺纹配合可靠、牢固。

4.5 增加对陀螺仪充油前极限止挡检查的工序

在陀螺仪装配初调后，进入调试阶段中，其经过低温－40℃、高温＋60℃的循环时效；动态冲击试验后，对陀螺仪进行挡钉限位的测试检查，如止挡参数超差，及时对产品进行返修，避免了产品在充油后无法对挡钉限位的返修。这样降低了产品在交付过程中由于极限止挡的不合格率。

5 改进方法所取得的成果

采用新的改进措施后，速率陀螺仪的挡钉限位合格率，由原来的60％提高到95％以上。同时，陀螺仪的返修率也大大降低。通过改进措施，使陀螺成品出产量也同时得到增加。

随机抽取5个陀螺仪交付时挡钉限位参数如下（见表2）。

表2 5个陀螺仪交付时挡钉限位参数

编号	初调挡钉限位/［(°)/s］	交付挡钉限位/［(°)/s］
W13-336	＋160～160	＋160～160
W13-264	＋161～160	＋161～160
W13-385	＋160～161	＋160～161
W13-106	＋161～160	＋161～160
W13-472	＋160～160	＋160～160

由此可见，经改进后的陀螺仪挡钉限位数据与初调时比较，输出数据稳定性好。

6 结论

通过采用轴承检测、初调挡钉精度、增加复测工序的改进措施下，目前生产的某型号速率陀螺仪和某型号陀螺组合因挡钉限位超差问题已经得到解决，以上的改进措施已应用于某型号速率陀螺仪的相关工艺中，提高了生产效率，降低生产成本，使陀螺仪成品出产量增加，确保了批生产任务的顺利完成。

参考文献

[1] 郭素云，主编. 陀螺仪原理及应用.哈尔滨：哈尔滨工业大学出版社，1985.

提高速率陀螺输出零位的稳定性

王嘉靖
航天八院 803 所

摘　要　本文通过对影响速率陀螺零位稳定性因素装配方法的分析，采取了细化封胶工艺，控制轴尖间隙，严格焊接工序，改进工艺方法等措施，提高了速率陀螺输出零位稳定性及合格率。

关键词　速率陀螺　零位　装配　稳定性

1　引言

速率陀螺仪是用来测量物体运动角速度的陀螺仪表。在弹道导弹和运载火箭中，它主要用来测量弹（箭）相对于惯性空间的运动角速度（偏航、俯仰、滚动），以便改善姿态控制系统的动态品质，确保弹（箭）的稳定性。

因此，必须在生产过程中针对陀螺产品的装配采取更加严格有效的措施，提前发现并解决问题，提高陀螺产品的可靠性、稳定性，避免将质量隐患带入后期的陀螺实际应用中，确保产品的质量。

2　速率陀螺的结构及工作原理

2.1　速率陀螺的结构组成

速率陀螺主要由信号器、电机、浮筒、力矩器、支承结构、信号传输结构和浮液等组成。陀螺本体的组成结构示意图见图 1，它与控制回路相配合后，用于敏感载体沿某一轴向的角速率信号，并将角速率信号转换为成正比的直流电压信号提供给载体的控制系统，以实现系统对载体的控制。

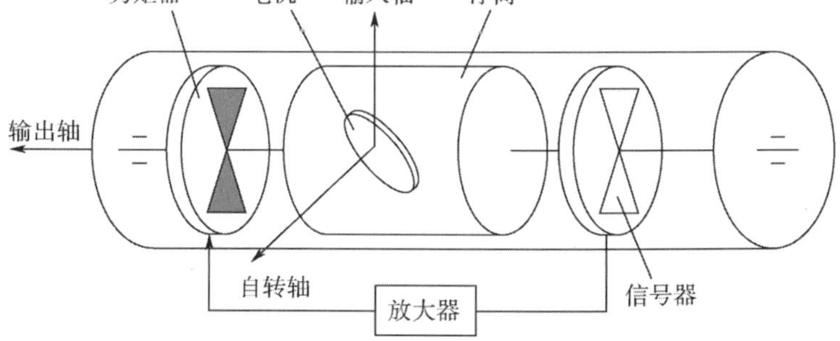

图 1　速率陀螺仪结构原理图

2.2 速率陀螺的工作原理

机械式速率陀螺的基本工作原理依据为定轴旋转物体的定轴性和进动性。具体来说，根据牛顿定律，高速旋转的刚体具有在惯性空间保持其转动轴指向不变的特性，称为定轴性；当该刚体受到垂直于转动轴方向的外力矩时，将绕垂直于转动轴和外力矩轴方向的第三转轴，称为进动性。

速率陀螺内的陀螺电机高速转动产生可供运用的陀螺动力学特性，当绕陀螺输入轴存在角速度 ω 时，陀螺浮筒组件便绕其轴转动（进动），产生角位移 β（实际转角 β 瞬间出现，且 β 大小与控制回路参数有关），陀螺浮筒组件中的传感器将之转换成一个正比于 β 的电压 $U=\mathrm{Ku}\beta$（其中 Ku 为信号器的增益），该信号输给与陀螺表头配套的伺服电路，伺服电路对所输入的信号进行解调放大，并向力矩器输入与信号成比例的电流 $I=\mathrm{Ki}U$，其中 Ki 为放大器增益，于是力矩器产生正比于电流 I 的力矩 $M=\mathrm{Km}I$，其中 Km 为力矩器标度因数，该力矩大小与陀螺力矩 $M=H\omega$ 大小相等，方向相反，则 $M=\mathrm{Km}I=H\omega$，所以，$I=H\omega/\mathrm{Km}$，通过在力矩器线圈低端串联采样电阻 R，从采样电阻上获得与输入角速度 ω 成正比的直流电压信号 U，这个 U 即为陀螺输出，因此，就可以对输入角速度进行测量。

3 影响速率陀螺零位稳定性的主要原因

在速率陀螺的生产过程中，经常会遇到因陀螺零位稳定性不够，导致产品合格率低、返修率高。这些严重影响了生产效率和生产进度，经分析，主要原因有以下三点。

（1）陀螺电机轴向间隙变化

陀螺电机轴向间隙发生变化，将破坏浮筒部件的静平衡，使陀螺在无外界输入时产生较大的输出。

（2）前后轴尖轴向间隙的控制

轴向间隙过小会导致陀螺在低温工作状态下因为零件尺寸变化而出现卡滞现象，轴向间隙过大会导致陀螺在常温工作状态下随机漂移超差。

（3）陀螺导电游丝的焊接质量与相对位置的变化

导电片是将陀螺本体所需的电源信号引入和陀螺本体的输出信号引出浮子的唯一途经，它的焊接质量与相对位置的变化对陀螺的性能起至关重要的作用，陀螺导电游丝的焊接质量与相对位置的变化会影响陀螺浮筒的静平衡，产生附加力矩。

4 技术难点与改进措施

4.1 陀螺电机轴向间隙控制

4.1.1 技术难点

陀螺浮筒内安装有磁滞陀螺电机一只，电机示意图如图 2 所示：该陀螺电机是由定子部件、转子部件、轴承组成的。

1）轴承内圈在定子轴上的轴向间隙过小会导致陀螺电机轴承可能在－40℃低温下发生卡滞，使电机无法满足动平衡指标及惯性运转时间指标；而间隙过大会导致陀螺电机的转子部件在轴向上的自由度过大，将破坏浮筒部件的动平衡。

2）螺母与螺纹轴之间胶液过多会导致胶液溢出至轴承主件，造成马达无法正常运转，而胶液过少会致使螺母与螺纹轴之间发生位移，破坏调整的间隙，继而影响陀螺马达的技术指标。

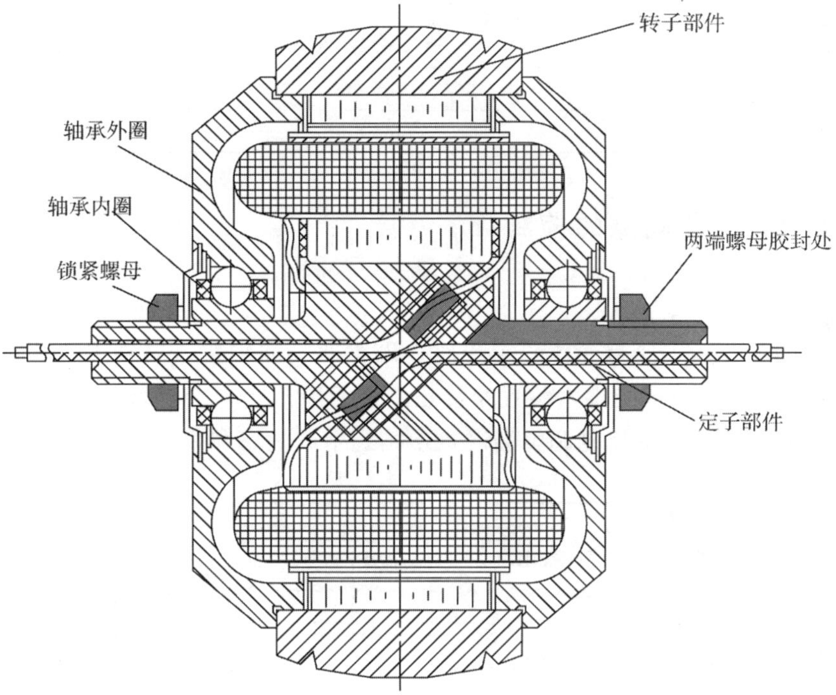

图 2　陀螺电机轴向结构示意图

4.1.2　改进措施

1）控制陀螺电机轴向间隙为 1.5 μm；

2）提高锁紧螺母胶接的可靠性。

4.1.3　控制方法

1）使用针灸用针蘸取 E－16 环氧树脂胶，在 10 倍放大镜下均匀涂抹、覆盖于一侧的调整螺母外缘 0.5 mm 处与直径为 2 mm 的螺纹轴 2 牙细牙处，无气泡。

2）固化完成后调整另一端螺母，慢慢将螺母拧至陀螺马达轴承内圈处，放于工装上用杠杆千分表测量出数值，然后逆时针慢慢旋转调整螺母，直至杠杆千分表测量出数值变化 1.5 μm，此时控制轴向预紧力间隙正好满足要求。

3）再次使用针灸用针在 10 倍放大镜下均匀涂抹、覆盖于一侧的调整螺母外缘 0.5 mm处与直径为 2 mm 的螺纹轴 2 牙细牙处，确保胶料不得有气泡。

通过上述改进措施后，不仅能满足陀螺电机动平衡及惯性运转时间的技术指标，而且在后续跑合试验及随机振动试验后，能非常有效地防止螺母与螺纹轴之间发生位移。有效地提高了生产效率、装调合格率和产品的稳定性（对比数据见表 1、表 2）。

表 1　陀螺电机轴向间隙尺寸优化对比统计数据表

产品（批次、数量）	动平衡量	一次装调合格率
改进前（110 件）	0.11 mg	78%
改进后（140 件）	0.08 mg	91%

表 2　陀螺电机轴向间隙胶接优化对比统计数据表

产品（批次、数量）	轴向间隙变化量	一次装调合格率
改进前（110 件）	2.5 μm	82%
改进后（140 件）	1.5 μm	95%

4.2　前后轴尖轴向间隙的控制

4.2.1　技术难点

轴向间隙的变化，主要与壳体、定子座、磁钢座、前轴尖、后轴尖的相互配合有关，见图 3，间隙过大，会造成陀螺六位置漂移超差，间隙过小，会导致陀螺在低温工作状态出现卡滞。前后轴间间隙的反复调整会严重影响到生产效率和生产进度。

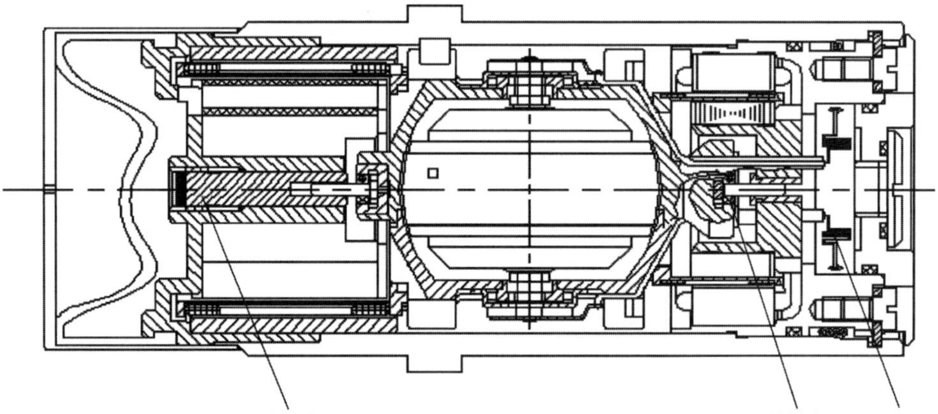

图 3　前后轴尖装配示意图

4.2.2　改进措施

通过计算出间隙尺寸后，计算出角度。

对前后轴尖轴向间隙的相关零部件的材料高低温型变量和尺寸链考虑相应公差，可以得出前后轴尖轴向的最佳间隙尺寸应为 58 μm，螺距的尺寸为 0.35 mm，螺钉旋转一圈为 360°，得出角度计算方法为

$$\frac{\theta}{360^\circ}=\frac{58\ \mu\text{m}}{0.35\ \mu\text{m}}$$

可得

$$\theta = 59.65° \approx 60°$$

4.2.3　控制方法

1）在常温下调整轴向间隙，用钟表螺刀将后轴尖慢慢拧入至底部，先在磁钢座螺纹处做好标记，然后利用角尺逆时针测量出60°后，再次做标记，最后将后轴尖逆时针旋转至60°标记处。

2）在－42℃低温下保温2h，然后进行通电测试，加载正、负向自检信号，检测陀螺零位输出是否有卡滞现象。

3）如不满足要求，则在常温下重新调整，通过增加旋转角度，来增加轴向间隙，然后再做低温，直至满足技术条件的要求。

通过上述改进措施后，不仅能将轴尖的轴向间隙控制在最佳范围，还能保证陀螺仪在常温下的六位置漂移，使前后轴尖的一次装调合格率达到98%，有效地提高了工作效率，提高了产品的可靠性（对比数据见表3）。

表3　陀螺轴向间隙控制优化对比统计数据表

产品（批次、数量）	后轴间角度变化量	一次装调合格率
改进前（110件）	50°～70°	65%
改进后（140件）	60°	98%

4.3　陀螺导电游丝的焊接质量与相对位置的控制

4.3.1　技术难点

1）导电片的厚度为0.02 mm，宽度为0.2 mm，在浮子整个圆周上均匀分布，与浮筒部件引出线焊接固定，焊点接触面仅为0.04 mm^2，银丝受热时间过长会致其熔化。

2）陀螺导电片在定子座中，操作空间狭小（示意图如图4所示），相对位置的偏差会影响陀螺浮筒的静平衡，产生附加力矩。

图4　导电游丝焊接示意图

3）陀螺的机械零位和电气零位不重合，当陀螺加电闭环后，陀螺浮子相对开环时会偏转微小角度，导电片会变形产生应力，使得这种材料很软又无弹性的导电片将无法恢复至原本状态，从而对陀螺的输出零位产生较大的影响。

4.3.2 改进措施

1）控制温度、防止游丝熔化。一次成型，防止反复调整相对位置，给游丝带来形变。

2）控制游丝长度与相对位置，减小浮筒附加力矩。

4.3.3 控制方法

1）焊接前用200倍三坐标测量仪投影检查，导电片无氧化，外形边界清晰，无锯齿、穿孔。

2）将烙铁头修挫成长宽约为1.5mm×1 mm扁平状，增加受热的面积；在烙铁头的15 mm处折弯至60°，更为方便地在狭小空间内操作。

焊接至定子座接线柱部件时在30倍显微镜下操作，提高一次焊接成功率，避免因肉眼的局限性而进行的反复调整相对位置。

使用温控烙铁，焊接温度严格控制在180°，焊接时间严格控制在2 s以内，防止银丝受热时间过长，导致其熔化，焊点要求平整光滑，且焊锡必须完全包络银焊片，确保可靠性。

3）每根游丝的长度控制在5 mm，两端焊接点各留出1 mm，确保每根游丝长度相同、质量均匀。游丝与接线柱部件焊接时，于定子座内腔做到横平竖直，控制浮筒引出线与每一根游丝的焊点对准于轴心使得每根游丝受力均匀，形变均匀。

通过上述改进措施后，能方便有效地在狭小的定子座内对游丝进行相对位置的调整和焊接，提高了一次焊接成功率。有效地控制了导电片的形变和避免了破坏陀螺浮筒的静平衡（产生附加力矩）。提高了工作效率，提高了产品的可靠性。对比数据见表4。

表4 陀螺导电游丝控制优化对比统计数据表

产品（批次、数量）	工作效率	一次装调合格率
改进前（110件）	15个工作日	73%
改进后（140件）	9个工作日	98%

5 改进后效果

通过上述三个方法的改进，我们选取两批次的速率陀螺作为试验件对上述方法进行比对验证。对比措施落实前后陀螺输出零位稳定性指标（见表5）可知，在落实前述措施后速率陀螺产品在直流零位、加速度敏感系数、六位置随机漂移等涉及陀螺输出稳定性的指标上均有一定程度的提升，单表合格率从原有的74%提高至93%，工作效率从原来的每批次110个/75工作日提升至140个/60工作日，生产效率提高了63.9%，说明本次研究中提出的措施有效可靠。

表 5 试件零位稳定性数据比对表

（下列统计数据均为越小越好）

试验件 / 试验项目	改进前批次（共 110 只）		改进后批次（共 140 只）		提升值	
	平均值	合格率	平均值	合格率	平均值	合格率
直流零位(mV)	5.5	74%	4.1	93%	↑1.4	↑12%
输入轴敏感系数 W_i(°)/s/g	0.008		0.004		↑0.004	
自转轴敏感系数 W_s(°)/s/g	0.007		0.003		↑0.003	
输出轴敏感系数 W_o(°)/s/g	0.006		0.005		↑0.001	
六位置随机漂移(°)/s/g	0.008		0.004		↑0.004	

6 结论

速率陀螺是弹（星）控制系统中关键产品，本人通过对影响速率陀螺仪稳定性的原因分析，采取了细化封胶工艺，控制轴尖间隙，严格焊接工序，改进工艺方法等措施，提高了速率仪零位输出的稳定性，提升了产品的可靠性。确保导弹批产及武器型号配套任务的圆满完成。

参考文献

[1] 于波，陈云相，郭秀中．惯性技术．北京：北京航空航天大学出版社，1995.

[2] 张宗麟．惯性导航与组合导航．北京：航空工业出版社，2000.

[3] 贾玉红，何景武．现代飞行器制造工艺学．北京：北京航空航天大学出版社，2010.

[4] 郭素云．陀螺仪原理及应用．哈尔滨：哈尔滨工业大学出版社．1985.

合理使用工装解决某数传天线装配难题

张海峰
航天八院 804 所

摘　要　在某数传天线装配过程中，遇到了采用常规装配方法无法保证副反射器和主反射器之间的空间位置精度要求的难题，导致天线电气指标超差。本文从分析影响数传天线空间位置精度的各零部件的装配关系入手，通过选取装配基准、合理使用装配工装、采取适当的修配工艺手段等，保证了副反射器和主反射器装配后的位置精度，使天线测试一次合格。更重要的是采用了该装配方法，避免了传统技术工艺流程中，为满足天线电气指标要求，还需在天线测试过程中对副反射器空间位置进行反复不断的调节和修正，提高了天线测试效率。

关键词　工装　天线　装配　基准

1　概述

近年来，随着科学技术的不断进步，宇航型号中高频率、高精度、多频段的数传天线被广泛地应用，对天线各零部件的加工制造和装配精度的要求也越来越苛刻。面对高精度的零部件，怎样才能进行高精度的装配，使天线发挥出完美的设计性能，这是我所对机装岗位人员提出的新课题。

某数传天线由主反射器、支撑杆、支撑件、副反射器以及馈源等零部件组成，外形如图 1 所示。主反射器为一个旋转抛物面曲面，为碳纤维和铝蜂窝的复合材料 A 型夹层结构，机械安装和连接接口设有金属预埋件，主反射器加工成型精度高，特别是旋转抛物面的型面精度是通过模具型面保证；副反射器为旋转椭圆面，为轻量化的金属结构件，型面加工精度高；副反射器通过支撑杆和支撑件安装在主反射器上，以保证副反射器和主反射器的位置精度要求；支撑杆为实现轻量化要求，通过碳纤维缠绕与钛合金预埋件粘接而成。

在该数传天线最初的装配中，按照图纸结构组成关系和工艺流程，从下到上的顺序，依次对主反射器、支撑杆、支撑件、副反射器等进行装配和螺钉紧固。装配后，借助三坐标测量机对数传天线副反射器和主反射器之间的高度和同轴度进行测量，测量结果发现不仅高度和同轴度指标超差，副反射器也存在倾斜。据此，又对天线的各个连接环节进行装配调整，虽然每个装配环节都做到了很仔细，测量结果虽有改善，但仍不十分理想。在微波暗室进行天线性能的测试，发现实际测试结果与设计值偏差较大，通常情况下会通过反复调整副反射器的空间位置来满足天线的性能，但是这样会造成调整工作量很大，并且降低天线测试效率。

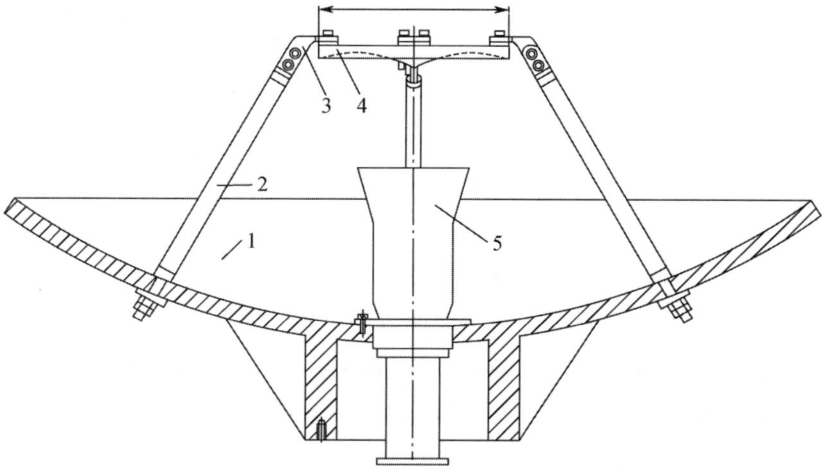

图 1　数传天线外形图

1—主反射器；2—支撑杆；3—支撑件；4—副反射器；5—馈源

2　问题原因分析

根据数传天线的结构特点，副反射器是通过 4 个支撑件和 4 个支撑杆安装固定在主反射器的凹面上方，保证馈源发出的微波信号通过副反射器反射回到主反射器的凹面，再通过主反射器的反射把信号反射出去。为了保证数传天线的各项电气性能指标，在数传天线装配时，需要保证副反射器与主反射器之间的高度以及同轴度要求，并使副反射器处于水平（目的是与主反射器的电轴垂直），具体技术要求如图 2 所示。

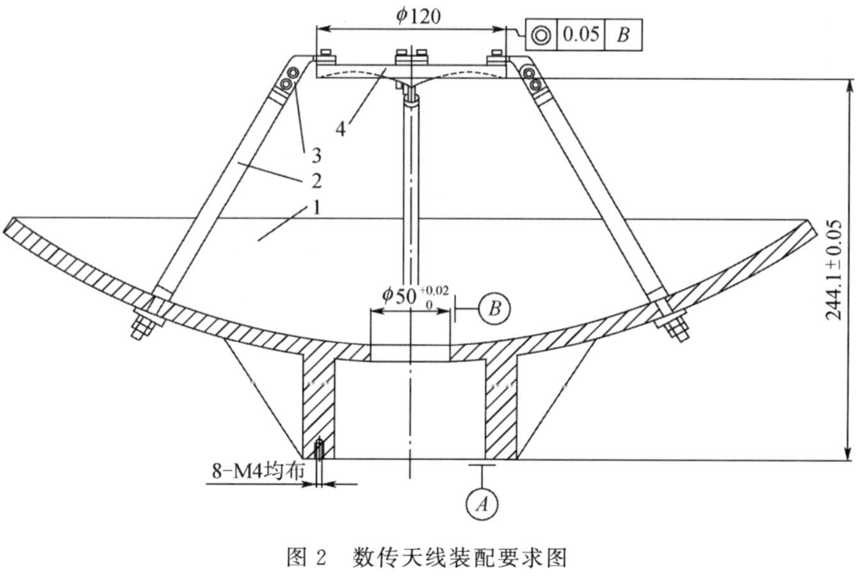

图 2　数传天线装配要求图

在数传天线的装配过程中，由于主反射器和副反射器自身的加工精度非常高，而支撑件和支撑杆的加工精度以及安装精度将直接影响到副反射器安装的位置精度，从而影响到数传天线的整体装配效果。

2.1 支撑杆的装配分析

首先拆除副反射器，通过三坐标测量机测量4个支撑杆与主反射器的位置关系，测量结果显示4根支撑杆位置发生偏移，没有达到理论上的四等分对称均布要求，这样会导致副反射器安装后，同轴度较差。通过分析主要是由于支撑杆本身的结构特点造成的，支撑杆是通过碳纤维缠绕与钛合金预埋件粘接而成，虽然加工粘接时有工装进行保证，但是实际制造的支撑杆由于胶接高温固化影响，还是存在碳纤维和预埋件中心面发生微小扭转。加之4个支撑杆在安装过程中在主反射器抛物面上无法设置定位基准，导致支撑杆安装后产生偏差。

2.2 支撑件的装配分析

由于支撑杆的安装存在偏差，在支撑件与支撑杆装配完成后，偏差导致4个支撑件与副反射器的安装面不在同一水平面上，存在扭转，进而导致副反射器装配后，位置精度更加恶化，达不到图纸设计要求，天线指标不符合要求。

3 问题解决途径

机械装配必须有装配基准，这样才能保证装配精度。装配基准是装配时用以确定零件或部件在产品中的相对位置所采用的基准。装配基准需要在产品设计时就考虑。装配精度就是产品装配后实际达到的精度，装配精度取决于零件的加工质量。机械装配就是围绕着装配精度来进行的。产品在设计时需要有设计基准，生产制造时就需要有加工基准，测量时同样需要有测量基准，装配时需要有装配基准，在需要的情况下还会增加工艺基准，这些基准最好是同一个基准。基准是机械制造中应用十分广泛的一个概念，机械产品从设计时零件尺寸的标注，制造时工件的定位，校验时尺寸的测量，一直到装配时零部件的装配位置确定等，都要用到基准的概念。基准就是用来确定生产对象上几何关系所依据的点，线或面。

在整个天线装配过程中，保证天线性能的最重要的装配精度就是副反射器和主反射器之间的同轴度和高度要求，并保证副反射器安装水平。其中副反射器与主反射器的同轴度要求为0.05 mm，副反射器与主反射器底部的高度为（244.1±0.1）mm。在产品设计时，设计师选择了主反射器的底部安装面（基准 *A*）和中心孔（基准 *B*）作为了设计基准。

3.1 工装设计

鉴于数传天线装配时副反射器和主反射器之间的同轴度和高度的要求较高，因此设计制作了工装来保证精度要求，具体如图3所示。工装由支架和托盘两部分组合而成，支架与主反射器的中心孔（基准 B ）之间采用小间隙配合，与主反射器底部安装面（基准 A ）之间用 8 只 M4 的螺钉连接。托盘插入支架内，采用小间隙配合，高度用垫片进行调节。在天线装配时，先把副反射器装入托盘中，再进行支撑件和支撑杆的装配。

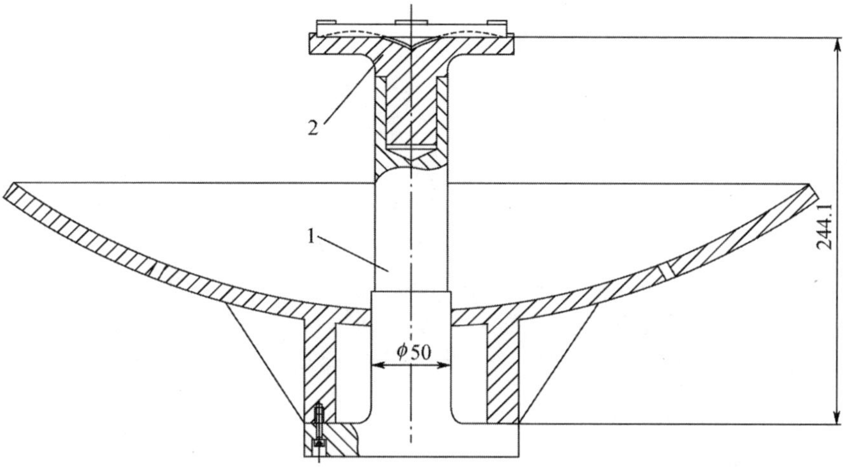

图 3　利用工装装配数传天线示意图

1—支架；2—托盘

支架加工时，与主反射器中心孔配合的外圆和与底部安装面连接的面是可以在车床上一次加工出来，垂直度为 0.01 mm。支架和主反射器中心孔的配合间隙小于 0.01 mm，托盘与支架之间的配合间隙控制为 0.015 mm，副反射器和托盘之间的配合间隙控制在 0.02 mm 之内。同时调整托盘与支架的高度来保证（244.1±0.1）mm 的尺寸，这样利用该工装装配的天线就可以满足装配精度要求。

3.2　支撑件安装

首先把 4 个支撑件与利用工装定位的副反射器安装固定，在支撑件设计时，与支撑杆连接的安装面厚度偏厚，留有足够的修配余量，同时与支撑杆之间的安装孔暂不加工留作配钻。

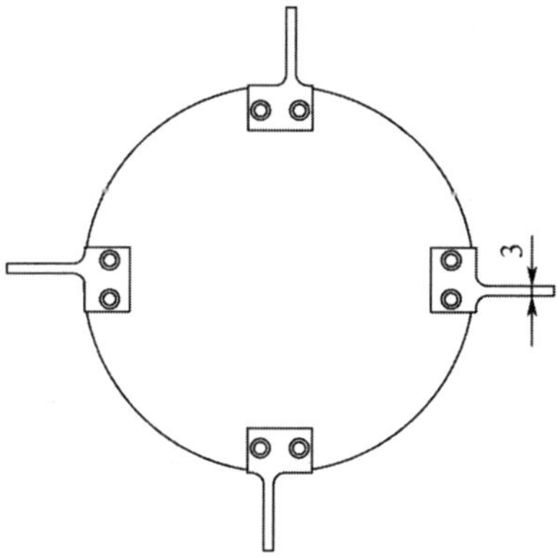

图 4　支撑件安装图

3.3 支撑杆安装

如图 5 所示，支撑杆由三部分组成，中间部分为碳纤维缠绕而成，两端为钛合金预埋件，碳纤维和预埋件之间通过胶接连接。支撑杆一端和支撑件连接，另外一端和主反射器安装。

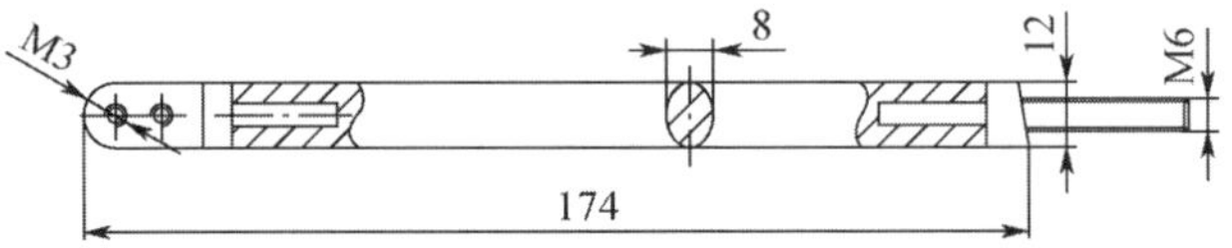

图 5　支撑杆外形图

在实际装配中发现支撑杆和主反射器的安装面有偏差，经过理论计算，支撑杆与主反射器之间的曲面精度每差 0.01 mm，就会造成支撑杆与支撑件之间产生 0.15 mm 的位移。而主反射器的型面精度设计值为 0.03 mm，加之支撑杆与主反射器之间存在孔隙误差，无法设置支撑杆安装定位基准，这样就会出现支撑杆安装好后在副反射器端出现最大位置偏移达 1.5 mm 的现象，最终导致副反射器装配精度不满足要求，天线测试不达标。

3.4 支撑件和支撑杆修配

根据产品的装配要求和生产批量，产品的装配有修配、调整、互换和选配四种配合方法，根据目前数传天线的实际情况，决定选用修配法。

修配法是产品装配过程中应用锉、磨和刮削等工艺方法改变个别零件的尺寸、形状和位置，使其配合达到规定的精度。这种方法装配效率低，适用于单件小批生产，在大型、重型和精密机械装配中应用较多。修配法依靠手工操作，要求装配人员具有较高的技术水平和熟练程度。

在天线的装配过程中，主反射器是通过复合材料加工而成的，是保证天线性能的主要零件，表面不能修配。因此在装配过程中，首先通过不断地修配支撑杆上与主反射器的安装面，使支撑杆与支撑件的安装面之间的间隙尽可能小，同时保证支撑件与支撑杆安装面的外形重合。其次再通过微量修配支撑件，使支撑件与支撑杆之间的安装面完全重合。期间用透光法和塞尺来测量两者之间的贴合程度，保证每个支撑杆与相对的支撑件之间的贴合误差不大于 0.02 mm。

3.5 配钻孔

在支撑件与支撑杆的安装面上涂抹红丹粉，再将副反射器放回托盘内保证位置精度；用夹子把支撑杆和支撑件固定，再用 M3 的丝攻由支撑杆旋入螺纹孔，螺丝攻顶尖碰到支撑件的安装面，就会得到配钻孔的定位点，然后进行配钻和配铰 $\phi 3$ mm 的安装孔。

安装孔配作完成后，安装支撑件和支撑杆并紧固安装螺钉，安装过程中需要防止副反射器和托盘之间产生间隙。

在支撑杆和支撑件安装完毕后，将副反射器和支撑件的安装螺钉松开重新旋紧，这样可以消除支撑杆与支撑件之间修配的间隙不均匀带来的应力，整个装配均是在工装作为定位基准的情况下完成。

3.6 装配精度测量

在馈源安装之前，利用三坐标测量机对副反射器与主反射器之间的装配精度进行测量。将天线安装在测试工装上，以主反射器中心孔和底面建立坐标系，分别对副反射器的外圆和平面进行测量。测试结果显示，副反射器与主反射器之间的同轴度为 0.048 mm，副反射器与主反射器的高度为 244.16 mm，满足设计要求。

3.7 馈源安装和天线指标测试

按图纸和工艺文件要求安装馈源后，在天线微波暗室对数传天线的电气性能指标进行测试。测试结果表明，数传天线波束宽度、增益以及交叉隔离度等指标完全满足设计要求。

4 结束语

该数传天线的装配，通过选取装配基准、合理使用装配工装、采取适当的修配工艺等手段，解决了该类天线装配的技术难题，保证了装配后副反射器和主反射器的位置精度，最终使天线性能测试一次合格。更重要的是采用了该装配方法，避免了传统技术工艺流程中，为满足天线电气指标要求，还需在天线测试过程中对副反射器空间位置进行反复不断的调节和修正，提高了天线测试效率。

数传天线空间结构高精度装配技术，不仅解决了本次装配的技术难题，也为该类型天线的高精度装配找到了一个行之有效的解决方案，使数传天线发挥出完美的设计性能，提高了天线测试效率，节省了人力和物力，为高精度数传天线更好的型号应用奠定了基础。

参考文献

[1] 陈烈民．航天器结构与机构．北京:中国科学技术出版社,2005.

[2] 于登云．航天器机构技术．北京:中国科学技术出版社,2011.

[3] 成大先．机械设计手册．北京:化学工业出版社,2002.

XX－10 旋转试验发动机系统安装调试

姚金星

航天八院 806 所

摘　要　发动机地面旋转试验是 XX－10 发动机型号研制的关键环节，此旋转试验系统是远超过传统固体发动机地面静止试验的一个复杂系统，在没有经验的基础上，通过对整个发动机试验系统的熟悉摸索过程，不断分析各分系统环节的装配调试要点，总结出了各操作环节的关键，并按照总结的装配调试要点，指导并顺利、可靠地完成了 XX—10 发动机地面旋转试验任务，保障了型号研制的顺利进行，同时为以后的地面旋转试验系统的装调提供了有益参考。

关键词　旋转试验　发动机　装配调试

1　引言

XX－10 发动机是一种新型推进剂类型的固体火箭发动机，在发动机研制过程中出现了地面静止试验不能充分表征发动机在飞行试验中的旋转工况下的发动机特征，因此，为配合发动机研制的需求，进行发动机地面旋转试验是型号研制必然要求，但是发动机本身在地面试验中不会产生旋转，这必然要求采用被动旋转方式，此旋转试验系统比较复杂，是远超过传统固体发动机地面静止试验的一个复杂系统，虽然积累有多年固体发动机试验经验，但是作为被动方式旋转的固体发动机试验尚未进行过，在没有经验的基础上，通过对整个发动机试验系统的熟悉摸索过程，不断分析各分系统环节的装配调试要点，研究总结出了发动机旋转试验系统装调方法。

2　地面旋转试验系统介绍

2.1　地面旋转试验系统组成及原理

发动机地面旋转试验系统要求能够实现在发动机工作状态下，对发动机的平稳支撑，以及实现对工作状态下的发动机性能参数（包括：推力、压强、温度等）的测量，特别是发动机处于旋转状态下要求能够实现对旋转状态下参数测量的动静转换。

根据功能要求，旋转系统组成包括：发动机系统，电机动力驱动系统，转速测量系统，推、压力测量系统，点火系统，支架系统，动平衡系统。系统组成及原理简图见图 1。

整个测试系统围绕发动机系统进行：电机动力驱动系统用以驱动发动机系统被动旋转；转速测量系统测量发动机旋转速度；推、压力测量系统用以测量发动机工作时推力和压强；点火系统对发动机旋转状态下进行点火；支架系统用以调整发动机形位，保证发动

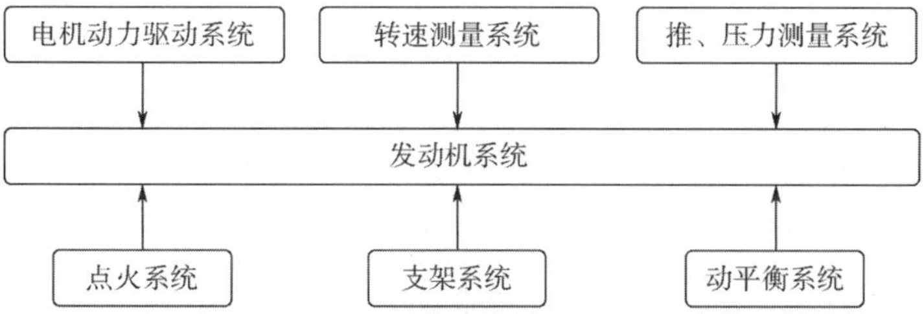

图 1　系统组成及原理简图

机水平和垂直公差，并支撑旋转状态的发动机系统；动平衡系统用以平衡发动机在旋转状态下的不对称造成的不稳定旋转晃动。

2.2　地面旋转试验系统结构

整个系统的结构示意图如图 2 所示。

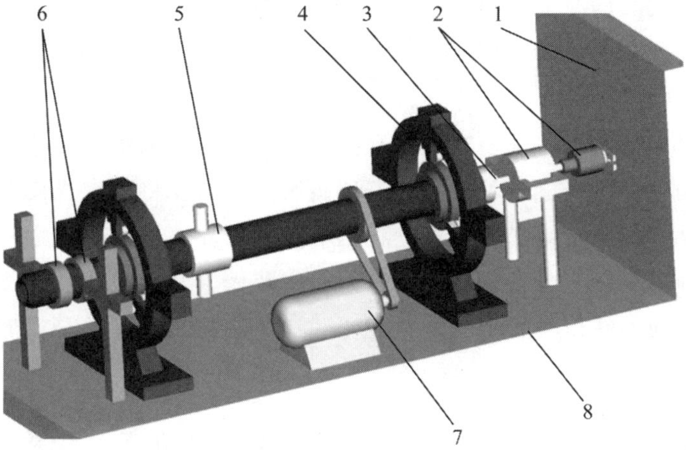

图 2　系统结构示意图

1—试验台承力墩；2—推、压力测量系统；3—转速测量系统；4—支架系统；5—动平衡系统；6—点火系统；7—电机动力驱动系统；8—水平台板

3　地面旋转试验系统装调难点及解决要点

整个旋转试验系统结构比较复杂，没有经验可以借鉴，整个试验系统的装配调试过程中的装调难点及解决要点如下。

3.1　承力块位置（包括推力测量装置）的调节

推力测量调节的技术关键在于保证发动机轴线、推力杆轴线与推力传感器轴线的同轴度，用以防止同心倾斜载荷、偏心倾斜载荷以及偏心载荷。

技术要点在于调节安装好推力传感器之后的承力块在试验承力墩上的位置，包括上下、左右以及垂直度。

单一的偏心载荷问题可以只调节上下和左右位置来调整 3 条轴线的同轴度。

一旦出现倾斜载荷则证明安装的推力传感器轴线、推力杆轴线、发动机轴线同轴度不够。因此需要统一的参照来确定3条轴线分别的旋转跳动度。操作中一般以水平台板或者承力墩的承力板为参照，用跳动仪来测量发动机和推力杆的手动旋转跳动。如果出现发动机旋转时跳动超过规定的跳动，则通过调节发动机支架来调节；否则观察推力杆跳动度，超过标准则确定推力杆组件（包括推力杆与发动机连接接头和推力杆件）出现偏差，更换推力杆组件；若推力杆跳动度符合要求，则倾斜出现在推力传感器与承力块部分，问题有两种：一是推力传感器螺纹轴线与螺纹定位面之间不垂直；二是承力块本身连接螺纹偏斜。第一种情况可以更换推力传感器，或者调节承力板底面以调节传感器轴线位置，第二种情况则需更换承力块或者调节承力块底面。调节承力块底面采用添加垫片实现。

3.2 转速测量装置的调节

在此提出的转速测量装置是在没有使用集流环情况下单独使用的转速测量装置。在不需要对压强进行测量的情况下，使用了简单的光码花盘与光电开关组合来进行测量。

转速测量装置调节的技术关键在于保证光电开关对光码花盘转动中转速信号的准确测定。

技术要点在于以下3点：第一光码花盘面与推力杆轴线的垂直；第二发动机旋转工作中光码花盘的振动；第三光电开关位置的安装。第一点需要将固定光码花盘的锁紧螺钉对称固定，且用力基本相同；第二点是建立在第一点和发动机轴线与推力杆轴线同轴的基础上，且需要保证锁紧螺钉充分锁紧。第三点是在安装光电开关时注意使光码花盘位于光电开关发射与接收之间的缺口位置中央，且光码花盘顶端与光电开关开口底部的距离为在调试时振动跳动度的2倍以上。

3.3 支架系统与发动机系统连接的关节部件的动态平稳度的调节

支架系统与发动机系统连接关节部件调节的技术关键在于保证在发动机被动旋转工作状态下，发动机以及相关连接件的平稳。

技术要点在于通过锁紧螺纹在锁紧轴瓦的同时能够保证大轴承端面与发动机轴线的垂直度，首先是轴瓦采用两半圆环抱紧发动机时要充分对齐，不得有明显的偏斜（偏斜量小于0.5 mm），螺纹锁紧时要到位，保证定位锥面充分接触。

3.4 点火系统的调节

点火系统调节的技术关键在于保证点火的安全可靠，且不影响发动机工作。

技术要点在于：

1）保证安装后的铜环外侧面旋转时跳动小，测力跳动范围要求在0.2 mm内；

2）炭刷与铜环接触的稳定和充分，要求炭刷的安装要使得炭刷的位置与铜环的中心位置在同一水平高度保证旋转时的稳定，偏斜将造成不稳，且接触位于炭刷的接触面的中心位置，保证接触的充分。

3.5 电机动力驱动装置的调节

电机驱动装置调节的技术关键在于保证传动力的可靠、稳定，以及发动机旋转的稳定。

技术要点在于调节位于发动机和驱动电机上两皮带轮的位置，调节两轮位置在同一平面内，且皮带张力足够满足传动力可靠、稳定地驱动发动机旋转，同时不得造成过大的皮带张力引起发动机过大的弯矩。驱动电机安装在电机固定架上，固定架定位安装在水平台板上，安装驱动电机的螺栓位置可以通过带平行于发动机轴线和垂直发动机轴线的腰子槽钢进行调节，平行发动机轴线腰子孔可以调节两皮带轮在同一平面内，垂直发动机轴线腰子孔可以调节两皮带轮在同一平面内的不同距离保证皮带张力可调。

3.6 动平衡系统的调节

在对发动机有压强测量要求时位于发动机壳体上的压强传感器在旋转过程中会产生不平衡。因此动平衡系统调节的技术关键在于保证旋转状态下压强传感器的动态平衡。

技术要点在于对配重螺栓的调节，配重螺栓的质量和外形与压强传感器接近，因此在一定程度上只需要调节配重螺栓上螺母位置，先在低速下调节，后在高速下观察并调节，使其达到最佳状态，发动机转动平稳。

4 装调精度检测

通过准确装调，测试最终装调精度如下所示：

发动机水平度：0.04；

发动机垂直度：0.06；

旋转状态发动机圆跳度：0.06；

试验后进行了静止状态与旋转状态的推力比对，推力曲线与转速曲线如图 3 所示。

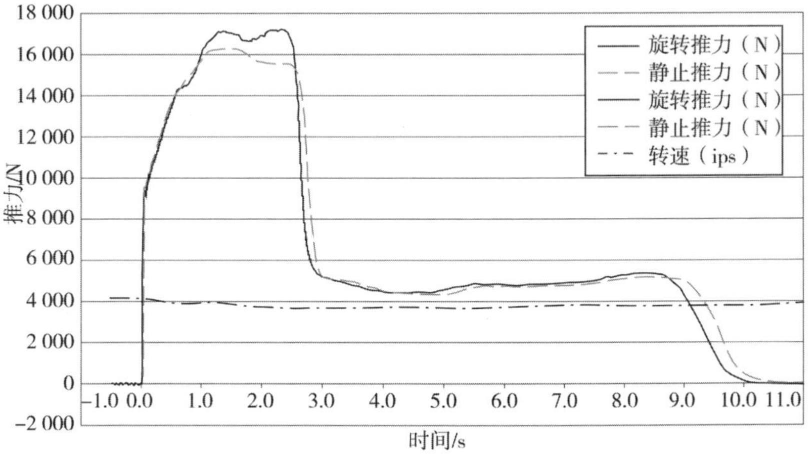

图 3　发动机推力数据及转速曲线图

从图可知，推力曲线的平滑度、变化趋势等均一致，转速曲线平直，测量出的转速变化小，发动机旋转平稳。通过以上监测，表明发动机装调精度，点火系统装调、转速测试系统装调等均满足发动机旋转试验系统要求。

5 结论

通过对发动机旋转试验系统原理、结构等的熟悉，摸索出了各技术环节的技术关键和技术要点，解决了试验的装调难点，自 XX-10 发动机旋转试验实施以来，运用以上的安装调试方法顺利保证了发动机试验装调质量，满足了发动机旋转试验的要求。

改进型工具在卫星装配中的应用探讨

沈秀峰　王利民

航天八院 509 所

摘　要　常规工具基本能满足卫星装配的使用要求，当卫星装配过程中遇到一些特殊位置的加工、装配等工作时，需要一些改进型工具来解决装配中的难题，提高装配工作中的效率。本文介绍了四种改进型工具的应用，分别是棘轮开口扳手与内六角扳手的组合应用，手用丝锥改进的应用，自制拔销器的应用，自制钢丝螺套拆卸工具的应用。

关键词　卫星装配　改进型工具

1　引言

卫星装配是一个周期长且复杂的过程，其间包括了卫星主结构装配、活动部件的装配以及所有大型试验的改装工作，卫星上某些部位加工或装配时，常规工具的应用可能会造成操作上不便以及质量和安全隐患，利用以下一些改进型工具在卫星上操作来保证特殊位置的加工或装配质量，杜绝应用常规工具给操作带来质量和安全上的隐患，既保证卫星研制进度的顺利进行，也杜绝了卫星装配中质量事故的发生。

2　改进型工具的应用

2.1　棘轮开口扳手与内六角扳手的组合应用

2.1.1　工具改进前的操作方法

棘轮开口扳手（图 1），内六角扳手（图 2），棘轮套装工具（图 3）是卫星装配中应用非常频繁的操作工具，棘轮开口扳手应用于端部为外六角形螺栓、螺母的操作，内六角扳手应用于端部为内六角形螺钉的操作，当在卫星装配过程中出现操作空间狭小，棘轮套装工具（图 4）将无法操作，只能用内六角扳手间断逐次拧紧或拆卸螺钉（图 5），操作非常费时费力，而且螺钉端部会因为被工具多次间断逐次操作而出现打滑的问题，给拆除和安装工作带来安全隐患。

2.1.2　工具改进后的操作方法

将棘轮开口扳手与内六角扳手组合应用后（图 6），利用棘轮来回运动的特点使内六角扳手连续不断地在螺纹孔中旋入或拆卸螺钉。操作方便，螺钉不易打滑。

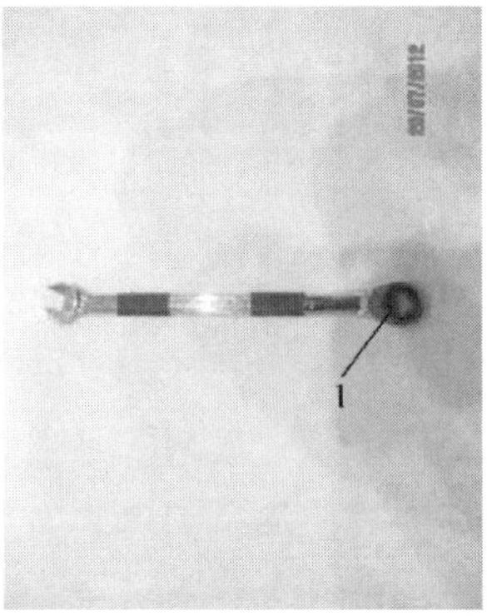

图 1　棘轮开口扳手

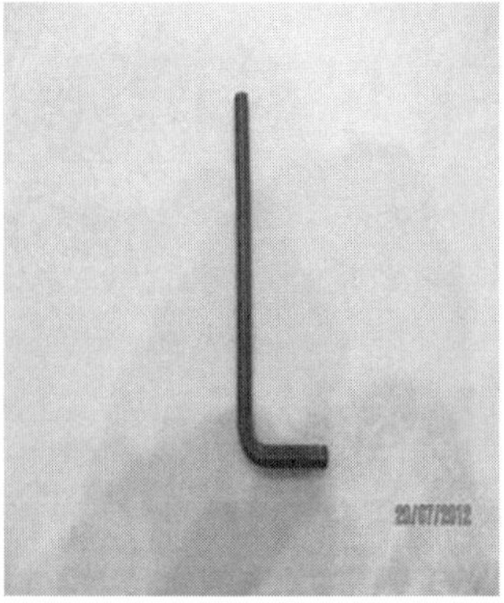

图 2　内六角扳手

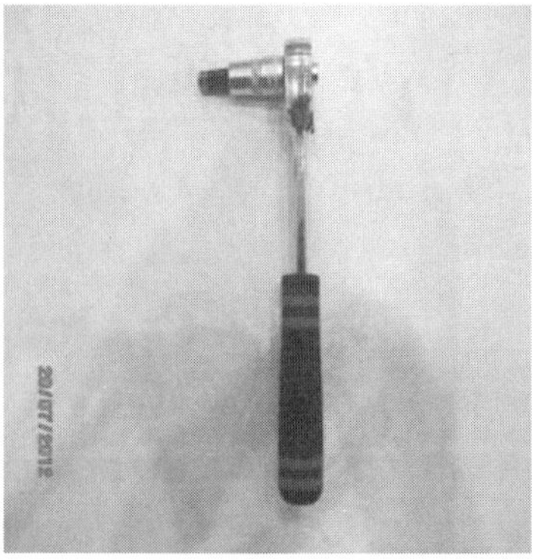

图 3　棘轮套装工具

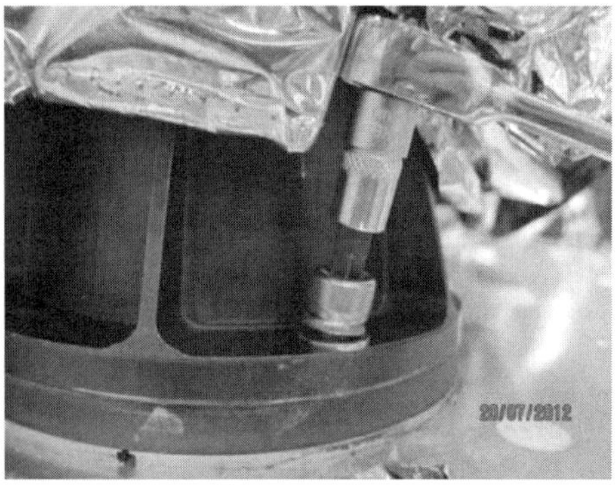

图 4　棘轮套装工具操作

图 5　内六角扳手操作

2.1.3　工具改进后产生的效果

实践操作证明，棘轮开口扳手与内六角扳手的组合应用（图 7），特别适用于操作空间狭小且无法直接使用棘轮套装工具的螺钉拧紧操作，操作工具一次安装即能完成操作，不但提高了操作的工作效率（在某型号安装相机时有 36 个螺钉连接，原来安装时需要花去 2 小时左右，使用此改进型工具后只要花费 0.5 小时就能完成），更避免了由于操作工具多次安装而导致螺钉打滑的质量隐患。

图 6　棘轮开口扳手与内六角扳手组合

图 7　棘轮开口扳手与内六角扳手组合操作

2.2 手用丝锥改进后的应用

2.2.1 工具改进前的操作方法

丝锥（图 8）是一种加工内螺纹的刀具，沿轴向具有沟槽，也被叫作丝攻、螺丝攻等，其有手用丝锥和机用丝锥之分。通常卫星上使用的丝锥切削材料大都是铝镁合金，普通手用丝锥基本能满足其加工要求及加工精度，但卫星总装过程中也有一些特殊材料需要进行攻螺纹的操作，如不锈钢金属类、钛合金金属类，这些材料由于韧性大，特别是在攻 M4 及 M4 以下孔径的螺纹时，由于丝锥强度不够，很容易造成丝锥折断，造成卫星上的多余物，攻削以上材料时，常规的方法只能是在攻削螺纹时切削速度非常慢，而且也不能用力（由于卫星的特殊要求也不能加切削液），否则丝攻就会折断。

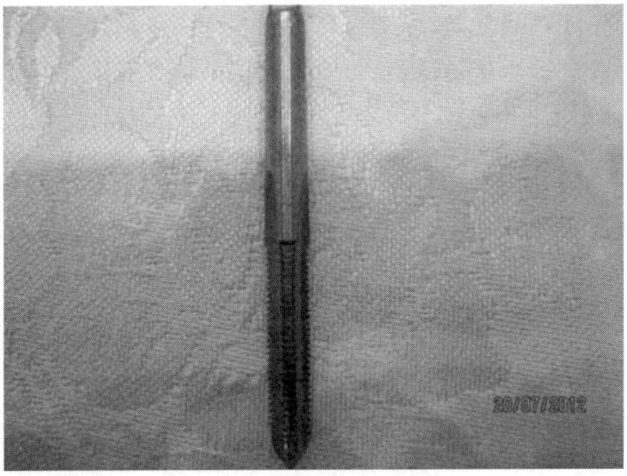

图 8　手用丝锥

2.2.2 工具改进后的操作方法

手用丝锥一般后角为 6°至 8°，当在切削韧性大的金属时，由于丝锥后角过小造成切削过程中阻力较大，容易造成丝锥折断。通过刃磨丝锥后角将手用丝锥的后角增大至 45°左右（图 9），减小切削阻力，从而解决丝锥易折断的问题。

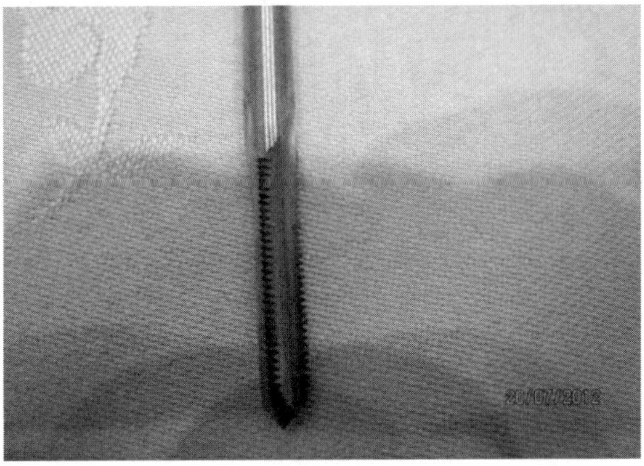

图 9　刃磨后的手用丝锥

2.2.3 工具改进后产生的效果

由于改进后的丝锥后角增大，切削过程中的切削阻力随之减小，使丝锥在攻螺纹时非常顺畅，减少了质量事故的发生和提高了工作效率（从原来完成一次钛合金螺纹的攻丝需要10分钟，使用改进的工具后缩短为5分钟），能有效避免攻螺纹时丝锥折断的风险。

2.3 自制拔销器的应用

2.3.1 工具改进前的操作方法

拔销器是为了拔除卫星上定位用的圆柱销（图10）或圆锥销的一种专用工具。在卫星的装配过程中，一般的销尾端有内螺纹，将其拔除时，一般采用的方法是该销尾端拧入与螺纹相匹配的螺钉后，用老虎钳等工具夹住螺钉用力往水平或垂直方向将销拔除（图11），用以上方法拔销非常吃力且带有危险性，产生的后果可能是由于水平或垂直方向用力过度带来的冲击力或许会碰擦卫星上的单机、面板、管路等造成质量事故。

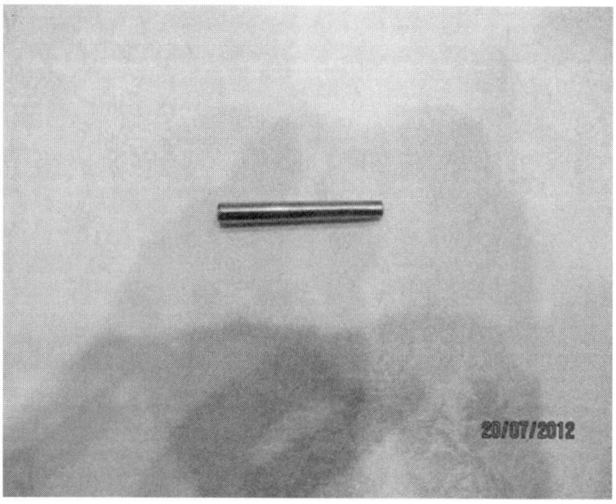

图10 销

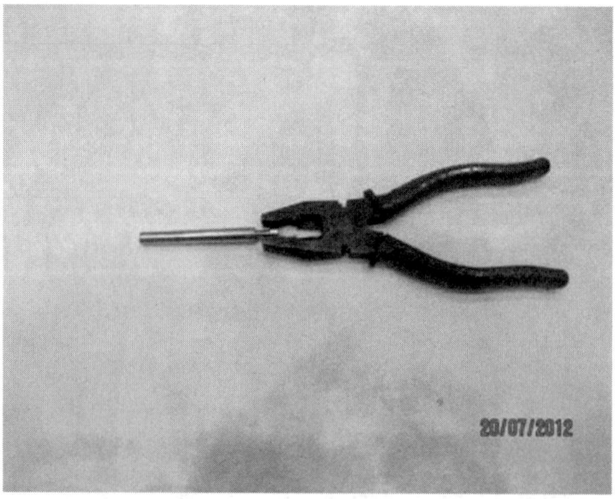

图11 老虎钳夹销操作

2.3.2　工具改进后的操作方法

利用自制的拔销器（图 12），将带有外螺纹的拔销器端部拧入销尾端后，通过拔销器上的滑块移动撞击手柄带来的冲击力来拔除定位销（图 13）。

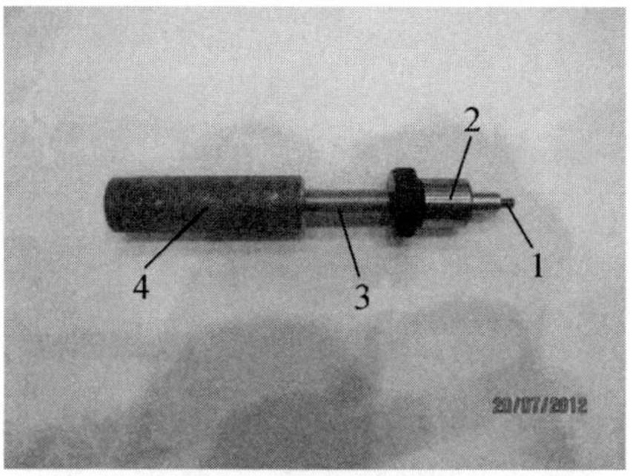

图 12　自制拔销器

1—端部；2—滑块；3—导向杆；4—手柄

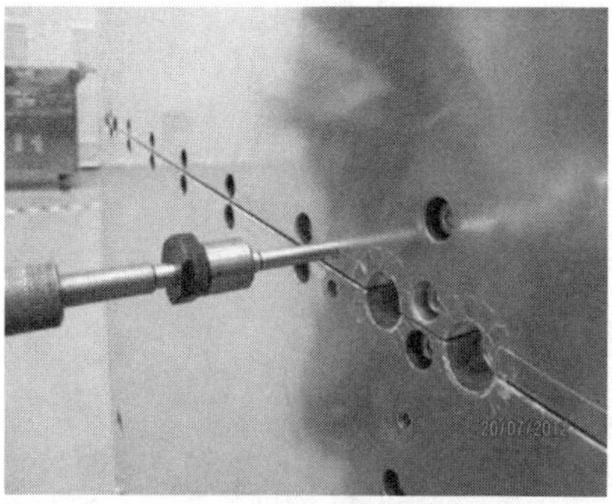

图 13　拔出定位销

2.3.3　工具改进产生的效果

利用自制拔销器拔销，能有效控制拔销时的操作力大小，避免因用力过猛而发生磕碰的风险，安全可靠，操作又方便。

2.4　自制拆卸钢丝螺套的工具的应用

2.4.1　工具改进前的操作方法

钢丝螺套（图 14）是一种新型的螺纹紧固件，是由高精度菱形截面的不锈钢丝精确加工而成的一种弹簧状内外螺纹的同心体，其嵌入铝镁合金、塑料等低强度的工程材料的螺纹孔中，形成标准的 M 孔，提高了强度、抗冲击、抗震的能力。其在卫星上应用极为广泛，当钢丝螺套安装失误或要调换由于长久使用而损坏的钢丝螺套时，需要用专用工具将其拆除。它的拔除方式是：将专用拆卸器（图 15）的尖端部分伸进丝套孔内，用力按住手柄反向旋转拆卸器把钢丝螺套拆除，这种方法的弊端是，只能维持短时间的应用，多次使用后，其尖端部分就会磨损，导致当其尖端部分卡不住螺套，拆卸器就会打滑，螺套也就不能拆除。

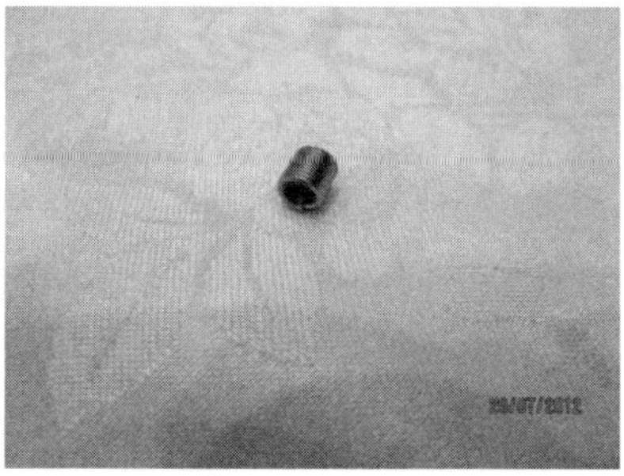

图 14　钢丝螺套

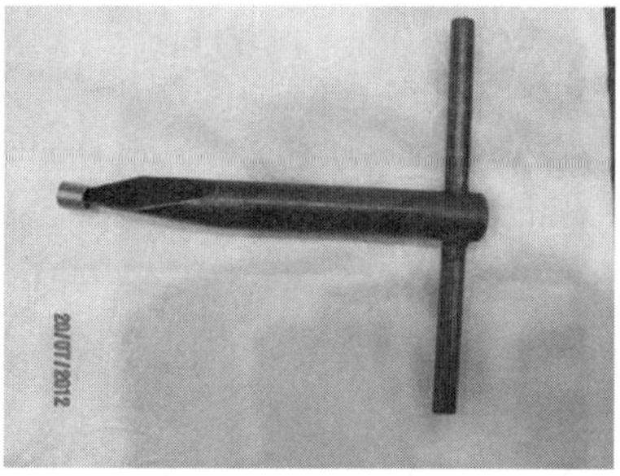

图 15　专用拆卸器

2.4.2 工具改进后的使用方法

利用现有丝锥将其后角磨成 60°左右，保留一部分前角，丝锥顶端刃磨成顶尖形状（图 16），拆除方法：利用丝锥顶端尖端部分，把螺套第一牙挑出一个弯钩后，利用丝锥前角部分将螺牙勾住，将螺套反向旋除即可（图 17）。

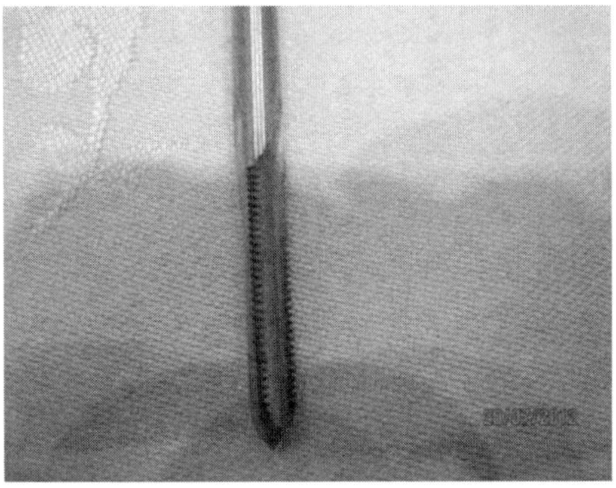

图 16 自制拆卸器

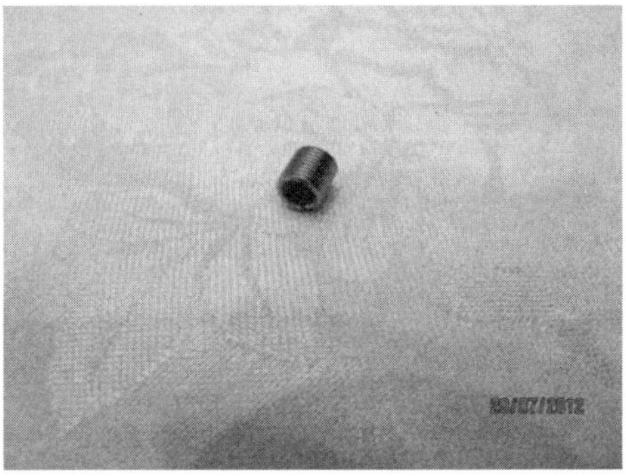

图 17 自制拆卸器的操作

2.4.3 工具改进后产生的效果

由于改进后的工具是利用丝锥的切削部分勾住螺套的第一牙反向将螺套旋出，减小了拆卸工具的损伤，所以能够达到较长期使用的效果，而且拆除效率有较大的提高（原来的工具一次只能连续拆卸 20 个左右的丝套，然后就要刃磨一次；使用改进后的工具一次能连续拆卸 100 个左右的丝套，然后刃磨一次）。

3 结束语

由于卫星总装是一个庞大的系统工程，许多装配上的困难需要用许多小改动的工具来解决装配中的难题，本文讲到的几种改进型工具的应用只是其中很小部分，在本型号卫星上应用的同时，供其他卫星型号参考，多有不足处，请指正。

参考文献

[1] 韩克筠，王辰宝．钳工实用手册．江苏：江苏科学技术出版社，2000.

[2] [美]Neil Sclater Nicholasp Chironis. 机械设计实用机构与装置图册．邹平，译．北京：机械工业出版社，2007.

[3] 劳动和社会保障部教材办公室组织．金属切削原理与刀具．北京：中国劳动社会保障出版社，2001.

一种采用复合材料胶接消除复杂型面间隙的装配方法

吴　杰

航天八院509所

摘　要　在卫星平台结构向大型化、轻量化、复合化的发展研制过程中，卫星平台结构的装配往往遇到连接件之间的间隙难以消除的问题，特别是在复杂型面的装配中尤为明显，严重影响了装配连接质量和装配效率，以至于降低平台结构的可靠性。本文提出采用复合材料赋形装配的新思路来消除连接件的间隙，解决了目前装配存在的困难。

关键词　装配间隙　复合材料　赋形装配

1　引言

某型号卫星基本平台包含上舱、中舱和下舱三部分，采用“承力筒＋框架＋板”相结合的结构形式，其中承力筒由锥段和柱端组成，与框架组件采用螺接的方式进行紧固，连接面为圆弧与平面连接，接触面为线接触。这种连接方式不可避免地存在装配间隙，并且接触面为线接触，使装配容易失稳。

为消除非均匀的连接间隙，采取碳纤维复合材料胶接赋形装配并固化的方式，巧妙地解决了这种非均匀性的连接间隙，保证了连接的可靠性，提高了卫星装配质量，达到了设计目的。

2　间隙来源

某型号卫星平台结构形式由承力筒、铝蜂窝结构板、碳纤维隔框组件等组成，如图1所示。与承力筒锥段连接的为6个均布的下隔框组件，与承力筒柱端相连的为6个均布的上隔框组件。承力筒由碳纤维复合材料内外蒙皮＋铝蜂窝芯构成，总高度为2 163 mm，锥段高度为785 mm，外径ϕ1 020 mm。隔框组件由碳纤维复合材料杆件以及接头采用胶接的方式整体成型。隔框上的碳纤维杆件横截面尺寸为40 mm×40 mm，壁厚为1 mm。每个下隔框组件与承力筒锥段采用7－M6×20的螺钉连接，每个上隔框组件与承力筒柱端之间采用13－M6×20的螺钉连接。隔框组件有预埋件，底孔为M3的螺纹孔，与承力筒间装配过程中采取配打的方式进行连接。

承力筒与隔框组件的连接形式为圆弧与平面的连接，形成线面接触形式，理论最大装配间隙为0.39 mm，而且间隙不均匀，如图2所示。若直接采取螺钉连接的方式，很容易造成承力筒与隔框连接的不可靠，使得连接的稳定性差。

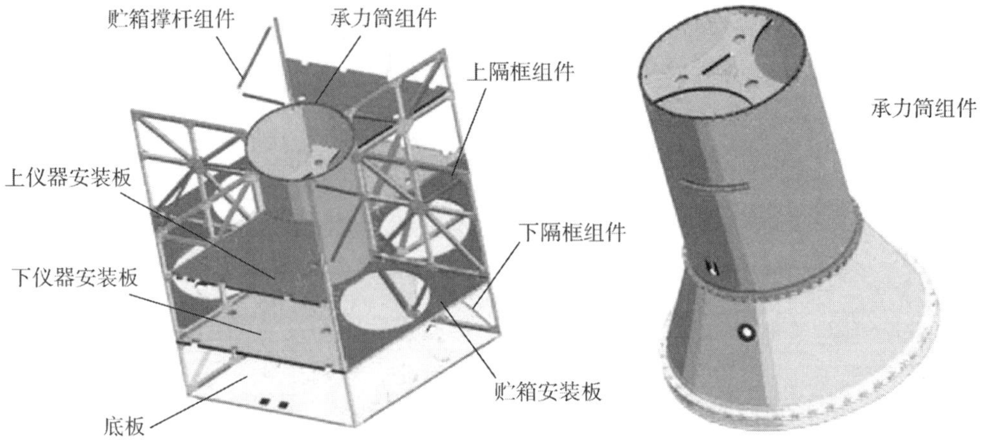

图 1　某型号卫星平台结构形式示意图

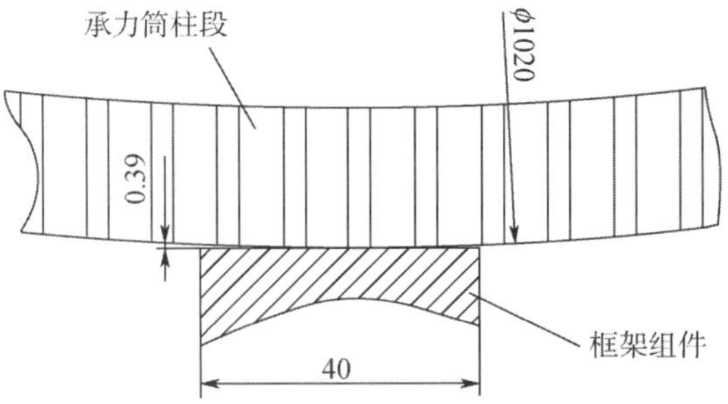

图 2　承力筒与隔框连接非均匀间隙示意图

3　改进方法

3.1　传统方法

传统消除装配间隙的方法主要是采取垫铝合金/铜片的方式进行，这种方式适合于间隙较为均匀且间隙较小的场合，该星在结构星时即采取在承力筒与隔框之间垫铝合金片，装配过程中采取边测量间隙边修挫的方式来消除间隙，如图 3 所示，承力筒隔框间隙消除工艺流程如图 4 所示。

图 3　操作人员采取垫铝片的方式消除连接间隙

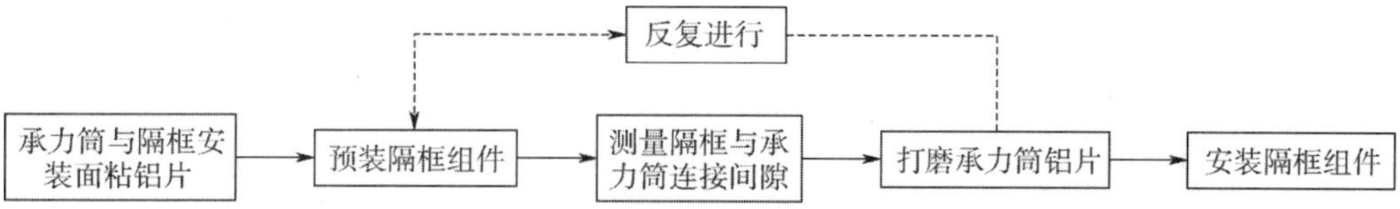

图 4　消除承力筒隔框间隙的工艺流程

星体结构装配阶段消除连接间隙的传统方法，对于复杂型面的连接装配具有很大的劣势。

（1）不能完全消除连接间隙

由于承力筒与隔框连接间隙的不均匀性，采取修挫铝片的方式，能够消除部分间隙，很难达到完全消除的目的，并且打磨过程中很难靠手工的方式保证打磨面在一个平面内，使得最终的接触面为块状的接触，难以保证全接触，使承力筒与隔框连接不稳定。

（2）操作具有风险性

由于该方法是在承力筒上粘贴了一层 0.4 mm 厚的铝合金片，在手工打磨过程中，依靠于操作师傅的熟练程度，若打磨过量很容易破坏碳纤维复合材料本体结构，造成产品损伤，使得承力筒强度下降。

（3）多余物较难控制

在打磨过程中，不可避免产生大量的铝屑，分散在卫星主结构上，防控及清洁较为困难，很容易造成星体结构产生多余物，影响产品质量。

（4）装配效率低

由于该装配方法需要不断地“测量—打磨—测量”，反复进行直至满足要求，是一种需要操作人员反复操作的过程，装配效率低，不能满足新形势下卫星高密度发射的任务形式。因此，必须采用一种新的装配方法提高生产效率，提高产品质量，降低劳动成本。

3.2　改进方法

3.2.1　改进工艺流程

在分析传统方式的弊端的基础上，采用复合材料胶接赋形装配的方式，充分利用复合材料具有柔性以及胶粘剂具有流动性的特点，来填充装配过程中的连接间隙，固化完成后达到与产品的一体化，实现最终产品无间隙的装配，工艺流程如图 5 所示。

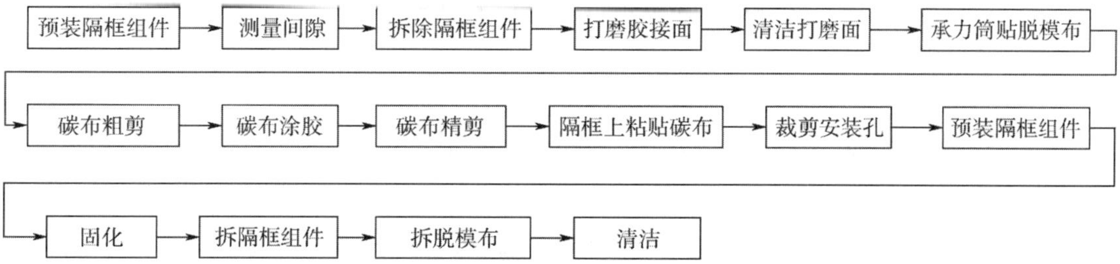

图 5　某型号鉴定星赋形装配消除装配间隙工艺流程

3.2.2 间隙消除机理

由于胶粘剂选用的是黑龙江石油化学研究所生产的 J－133 结构胶粘剂，具有一定的黏度和流动性，将配制完成的胶液涂覆在碳纤维编制布的表面，利用其流动性，能够充分浸润碳纤维编织布。裁剪完成后粘贴于碳纤维隔框上，将碳纤维隔框安装于承力筒，利用 M3 的螺钉进行紧固，并提供固化压力。由于粘贴在碳纤维编制布上的胶粘剂未完全固化，在螺钉紧固力的作用下，使隔框与承力筒的安装面受到一定的压力，胶粘剂在压力的作用下能够完全填充装配过程中的所有间隙。胶粘剂固化 24 小时后，拆除隔框组件，撕除脱模布，再进行正式装配，即可消除装配间隙。

3.2.3 质量控制原则

胶粘剂胶接过程中，产品表面处理状态直接关系胶接的最终强度。碳纤维隔框在胶接之前，使用 2＃砂纸进行打磨处理，并使用蘸有无水乙醇的脱脂纱布进行清洁，在自然环境中使无水乙醇挥发完成。经过打磨处理的粘接面，使其表面粗糙度增大，提高粘接面的比表面积，增加表面能，最终提高胶接强度。同时，碳纤维复合材料在固化过程中，在一定的固化压力下，才能使复合材料的强度提高。将配制完成后的 J－133 胶粘剂涂覆于碳纤维编织布上，将其粘贴于碳纤维隔框上，将隔框安装于承力筒，使用承力筒与隔框之间的紧固件拧紧，在紧固件拧紧力的作用下使碳纤维复合材料得到所需的固化压力，提高了复合材料的整体强度。在固化过程中，严格按照 J－133 胶粘剂使用说明书的规定，在固化 24h 后拆除隔框，将其放置于厂房环境中固化 7 天时间，强度达到最佳状态。

4 应用成果

使用碳纤维复合材料赋形装配的方法消除装配间隙，已在某型号鉴定星上得到验证，并取得了很好的应用效果，操作过程如图 6 所示。

产品胶接固化完成后，将隔框组件正式装配至承力筒，检验人员使用塞尺对装配间隙进行了检测，没有发现有间隙的情况，满足设计要求。这是该消除间隙的装配方式首次在型号上的成功应用，相比传统方法取得了以下成果。

（1）完全消除装配间隙

使用复合材料胶接赋形装配的方式，不受装配间隙形状的限制，能够满足各种复杂装配间隙的消除，同时也提高了产品的强度，减小了产品质量。这种方式提高了连接的稳定性，保证了产品的可靠性，对提高装配质量具有很大的帮助。

（2）装配效率明显提高

该装配方法相比于传统的“测量—打磨—测量”的装配方法，具有操作简单，实施方便，减少了人工反复操作的环节，大大提高了装配的生产效率。

（3）装配过程未产生多余物

在胶接过程中，使用脱模布将产品完全保护起来，使胶粘剂不会流到产品表面，从而不会污染产品表面，复合材料固化完成后与碳纤维隔框组件成为一个整体，整个过程中无

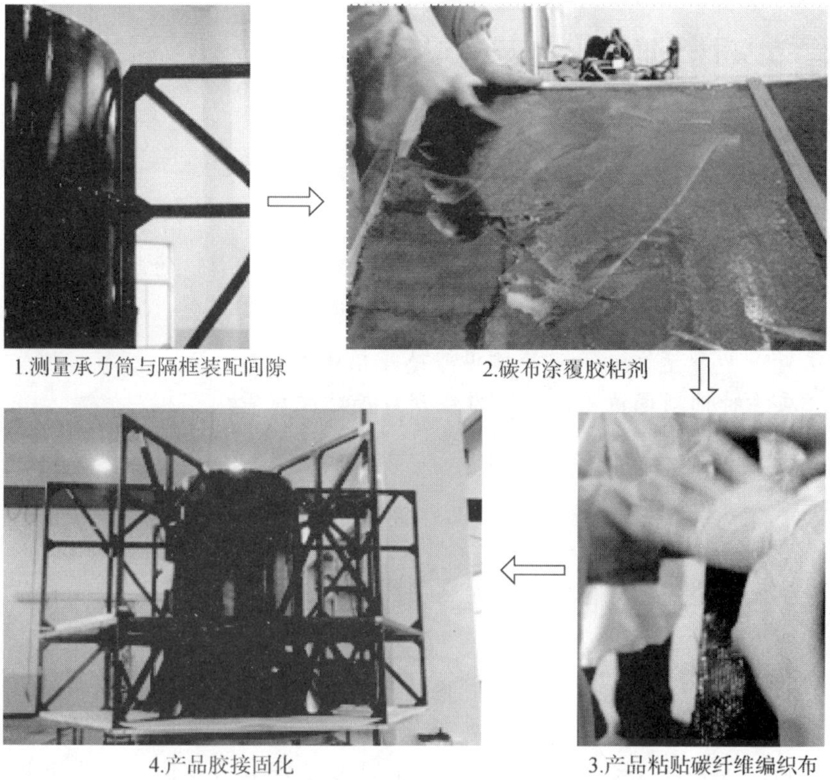

图6　某型号鉴定星采用赋形装配消除装配间隙操作流程

多余物的产生。相比于传统打磨的方法，降低了卫星产生多余物的风险，从而提升了卫星装配的质量。

5　结论

在卫星主结构装配过程中，使用复合材料胶接赋形装配的方式消除复杂型面间隙的装配方法，能够有效地消除各种复杂型面的装配间隙，提高卫星装配连接的可靠性，提高卫星装配效率，降低劳动成本，减小卫星质量，同时又能减少装配过程中多余物的产生，提升了卫星主结构装配的质量，是一种具有广泛应用前景的装配方式，为航天器其他复杂型面的装配间隙的消除提供了参考。

参考文献

[1]　袁家军．卫星结构设计分析．北京:中国宇航出版社,2004.

[2]　陈烈民．航天器结构与机构．北京:中国科学技术出版社．2005.

[3]　张凯．空间相机机身桁架装配工艺．红外与激光工程．2011.

质量特性测试工装改进及试验流程优化

王剑波
航天八院509所

摘　要　介绍了风云二号质量特性测试试验工装（L型梁）的改进目的及方案。根据改进方案进行了实物改造并完成了精度试验。根据试验结果，优化了整星测试的流程。试验表明：改进后的L型梁能满足总体提出的试验精度要求。

关键词　质量特性测试试验工装　力学分析　精度试验

1　前言

风云二号气象卫星采用双自旋稳定的姿态控制，卫星的姿态稳定度和相位稳定度与卫星的质量特性、天线质量特性、扫描辐射计质量特性、主镜步进引起的惯量、惯性积的变化等都有密切的关系。因此，地球同步气象卫星对卫星质量特性设计、测试提出了比通信卫星更高、更严的要求。

质量特性测试工装（L型梁，见图1）用于风云二号卫星及远地点发动机质量特性测试试验。该工装于20世纪90年代初研制完成，由于使用时间较长，且不能完成卫星＋L型梁整体起吊和翻转，因此拟对L型梁进行改进。

图1　L型梁

2 改进目的及方案

2.1 改进目的

原卫星（或发动机）做质量特性测试试验的流程如图 2 所示。

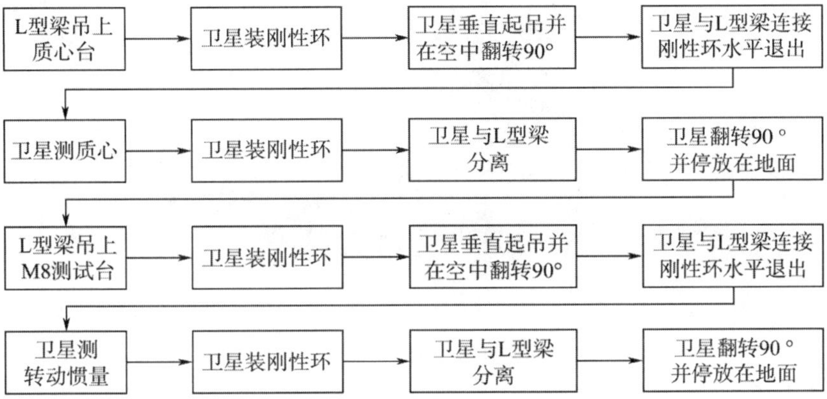

图 2　原卫星质量特性试验流程图

存在的风险：

1）刚性环与卫星的拆装可能碰撞卫星本体，造成卫星损伤。

2）卫星自身带刚性环翻转 90°，与 L 型梁横向对接，对接难度大，可能使卫星倾斜产生碰撞，进而损伤卫星。

3）卫星自身带刚性环翻转 90° 4 次，刚性环与卫星竖向、横向拆装 6 次，风险几率高，事故产生几率高。

由此可见，这种试验流程不仅效率低，而且安全性和可靠性也不高。尤其是在刚性环水平退出以及套进卫星时危险性比较大。

本文提出对 L 型梁进行改进，改进后的试验流程如图 3 所示。改进后的 L 型梁无需刚性环就可以实现卫星（或发动机）＋L 型梁整体吊装和翻转，减少了拆装次数，提高试验的安全性、可靠性和效率。

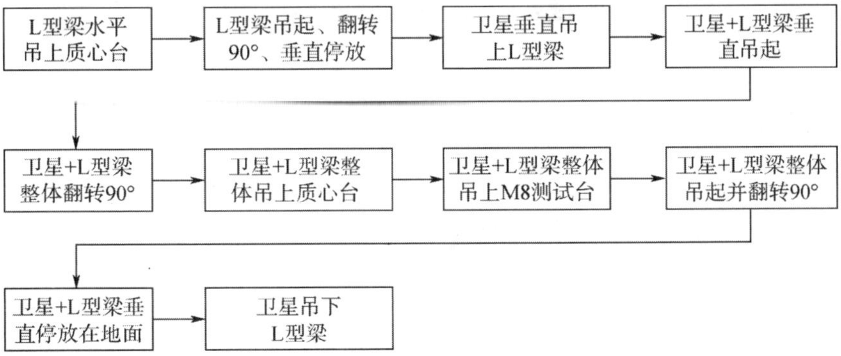

图 3　L 型梁改进后卫星质量特性试验流程图

2.2 改进方案

改进后的 L 型梁效果图如图 4 所示。主要是 L 型梁两端加长并增加吊杆，以实现卫星+L 型梁整体起吊和翻转。

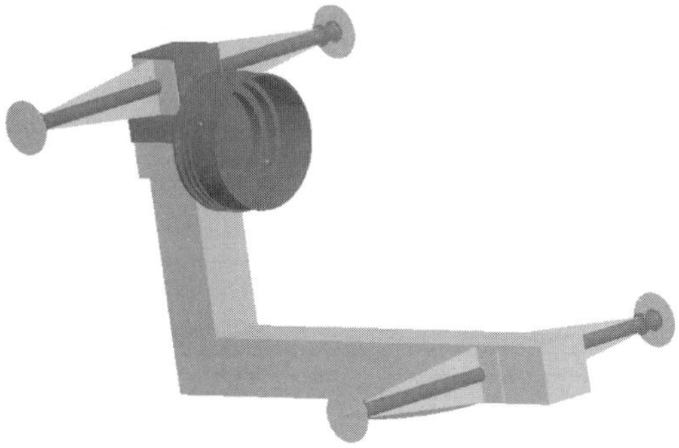

图 4 改进后的 L 型梁效果图

3 精度试验

改进后的 L 型梁如图 5 所示。根据理论计算，如果仅是 L 型梁两端加长，则 L 型梁自身的转动惯量约增加：$\Delta=338\ \mathrm{kg\cdot m^2}$。若再加上 4 根吊杆，则 L 型梁自身转动惯量约增加：$\Delta=1\ 335\ \mathrm{kg\cdot m^2}$。因此精度试验拟对 L 型梁装吊杆和不装吊杆两种状态进行试验。

图 5 改进后的 L 型梁

3.1 试验流程

使用改进后的 L 型梁进行了精度试验。试验思路为：用标准转子 $J_{标准转子}=122.7\ \mathrm{kg\cdot m^2}$ 做试验来得出试验精度。试验分为 L 型梁装吊杆和不装吊杆进行，具体流程如图 6、图 7 所示。标准转子如图 8 所示。

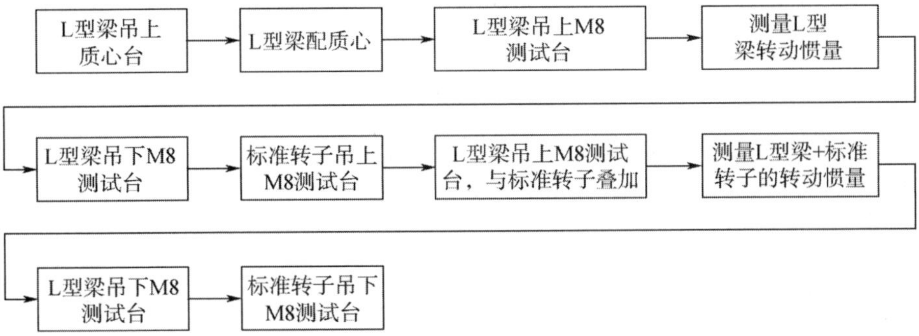

图 6　L 型梁装吊杆精度试验

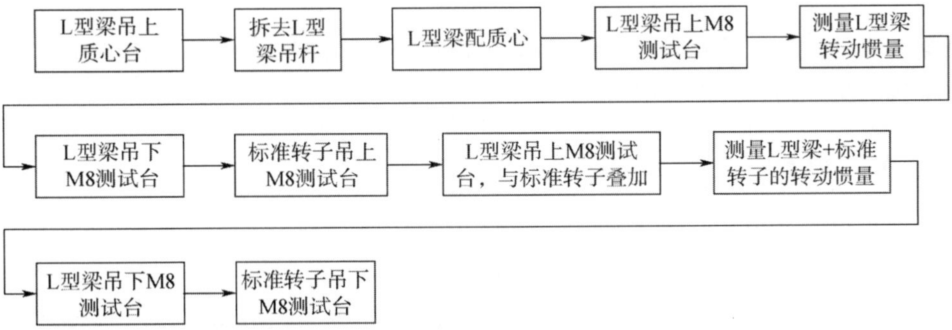

图 7　L 型梁不装吊杆精度试验

图 8　标准转子图

3.2　试验数据与结论

（1）L 型梁（装吊杆）质量特性测试

通过使用 L 型梁（装吊杆）测得标准转子的转动惯量为

$$J_{测量值}=123.148\ \text{kg}\cdot\text{m}^2$$

则此时使用 L 型梁（装吊杆）的测量精度为：$\mu_1=3.65‰$。

(2) L 型梁（不装吊杆）质量特性测试

通过使用 L 型梁（不装吊杆）测得标准转子的转动惯量为

$$J_{测量值}=122.57\ \text{kg}\cdot\text{m}^2$$

则此时使用 L 型梁（不装吊杆）的测量精度为：$\mu_2=1.06‰$。

3.3 结论

根据以上试验可以得出：改进后的 L 型梁在两种状态下（装吊杆和无吊杆）均能满足总体提出的百分之一的精度指标。

4 优化操作流程

根据精度试验的结果，拆去 L 型梁吊杆进行测试的方案精度更高，因此在实际试验过程中采取拆去吊杆的方式进行试验。

4.1 原先的流程

原先的流程中存在的风险（带黑点标记）如图 9 所示。

在 L 型梁与质心台无固定的条件下，在 L 型梁上拆装吊杆，特别是当 L 型梁与卫星整体吊至质心台上，再次拆装吊杆，极有可能导致 L 型梁与卫星由于操作中产生的摆动或由于四根吊杆的拆装次序不当，整体重心的偏移，从而导致 L 型梁与卫星翻转跌落，造成产品损伤 。

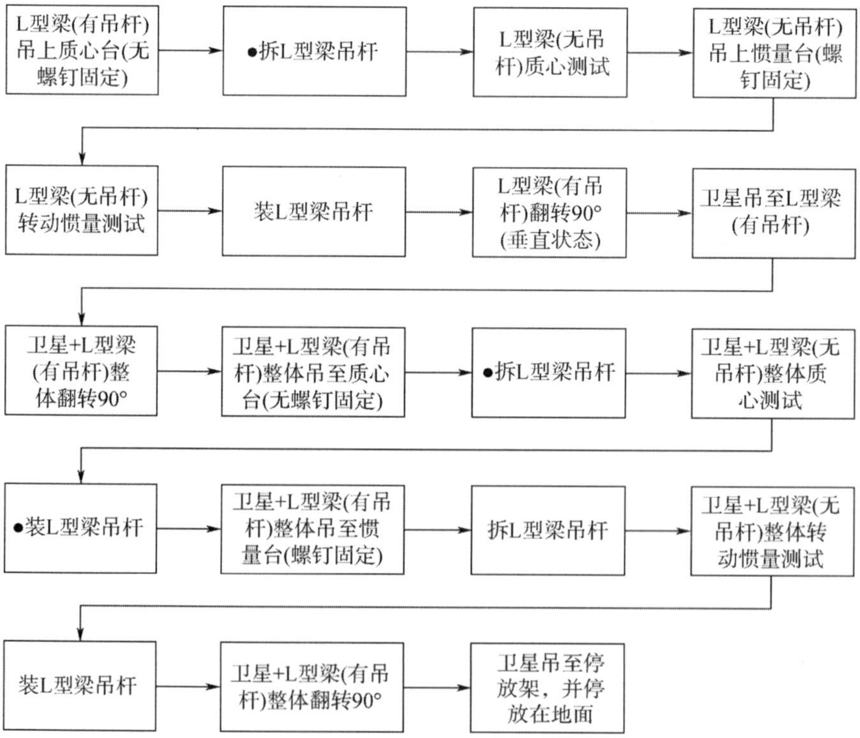

图 9　卫星＋L 型梁质量特性测试流程

4.2 优化后的流程

优化后的测试流程（见图 10）达到了以下效果：

1）简化了整个操作工艺流程、同时在保证测试精度的前提下，对部分操作工序进行调整，减少了拆装吊杆的次数，规避了 3 处高风险的操作工序（在 L 型梁与质心台底座无固定的状态下拆装四根吊杆）；

2）节省操作时间，由原来的 3 天缩减为 2 天；

3）减小操作难度，降低操作风险，避免事故的产生、保证卫星产品质量。

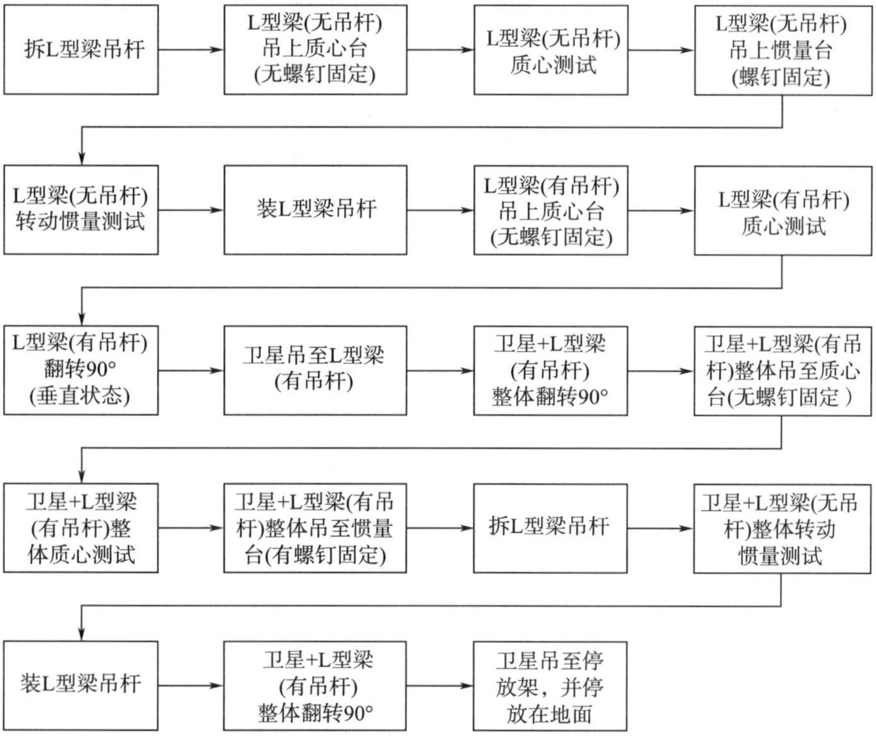

图 10　优化后的卫星＋L 型梁质量特性测试流程

5　小结及应用

改进后的 L 型梁增加了整体翻身支架，简化了卫星及远地点发动机质量特性测试试验流程，提高了试验过程中的安全性。在 L 型梁装吊杆和不装吊杆两种情况下，测试精度均能满足总体提出的试验精度要求。

改进后的 L 型梁已应用于 FY－2（07）正样星本体及远地点发动机本体、组件的质量特性测试试验。根据精度试验的结果，拆去 L 型梁吊杆进行测试的方案精度更高，因此在实际试验过程中采取拆去吊杆的方式进行试验。同时对拆去吊杆的试验流程进行了优化，降低风险，保证产品安全，确保试验顺利。

参考文献

[1] 李卿,王介康,曹亮.FY-2C业务静止气象卫星及发展展望.型号系列报告专集,2007.

止口密封类阀门产品的预压成型

侯建强

航天八院 149 厂

摘　要　为解决止口密封类阀门产品活阀返修率高的问题，在分析其产品压痕的原因的基础上，提出了预压成型的装配方法，有效地降低了活阀的返修概率，规定了预压成型法的使用条件，并通过试验验证了方法的有效性，为止口类阀门的设计、零件生产、装配和试验起到了积极的作用。

关键词　止口密封副　预压成型法　导向

1　概述

止口密封副是阀门产品中较为常见的密封形式，其形成的压痕是判断密封性能的重要指标之一，如压痕存在缺陷就会导致阀门漏气的严重后果。止口密封副详见图 1 所示，主要由活阀组件和止口件组成，其中活阀组件是由非金属环压入活阀毛坯后经翻边收口加工而成。

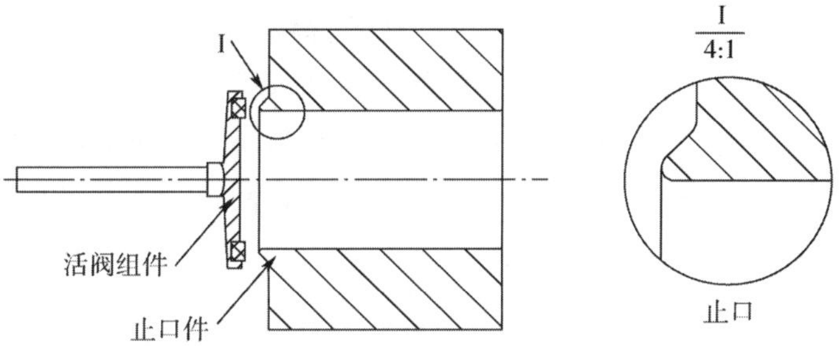

图 1　止口密封副示意图

装配完成后，由弹簧压力作用在活阀组件上，活阀组件上的非金属面与止口接触受压，形成一道压痕，但由于装入件垂直度、装配受力等情况导致装配后非金属表面压痕存在缺陷，如断续压痕、不完整压痕、双道压痕，压痕情况详见图 2，这三种存在缺陷的压痕下文统称为病态压痕。这样阀门就会出现漏气，需要对活阀组件的非金属面进行返修，车削加工去除有压痕的部分，之后重新进行装配和试验。如果压痕存在缺陷，阀门产品在进行各项试验时低压工况下比高压工况下更容易发生漏气。

返修过程不仅会造成人力和物力的浪费，同时也会引入二次装夹的误差，然而返修并不是一直有效的解决方法，活阀组件的非金属面的高度一般要求在 0.6～0.8 mm，一旦返修次数增加就会导致超差，不但会影响密封效果，同时也不能满足行程要求。因此需要引入一种新的装配方法解决止口类阀门返修率高的问题。

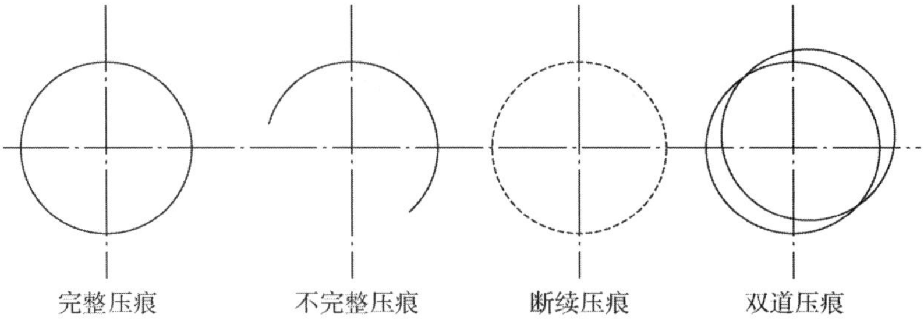

图 2　压痕示意图

2　预压成型法

预压成型法是在产品装配过程中预先对活阀组件和止口件进行加压，使活阀组件的非金属面上形成一个具有一定深度的完整、均匀的压痕，在后续的装配试验等动作过程中，止口能够顺利地滑落入预先压好的压痕上，实现产品的气密性要求。

根据止口密封结构，预压成型法可分为两类，一类是装配后预压成型法，一种是装配前预压成型法。装配后预压是在产品装配完成后利用产品的装配结构在最大工作压力下保压一段时间，使活阀组件和止口件紧密接触，产生压痕。装配前预压则是在零件状态借用工装使活阀组件和止口件紧密接触，在一定压力条件下保持一段时间，形成压痕。

装配后预压成型法主要是针对导向件与止口结构不在同一个零件上的止口密封结构，如图 1 止口密封副示意图所示，活阀组件的杆部位插入另一个零件的孔内，形成具有导向作用的结构，而止口结构位于止口件上，导向件与止口结构在不同的零件上。

装配前预压成型法主要是针对导向件与止口结构在同一个零件上的止口密封结构，如图 3 装配前预压成型法止口密封结构示意图所示，活阀的杆插入止口件的孔内，形成具有导向作用的结构，导向件与止口结构都在止口件上。

预压成型法能够在一定程度上解决压痕不完整的情况，同时也能保证动作过程中活阀杆存在一定角度时止口能够滑落入预压的压痕上，防止多道压痕的出现。

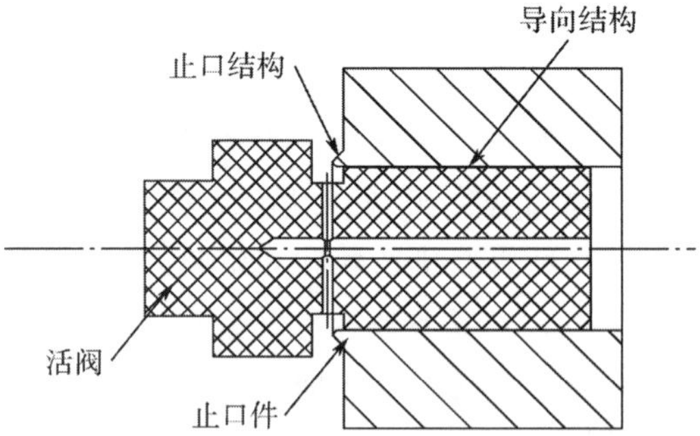

图 3　装配前预压成型法止口密封结构示意图

2.1 病态压痕产生的原因分析

病态压痕的产生与零件的加工状态及装配完成后的间隙配合等有着密不可分的关系，根据历年阀门产品装配过程中的数据分析来看，25%～80%的阀门产品在装配过程中存在病态压痕导致漏气，其中不完整压痕占问题产品数的53%左右、断续压痕占问题产品数的6%左右、双道压痕占问题产品数的41%左右，这些产品需安排返修，返修过程中导致零件报废的情况屡见不鲜。如图4止口类阀门产品结构示意图所示，压痕的产生与产品的结构及相关零部件如止口件、活阀组件、弹簧、导向件等结构有关。下面对三种常见的病态压痕进行原因分析。

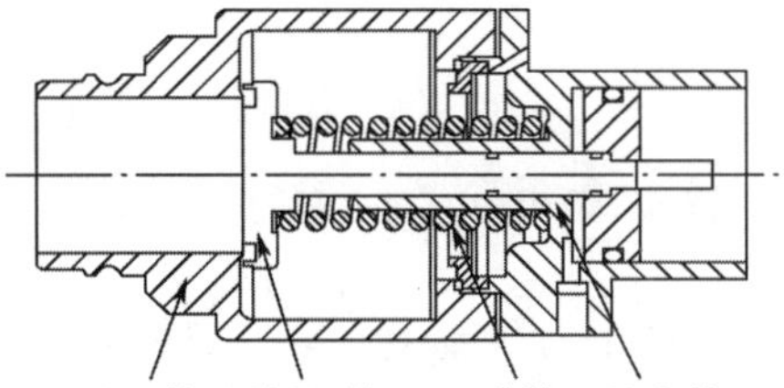

图4 止口类阀门产品结构示意图

2.2 不完整压痕产生的原因分析

从图2中可以看出不完整压痕是由于止口与活阀组件的非金属面不完全接触造成的，参考图4止口类阀门产品机构示意图，可以看出其原因主要有以下几点。

（1）装配前零件的加工质量较差

活阀组件上的非金属是通过压入后经翻边或滚边收口加工而成，活阀组件对轴线与非金属面的垂直度要求很高，一旦垂直度超差，装入后，止口与活阀杆的轴线重合，止口轴线与非金属面不垂直，就会导致非金属面受力不均匀，从而产生不完整压痕。

（2）装配后止口件与活阀组件的同轴度较差

装配过程中由于零组件之间相互配合形成的累积误差造成活阀组件与止口件不同轴。如装配完成后，止口件与活阀组件不同轴，就会导致压偏，严重时会导致止口结构部分与非金属接触部分接触，而另一部分不接触，从而产生不完整压痕。

2.3 断续压痕产生的原因分析

从图1中可以看出止口密封副是由止口件与活阀组件相互作用来实现密封效果的，因此其产生的压痕表面与止口件和活阀组件非金属面的表面质量有很大关系。

（1）活阀组件非金属面的表面粗糙度较差

图5为两粗糙表面之间的接触状态示意图，从图中可以看出，表面粗糙度是由粗糙峰的大小决定，两个表面之间的密封性能由粗糙峰接触的总面积的大小决定。粗糙峰越小，接触面积越大，密封性能就越好。从图5中存在细微划痕的两粗糙表面之间的接触状态可

以看出，细微划痕处无法弥补，气体会沿着划痕泄漏。因此，两接触面之间的表面粗糙度情况和是否存在碰划伤的情况对产品的密封性能影响较大。

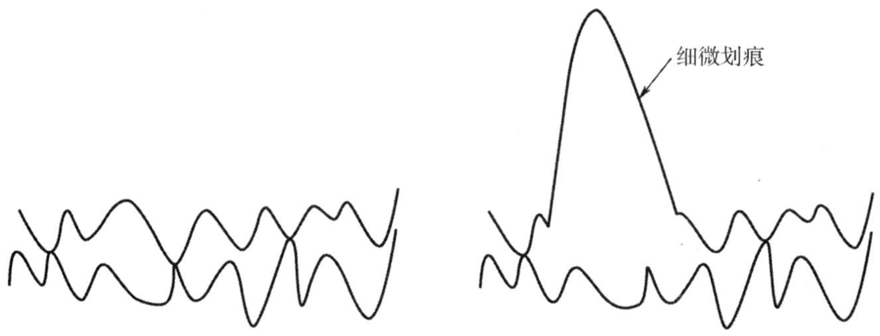

图 5　两粗糙表面之间的接触状态

氟塑料等非金属材料较软，加工时较易变形，表面加工质量不易控制，需要转速与车刀进行配合，如车刀不够锋利，则会破坏非金属面的表面质量。由于非金属垫圈的厚度较小，材料较软，不能够掉头装夹，只能采用割断刀，这对割断刀的要求较高。与止口件进行配合时，就会导致断续压痕的产生，气体将从非金属的表面漏出。

割断面一般采用手工去毛刺的方法修除毛刺，操作过程中可能对表面产生划伤。同时在零件周转的过程中，也会产生微小的划痕，从而影响非金属面的表面质量，在与止口件配合的过程中产生断续压痕。

（2）止口表面粗糙度较差

止口结构非常小，一般高度仅有 0.6 mm，连接处圆弧过渡，加工难度较大，一般采用成型车刀直接加工成形，如成型车刀刀刃不够锋利或表面存在缺陷及刀刃磨损，则会导致止口表面质量较差，进而影响压痕。止口件在进行表面阳极化处理的过程中也存在将表面粗糙度降低的情况，阳极化处理过程中，如状态控制不稳定，就会导致止口结构的锐边尖端放电，引起阳极化表面堆积，形成轻微的锯齿状突起。止口结构在加工过程中，一般安排在尺寸加工的后期，在后续修除毛刺、周转、清洗等过程中都可能对止口表面造成轻微的碰划伤，非常细小的划痕也可能导致压痕断断续续，导致漏气。

止口件止口部位的缺陷如缺口、碰伤等情况是无法进行返修的，不能安排装配，只能报废。

由于断续压痕的产生与零件表面的粗糙度有很大关系，在装配前零件检查过程中可在一定程度上避免问题的发生。

2.4　双道压痕产生的原因分析

图 4 的结构分析可见，阀门装配完成后，活阀组件在弹簧的压力下与止口接触形成一道压痕，但在阀门产品打开和关闭的动作过程中，由于弹簧回座压力大、速度快，弹簧处于非正常受压状态下将活阀组件顶偏，超出了原压痕的范围，在接触面上又产生一道新的

压痕，即双道压痕；或者，活阀组件在外界条件的作用下，如工作需要将阀门手动顶开时，在打开和关闭的过程中，将活阀组件顶偏，超过了原压痕的范围，形成了双道压痕，导致阀门产品漏气。

进一步分析原因主要有两点：第一，长径比（导向面长度与导向直径之比）小于1.2，导向面不能起到导向作用，使活阀杆能够偏转的角度较大；第二，导向件的孔与活阀组件的杆的单边间隙较大，超过止口半径的一半，活阀杆能够在孔内偏转的裕度较大。这样就容易导致压偏，产生双道压痕。

3 预压成型法的结构分析及使用条件

3.1 预压成型法的结构分析

预压成型法能够在一定程度上避免病态压痕的产生，现以装配后预压成型法为例，对预压成型法的结构进行分析。活门动作过程中存在活阀杆正常、向上偏转和向下偏转压入的情况，如图 6 中（a）、（b）和（c）所示。图（a）中活阀组件的中心线与止口件中心重合，止口能够以正常的角度压入预压的压痕，完全与压痕重合，实现密封。图（b）中是在动作过程中活阀组件向上偏转角度 α，止口不能以正常角度压入压痕，止口圆弧部位与压痕的圆弧边缘接触，在压入力的作用下，活阀组件上的压痕与止口平滑动作，直至止口与压痕完全重合，实现密封。图（c）中是在动作过程中活阀组件向下偏转角度 β，止口不能以正常角度压入压痕，止口圆弧部位与压痕的圆弧边缘接触，在压入力的作用下，活阀组件上的压痕与止口平滑动作，直至止口与压痕完全重合，实现密封。

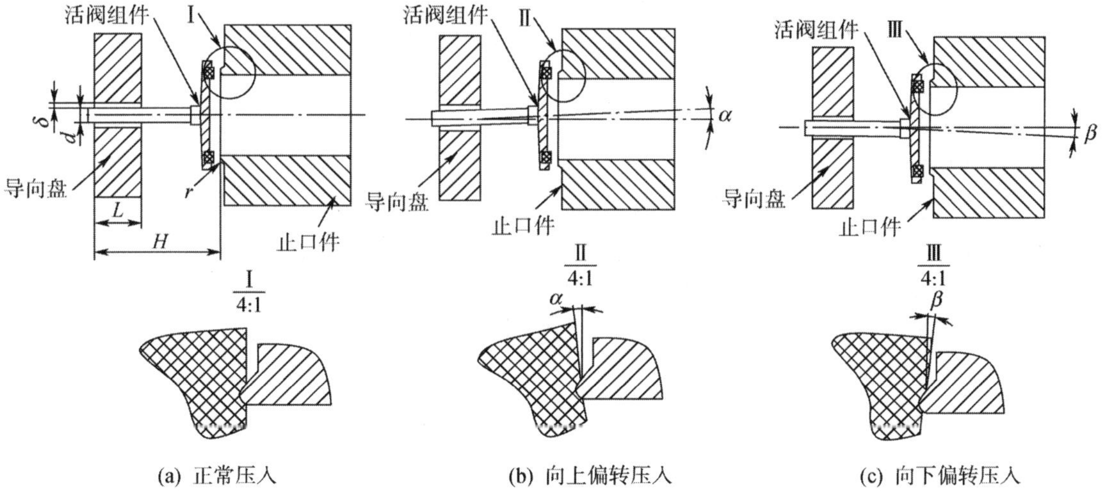

图 6 止口密封副中活阀组件偏转角度 3 种工况示意图

结合图 6 中止口密封副的结构可以得出以下公式。

（1）长径比：$\dfrac{L}{d}$

若 d 为定值，L 值越大，导向的作用就越强，活阀杆能够偏转的角度 α 或 β 就越小，就越能够保证止口能够回落在原压痕上。

（2）单边间隙

$$\alpha=\frac{2\delta}{L}<\frac{r}{H}$$

$$\beta=\frac{2\delta}{L}<\frac{r}{H}$$

在长径比一定的条件下，单边间隙 δ 越小，活阀杆能够偏转的角度 α 或 β 就越小，就越能够保证止口能够回落在原压痕上。

其中，L 为导向长度，d 为活阀组件中活阀杆的直径，α 和 β 为活阀组件偏转的角度，δ 为止口件孔与活阀组件杆的单边间隙，r 为止口尖端半径，H 为导向盘端面到止口端面的长度。

如果活阀杆偏转的角度过大，止口的圆弧部位不能与压痕的圆弧部位接触，止口则不能通过滑移的方式滑落入预压的压痕中，从而会破坏预压的压痕，导致止口部位漏气的问题出现，严重时会导致双道压痕的情况出现，气体将从两道压痕的交汇处泄漏。

3.2 预压成型法的使用条件

为保证装配试验时止口能够完全滑落入预先压好的压痕中，需要对其使用条件进行约束。两种预压成型法的原理不同，因此其使用条件也有所不同。

1）装配后预压成型法的使用条件：

止口部位半径：$r\approx 0.15\sim 0.4$ 之间；

活阀组件上非金属材料为氟塑料，如 F4、F46、F3 等；

导向配合面单边间隙控制在 0.07～0.10 之间（孔径在 50 mm 以内）；

导向面长度与导向直径之比不小于 1.2；

试验压力为阀门产品的最高工作压力；

保压时间为 0.5 h 左右。

2）装配前预压成型法的使用条件：

止口部位半径：$r\approx 0.1\sim 0.4$ 之间；

活阀组件上非金属材料为氟塑料，如 F4、F46、F3 等；

导向配合面单边间隙控制在 0.02～0.07 之间（孔径在 50 mm 以内）；

导向面长度与导向直径之比不小于 1.2（不大于止口高度的 1/3）；

压痕深度 0.03～0.05；

静置时间为 0.5 h 左右。

3）在保证以上条件的基础上，应做好零部件的加工，将止口与非金属表面质量提高，适当地防护，避免其碰划伤。

4 指挥阀装配过程预压成型实例分析

以指挥阀的装配试验为例，对其装配前预压成型过程进行分析。首先判断其是否满足使用条件，止口部位半径 $r=0.1$，活阀材料为 F46，导向配合面单边间隙在 0.022～0.046，导向面长度与导向直径之比为 4.6，满足装配前预压成型法的要求；进一步设计工装对活阀和活门座进行预压成型，如图 7 所示，采用精密台虎钳对活阀、活门座进行固定，通过旋转虎钳手柄夹紧，用千分表来测量止口压入深度，将压痕深度控制在 0.03～0.05，静置 0.5 h 左右；最后缓慢旋转虎钳，将活阀和活门座取下，查看压痕的情况，完成活阀的预压成型。

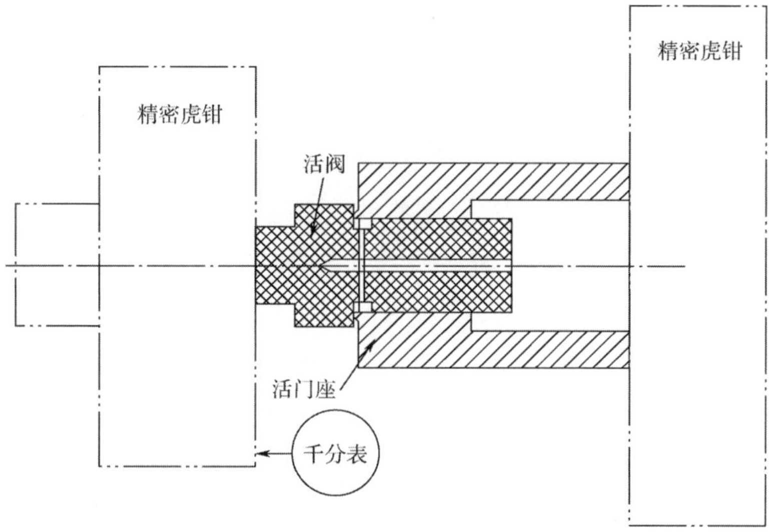

图 7　活阀预压成型示意图

以 14 件指挥阀为例进行装配试验，将一一配对预压成型的活阀及活阀座进行装配，装配完成后进行常温调试试验，充气 0.2 MPa，用橡皮塞堵住活门座检查气密性，3 min 不漏气，满足试验要求，避免了活阀多次返修的问题。

根据历次预压成型法装配的效果来看，通过使用本方法进行装配，止口密封类阀门产品的一次装试合格率得到大幅度提高，从原来 20%左右提高至 90%左右，大大减小了返修概率，降低了产品的返修成本，提高了产品的生产效率和质量的一致性。

5　结论

本文提出了预压成型的装配方法，该方法可在一定程度上避免不完整压痕和双道压痕的产生，同时也为解决止口密封类阀门产品活阀返修率高的问题提供有力的技术支撑，根据止口密封的结构对预压成型法进行分类，在对其结构进行分析的基础上规定了两种预压成型法的使用条件，最后用试验的方法验证了预压成型法的有效性。本文研究的预压成型法为止口密封类阀门产品的装配提供了新的思路，为提高产品的一次装试合格率奠定了基础。

参考文献

[1] 成大先．机械设计手册．北京:化学工业出版社,2007.

[2] 贾纪文．端面密封结构的设计探讨．润滑与密封,1999.(2):86-87.

[3] 李志鹏,杨芳．阀门启闭件软硬组合密封．润滑与密封,2004.(2):62-63.

[4] 任晓,吴承伟,周平．粗糙表面的气体密封性能研究．机械工程学报,2010,(46).16:176-181.

某导弹发射车初始方位角测量方法改进

黄　剑

航天八院 149 厂

摘　要　作者通过理论分析、测量数据统计和测量试验的验证，由原 1 台陀螺经纬仪加 3 台电子经纬仪组成系统的测量方法，改变成仅用 3 台电子经纬仪新的测量方法。通过对多个批次发射车不同位置初始方位角的测量，该方法不仅合理有效，缩短测量时间 30%，而且测量结果稳定可靠，满足总体设计要求。

关键词　导弹发射车　位置状态　初始方位角　测量方法

1　引言

某导弹发射车（以下简称"F 车"）是导弹武器测控系统中一个重要的分系统。"F 车"采用的是以导弹为中心的北天东（$OXYZ$）坐标系，在导弹垂直发射前，必须将不同位置状态的初始方位角（即导弹轴线与正北方向之间的夹角）装定到测控系统中。

为考核"F 车"在不同位置状态下初始方位角的综合误差，"F 车"以正北为零位方向，每间隔 45°为一个位置状态，测量每一个位置状态的初始方位角，同时将测得的初始方位角值（σ）与车载导航仪测得的方位角值（σ'）进行比对。

根据总体设计技术要求，初始方位角的标定误差≤0.09°。

2　测量技术要求

2.1　测量项目内容

2.1.1　基准方位角测量项目

当"F 车"处于不同的位置状态时，通过采用陀螺经纬仪测量方法，找到正北方向作为基准方位角。

2.1.2　α 角测量项目

车体轴线是"F 车"上一条空间基准轴线，它通过安装在车体上光学棱镜镜面基线来体现。通过采用经纬仪系统测量方法，对安装在车体上光学棱镜镜面基线进行测量，通过测量数据解算和转换，得到车体轴线与正北方向之间的夹角（即 α 角）。

2.1.3　β 角测量项目

"F 车"上的导弹是通过集装架安装在车体发射架上，通过采用经纬仪系统的测量方法，得到导弹轴线与车体轴线之间的一个固定的角度关系（即 β 角）。

2.1.4 σ' 角测量项目

车载导航仪是安装在“F 车”车体轴线上的一种导航设备，它能测出自身轴线与正北方向的水平方位角（即 σ' 角）。

2.2 测量方法

原测量方法是由 1 台陀螺经纬仪加 3 台电子经纬仪组成系统，完成对“F 车”初始方位角的测量（即对 α 角和 β 角的测量）。

2.2.1 α 角测量

α 角是指车体上光学棱镜镜面的基线（即代表车体轴线，其基线与车体轴线是平行关系）与正北方向之间的水平夹角。测量过程是：用 1 台陀螺经纬仪进行寻北测量，1 台电子经纬仪准直车体上光学棱镜的镜面。通过陀螺经纬仪与电子经纬仪之间的互瞄，建立起三角形的关系，经过数据解算和换算，可以得到车体轴线与正北方向之间的角度值（即为 α 角）。

2.2.2 β 角测量

β 角是指筒弹集装架安装面共面的法线（即代表导弹轴线，其法线与导弹轴线是垂直关系）与光学棱镜镜面基线之间的水平夹角。测量过程是：采用 3 台电子经纬仪组成经纬仪系统，用 1 台电子经纬仪准直车体上光学棱镜的镜面，另外两台电子经纬仪则测量粘贴在筒弹集装架 4 个定位面上的靶形纸目标点（每个定位面上贴三个靶形纸目标，共 12 个测量点）。通过专用测量软件的解算，可以得到 12 个被测点构成的共面及共面的法线，再通过数据转换，可得到发射架上筒弹集装架安装面共面的法线（即导弹轴线）与光学棱镜镜面基线（即车体轴线）之间的水平夹角（即为 β 角）。

2.3 测量数据处理

通过对每一辆“F 车”在不同位置状态测量数据解算和转换（即包括 α 角、β 角和 σ' 角），可以得到导弹轴线与正北方向之间的初始方位角（即 $\sigma=\alpha\pm\beta$），以及初始方位角与水平方位角之间的比对关系（即 σ 角与 σ' 角之间的比对关系）。

由于“F 车”批产任务量的增加，原测量方法的测量效率无法满足批产任务量的进度，影响到按时交付。因此，必须对原测量方法进行改进和完善。

2.4 测量方法改进

经过理论分析、测量数据统计和测量试验的验证，采用在建立基准立方镜的基础上，仅用 3 台电子经纬仪的新测量方法，同样能够满足“F 车”不同位置状态初始方位角的精度测量，以及得到初始方位角（σ）与水平方位角值（σ'）之间的比对结果。

2.4.1 新测量方法原理

将一块高精度六面体光学立方镜（各面体之间的夹角精度$\leqslant 5''$）作为基准立方镜粘贴在稳固的墙面上，应用陀螺经纬仪进行寻北测量，用一台电子经纬仪准直基准立方镜某镜面，通过对数据的解算，得到基准立方镜某镜面法线与正北方向之间的夹角，并以此作为基准方位角（该基准方位角的标定只需做一次。对每一辆发射车的测量，只需复原出基准方位角后应用即可）。然后，通过用3台电子经纬仪分别对“F车”不同位置状态初始方位角（即α角和β角）的精度测量，应用三角原理计算方法对测量数据进行解算处理，可以得到“F车”不同位置状态的初始方位角（见图1）。

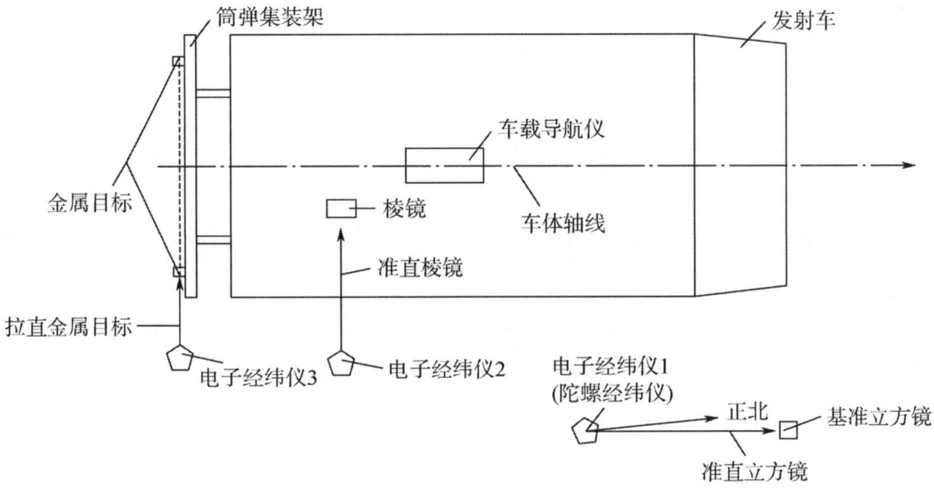

图1　新测量方法原理示意图

2.4.2　建立基准立方镜误差分析

通过对新测量方法的误差分析，建立基准立方镜的误差源如表1所示。

表1　误差来源表

序号	误差源名称	误差值	次数
1	陀螺经纬仪误差 δ_1	±15″	1
2	电子经纬仪误差 δ_2	±2″	4
3	立方镜制造误差 δ_3	±5″	2
4	立方镜粘贴误差 δ_4	±2″	2
5	经纬仪互瞄误差 δ_5	±4″	2
6	其他误差（温度、操作、人员）δ_6	±10″	1

测量极限误差 $\delta = \pm\sqrt{\delta_1^2 + 4\times\delta_2^2 + 2\times\delta_3^2 + 2\times\delta_4^2 + 2\times\delta_5^2 + \delta_6^2}$

$$= \pm\sqrt{15^2 + 4\times 2^2 + 2\times 5^2 + 2\times 2^2 + 2\times 4^2 + 10^2} = \pm 20.8''$$

误差分析结果，应用陀螺经纬仪建立基准立方镜方位角的精度，满足总体设计要求。

3　新测量方法实施

由于加工误差、装配误差及车载导航仪稳定性的影响，每一辆“F车”的车载导航仪轴线与发射车导弹轴线之间存在一个固定的角值偏差。为保证导弹初始方位角（即σ角）

装定正确性，减小导弹射向误差，必须采用有效的测量方法，对“F 车”不同位置状态的初始方位角进行测量（也可理解为电气零位与机械零位之间的角度偏差），并将数值提供给测控系统，以便对“F 车”导弹的发射角进行补偿修正。

3.1 新测量方法操作流程

新测量方法操作流程是：

第一步：确定基准方位角。应用一台陀螺经纬仪和一台电子经纬仪，标定出基准立方镜某镜面法线与正北之间的夹角，作为基准方位角。

第二步：准直基准立方镜某镜面。用电子经纬仪 1 准直基准立方镜某镜面，得到某镜面的法线；即复原出基准方位角。

第三步：准直车体上光学棱镜镜面。用电子经纬仪 2 准直光学棱镜镜面，得到棱镜镜面的法线；通过数据换算可得到车体轴线。

第四步：测量筒弹集装架安装面水平线。将电子经纬仪 3 放置在发射车筒弹集装架的一侧，即通过测量筒弹集装架两个安装面上的两个点，即构成一条水平线，通过数据换算可得到导弹轴线（见图 1）。

注：由于筒弹集装架上四个安装面加工精度高，其共面的平面度精度稳定，且经过大量的测量数据统计验证，通过筒弹集装架两个安装面上两点形成的水平线（即与安装面共面法线成 90°关系），通过数据换算可以代替导弹轴线用于数据解算处理。

第五步：电子经纬仪之间互瞄。通过各电子经纬仪之间的互瞄，建立起三角形关系。

第六步：数据解算处理。经过对测量数据的解算处理，分别得到 α 角和 β 角，最后得到各个位置状态导弹轴线与正北方向之间的初始方位角（即 $\sigma_i = \alpha_i \pm \beta_i$）；以及初始方位角与车载导航仪方位角的比对结果。

3.2 实例应用

以“F 车”在 15°、330°的两个位置状态为例，阐述测量 α 角、β 角的过程。

3.2.1 “F 车”15°方位

“F 车”处于 15°位置时，发射车测量状态见图 2。

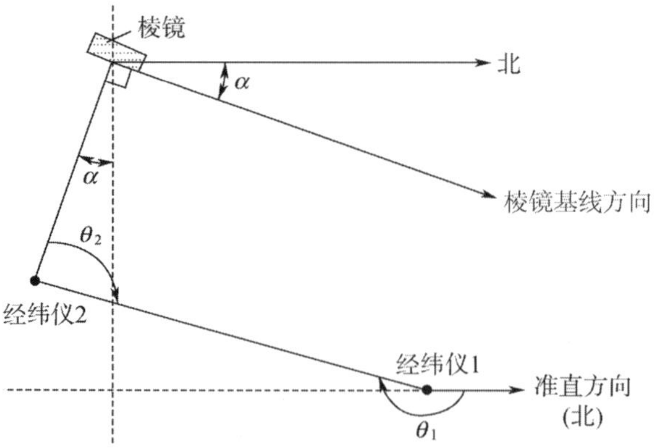

图 2 “F 车”处于 15°位置时测量示意图

由图 2 三角关系可得：$\alpha + \theta_2 = 90° + (\theta_1 - 180°)$

解算得出：$\alpha = \theta_1 - 90° - \theta_2$

3.2.2　"F 车"330°位置

"F 车"处于 330°位置时，发射车测量状态见图 3。

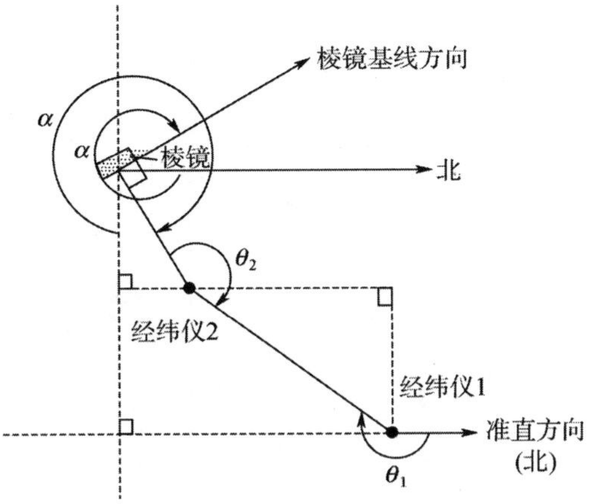

图 3　"F 车"处于 330°位置时测量示意图

由图 3 三角关系可得：$[(360° - \alpha) + 90°] + [90° - (270° - \theta_1)] = \theta_2$

解算得出：$\alpha = \theta_1 + 270° - \theta_2$

3.2.3　α 角测量方法小结

"F 车"处于 15°和 330°位置时，通过测量和解算后可以看出，"F 车"处在不同位置时，所用的解算公式是不同的。通过对 8 个位置图示解算后得出以下结论：

备注：计算 θ 时，首先判断 $\theta_1 - 90°$ 与 θ_2 的大小：

1）当 $\theta_1 - 90° > \theta_2$ 时，$\alpha = \theta_1 - 90° - \theta_2$；

2）当 $\theta_1 - 90° < \theta_2$ 时，$\alpha = \theta_1 + 270° - \theta_2$。

3.2.4　β 角测量方法

经纬仪 2 准直棱镜并水平角度值置零，经纬仪 3 拉直两个磁性靶标并水平角度值置零，两经纬仪互瞄并记录角度值，通过三角关系解算 β 角度值（见图 4 和图 5）。

由图 4 中的三角关系可得：$90° + \beta = 360° - 90° - (360° - \theta_1) - \theta_2$

解算得出：$\beta = \theta_1 - 180° - \theta_2$

由图 5 中的三角关系可得：$90° - \beta = 360° - 90° - (360° - \theta_1) - \theta_2$

解算得出：$\beta = \theta_2 + 180° - \theta_1$

其中　θ_2——拉直经纬仪互瞄时相对拉直线的偏角；

　　　θ_1——准直经纬仪互瞄时相对准直线的偏角。

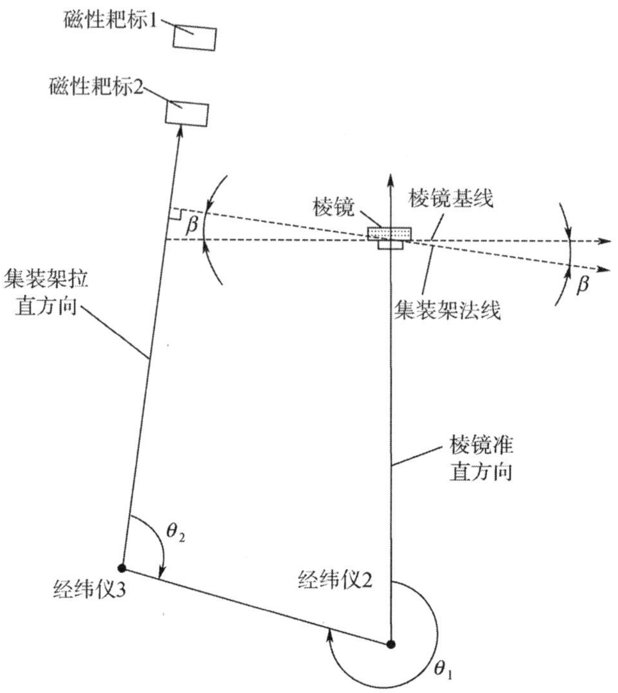

图 4　β 角测量示意图

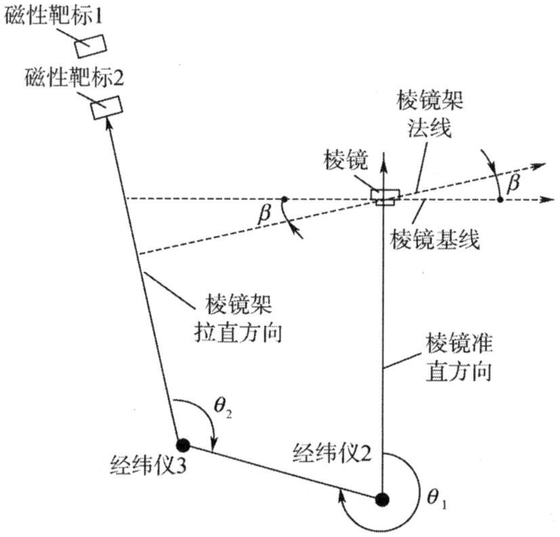

图 5　β 角测量示意图

4　结论

通过对“F 车”在独立回路、闭合回路、设计定型各阶段飞行试验考核验证，新的测量方法应用效果是：不仅方法合理有效、数据解算简便、结果稳定可靠，而且整台发射车测量时间缩短 30%，提高了测量设备的利用率。新的测量方法已纳入检测技术文件中，并通过内部评审。

运载火箭共底贮箱焊接错边量控制

黄　征

航天八院 149 厂

摘　要　运载火箭共底贮箱为航天领域典型的大尺寸薄壁密封构件，装配精度在很大程度上影响焊接质量从而影响贮箱整体性能。其中错边量对焊接工艺过程、贮箱承载状态均有显著影响。本文综合利用反面定位、局部塑性变形、改进压紧工装、提高焊缝拘束度等手段，以降低对接焊缝错边量为目标，进行了各种焊接装配改进措施的尝试。试验结果表明，综合利用上述手段，能够将运载火箭共底贮箱焊接最大错边量控制在 1 mm 以内，应用实践表明，采用上述错边量控制措施以来生产的 2 发贮箱，在我厂首次实现了无错边的贮箱焊接生产记录。

关键词　共底贮箱　装配　错边　焊接

1　概述

共底贮箱材料为高强度薄壁 2A14 铝合金，焊接厚度最小仅为 2.6 mm，具有自身刚性差、材料热膨胀系数大、熔焊焊接性不良等制造难点，焊接质量一直彷徨在“合格线”附近，特别是错边量将极大影响焊接质量，现有的贮箱焊接生产表明，若不对错边量进行有效控制，整箱打压失败概率增大。图 1 给出了典型的运载火箭推进剂共底贮箱结构示意图，其焊接制造包括前底、后底、共底的焊接，也包括筒段纵缝、总对接环缝、锁底环缝的焊接。

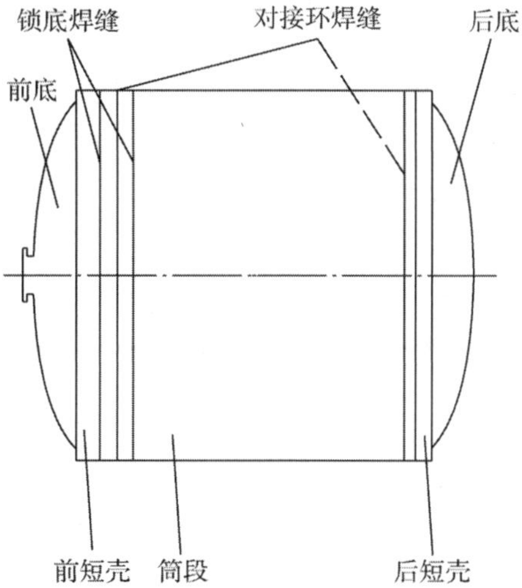

图 1　典型的推进剂贮箱结构

在这些焊缝中，当焊接工艺与工艺参数确定时，焊缝的装配质量将在很大程度上决定焊缝质量。在影响装配状态的各种因素中，错边量的控制是一个关键参数。一方面，错边量过大，将造成焊接时弧长变化过多、填丝困难等问题，影响错边区域的焊缝加热与散热条件、电弧稳定性等，容易造成烧穿、气孔或未焊透等焊接缺陷，直接影响贮箱承载能力。另一方面，当对接的两个零件存在错边过大时，构成贮箱的承压整体的区域，将在焊缝处引起应力集中，间接降低了焊缝及整个贮箱的承压能力，容易在打压时造成贮箱破裂。

因此，对于共底贮箱这种典型的薄壁密封构件，控制焊缝的错边量具有重要的工程意义。本文综合采用各种降低焊缝错边量的方法，将整个贮箱的焊接装配错边控制在尽可能低的范围，从而大幅度提高贮箱的一次打压合格率。

2 引起错边的原因分析

对于现有贮箱焊接过程焊缝装配错边量过大的问题进行分析，总结了几个导致贮箱焊接错边量过大的原因，具体如下。

(1) 零件尺寸状态较差

目前，共底贮箱焊接零件大部分为钣金成形件，如贮箱箱底瓜瓣壁板，采用拉伸方法成形；筒段壁板，采用滚弯成形。与此同时，这些钣金成形件还需进行热处理。在这些工序中累积了大量的尺寸误差，当零件流转至焊接车间时，往往超出设计规定的尺寸误差。并且其尺寸偏差稳定性差，一直难以保持完全一致，从零件测厚结果可以看出，顶盖整圈上厚度差达到 0.35 mm。这种工艺现状与我国目前的制造技术水平相适应，难以在短时间内将其零件尺寸精度有大幅度的提高。

(2) 焊接变形量大

以前 ϕ1380 焊缝进行手工焊时，采用的是定位焊后分段对称焊接。由于多一个定位点就多一个起弧点和一个收弧点，定位点过多易造成焊缝内部气孔、焊根处的微裂纹等缺陷数量过多。自采用自动焊以来，取消了焊缝上的定位点，并且整圈焊缝采用一次焊接完成。定位点的去除以及采用整圈一次焊接完成，减少了气孔、微裂纹等缺陷产生的机会。但另一方面，取消定位焊对焊接装配要求更高，目前的应用实践证明，焊接过程中焊缝会发生剧烈收缩，造成已焊一侧顶盖与圆环拱起，导致产品与工装贴合不牢；未焊一侧装配间隙越来越大，最后增加焊丝填入量，增加焊接热输入量。因此，无定位点整圈一次焊接易造成焊缝的变形较大、拘束应力大，促使焊缝过烧。

(3) 压紧工装刚性过小、压紧力过小

焊接过程的装配质量在很大程度上需要焊接工装来保证，在以往的装配过程中，一方面，采用刚性较差的薄焊漏板，不能保证压紧力，在焊接过程中容易因焊接应力造成变形，引起焊接错边；另一方面，焊接变形将使得工件与产品不贴胎，这些因素极易造成产品焊接过程中局部散热困难，在造成焊缝组织过烧的同时，也容易因局部热输入不同而导致焊接错边量的产生。因此，压紧工装对于错边量的控制有重要作用。

（4）缺少有效降低错边量的手段

对于我厂目前的焊接装配状态，尚未具备专门的工艺措施或相关工艺装备来保证焊接装配精度，大部分依赖操作工人的经验进行装配调整或者是反复试装。因此，在很多情况下，共底贮箱焊接生产的装配质量一直难以得到有效保证。

3 降低错边量的控制手段

装配质量直接影响最终产品的焊接质量，在焊接工艺方法进行不断优化和改进的同时，必须对装配质量提出更高的要求。本文针对上述引起错边量的原因，通过大量的试验和工作，总结了如下措施来控制共底贮箱的错边量，提高装配质量，从而提高贮箱的整体制造质量。

3.1 增大工件背面焊漏板刚性

为了保证焊缝成形良好，必须要求焊接垫板与接头背面贴合良好。由于实际的产品形位尺寸限制以及工装自身的限制，目前无法做到100%贴合。但可通过三个措施，将装配错边量控制在1 mm以内：

1）将原焊漏板一分为二，通过缩小焊漏板的长度，以便于局部修配；

2）装配情况不良时拆除重新装配，通过工装与产品的不断试装达到最佳装配效果；

3）箱底γ框环缝背部垫板改进设计为刚性焊接垫板，确保接头垫板装配后的刚性，达到与接头背面装配错边<1 mm的要求，带来良好的接头背面强制成形效果。图2给出了刚性焊漏板照片。

图2 刚性焊漏板

3.2 增加定位焊提高焊接拘束度

在原有的焊接工艺中，为了降低焊接过程气孔与夹杂的发生率，倾向于不采用定位焊的手段或者是尽可能降低定位点数量。在原有的工艺状态下，这种做法可有效降低焊接缺陷发生率，但容易造成在焊接过程中，因焊缝收缩引起焊接变形，导致未焊接区域产生过大的错边量，最终仍造成焊接质量低下。目前，通过改变焊接工艺，已经能够降低焊接缺陷发生倾向，此时错边量的控制成为主要矛盾。因此，在这种情况下，增加定位焊是一种能够有效降低错边量的方法。主要措施有：

1）ϕ 1380 环缝采取正面熔透定位，增加焊接过程中的拘束度，配合工装压紧效果，保证顶盖在焊接过程中不发生收缩和偏移现象，减少打洞、咬边等缺陷，提高焊接成形质量；

2）γ 框环缝采用创新的背面多段熔透定位焊，提高接头焊接拘束度，降低焊接过程中错边、焊接应力与变形；采用背面多段熔透定位焊后，通过改进的 TIG 焊工艺将定位焊产生的缺陷完全沉下，后续手工修磨完全去除。为了配合反面定位，还制作了一个正面刚性衬垫，保证定位点的熔透、成形良好与氩气保护效果。背面熔透定位焊点与工装如图 3 所示。

图 3　背面熔透定位（见彩图）

3.3　改进焊接压紧工装

在箱底 γ 框焊接时上下压圈尺寸不对称，焊缝中心靠近 γ 框压圈一侧，不仅容易造成电弧磁偏吹，也影响焊枪盖面时的摆动；更会造成焊缝两侧散热速度不一致，不利于焊接生产。另一方面，该焊接压紧工装刚度过小，压紧力不足，容易导致焊接过程工件变形。

解决措施是通过返修 γ 框环缝上下压圈，确保上下压圈对称压在接头两边，返修前后的装配情况分别如图 4 所示。从图中可见，改进后的焊接压紧工装，焊缝装配更为对称，能够有效降低焊接装配质量。

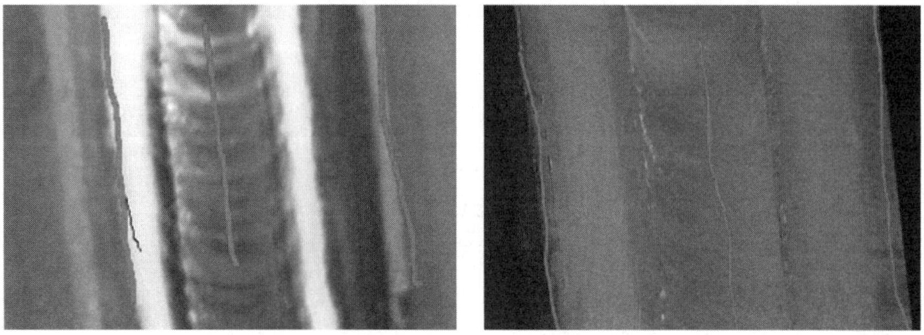

图 4　压圈返修前后装配对比图（见彩图）

3.4 局部塑性变形方法

当采用上述装配工艺手段，仍难以获得满意的焊接错边量控制时，在焊前、焊接过程中，还可采用局部塑性变形方法进行错边量控制。主要有两个方面的手段：

1）焊前局部塑性变形：首先对焊接错边量过大的区域进行局部断续焊点固，然后采用垫块敲击的方法，对错边量过大的区域进行反复锤击，将每次锤击的变形量进行累积，达到控制错边量的目的。

2）打底焊后局部塑性变形：对于焊前局部塑性变形难以获得有效的错边量控制的情况，或者对于打底焊过程因焊接变形引起的新的错边量增加的情况，在打底焊完成后，可再反复锤击错边量过大的区域，同样通过累积每次锤击的变形量来达到控制焊接错边的目的。

3.5 错边量控制的改进效果

将上述装配改进措施应用于 XX－4B 三级共底贮箱箱底的焊接生产制造，并与改进前的焊缝形态进行了比较。其中图 5 为改进前的 ϕ 1380 贮箱环缝照片；图 6 为改进后的 ϕ 1380 环缝照片；图 7 和图 8 分别为改进前后的 γ 框环缝照片。

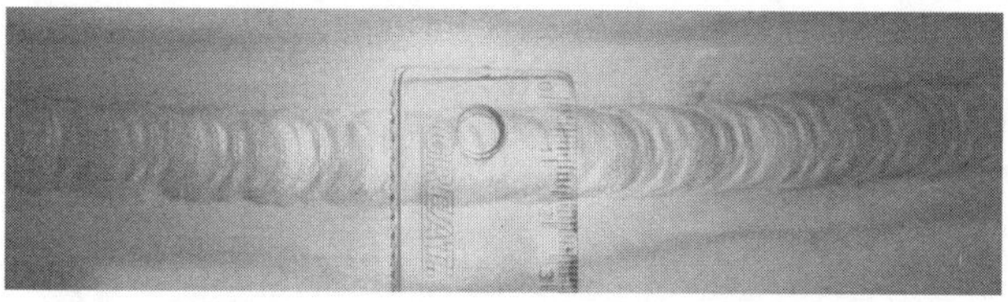

图 5　改进前的 ϕ 1380 环缝（见彩图）

图 6　改进后的 ϕ 1380 环缝（见彩图）

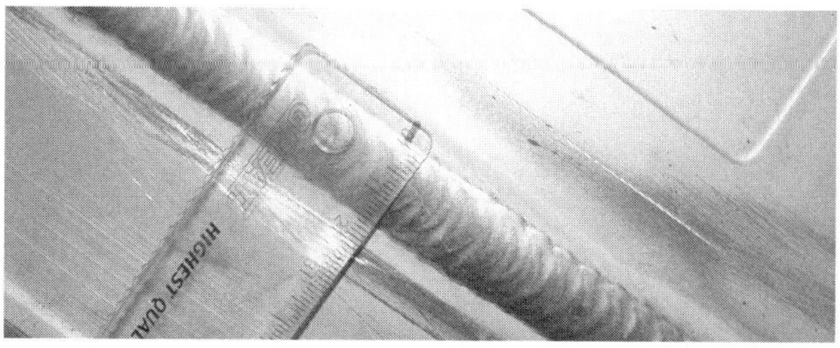

图 7　改进前的 γ 框环缝（见彩图）

图 8　改进后的 γ 框环缝（见彩图）

从上述图片的比较来看，贮箱焊缝质量得到明显改观，焊缝表面几乎无错边。从焊缝内部质量来看，其气孔与夹杂缺陷发生率也相对降低，将贮箱箱底进行强度试验，箱底顺利通过设计压力考核，表明上述焊接装配措施可有效控制焊接错边量，从而提高了贮箱的一次打压合格率。

4　结论

1）通过对引起共底贮箱焊接错边量过大的原因分析，结果表明，零件尺寸差、焊接变形、焊接工装是引起贮箱焊接错边量的主要原因；

2）通过创新应用“高刚性背面焊接垫板”“增加焊接拘束度”“改进焊接工装”“局部塑性变形”等装配措施，大大提高了共底贮箱焊接装配质量，有效控制了焊接错边量的产生；

3）采用上述工艺措施生产的共底贮箱顺利通过压力试验考核，生产实践表明通过焊接装配措施的综合应用，提高了贮箱焊接质量，产品合格率得到了保证。

缩短高压电磁阀启动时间的方法研究

夏　勤
航天八院 149 厂

摘　要　本文针对新研高压电磁阀启动时间较长的问题，通过分析其结构和工作原理，认为新研高压电磁阀的结构更改是导致其启动时间长的原因。本文通过更改挡圈结构为 O 型圈结构以及增大卸荷气流通路的间隙两个措施，以实物验证的方法证明了改进方法合理有效，并将该方法全面运用在新研高压电磁阀结构中。

关键词　高压电磁阀　启动时间　挡圈　O 型圈

1　引言

高压电磁阀是运载火箭增压输送系统中的重要单机，其主要作用是截断氦气瓶组中的高压氦气与贮箱间的通路，并在飞行过程中通过电信号进行开启和关闭，以达到稳定贮箱压力的作用。新研的高压电磁阀与现有成熟产品的主要区别为入口压力从原来的 23 MPa 提高到 35 MPa，入口压力的提高带来结构的适应性更改，在新产品的研制过程中，屡次出现产品 35 MPa 启动时间过长，要求为不大于 0.15s，实测大于 1s，远不能满足设计指标。

2　产品结构及原理

高压电磁阀为卸荷式结构，其结构示意图见图 1，电磁阀启动过程如下：高压气流从产品入口进入 A 腔、B 腔和 C 腔，主活门通过气体压力和弹簧力作用在止口 1 上，起到截止作用，同时，减荷活门通过气体压力和弹簧力作用在止口 2 上，阻断卸荷气流通道。当产品通电后，电磁线圈与纯铁产生电磁力，通过顶杆克服气压作用力将卸荷活门顶下并压紧在止口 3 上，此时，A 腔与 B 腔、C 腔基本阻断，B 腔与 C 腔的气体通过顶杆与止口 2 之间的缝隙卸出至大气，由于止口 3 与顶杆间的缝隙远大于主活门上挡圈与壳体间的缝隙，因此主活门上下形成压差后向上运动，电磁阀打开。这种卸荷式结构适用于气源压力为高压，且打开必须有一定的进口压力，无压力的情况下无法打开。由于卸荷式结构非直接启动，有一定的时间延迟，为了精确控制电磁阀在火箭上的启动时序，该电磁阀要求启动必须快速，精准，以满足增压输送系统正常工作。根据前期研制情况，生产的一批次高压电磁阀产品启动时间不一致，且基本都偏慢，甚至大于 1s。根据现场试验的情况，能清晰地听见约 1s 左右的卸荷放气，然后电磁阀再打开，该延迟现象无法满足实际使用要求。

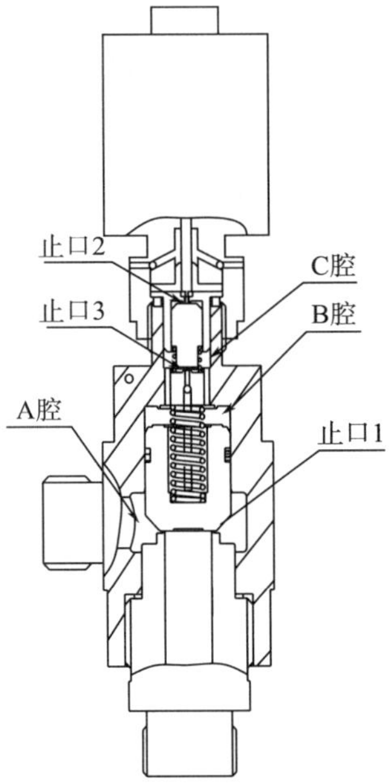

图 1　高压电磁阀结构示意图

3　产品启动时间过长原因分析

该新研高压电磁阀的设计借鉴了现有成熟型号产品。由于电磁铁与现有成熟型号产品一致，该电磁阀仅壳体部分有适应性更改，因此可以断定电磁阀启动时间长主要问题在电磁阀的壳体等部分零件上，与电磁铁的电磁吸力和结构形式无关。经与现有成熟产品对比分析，主要结构更改了以下几处：

1）进出口接口形式修改；

2）主活门由双槽 4 挡圈改为单槽 2 挡圈；

3）活门座止口 2 的内径因入口压力的更改由原 ϕ 1.4 mm 更改为 ϕ 1.1 mm。

根据以上修改内容进行进一步分析，进出口接口形式主要根据流量要求和密封形式要求进行适应性更改，更改后没有流阻影响，也未影响到卸荷原理和打开原理，因此不会影响到产品启动时间。

主活门由双槽 4 挡圈改为单槽 2 挡圈，主要是考虑增加了导向面积，提高主活门的密封性能。但带来的影响是增大了 A 腔与 B 腔间气流流过的间隙，采用 4 个挡圈时，4 个挡圈切口分别相隔 90°，气流通道处于迷宫式，泄漏较慢，而采用 2 个挡圈时，其切口分别相隔 180°，气流泄漏显得相对更容易。当顶杆顶起使 B 腔卸荷时，A 腔气体更容易通过挡圈的切口流至 B 腔中，导致主活门上下压差建立困难。

活门座止口内径缩小是因为在电磁铁吸力不变的情况下，进口压力由 23 MPa 升至 35 MPa，根据 $F=PA$ ，为了保证力平衡而进行适应性更改，即截面积与压力成反比。由于顶杆的外径为 ϕ 1.05，而活门座止口内径为 ϕ 1.1，顶杆外径与活门座内径单边间隙仅

0.025 mm 左右，B 腔与 C 腔的卸荷气体需要从单边 0.025 mm 左右的间隙卸出至大气，因而产生了一定的节流，导致 B 腔压力无法迅速下降至大气压力，A 腔与 B 腔压差建立较慢，导致启动延迟。

根据以上的分析，后两种更改是导致产品启动时间长主要原因。

4 缩短启动时间解决方案

根据以上的分析结果，为使得 A 腔与 B 腔迅速建立压力差，主要针对两方面进行改进。

更改产品结构，使顶杆动作后，A 腔与 B 腔完全隔离。

由图 1 可见，在顶杆动作后，A 腔与 B 腔相通或泄漏的情况有两种，一种是止口 3 有泄漏，另一种是挡圈处泄漏。顶杆动作后，减荷活门受到电磁吸力、弹簧力和气体压力的共同作用，而电磁吸力大于弹簧力和气体压力的合力，保证减荷活门在止口处的实际密封比压大于该材料的许用密封比压，因此止口 3 泄漏可能性非常小，目前成熟产品和在研产品也未曾出现过该现象。

挡圈本身有切口，不作为密封材料，不能阻止气体的泄漏，为彻底解决压差建立困难，可以对 A 腔与 B 腔之间的通道进行阻断，采用行之有效的密封方法。由于该处为滑动密封，因此一般情况下采用 O 型圈密封结构，根据壳体与主活门的结构，最有效最方便的方法是在原挡圈槽中返修为 O 型圈密封槽，采用活塞密封结构形式，再根据 QJ1035.2 标准中选用合适的 O 型圈和挡圈。

增大顶杆与活门座的间隙值。根据力平衡要求，在电磁铁无法更改的前提下，活门座的内径暂时无法调整，因此只能调整顶杆的外径。由于顶杆外径已经小至 ϕ1.05 mm，且该段外圆长度为 4 mm，已属于细长轴范畴，加工难度大，受力时易产生变形。因此，通过淬火强化使顶杆材料硬度保证在 HRC22～26，同时外圆加工至 ϕ1 mm，能将间隙放大至原先的两倍，同时降低材料的变形程度。

5 实施效果

针对增加 O 型圈结构，选用了 ϕ 19 mm×ϕ1.5 mm 的 O 型圈，将原挡圈槽改制为 ϕ 19.2 mm× ϕ 3.3 mm。为防止 O 型圈过切，增加一个挡圈，具体见图 2。在不影响主活门滑动的前提下彻底阻断 A 腔与 B 腔的通道。针对顶杆尺寸，加工时尽可能使顶杆与活门座的间隙增大，保证气流通畅。在更换这些零件之后重新装配，使用高压 35 MPa 进气，通电后，基本听不见减荷放气声音，主活门迅速打开，满足各项技术指标。根据摸底试验结果，本批产品全部按此要求进行修改，所有产品装配试验时均满足启动要求，不再有延迟现象发生。该高压电磁阀改进取得显著效果后，其余新研高压电磁阀均采用了以上改进措施，未再发生高压电磁阀启动时间较长的现象。

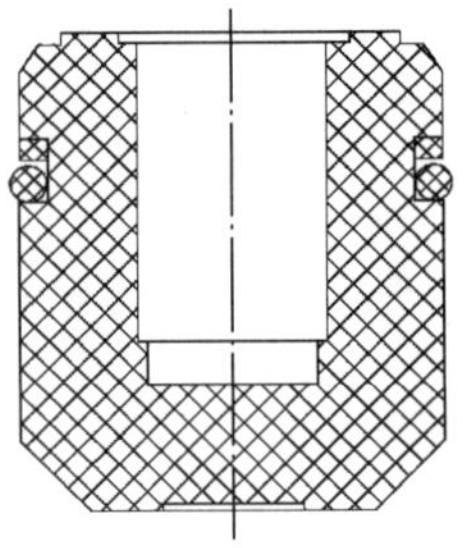

图 2　挡圈结构更改为 O 型圈结构

6　总结

通过本次研制产品的改制，可以发现，细节的微小调整，可能会对产品的性能造成巨大的影响。操作人员在进行新研产品装配试验的过程中，应对产品有充分的熟悉和了解，掌握其性能特点，对更改前后的性能差异需有清楚的认识。同时，对产生的问题应进行细致的分析，通过理论分析和实物验证，对出现质量问题的产品及时进行闭环，对好的方法、实用的技术手段及时掌握传授，更好地为型号产品服务。

参考文献

[1]　陆培文．阀门制造工艺入门与精通．北京:机械工业出版社,2010.

空间站转位机构捕获传感器组件结构和调试方法的改进

沈　辉

航天八院 149 厂

摘　要　本文通过对转位机构中某一传感器组件在装配过程中发现结构和调试方法存在缺点，从而提出合理的结构和调试方法改进方案，消除了传感器组件卡滞的现象，保障了组件的精度，确保了转位的正常工作。

关键词　卡滞　结构　调试方法　改进

1　概述

捕获传感器组件是转位机构捕获连接机构上的关键部套，它用于判断转位机构的转臂（主动端）是否已经捕获转位机构的基座（被动端），给出信号，并通过控制器对转臂执行下一步动作，见图 1。

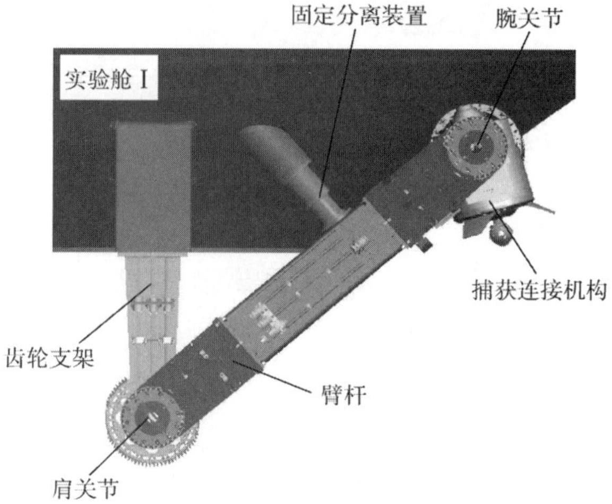

图 1　转位机构

1.1　机构结构的组成

传感器组件主要由球板 1－46、摆杆 1－412、扭簧 1－413、固定板 1－411、销轴 B3＊20 组成，见图 2。

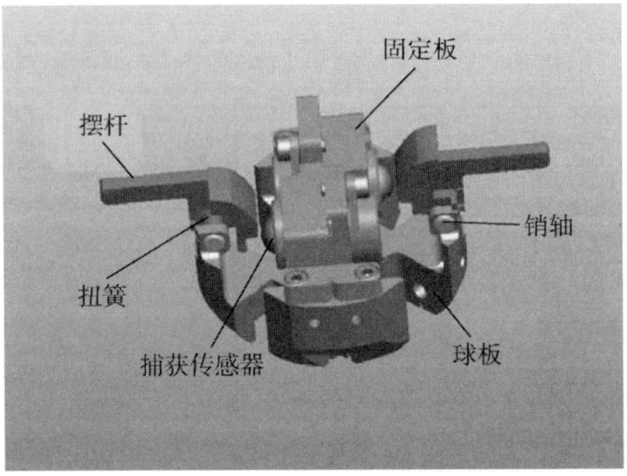

图 2　传感器组件结构

1.2　机构的工作原理

当凸轮处于最低点时，传感器断开。在凸轮往逆时针方向运动时，在最高点处使传感器触发，给予信号。捕获传感器基本原理如图 3 所示。

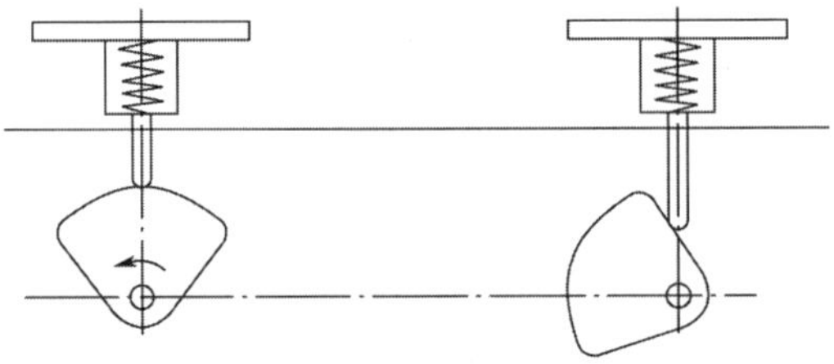

图 3　传感器组件机械原理

在调试状态下，设计要求当两个摆杆旋转至 28°±0.1°时，通过调整垫片使两个捕获传感器可靠触发（见图 4）。在单边摆杆满足 28°±0.1°的情况下，捕获传感器的三个测量点要求触发。其中 1－4 点主分，另两个点 2－4、3－4 备份用。

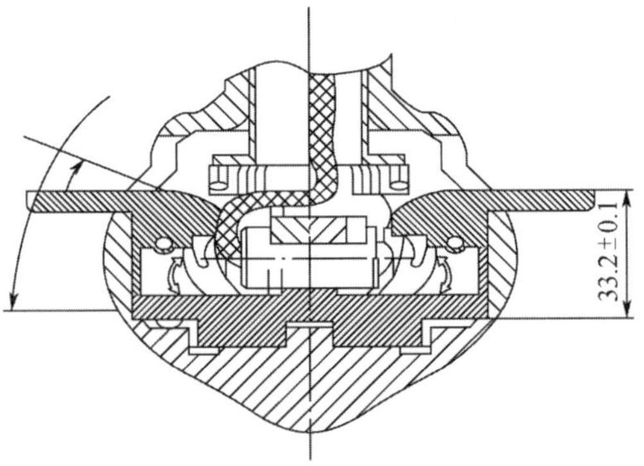

图 4　运动示意图

1.3 传感器的原理

捕获传感器组件所使用的是 128 厂所生产的 AK－57 新研制的触发式传感器，如图 5 所示传感器（AK－57）内有三个独立的常开触点，工作时捕获传感器（AK－57）球头压杆向下运动一定行程（见表 1）后，开关接通，一直到球头压杆与开关压杆平面齐平时均为接通状态，当球头压杆释放，压杆向相反方向运动，运动到规定行程后开关断开。

表 1　传感器（AK－57）技术指标

项目	技术要求
全行程量/mm	$3.0_{0}^{+0.3}$
预行程/mm	$1.0_{-0.1}^{+0.1}$
信号输出	开关触点输出信号，三对独立常开触点

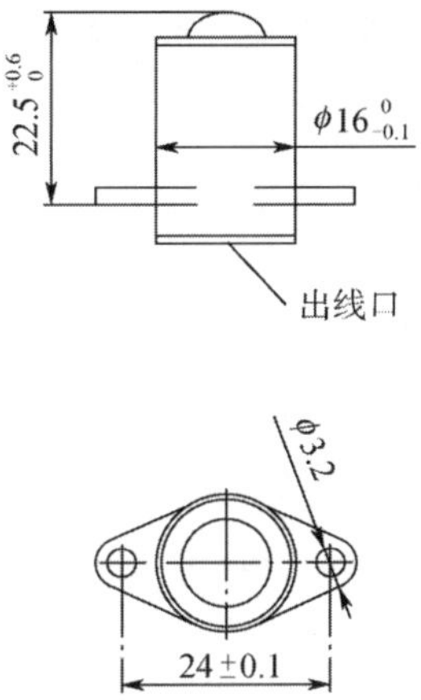

图 5　捕获传感器（AK－57）外形尺寸图

2　问题的提出

初样生产中发现，在对转位机构的转臂的关键部套——捕获传感器组件装配完后，在压下组件后，发现摆杆在某一位置无法复位，影响了传感器给出触发信号。同时，由于传感器组件结构复杂，传感器的精度高。在调试传感器的时候，装拆时间长。

3　原因分析及措施改进

3.1　结构的分析和改进

问题出现以后，对照实物、图纸反复检查发现，当摆杆运动至某一位置时，传感器对摆杆产生一个摩擦力，当扭簧的力矩无法克服摩擦力时，就有可能卡滞在某一位置。

3.1.1 摆杆的外形尺寸

通过观察零件的具体摩擦位置，确定 R 12.6±0.03 影响到摆杆复位的能力。在配合设计和工艺深入计算后，在摆杆的凸轮面上的尺寸增加了 R 2±0.1、R 13.7 这两挡尺寸（如图 6 所示），使以摆杆 $\phi 3$ 孔的中心为支点，缩短了做功力臂的距离 L，减小了凸轮侧的力矩，从而使扭簧所提供的力矩减小。

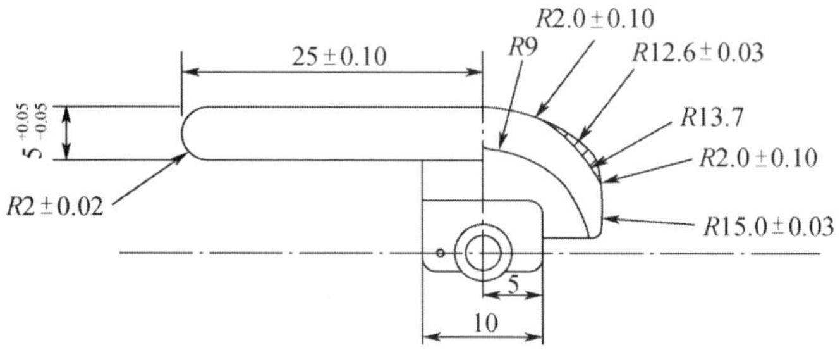

图 6　摆杆尺寸修改

3.1.2 扭簧力矩的分析

在捕获传感器组件中，扭簧起着帮助摆杆复位的作用，在调试过程中，摆杆偶尔不能复位，经过手动拨动后，能复位，而且在运动过程中无卡滞感，从而发现设计所使用的扭簧力矩偏小。

在不装扭簧的前提下，通过在摆杆一端挂砝码的形式，逐步增加砝码，至摆杆能流畅地复位，以上述的质量加上裕量就是克服凸轮侧的摩擦力。经过以上试验，将初始位置时的力矩值 18 N·mm 改成 42.7 N·mm，将相对位置时的力矩值 36 N·mm 改成 85.4 N·mm，如图 7 所示。

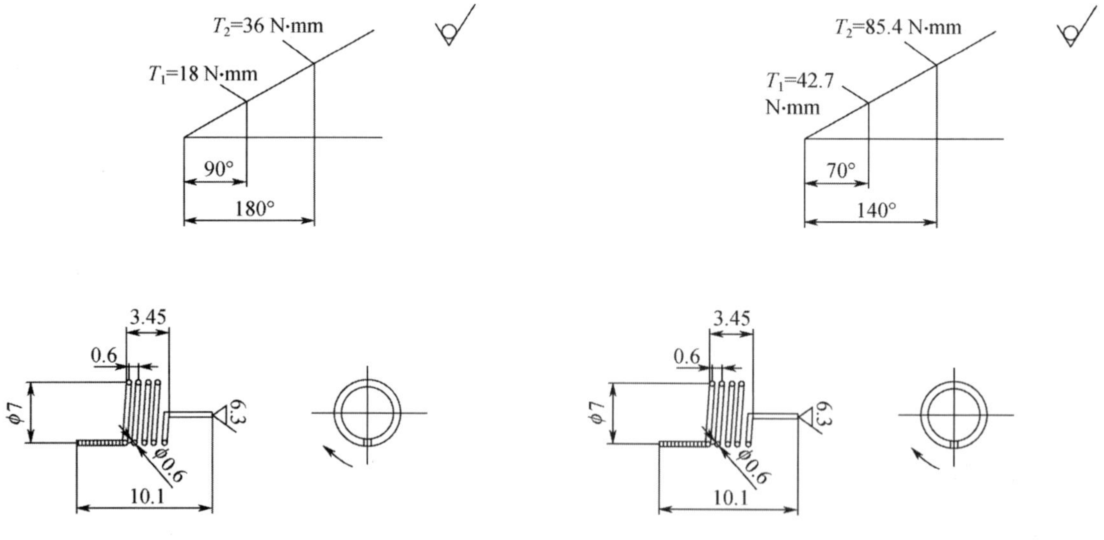

(a) 扭簧更改前　　(b) 扭簧更改后

图 7　扭簧力矩的分析

在得出扭簧应提供的力矩后，按新的图纸生产。对新的扭簧重新装配并进行测试，捕获传感器组件复位顺利。

3.1.3 降低摩擦系数

由于摆杆卡滞主要是摩擦力导致的。摩擦力是由摩擦系数和正压力（$f=\mu N$）组成的。为了提高摩擦系数，在摆杆凸轮面及它的过渡面用手工的方式喷涂 MnO_2 固体润滑剂，如图 8 所示。由于产品在真空环境下工作，所以固体润滑较油脂润滑更加适合。

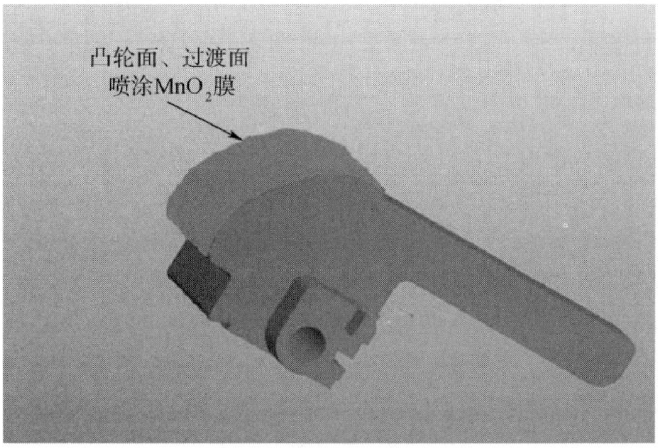

图 8 摆杆喷涂 MnO_2

3.2 传感器调整方法的分析和改进

图纸上的技术要求：当两个 1－412 摆杆旋转至 28°±0.1°时，通过调整 1－416 调整垫片使两个捕获传感器可靠触发。由于设计将捕获传感器设计成后装式的，所以在安装传感器的时候，要把在装配图纸的尺寸链的放入垫片的最大量算出来。垫片由 0.5 mm、0.10 mm、0.05 mm 三挡组成，将理论最大值的垫片装入机构中。让传感器离凸轮面最远，避免其已在触发状态，影响调试，如图 9 所示。

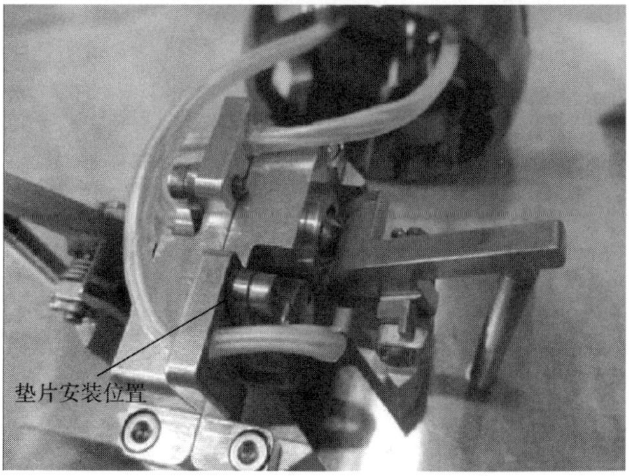

图 9 后装式传感器结构

3.2.1　调试工装简介

以零件 1-46 球板的上平面为基准，在基板上的 M3 通孔与球板用 M3 * 10 的螺钉连接，通过自制螺柱将摆杆顶到 28±0.1°的位置，最后用锁紧螺钉锁定，如图 10 所示。

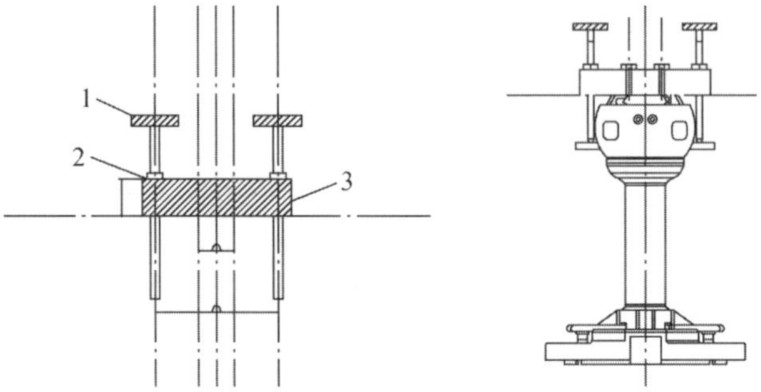

图 10　调试工装及安装方式

1—自制螺柱；2—锁紧螺母；3—基板

3.2.2　优化后具体调整方法

原理：设计及使用专用工装，保证摆杆不晃动。以原计算出的尺寸链的上极限值再加上 1 mm 的余量，预先装入产品，用塞尺塞出传感器触发的临界值。

1）先将组件安装在三坐标工装上，将新设计的工装通过 M3 螺钉连接在产品上，通过调整自制螺柱的高度，同时使用三坐标测量臂监测 28°角是否到位。若到位，用锁紧螺母锁住。

2）在摆杆不动的情况下，用 FLUKE289 接上传感器导线，如图 11 所示。

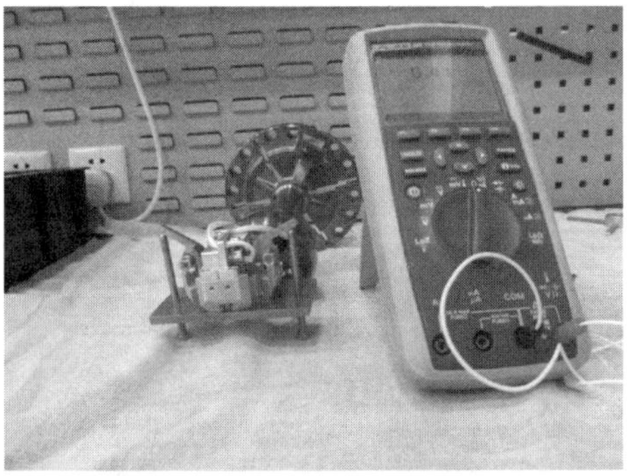

图 11　传感器调试接线图

3）用塞尺插在传感器圆头和摆杆凸轮面之间，逐渐增加厚度，直至传感器触发。其他 2 个点使用同样的测法。

4）在测出数据后，同时比对三个点的数据，计算出平均值，再减去之前放入垫圈的厚度。

5）画垫片图纸，让机加工车间生产，同时增加 0.02 mm 的垫片，用于微调。

6）将垫片装入传感器端，再复测摆杆角度和传感器信号。

通过以上调试方法的改进，操作方面，只要一个人就能完成调试，且缩短调整时间。另外，在捕获传感器组件采录数据方面，去除了人为测量误差，使用三坐标测出的数据更为稳定可靠，保证了产品的精度。

4　结论

本文通过对捕获传感器组件摆杆在运动过程中卡滞的现象分析后，提出了摆杆的外形尺寸、扭簧力矩、喷涂 MnO_2 膜降低摩擦系数的改进方法，解决了转位机构转臂在捕获基座后信号异常的情况，保证转臂（主动端）和基座（被动端）的可靠连接。

同时，在摆杆能够正常复位的前提下，通过先进的捕获传感器调试方法和辅助工装，提高了生产效率，以及保证了传感器组件的性能精度和成品合格率。经过各项试验性能证明，数据优于以往产品，解决了捕获传感器组件的生产难题。

参考文献

[1]　赵增文，马国睿．航天精密仪器设备技术手册．上海：上海航天技术研究院.1995.

XX机构的装调方法与研究

夏巧伟

航天八院149厂

摘　要　某型号的空间可伸展机构是实现航天器有效载荷（太阳电池翼、天线或其他设备等）在轨展开和支撑的重要装置，主要运动方式是驱动机构加铰接式运动机构组成，其特点是：具有收拢比大、可重复伸缩、承载能力大等技术优势。同时，由于其组成单元多、结构复杂、运动精度高等特点，导致其对零件加工、装配精度要求极高。

关键词　重复收缩　运动精度　互换性

1　概述

某型号伸展机构是太阳翼子系统中关键部件，由三角形截面的伸展臂、收藏箱及传动箱三部分组成。其中的伸展臂包括三角框75节，铰链杆219组，伸缩拉杆444根。其一次展开长度6.2m（机构长度），全展开长度23.7m（机构长度）。要求展收过程平稳，一次展开时间不大于20min，二次展开时间不大于49min；并且能够实现在轨展收20次以上。由于机构的结构特殊性，属于铰链式连接，串联而成，节节相扣，装配、调试过程中对产品各技术指标、参数状态的控制显得尤为重要。

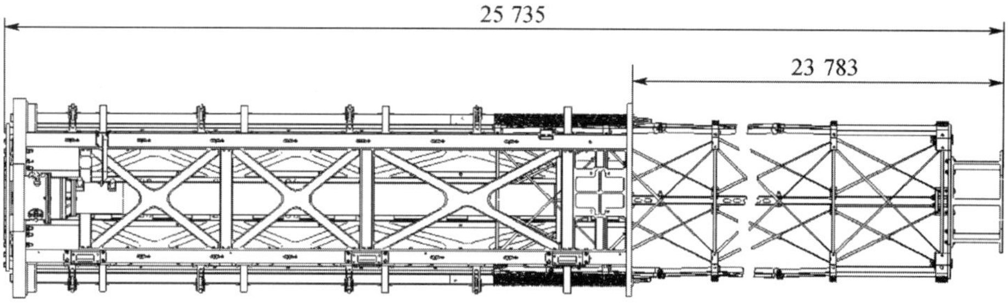

图1　某型号铰接式伸展机构尺寸图

2　存在的问题与分析

2.1　特型螺母互换性

特型螺母是伸展臂中重要的运动部件之一。整套机构共有225个特型螺母，由三个特型螺母、四根框边杆胶结组成一组三角框（共75组）。组合时任意选取三个螺母进行胶接。因桁架的铰链杆长度为螺距整数倍，所以伸展单元之间的特型螺母螺纹起点必须一致，否则螺杆无法同时驱动两层特型螺母。在原理样机生产时，工艺采用一根长螺杆，依

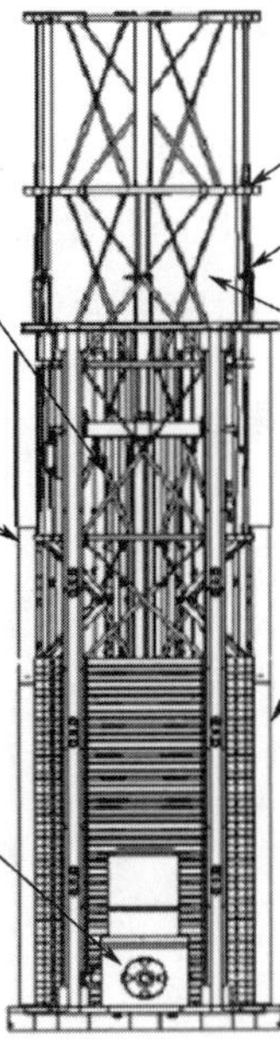

图 2　某型号铰接式伸展机构构成图

次旋上特型螺母，在外圆统一划一根水平线作为中心剖面线，再线切割将一个螺母等分为三瓣，实际生产过程中发现由于累积误差，造成所有的特型螺母之间没有互换性。若出现个别零件超差而报废，则可造成全部特型螺母报废，工艺风险极大。需要对特型螺母的可互换性加工方法进行技术攻关。

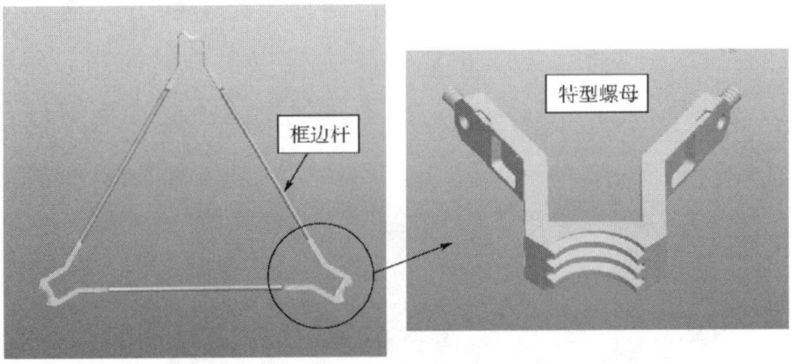

图 3　三角框、特型螺母示意图

2.2　螺杆相位　致性

收藏箱内三根均布的螺杆与三角框特型螺母是 Tr36×6 螺纹配合。螺杆的转动带动三角框轴向移动，使得整个伸展臂展开收拢。为保证传动顺利，需要调整三根螺杆的相位一致，保证三角框平面始终垂直于三根螺杆。一旦出现有一根螺杆的相位差异，则会导致三角框在收藏箱内卡滞，直至机构无法正常展收、三角框发生断裂。

2.3 长、短销轴孔口胀孔的可操作性

长、短销轴（见图 4、图 5）用于三角框组件、铰链杆组件、伸缩拉杆的连接固定，通过销口胀口实现固定，连接方式简单可靠。其中长销轴 225 根，短销轴 450 根，销轴孔口原始尺寸直径分别为 $7_{-0.02}^{-0.01}$、3.85 mm，胀孔后须大于 3 mm 才能起到可靠的连接。

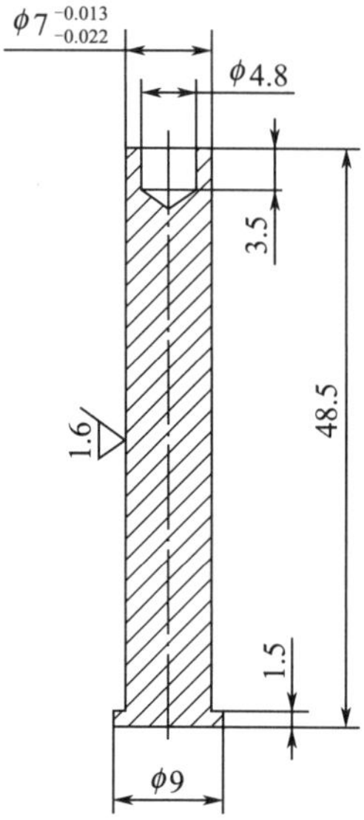

图 4　长销轴

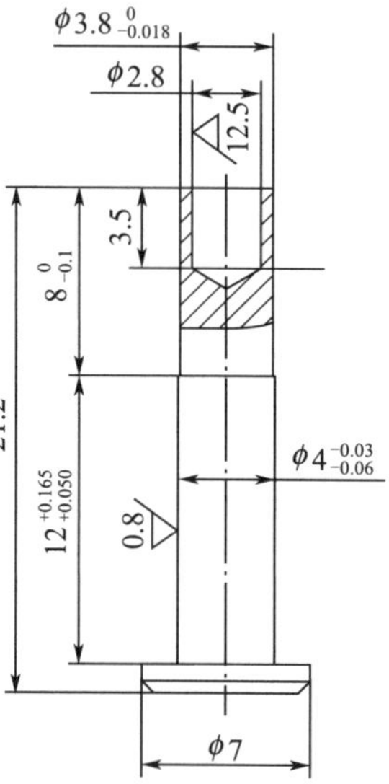

图 5　短销轴

销轴的材料选用了钛棒，长、短销轴的销口壁厚达到 1.1 mm、0.5 mm，特型螺母的材料为铝基复合材料，由于两者材料的特殊性，用冲头敲击的方法需要较大的冲击力才能将销口胀开，施加的是冲击载荷（见图 6），冲击力难以很好的控制，胀孔后的开口尺寸难以保证，并且出现了孔口开裂、孔口椭圆、冲击过程中三角框特型螺母与框边杆胶接处发生断裂等现象，见图 7。

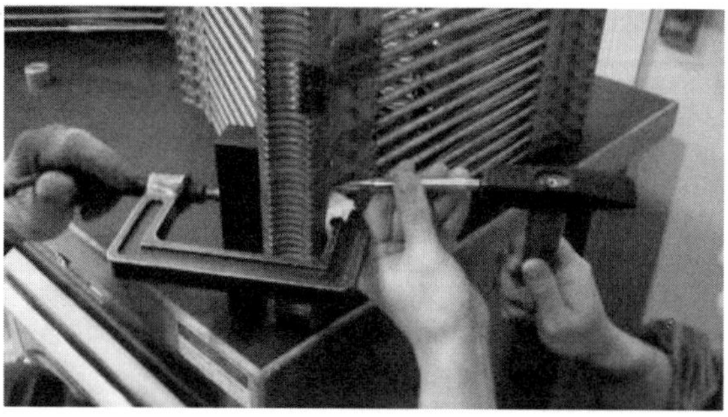

图 6　冲击胀孔

在预研产品装调过程中，统计销口胀孔质量，得出长、短销轴一次胀孔合格率仅为 70%。对不合格的胀孔销轴拆卸后进行更换，先将销孔进行钻削，使壁厚变薄，然后选用直径较细的冲头将销轴敲击取出，过程中极易对产品造成二次伤害，敲击产生的冲击会影响到产品的装配精度，并且对三角框、铰链杆内孔造成一定程度的损伤。

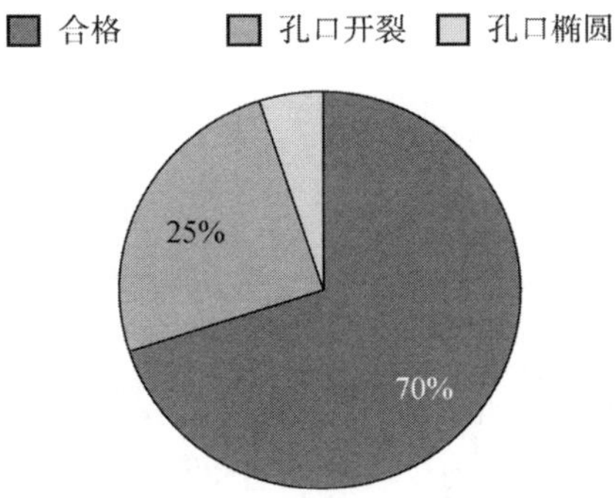

图 7　改进前胀孔情况分布图

3　具体针对性措施

3.1　特型螺母的加工工艺改进

采取单个特型螺母分别划线的工艺方法，可以解决特型螺母互换性难题，具体方案如下：

1）将特型螺母中心的梯形螺纹 Tr36×6－7H 车对，厚度误差控制在（18±0.02）mm；

2）利用工艺丝杆，将第一件零件旋入丝杆上，端面贴合，不能强制旋紧。

3）将组合件装入分度头上，将螺纹初始起点位置旋转至水平线上，确定位置后锁紧分度头，用高度尺划出零件的中心水平线，并将该线引至丝杆外圆上，高度尺刻度确定后不得改变。

4）将划好线的零件取下，旋入第二件，根据高度尺实际刻度划出第二件的水平线，以此类推将所有零件划线。

5）根据划线，将坯料切割，每个坯料只取 1 个分瓣，加工完成特型螺母。

6）通过上述工艺方法，保证每个特型螺母的螺牙均为完整的三牙，零件具有互换性，不再需要按顺序编号。

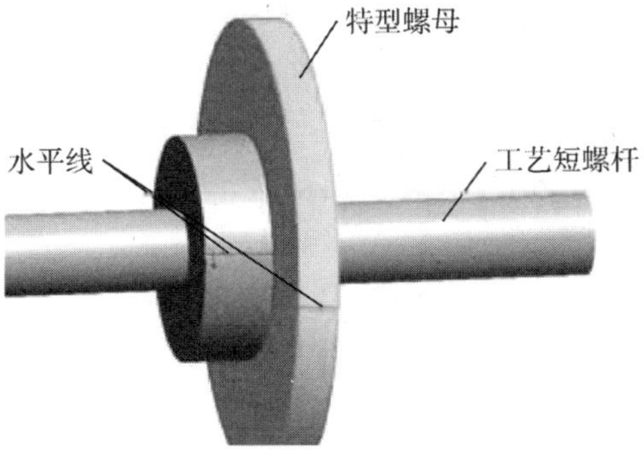

图 8　零件划线时状态

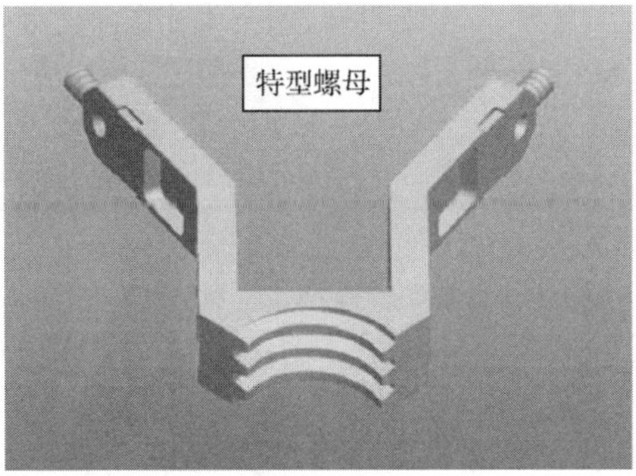

图 9　特型螺母示意图

3.2 螺杆的相位调节

在收藏箱框架、底部齿轮装配后，进行螺杆相位调整，具体如下：

1）将一个三角框装入收藏箱，在顶部装入螺杆相位调整工装，三个等高块以上框上平面作为基准。

2）翻转收藏箱使其底部向上头部向下放置在大理石平台上，转动螺杆使三角框特型螺母与工装等高块贴合，此时，三角框与三根螺杆均保持垂直。

3）保持螺杆、中心齿轮固定不动。将螺杆上的齿轮均沿同一方向转动以消除齿侧间隙。使用紧定螺钉将齿轮与螺杆固定。

4）将收藏箱水平放置在工作台上，依据此状态配钻、铰螺杆与齿轮销孔。拆卸螺杆与齿轮，用无水酒精清洗零件，去除毛刺。再重新装配。

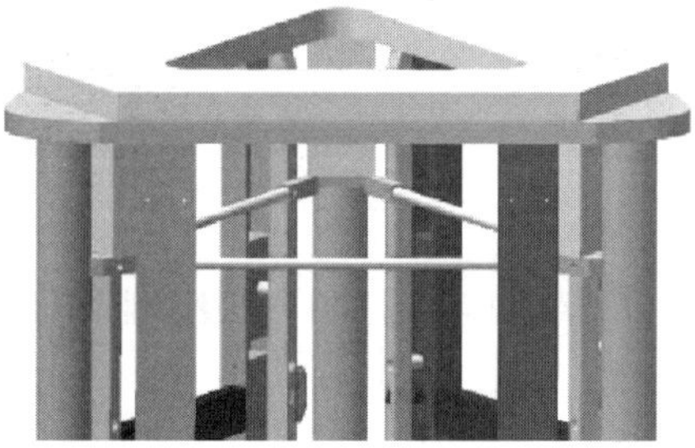

图 10　螺杆相位调整

图 11　螺杆相位调整工装

5）通过高度尺加百分表测量方法，将三角框三个特型螺母调水平，实测值为 0.05 mm。然后使用螺钉锁紧齿轮与螺杆，此时三根螺杆同步转动，使三角框在螺杆螺纹段上下移动，选取三个随机的高度，复测三角框的平面度，实测值≤0.15 mm。伸展臂完全装入收藏箱后，在完全收拢状态下，测量第一节三角框在螺杆内与上框平面的平行度，实测值为 0.12 mm。

伸展臂装入收藏箱后，每相邻两节三角框在螺杆内运动正常，三角框在螺杆内的平行度满足要求，证明螺杆相位调整方法合理可行。

图 12　螺杆相位调整测量

3.3 保证销轴胀孔的可靠性

设计相应的胀口工具，将原先的冲击载荷转变为静载荷。此工具能实现胀孔、拆卸两用，如图 13 所示。

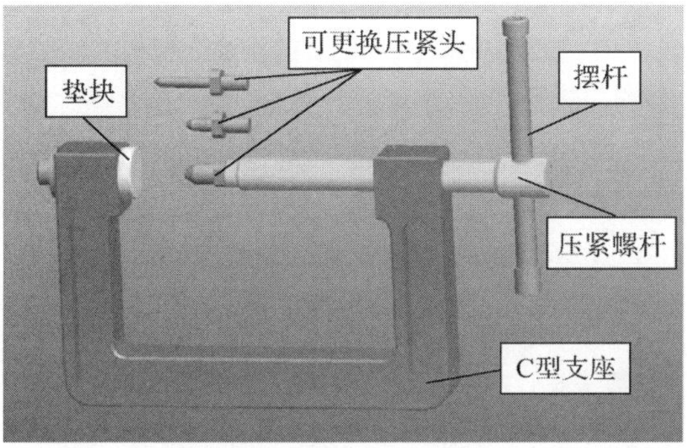

图 13 销轴胀孔工装

1）在销轴胀孔时，将垫块、垫圈装入基座，将胀孔销装入螺杆，将销轴夹在垫块与胀孔销之间，销轴开口处与胀孔销顶住，通过螺杆螺旋运动均匀施力，使胀孔销对销轴沉孔平稳地进行胀孔，通过胀孔销顶部 60°圆锥面的作用，保证销轴孔口不会开裂，见图 14。

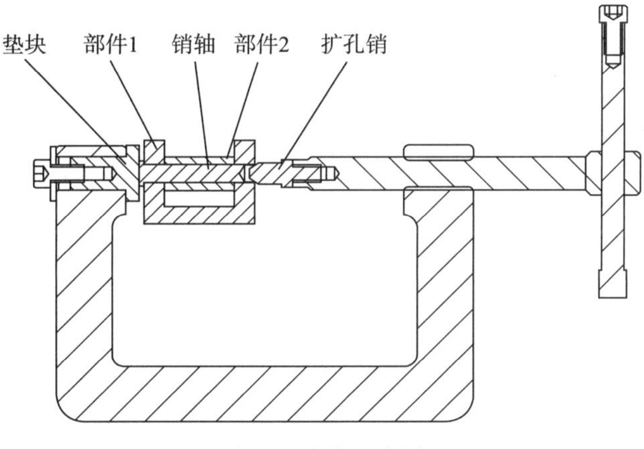

图 14 胀孔示意图

2）在销轴拆卸时，将垫块、垫圈、胀孔销拆卸，将顶出销装入螺杆，将顶出销抵住销轴开口中心，基座有通孔的一端垫在销轴安装部件的孔口，通过螺杆螺旋运动均匀施力，使顶出销将销轴平稳地顶出安装部件主体，从基座通孔处取出，见图 15。

采用自行设计的胀孔工装，有效提高了一次胀孔的合格率，随后对初样产品进行统计得出一次合格率从原先的 70%提升至 95%以上，孔口质量完全符合设计尺寸要求，可靠地保障了产品的装配精度，有效解决了孔口开裂、孔口椭圆等质量问题，见图 16。

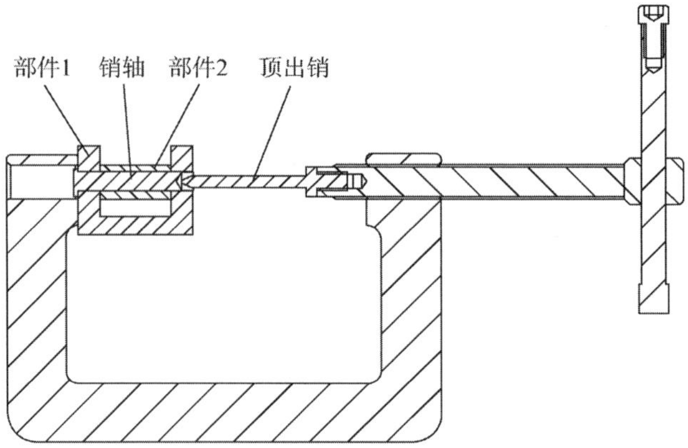

图 15　顶出示意图

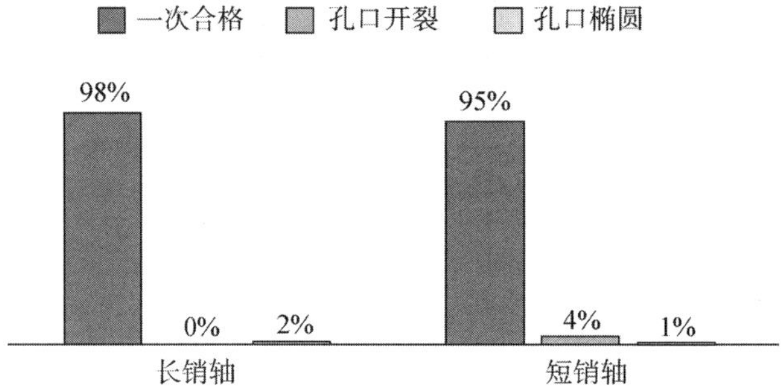

图 16　采用工装后胀孔情况分布图

4　结束语

通过对特型螺母的可互换性加工方法进行技术攻关，总结相应的加工工艺方法，目前已生产出第一批 225 个特型螺母，并在初样伸展机构产品中得到使用，通过初样伸展机构对特型螺母互换性试验验证，能够满足互换性要求以及各项设计指标，同时对螺杆相位调整工艺方法改进，固化了工艺流程，经经纬仪精度测量，验证此工艺方法有效可行，目前已落实工艺文件，生产的扩孔工装在初样产品的生产中得到应用，有效提高了一次胀孔的合格率，由原先的 70%提升至 95%以上。通过此次初样伸展机构的技术攻关及工艺方法改进，积累了大量的原始数据，多项改进措施被设计工艺采纳，为后续机构的研制提供了设计改进依据。

参 考 文 献

[1]　李瑞祥，唐国金，崔琦峰．空间铰接式伸展机构拓扑特性分析，机械设计(增刊)，2010.
[2]　机械设计手册编委会．机械设计手册．北京：机械工业出版社，2007.
[3]　赵增文，马国容．航天精密仪器设备技术手册．上海：上海航天技术研究，1995.

航天用平衡力式结构电磁继电器装调操作技巧

涂龙辉

航天八院165厂

摘　要　平衡力式结构电磁体广泛应用于航天电磁继电器中，该结构具有保持力大、功耗低等特点，在平衡力式结构电磁体中磁极芯的偏移、径向间隙以及充磁方法，触点的接触状态，返簧与衔铁的相对位置等因素对电磁继电器的磁性能及继电器综合性能起重要影响。本文通过对影响因素的分析，提出了有效解决措施，提高了产品质量。

关键词　继电器　平衡力式　磁极芯　径向间隙　充磁　磁间隙　接触状态　返簧　连接片

1　引言

继电器在各种航天器中得到广泛运用。平衡力式结构具有保持力大、功能低等特点，是高性能继电器普遍采用的结构形式。在平衡力式电磁继电器结构中磁极芯的偏移、径向间隙以及充磁方法等因素对电磁继电器的磁性能起重要影响，触点的接触状态，返簧与衔铁之间位置，触点组与底座转换座的连接片状态均对继电器综合性能起重要影响。

2　出现的问题

2.1　电磁铁装调问题

由于磁场计算的分散性，在继电器机构设计完成后，磁路参数分散性较大，导致继电器性能一致性和稳定性受到较大影响。因而仅靠理论计算确定的磁路参数而忽略实际操作的准确定位，一些平衡力结构继电器型号出现实际结果不符合设计参数要求情况，带来了一定质量隐患。

2.1.1　设计参数不兼容问题

加工者严格按照工艺文件的要求进行加工，特别是对电磁铁配力的测试，调整磁间隙的参数，大、小轭铁极面与衔铁贴合状态等工序，都要靠加工者手工操作。然而在对某型号产品电磁铁配力测试时发现：所需的永磁力与空载转换电压值较难满足工艺要求，即在调整好磁间隙的尺寸和大、小极面的贴合状态后，测试大极面保持力和空载吸合值时出现了矛盾。当电磁铁经过充磁后，测试大极面保持力达到工艺参数要求时，但空载转换电压值却超出工艺参数要求较多，有时甚至超过30V，大于工作电压而无空载。如果控制好空载转换电压值（即磁钢稳磁或退磁后），则大极面保持力又小于工艺参数要求（磁钢磁势经稳磁后降低），两者较难同时达到工艺要求的参数值。

2.1.2 振动不转换问题

我公司多个型号继电器组装成成品后，在提交试验做振动试验的过程中，部分产品出现不吸合或不释放的卡死故障，而且有的批次失效比例较大，占到整批产品的25%～45%。还有的产品从试验振动台的夹具上取下后测试，仍然处于不吸合或不释放状态。

2.1.3 操作分散性问题

对磁钢永磁力与空载吸合电压值影响较大的环节，就是操作过程中对电磁体充磁的工序。在充磁过程使用的充磁体过大造成充磁过程中有偏磁的现象，这样的偏磁或多或少地对空载电压和大、小轭铁极面的永磁力有着不同程度的影响，从而使得电磁体在配力测试的过程中出现了磁钢永磁力和空载电压不稳定现象。如果重新再给电磁体充磁，所得出的两个参数值与前面所测出的参数值不相同。

2.2 触点接触状态问题

平衡力式结构的继电器动触点装配到电磁系统上，静触点装配到触簧系统上，电磁系统与触簧系统组装成整件后，才可知道动触点、静触点之间的接触状态，正常情况下，动、静触点前期装配时高度控制好，触点的接触状态才能保证良好。由于批次产品零件本身存在尺寸差异，在装配过程中因尺寸公差的累积，会存在动触点与静触点之间间隙过大或过小情况，当间隙过大，触点容易出现前端接触状态，当间隙过小，触点容易出现后端接触状态，触点接触状态差容易导致产品寿命的失效。

2.3 返簧调试问题

返簧在继电器调试过程中起重要作用，主要提供辅助反向作用力，帮助继电器释放返回。由于设计工艺对返簧力的大小无量化值要求，只明确动作电压符合要求，导致在实际操作过程中，个别操作者因返簧调整不当，容易出现动作不同步问题，严重的甚至造成寿命失效。

2.4 连接片松动问题

连接片是连接动触点组与底座转换座的零件，在装配过程中若连接片出现松动现象，容易导致继电器在寿命试验过程中出现故障，继电器出现异常烧毁；也容易导致继电器在进行PIND试验过程中机械波形超差淘汰。因此，针对连接片的装配是控制重点。

3 问题分析

3.1 设计参数不兼容分析

对某型号继电器电磁力与转换电压分散且不兼容情况进行抽样观察，测试其电磁体的各项实际参数值，并且对测试的结果与工艺要求的参数进行对比，结果如表1所示。

表 1　某型号继电器电磁体测试参数值对比

工艺参数 / 实测参数	空载转换电压/V	极面保持力/N	磁间隙/mm	衔铁面贴合状态	是否退磁
	20－24	＞7N	0.86－0.98	大于 2/3 极面贴合	无要求
1#产品	＞30	7.2	0.86～0.98	大于 2/3 极面贴合	无要求
2#产品	28.5	6.6	0.86～0.98	大于 2/3 极面贴合	无要求
3#产品	29	7.2	0.86～0.98	大于 2/3 极面贴合	无要求
4#产品	27.5	6.5	0.86～0.98	大于 2/3 极面贴合	无要求
5#产品	29.5	6.8	0.86～0.98	大于 2/3 极面贴合	无要求

从表 1 中很直观地看出，其中空载转换电压和极面保持力两组数据出现了较分散的状态，电磁系统参数难以满足设计要求。

在电磁系统中，磁钢为铝镍钴（AlNiGo）材料，磁性能稳定，矫磁力（HC）、磁能积（BH）、磁钢长度（*L*）和磁钢截面积（*S*）都符合工艺值；轭铁、衔铁、铁芯、线圈阻值等各项尺寸或参数都在工艺控制范围之内，根据实测结果和各项参数尺寸的查询情况，排除了零组件问题。

在排除了零组件问题后，又对产生问题的电磁体与磁极芯间的径向间隙进行反复测试，查清径向间隙不同的高度对极面保持力与空载转换电压值影响的大小，同时对磁极芯所处磁钢不同位置时所得出的极面保持力与空载转换电压进行了测试，通过进一步的分析发现造成电磁体空载转换电压和极面保持力参数不兼容的原因是衔铁与磁极芯间的径向间隙的大小与磁极芯的偏位移位置。径向间隙不同和磁极芯在磁钢上偏移距离的大小会直接影响保持力和空载转换电压值。

当磁极芯位置固定后，径向间隙大，测出极面的永磁力小，空载吸合值也偏低。因为径向间隙大则磁阻大，所以通过的磁通减少，产生的吸力也小；反之，径向间隙小，永磁力会增大，吸合空载也会增大，如图 1 所示。

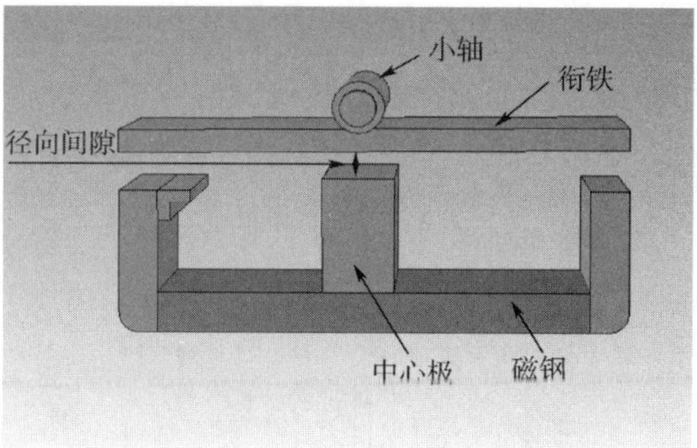

图 1　衔铁和中心极径向间隙示意图

当径向间隙确定后，磁极芯向大极面偏移获得的磁钢力大，但同时空载吸合值也会相对升高。反之，磁钢力小，空载电压偏低。因为大量磁通会选择较短路径通过，也就是磁极芯偏移距离不同，大极面永磁力的大小也随之变化，如图 2 所示。但最关键的是：磁钢要在不退（稳）磁的前提下，获得最大的永磁力和较低的空载电压，这样的电磁体的永磁力和空载电压是最稳定的，受外磁场干扰时，变化最小。所以磁极芯在磁钢上的定位和径向间隙大小的定位是个关键。

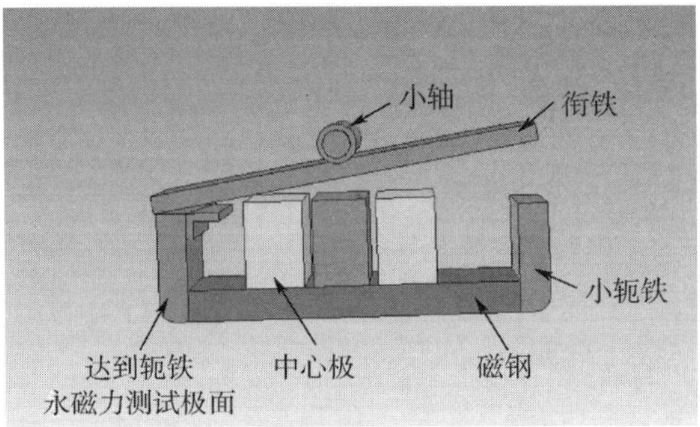

图 2　中心极分别向小、大轭铁偏移示意图

3.2　继电器振动试验中转换电压失败

当上述多个品种的产品在配电磁体时，由于径向间隙偏小，在此间通过的磁通量偏大，永磁力也就相应增大，空载吸合电压也随之升高，为了获得与工艺要求相符的两个参数值就必须得对磁钢进行退（稳）磁处理，这时，磁钢的工作点就会定在一个值上。如果在组装成产品调试完毕后，提交做振动试验时，因振动台内部的线圈在加电运行过程中产生出另一磁场，也就是我们通常说的干扰磁场，它会给继电器加上一个外在磁场，此磁场会给继电器带来磁感应（即充磁），这样，原来经过退磁的电磁体磁钢的工作点会发生变化，使得退磁磁钢的磁势增加，吸合电压值随即升高，甚至瞬间超过工作电压，释放电压也会骤降，当吸力特性大于反力特性很多时，继电器就有可能会出现不吸合或不释放。

3.3　平衡力式继电器电磁系统充磁操作一致性

对空载电压与永磁力影响较大的就是电磁体测试前的充磁工序，使用的充磁夹具对磁极芯充磁部位的准确程度，会决定充磁效果。部位不同的充磁方法有着不同的参数体现，如图 3 所示。

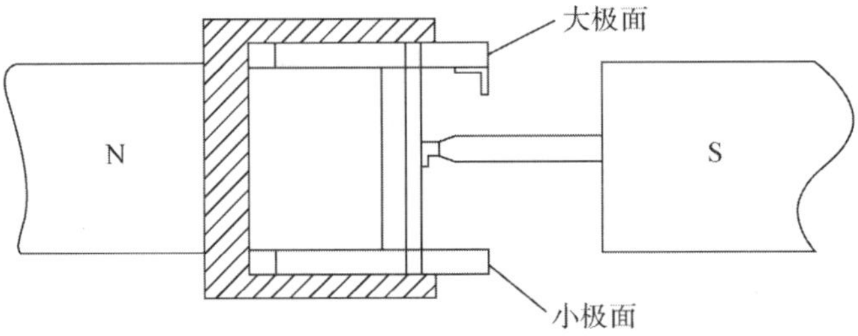

图 3　充磁示意图

采用与磁极芯凸起部位宽度相同的充磁铁块充磁，不偏移（斜），得出磁钢永磁力与

空载电压值一定。如果充磁块向大极面偏移，充磁后大极面永磁力变大，空载电压降低；如向小极面偏移，充磁后大极面永磁力变小，空载电压上升；如果充磁块分别向两端偏移过大，磁极芯则无偏磁的作用。

从以上得到的实测结果看，充磁夹具应设计合理，充磁块与中心极大小要相匹配，加工者在充磁时仔细操作，否则永磁力与空载电压值在充磁后会出现偏差。也许配出的电磁体在往后的试验中受到外磁场的干扰时，磁钢出现工作点改变，导致参数变化出现失效现象。

4　问题控制和解决方法

针对上述出现的问题及针对问题进行分析和相关验证，我们在结构以及方法上做了相应调整。

4.1　电磁铁装调问题控制和解决方法

4.1.1　磁极芯在磁钢上的位置与径向间隙重新定位

针对某型号继电器产品采取了磁极芯先用夹具定位后（定位尺寸 6.50～6.75 mm）；然后再点焊支承片措施，这样的定位比较准确，偏移的距离相对一致，磁极芯不会因点焊时受外力产生过度偏移，如图 4 所示。

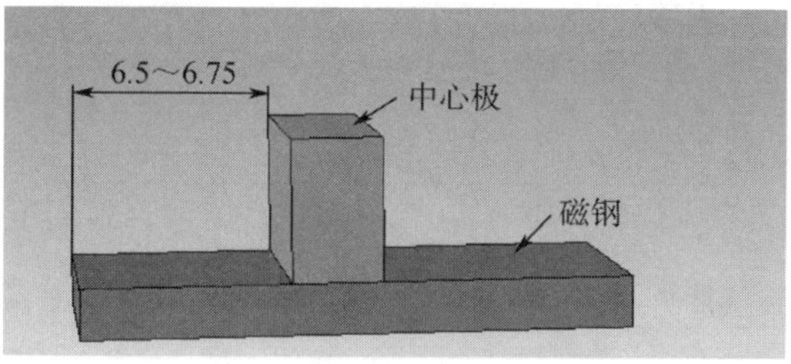

图 4　中心极定位示意图

径向间隙在磁极芯先定位后，再在此处放一垫片，严格控制径向间隙高度，点焊后径向间隙尺寸应在 0.18～0.23 mm 之间，达到点焊出的产品径向间隙能较好受控的目的。而且，一致性也相对稳定，如图 5 所示。

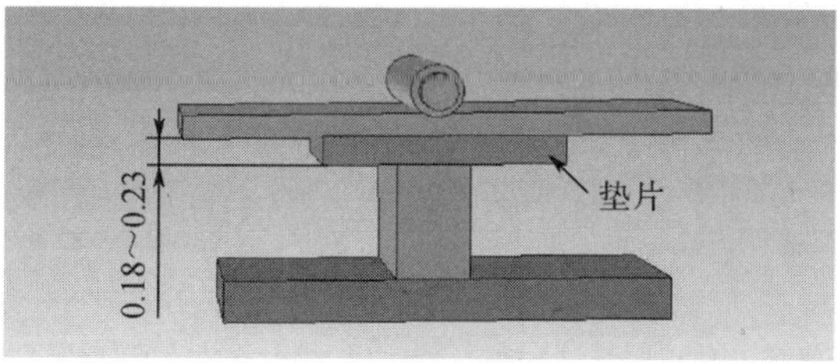

图 5　径向间隙高度控制示意图

4.1.2 电磁力控制方法

某型号继电器采用拉高径向间隙的方法（因原径向间隙偏小，磁通大，永磁力偏大，产品调整过程中，出现吸合偏高，退磁后，产品做振动试验出现不转换）；某型号继电器采用在大极面点焊隔磁片的办法。对电磁体都不进行退磁处理，使两个产品磁钢的磁势都处于饱和状态，稳定了磁钢的工作点，使产品在组装成成品后，受外磁场的干扰小，即使受到干扰，磁钢的磁势因有足够的饱和度，产品参数也不会有太大的变化，进而有效克服磁钢因退（稳）磁后振动试验不转换的问题，如图 6 和图 7 所示。

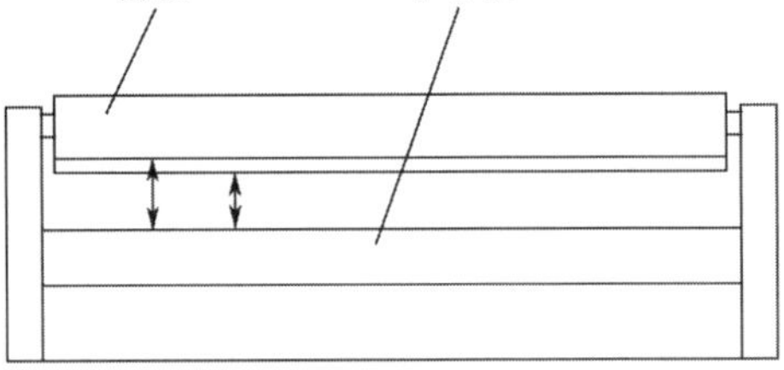

图 6 增加径向间隙高度示意图

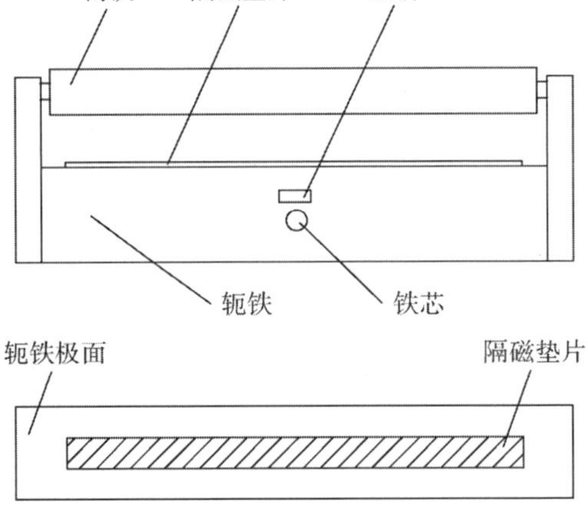

图 7 轭铁大极面点焊隔磁片示意图

另外，如再给产品装上抗振垫块或抗振簧片，抗振效果会更好。主要因为产品安装在振动台的夹具上做振动的同时，产品有可能会产生谐振，谐振会造成产品各连接部位出现较大的摩擦力，有可能使产品吸合、释放值出现变化，导致衔铁动作出现不同步，增加动作时间，减慢动作速度。

4.1.3 充磁方法

在给电磁体充磁时，选用与中心极尺寸大小匹配的充磁块，充磁过程中，使其不偏斜，这样充磁后的磁钢磁势的饱和度最稳定，也会减少大轭铁极面出现永磁力变化的现象和空载吸合电压值变化现象的问题。

4.2 连接片装配控制方法

连接片是通过镊子夹取然后装配到转换座相应的卡槽以及触点组相应的托片孔中。为保证连接片的弹性，以及装配后的质量，装配过程的控制要点为：首先要保证夹取连接片时不允许零件变形，要求镊子夹取连接片时，不得同时夹住连接片克弯部位的两个面，避免克弯角度变形而使总高度减小。其次装配时应预先将转换座微往下调整，如图 8 所示，即将转换座与引出杆之间的夹角调整<90°，使转换座与托片之间的间隙变大，以方便连接片顺利装入不发生塑性变形，连接片装配到位后，重新将转换座往上调整，使其与引出杆夹角调整≥90°，以保证连接片连接牢固、不松动。

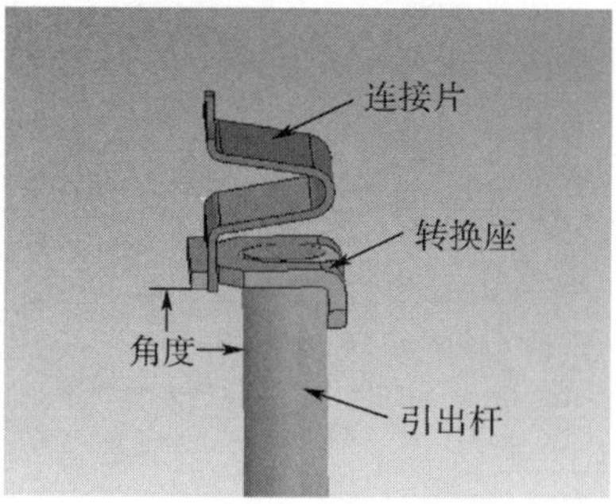

图 8　连接片装配示意图

4.3 返簧调试控制方法

返簧作为弹性件，调试时不允许扳动返簧部位，而应调整角片部位，以避免弹性件的变形。

返簧调整主要是控制返簧与衔铁的距离，有些型号继电器要求返簧必须与衔铁接触，即要求返簧力比较大，才能确保产品的动作性能，有些型号继电器不允许与衔铁接触，即要求的返簧力比较小，因此，对于经验不足的操作者而言，返簧调试可能会由于控制不好，而导致继电器失效。经过多年的摸索，现总结出重要的控制判断方法，即调整完成后，继电器动作声音要干脆，继电器动作过程中观察衔铁的运动状态，不允许出现两步现象，并且继电器吸合及释放过程，应在调试台上缓慢加电，产品吸合后还须继续旋转电压按扭加电，直至电压增加到额定电压为止，释放时，也要求继电器从额定电压往下缓慢减小，产品释放后还须继续旋转电压按钮，直至电压减小至 0 为止，整个过程均确保衔铁动作无两步现象。

对于返簧与衔铁必须接触的情况，在调整过程中注意观察返簧与衔铁的接触位置，返簧与衔铁的接触状态应如图 9 所示，这种接触状态可以保证返簧在动作过程中为弹性变形，从而可以保持良好的弹性性能，提供稳定的反力，保证产品的一致性，如果返簧与衔铁的接触状态如图 10 所示，在动作过程中由于返簧变形较大，从而导致返簧产生不可恢复的变形，在后续的动作过程中会出现由于返簧反力的变化，从而导致产品参数变化，不利于产品的一致性。

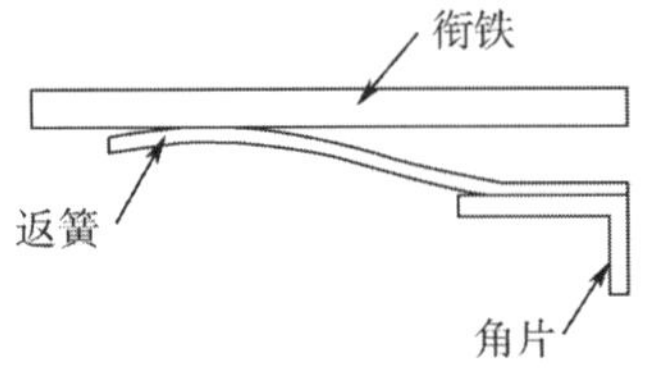

图 9　返簧折弯处与衔铁接触

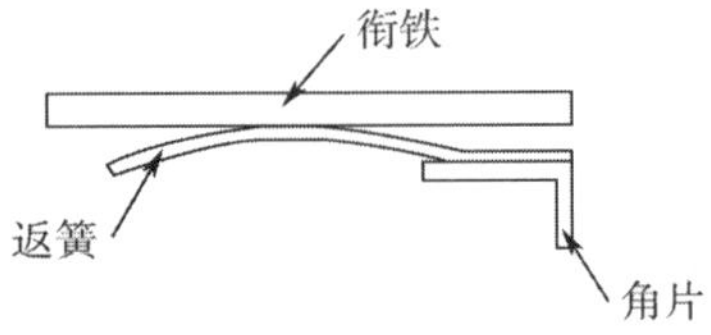

图 10　返簧根部与衔铁接触

4.4　触点接触状态控制

装配增加电磁系统点焊后与接触系统“实配”，以保证触点的接触状态。点焊磁系统侧板后，接触系统点焊前进行实配，首先试点焊一台触簧系统，点焊后与电磁系统组装，按工艺参数要求初调整触点的压力、间隙，调整完成后观察触点接触状态：如果触点内端接触，接触系统触点高度偏大，如果触点前端接触，接触系统触点高度偏低，此时，根据实配情况重新调整触簧系统高度尺寸，重新实配，当产品触点接触状态达中心接触时（如图 11 所示），才实配合格，才允许触簧系统整批点焊。

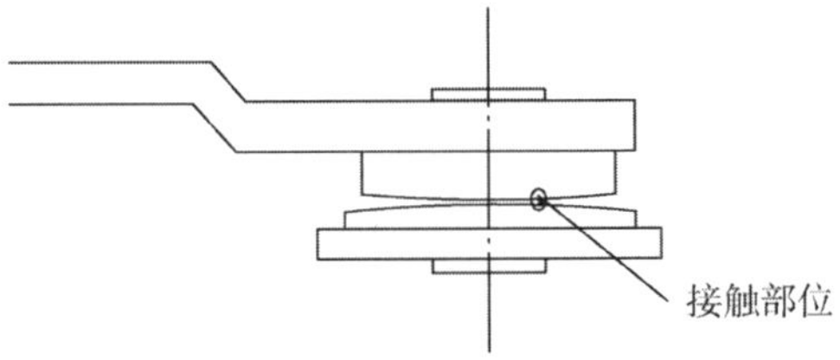

图 11　上下触点接触状态示意图

5　运用情况

以上是在科研生产实践中摸索总结出来的部分经验，结合上述出现的问题，在多个平衡力式继电器运用总结出来的方法与措施，使其得到解决，并验证了方法与措施的正确性且取得很好效果。

6　结论

本文通过对平衡力式电磁继电器结构中磁极芯的偏移、径向间隙以及充磁方法等因素对电磁继电器的磁性能及继电器综合性能的影响进行分析，对磁极芯在磁钢上的位置与径向间隙定位和充磁方法进行改进；通过调整转换座位置对装连接片方法改进；以及对返簧位置的控制和通过实配保证触点的接触状态，经试验，提出了有效的解决措施，提高了电磁继电器的装调合格率，保证了产品质量的一致性。

钮子开关花螺母安装技术研究与应用

张欣梅

航天九院704所

摘　要　本文主要阐述了钮子开关中带有豁口的花螺母安装工艺技术的研究与应用，通过研究，提高了钮子开关花螺母的安装可靠性，克服了钮子开关在排版密集的操作环境下存在的紧固难题，研究并优化了钮子开关的安装工艺，并且文中对研究成果所带来的效益作了简要说明。

关键词　钮子开关　花螺母　豁口　可靠性

1　引言

钮子开关又被称为单刀双掷开关，杠杆开关，是最常用的一种手动控制开关，被广泛地使用在我所地面测试设备中。统计我所钮子开关的数量发现，仅2013年我所采购钮子开关的数量就高达1 300多支。

据了解，我所生产的测试台主要为弹上设备提供模拟量和数字量数据源，其中数字量数据源是通过测试台面板上钮子开关的拨动，对被测设备串行数字接口电路进行置数。在来自被测设备同步脉冲和命令信号、移位脉冲信号的控制下，形成串行数字接口的PCM输出送给被测设备。当钮子开关发生故障时会出现中断信号传输的风险，严重时会影响到重要型号任务的顺利执行，因而，提高钮子开关的安装可靠性对提高我所测试台的质量起到至关重要的作用。测试台及钮子开关图如图1所示。

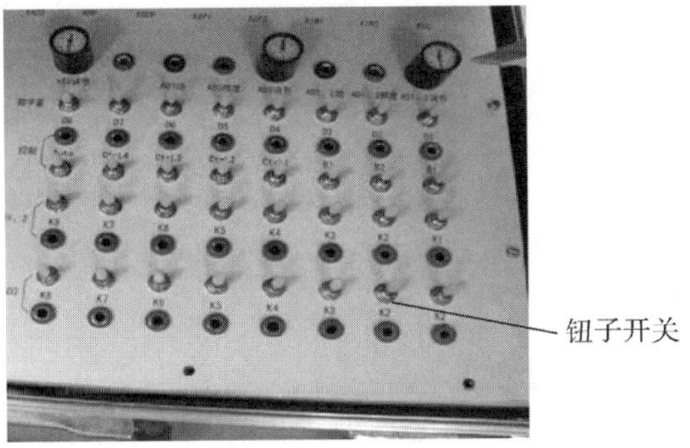

图1　测试台及钮子开关图

2　研究工作的主要内容及目的

随着产品技术指标要求的增加、测试设备的功能越来越全面、集成化程度越来越高、投产的任务量逐年增加，需要的钮子开关数量越来越多，相应的开关在操作面板中的排布越来越密集，但其安装可靠性随之下降并且需要的安装时间越来越长。

笔者以某单元测试台为研究对象，来研究钮子开关的安装方法。为验证测试台操作面板上各紧固件的安装可靠性，笔者现场安装测试台面板上的各零部件，并将装配后的面板送检验中心做随机振动试验。振动后检查面板上所有紧固件有无松动现象并进行记录，见表1。

表1　面板紧固件安装可靠性记录表

项目	圆形插孔	方形插座	钮子开关	
紧固件种类	六方螺母	一字螺钉	六方螺母	花螺母
安装个数	48	72	58	58
松动个数	0	0	0	20

结合表1发现，影响测试设备面板安装可靠性的主要因素是钮子开关花螺母的安装。因而确定此次研究的目标为：提高测试设备用钮子开关花螺母的安装可靠性。

3　研究的主要技术途径

自行设计并制作钮子开关的工艺工装，做安装工艺试验，验证试验工装的适用性，并总结钮子开关安装工艺方法，确定其操作方法及程序。

4　研究实施过程

4.1　统计并掌握我所钮子开关的使用情况，选定工艺试验件

通过调研并统计2012年至2014年我所钮子开关的生产安装情况，确定了某单元测试台为工艺试验件。该测试台面板上共有钮子开关58个。且每年该测试台投产3套，具有典型代表意义。

4.2　工艺试验实施情况

通过对钮子开关安装过程及钮子开关的结构特点进行分析，自行设计并制作了试验用工装。

笔者翻阅大量资料，收集常用的紧固工具。一般的螺纹紧固会使用螺丝刀和套筒，这两种紧固工具简易、方便且均适应排版密集的工作环境，见图2。

通过观察钮子开关的特点，发现钮子开关花螺母的两侧各有一个类似螺钉解锥槽的豁口。分别见螺钉解锥槽放大图（图3）和钮子开关花螺母放大图（图4）。

笔者通过头脑风暴法，利用此豁口设计了一套整合螺丝刀及套筒优势的紧固工装，见图5。

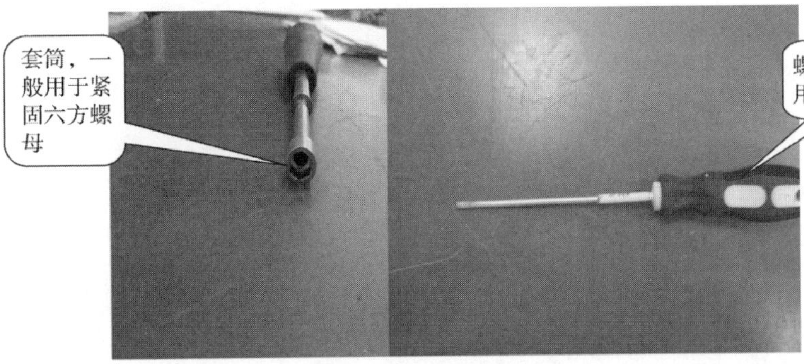

图 2　常用紧固工具图片

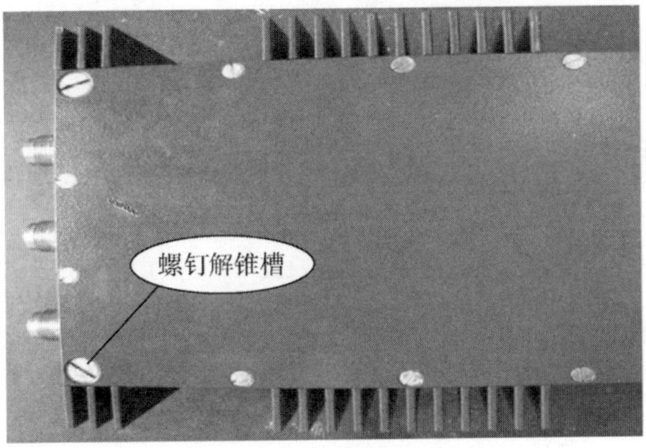

图 3　螺钉解锥槽放大图

图 4　钮子开关花螺母豁口放大图

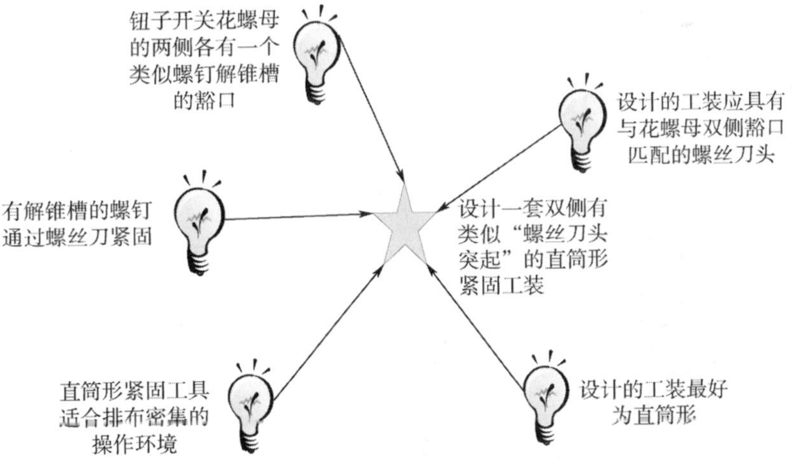

图 5　工装设计头脑风暴图

根据头脑风暴中的想法，充分考虑钮子开关花螺母本体的尺寸、花螺母的直径、豁口的深度及宽度、钮子开关本体的长度和直径、机加车间易加工的用料材质等各项参数，设计了钮子开关的工装图，见图 6。

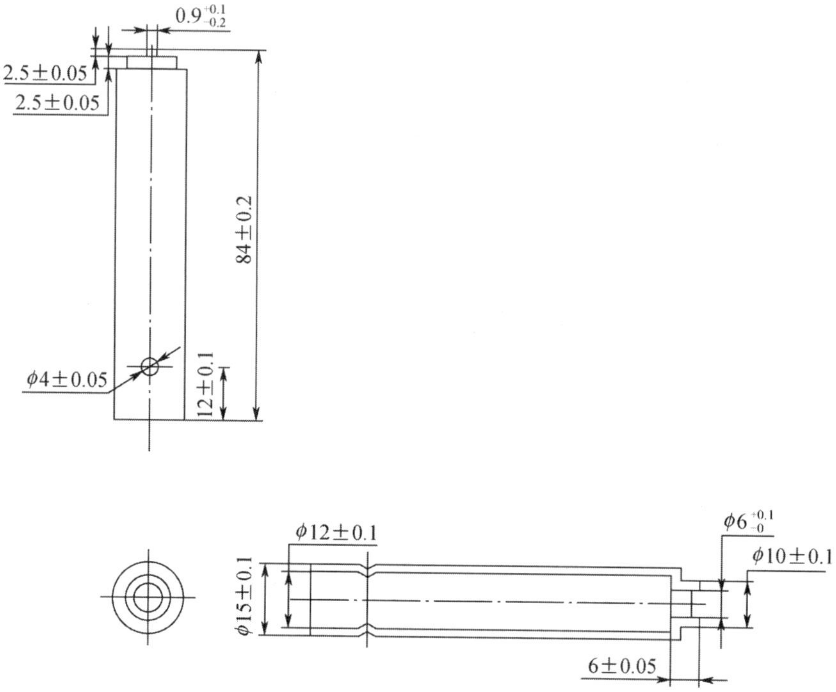

图 6　钮子开关工装设计图

4.3　工艺工装完善情况

该钮子工装使用时将一硬长杆穿过工装的圆孔紧固钮子开关的花螺母。在紧固花螺母的过程中发现使用长杆的方法不方便操作者进行操作。为解决这一弊端，将该工装本体做滚花处理，增加本体的摩擦力，使其直接紧固钮子开关花螺母。滚花效果见图 7，使用该工装紧固钮子开关花螺母过程见图 8。

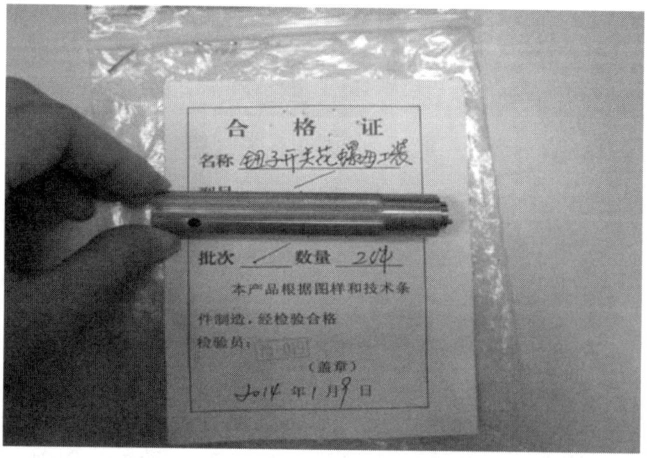

图 7　钮子开关花螺母滚花工装图

图 8　使用工装紧固钮子开关过程图

为验证工装的紧固效果，分别使用平口钳和该工装紧固钮子开关花螺母，记录钮子开关花螺母的装配时间（见表 2），并做振动试验验证钮子开关花螺母的安装可靠性（见表 3）。

表 2　钮子开关花螺母安装时间记录表

（单位：s）

安装方式 / 安装方法	使用平口钳	使用钮子开关花螺母工装
1	15	10
10	800	100
50	4500	500

表 3　钮子开关花螺母松动个数记录表

安装方式 / 安装个数	使用平口钳	使用钮子开关花螺母工装
1	0	0
10	1	0
50	30	0

由表 2、表 3 可见，使用钮子开关花螺母紧固工装安装，减少了钮子开关花螺母的松动个数，提高了钮子开关的安装可靠性，同时大大缩短了花螺母的安装时间，保障了生产进度。

5　成果效益情况分析

本次研究成果带来的效益是显著可观的，主要体现总结如下：

1）在密集操作环境下钮子开关的平均安装时间由原来 90s 安装一个，提高至现在的 10 s 安装一个，使我所钮子开关的安装效率得到大幅度提高。

2）质量可靠性大为提高；方案实施后，我所安装的钮子开关可靠性已达到100％。

3）该项研究成果已被应用于我所多项地面测试台中，大大节约了生产成本且提高了生产质量。

6 总结

通过本次研究，大大提高了钮子开关的安装可靠性，降低了钮子开关的安装时间，缩短了测试设备的生产周期，保证了我所产品的质量。同时笔者在研究过程中不仅提高了解决实际问题的能力、而且加强了质量意识。在今后的工作中再接再厉，把本次研究中取得的经验运用到其他同类产品中。

如何有效提高方位轴装配可靠性

杨建涛

航天九院704所

摘　要　某产品为航天重点型号产品，为确保型号产品正常运行，该产品方位轴装配精度成为关键控制环节，但由于没有规范的装配方法及专业的装配工具导致轴承与方位轴组装过程中经常出现卡死现象或安装到位后同轴度不满足指标要求、转动不流畅、转动过程有杂音等问题。本文基于上述问题为背景，通过测量测算、工装制作、试验验证以及数据分析等手段规范该类产品方位轴装配过程，提升该类产品方位轴的装配精度。

关键词　方位轴　装配　精度

1　引言

航天某重点型号产品是确保型号飞行过程的核心设备，该产品方位轴（如图1所示）装配精度成为关键控制环节，其中对零件装配后的俯仰轴与方位轴正交度、轴承与轴的同轴度、轴承转动驱动电流等技术指标要求极其严格。装配过程中如果操作方法不当、参数不满足技术要求，都会增加轴承承载负荷、转动摩擦力和振动量，导致在该产品使用过程中加速轴承机械部件的疲劳，降低轴承机械部件的使用寿命，因此方位轴装配精度对保障该产品天线系统正常运行具有非常重要的意义。而现阶段由于没有规范的装配方法及专业的装配工具导致轴承与方位轴组装过程中经常出现卡死现象或安装到位后同轴度不满足指标要求、转动不流畅、转动过程有杂音等问题，对该产品天线系统运行造成影响。

本文基于重点型号产品方位轴装配过程中经常出现卡死现象，装配后转动不流畅，转动过程有杂音，无法满足设计指标要求为背景，对如何确保该产品方位轴的装配可靠性开展研究工作，通过工装制作、试验验证以及数据分析对该产品方位轴在装配过程中的过程参数进行验证，总结操作经验，规范操作流程。某产品天线座方位轴如图1所示。

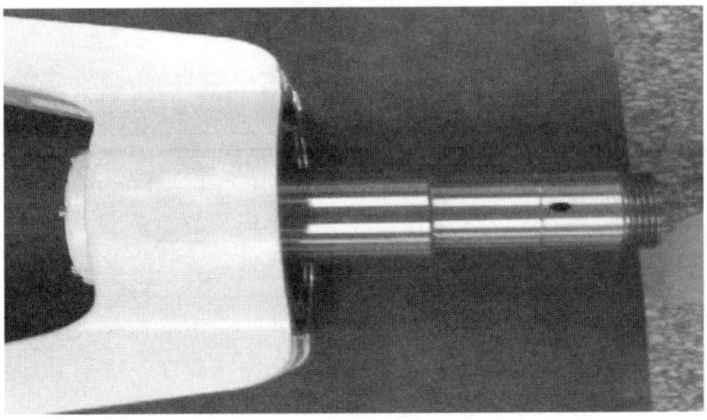

图1　某产品天线座方位轴

2 问题定位

面对采用传统工艺装配时所存在的多种缺陷，研究初期对方位轴匹配结构组成及技术需求进行了调研。该产品方位轴主要负责完成天线360°旋转工作，与单列圆锥滚子轴承匹配组装，安装后要求实现轴承与方位轴间的过盈配合，装配精度需要满足俯仰轴与方位轴正交度20″，轴承与轴的同轴度不大于15 μm，轴承转动灵活度满足驱动电流220～250 mA等要求。但现阶段方位轴组装技术没有规范的装配方法及专业的装配工具，装配过程中质量问题频发，严重影响了产品的生产效率以及产品交付进度，对我所经济效益及行业信誉造成影响。

研究初期以该产品方位轴为例，每批组5支样件，通过开展组装试验对采用传统装配工艺生产的质量情况进行统计，并对试验数据进行分析，从试验数据可以发现采用传统装配工艺操作时出现的质量缺陷主要是卡死现象和同轴度超差两类现象，如表1所示。

表1　采用传统工艺方位轴装配质量情况统计表

样件	卡死现象统计	同轴度控制情况					
		同轴度（目标≤1 5μm）					超差次数
一批组	2	0	0	21	19	16	5
二批组	0	19	22	16	14	18	4
三批组	1	0	16	22	14	13	3
四批组	1	0	16	15	14	13	2

综合上述分析，此次研究的主要内容是：对方位轴装配过程中造成卡死现象和同轴度超差两类质量问题的主要影响因素进行分析，通过开展方位轴组装过程试验研究，解决方位轴组装过程中存在的技术难点，优化各项装配参数，规范操作过程，最终形成方位轴组装作业指导书，为批生产提供保障。

3 问题原因分析

借助质量因果图中各相关因素对导致方位轴装配过程出现卡死现象和同轴度超差等缺陷的原因开展分析，详细内容见表2。

表2　某产品方位轴装配过程质量缺陷原因分析

序号	因素名称	要因确认	原因确定
1	操作工技能不达标	负责轴承装配的操作者均为中级职称级以上人员且装配经验丰富，操作过程由多个操作者参与，均出现此类问题，因此此因素不是主要影响因素	否
2	无适用的专用工装	轴承压入方位轴时无方位导向工装，只能靠眼睛观察然后凭借操作者的经验将轴承对正，肉眼无法保证轴承导向精确度，应是主要影响因素	是
3	方位轴组装时施力方法不当	轴承在压入方位轴时，仅依靠操作过程中对力度的感觉，轴承受力不均，极易发生偏移及轴承座变形现象，应是主要影响因素	是

续表

序号	因素名称	要因确认	原因确定
4	方位轴、轴承尺寸不满足要求	各零部件均有专职检验人员复验，尺寸符合图纸要求，不是影响因素	否
5	装配环境温度不稳定，影响装配精度	弹载雷达匹配某产品装配环境为恒温、恒湿环境，有专人对温湿度监控，不是影响因素	否

从上述分析中可以发现“无适用的专用工装”和“方位轴组装时施力方法不当”是造成方位轴装配过程出现卡死现象和同轴度超差等缺陷的主要原因，下面针对各项因素开展详细分析。

3.1 装配工装分析

对轴承进入方位轴过程进行分析发现，轴承压入方位轴时轴承无导向工装，只能靠眼睛观察，然后凭借操作者的经验调整轴承与轴对正，同轴度无法保障，导致轴承在入口处极易出现卡死现象。为测量轴承压入方位轴时的同轴度，在工装上进行轴承对正安装，并将装配后的工装送检验部门检验同轴度，检验结果见表3。

表3 无导向工装定位的同轴度检测记录表

操作者	同轴度（目标≤15μm）					超差次数
刘珺男	17	19	16	15	20	4
高闯	18	21	17	13	17	4
胡磊	19	22	18	14	13	3
邵平	17	15	13	13	12	1
杨建涛	14	17	16	15	14	2

综上可见，不同的操作者甚至同一操作者，安装轴承时仅凭肉眼观察，无法保证轴承与方位轴同轴的精准度，经过对相关资料查询及经验的积累，进一步分析影响同轴度的关键因素，最终确定，在轴承进入方位轴时缺乏导向工装是致使轴承在入口处易出现卡死现象的主要原因。

3.2 安装作用力分析

现有轴承装配方法是采用套筒压住轴承，使用橡胶锤敲击套筒底部的方法，如图2所示。但由于橡胶锤敲击套筒的敲击力为不稳定值，无法保证每次敲击的落脚点都在套筒中央位置。当橡胶锤敲击套筒未落到套筒中央位置时，套筒行进方向偏离轴心，套筒把敲击力传递到轴承上，轴承发生轴心偏离现象。当主轴行程较短时，轴承偏移在安装允许范围内，轴承安装能够满足技术要求，但当主轴行程较长时，轴承偏移超出安装允许范围，轴承将局部受力产生变形，变形后与方位轴外表面摩擦加大，从而发生轴承卡死现象。

图 2　轴承安装方式

为了获得方案确定的基础数据，试验制作了直径相同、长度不同的主轴用于进行轴承的安装验证。将轴承安装到主轴上并送检验部门检验，检查结果见表 4。

表 4　轴承安装到位后检验记录

主轴长度/mm	装配次数	同轴度/μm		确认结果
		要求值	记录值	
40	1	同轴度≤15	12	合格
60	1		14	合格
80	3		15	合格
100	5		17	不合格
120	7		18	不合格
140	9		20	不合格

结合上表统计数据可看出，主轴行程越长，轴承安装到位就越困难，需要的安装次数越多，安装到位后同轴度超差越大。深入剖析该装配环节出现卡死现象的真正影响因素，从作用力均衡角度分析，现有轴承装配方法仅满足了轴承在进入主轴时受到的是圆周方向的作用力，却无法保证作用力的稳定性及方向一致性。由于产品方位轴长度尺寸为已确定参数，现阶段解决作用力的稳定性及方向一致性，成为解决轴承在方位轴上行进过程中卡死问题的关键因素，故缺乏稳定的垂直方向作用力是要因。

通过分析确定方位轴装配精度的主要影响因素如下：

1）无轴向导向工装：在轴承安装至方位轴的过程中轴承无导向工装，轴承压入方位轴时，只能靠眼睛观察然后凭借操作者的经验将轴承对正，肉眼无法保证轴承导向精确度。

2）缺乏稳定的垂直方向作用力：轴承在压入方位轴时，轴承受力不均经常发生偏移及轴承座变形现象。

4 问题解决过程

4.1 方案确定阶段

4.1.1 解决无轴承导向工装方案

由锥度配合件进行定位得到启发，为了使轴承在方位轴入口处能够导向定位，可以利用锥度配合在轴承安装前定位，制作圆锥形的定位环（工装设计图如图 3，立体仿真示意图如图 4）。将定位环外径设计与轴承内径尺寸配合，利用锥度配合件无间隙配合、同轴度高、定位准确的特点实现轴承导向。

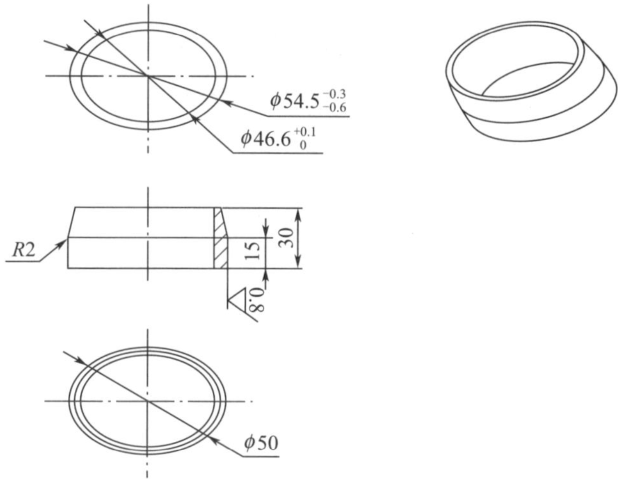

图 3　定位环尺寸图

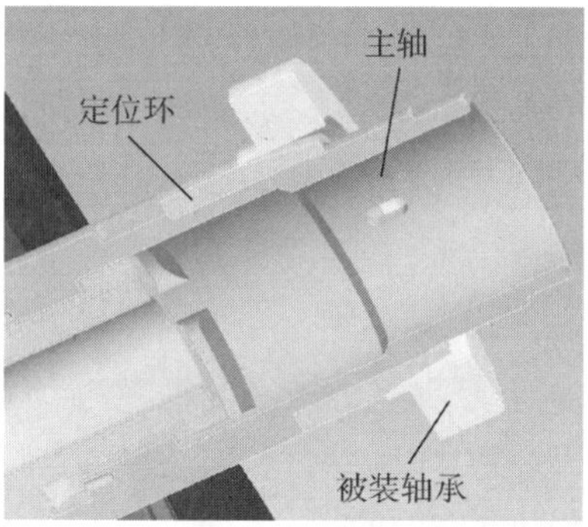

图 4　轴承装配仿真示意图

4.1.2 解决缺乏稳定的垂直方向作用力方案

从螺旋压力机获得启发，欲使轴承在装入过程中获得稳定的垂直方向作用力，螺旋传动机构能够满足该方面的需求。螺旋传动机构又称丝杠螺母机构。它主要用来将旋转运动变换为直线运动。丝杠螺母机构最大优点是摩擦阻力矩小、传动效率高（92%～98%），精度高，系统刚性好，运动具有可逆性，使用寿命长。因此，利用螺旋压力机的工作原理，将作用力来源由不稳定的橡胶锤敲击改为稳定的丝杠螺母机构。

由于套筒的底面会直接和轴承端面接触，为了保证丝杠旋转时套筒只会向下压轴承而不会跟着旋转（否则就会磨损轴承端面），在丝杠与套筒之间加入了轴承；为了保证力的方向，采用了向心推力球轴承。

在套筒设计中考虑到在轴承压入时轴承的定位，因此套筒的内壁规定了严格的加工尺寸，与方位轴尺寸、精度相配合，保证了被装轴承可以被顺利地压入方位轴。

综上所述结合方位轴及轴承参数设计了丝杠传动系统（设计图如图 5，仿真示意图如图 6），该系统包括传动作用力的丝杠、套筒、堵头、轴承盖、轴承。

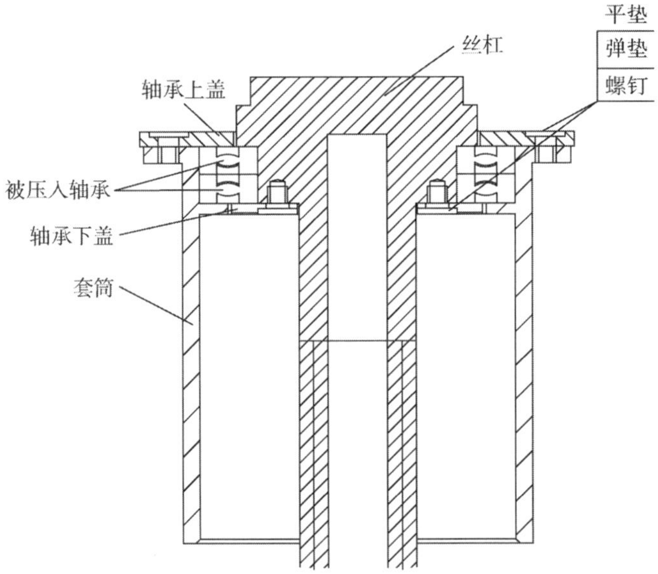

图 5　丝杠传动系统工装设计图

套筒压住轴承，当丝杠旋转向下时，套筒获得稳定的直线方向作用力，作用力施加在轴承的定子环上，实现与轴的过盈配合安装。工装安装轴承工作仿真示意图如图 6。

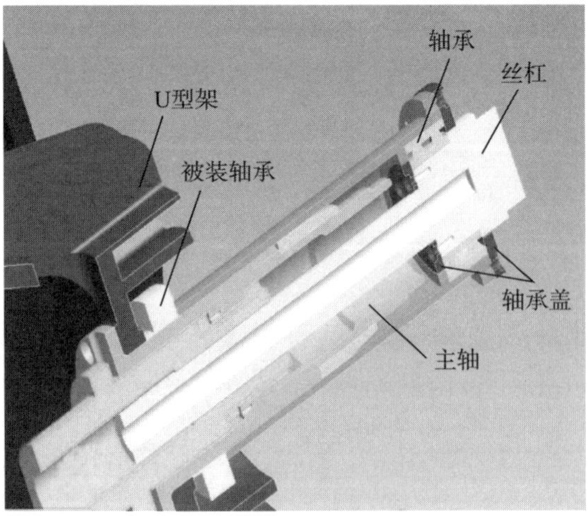

图 6　丝杠传动系统安装仿真示意图

4.2 方案的实施、验证

4.2.1 导向环实施与验证

将轴承装入导向环中，再把导向环放入主轴中，因导向环设计成锥形，而锥度配合件具有无间隙配合、同轴度高，定位准确、装拆方便等优点，这样就保证了轴承放上后无需操作者凭借装配经验，就可以直接对正，见图7。

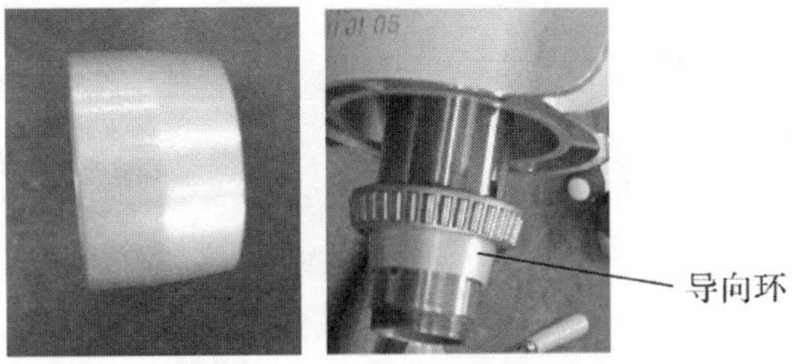

图7 导向环应用

对使用导向环定位前、后方位轴装配过程“卡死”问题进行对比统计（见表5），从对比结果可见使用导向环定位后的装配合格率有显著提升，但由于安装过程中缺乏稳定的垂直方向作用力仍有卡死现象存在。

表5 导向环定位使用前、后超差次数对比表

操作者	卡死现象对比统计	
	使用导向环前	使用导向环后
刘珺男	2	1
高闯	1	1
胡磊	1	0
邵平	0	0
杨建涛	1	0

4.2.2 丝杠传动系统实施与验证

为了解决方位轴组装过程中缺乏稳定的垂直方向作用力的问题，设计了丝杠传动系统，旋转丝杠利用螺纹推力将作用力均匀加载到轴承上，使轴承在均匀压力下旋入方位轴（工装应用见图8），工装用45＃钢即可满足要求，能提高产品方位旋转和平面精度。

利用方位轴工装将轴承安装到方位轴上，传统轴承装配方式与新式轴承装配方法对比见图9，将装配好的轴承送检验部门进行检验，见表6。由表6可得出，使用该方位轴工装安装轴承的方法可行。将剩余两台同样用该方法安装轴承，并将安装后的轴承送检验部门检验。检验记录见表7。结合表6及表7可得出，使用方位轴工装安装的轴承同轴度满足设计要求。

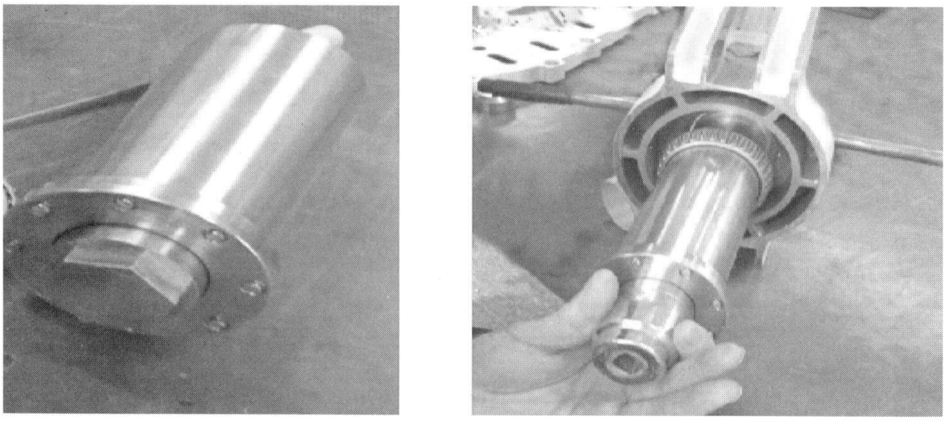

图 8　工装应用

表 6　用方位轴工装安装的轴承检验记录

机号	装配次数	同轴度/μm		确认结果
		要求值	记录值	
01-001	1	同轴度≤15	12	合格

表 7　用方位轴工装安装的轴承检验记录

机号	装配次数	同轴度/μm		确认结果
		要求值	记录值	
01-002	1	同轴度≤15	13	合格
01-003	1		14	合格

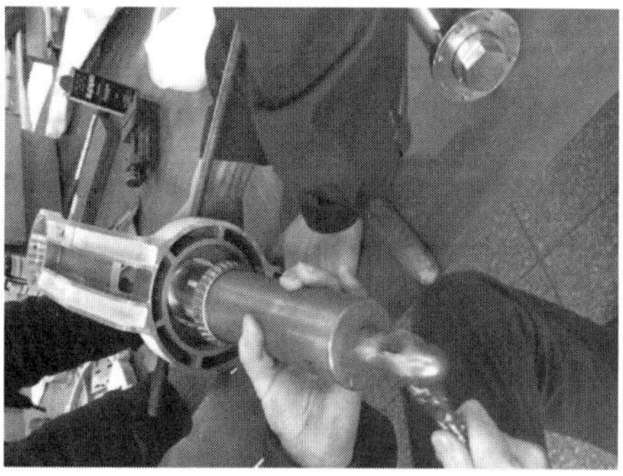

传统轴承装配

新式轴承装配

图 9　传统轴承装配方式与新式轴承装配方法对比

4.3　方案改进与验证

4.3.1　方案改进

通过轴承安装的试验验证过程，发现轴承安装过程中 U 型架仍需两名操作者固定。

为解决这一问题，结合该产品的结构特点，设计了方位轴装配过程中U型架的固定系统，包括堵头、撬杠、支架。并利用丝杠原理结合俯仰轴1，2及对应轴承参数设计与俯仰轴1，2尺寸匹配的丝杠传动系统，将轴承安装工装进行了完善。

完善对策：设计固定系统，用固定系统固定U型架。丝杠通过与堵头螺纹连接，因此轴承下压的力主要由丝杠传入堵头，设计在堵头后面穿入撬杠，撬杠固定在支架上，用以固定U型架。设计图纸见图10。

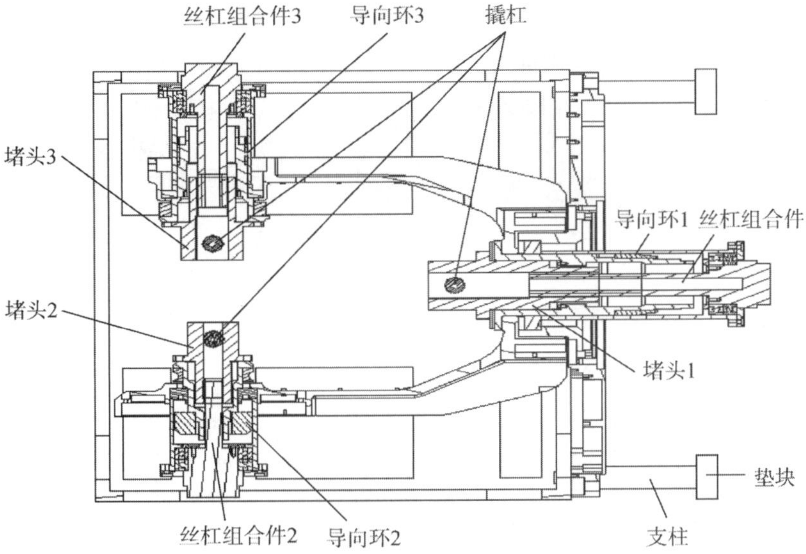

图10 完善轴承安装设计图

将U型架安装到固定系统上，在堵头中穿入撬杠，撬杠固定在支架上，保证了用电动扳手转动丝杠时所产生的力是由固定系统来承受，U型架处于固定状态保证了装配过程中U型架不会受力。仿真装配见图11，固定系统实物见图12。

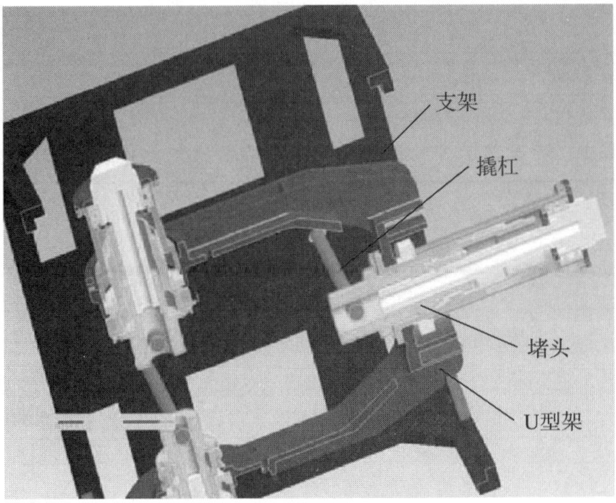

图11 轴承安装完善仿真示意图

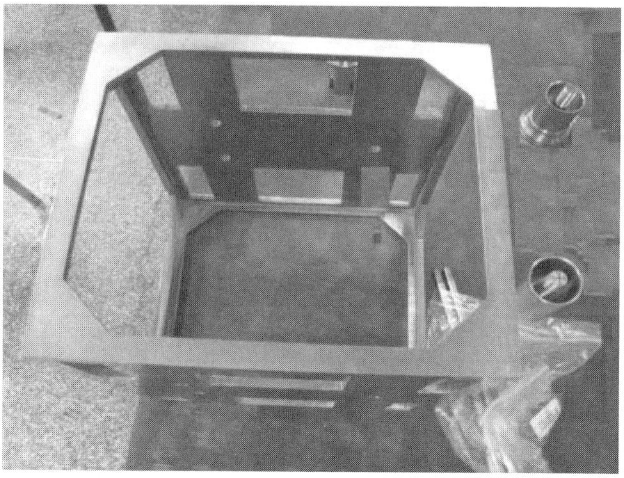

图 12　固定系统

4.3.2　产品装配精度检查

对策实施后，将装有导向环的轴承安装到方位轴样件上送检验部门检验同轴度，见表8，测量结果满足图纸要求的俯仰轴与方位轴正交度 20″，轴承转动灵活度满足驱动电流 220～250 mA。电子产品部负责装配的该产品方位轴装配精度达到 100%，对传统轴承装配方法与改进后的新式轴承装配方法对比情况见表 9，从对比情况可见采用新式轴承装配工装后生产质量有了较明显的提升。

表 8　导向环定位后同轴度检测数据记录表

操作者	同轴度（≤15μm）					超差次数
刘珺男	11	12	13	12	12	0
高闯	10	14	13	12	11	0
胡磊	13	13	12	11	13	0
邵平	10	12	11	12	13	0
杨建涛	11	12	12	12	13	0

表 9　传统轴承装配方法与改进后的新式轴承装配方法对比

考核项目 \ 安装方法		传统轴承装配	新式轴承装配
1	轴承导向	肉眼对正，无法保证精确度	导向环辅助对正，保证精确度
2	传动方式	锤子敲击套筒使轴承压入方位轴	丝杠旋转下压套筒使轴承压入方位轴
3	受力部位	轴承座承受部分压力	轴承座不受力
4	试验结果	方位旋转和平面精度不合格	方位旋转和平面精度合格

5 经济效益分析

该产品是我所重点型号产品，对策的成功填补了该类产品方位轴装配工艺的空白，为我所后续类似产品的装配提供了技术支持。此次研究中利用锥度配合在轴承安装前定位，制作圆锥形的定位环，使轴承在方位轴入口处能够导向定位；利用螺旋压力机的工作原理，将作用力来源由不稳定的橡胶锤敲击改为稳定的丝杠螺母机构，结合方位轴及轴承参数设计了丝杠传动系统；设计固定系统，用固定系统固定 U 型架。丝杠通过与堵头螺纹连接，因此轴承下压的力主要由丝杠传入堵头，设计在堵头后面穿入撬杠，撬杠固定在支架上，用以固定 U 型架。实现轴承与方位轴间的过盈配合，装配精度满足俯仰轴与方位轴正交度 20″，轴承与轴的同轴度≤15 μm，轴承转动灵活度满足驱动电流 220～250 mA，解决了轴承进入方位轴过程中经常出现卡死现象或安装到位后同轴度不满足设计要求的生产问题。

对策实施后，电子产品部负责装配完成的该产品方位轴装配精度均已达到 100%。避免了 U 型架、方位轴、轴承报废费用，直接经济效益 19 万元，节约装配及重新加工工时约 170 小时，产品合格率由原来的 40%提高至 90%以上，为该产品总装技术的发展奠定了基础，为该产品发射过程中实现正常工作提供保障。

参考文献

[1] 机械工程手册．第 5 卷,第 6 卷.

[2] 邱宜怀．机械设计.第 4 版.

[3] 杨可桢．机械设计基础第 4 版.

[4] 电子产品零部件制造和机械装配技术要求,QJ548A — 2004.

半球型动压马达半球孔形状误差的分析与改进

黄　德　董君华　曹　勇　谢应龙
航天九院 13 所

摘　要　本文分析了手工研配陀螺动压马达半球孔与轴配合间隙过程中，孔易出现的各种形状误差的原因。针对误差出现的原因，提出了选择合理的磨料配方，采取改进研具形状、材料等切实有效的方法，解决了半球孔与轴的关键研配工艺，这些方法在实际工作中被证明是有效可行的。

关键词　动压马达　轴孔间隙　手工研配　加工工艺

1　引言

半球型陀螺动压马达半球孔与轴的配合间隙为 1～2 μm，公差要求十分严格，陀螺动压马达轴孔配合简图如图 1 所示。半球孔与轴间隙的稳定、可靠是保证动压马达可靠性的要素之一。间隙过大，动压马达在振动、冲击、离心、温循等试验及使用过程中，半球易发生微量位移，影响其质心稳定性，甚至造成马达不启动，卡死等问题。目前为止，孔与轴接触面的精密配合均由手工研配保证，采用以孔为基准配轴，即：基孔制原则。本文对研配时半球孔的各种圆柱度误差及表面粗糙度不高等因素进行了分析，提出了选择合理的磨料配方，改进研具形状、材料等切实有效的方法，解决了半球孔与轴的研配关键。实践证明：此种方法满足了设计精度要求，并且效率高，操作方便，目前已广泛应用到实际工作中。

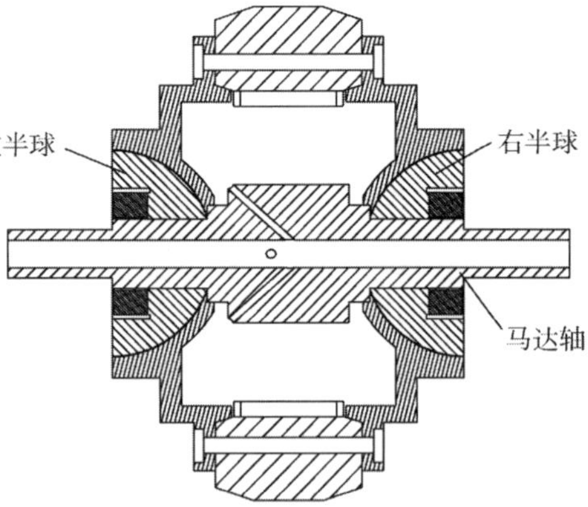

图 1　陀螺动压马达轴孔配合简图

2 半球孔圆柱度误差对轴孔间隙配合的影响

铍材为热等静压粉末冶金制备而成，硬度较低，半球孔在研配过程中容易产生划伤，极易引起孔的喇叭口，锥孔，表面粗糙度低，局部高点，掉渣等缺陷，导致零件自身形状误差大，无法实现 1～2 μm 的配合精度。即使勉强装配进去，也会因间隙不均匀而影响配合性能，同时由于两个零件实际有效接触面积小，单位接触压力大，摩擦力大，多次装配后，造成配合表面间的实际间隙增大的现象。

半球孔形状误差的大小是采用圆柱度进行衡量的。圆柱度能反映工件圆柱面纵横截面各种轮廓形状误差综合情况，是工件圆柱体各截面圆度、各截面直径差、直线度、表面粗糙度等误差的累加。经过摸索试验得出：当半球孔圆柱度保证在 0.5 μm 以内，表面粗糙度达到 Ra 0.02 μm 时，轴、孔装配流畅，配合性能好，耐磨性好，无滞点。

3 半球孔误差分析

3.1 半球孔各截面直径差分析

喇叭口，孔口两端的直径尺寸大于中部尺寸 2μm 左右，或者是孔口端直径尺寸大形成锥度，如图 2 所示。

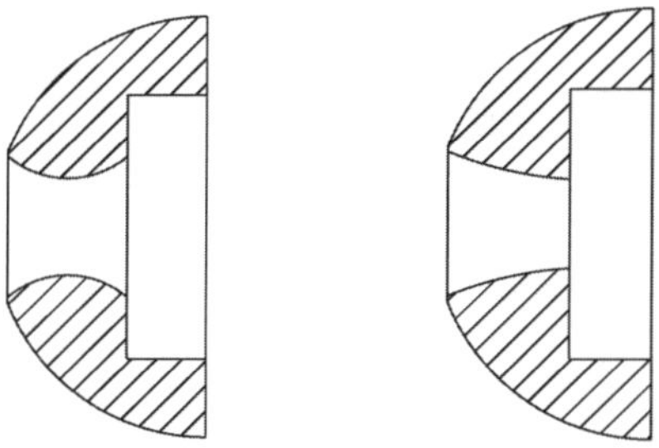

图 2 轴孔形状示意图

出现这种现象的原因主要有以下几个方面：

1）研配时磨料在研具和内孔表面间处于浮动的运动状态，利用锋利的刃角对内孔表面进行微量研削。此时磨料极易被半球孔相对于研具的轴向往复运动所产生的摩擦力挤入孔口，在孔口部位形成堆积，则孔口部位去除量明显大于其他部位。

2）在研配过程中，研具本身虽然进行不断的修整，但是由于磨损的原因，也会存在几何形状的变化，致使研具与半球内孔接触不良，研削程度不均匀。

3）选择的研具与半球孔配合不紧凑，两个接触面未充分接触，间隙较大，使半球孔相对于研具存在一定的径向活动自由度。造成在研配工作时，手工很难保证半球孔截面始终垂直于研具轴线，形成倾斜，从而发生偏摆，造成孔口部位研削程度大，如图 3 所示。

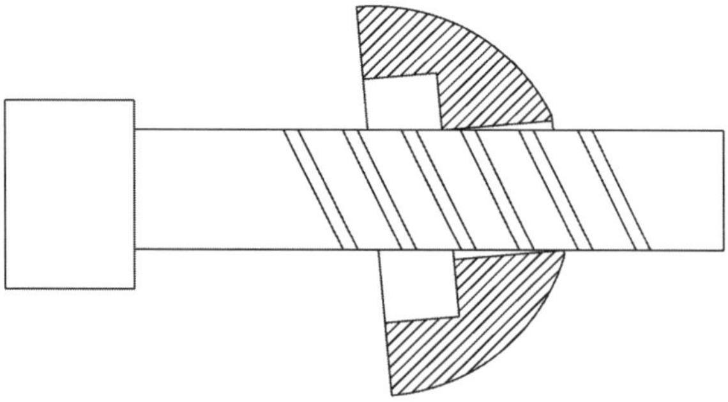

图 3　半球孔相对研具倾斜简图

3.2　半球孔各截面圆度、表面粗糙度误差分析

研配工作时，研具与半球孔间隙太小或者两者相对运动速度过快，造成研削运动不平稳，摩擦力大，产生热量多，温度急剧上升，使润滑液挥发，严重影响内孔表面粗糙度及圆度。

由于研配时研磨膏不是连续供给，容易将研磨膏挤出，形成干摩擦，此时若研具自身存在毛刺，微量划伤等缺陷，或者是研具材料硬度高，远远大于半球材料，则易划伤内孔表面。同时研磨膏自身质量出现问题，即：同一规格的研磨膏中颗粒大小不一致。灰尘杂质存于研磨膏内，也是造成内孔表面划伤的重要原因。

4　减小半球孔误差的改进措施

4.1　减小半球孔各截面直径差措施

针对喇叭口、锥孔的特点及形成原因，制作了一种形状类似于枣核形的研具，如图 4 所示。将精磨后圆柱度达到 2μm 以内的研具通过精研修使其具备一定的弧度。为了便于分析，我们使用 R 进行表示，即：研具母线工作面为两个对称的 R 的圆弧。通过 R 使半球孔与研具最高点之间产生线接触。由此得到被挤出的钻石膏均匀地储存在 R 与研具的夹角之中，而不会到达孔口部位。同时由于 R 的存在，研具与半球孔的配合关系也可以适当的放松，即使发生倾斜，也基本上能够保证线接触的状态。由此以来，提高了研磨可靠性，并且操作方便。

4.2　减小半球孔各截面圆度误差、提高表面粗糙度措施

根据半球材料特性，选用表面无气孔、砂眼、杂质及硬点的高磷铸铁为研具，以均匀的珠光体为基体，嵌砂能力强，钻石膏能够较容易地嵌入研具表面，形成具有一定牢度的“多刃”研削面。经过修整，严格去除了螺旋储砂槽内外边缘的毛刺、尖角等缺陷，同时利用高磷铸铁组织细密均匀，利于提高表面粗糙度的特点，使 $Ra \leqslant 0.03$ μm。在研配中，研具与半球孔之间选择合理的间隙配合关系，往复运动速度 0.3～1 cm/s。这样一来，有

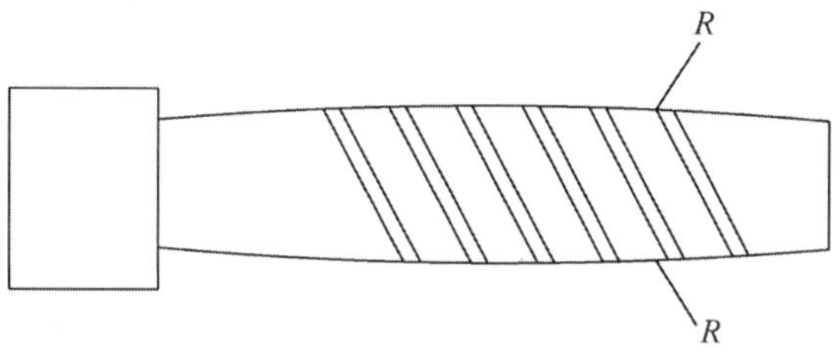

图 4　枣核形研具结构简图

效地提高了内孔表面粗糙度及各截面圆度精度。

实践证明，磨料颗粒不均，会直接影响研磨质量，降低表面粗糙度。因此必须对磨料进行湿选，达到磨料均匀、无杂质的目的。

5　措施实施效果

目前，在型号生产任务中，半球型陀螺动压马达半球孔均采用上述措施方法进行研配。表 1 为改进前的研配测试数据，表 2 为采用新方法研配后的数据。其中圆柱度、直径及截面圆度采用德国 Leitz pmm866 三坐标测量，表面粗糙度由表面粗糙度仪测量。

表 1　改进前半球孔研配后测试数据

名称	1#	2#	3#
圆柱度	1.5 μm	1.8 μm	2.1 μm
上截面圆度及直径	1.2 μm，ϕ5.0085	0.8 μm，ϕ5.0062	0.7 μm，ϕ5.0045
中截面圆度及直径	0.8 μm，ϕ5.0069	0.6 μm，ϕ5.0043	0.4 μm，ϕ5.0026
下截面圆度及直径	0.6 μm，ϕ5.0079	1.0 μm，ϕ5.0050	0.6 μm，ϕ5.0020
表面粗糙度 *Ra*	0.062 μm	0.045 μm	0.048 μm

表 2　改进后半球孔研配后测试数据

名称	Q0935	Q0942	Q1001
圆柱度	0.5 μm	0.5 μm	0.5 μm
上截面圆度及直径	0.2 μm，ϕ5.0074	0.1 μm，ϕ5.0049	0.3 μm，ϕ5.0029
中截面圆度及直径	0.2 μm，ϕ5.0078	0.3 μm，ϕ5.0043	0.1 μm，ϕ5.0025
下截面圆度及直径	0.3 μm，ϕ5.0076	0.2 μm，ϕ5.0046	0.3 μm，ϕ5.0027
表面粗糙度 *Ra*	0.02 μm	0.025 μm	0.025 μm

从表 1 可以看出：改进前的各截面圆度最大值 1.2 μm，圆柱度最大值 2.1 μm，表面粗糙度最大值 *Ra*0.062 μm。改进后，各截面圆度最大值 0.3 μm，圆柱度最大值 0.5 μm，除去三坐标自身线性精度 $0.6+L/600$ μm（L 为测量行程），此精度已经满足了 1～2 μm 轴孔间隙配合性能的需要。研配后轴孔配合流畅、无滞点、耐磨性好，并且经过陀螺动压马达的各项可靠性试验证明，参数稳定。

6 结束语

目前，上述措施方法已经广泛应用于动压马达半球孔与轴的间隙研配工作，解决了动压马达研制的瓶颈问题和批产的薄弱环节。实践证明：此措施方法完全满足精度要求，并且操作方便、实用，同时为同类产品间隙研配提供了参考和借鉴。

参考文献

[1] 杨志余,温淑琴．动压气浮陀螺仪马达的研制．国防科技大学学报,1981(1):60-75.

[2] 赵春海．动压气浮陀螺马达装配工艺研究．导弹与航天运载技术,1993(4):52-58.

[3] 李建春,冯浩,等．气体动压轴承技术在陀螺电机中的应用．微电机,2012,45(6):80-82.

[4] 王晓瑜．半球动压马达的可靠性研究．中国惯性技术学会第五届年会论文集,2006:76-85.

[5] 段江锋．影响陀螺仪动压马达启动性能的因素．设备管理与维修,2007(4):24-25.

[6] 周安石．惯性器件制造技术中的若干关键问题．导弹与航天运载技术,1993(2):53-60.

[7] 王启平．精密加工工艺学．哈尔滨:哈尔滨工业大学出版社,1981.

[8] 原北京第一通用机械厂．机械工人切削手册.第七版．北京:机械工业出版社,2009.

[9] 张庶杰．主轴套筒研磨技术的应用与修正．南宁职业技术学院学报,2005,10(2):90-92.

[10] 宋立平．一种新型铸铁研具．计量技术,1988 (7):35-37.

[11] 周俊．轴、孔研磨工具的结构和设计要点．机械科学与技术,1989(3):26-29.

[12] 蓬铁权．研磨平板嵌砂机理．磨料磨具与磨削,1982 (2):1-4.

高刚性轴系装配技术

冯国增
航天九院13所

摘　要　针对单轴旋转调制激光惯组对转动轴系高刚度、高稳定性以及灵活性的要求，在传统轴系应用基础上，通过实践总结出负游隙轴系装配技术，能够有效兼顾轴系的高刚性和转动灵活性，保证轴系在各种复杂力学环境下满足激光惯组对轴系转动精度以及稳定性的高要求。

关键词　单轴旋转激光惯组　高刚性轴系　装配技术

1　引言

“单轴旋转调制激光惯组”作为高可靠性的精密导航装置，在传统捷联激光惯组基础上增加了转动及锁紧定位机构，能够实现惯性导航器件绕固定轴系旋转的功能。激光惯组作为姿态测量装置，且为随弹飞行产品，力学环境条件恶劣，对轴系的高刚性和可靠性具有很高的要求。同时，在地面使用过程中，却要求其转动框架能够灵活转动，以完成地面功能测试。因此，轴系的工艺参数控制、装配、调试是单轴旋转调制激光惯组高精度功能实现的基础。

本文通过单轴旋转激光惯组对高刚性轴系的需求，对高刚性轴系装配过程中的工艺进行相关介绍。

2　技术难点

轴系通常由转动框架、轴承座、轴承等部件采用合适配合精度装配而成。一般的轴系设计或偏重刚性或偏重转动灵活性，而单轴旋转调制激光惯组由于其自身的特殊应用工况，对轴系具有特殊的要求，即既要求轴系具有很高的刚度，又要求轴系具有灵活的旋转特性。因此，该轴系装配具有很大的难度，主要体现在以下方面。

（1）装配零件参数测量

由于整套产品轴系为高精度参数控制，轴承配合精度在微米级的控制量级。因此有效测量各个零部件的尺寸，是保证产品满足要求的关键。而各个工件的尺寸在此精度范围受温度和测量系统自身精度的影响，很难准确得到真实数值。需要进行针对性设计，并控制测量环境温度。

（2）精密装配

由于整套轴系采用高刚性设计，设计过程中大部分配合为负游隙控制，如何保证装配过程中各滚针的选装和轴系座孔过盈配合既不损坏配合基准面，又能精准装配，需要设计工装进行合理调试。

(3) 装配组合体检测

轴系产品装配完成后，如何检测该装配体的刚性和转动灵活性，需要设计相应的检测手段进行测试。

3 技术方案

设计轴系如图1所示，为保证高刚度，选用角接触滚针轴承成对应用，单个角接触轴承外径 55 mm，内径 30 mm，厚度 17 mm。该滚子轴承属于线性接触轴承，能够提供较大的接触刚度。

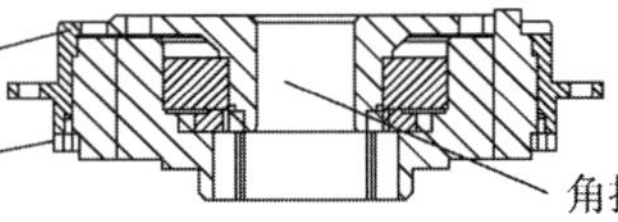

图1 轴系设计示意图

(1) 主轴滚动轴承装配参数的控制和测量

为了保证设计刚度及转动灵活性，首先对制造轴承提出针对性特殊要求，其内表面硬度需达到 60HRC 以上，同时表面粗糙度控制到 $Ra0.8$ 以下，在此前提下对轴承滚子直径与轴承内外圈配合公差、轴承座内外圈配合公差进行装配参数试装研究，保证轴系在主轴轴端承载较大径向力下轴系无径向间隙摆动，且主轴轴系转动摩擦力矩不大于 0.1 N·m。

通过开展表1所述装配参数试验，经过轴承试制和轴系产品测试，要得到高刚性轴系且兼顾转动灵活性，轴承滚子与滚道过盈量应控制在－0.003 到－0.008 mm 之间，同时，轴承外圈和轴承座负间隙应控制在－0.002 到－0.005 mm 之间，轴承内圈和主轴过盈量应同样控制在－0.005 mm 到－0.01 mm 之间。

表1 轴系装配参数试验测试表

控制工艺参数	参数
滚针直径一致性	0.001 mm
滚子与内外滚道配合公差	－0.001 mm 到－0.004 mm
轴承内圈与主轴配合公差	－0.001 mm 到－0.008 mm
轴承外圈与轴承座配合公差	－0.001 mm 到－0.008 mm

由于以上工艺参数均在 μm 级，因此在各个尺寸配对选择的过程中，必须保证在环境温度一致的状态下测量取得。针对滚针在 0.001 mm 选型，现有的测量工具误差均无法保证，需设计专门的尺寸基准工装，进行精确测量确认。

(2) 轴承的精密装配

主轴和轴承都存在制造误差，这必然要影响主轴组件的旋转精度。在主轴组件装配时，若使二者的误差影响相互抵消一部分，则可进一步提高其旋转精度。由于滚动轴承内圈随主轴旋转，它的径向跳动（或称振摆）对轴承旋转精度影响最大。因此，一般仅调整轴承内圈和主轴轴颈的相对位置。

轴承应用过程中在转动框架两端成对应用，定义为前端和后端。

1）前端轴承选配：由于主轴在前支承处的径向跳动对其端部的旋转精度影响最大，因此首先应采用轴承选配法来减小前支撑处的径向跳动。实际的操作过程是，装配前先将一批滚动轴承的内圈和主轴轴颈分别进行测量，并在各自的高点处打字标记（某些国家的轴承，高点处已有标记）；然后按实际的径向跳动量分组，取其跳动量相近者进行装配。使二者高点异向，即完成前轴承的选配。

2）后端轴承选配：前轴承选配之后再对后轴承进行选配，还可进一步提高主轴组件的旋转精度。由于主轴是采用同一个基准来精磨各个轴颈的，因此前、后轴承对主轴轴心跳动的高点，一般在同一个方向上。故而只要把后轴承与前轴承的高点，布置在同一轴向平面内且轴线同侧时，往往可得较好效果。如将前后轴承外圈的径跳高点装于同向，且与座孔的高点异向，还可进一步改善主轴的旋转精度。

单个轴系装配后，可以通过对轴系施加端面径向力，采用万用表检测轴系摆动，测试轴系装配的精度是否满足设计要求，相关测试示意见图 2 所示。

图 2　轴系刚度测试示意图

一般对装配的测试应参照产品承载最大力矩，高刚性轴系检测过程中，千分表数值反馈应等同于刚性体测试反馈，即不存在数值跳动不回零问题，同时测得的刚性不应小于设计对主轴刚性的要求。

（3）轴承的热装配

高刚性轴系所有配合均为负游隙控制，为了保证轴系装配过程中冷压对轴承内部的损伤，应进行热装配，装配温度应控制在 120 ℃以内（结合材料选择温度，原则不能导致材料退火），同时需设计具有较高同轴度（不大于 0.01 mm）的装配工装，装配过程中采用工装对轴承内圈或者外圈表面整体施力。

（4）主轴滚动轴承的间隙（游隙）及其调整

主轴滚动轴承的间隙量（游隙量）大小对主轴组件工作性能及轴承寿命有重要影响。当轴承为负间隙时，滚动体产生弹性变形，与滚道的接触面积加大，使承载区扩大到 360°，则主轴组件的刚度和抗振性都能得到明显提高。因此，滚动轴承保持合理间隙量，是提高主轴组件旋转精度、刚度和抗振性的一项重要措施。主轴组件的静态刚度是随轴承间隙量的减小而增加，轴承在零间隙附近的刚度变化（曲线斜率）为最大，其后刚度的增加较缓慢。但是，轴承间隙量对主轴组件动态特性的影响却较复杂。主轴组件的阻尼值（实际阻尼值与临界阻尼值之比为阻尼比）先是随轴承间隙的减小而增大，在零间隙处的阻尼值最大，其后随间隙量减小（过盈量增大），阻尼值反而也减小。这是因为轴承逐渐趋向“刚体化”，使其结构阻尼下降，而较多地呈现材料内摩擦阻尼特性。静态刚度和阻尼特性共同影响着主轴组件总的动态响应，存在最佳间隙位置，这时主轴前端的共振幅值为最小，静态刚度和共振频率都较高，加工表面的圆度误差及粗糙度也较小。当间隙量过小时，刚度的提高已不显著，而轴承的磨损和发热量却大为增大，从而降低轴承寿命并恶化使用条件。由此可见，轴承最佳间隙量的选择，不应单纯考虑静态刚度，还应同时考虑阻尼值，以便得到最小的轴端共振幅值、较高的刚度、共振频率和加工精度，通过上述分析和试验，本文提高的高刚性轴系轴承内部滚子过盈量控制在 0.003 mm，轴承与主轴和轴承座配合负游隙应控制在 0.007 mm 左右，其他尺寸轴承可依据此参数进行近线性调整。

（5）轴承内外圈安装端正的检测与调整

由于主轴承的内外圈安装位置偏移，轴承滚动体与轴承的内外圈接触不良，致使主轴刚度和回转精度降低。检验主轴轴承的内外圈安装端正的方法如下：在预紧轴承内圈的过程中，不断地转动主轴，同时观察轴承滚动体的转动情况。如果主轴转动轻松，同时轴承各滚动体随主轴转动而转动，则轴承的内外圈应为安装端正；如果主轴已经有一定的预紧量，转动时感到阻滞，而轴承个别滚动体未随主轴转动而转动，或用手搬动个别滚动体有松动的情况，则应为轴承的内圈或外圈安装偏而造成。可以将磁力表座分别安装在主轴箱体和主轴上，旋转主轴并观测百分表的示值变化，调整轴承的内圈和外圈位置，使千分表的示值变化最小（一般应小于 0.006 mm，与轴承大小有关）。此时轴承的内圈和外圈已经安装端正。

高刚性轴系与转动框架装配完成后，为进一步验证是否满足设计要求，应进行刚度测试，本文涉及的激光惯组整机轴系刚度测试如图 3 所示，由于激光惯组内部的敏感仪表本身能够测试转动框架的受力变形量，直接通过对转动框架施加力矩，通过激光惯组输出参数便可获取轴系的刚度。

通过以上装配调试检测等方案，保证了单轴旋转调制激光惯组对高刚性轴系的要求，内部转动框架转动摩擦力矩为 0.08 N·m，轴系各个方向均无间隙存在，通过拉力试验获取角刚度结合产品内部组件转动惯量，控制框架角谐振频率不低于 260 Hz，满足激光惯组对轴系装配的要求。

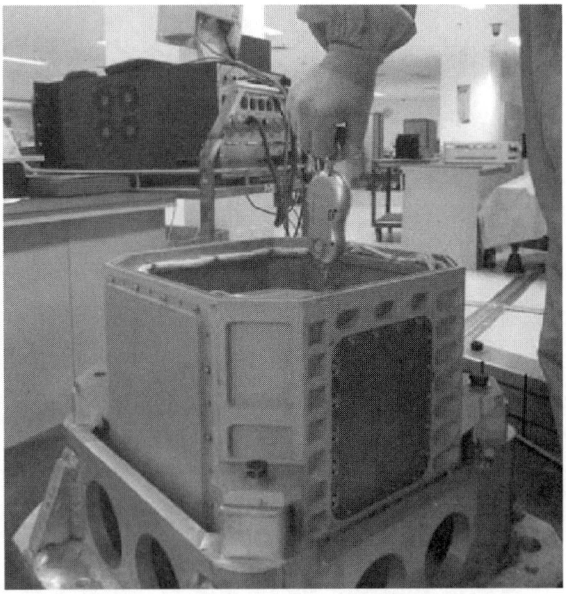

图 3　高刚度轴系性能测试图

4　结束语

轴系的装配涉及到各个零部件的自身精度以及零部件之间的配合精度，为满足设计要求，需要进行系统的大量试验，以上提到的关键工艺和操作技巧都是在大量的试验实践过程中而来的，对紧配合负游隙轴系的组装有一定的帮助。

液浮陀螺装配过程多余物控制

东永红　周镐京

航天九院16所

摘　要　本文分析了液浮陀螺装配过程易产生多余物的环节，以及多余物产生的途径及原因，简要说明了多余物对陀螺造成的危害，针对产生多余物的工艺过程和控制难点，介绍了液浮陀螺装配过程控制多余物的操作要领及方法。

关键词　液浮陀螺　总装　多余物控制

1　引言

液浮陀螺是一种精密惯性仪表，是飞船、卫星、导弹等装备导航控制的敏感元件，其精度和稳定性直接决定了飞船、卫星、导弹的控制精度和可靠性。多余物控制一直是液浮陀螺生产的瓶颈问题，是制约液浮积分陀螺可靠性的难题之一；陀螺内的多余物会造成产品性能下降或失效，甚至造成严重的质量事故。

对于液浮陀螺，由于其结构复杂，装配精度要求高，产品内部间隙小，最小间隙仅为微米级，甚至空气中存在的微小颗粒进入仪表内部，就可能造成产品精度异常。针对此情况，本文简要介绍了液浮陀螺总装过程中多余物控制一点体会。

2　技术难点

从装配工序来看，液浮陀螺装配过程存在以下三个主要的多余物控制难点。

2.1　传感器座装配多余物控制难点

如图1所示，传感器座上有3个M2深3.5mm的螺纹孔，用于仪表装配及仪表分解时装拆传感器座。

总装时工艺螺钉拧入传感器座，利用工艺螺钉将传感器组件装入壳体后，拧出工艺螺钉；工艺螺钉拧入拧出时相对传感器座运动，工艺螺钉材料为钢，传感器座材料为2A12铝合金，钢硬度比铝合金高，易在传感器座螺纹孔中产生微小的铝合金屑；如果操作者未将隐藏于螺纹孔内的金属屑清理干净，陀螺在测试、试验、运输过程中，随着陀螺翻滚、转动，氟油流动，隐藏的金属屑会从传感器座螺纹孔中游离出来，形成多余物。

控制难点：螺纹孔小而深，多余物隐藏在螺纹底部很难观察并清除。

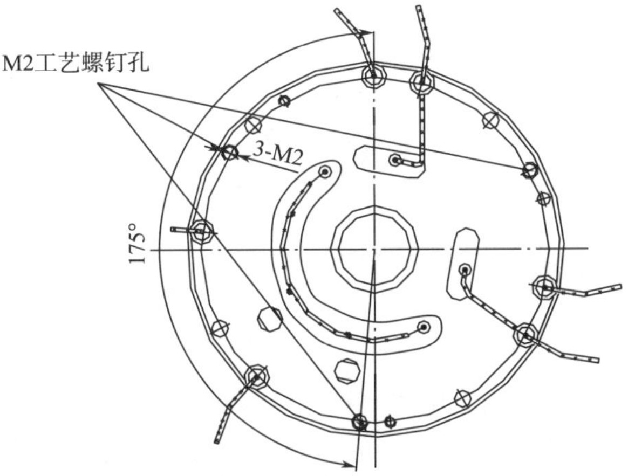

图 1　传感器组件示意图

2.2　焊接过程多余物控制难点

液浮陀螺总装合盖前共有 3 次焊接过程，第 1 次焊接是导电游丝焊接于护线板上，第 2 次焊接是导电游丝焊接于浮子接线柱上，第 3 次焊接是内引线焊接于壳体绝缘子上，具体位置如图 2 所示。由于陀螺体积小，位置有限，要求焊点很小，且内引线和导电游丝都很细，必须在显微镜下操作；同时要求焊点不得有拉尖、缺锡、焊点不饱满等质量问题，还必须使用松香焊剂；这导致焊接时操作很不方便，且松香焊剂受热后汽化，容易产生焊锡飞溅物。

这些焊锡飞溅物落在焊点附近，如果操作者在焊接后未将其清理掉，就产生了多余物，这些多余物会通过传感器座上的小孔、浮子与护线板间的缝隙进入到浮子与壳体间或轴尖与宝石轴承之间，导致浮子卡滞或卡死。

图 2　陀螺内部焊点示意图

控制难点：陀螺焊接面结构复杂，微缝、小孔多，焊接过程及焊接后不易清洗，稍不注意就容易使焊接飞溅物或清洗残渣掉入陀螺内部，形成多余物。

2.3 陀螺合盖时的多余物控制难点

陀螺合盖工序中，主要工步包括小齿轮的安装、端盖的安装和调整螺刀的安装，安装方式见图3。

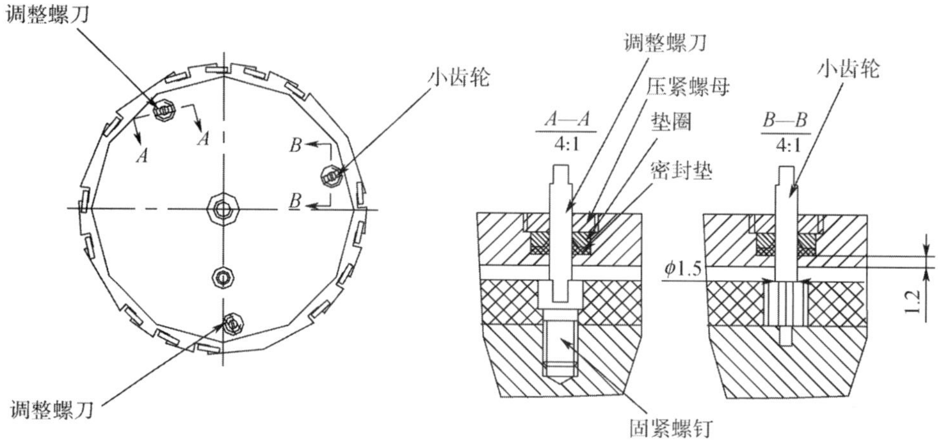

图3 调整螺刀、小齿轮与端盖装配示意图

装配时先装小齿轮，再装端盖，最后装配调整螺刀。

小齿轮材料为H62黄铜，端盖材料为2A12铝合金，装端盖时，端盖相对小齿轮向下运动，由于小齿轮与端盖 $\phi1.5$ 配合间隙小，单边只有0.01～0.014 mm，易产生切削，形成金属屑。

调整螺刀材料为钛合金，端盖材料为2A12铝合金，装调整螺刀时，调整螺刀相对端盖向下运动，由于调整螺刀与端盖 $\phi1.5$ 配合间隙小，单边只有0.005 5～0.017 mm，易产生切削，形成金属屑。

控制难点：调整螺刀和小齿轮的装配属于盲装，对操作者的手感和经验要求很高，稍有不慎，就会由于挤压切削产生多余物。

3 技术方案

为严格控制产品装配过程带入多余物，确保产品质量，整个生产过程应从生产准备过程、零部组件周转、存放以及产品装配关键环节控制等方面开展多余物的控制和防范工作。

3.1 生产准备过程多余物防范与控制

3.1.1 认真对待清理、清洗等准备工作

零组件准备时，除了常规的毛刺清理、清洗、检查，对传感器组件、壳体组件中的通孔、螺纹孔、盲孔的清理、清洗、检查要重点处理；通常用钢钎粘橡皮膏清理，直至橡皮膏发白无污染为止；尤其要反复清洗、检查端盖组件及轴承座组件的宝石轴承孔，清洗后

要注意保护。

总装过程使用的工具及工装要及时进行清洗、清理、检查。装配传感器用的M2工艺螺钉要定期更换。

对组件阶段形成的盲区要加强清洗，除用常规的超声波清洗外，还要用注射器吸取酒精或丙酮冲洗，再用高压气枪冲洗。如传感器组件（图4）、波纹管组件（图5），当传感器内定子组件装入传感器座后，形成环形盲区，在清洗传感器座盲区时，注意高压清洗液及气流从传感器座腰形孔进，从内定子组件与传感器形成的环形槽出，简而言之“小孔进大孔出”。

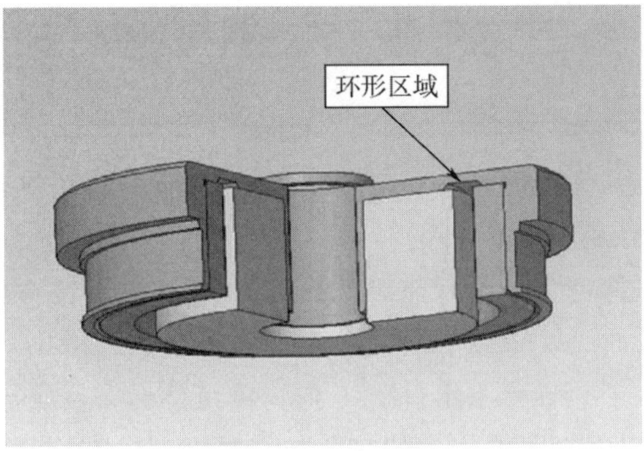

图4　传感器组件盲区

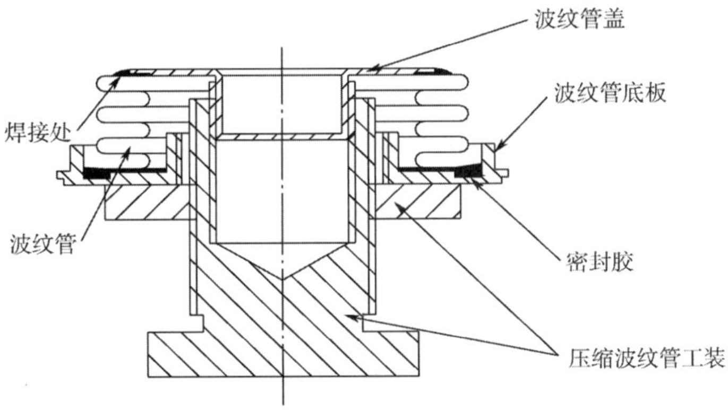

图5　波纹管组件盲区

3.1.2　试配工作不能马虎

总装前必须将传感器组件、端盖组件、宝石轴承座组件、调整螺母、波纹管组件装入壳体试配；将宝石轴承座组件与锁紧螺母试装；将锁紧螺母、调整螺母与宝石轴承座组件、壳体组件试装；将护线板、传感器座与壳体试配；将偏心环、偏心套筒与壳体试配；将压紧螺母、调整螺刀、固紧螺钉、小齿轮与护线板和传感器座试配；保证各零组件间无干涉、能自如装配到位。否则，遗漏任何一个试配环节，均有可能在总装环节产生金属屑，从而引起陀螺卡滞问题。

对待试配工作，千万不能马虎，不能有大部分产品不存在问题的侥幸心理。

3.2 零部组件周转、存放多余物防范与控制

波纹管组件、传感器组件、端盖组件转总装后不允许进入去毛刺间等洁净度要求低的房间进行操作。

零部、组件、整表装配过程中除灌油卡口后，周转时应严格按照房间洁净度要求，从低到高流转；不允许从高到低、混区作业。达到总装要求的零部、组件必须存放在干净、封闭的玻璃器皿中，直至总装。

3.3 易产生多余物的几个关键环节的控制

3.3.1 装传感器组件多余物控制

1）将传感器组件装入壳体后，在40×显微镜下检查，并用细钎子裹橡皮膏清除传感器座M2螺钉孔中隐藏的多余物。

2）装入工艺端盖组件、工艺轴承座组件后，在40×显微镜下检查并用橡皮膏清理壳体$\phi 4$孔及宝石轴承座组件M2螺纹端可能产生的多余物。

3）取出调整螺母、工艺轴承座组件、工艺端盖组件后，在40×显微镜下，用橡皮膏清理壳体内部及传感器座表面可能产生的多余物；缓慢翻转陀螺，用橡皮膏清理壳体与调整螺母、工艺轴承座组件配合面处可能产生的多余物。

注意：有的微小多余物藏在螺纹顶径处，显微镜观察不到，因此，对观察不到的部位，尽可能用橡皮膏进行清除处理。

3.3.2 焊接过程多余物控制

对陀螺内部焊接过程的多余物控制，要求每个焊点严格按生产准备－预先镀锡－次焊接（焊接游丝、导线）－二次焊接（调整游丝、导线，清理焊点）－清理等五个步骤进行。下面以导电游丝焊到接线柱上（见图6、图7）为例进行说明：

1）在准备阶段，先对接线柱槽口清理干净，再对其进行镀锡。

2）在镀锡过程中先将烙铁头清理干净，烙铁头搭接于接线柱一侧，在显微镜下看着焊锡充分流于接线柱槽口，做到槽口内无空腔。

3）在正式焊接过程中先不加焊剂，将导电游丝焊接在槽口内。

4）用小毛笔蘸取适量焊剂，毛笔潮而不湿，涂在接线柱头上。把烙铁头搭于接线柱一侧，在显微镜下看着焊锡二次熔化，达到充分熔化之后，调整导电游丝至不受力的自由状态。

5）在40倍显微镜下，用小毛笔蘸取过滤后的丙酮，挤出丙酮，刷洗焊点，用力适度，要注意防止毛刷掉毛及清洗液流到壳体内部，焊点无污染及其他多余物。

经过细化焊接过程控制要点，有效控制了液浮陀螺游丝焊接过程中多余物问题。

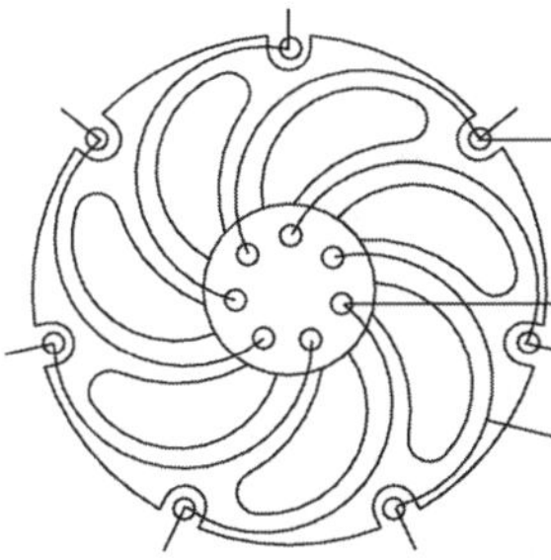

图 6　导电游丝连接示意图

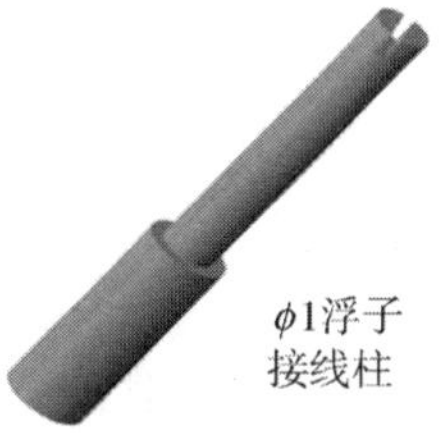

图 7　接线柱结构示意图

3.3.3　陀螺合盖过程多余物控制

1）装端盖组件前的清理，在 40 倍显微镜下用橡皮膏清理绝缘子、接线柱各焊点，然后用干净毛刷蘸取少量丙酮刷洗每个焊点部位，注意防止毛刷掉毛以及清洗液流入表内。并再次用橡皮膏清理各焊点、壳体内孔、护线板等表面，确保各表面没有焊剂残杂残渣、污物等。清理过程中注意保护游丝，避免因接触使游丝受力。

2）装入小齿轮后，在 40 倍显微镜下用橡皮膏清理小齿轮上可能产生的金属屑及护线板上齿条啮合处可能产生的粉末或其他多余物。

3）装端盖组件采取加热包容件的工艺方法，使配合间隙变大，避免挤出金属屑。加热时用干净的烧杯罩住零件，放入洁净烘箱，在（80±2）℃下保持 20 min，取出后将端盖组件的 3 个孔分别对准安装在传感器组件上的两个固紧螺钉以及小齿轮，尽快装入；为了保证间隙装配，装配时，时间要短。

4　结论

本文总结了液浮陀螺装配过程中多余物预防和控制的一点体会与操作要领；通过这些措施和方法的应用可有效控制陀螺多余物问题。近两年，推广应用该方法后，共装配各型号液浮陀螺 300 余块，其中因多余物问题导致液浮陀螺返工的不到 3%，远低于以前多余物发生的概率。

液浮陀螺多余物控制是一个复杂、系统的工程，不但需要从零组件加工、组件装配、总装过程等环节加强控制，还有员工技能水平的提高，文明生产及厂房环境保障等也是必不可少的环节，因此必须通过多方面共同努力，不断地完善改进操作工艺方法和生产过程管理措施，才能有效地预防多余物的产生，从而保证产品质量。

参考文献

[1]　吴敏镜，等．惯性器件制造技术．北京：宇航出版社，1989.
[2]　陆元九，等．惯性器件．北京：宇航出版社，1990.
[3]　钟万登，等．液浮惯性器件．北京：宇航出版社，1994.

光纤陀螺光路熔接技术

任学民

航天九院 16 所

摘　要　针对光纤陀螺光路装配过程中，熔接点易断造成光纤陀螺失效的问题，在实际装配中总结经验，改善工具、方法，对工艺参数进行优化，能够有效提高熔接点可靠性。

关键词　光纤陀螺　熔接　可靠性

1　引言

光纤陀螺仪是 20 世纪 70 年代后期发展起来的全固态陀螺仪，与传统的机电陀螺仪和环形激光陀螺相比具有更大的优越性，具有更强的竞争力。其优越性包括：结构简单、无运动部件和磨损部件；启动快；寿命长；体积小、质量小；耐振动、冲击；抗电磁干扰；无加速度引起的漂移；动态范围大、成本低等。光纤陀螺仪装配过程相对于传统挠性、液浮陀螺来讲，装配过程模块化，装配流程相似，装配过程相对简单。但是，作为光纤陀螺装配过程中的重要过程——光纤陀螺光纤熔接技术，直接影响着陀螺的性能及可靠性。

光纤熔接技术是采用专用设备将光纤陀螺中各光器件接续在一起的技术，作为光纤陀螺生产中重要工艺技术，直接影响光纤陀螺的可靠性，该过程属于特殊过程，熔点质量主要靠设备保证，难以检测。但是熔接前的制备过程需人为操作，操作不当容易造成光纤断裂，影响产品的可靠性。

本文以某单轴光纤陀螺仪为例，介绍光纤陀螺光路装配中光纤熔接过程中方法及经验。

2　技术难点

在我所厂光纤陀螺研制初期，曾出现过光纤熔接点断裂的情况，而熔接点断裂对于光纤陀螺来说是致命的，熔接点断裂与光纤陀螺仪中所用光纤的材料有关，这种材料为石英光纤，主要原材料为 SiO_2，理论强度是由四面体结构的 SiO_2 分子键的结合力决定的。光纤在制造过程中受环境、原材料和操作方法等因素的影响，石英光纤中玻璃基体存在微小的不均匀性，拉丝中高温熔融骤冷使表面形成分布不均匀的应力，光纤表面或者内部的粉尘微粒以及表面存在的微裂缝都将严重影响光纤强度。这种缺陷可以归结为脆性材料的表面微裂缝生长机理。

光纤原材料决定了光纤极易受损，任何环节的操作不当都可能造成光纤受损，光纤在熔接前制备过程，无论光纤涂覆层剥除、清洁以及切割过程都可能对光纤造成二次损伤，加快光纤表面微裂纹的生长，造成光纤熔接后断裂，损伤的程度与光纤本身的质量、设备以及操作者操作有关。另外，在构成光纤的材料中，硅氧四面体相互连接构成三维空间网络结构。—Si—O—Si—网络中氧原子以桥氧的形式存在，在潮湿的环境中，玻璃表面吸附水气并发生缓慢的水解反应，导致网络结构—Si—O—Si—中的硅氧键断裂，桥氧变为非桥氧，硅氧键断裂使玻璃形成微裂纹并使裂纹不断生长。在应力的作用下，促进断键反应的持续进行，影响光纤的可靠性及存储期。

综上所述，光纤熔接点可靠性虽与光纤及熔接设备关系较大，但提高操作者技能水平及规范性以及在一定程度上对熔接制备设备的改造能够有效减少光纤熔接前制备过程对光纤的损伤，提高光纤熔接点的可靠性。

光纤在熔接后，如果不及时对光纤熔接点进行保护或保护不当，将加快光纤表面裂纹生长速度，容易发生断裂。在光纤熔接点表面增加涂覆层，能够将裸纤芯与空气隔绝，减小应力对微裂纹的影响。这一过程虽多靠设备保证，但不当的操作行为，如大力开关切割钳口，光纤剥除后随意弯折等问题。此外，光纤过程中的设备并不合理，可以通过改造剥除及切割设备，减少光纤熔接前制备过程对光纤的损伤，提高光纤熔接点的可靠性。

3　技术方案

3.1　光纤熔接前制备优化

3.1.1　问题分析及方案设计

光纤熔接前制备操作流程如图 1 所示，在这个过程中发现光纤装夹可能造成切割角度过大，使用热剥除钳剥除光纤按压力过小可能光纤剥除不干净，过大可能造成光纤受损。清洁裸光纤更是对操作者要求较高，光纤需保持平直，任何弯折都可能影响光纤的可靠度。光纤切割后如取出光纤操作不当更可能造成切割端面受损。

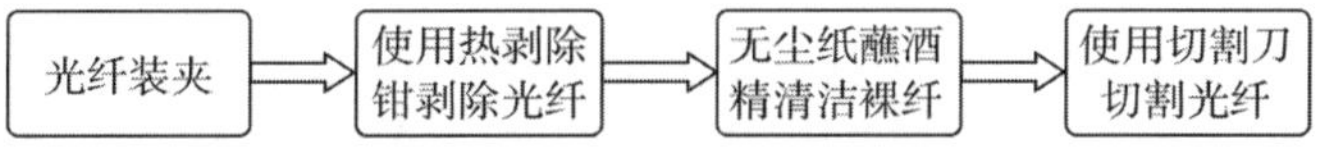

图 1　光纤制备流程图

光纤装夹是将光纤放入熔接夹具的过程，在实际操作中，由于光纤环或者光器件尾纤皆盘绕在一起便于周转装箱，所以光纤都非平直的，如果装夹过于随意，可能造成光纤切割角度过大，影响光纤的熔接。通过操作测试发现光纤在熔接机自带加热装置内加热 2～3 s 后，光纤就会变直，便于光纤长度确定及控制切割角度。

分析现有光纤剥除设备，光纤剥除使用 HJS-02 型热剥除钳，如图 2 所示，这种剥除钳钳体带有加热装置，光纤涂覆层加热后被软化，剥除钳利用两平行刀口剥除光纤涂覆层。热剥除钳钳口与光纤呈点接触，使光纤在剥除光纤过程中受力不均匀，对光纤造成一定的损伤，且对光纤造成的损伤较难预估。

图 2　光纤热剥除

通常情况下，发生断裂的光纤不在熔接位置，而在光纤制备后的裸光纤的任意一段内。目前，光纤的剥除及切割均采用机械的方法，故光纤在熔接前制备过程中，裸光纤的长度越长，裸光纤内裂纹生产造成断裂的概率也就越大。将制备光纤裸光纤的长度控制在较短的范围内，能够降低光纤的受损长度提高其可靠性，但一旦光纤过短可能影响光纤的熔接或弯曲后应力过于集中，造成光纤断裂。在热剥除钳控制剥除距离的钳体间增加垫片，控制裸光纤的长度，试验发现，将裸光纤长度调整为 4 mm 后长度较为适宜光纤的熔接。

光纤在剥除涂覆层后，须对裸光纤进行清洁，清洁方法是使用无尘纸蘸高纯度无水乙醇，捏至半干后擦除光纤多余涂覆层残渣，擦除时应与光纤方向一致，严禁使裸光纤变形。

分析现有光纤切割设备，光纤使用 CT－3X 型切割刀进行切割，如图 3 所示，光纤切割原理如图 4 所示。裸光纤被定位夹夹紧后，按动切割刀切割按钮，压块向下压紧光纤，切割刀向后侧滑动完成光纤切割。光纤在切割过程中，被压紧的裸光纤在切割时会受到一定的径向应力，可能使裸光纤表面的微裂纹加速生长，导致光纤熔接点强度降低。

图 3　光纤切割刀

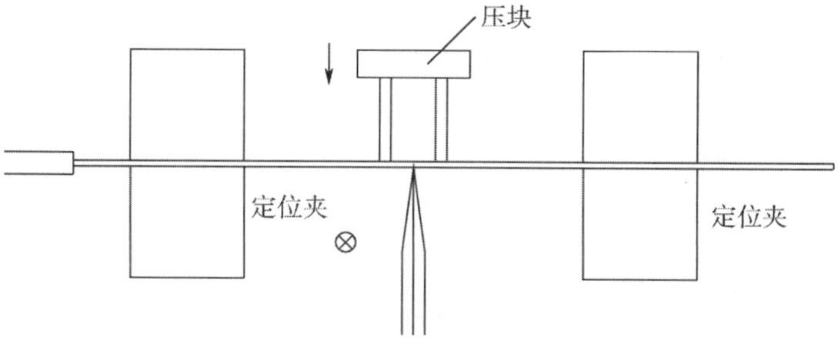

图 4　CT－3X 型切割刀切割光纤示意图

减小光纤在切割过程中的受径向压力能够减少对光纤造成的损伤，这种切割方式对光纤造成的损伤较难量化。将此问题提给工艺人员协商后，通过调研设备，更换了切割方式，新设备光纤在切割时采用拉紧力定位光纤而非压紧定位方式，待光纤拉直预紧后进行切割，这样避免了光纤多处径向受力，降低了光纤损伤程度，如图 5 所示。并且此设备剥除切割后裸光纤长度可调，裸光纤切割长度越短对光纤的损伤越小。

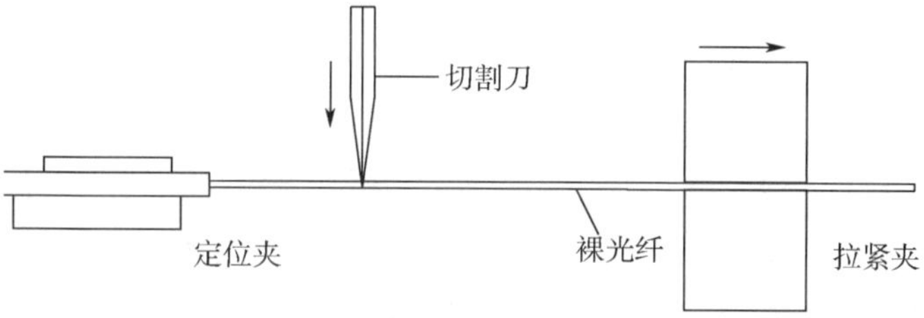

图 5　新设备切割光纤示意图

3.1.2　方法验证

为确保上述优化的有效性，对这些方法进行了对比确认。

光纤在制备前加热 2～3 s，去除光纤弯折应力，此种方法能够有效地将 90％的光纤切割角度控制在 1°以内。

光纤在熔接后按照特殊过程确认要求对新的光纤制备方法进行了确认，并对两种方法进行了对比。

拉力测试共进行了 120 个样本的试验，优化前 60 个样本，按上述方法优化后 60 个样本，优化前后拉断拉力分布如图 6 所示，采用优化后工艺方法保护的光纤熔接点拉断拉力值明显高于优化前；优化后熔接点拉断拉力值分布更集中，分布在 15 N 附近。

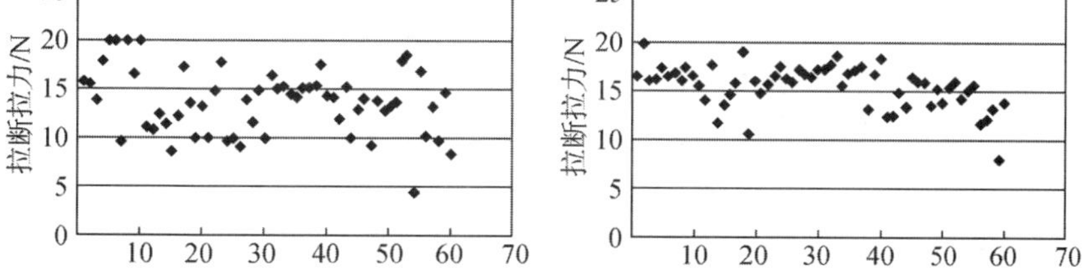

图 6　优化前后熔接点拉断拉力对比图

此外，还对熔接点受弯折应力影响的结果进行了试验，将熔接后的光纤盘绕在各规格试验棒上，通光测试，测试结果如表 1 所示。

表 1 弯曲试验数据

序号	样本号	裸纤长度	光纤规格	涂覆层	ϕ15 试验棒通光	ϕ10 试验棒通光	ϕ6 试验棒通光
1	9－1	9 mm	125 μm	无	断裂		
2	9－2	9 mm	125 μm	无	断裂		
3	9－3	9 mm	125 μm	无	正常	断裂	
4	4－1	4 mm	125 μm	无	正常	正常	断裂
5	4－2	4 mm	125 μm	无	正常	正常	断裂
6	4－3	4 mm	125 μm	无	正常	正常	断裂

由表 1 可以看出采用优化后方法制备的光纤，其弯曲直径与光纤陀螺中光纤盘绕最小直径的消反线圈（直径 $\phi10\sim\phi12$）相当，抗弯折应力性能明显提升。

3.2 熔接点保护方法优化

光纤熔接点保护采用涂覆后加套管、两端点硅橡胶的方法，如图 7 所示，此方法能够在一定程度上对光纤熔接点起到保护作用，但由于套管内部中空存在空气，无法彻底隔离水气对熔接点的影响。光纤陀螺中，由于空间的限制，熔接点均盘绕在尾纤槽内，呈弯曲状态，光纤在弯曲后，套管与光纤进一步分离，使光纤受到的应力不均匀，产生三处应力集中点，如图 7 所示。在应力的影响下，可能导致光纤熔接点断裂。

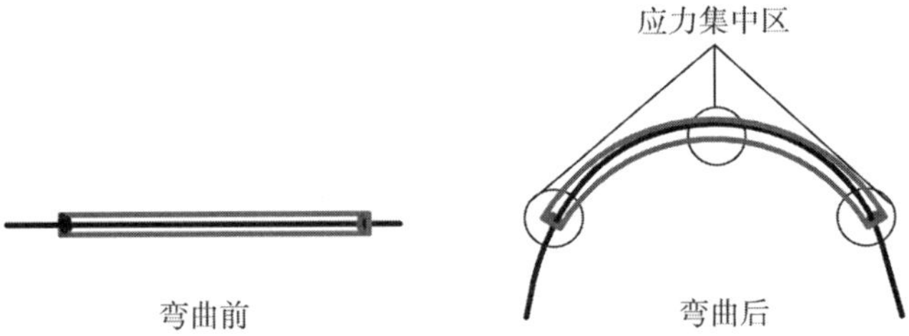

图 7 两端点胶保护方法示意图

如将胶粘剂注入套管内，可排出套管中残余空气，对光纤熔接点进行二次密封。在光纤熔接点受弯曲应力时，由于套管内已注胶固化，改善了应力集中分布于三处的情况，使光纤熔接点弯曲应力均匀分布在胶层内，如图 8 所示。

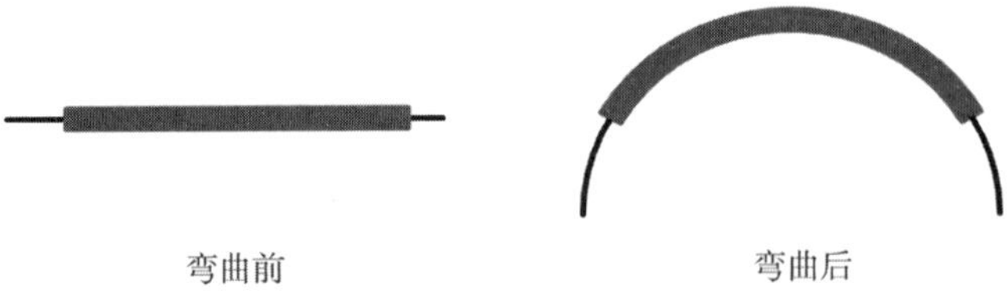

图 8 套管内注胶保护方法示意图

在胶粘剂选择方面，参考光纤保护方法：光纤在纤芯拉丝成型后在裸纤芯外进行两层涂覆胶来保护光纤裸纤芯，光纤结构如图 9 所示。内外涂覆层胶均有较好的韧性和较强的粘附力，固化后均较难剥除，但外涂层胶相对内涂层胶强度更高。光纤熔接点涂覆层胶成分与内涂层胶接近，主要成分为聚丙烯酸树脂紫外固化胶。依据内外涂覆层胶的特点，光纤熔接点保护选用光纤外涂覆胶作为保护胶粘剂。由于此种胶粘剂为紫外固化胶粘剂，要求套管为透明或半透明状，因此在综合考虑后选择聚四氟乙烯套管作为保护套管。聚四氟乙烯套管为半透明状，能够在－180～200℃温度下正常使用，并且具有良好的耐腐蚀的效果，满足各型号光纤陀螺环境试验条件。

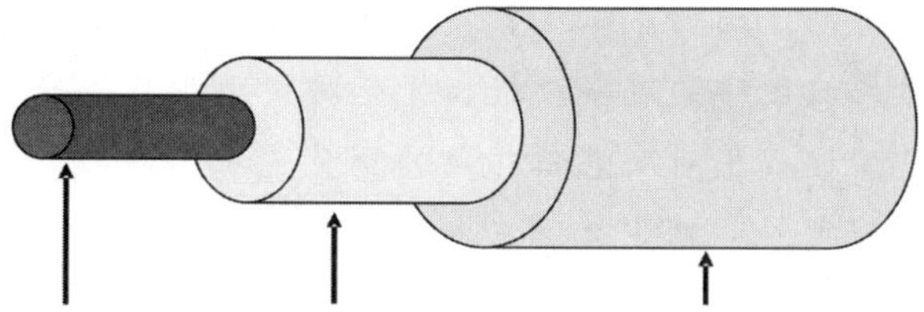

图 9　光纤结构图

经过摸索，在透明聚四氟乙烯套管内通过自制工装注入光纤外涂层胶的方法，既提高了光纤熔接点的强度，不影响此段光纤的折射率，此外还避免了套管两端点胶应力集中的问题，这种方法拥有操作便捷，固化时间短，固化后套管不易发生位移，熔接点不易变形等优点。

4　实用案例

光纤熔接点优化方法通过特殊过程确认后，首先用于某型号三轴光纤陀螺仪，该型号产品生产过程中切割角度得到有效控制，熔接前制备及熔接点保护方法优化后未出现问题，目前这种方法已在全型号光纤陀螺仪生产中使用，3 年多以来，未出现因熔接点断裂导致光纤陀螺异常的情况。

5　结束语

光纤陀螺光纤熔接是光纤陀螺装配过程中的重要工序，它影响着光纤陀螺可靠性及性能，通过优化熔接及保护过程，规范盘纤方法能够增加陀螺可靠性，减少因装配不当导致的陀螺数据超差。此外，光纤陀螺光路装配过程中还应注意以下过程：

1）光纤清洁应尽量时用高纯度无水乙醇；

2）用无尘纸清洁光纤尾纤时应严格与光纤方向一致；

3）待熔光纤发生弯曲后影响光纤的剥除及熔接，可能导致熔接失败，可以使用熔接机的加热装置加热光纤 2～3 s 左右，光纤就会变直；

4）光纤在剥除涂覆层后需尽快进行熔接及保护；

5）切割后的裸光纤要注意保护，不可触碰到手或其他物品，放置光纤受损；

6）熔接点在保护后应尽可能地放置在陀螺的平直端，或放置在弯曲半径较大的位置；

7）保证光器件根部的尾纤有一段平直段。

总装过程中弹翼安装扭转角测量方法

何泓霏　王永坤
航天九院第九设计部

摘　要　有翼导弹的安装扭转角对于导弹的控制和气动性能影响较大，因此有翼导弹尤其是大展弦比弹翼的导弹产品，在总装过程中均需要对安装角进行测量，保证左右弹翼的安装角偏差保持在一定的范围内。本文针对目前弹翼的大展弦比、复合材料化的特点以及传统标定点加工制造比较困难的现实，提出了一种便于实施的安装角测量方法，以供总装人员在有翼导弹的总装过程中对安装扭转角的测量使用。

关键词　装配　扭转角　有翼导弹

1　引言

安装扭转角是指弹翼展开后左右弹翼弦线所在平面同弹体坐标平面之间的夹角，顾名思义安装扭转角之差是指左右两弹翼的安装扭转角之差，单只弹翼的安装扭转角表征了弹翼本身的安装精度，而扭转角之差则表征了左右两弹翼的对称性，该偏差对导弹飞行过程中的气动性能和控制性能均有一定的影响。因此左右两侧弹翼的安装角之差是总装过程中需要测量的关键参数。

安装扭转角是弹翼的几何扭转角与弹翼的安装角之和，弹翼的几何扭转角是指弹翼上平行于对称面的翼剖面弦线与弹翼安装面之间的夹角，通常设计值为0°，如图1所示；弹翼的安装角指弹翼安装面与弹体坐标平面之间的夹角。

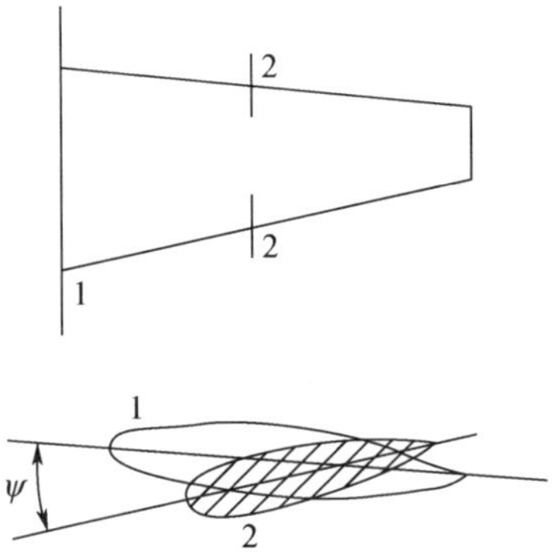

图1　几何扭转角示意

如果左右两侧安装扭转角之差较大，左右两侧升力差增大将会产生附加的滚转力矩，不利于导弹的飞行控制。因此需要在总装过程中控制弹翼的安装扭转角之差。

2　测量方法介绍

弹翼的几何扭转角实际上为空间角度，由设计值和生产加工存在一定误差组成，因此该数值需要弹翼生产厂家通过标定模具或者采用三坐标测量的方法给出。传统测量方法一般不进行几何扭转角的测量。

2.1　传统测量方法

传统上安装扭转角之差测量通过几何的方法进行测量，如图 2 所示。该方法需要在弹翼上进行标定测量点，调整水平后采用测距的方法进行几何参数测量，最后通过公式进行计算，存在标定点精度高、测量误差大等缺点。

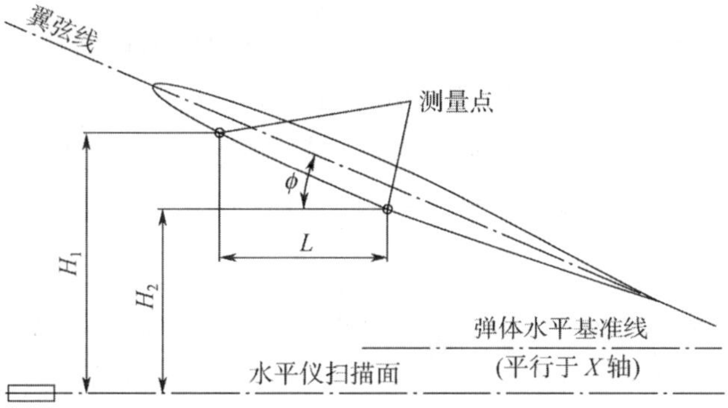

$$安装角\ \phi = \tan^{-1}\left(\frac{H_1 - H_2}{L}\right)$$

图 2　安装角之差测量方法

2.2　工装测量方法

在目前的实际情况下，弹翼多采用复合材料热压成型，制作标定点较为困难，弹翼的展弦比较大也增大了测量的难度。作者根据工作中的实际问题通过设计测量工装的方法，圆满解决了安装扭转角之差的测量问题。

2.2.1　弹翼翼弦面的确定

测量工装包括弹翼固定工装、测量支架及测量块三部分，其中测量块的表面质量要求不低于 Ra0.8，平面度小于 0.03 mm，安装完成后，测量块可以在测量支架上调整角度，安装形式如图 3 所示，该步骤是将空间的翼弦面通过工装引出，达到可测量的状态。

测量过程如下：

1）在固定长度 L 的位置沿弦长方向安装测量工装，安装测量支架和测量块；

2）在大理石平台上使用三个千斤顶支撑弹翼，调整并使弹翼水平。用表架和百分表测量安装平面的面跳动，过程中调整弹翼水平，要求面跳动小于 0.015 mm。

3）调整测量块角度使其接近水平；

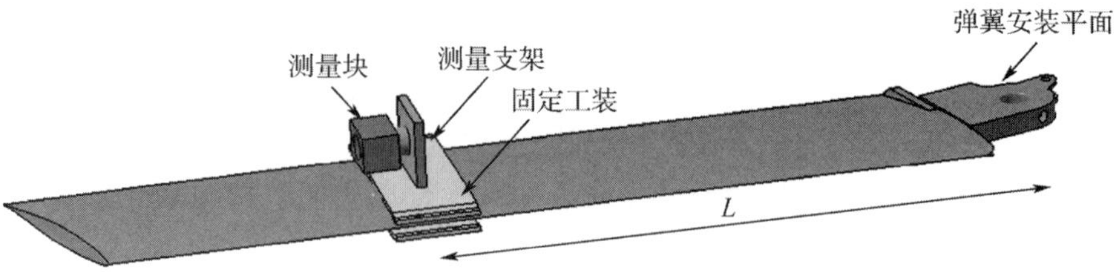

图 3　测量工装安装示意

4）使用的角度测量仪要求精度不低于 0.02°，将角度测量仪沿弦长方向放置在测量块上；

5）根据弹翼厂家的弹翼几何扭转角数值，调整测量块的角度使角度测量仪的数值与厂家的提供的值一致；

6）固定测量块并使其保持与弹翼相对固定，取下角度测量仪，弹翼待总装；

7）同样的方法测量并固定另一个弹翼的测量块；

注：由于弹翼本身有平直度的指标要求，测量时认为展长方向各处的扭转角一致，因此测量支架的安装位置不会对扭转角产生影响，L 的选取以弹翼安装前后方便测量为宜。

2.2.2　安装扭转角的测定

将固定了测量工装的弹翼完成安装并处于展开状态。安装过程中保证测量工装不发生移动，如图 4 所示。调整弹体或者弹翼组件至水平，再次使用角度测量仪沿弦长方向进行测量，得到总装后弹翼翼弦面与水平面的夹角。将左右两侧弹翼测量的安装扭转角进行差值即可得到弹翼的安装扭转角之差。

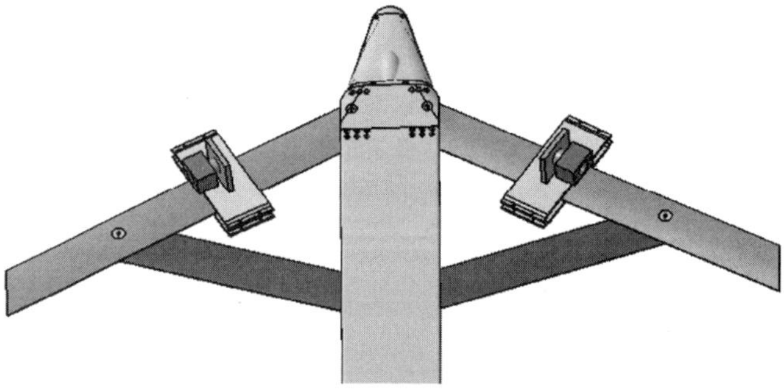

图 4　总装后测试示意

需要注意的是，由于采用安装支架和安装块并使用角度测量仪进行测量，因此在测量过程中引述了测量误差，使测量的角度与弹翼厂家提供的几何扭转角存在一定的偏差，但由于测量值的精度一般会比要求的数值高出一个量级，该偏差不会影响最终的测量结果。实际操作中，可根据情况选取较高精度的角度测量仪，提高测量精度，将误差控制到最小。

3　结论

本文介绍的弹翼安装扭转角偏差测量方法，通过增加可调节工装将难以量化的抽象空间平面进行了可测量的转换，本方法原理简单，所需仪器少，测量精度高，是实际解决航天产品尤其是有翼导弹产品的有效措施。

研磨安装面调整零位在水平传感器生产中的应用

徐　昂
航天九院 693 厂

摘　要　作为水平基准，水平传感器零位精度和稳定性是一项十分重要的指标，而零位修正是确保传感器质量和性能的关键工序。研磨补偿技术是一种新的消除传感器装配固有零位的方法，通过研磨安装面的方式调整零位（能达到10″以下的高精度），可最大限度地避免重复拆卸、重新装配带来的机械应力，有效提高零位的稳定性，缩短生产周期。研磨补偿技术已在我厂大部分型号上得到应用，比如AB系列、SCY系列等型号，有效解决了产品调零工序长的生产瓶颈，但在实际操作过程中，存在过度研磨导致产品底座报废等问题，操作难度大。本人通过在生产实践过程中的不断摸索，确定了研磨零位的操作方法和技巧，可有效避免过度研磨，提高了研磨质量和效率。

关键词　研磨　调零　水平传感器

1　概述

水平传感器是我厂电子仪器的拳头产品，其核心部件为液体式水平敏感元件，水平敏感元件玻璃壳体内有导电液，并有三根电极和外部连接，三根电极相互平行且间距相等，三根电极底部浸入导电液体内的深度相同。在这三根电极上加上幅值相等的交流电压时，电极间的导电液体形成离子电流，两根电极之间的导电液体相于两个电阻 R_1 和 R_2。

如图1所示，当水平敏感元件处于水平位置时，$R_1=R_2$，表示水平传感器达到零位，输出显示角度为零。如图2所示，当水平敏感元件处于倾斜状态时，三根电极浸入导电液体的深度发生变化，中间的电极2浸入深度基本不变，电极1浸入深度减小，导电的离子数减少，电阻 R_1 增大，同时电阻 R_2 减小，即 $R_1>R_2$。反之，若倾斜方向相反，则 $R_1<R_2$。

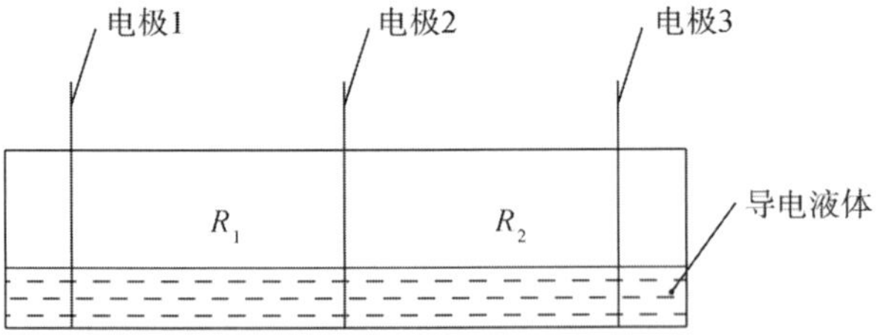

图1　水平敏感元件处于水平位置

为提高零位稳定性，近几年的新型水平传感器普遍采用将敏感元件通过螺钉直接固定在壳座上的V型槽内的结构形式，其装配示意图见图3。理想状态下，产品装配后水平敏感元件应该处于图1所示的水平状态，输出显示角度为零。受水平敏感元件的壳体及传感

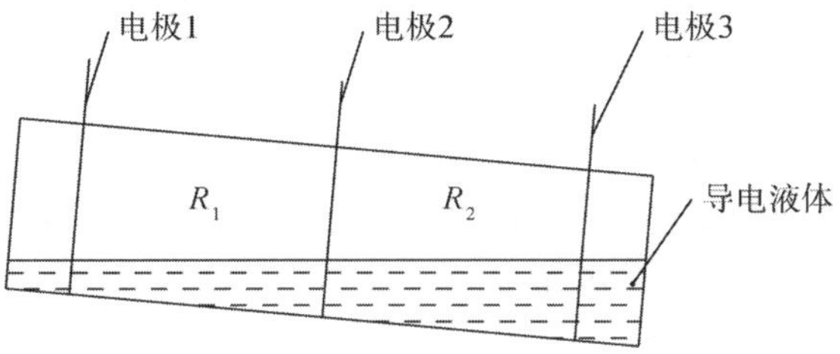

图 2　水平敏感元件处于倾斜状态

器壳座零件加工精度的影响，水平敏感元件装配后一般会有一定的倾角，此时电极 1 和电极 3 浸入导电液体的深度不等，即 $R_1 \neq R_2$，于是产生零位误差。调零时，通过研磨壳座安装面，调整水平敏感元件的倾斜角度，以此调节电极 1 和电极 3 浸入导电液体的深度，直至 $R_1 = R_2$，水平传感器信号输出为零，达到调零的目的。

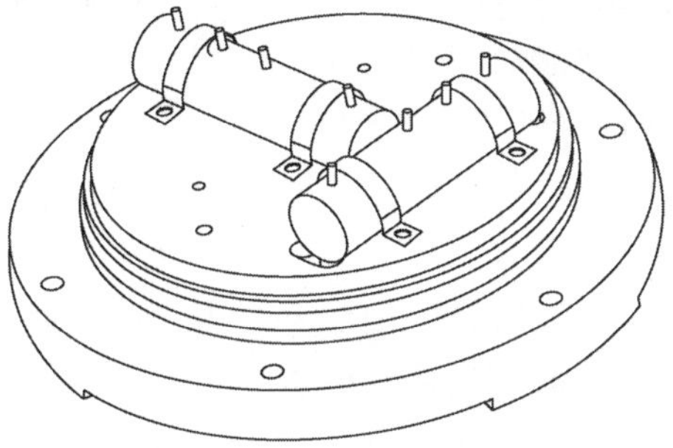

图 3　敏感元件用螺钉固定在壳座上的 V 型槽内的装配示意图

2　研磨过程中存在的问题

产品研磨前，需要测量水平传感器的初始零位偏移量，测试方法为：利用合像水平仪调整三角平台，建立水平基准，把水平传感器用螺钉固定在三角平台上，按产品工艺连接电缆，接通电源，测量水平传感器零位输出值。如某产品初始零位偏移量为 $\alpha = 5'$，水平传感器安装面直径为 $R = 112$ mm，零位偏高的方向与基准水平面的高度差为 h，通过计算可知，水平传感器零位偏高的方向高出基准水平面约 160 μm，如图 4 所示。

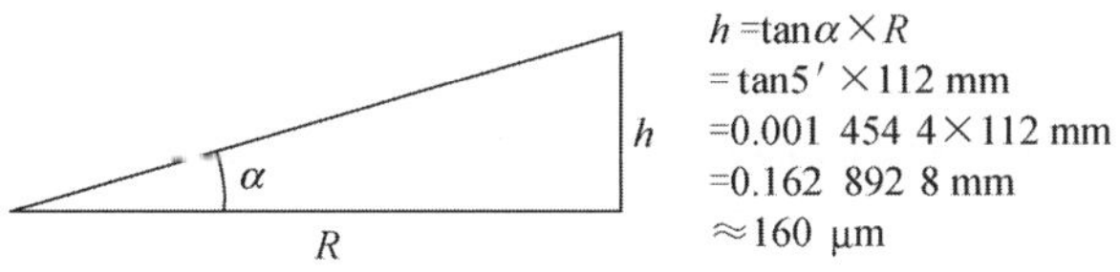

图 4　水平传感器安装状态

现在用研磨方式来消除高度差。研磨是在精加工基础上用研具和磨料从工件表面磨去一层极薄金属的精密加工方法，理论可行。但问题是需要研磨多少下可以磨削 160μm，研磨量没有量化，往往是边研磨边测量，每次的研磨次数完全凭经验进行控制，每次研磨后都必须用汽油棉球清洁水平传感器安装面的研磨膏，进行零位测试，根据测试值再次进行研磨。研磨膏的清洁及产品测试都比较耗时，安装端面研磨膏稍有残余都会影响到测量的零位输出值的准确度。整个零位研磨过程往往需要多次研磨、清洁、测量，才能满足零位指标要求。如果零位偏移量过大（例如超过 10′），则耗时费工，效率低，有时由于控制不当，还会过度研磨损伤端面或造成产品报废。

3 操作过程方案分析

根据研磨调试经验，总结零位补偿研磨方案如下。

1）尽可能减小装配初始零位。初始零位与水平敏感元件的对称度、安装面的加工精度、电极的垂直度等因素都有联系。经验表明，如果通过装调的方法将初始零位控制在较小的范围内，可大大提高研磨的质量和效率，有效避免安装底座磨穿报废的风险。在实际装配中可通过调换水平敏感元件、象限倒头、*XY* 轴向交换、调换底座等办法，将初始零位控制在较小范围内，为缩短研磨时间提供良好的基础。

2）用分段研磨法确定研磨量参考值。

首先测量传感器零位偏移量 α ，确定零位偏高的方向，第一次先按着偏高的方向在研磨平板上，加磨料，均匀研磨安装端面 100 下，用汽油清洁安装端面，固定在平台上测量零位输出值，记录传感器零位偏移量 α_1，计算出研磨 100 下的研磨量为；$\Delta\alpha_1=\alpha-\alpha_1$。第二次再研磨 100 下，清洁安装端面后测量零位输出值 α_2，计算出第二次研磨 100 下的研磨量为 $\Delta\alpha_2=\alpha_1-\alpha_2$，重复多次取平均值，即为每研磨 100 下的研磨量参考值，分段越多，得到的研磨量参考值越精确。但考虑到实际操作，建议分 3～5 段为宜。

3）依据研磨量参考值计算研磨次数。

研磨次数=（零位偏移量/研磨量参考值）×100。

4）按照计算的研磨次数进行研磨，研磨后测量零位输出值，这时零位偏移量就会比较接近零位指标，然后控制力量按零位高的方向进行精磨，即可满足零位指标要求。

5）对已生产的产品建立研磨量参考值数据库，待再次投产可调用参照研磨。

4 实际案例

批量为 10 台的 EZ - TILT - 5000 - 1S 双轴倾角传感器生产进行到调整零位工序：

1）调整平台，测量并记录每一台零位偏移量填入表 1；

2）取 001 号试磨，用分段研磨法确定研磨量参考值为每研磨 100 下角度变化量为 0.041°；

3）计算研磨次数，开始研磨。

按此方法进行研磨，每台产品重复研磨均不超过 4 次，最少的仅重复两次研磨即可满足零位指标要求。

表 1 EZ-TILT-5000-1S 双轴倾角传感器调整指标

产品编号	R 轴输出/(°)	R 轴研磨次数	P 轴输出/(°)	P 轴研磨次数
001	−0.134	R-326	0.097	P236
002	0.223	R543	0.161	P392
003	−0.082	R-200	−0.137	P-334
004	0.042	R100	−0.219	P-534
005	0.145	R353	0.077	P187
006	−0.162	R-395	0.132	P321
007	−0.173	R-420	−0.160	P-390
008	−0.126	R-307	0.133	P324
009	0.154	R375	0.103	P251
010	0.069	R17	0.024	P58

5 经验总结

1）角度测量后，应仔细确认研磨方向，避免方向错误。最好在产品第一次研磨时控制研磨次数不要太多，研磨后将测量角度值与初始值进行对比，确保研磨方向正确。可有效避免因为产品内部接线错误引起的研磨方向错误，造成零件损坏。

2）研磨时应控制好力度，确保均匀受力，保证研磨面的平面度。

3）涂抹研磨膏后，应先以较低压力运动，待研磨膏完全均匀后再做正常运动。

4）由于每个人研磨时的力度存在差异，壳座材料也不尽相同，相同的零位初始值需要研磨的次数也会有所不同，为提高经验值的准确度，建议每个人应建立自己的型号研磨数据库。

6 结束语

经过多次实践证明，此种操作方法切实可行，不但能够提高效率，还可有效避免因端面损伤造成的产品外观质量问题。在今后的工作中将不断积累原始数据，摸索并完善操作方法，待研磨量参考值形成数据库后，还可进一步提高生产效率。

参考文献

[1] 通用工艺规范.Jc.3281.178 郑州航天电子技术有限公司编制，2011.5

平台系统中棱镜装配精度调整快速性及长期稳定性

郭红军　李　强

航天九院 7171 厂

摘　要　本论文根据平台生产要求和实际现状，结合理论及长时间生产实践摸索，总结出了棱镜从检查、清理到粘接、固化的一套细化的生产方法，同时充分利用平台上各光学基准间的相互关系巧妙地缩短了棱镜的调整时间和难度，进一步提高了生产效率和精度稳定性。

关键词　棱镜　精度　稳定性　快速性

1　引言

棱镜是平台的光学基准之一，在导弹发射前进行方位瞄准用，它的安装精度直接影响导弹的发射精度，由于存在棱镜精度指标要求高，调整周期长，一次调整合格率偏低的问题，为提高棱镜精度及缩短调整时间，就自身工作中学习和总结出来的理论和实际调整方法进行探讨。

2　影响棱镜精度构成要素

2.1　棱镜自身精度

棱镜自身的精度中最主要的指标有两个：π（俗称塔差）和 $\delta 90°$（见图 1），误差都要求小于 5″；其中 π 为棱镜棱线和 A 面的平行度；$\delta 90°$为两反射面之间的夹角。这两个指标的精度主要影响棱镜成像质量，若误差大将成双像，或成像模糊，对于一个要求装配后总安装精度在几角秒的高精度基准中，若在成双像或成像模糊的基础上进行后续工作，则大大降低了装配的可靠性和可操作性。

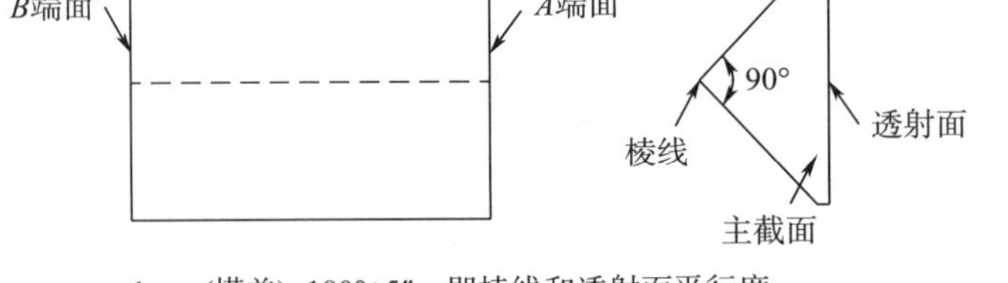

1—π(塔差)=180°±5″，即棱线和透射面平行度；
2— δ 90°=90°±5″，即反射面夹角(如图中所示90°)

图 1　棱镜主要指标示意图

2.2 棱镜组件的粘接

棱镜通过六个平端紧定螺钉在棱镜架上定位、并用光学环氧树脂胶粘接在棱镜架上，见图 2。棱镜在棱镜架上定位后棱线和棱镜架定位面的平行度，以及棱镜两端紧定螺钉力度及胶层厚度产生的形变均影响到组件精度的稳定性。

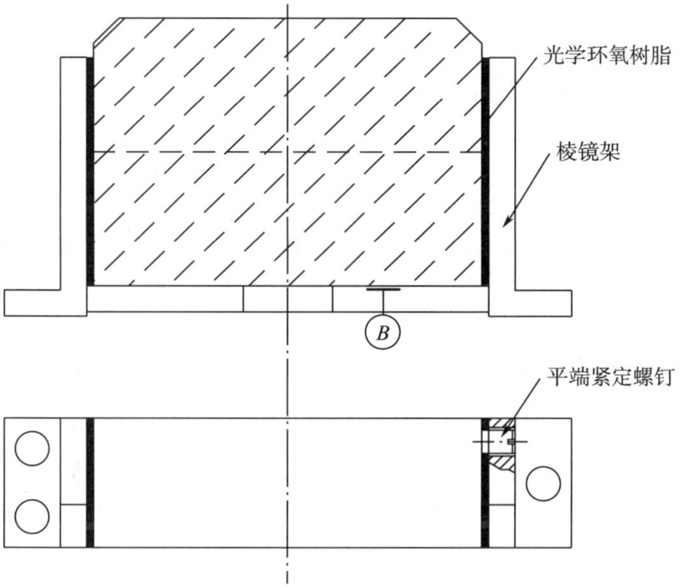

图 2　棱镜组件粘接装配示意图

2.3 棱镜组件在平台上的装配精度

棱镜组件在平台系统中不仅作为导弹发射的方位基准，同时也作为平台的装配基准，其通过研磨方式及紧定螺钉进行安装精度调整。

由于棱镜端面和定位面垂直度指标要求很高，每批次棱镜粘接过程中出现棱镜端面和棱镜架间间隙不均匀的现象，进而导致棱镜安装精度调整过程中出现了研磨量增大，调整次数增多。

棱镜组件在定位粘接胶固后，个别出现紧定螺钉处应力释放导致的胶层细小裂纹、气泡；同时亦有棱镜在棱镜架内原位置发生位移。

3 棱镜安装精度调整绝技绝招

棱镜安装精度调整 4 个小诀窍如图 3 所示。

3.1 棱镜装前清理小诀窍

由于装配调整精度高，零件表面的机械加工尺寸要求相应也较高，因此装配前仔细清理也相当关键，其具体操作如下：

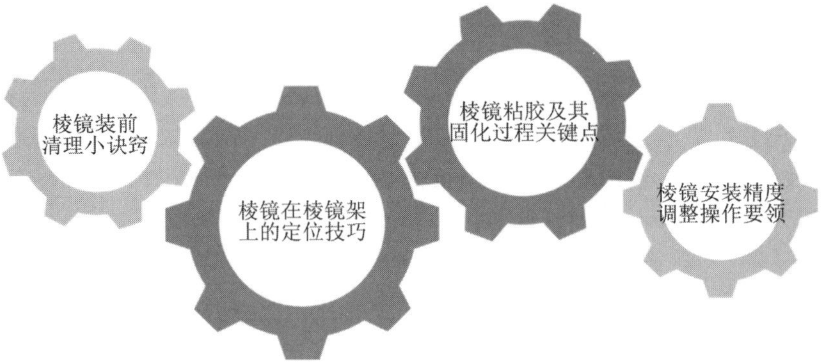

图 3　棱镜安装精度调整 4 个小诀窍

1）用刀口尺检查棱镜粘接面（A 端面及 B 端面）及接触面表面是否存在毛刺，若有则去除后用丙酮清洗干净。

2）用天然油石检查并去除棱镜架粘接面、定位面的毛刺，同时在棱镜架上试装全部平端紧定螺钉，去除试装后螺纹孔边缘及螺钉上产生的毛刺，其后用丙酮、汽油依次清洗干净。

这两步看似简单，但确非常关键，工作中所有零件上的毛刺全部仔细去除，避免定位面上毛刺直接损害及其他零件上的毛刺脱落后间接损伤到棱镜，同时防止了棱镜在棱镜架上的定位及胶接不稳固，为后续的棱镜粘接工作奠定了基础。

3.2　棱镜在棱镜架上的定位技巧

利用千分尺、深度尺精确测量棱镜长度、棱镜架尺寸、平端紧定螺钉及其在螺纹孔内的拧入深度后精确计算粘胶处间隙量、螺钉紧定深度；调整过程中使用塞尺仔细检查进行棱镜和棱镜架选配，保证粘胶处间隙均匀合理且两边对等，同时紧定力合适，具体操作要点如下。

（1）棱镜端面和棱镜架之间的间隙均匀

这一步的目的是保证棱镜主截面绕 X 轴的偏差角满足要求，缩短调整时间，降低垫片厚度提高稳定性。

（2）棱镜定位在棱镜架中间

保持棱镜 A、B 两端面和棱镜架间隙处胶层厚度相等；这一步的目的是保证棱镜两端面受力相等，减小胶的厚度及固化过程引起的棱镜变形。

（3）平端紧定螺钉的紧定力合适且两个端面紧定力相等

若是紧定力过大，可能导致棱镜形变影响精度，同时随着长时间应力的释放导致螺钉和棱镜接触点周围产生裂纹等，而这个过程可能是长期慢慢形成的，随之产生的精度变化隐蔽且无法测量；但反之，若紧定力过小则灌胶及干燥过程中棱镜有可能产生不确定的微小位置变化，进而影响精度及稳定性。

3.3 棱镜粘胶及其固化过程关键点

由于棱镜架、棱镜、胶等零件材料不同，因此在粘接过程中膨胀系数不同，会产生应力；应力又会随着平台多次的加温、降温而逐渐释放，这种释放过程必然会导致棱镜组件在平台上的安装精度发生变化，进而影响平台系统的稳定时间及精度；为此必须在棱镜组件装配到平台之前尽可能地消除这个应力；通过反复试验及分析最终确定了几个胶接及固化操作关键点：

1）粘接过程要迅速且保持合适的粘胶量，由于这种胶由 3 种成分配置而成，有效时间为 4h，但是实际上各种成分的化学反应时刻都在进行，并反映在胶的形态、色泽上，为保证胶接的一致性需要尽快一次完成胶粘过程；

2）延长胶的常温固化时间及进行三个模拟平台内部温度循环的固化过程，这样既避免了大量补胶导致的胶状态不一致引入棱镜形变，同时又适度延长固化时间，提高固化质量。

3.4 棱镜安装精度调整操作要领

棱镜安装精度调整操作要领见图 4。

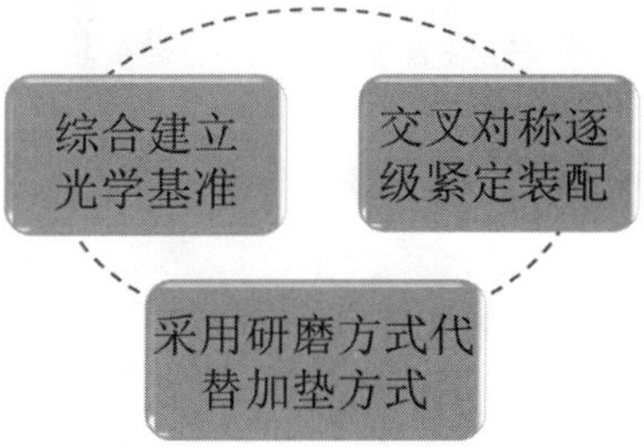

图 4　棱镜安装精度调整操作要领

3.4.1 综合建立光学基准

通过硅油盘、合像水平仪、经纬仪、六面体等精确建立多个水平及垂直基准，多方向监测将测试误差减小到最小。

3.4.2 交叉对称逐级紧定装配

当棱镜的安装精度调整合格后，在紧固三个装配螺钉时采用多遍逐个紧固螺钉的办法，先用螺刀依照一定的顺序旋转螺钉角度约 30°即可，这样多遍循环紧固至弹垫压平即可，最后再用力矩扳手逐个紧固，同时螺钉紧固过程中，通过经纬仪监测棱镜安装精度不允许发生大的变化。这种紧固方法最大程度上减小了装配应力，防止应力随时间释放后精度的变化。

3.4.3 采用研磨方式代替加垫方式

传统的棱镜安装精度调整采用的是加垫方式进行，此方式的缺点是调整垫片将棱镜的一端垫起，使棱镜定位面与支架安装面之间有间隙，这样结构的长期稳定性会受到应力释放的影响，特别是对于21XA系列的平台，双棱镜结构更容易受到应力影响。

基于此点的考虑，就要使用研磨方式进行调整，见图5，研磨对技能水平的要求极高，研磨面的水平度要求高，棱镜架的研磨量只能大致计算，研磨时主要靠经验和感觉进行操作，此过程需注意以下几点：

1）研磨时每下用力应一致，不能时大时小；

2）研磨应沿棱镜架方向研磨，这样研磨出来的才能是一个水平面；

3）每次研磨后试装前一定要使用汽油将棱镜组件上的研磨膏清洗干净，并使用脱脂棉擦拭研磨面，保证安装面的清洁；

4）研磨完成后使用刀口尺进行透光检查，若无透光说明研磨面平整。

图5　加垫调整方式更改为研磨方式

4　棱镜安装精度调整绝技绝招改进效果

经过改进后，棱镜组件在平台上调整的工作质量、效率和一次合格率：调整时间由原来每次3 h提高到现在的平均2 h，调整一次合格率由原来的20%提高到现在的50%，同时装配的近百套棱镜中杜绝了螺钉挤压棱镜破损的现象及胶固化后位置发生位移导致精度变化。棱镜安装精度长期稳定性也得到了很好的保证。

5　结束语

棱镜安装精度对于平台系统是非常重要的，本文通过一些装配过程中的小诀窍、小技巧，能够很有效地提高合格率和减少质量事故的发生，保证了产品质量。

参考文献

[1]　沃西源．复合材料胶接连接工艺，航天返回与遥感．1996，17(1)：52.

[2]　材料手册(金属)．中国航天科技集团公司第八研究院，2007.

柱形动压陀螺马达气浮轴承精密配研技术

周 赟 赵云海 席 茜 张 臻

航天九院 230 厂

摘　要　针对动压马达气浮轴承的工作间隙非常小（单边只有 2 μm 左右），导致装配制造精度要求在亚微米级，在生产和使用过程中曾多次出现马达卡滞和不启动现象以及马达性能参数不稳定和超差、生产合格率和生产效率一直较低等问题。通过开展动压马达精密制造技术课题研究，经过长期工艺技术攻关及生产实践，摸索总结出一套行之有效的动压马达气浮轴承精密配研技术。

关键词　柱形动压陀螺马达　气浮轴承　微小间隙　精密配研

1　引言

在国内外，动压马达因具有低噪音、长寿命、高精度等优点而被广泛用于航空、航天、航海等领域中的高精度陀螺仪。某型号静压液浮陀螺仪中采用的是柱形动压气浮轴承陀螺马达，如图 1 所示。

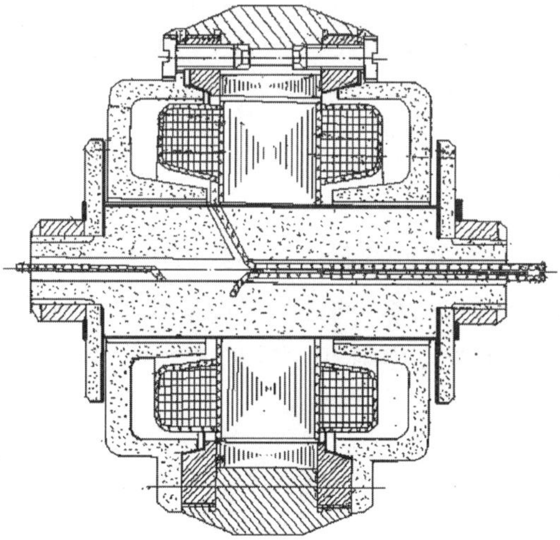

图 1　柱形动压马达结构示意图

如图 2、图 3 所示，动压气浮轴承是以微间隙配合，轴颈表面和止推板表面刻蚀有螺旋窄槽，当轴承随转子旋转时，螺旋窄槽将轴承外的气体泵入微间隙，轴承产生较高的分布压力，承受转子过载负荷。动压气浮轴承就是依靠转子本身高速旋转所产生的具有一定压力的气膜来起支承和润滑作用的轴承。

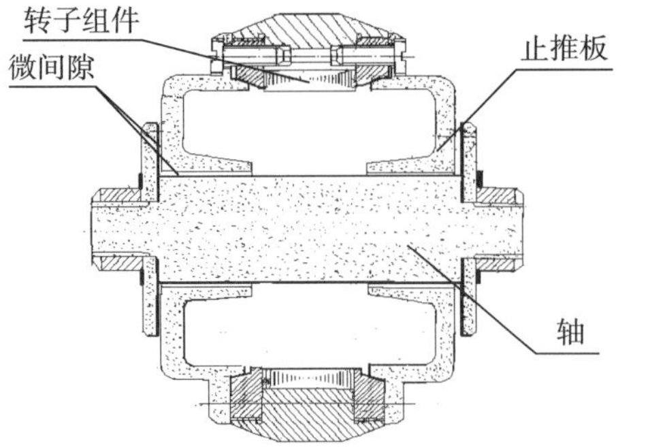

图 2　动压气浮轴承示意图

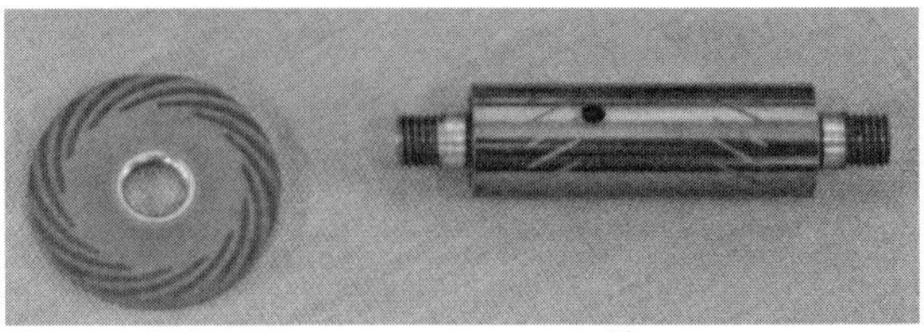

图 3　止推板和轴

由于动压马达气浮轴承的工作间隙非常小，单边只有 2 μm 左右，这就要求轴承副的制造加工精度和装配精度非常高，零组件的加工尺寸精度和形位精度通常为亚微米级，如转子组合件两端面平面度、平行度、两端孔的同轴度、圆柱度等几何精度都要求在亚微米以下，表面粗糙度 Ra 值要求在纳米量级，装配修研后组件的几何精度通常需要控制在亚微米以内，而且经过多次拆装和温度循环后其几何精度保持在亚微米以内，导致动压马达的生产制造难度极大。

在以往这种马达的生产和使用过程中，曾多次出现马达卡滞和不启动现象以及马达性能参数不稳定和超差等问题，生产合格率和生产效率一直较低，已严重影响到陀螺仪表的精度和可靠性以及型号任务的研制生产周期。为此，230 厂组织开展了动压马达精密制造技术课题研究，经过长期工艺技术攻关及生产实践，摸索总结出一套行之有效的动压马达气浮轴承精密配研技术。

2　关键技术

针对动压马达气浮轴承装配间隙控制不当导致马达性能指标超差问题，通过采用转子组合件形位精度控制技术，轴承副微小间隙精密配研技术、轴承副装配间隙精确检测技术和装配锁紧力矩控制技术，解决马达刚度和承载能力不够、高温惯性时间变短超差等问题，保证了马达高性能指标要求。

3　技术方案

3.1　转子组合件形位精度控制技术

动压马达转子组合件结构如图 2 所示，转子组合件是由转子体与两端盖之间采用小锥配合定位并通过两端各 6 个螺钉固定而成。转子组合件的同轴度、平行度、垂直度、平面度等形位公差在装配过程中，亚微米级的变形就会影响马达间隙的准确性从而影响马达性能。

转子组合件两端盖与转子体的定位为 1∶200 小锥度止口过赢配合，止口是形位精度保障的基础，首先在装配前采用精确配研方法控制止口径向过盈量在合适尺寸，由于锥度尺寸难以在线精确测量，为此采用专用测长仪器检盖装到转子体后自由状态下的轴向间隙，使其控制在要求范围内，并且通过盖和转子体锥面多次反复拆装的方法，转子组合件止口配合部位微观高点被研除，达到止口锥面良好的贴合目的。其次转子体和盖的轴向贴合面都要分别采取手工精密研磨，严格控制其平面度，转子体与盖的贴合面研平以保证两端面的良好贴合，并且在螺钉拧紧后有效避免产生变形和导致每回拆装后无法复位。最后在配研间隙时按照先修研内孔再修研端面的原则，修研后反复拆装形位精度均可以保证两端面端跳、平行度、同轴度。

3.2 轴承副微小间隙精密配研技术

轴承副间隙（如图 4 所示）采用转子组合件与轴组合配研，按照先修研内孔再修研端面的原则，反复修研转子组合件两端盖内孔（轴承孔）和两端盖端面（轴承止推面），控制径向间隙和轴向间隙在设计要求范围内，同时控制平面度、平行度、与内孔的垂直度和两端孔的同轴度等形位精度在图纸设计要求以内，而且经过多次拆装和温度循环后其形位精度保持在设计要求范围以内。

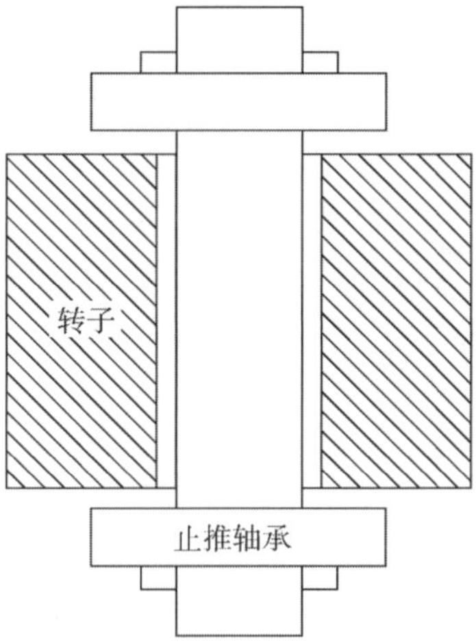

图 4　轴承副间隙示意图

转子组合件两端盖内孔研磨在车床上进行，研孔的过程中为保证孔的圆柱度和两端孔的同轴度，需要配作配合较紧圆度较好的研磨棒，研磨棒研磨部位形状呈中间大两头小的“腰鼓”形。切忌只用一根研磨棒一次研磨到底，而是要根据被研孔尺寸的逐渐变化及时换用相应尺寸的研磨棒，即采用成组研磨棒，研磨中分别使用粒度由大到小的金刚石水溶性研磨膏作为粗研、半精研和精研。

转子组合件两端盖端面研磨采用平板研磨方法，研磨平板通常在使用前采用三块平板互研法进行修研，研磨后用光学平晶检查，应不多于一条光波干涉带，并呈均匀微凸。工件研磨后用平晶检查端面平面度，根据干涉带条纹弯曲度与宽度比值判断平面度大小，并用准直光管检查端面与内孔的垂直度，用电感比较仪测量两端面平行度。

3.3　轴承副装配间隙及刚度精确检测技术

在零组件配研阶段，轴承副径向间隙分别用内径千分尺测量转子组合件端盖内孔尺寸，用外径千分尺测量定子轴外径尺寸，轴承副轴向间隙用电感比较仪测量配偶件的尺寸差值。

在装配成马达后采用电容测微仪在分度头上配以专用测试工装和采取自重法及两位法测试精确测量马达转子的位移量，如图 5 所示。

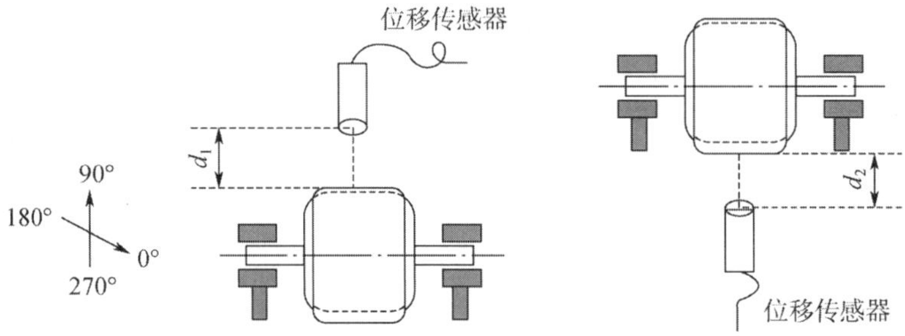

图 5　动压马达径向间隙和刚度测试原理图

在马达不通电情况下实现马达装配过程轴承副配合间隙的精确检测，而在马达通电运转的情况下实现动压马达气膜刚度的高精度测量。

（1）径向间隙的测试

调整电容式测微仪的 $\phi3$ 探头相对动压马达转子外圆表面保持一定距离固定，转动测量装置，探头分别在 0°、180°的位置（0°为探头竖直在马达上方、180°为探头竖直在马达下方）上，读出相应测量值 Y，按公式计算

$$\Delta Y = Y_{180°} - Y_{0°}$$

式中　$Y_{180°}$——探头处于 180°的位置的读数；

$Y_{0°}$ ——探头处于 0°的位置的读数；

ΔY ——两位置读数的差值。

为减小测量误差，应对 ΔY 取多次（5 次以上）测量值的平均值。

（2）轴向间隙的测试

调整电容式测微仪的 $\phi1$ 探头相对动压马达转子止推面保持一定距离固定，当探头位于转子止推面上面的垂直平面时，读出测量值，转动测量装置 180°，使探头处于转子止推面下面的垂直平面位置，读出测量值。两次测量值之差 Δh ，即为动压马达转子质量作用下，轴承轴向的变化量。为减小测量误差，取多次（5 次以上）测量值的平均值。

（3）径向刚度的测试

调整电容式测微仪的 $\phi3$ 探头相对通电的动压马达转子外圆表面保持一定距离固定，转动测量装置，分别在 0°、180°的位置（0°为探头竖直在马达上方、180°为探头竖直在马达下方）上，读出相应测量值 Y，按公式计算

$$\Delta Y = Y_{180^\circ} - Y_{0^\circ}$$

式中 Y_{180°——探头处于 180°的位置的读数；

Y_{0° ——探头处于 0°的位置的读数；

ΔY ——两位置读数的差值。

为减小测量误差，应对 ΔY 取多次（5 次以上）测量值的平均值。

假设动压马达的转子体质量为 m，则动压马达的径向刚度 K_j（N/ μm）为

$$K_j = \frac{m}{\Delta Y/2}$$

（4）轴向刚度的测试

调整电容式测微仪的 $\phi 1$ 探头相对通电的动压马达转子止推面保持一定距离固定，当探头处于止推面上的垂直位置，即电机轴垂直时，读出测量值，再转动测量装置 180°，使探头处于转子止推面下面的垂直位置，即动压马达轴垂直时，读出测量值。两次测量值之差 Δh ，即为动压马达转子质量作用下，轴承轴向气膜的变化量。为减小测量误差，取多次（5 次以上）测量值的平均值。

假设动压马达的转子体质量为 m ，则动压马达的轴向刚度 K_z（N/μm）为：$K_z = \dfrac{m}{\Delta h}$ 。

3.4 装配锁紧力矩控制技术

转子组合件上的螺钉锁紧力应保证端盖紧固又不能使端盖变形，锁紧力不合适时，平面度 0.1 μm 的端盖，变形后平面度达几个微米，破坏了原有的轴承间隙和精度，要通过试验得出转子组合件两端盖各 6 个压紧螺钉的拧紧力矩以保证零组件在紧固的情况下而不变形，从而保证轴承原有的间隙和精度，实现气浮轴承气膜压力和刚度及马达负载力矩的稳定性。

4 实施效果

在柱形动压气浮轴承陀螺马达装配过程中，通过采取上述关键技术，马达轴承副装配精度控制在亚微米以内，而且反复拆装后的行位精度保持不变，马达高温惯性时间变化超差问题得以解决，马达刚度指标和耐回转性能显著提高，动压马达生产合格率从过去的不足 30%提高到现在的 75%左右，并且实现年产 200 套小批量生产能力。

5 结束语

本文论述的柱形动压气浮轴承陀螺马达精密装配技术经我厂多年生产实践证明，行之有效，上述关键技术的突破，主要解决了柱形动压马达生产过程中轴承副微小间隙的控制难题和高温工作环境下的微变形技术瓶颈以及马达合格率低、性能指标不稳定的问题，该项目的技术成果已广泛应用于某战略武器型号的批产任务，提高了导弹的精度和可靠性，该项目技术可推广用于半球形动压气浮轴承马达的装配制造。

大展弦比低翼载轻质无人机翼段装配技术

宋 涛 石建磊

航天十一院2所

摘 要 针对大展弦比低翼载轻质飞行器翼段结构刚度低、相邻翼肋安装角度不同、且安装角轴心一致的特点，进行了专用装配工装设计，并给出具体装配顺序，通过装配工装及顺序设计，能够显著提高大展弦比低翼载轻质飞行器翼段的装配质量和效率。

关键词 大展弦比低翼载轻质飞行器翼段 工装设计 装配技术

1 引言

高空长航时飞行器在长期侦查监控、环境监测和通信中继等军民两用方面具有非常广阔的发展前景，因此受到世界各国越来越多的重视，现已成为各国重点发展的武器装备之一。随着科学技术的不断发展，航空结构设计也在不断创新，新材料、新技术和新工艺的出现都不断地提升着航空产品的性能和质量。其中新材料的应用中以复合材料为主，复合材料的优势在于其具有远高于金属材料的强度质量比，以及良好的可设计性，在满足飞行器设计要求的前提下可大幅降低结构质量。新型复合材料的出现带动了航空结构设计，使用轻质、高比强度和比刚度的复合材料设计的大展弦比机翼布局形式具有高升阻比特性，采用此机翼布局形式的飞行器能够满足留空时间长、航程远的要求。因此，大展弦比机翼布局形式多用于高空长航时飞行器。

本文以我单位生产的某型号大展弦比低翼载轻质无人机为例，介绍了大展弦比低翼载轻质无人机翼段的装配经验。

2 技术难点

大展弦比低翼载轻质无人机的设计对结构轻量化有着严格要求，为达到质量要求，此类无人机结构广泛使用了复合材料，由复合材料构成飞机的主体结构，所占比重超过结构质量的95%，在无人机的生产过程中由于此类无人机的结构特殊性、多种材料的应用以及运输等方面的条件限制，其整机结构成型和复合材料部件制造往往不能共固化，机体结构很难一次成型，需要后续装配才能完成翼段等主要结构的组装。对于大展弦比低翼载轻质无人机机翼，其主要装配部件为主承力梁、尾梁及翼肋，其特点是挠度大、刚度低、结构尺度大、且具有不同安装角的型面数量多。针对其特点总结出机翼装配技术难点，主要体现在以下方面：

1）结构件受重力影响会出现变形，或结构内部出现预应力状态，这种受重力影响造成的变形对于刚度大的机翼结构是一个小量，但对于柔性结构是不可忽略的，在夹具释放时，会出现一定量的回弹，会在飞行的漂浮状态出现不应有的预变形，会给本来已是难题的变形问题，带来更大的影响；

2）翼肋数量较多且具有不同安装角，在装配时如何快速精确调整到各安装角位置决定了装配速度及质量；

3）装配工装设计时应考虑采用可重复构建的组合工装，从而减少人工劳动，节约成本，方便管理。

3 技术方案

3.1 降低重力因素对装配变形的影响

大展弦比低翼载轻质无人机机翼的结构件中比较重的是主梁，占整个翼段质量的60%以上，在装配中若将其直接放在各翼肋上时，可以明显地看到翼肋由于受压发生明显变形，这种情况将严重影响装配质量，导致装配外形发生变化及胶接时翼肋与主梁间的上下胶层不一致，为了解决这个问题，装配时可以对主梁采取辅助支撑的方式，调节支撑工装使主梁与翼肋的上下左右间隙均匀，从而避免重力因素对装配的影响。

3.2 可重复构建组合工装设计

针对无人机翼段中相邻翼肋具有不同安装角的特点，为了保证安装精度、减少人工劳动及提高装配效率，拟采用如图1所示的工装设计方案。

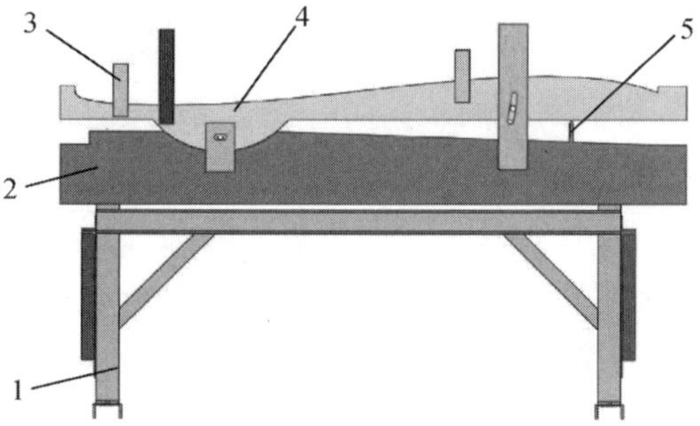

图1 工装设计方案

1—底部支架；2—可调转接板；3—夹紧固定板；4—型面支撑板；5—调节支撑柱

底部支架主要起加高作用，方便装配时各项操作；可调转接板起初始调节作用，将各转接板调成一致能够确保型面支撑板的定位精度；夹紧固定板的作用是固定翼肋，使翼肋保持垂直；型面支撑板起支撑作用，支撑板曲面与机翼翼肋外形一致；调节支撑柱的作用是调节各翼肋安装角，通过升高和降低支撑住的高度，使型面支撑板围绕主梁圆心转动，从而达到安装角可调的作用。工装整体效果如图2所示。

通过以上工装能够很好地解决各翼肋安装角调节复杂的问题，对于翼展几十米且各翼肋安装角不同的飞行器，使用此工装能有效降低成本，满足装配要求；由于此工装为组合

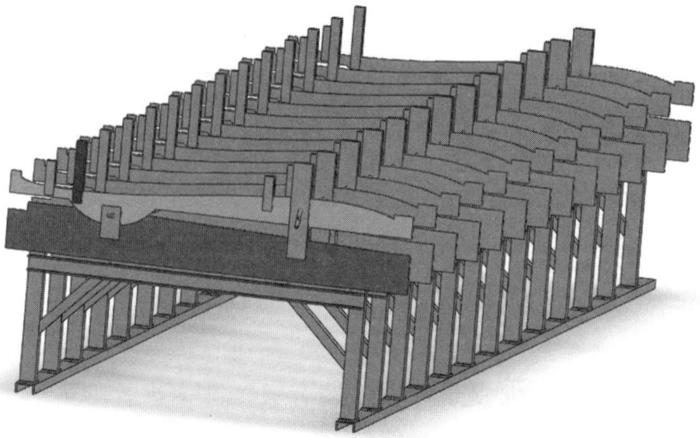

图 2　工装整体效果

工装，针对不同型号不同外形的飞行器，只需在可调转接板上加工相应接口，更换型面支撑板部件便可满足装配要求。

4　实用案例

在我单位承制某大展弦比低翼载轻质无人机时，通过使用上述组合工装解决了装配过程中的各技术难点，顺利完成了无人机翼段的装配工作，以下对此类无人机的翼段装配技术进行说明。

（1）装配前工装准备

1）底部支架固定，将其间距控制在所需尺寸；

2）将可调转接板安装到底部支架上，并将其调至水平；

3）将型面支撑板、调节支撑柱及夹紧固定板安装到位；

4）将各型面支撑板调节到所需安装角。

工装调试过程中使用激光跟踪仪来保证组合工装的安装精度，为之后的翼段装配及电子设备装配做好安装基准。

（2）无人机翼段装配顺序

1）将翼段骨架的主要装配部件在工装上试装配（各翼肋、主梁），检查有无干涉部位，待确定没有问题后取下，在装配需要胶接的地方进行打磨并擦拭干净，并在粘接部位涂胶；

2）将主梁、尾梁及翼肋组装并放到装配工装上，将夹紧固定板锁死，主梁两端进行辅助支撑处理，防止受主梁重力影响引起机翼变形，对各胶接部位进行处理，确保其涂抹均匀，根部做圆角处理增加其粘接强度及美观性，检查工装各处固定情况，确保都已经固定，等待其固化，待固化完全后粘接前、后缘及各机载设备接头；

3）待固化完全后，松开各夹紧固定板，取下制件，将型面支撑板调节到下一翼段所需安装角，即可进行下一翼段的装配工作；

4）待翼段骨架胶接固化完成后，开始翼段的电子设备安装工作；

5）电装完成后对各电子设备进行调试，设备运行正常后开始翼段蒙皮铺设工作。

蒙皮铺设完成后即完成了翼段的装配工作，工装上装配效果及翼段装配完之后效果图如图 3 所示。

图 3　工装上装配效果及翼段装配完之后的效果图

经实际装配工作验证，在装配工艺要求下，通过使用这套组合工装，能满足机翼装配时的各项要求，达到了方便调节、节约成本的目的，提高了装配效率。

5　结束语

在大展弦比低翼载轻质无人机翼段的装配过程中，装配工装如何设计对装配效果起到了关键作用。通过对装配技术难点的具体分析，我单位设计了此套组合工装，其设计方式新颖独特，使用简单方便，很好地满足了使用要求。这套工装还有提高的部分，其底部支架可以改为滑轨形式或者电动控制形式，这样在装配肋间距不一样的机翼时，能够更加方便调节，在此次设计过程中考虑到机翼肋间距一致，所以未对其进行此项设计。通过此次装配过程使我们积累了部分大展弦比低翼载轻质无人机的装配经验，为日后生产更多新型飞行器提供了技术保证。

高精度模型装配实用测量工具

李世伟　张建华

航天十一院 2 所

摘　要　针对风洞试验模型结构复杂、多角度、装配精度要求高等特点，在多年实践中总结出了一种利用双表（两个百分表）和高度尺巧妙组合，检验导弹风洞实验模型翼和舵装配精度的方法。本文主要介绍两种工具，及其使用方法。

关键词　风洞试验模型　装配　高度尺　百分表

1　引言

各种飞行器在首飞之前都要进行一系列的风洞吹风试验，模拟并测量飞行器在各种飞行姿态中整体或零部件与气流作用产生的力、热等。风洞试验模型是飞行器缩小数倍后用于风洞吹风试验的模型。

风洞试验模型的加工和装配精度对吹风数据的精确性影响很大。尤其是近几年来模型的外形和结构越来越复杂，精度要求越来越高。装配一套高精度的模型对工人的技术水平和测量工具的使用都提出了较高的要求。本人从事多年的模型装配工作，通过平常的积累，我重点对模型的翼和舵的装配进行了总结。

2　技术难点

风洞试验模型的加工精度对实验数据的影响非常大。尤其是导弹的翼和舵的装配精度，对实验数据的准确性影响最大，并最终影响到导弹的命中精度。所以对于导弹风洞模型的翼和舵装配时，要求安装角和滚转角公差小于等于 3 分，装配位置要求与弹体轴线上下偏移小于等于 0.1 mm，装配精度要求非常高。

装配的难点主要体现在以下方面：

1）由于翼和舵的上下两面是由对称的多个互相呈角度的平面组成，由于装配角度的大小不同，有时自身与弹身中心呈角度，测量困难。

2）目前对于导弹模型的翼和舵的装配精度多采用单一的高度尺、杠杆表、游标卡尺或者利用坐标镗床和万能转台等测量设备测量。用单一的高度尺和杠杆表测量，只能测量少数的固定特征点，测量精度低，量程不够，用坐标镗床和万能转台等测量装卡繁琐，不适宜修配且耽误镗床生产。

3）用先进的三坐标测量机测量，存在设备昂贵，需要导入零件的三维数模，测量过程繁琐，只能在翼上打有限数量的点，不能时时显示整个翼面的测量数据，检测费用贵，对检验员素质要求高等缺点。

4）模型装配次数不宜过多，磨损会造成精度下降。所以要想减少装配次数，必须有高精度、方便实用的测量工具。

3　技术方案

3.1　高度尺与双表（上下两块百分表）

为了克服现有测量工具的不足，本文介绍一种导弹风洞模型翼和舵装配精度检验用工具。该工具不仅测量精度高，测量费用低，测量过程简单，能够对整个翼面任何位置进行测量，而且能够时时显示测量数据。此工具还能够同时测量翼或舵的安装角、滚转角以及翼或舵在弹体上的上下安装位置精度。

导弹类模型的翼和舵大多是由多个互成角度的平面组成，而且上下翼面对称。通过翼或舵的中分面与弹体轴线的角度和位置关系，以及舵与舵中分面互相之间的角度关系，能够测量模型翼和舵的装配精度。通过在普通高度尺上安装 U 型双表架，在 U 型双表架的上下两个孔中分别安装两块百分表，上面的百分表与上翼面时时接触，下面的百分表与下翼面时时接触，如图 1 所示。此工具结构简单，测量精度高，测量费用低，测量过程简单，能够对整个翼面任何位置进行测量，而且能够时时显示测量数据。

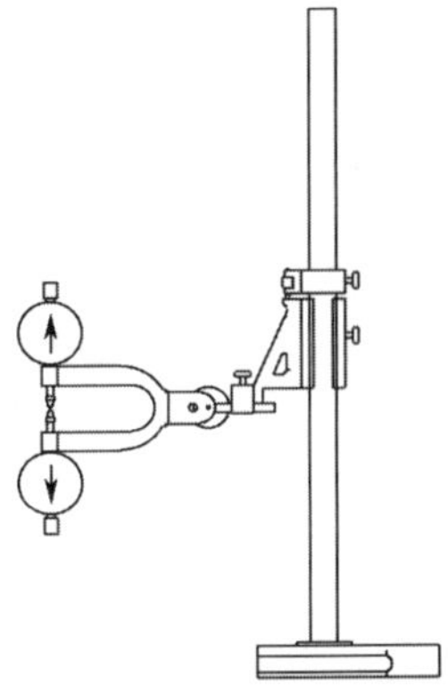

图 1　测量工具

该工具用于普通模型小角度且自身关于弹身中心对称的模型的测量，如图 2 所示。

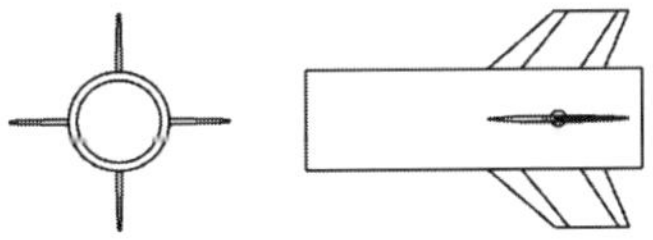

图 2　导弹风洞试验模型舵安装示意

只需调节一次高度尺使其双表均匀地压在翼或者舵上，拉动高度尺通过上下表示值的变化，及高度尺调节的尺寸与双表移动距离，用三角函数的方法，能够计算出舵的中分面与弹体轴线的角度（安装角）和位置，以及每片舵与舵的中分面互相之间的角度（滚转角）。

3.2 高度尺杠杆表

在模型装配上有些尺寸有严格高度差，使用卡尺以及千分尺有时候不太好测量，普通的方法是使用量块进行对比，比较麻烦且精度不高同时有累积误差。用此装置可以轻松量取高度差，同时还能测量平面度以及平行度。

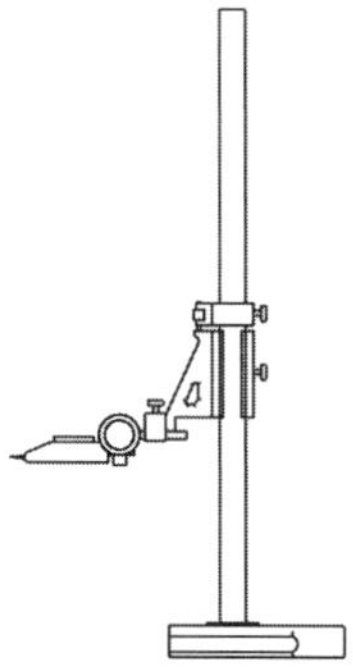

图 3 高度尺杠杆表

3.3 以下举例说明高度尺双表的用法

1）找正弹体：用放在平台上的分度头夹住弹体外圆，如图 4 所示。用杠杆表在分度头上将弹体找正到与分度头同心。

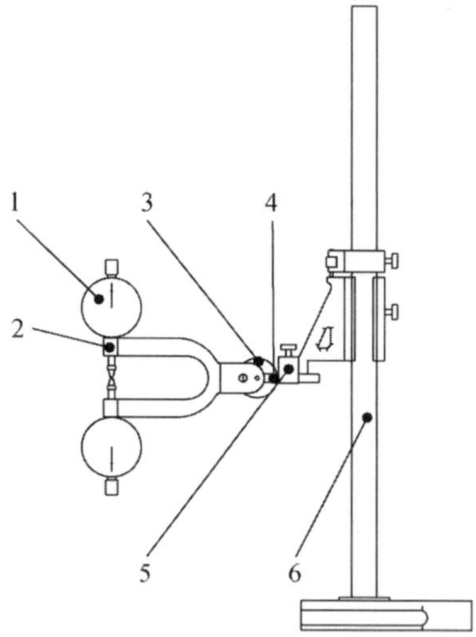

图 4 高度尺双表

1—上百分表；2—U 型表架；3—下百分表；7—高度尺

2）找正第一片舵：转动分度头使其中一片翼或舵大概处于与平台平面平行的位置，调节高度尺上 U 型表架高度，使上百分表和下百分表表头大概在分度头中心高度处，拉开上百分表和下百分表的表头，在平台上推动高度尺使双表的上百分表和下百分表表头分别与翼或舵的上下表面接触，将两块百分表读数均置零。沿弹体径向里外来会拉动双表，近量避免有沿弹体轴向的移动。因为翼和舵的上下两面都是对称的，所以如果翼或舵的中分面与平台平面平行，两块表读数应该相同，如果翼或舵与水平面不平行，则两块表读数有差异。如果两块表读数存在差异，则边拉动高度尺边调节分度头，直到怎样里外拉动，两块表的读数都一致，说明此片翼或舵已经与平台平面平行。同时以一个舵或者翼为基准校对其他几个舵或者翼达到互为基准互相检测。

3）测量安装角：沿弹体轴向左右拉动高度尺，观察两块表读数的变化，如果在拉动过程中两个表的读数始终一致说明此翼或舵的安装角为零，不存在装配误差。如果两块表读数有差异，说明此片翼或舵的安装角不为零，存在安装误差。误差角度为：二分之一两块表读数差值 δ，比双表沿轴向移动距离 L 的反正切值，即 $\arctan[(\delta/2)/L]$。检测带角度的翼或舵同样如此，沿弹体轴向左右拉动高度尺。量程不够调节高度尺 &，最后看两块表的差值 δ 加上高度尺调节的数值 &，比双表沿轴向移动距离 L 的反正切值，即 $\arctan[(\delta+\&)/2/L]$。算出角度，与正确角度对比检测误差。

4）测量翼或舵在弹体上的上下装配位置：将分度头转 180 度，转到分度头对面用双表还是测量第一片翼或舵的根部，观察两块表读数是否一致。如果两块表读数一致，则说明翼或舵在弹体上的上下装配位置完全在弹体轴线上，不存在装配误差。如果两块表读数不一致，说明翼在弹体上的装配上下位置有偏差。此偏差为：两块表读数差值 δ 的四分之一，即 $\delta/4$。测量水平翼或者舵两者的水平差值，调节准确的高，观察两块表读数是否一致。如果两表一致说明差值正确，没有误差。

5）测量舵的滚转角：如果将分度头转动 90 度，让上百分表和下百分表表头分别与第二块翼或舵的上下面接触，沿弹体径向里外拉动双表，观察两块表读数是否一致。可测量第二块翼或舵相对于第一片翼或舵的滚转角。如果两块表读数一致，则说明第二片翼或舵与第一块的滚转角，不存在装配误差。如果两块表读数不一致，说明第二片翼或舵与第一片存在滚转角误差。滚转角误差为：二分之一两块表读数差值 δ，比双表沿轴向移动距离 L 的反正切值，即 $\arctan[(\delta/2)/L]$。

对每一块翼或舵重复 2）到 4）的过程，就可以测出全部翼和舵的安装角、滚转角误差以及翼或舵在弹体上的上下装配位置误差。

以上只是通过举例简单的回转体测量过程，来说明双表的使用方法。此双表结合正弦规和专用工装，可以检测更多的复杂外形模型的翼或舵的装配精度。同时它的应用不仅仅局限于检验导弹风洞试验模型翼和舵的装配精度，也可以应用于真实导弹翼和舵的装配精度检验。

4 结束语

要想得到准确的风洞试验数据，必须要有高精度的风洞试验模型。而对于模型来说对数据的精度影响最大的就是舵和翼的装配精度。通过使用此测量工具可以准确地测量和校正舵或翼的装配精度，减小装配误差。从而为得到精确的风洞试验数据提供了技术保证。

参考文献

[1] 恽起麟．试验空气动力学．北京:国防工业出版社,1991.

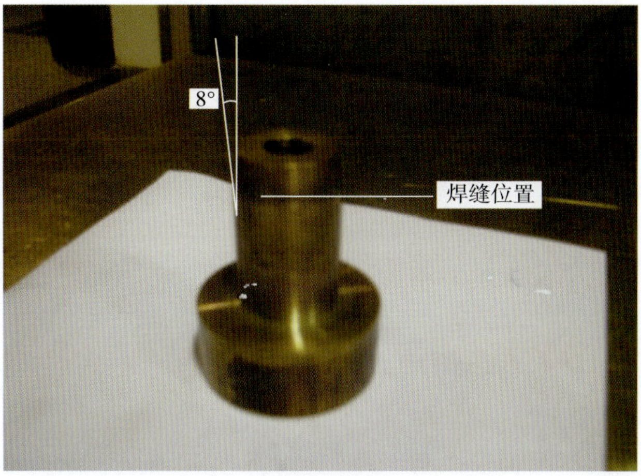

图 3　定位焊接夹具（P24）

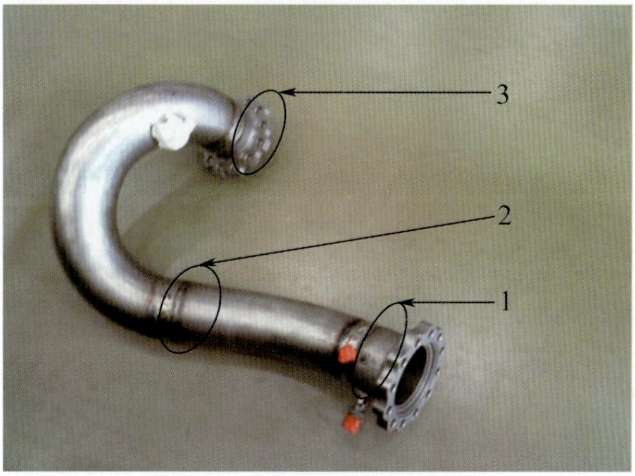

图 4　焊接顺序（P25）

图 5　止动垫片装配问题（P33）

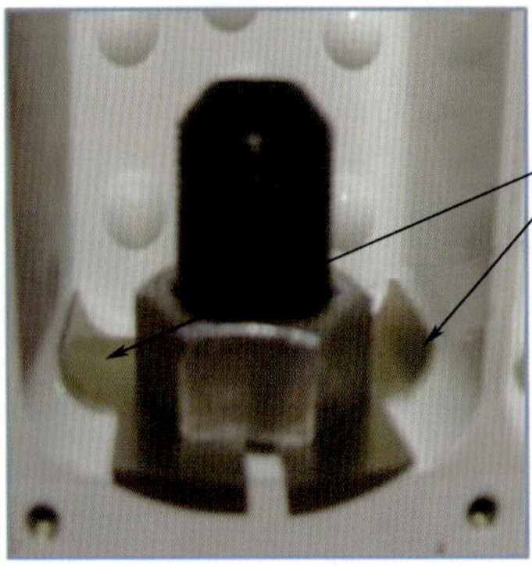

图 6　止动垫片安装后状态（P34）

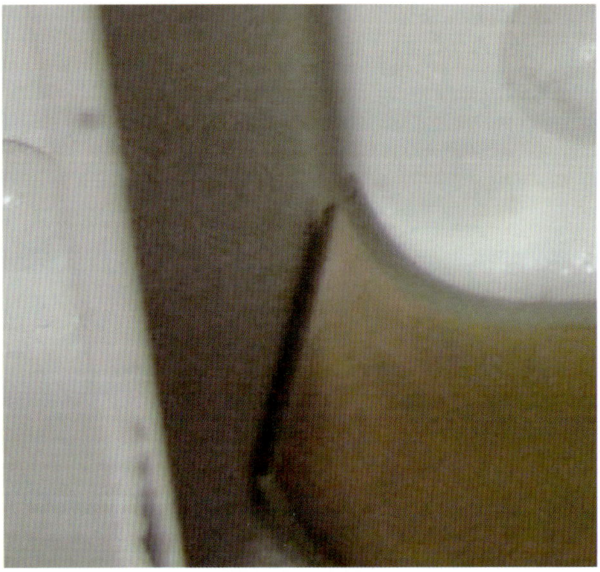

图 7　限位边与爆炸螺栓内壁贴合情况（P36）

图 6　锁紧簧片上的长圆形凸台落到锁紧板对应的孔内（P48）

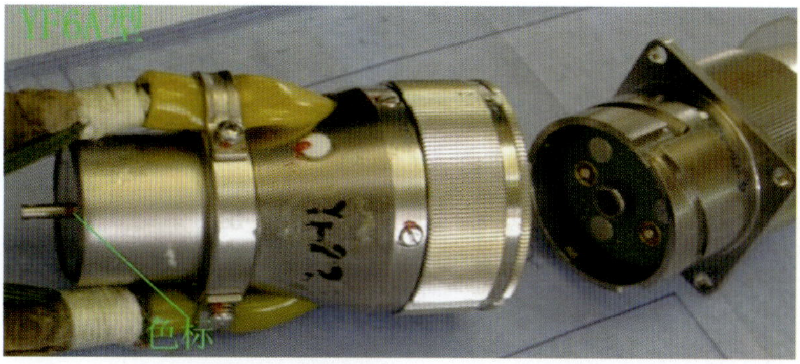

图 10　插座拉杆上的红色环（P49）

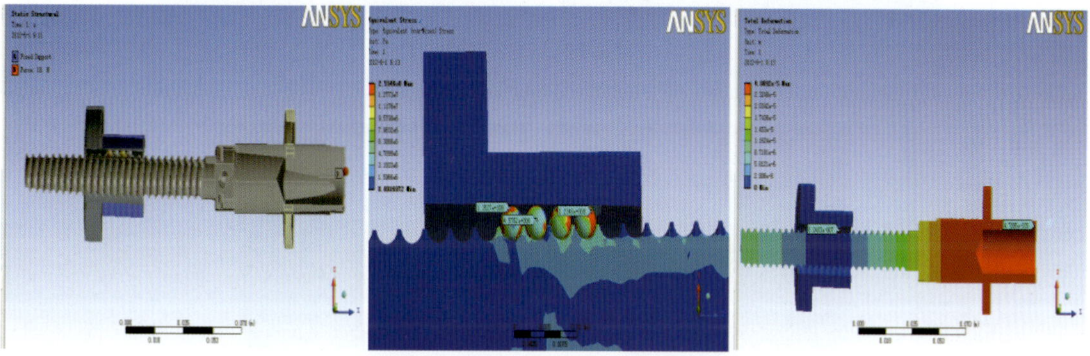

图 1　滚珠丝杠副边界条件、应力云图及变形量云图（P87）

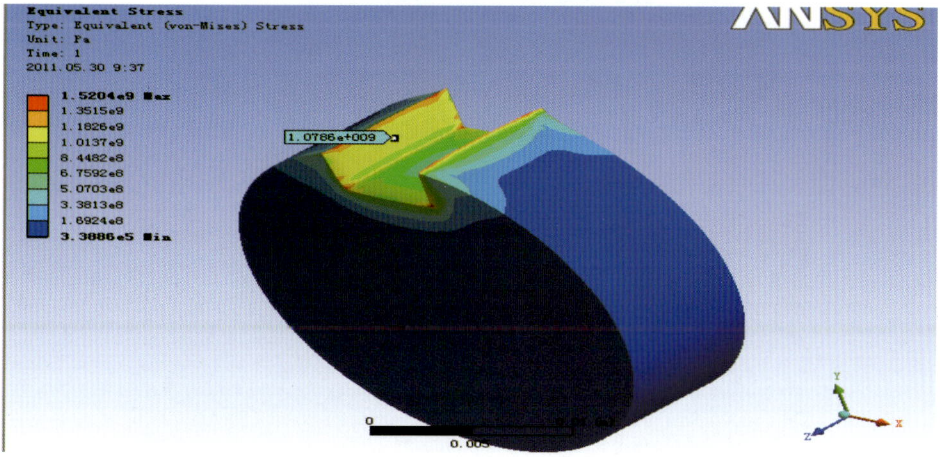

图 5　电机仿真压装应力云图（P90）

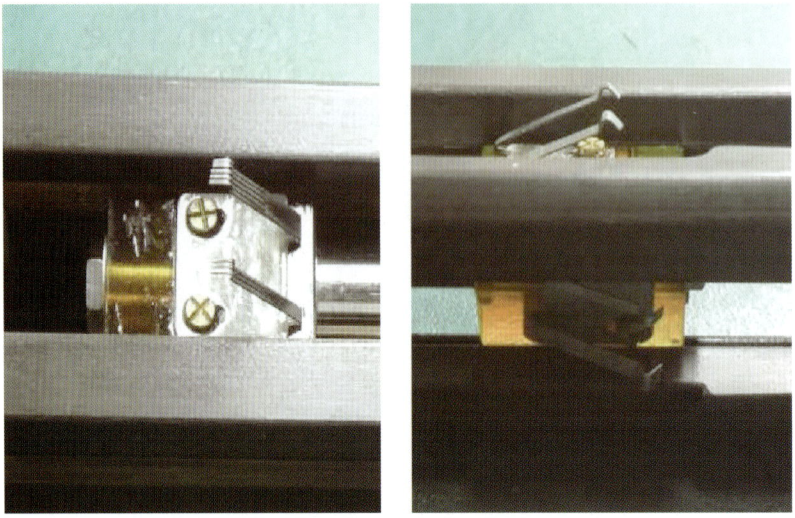

图 9　安装后的电刷示意图（P97）

图 10　电刷高度检查工装（P97）

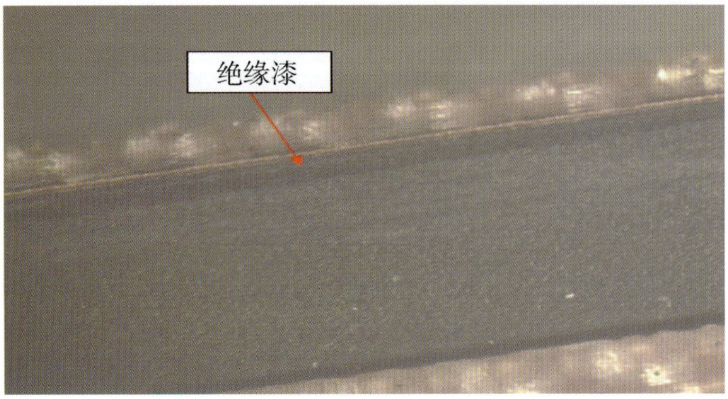

图 12　导电条边缘漆膜照片（P98）

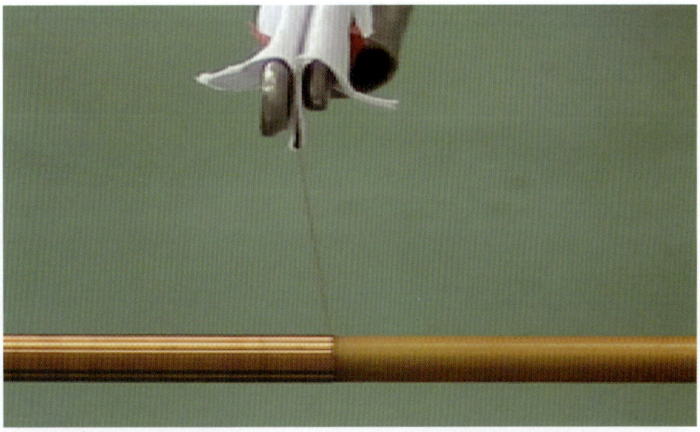

图 2　夹角实物图（P107）

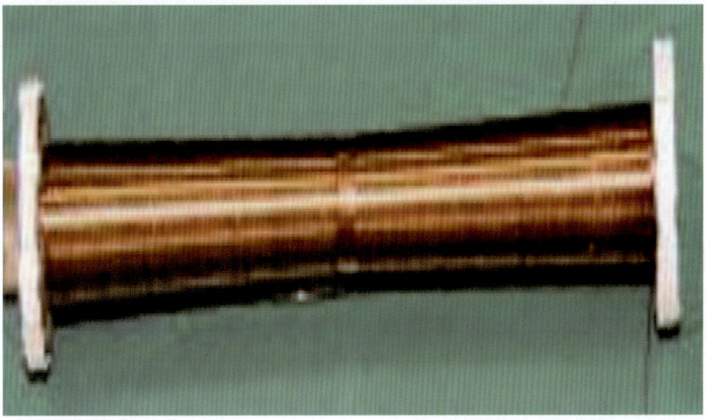

图 4　次级线圈排绕实物图（P108）

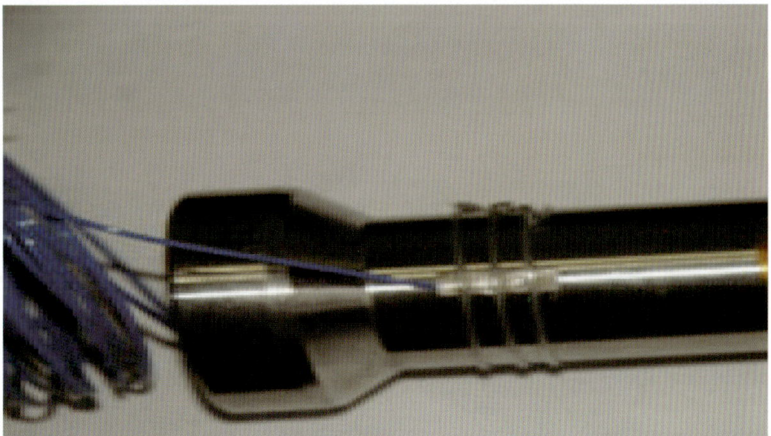

图 1　铁丝捆绑式安装图（P125）

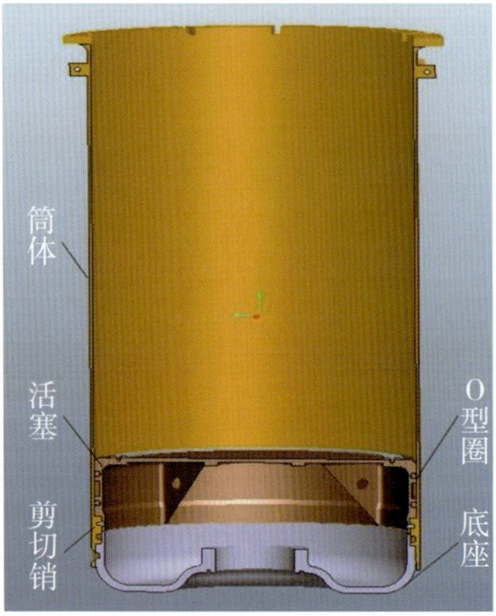

图 2　弹伞筒结构示意图（P213）

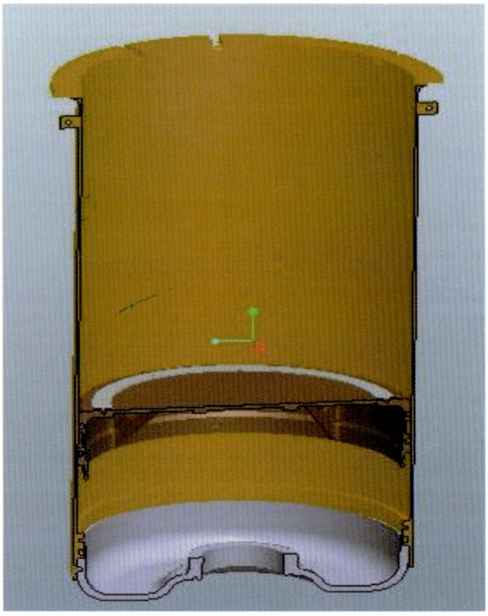

图 3　活塞装配方向示意图（P213）

图 1　调焦机构模型（P225）

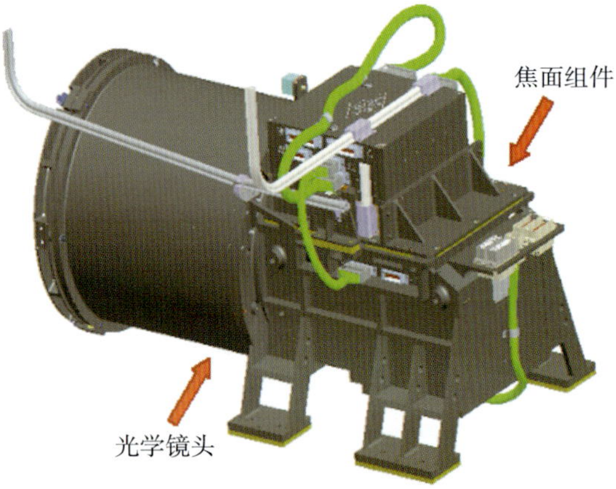

图 1　可见光遥感器主体结构示意图（P231）

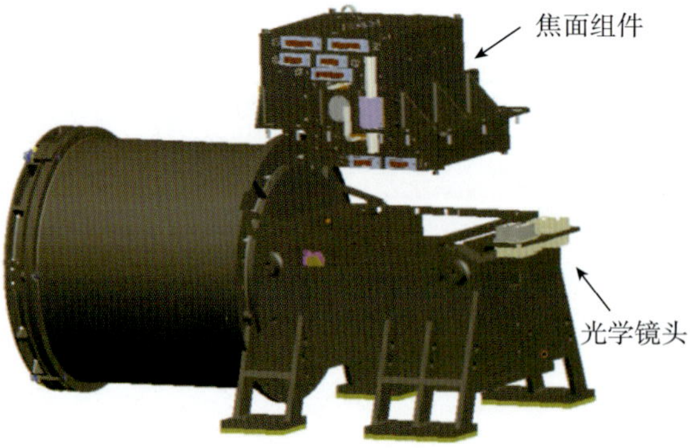

图 2　光学镜头与焦面组件对接过程示意图（P232）

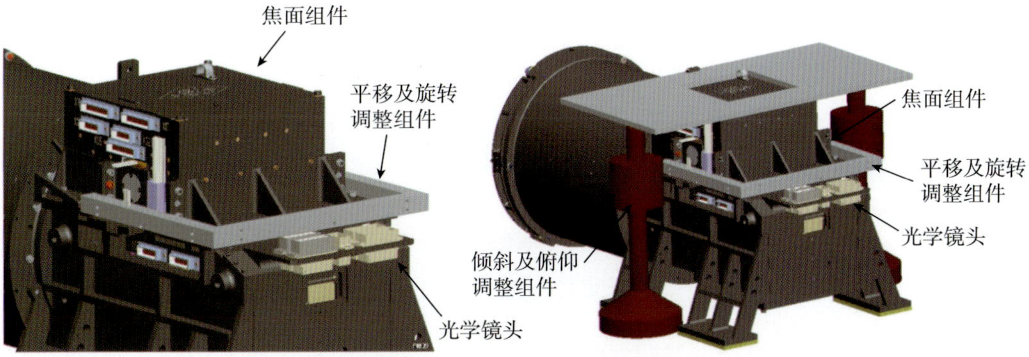

（a）平移调整工装 （b）俯仰调整工装

图 3 调整工装示意图（P233）

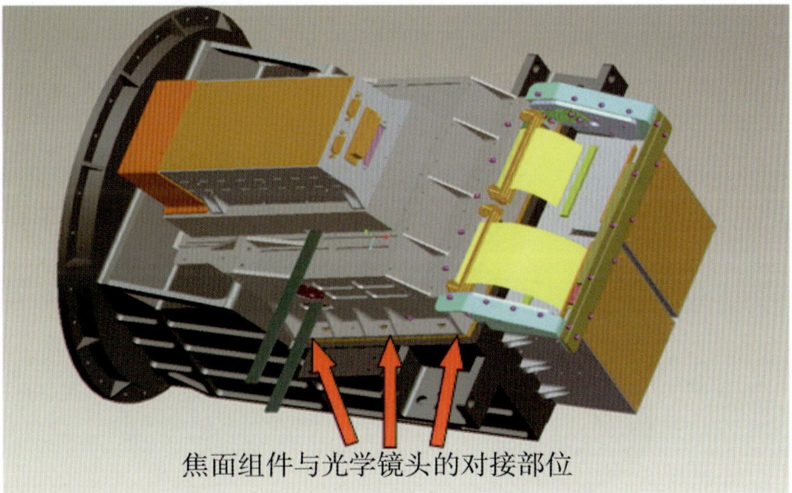

图 5 焦面组件与光学镜头呈倾斜状态对接情况示意图（P235）

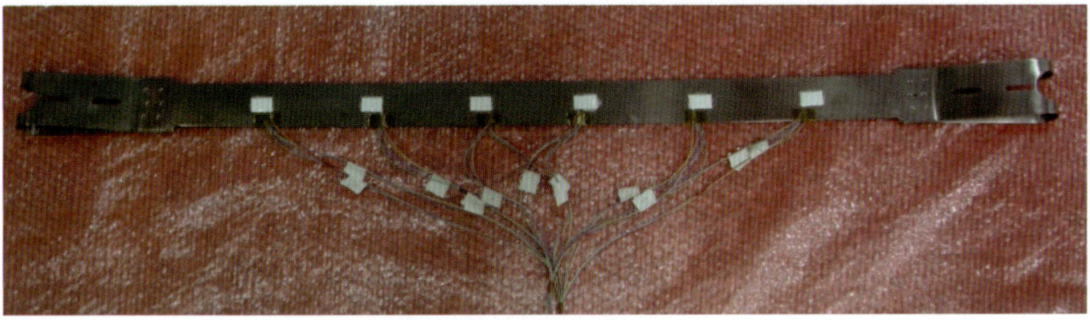

图 9 包带粘贴应变片完毕后照片（P263）

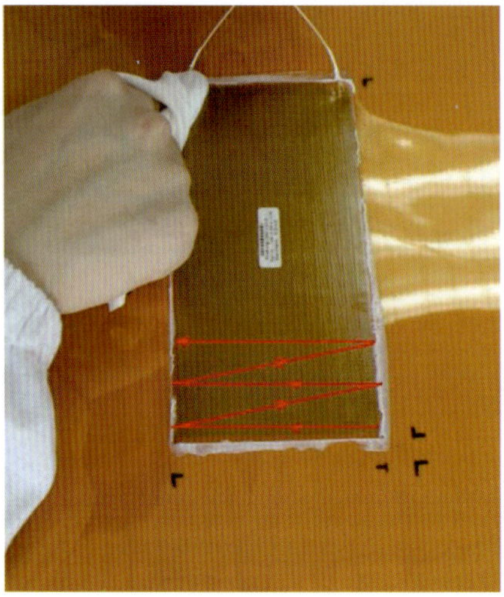

图 8　红色箭头表示擀压路径（P270）

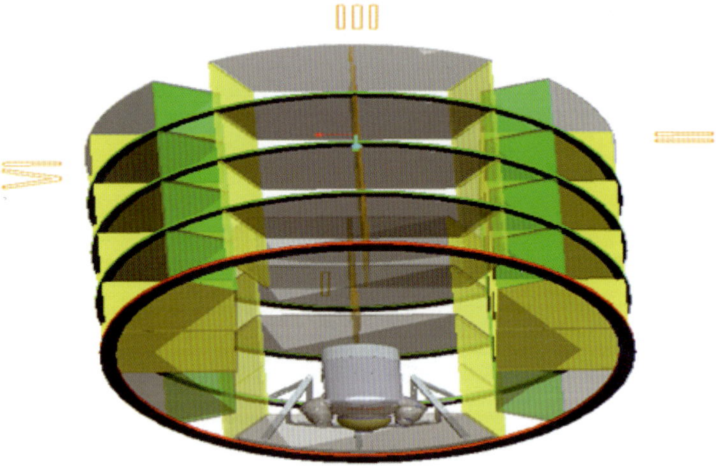

图 1　航天服在舱内所在位置（P272）

图 3　航天服与支架组合体构型图（P273）

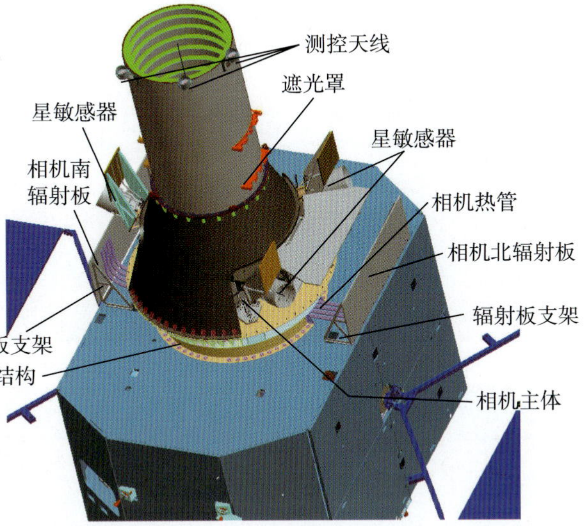

图 1　相机/一体化结构组合体的星上安装示意图（P278）

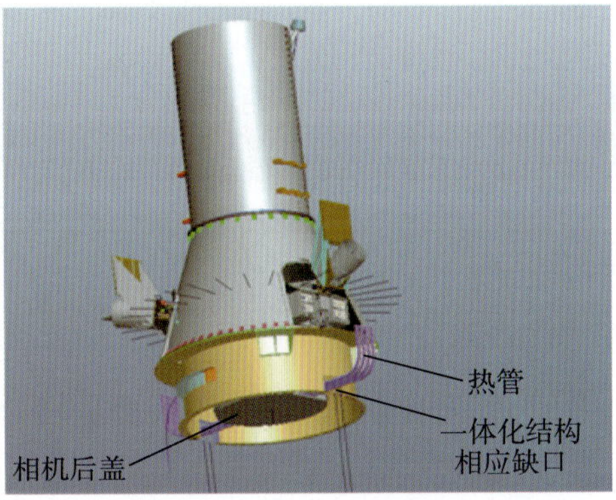

图 2　相机/一体化结构组合体装星前示意图（P279）

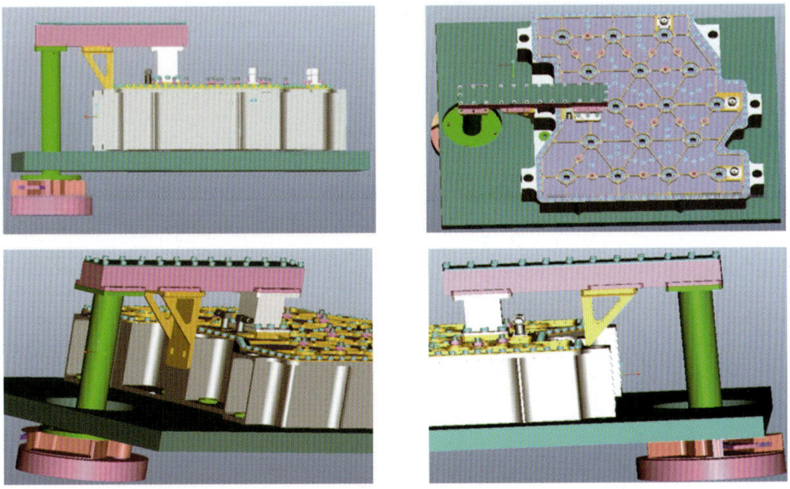

图 1　圆同轴的位置与三工器布局示意（P285）

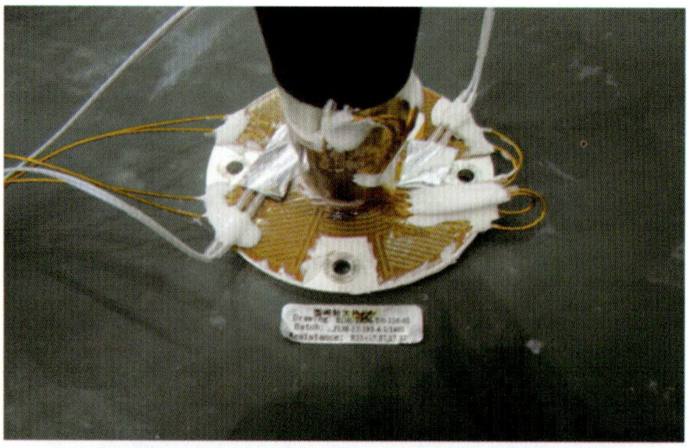

（a）加压不到位导致加热后加热片出现发黑情况

（b）加热片从圆同轴上分解下来的情况

图 2　使用工装前圆同轴加热片情况（P286）

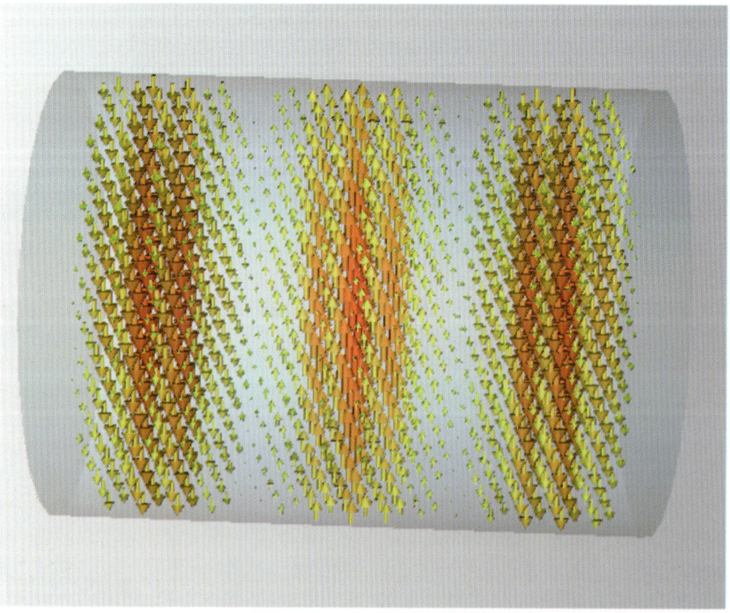

图 3　单通道内电磁场分布示意图（P313）

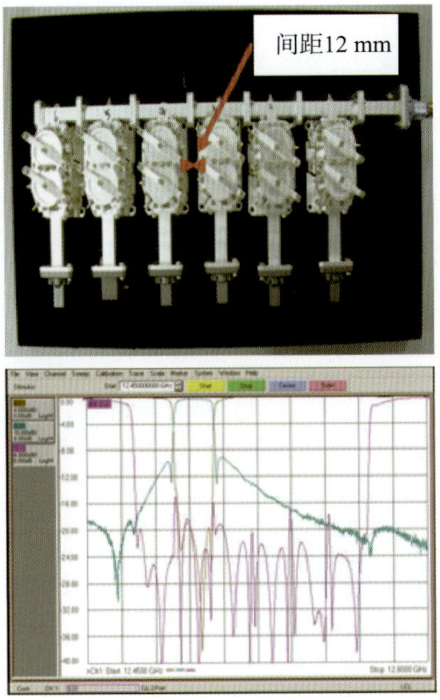

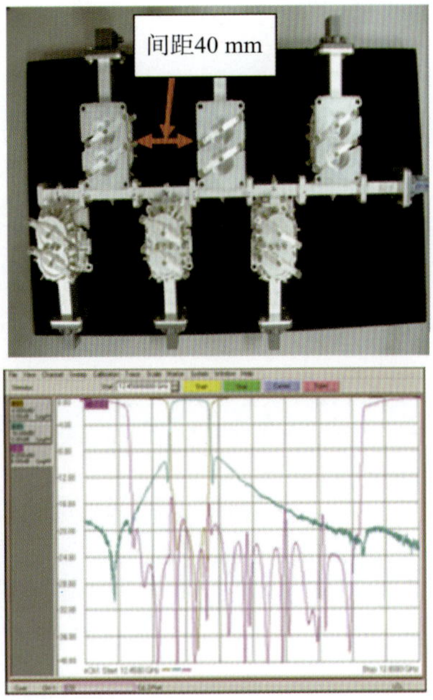

图 4　整体连接示意图与调试曲线图（P314）

图 5　改进后连接示意图与调试曲线（P314）

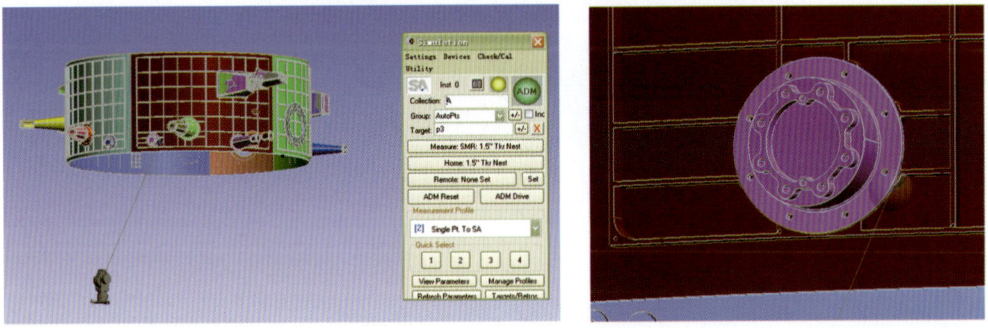

图 8　虚拟测量法过程示意图（P321）

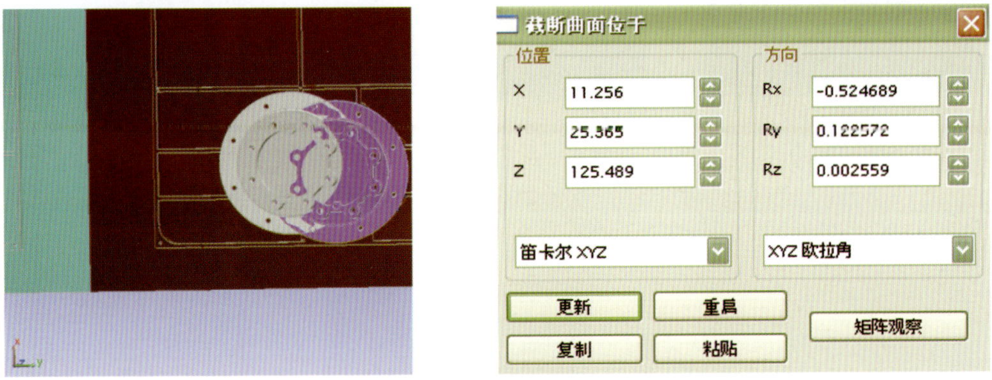

图 9　零件特征分析示意（P322）

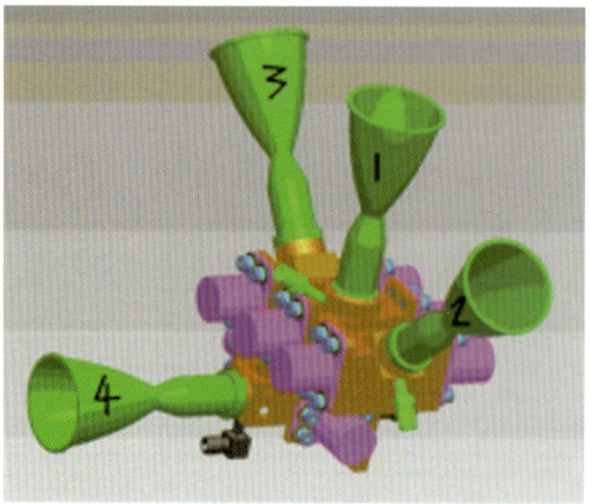

图 2　四机模块模型图（P345）

图 3　四机模块实物图（P345）

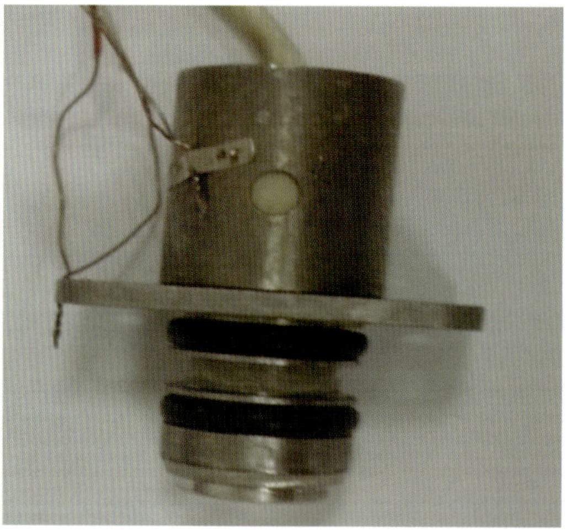

图 5　电磁气动阀及密封 O 型圈（P346）

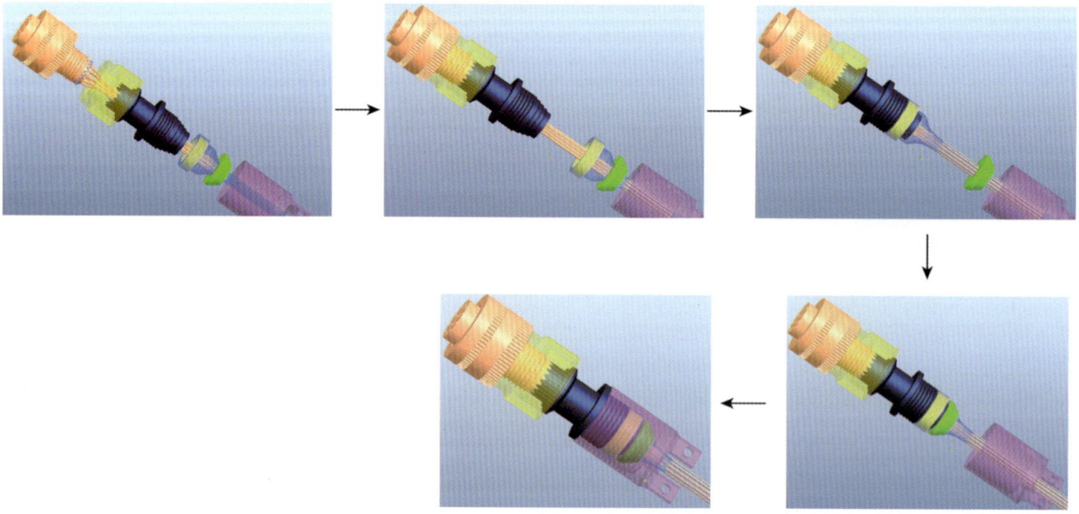

图 3　改进前装配流程（P400）

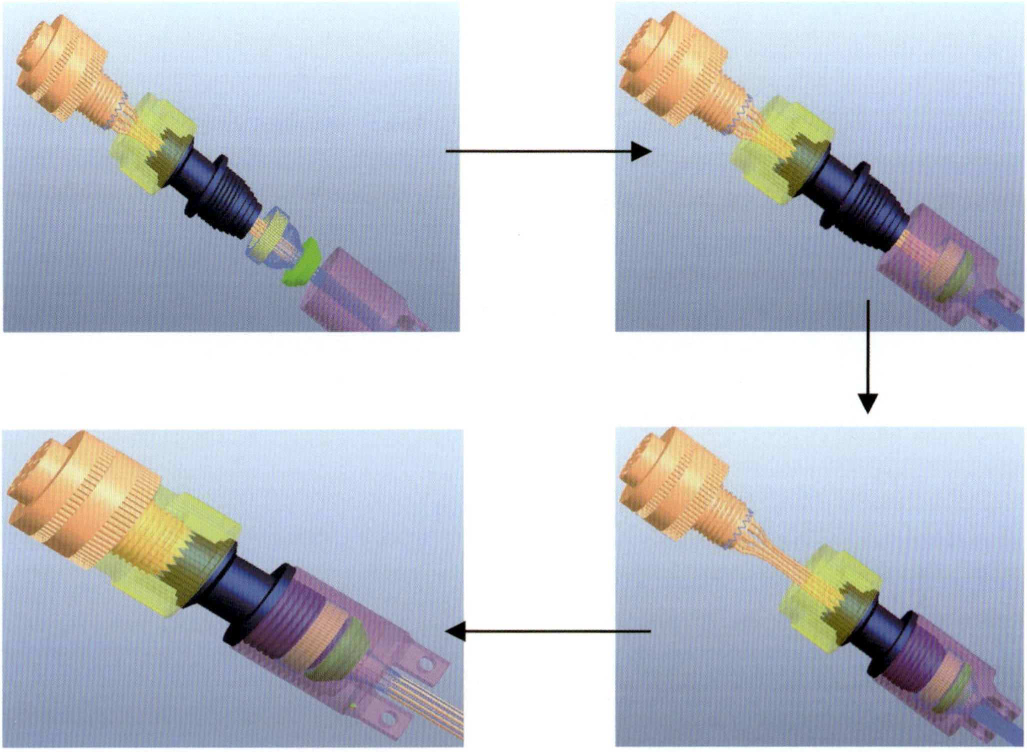

图 12　改进后装配流程（P405）

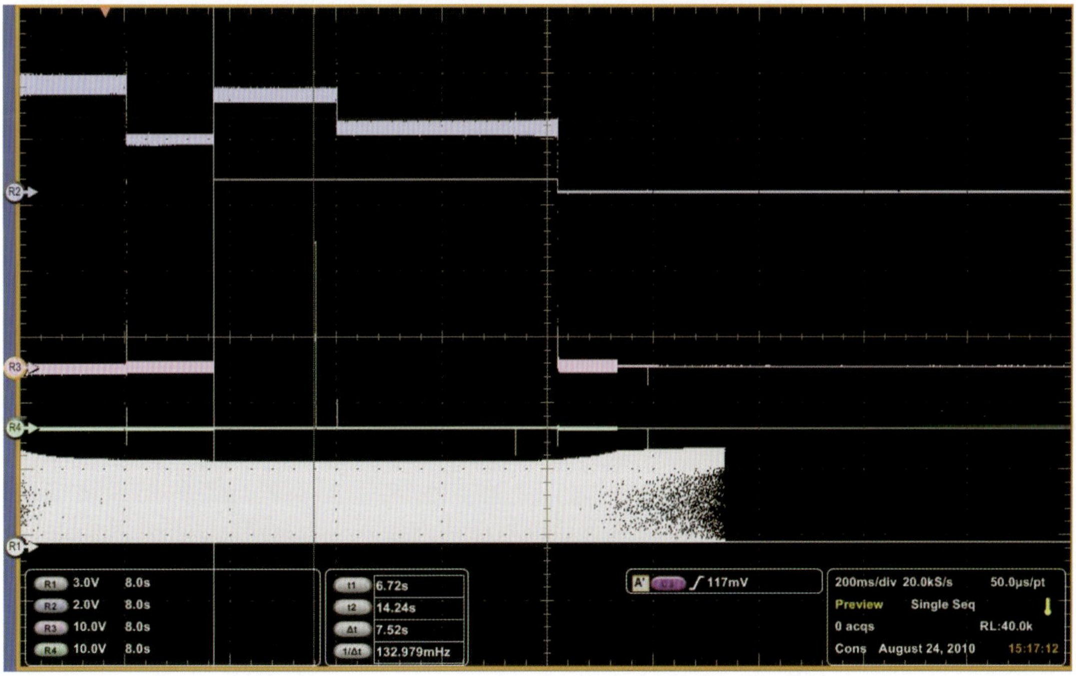

图 11　解锁测试曲线（P421）

图 1　XX－16C 齿弧型伺服机构（P477）

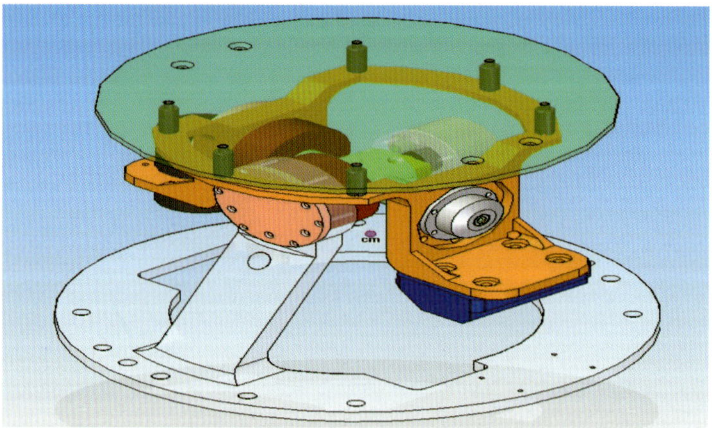

图 2　齿弧内通道组件（P477）

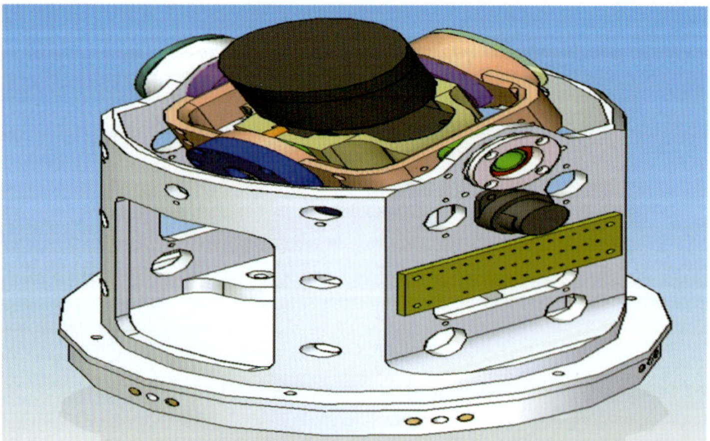

图 3　XX－1 激光导引头外框架式伺服机构（P477）

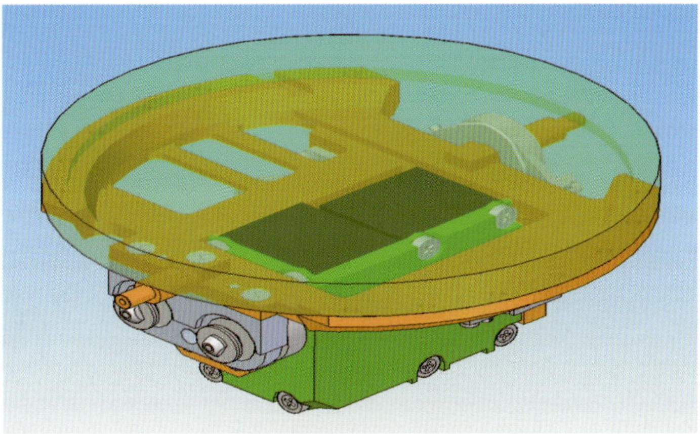

图 4　小型化内框架式伺服机构（P477）

图 3　背面熔透定位（P546）

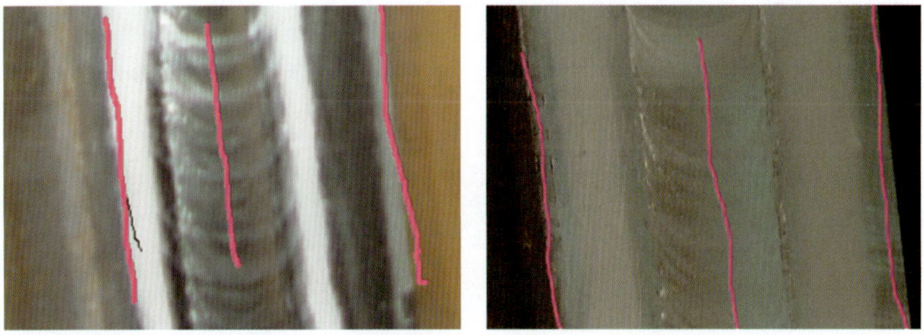

图 4　压圈返修前后装配对比图（P546）

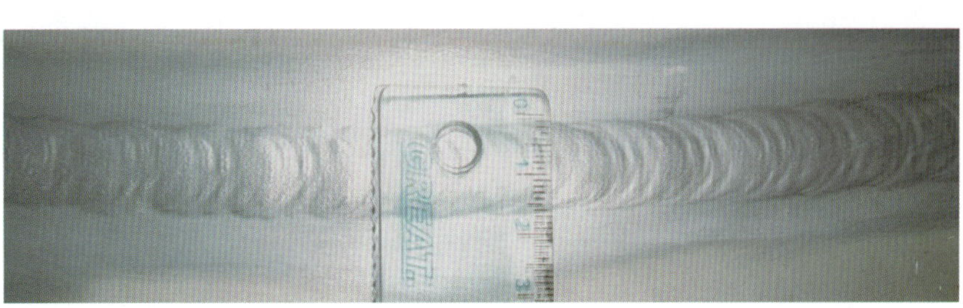

图 5　改进前的 ϕ 1380 环缝（P547）

图 6　改进后的 ϕ 1380 环缝（P547）

图 7　改进前的 γ 框环缝（P547）

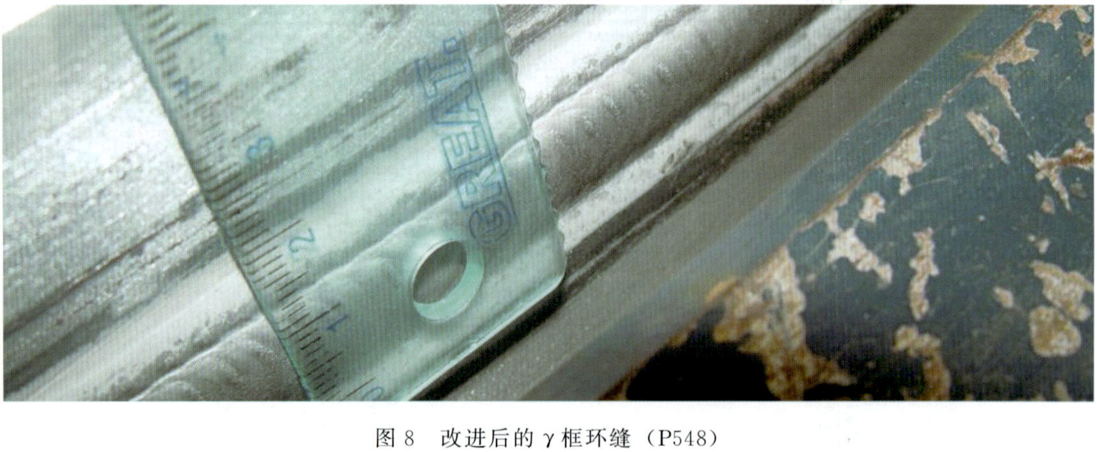

图 8　改进后的 γ 框环缝（P548）